普通高等教育“十一五”国家级规划教材

力学教程

（下）

李 复 编著

清華大學出版社
北 京

内容简介

本书是作者多年来在清华大学给物理系、基础科学班、电子工程系等本科生授课的基础上，吸取国内外同行的经验并结合自己教学研究的成果总结而成，包括牛顿力学和相对论力学两部分.

本书突出理论体系架构，对牛顿理论体系做了较深入的分析和讨论.本书强调非惯性系的意义和规律，加强了连续介质力学和波动力学两大部分.本书以爱因斯坦假设和狭义相对论为根据，系统讨论广义相对论的史瓦西场.教学中遇到的疑难问题书中都做了详尽的讨论.

本书可作为高等学校物理专业以及其他理、工专业本科生的教材或参考书，也可以供相关教师参考.

图书在版编目(CIP)数据

力学教程.下/李复编著. --北京：清华大学出版社，2011.6（2022.8重印）
ISBN 978-7-302-26065-3

Ⅰ.①力… Ⅱ.①李… Ⅲ.①力学－高等学校－教材 Ⅳ.①O3

中国版本图书馆 CIP 数据核字(2011)第 120752 号

责任编辑：朱红莲
责任校对：赵丽敏
责任印制：杨　艳

出版发行：清华大学出版社
网　址：http://www.tup.com.cn，http://www.wqbook.com
地　址：北京清华大学学研大厦 A 座　**邮　编**：100084
社 总 机：010-83470000　**邮　购**：010-62786544
投稿与读者服务：010-62776969，c-service@tup.tsinghua.edu.cn
质量反馈：010-62772015，zhiliang@tup.tsinghua.edu.cn
印 装 者：北京九州迅驰传媒文化有限公司
经　销：全国新华书店
开　本：185mm×260mm　**印　张**：21.5　**字　数**：518 千字
版　次：2011 年 6 月第 1 版　**印　次**：2022 年 8 月第 7 次印刷
定　价：60.00 元

产品编号：018590-04

前　言

本书是基础物理学(普通物理学)中力学部分的教材,包括经典力学的牛顿力学系统和相对论力学基础.

物理学是研究物质世界组成、运动、变化的最普遍、最基本的规律的科学.物理学由物质的组成和物质之间的相互作用出发,解释自然现象,揭示自然的奥秘,研究自然的变化规律.物理学是整个自然科学的基础,基本的物理学定律、物理学原理是一切自然过程都遵循的.物理学的研究方法、实验手段也是整个自然科学领域的基本研究方法和实验手段.物理学家费曼指出:"物理学是最基本的、包罗万象的一门学科,它对整个科学的发展有深远的影响.事实上,物理学是与过去所谓的'自然哲学'相当的现代名称,现代科学大多数就是从自然哲学中产生的.许多领域内的学生都发现自己正在学习物理学,这是因为它在所有的现象中起着基本的作用."①

物理学是理论与实验相结合的科学,物理思想、物理规律都来自物理实验.物理学不是抽象的思维游戏,也不是单纯的数学运算、公式推导,而是对客观世界运动规律的分析和研究.物理学来自客观世界,又要接受客观世界的检验.因此物理学的理论必须而且应该与日常生活、生产实践和科学研究相联系,所有重要问题都要符合实际,要重视物理量的量级和公式的应用条件.这是物理学最重要的特点.

力学曾是物理学中创立最早、成熟最早的部分,现已发展成为一门完整的与物理学并立的独立学科,而力学的基本原理仍然是物理学的重要基础.本书作为普通物理的第一部分,突出力学基础理论、深挖事物发展和变化的本质、强调对物理过程的分析、加强物理性质的图像化理解.

虽然经典力学是成熟的理论,取得了辉煌的成就,但绝不是完美无缺的,仍有局限性,在基本概念和理论体系上还存在一些疑难和不确定性,还有发展和改进的余地.

对基本原理的阐述和学习是很难的事情,需要花大工夫下大力气.正如19世纪末赫兹在《力学原理》的序言中写到:"我有这样的经验,要向肯动脑筋的听众阐明力学的真正基本的内容,而不会不时感到为难,不会一再激起歉意,不想尽快跨过原理部分而向他们讲述一些应用的例子,那是极端困难的一件事."

本书着重在以下几个方面做了一些努力:

1. 对牛顿定律等基本原理、基本概念和基本方法做比较深入的讨论和分析.对其中一些疑难和争议提出自己的看法和意见.

---

① R.P.费曼,费曼物理学讲义.(第一卷)上海:上海科学技术出版社,21

2. 对惯性定律、惯性系、惯性力有一些新的体会和见解，导致这些内容都有较大改变，明确提出非惯性系相应的运动定律和运动定理.

3. 对经典力学教学中的重点和难点都着重分析、讨论. 有些以前难以在基础力学中解释的重要问题如陀螺的章动等，也在基本原理的基础上做了简化讨论.

4. 质点和质点系的功能原理、动量定理、角动量定理的应用比牛顿力学要普遍和有效得多，而且贯穿于整个力学、物理学中，因此在教学中突出功能原理、动量定理、角动量定理.

5. 淡化刚体力学的地位，理顺刚体力学教学系统，精炼和加强刚体力学的内容.

刚体只是一个特殊的质点系，在刚体力学中并没有新的基本原理，只是质点系角动量定理、功能原理、动量定理的应用，因此没有单独作为一章. 由于重新安排了教学系统和讨论方法，所以虽然在本书中刚体力学只占一节，但是不仅讨论了一般教材里的刚体力学内容，而且还增加了章动、刚体定点角动量 $\boldsymbol{L}$ 与角速度 $\boldsymbol{\omega}$ 的关系、欧拉方程等介绍性内容.

6. 加强连续介质力学，增加了应力、应变、广义胡克定律、固体形变等.

在后续的理论力学课程中一般没有连续介质力学内容，因此本书对此适当加强. 一般普通物理力学教材中很少涉及应力、应变、固体形变等，本书对此作认真讨论.

7. 加强振动和波动

在后续的理论力学课程中一般也没有振动和波动内容，因此本书对此适当加强. 普通物理力学教材中一般只推导弹性棒内纵波波动方程. 本书从应力、应变、广义胡克定律出发，对固体弹性波、流体声波的波动方程作认真的推导. 水面波是少数可以直接观察的波动，本书对水面波进行了较全面的分析.

8. 广义相对论的物理基础

以等效原理和广义相对性原理为基础，以爱因斯坦关于钟、尺假设为根据，依靠狭义相对论知识，本书尝试用普通物理的语言和方式，系统、完整、定性和半定量地讨论了广义相对论的基本原理、史瓦西场时空、自由粒子的运动、常加速度内禀刚性加速系，介绍了大爆炸宇宙学.

9. 考虑与理论力学的联系、衔接或贯通，与理论力学作为一个整体通盘考虑，内容优化组合. 整合的重点是将原来理论力学中的牛顿力学部分去掉，其主要内容分别融合到普物力学和分析力学中.

作为大学物理教材，应该而且必须为学生留有充分的自主学习空间，因此相对而言本书内容更广泛和深入. 参考本书的同学，可以根据自己的目标、能力、兴趣、爱好，以及能够利用的时间，阅读相应的部分.

书中融合了清华大学高炳坤教授关于惯性系的思想；“振动和波”一章重点参考了清华大学牟绪程教授的《波动与光学》(上册)；特此表示感谢.

感谢陈泽民老师为组长的清华大学基础课工科多学时教学小组老师们的支持和帮助.

本书是我在清华大学多年教学的总结. 教学相长是亘古不变的道理，书中也包含了学习我的课程的几千清华学子的聪明才智.

目 录

第 7 章 连续介质力学

在第 1 章已经引入了连续介质模型. 连续介质是比质点、刚体更普遍的经典力学模型，固体、液体、气体等一切实际物体的实际运动，都可以纳入连续介质模型中统一研究. 连续介质模型认为物质连续地分布在它所占有的容积之内，因此表征物质性质和运动的物理量，如密度、速度、动量、应力、温度等都是随空间位置和时间过程连续变化的. 连续介质模型关注内部质元的运动，既有整体的运动，也有宏观的不均匀的流动，以及每个质元在平衡位置附近的振动和在连续介质中形成的波动. 连续介质力学并不关注连续介质内部的微观结构、微观作用力以及相应的连续介质内在的性质. 连续介质力学研究在宏观外力作用下所引起的连续介质内部的宏观作用力和变形，以及连续介质的宏观运动.

本章以固体为例讨论应力、应变以及应力、应变之间的关系. 然后讨论流体的平衡、运动的力学规律.

7.1 应力和应变

作用在连续介质上的力分为两种：体积力和面积力. 像引力、重力、惯性力、电场力等作用在场内的每一个质元(电荷)上，在分布着物质(电荷)的空间内处处都存在，称为体积力. 而物体内部的相互作用力(除体积力外)是通过接触面实现的，称为面积力. 讨论内力的一般方法是假想将物体切开，两部分之间的相互作用力就作用在截面上. 如果把切下部分拿走，切下部分的作用由截面上的内力代表，不会改变留下部分的力学状态. 已知外力和留下部分的运动，就可以得到作用在截面上的内力.

如图 7.1.1(a)，一根直杆放在水平面上. 不计重力，呈自然状态. 假想用一个截面将杆切开，留下的左半边不受外力，截面上也没有内力，说明在这样的自然状态下，物体内部没有相互作用力. 图 7.1.1(b)中杆两端在大小相等方向相反的力 $F_{外}$ 的作用下处于平衡. 假想用一个截面将杆切开，为使留下的左半边依旧平衡，截面上必须有与 $F_{外}$ 平衡的、来自右边的作用力，这就是该截面上的内力 $F_{内}$.

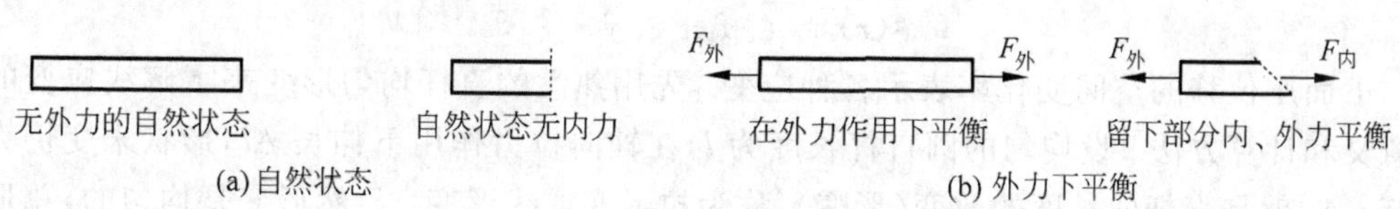

(a) 自然状态　　(b) 外力下平衡

图　7.1.1

7.1.1 应力

1. 应力

外力作用下的物体内部出现相互作用力——内力. 以固体为例研究如何描述物体内力的分布.

讨论固体内任意点 P 处内力的分布. 如图 7.1.2，假想过 P 作截面 π 将物体切开，截面 π 的方位用其法向单位矢量 $\hat{n}$ 表述. 设在 P 点周围小面积 ΔS 上内力为 $\Delta \boldsymbol{T}$，显然 $\Delta \boldsymbol{T}$ 不但与 ΔS 有关，还与截面的方位有关. 定义在截面 π 上的 P 处应力为

$$\sigma = \sigma(P, \hat{n}) = \lim_{\Delta S \to 0} \frac{\Delta \boldsymbol{T}}{\Delta S} = \frac{\mathrm{d}\boldsymbol{T}}{\mathrm{d}S} = \sigma_\tau + \sigma_n \quad (7.1.1)$$

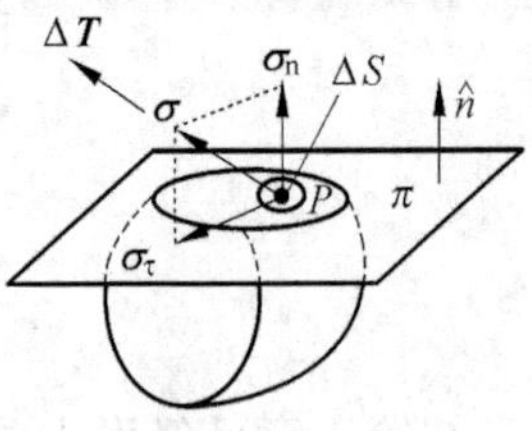

图 7.1.2

一般应力 σ 不在截面上，将其分解为垂直于截面的正应力（或称法向应力、张力）σ_n 和平行于截面的剪应力（或称切应力）σ_τ. 应力单位是 Pa（与压强单位相同）. 一般规定，截面的法向为从内部指向外部，相应的正应力的符号也以向外为正（称为拉应力）、向里为负（称为压应力）.

2. 应力状态

这样，内力用应力描述，应力分布代表内力分布情况. 应力分布与一般的物理量的分布不同，$\sigma = \sigma(P, \hat{n})$ 不仅与点 P 位置有关，而且还与切面方位 $\hat{n}$ 有关. 于是有关于**应力状态**的定义：

P 处的应力关于方位的函数关系 $\sigma_P(\hat{n}) = \sigma(P, \hat{n})$，叫 P 处的应力状态.

由四面体平衡条件可以证明（见下面 7.3.1 节流体静力学中的讨论），由互相垂直的三个截面上的应力可以计算出该处任意方位截面上的应力，因此互相垂直的三个截面上的应力就完全决定了一点处的应力状态.

如果一个截面上只有正应力，称为主应力，该面称为应力主面. 可以证明，任意点必有三个互相垂直的应力主面.

7.1.2 应变

连续介质模型中质元有各种各样的位移，可以改变质元之间的相对位置，造成物体的形变，就是物体形状的改变. 物体的形状总可以用它各部分的长度和角度来表示. 因此，物体的形变总可以归结为长度的改变和角度的改变. 物体的形变用应变 ε 描述，因此物体有两种基本的应变形式：线（或拉、压）应变和剪应变. 线应变对应长度的改变，剪应变对应角度的改变.

设已知物体内部各质元的位移. 任意点 $\boldsymbol{r}$ 处质元位移 ξ 为

$$\xi(\boldsymbol{r}) = \xi_x \hat{x} + \xi_y \hat{y} + \xi_z \hat{z}$$

下面用位移的空间变化率表示各种应变. 先用熟悉的直杆均匀形变来了解线应变的物理意义和计算方法. 设均匀的圆直杆长度为 l，在轴向拉力作用下伸长 Δl，形状未变仍为圆直杆. Δl 就是直杆的长度的改变（形变），称为拉形变或线形变. 显然形变是均匀的，总形变与长度成正比. 定义线（拉、压）应变

$$\varepsilon = \Delta l / l$$

线应变就是单位长度上的长度改变. 线应变为无量纲量.

如果形变不均匀,各处的应变不同,就要讨论一点处的应变. 一个基本假设是位移和形变都是微小的,即讨论的都是小变形.

如图 7.1.3,只考虑 xy 平面的位移和形变. 设任意点 $A(x,y)$处形变前后的位移为$\xi(\xi_x,\xi_y)$. 以任意点 $A(x,y,z)$为起点,以 Δx、Δy 为微小边长的矩形 $ABCD$,形变后成为近似的平行四边形 $A'B'C'D'$,既有长度的改变——线应变,也有角度改变——剪应变. AB 段形变后为$A'B'$,去掉高阶小量,得

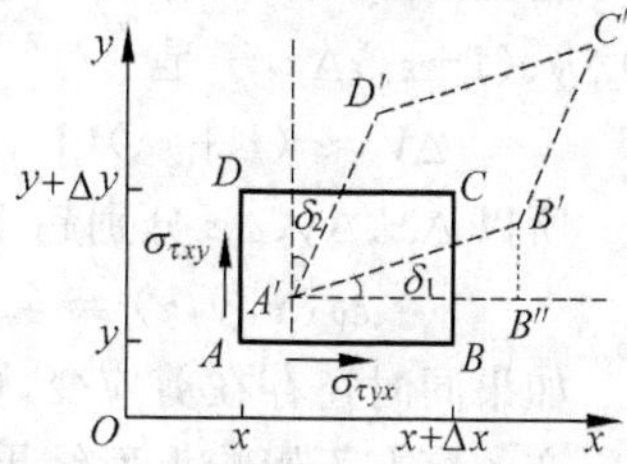

图　7.1.3

$$\Delta l = \overline{A'B'} - \overline{AB} = [(\Delta x + \Delta\xi_x)^2 + \Delta\xi_y^2]^{1/2} - \Delta x \approx \Delta\xi_x$$

其中,$\Delta\xi_x = \xi_x(x+\Delta x) - \xi_x(x)$、$\Delta\xi_y = \xi_y(x+\Delta x) - \xi_y(x)$. 由基本假设 $\Delta\xi_x/\Delta x \ll 1$、$\Delta\xi_y/\Delta x \ll 1$. 由此可见,长度的改变主要是沿着长度方向的长度改变. 于是定义 A 处 x 方向线应变

$$\varepsilon_x = \lim_{\Delta x\to 0}(\Delta\xi_x/\Delta x) = \frac{\partial\xi_x}{\partial x} \tag{7.1.2a}$$

$\varepsilon_x > 0$ 为拉应变,$\varepsilon_x < 0$ 为压应变. 类似定义 A 处 y、z 方向线应变

$$\varepsilon_y = \partial\xi_y/\partial y \tag{7.1.2b}$$

$$\varepsilon_z = \partial\xi_z/\partial z \tag{7.1.2c}$$

一般情况下应变也是点函数,不均匀形变时各处应变也不相同. 应变是位移的空间变化率(位移对空间坐标的偏导数).

图 7.1.3 中线段的夹角也发生变化,AB、AD 之间的夹角减小了,从直角变成锐角,出现了剪应变. 定义 A 处 xy 剪应变为角度改变量

$$\varepsilon_{\tau xy} = \lim_{\substack{\Delta x\to 0\\ \Delta y\to 0}}(\delta_1 + \delta_2) = \partial\xi_x/\partial y + \partial\xi_y/\partial x \tag{7.1.3a}$$

其中 $\delta_1 \approx \tan\delta_1 = \overline{B'B''}/\overline{A'B''} \approx [\xi_y(x+\Delta x) - \xi_y(x)]/\Delta x$,近似$\overline{A'B''} \approx \Delta x$,取极限得到

$$\lim_{\Delta x\to 0}\delta_1 = \lim_{\Delta x\to 0}\{[\xi_y(x+\Delta x) - \xi_y(x)]/\Delta x\} = \partial\xi_y/\partial x$$

同样

$$\lim_{\Delta y\to 0}\delta_2 = \partial\xi_x/\partial y$$

即 A 处 xy 剪应变是 x 方向与 y 方向线段之间直角在变形后的减少值. $\varepsilon_{\tau xy} > 0$ 是实际减少为锐角;$\varepsilon_{\tau xy} < 0$ 是实际增加为钝角.

类似,定义另外两个剪应变

$$\varepsilon_{\tau yz} = \partial\xi_y/\partial z + \partial\xi_z/\partial y \tag{7.1.3b}$$

$$\varepsilon_{\tau zx} = \partial\xi_x/\partial z + \partial\xi_z/\partial x \tag{7.1.3c}$$

在两种基本的应变形式的基础上考虑体应变. 体应变描述物体体积的改变. 均匀形变时,体应变定义为

$$\varepsilon_V = 体积增量 / 原来体积 = \Delta V/V$$

不均匀形变时,讨论一点 A 处体应变. 以 $A(x,y,z)$处为起点沿 x、y、z 轴分别取 Δx、Δy、Δz 的长度为边长作出小长方体,体积为 $V = \Delta x\Delta y\Delta z$. 形变后体积增量为 ΔV,$\Delta V/V$ 为 A 附近的平均体应变. 当 Δx、Δy、Δz 分别趋于零时 A 处平均体应变的极限为 A 处体应变,即

$$\varepsilon_V(x,y,z)=\lim_{\substack{\Delta x\to 0\\ \Delta y\to 0\\ \Delta z\to 0}}(\Delta V/V)$$

在 Δx、Δy、Δz 很小时线应变分别为 ε_x、ε_y、ε_z，则形变后的边长近似为 $(1+\varepsilon_x)\Delta x$、$(1+\varepsilon_y)\Delta y$、$(1+\varepsilon_z)\Delta z$，于是

$$\Delta V\approx(1+\varepsilon_x)(1+\varepsilon_y)(1+\varepsilon_z)\Delta x\Delta y\Delta z-V\approx(\varepsilon_x+\varepsilon_y+\varepsilon_z)\Delta x\Delta y\Delta z$$

所以 Δx、Δy、Δz 分别趋于零时 A 处体应变

$$\varepsilon_V(x,y,z)=\varepsilon_x+\varepsilon_y+\varepsilon_z=\partial\xi_x/\partial x+\partial\xi_y/\partial y+\partial\xi_z/\partial z=\nabla\cdot\xi \tag{7.1.4}$$

如果同时还存在剪应变，剪应变引起的体积改变量是 ΔV 的高阶小量，可以忽略，因此，剪应变的存在不影响上面结果.

7.1.3 胡克定律——应力和应变的关系

应力和应变共生共存，相互之间有必然的联系，体现了物质的本性. 1678 年胡克(R. Hooke)提出在比例极限范围内单向拉压时应变和应力成正比，以后推广到三维的线性关系成为实验定律，称为胡克定律.

对于各向同性物体，在比例极限范围内微小变形时，一点处线应变只与该处的正应力有关，而与剪应力无关；另一方面，该处的剪应变也只与该处的剪应力有关而与正应力无关，因此可以分别讨论这两种关系.

1. 单一正应力引起的线应变

由于应变和应力是线性关系，因此有叠加原理，即多个正应力同时存在共同引起的线应变，是每个正应力单独存在时引起的线应变之和. 这样可以在单向应力状态(三个互相垂直的平面上只有一个面上有正应力)下进行实验，研究应变和应力关系，然后推广到一般情况.

以正应力 σ_x 为例. 实验表明，正应力 σ_x 分别引起纵向(x 方向)和横向(垂直于 x 方向)线应变，在比例极限范围内，这些线应变都与正应力 σ_x 成正比

$$\varepsilon_x=\sigma_x/Y \qquad \varepsilon_y=\varepsilon_z=-\mu\varepsilon_x=-\mu\sigma_x/Y$$

其中 Y、μ 为与材料性质有关的弹性常数(弹性模量)，Y 称为拉压弹性模量，简称为弹性模量，通常还称为杨氏(T. Yong)模量(单位 Pa). μ 称为横向变形系数或泊松(S. D. Poisson)比. μ 无量纲，以下将说明 μ 的取值范围为 $0\leqslant\mu\leqslant 0.5$.

纵向线应变与相应的正应力的关系 $\varepsilon_x=\sigma_x/Y$ 也称为**单向应力情况下的胡克定律**.

纵向线应变与相应的正应力同号，即拉(压)应力引起拉(压)应变；而横向线应变与相应的正应力反号.

2. 普遍的三向应力情况下线应变与正应力的关系

同时存在三个正应力为三向应力情况，每个正应力都对三个线应变有贡献，由叠加原理，将三个应力的贡献加起来，得到

$$\varepsilon_x=\frac{1}{Y}[\sigma_x-\mu(\sigma_y+\sigma_z)] \tag{7.1.5a}$$

$$\varepsilon_y=\frac{1}{Y}[\sigma_y-\mu(\sigma_x+\sigma_z)] \tag{7.1.5b}$$

$$\varepsilon_z=\frac{1}{Y}[\sigma_z-\mu(\sigma_x+\sigma_y)] \tag{7.1.5c}$$

从中解出三个正应力，利用 $(\sigma_x+\sigma_y+\sigma_z)=Y\varepsilon_V/(1-2\mu)$ 可以简化计算

$$\sigma_x = \frac{Y}{1+\mu}\left(\varepsilon_x + \frac{\mu\varepsilon_V}{1-2\mu}\right) \tag{7.1.6a}$$

$$\sigma_y = \frac{Y}{1+\mu}\left(\varepsilon_y + \frac{\mu\varepsilon_V}{1-2\mu}\right) \tag{7.1.6b}$$

$$\sigma_z = \frac{Y}{1+\mu}\left(\varepsilon_z + \frac{\mu\varepsilon_V}{1-2\mu}\right) \tag{7.1.6c}$$

3. 剪应变与剪应力的关系

剪应变与剪应力的关系很简单，就是正比关系

$$\varepsilon_{\tau xy} = \sigma_{\tau xy}/G \tag{7.1.7a}$$

$$\varepsilon_{\tau yz} = \sigma_{\tau yz}/G \tag{7.1.7b}$$

$$\varepsilon_{\tau xz} = \sigma_{\tau xz}/G \tag{7.1.7c}$$

其中常数 G 称为剪切弹性模量. 注意：应力、应变脚标意义不同. 应变的脚标“xy”指在 xy 平面上变形，即 xy 平面上的矩形变成其他形状. 剪应力脚标“xy”的第一个指标 x 指截面的法线方向，称为“面元指标”，第二个指标 y 指应力的方向，称为“方向指标”. 如图 7.1.3 中 A 处 $\sigma_{\tau xy}$ 是垂直于 x 轴的平面上指向 y 方向的应力. 由此可见，xy 平面上的剪应变不取决于 xy 平面上的剪切力，而是决定于与 xy 平面垂直的侧面上的剪切力. 6 个剪应力之间有互等关系，只有 3 个是独立的

$$\sigma_{\tau xy} = \sigma_{\tau yx} \qquad \sigma_{\tau yz} = \sigma_{\tau zy} \qquad \sigma_{\tau xz} = \sigma_{\tau zx} \tag{7.1.8}$$

以上 3 个线应变与正应力的关系式和 3 个剪应变与剪应力的关系式统称为广义胡克定律.

4. 体应变与正应力关系

应用广义胡克定律得到

$$\varepsilon_V = \varepsilon_x + \varepsilon_y + \varepsilon_z = (1-2\mu)(\sigma_x + \sigma_y + \sigma_z)/Y = \sigma_0/K \tag{7.1.9}$$

其中定义平均正应力 σ_0（也称为体应力）和体弹性模量 K 为

$$\sigma_0 = (\sigma_x + \sigma_y + \sigma_z)/3 \tag{7.1.10}$$

$$K = Y/[3(1-2\mu)] \tag{7.1.11}$$

如果 3 个正应力 ε_x、ε_y、ε_z 都是拉应力，必有 $\varepsilon_V>0$，因此 $K>0$，所以要求泊松比 $\mu\leqslant 0.5$.

5. 各向同性固体只有两个独立的弹性模量

弹性理论证明，各向同性固体只有两个独立的弹性模量，即 Y、G、K、μ 中只有两个是独立的. 一般选 Y、μ 为独立弹性模量，则另外两个弹性模量为 $K=Y/[3(1-2\mu)]$和

$$G = Y/2(1+\mu) \tag{7.1.12}$$

由于 $\mu\geqslant 0$，所以 $G<Y$. 虽然材料性质千差万别，但是泊松比大都在 0.35 左右，G、K、Y 的量级多为 $10^{10}\sim 10^{11}$ Pa，差别并不太大. 部分材料的弹性模量见表 7.1.1.

表 7.1.1　部分材料的弹性模量

材料	铝	铜	金	电解铁	铅	铂	银	熔融石英	聚苯乙烯
$K/10^{10}$ Pa	7.8	16.1	16.9	16.7	3.6	14.2	10.4	3.7	0.41
$G/10^{10}$ Pa	2.5	4.6	2.85	8.2	0.54	6.4	2.7	3.12	0.133
$Y/10^{10}$ Pa	6.8	12.6	8.1	21	1.51	16.8	7.5	7.3	0.36
μ	0.355	0.37	0.42	0.29	0.43	0.30	0.38	0.17	0.353

7.2 固体拉伸、弯曲、扭转

本节讨论固体三种最简单最基本的弹性变形：拉伸、弯曲、扭转的应力状态，利用胡克定律计算应力与应变.

7.2.1 等截面直杆的拉压

弹性变形体为均匀圆形截面直杆. 为了通过实验定性地确定应力的特点，在圆杆侧面均匀地画上圆柱的母线(直线)和垂直于母线的圆(图 7.2.1(a)). 两端面施均匀面积力对杆拉伸(压缩)，单位面积上的力为 σ(拉力>0；压力<0). 设圆杆原长为 l，均匀拉伸变形之后伸长 Δl，线应变为

$$\varepsilon_z = \Delta l/l$$

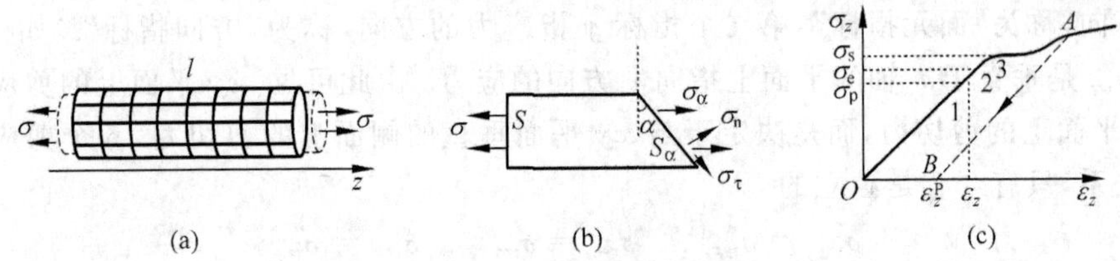

图 7.2.1

拉伸变形之后，侧面的图形保持不变，母线和圆仍然垂直，表明在横截面上没有剪应力，所以横截面为应力主面. 而且由于横截面上各点位移均匀，所以横截面上应力均匀. 由平衡条件知，横截面上正应力与端面上面积外力相等，为

$$\sigma_z = \sigma$$

用与横截面成 α 角的斜截面(图 7.2.1(b))将圆杆切开，设此截面上总应力为 σ_α，由平衡条件得到 $\sigma_\alpha S_\alpha = \sigma S = \sigma S_\alpha \cos\alpha$，于是

$$\sigma_\alpha = \sigma\cos\alpha$$

其中，设圆杆横截面面积为 S，斜截面面积为 S_α. 于是斜截面上正应力、剪应力分别为

$$\sigma_{\mathrm{n}} = \sigma_\alpha\cos\alpha = \sigma\cos^2\alpha$$

$$\sigma_\tau = \sigma_\alpha\sin\alpha = \sigma\sin 2\alpha/2$$

由上面两式确定了圆杆内各点的应力状态. 可见，$\alpha=45°$的斜截面上剪应力最大 $\sigma_{\tau\max}=\sigma/2$.

任意作圆杆的纵切面，由平衡条件，纵切面上正应力为零.

所以圆杆内一点处应力状态：

横截面上 $\sigma_z=\sigma$ 为主应力($\sigma_\tau=0$)；其他任意两个与横截面垂直的面上正应力都是零，切应力都是零($\sigma_x=\sigma_y=\sigma_{\tau xy}=\sigma_{\tau xz}=\sigma_{\tau yz}=0$). 是单向应力状态.

由单向应力情况下的胡克定律

$$\sigma_z = \sigma = Y\varepsilon_z = Y\Delta l/l \tag{7.2.1}$$

由于圆直杆是严格的单向应力状态，所以作材料性能的实验都是将材料制成圆直杆形状，两端加上外力(载荷)，进行拉、压实验. 下面介绍一种典型的(如低碳钢)材料拉伸实验

曲线(图 7.2.1(c)).

图 7.2.1 中 1、2、3 三点所对应的应力分别称为比例极限 σ_p、弹性极限 σ_e、屈服极限 σ_s.

当 $\sigma_z<\sigma_p$ 时,σ_z-ε_z 曲线为直线,σ_z 与 ε_z 成正比,满足单向应力情况下的胡克定律.

当 $\sigma_p<\sigma_z<\sigma_e$ 时,σ_z-ε_z 曲线偏离直线,σ_z 与 ε_z 不成正比,单向应力情况下的胡克定律不再适用. 一般情况下 σ_p 与 σ_e 相差不大,实际上 σ_p 还取决于测量精度及问题要求的精度,所以很多时候不区别比例极限和弹性极限.

在 $\sigma_z<\sigma_e$ 阶段,物体的形变都是弹性形变,即如果去掉外力,物体能够完全恢复原来的形状. 超过弹性极限 σ_e 后,物体产生塑性变形,即卸载后不能恢复的变形. 在此阶段,外力增加不多而物体的伸长急剧增加,曲线趋于水平,应力近似为常数称为屈服极限 σ_s. 以后在塑性变形中材料会产生强化作用使应力又随应变而增加,直至材料要破坏,此时的应力称为材料的极限强度 σ_b.

发生塑性变形后,如图 7.2.1(c)曲线上 A 点,减小外力(载荷)后,卸载曲线并不沿原来曲线返回,而是近似与原来的弹性阶段直线平行的直线 AB 返回. 完全卸载后(外力为零)材料的弹性形变恢复,保留了塑性变形的应变 σ_z^p. 这样,如果材料发生了塑性变形,那么在拉伸实验曲线图(图 7.2.1(c))上,同一个应变 ε_z 对应着不同的应力 σ_z,与形变的历史有关,而且卸载时的应力小于加载时的应力. 6.4.3 节中讨论滚动摩擦时指出,滚动过程中圆盘和地面都有变形. 前半部分处于挤压状态,后半部分处于恢复状态,如果有塑性形变,那么在挤压部分的弹力大于后半部分的弹力. 其中关于塑性形变应力与形变的历史有关的论断就来自上述的实验.

在小变形情况下都是弹性变形. 设圆杆横截面积为 S 并忽略变形中 S 的改变,圆杆伸长 Δl 具有的弹性形变势能 E_p 等于这个过程中外力做的功. 设将杆左端固定,右端作用力为 $F_外$,极其缓慢地拉伸,因此 $F_外$ 时时与杆内力平衡,当右端面位移为 ξ 时

$$F_{外}=S\sigma_z=SY\varepsilon_z=SY\xi/l$$

于是

$$E_p=\int_0^{\Delta l}F_{外}\,d\xi=\int_0^{\Delta l}SY\xi d\xi/l=YS\Delta l^2/2l$$

弹性形变势能储存在整个圆杆里. 圆杆均匀变形,所以单位体积内的弹性形变势能——弹性形变势能密度为

$$e_p=E_p/V=E_p/Sl=\frac{1}{2}Y\varepsilon_z^2=\frac{1}{2}\sigma_z\varepsilon_z \tag{7.2.2}$$

对于单向应力状态下不均匀形变情况,这个结果也是对的.

其他截面的均匀直杆在拉压变形时不是严格的单向应力状态,例如方形截面直杆在拉伸时,横截面会有些翘曲. 但是,横截面上的剪应力和纵截面上的正应力虽然不是零,但相比 σ_z 要小很多,一般都可以忽略不计,可以近似按圆杆来计算.

例 7.2.1 圆形截面直杆在轴向拉力下变形,已知轴向拉应力 $\sigma_z=2.0\times10^5$ Pa,材料杨氏模量 $Y=19.6\times10^{10}$ Pa,泊松比 $\mu=0.3$. 求:此时杆的体应变 ε_V.

解: 此时为单向应力状态,由胡克定律

$$\varepsilon_z=\sigma_z/Y=1.02\times10^{-6}\quad \varepsilon_x=\varepsilon_y=-\mu\varepsilon_z$$

于是

$$\varepsilon_V=\varepsilon_x+\varepsilon_y+\varepsilon_z=(1-2\mu)\varepsilon_z=0.4\varepsilon_z=4.08\times10^{-7}$$

由于 $\mu<0.5$，所以 ε_V 与 ε_z 同号，由此可知，当拉伸圆杆时 $\varepsilon_z>0$，圆杆体积增加；当压缩圆杆时 $\varepsilon_z<0$，圆杆体积减小.

例 7.2.2 均匀合金细圆杆质量 m、长度 l、横截面积 S、杨氏模量 Y，在光滑水平面上以匀角速度 ω 绕其一端转动. 忽略 S 的变化，已知横截面上应力均匀分布且为单向应力状态. 取轴处为原点，沿杆建立坐标 r. 求：(1)杆内距轴为 r 处横截面上正应力 $\sigma_r(r)$；(2)杆的总伸长 Δl.

解：(1) 以转动圆杆为参考系，圆杆静止不动保持平衡. 杆内距轴为 r 处质元 dm 受惯性力(体积力)为

$$dF_{惯}=(dm)\omega^2 r$$

假想在距轴为 r 处作横截面将杆切开，考虑顶端(r 到 $r=l$)部分的平衡，横截面内力 $T(r)$ 与这部分杆的体积力(惯性力)合力平衡，得

$$T(r)=\int(dm)\,\omega^2 r=\int_r^l m\omega^2 r dr/l=m\omega^2(l^2-r^2)/2l$$

$$\sigma_r(r)=T(r)/S=m\omega^2(l^2-r^2)/(2Sl)$$

$$\varepsilon_r(r)=\sigma_r/Y=m\omega^2(l^2-r^2)/(2YSl)$$

(2) 设 r 处截面上点的位移为 $\xi(r)$，则

$$\varepsilon_r(r)=d\xi/dr$$

$$\int_0^{\Delta l}d\xi=\int_0^l m\omega^2(l^2-r^2)dr/(2Syl)$$

于是杆的总伸长为

$$\Delta l=m\omega^2 l^2/(3YS)$$

7.2.2 矩形梁纯弯曲

横截面为矩形的梁称为矩形梁. 设矩形梁长度为 l，矩形截面的高度为 h、宽度为 b. 为了通过实验定性地确定应力的特点，在梁侧面均匀地画上与梁长度平行的平行线和与梁长度垂直的竖直线，两组线相互垂直. 忽略重力，在梁的两个端面施加方向相反的力偶矩 M 使梁弯曲. 单纯力偶矩产生的弯曲称为纯弯曲. 弯曲形变后侧面的平行线弯曲成为圆弧，竖直线仍为直线过圆心，横截面保持为平面，两组线仍然正交，见图 7.2.2(a)的右边，表明在横截面上没有剪应力，所以横截面为应力主面.

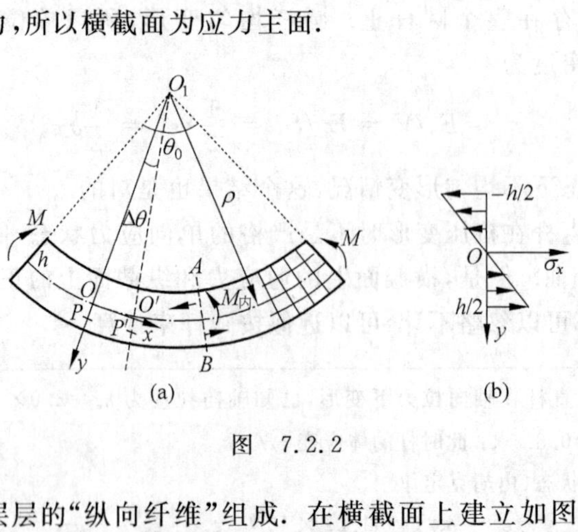

图 7.2.2

可以想象梁由一层层的“纵向纤维”组成. 在横截面上建立如图 7.2.2 的直角坐标系 $O\text{-}xyz$. 由于 y、z 方向没有外力也没有约束，“纵向纤维”在 y、z 方向都是自由的，因此没有 y、z 方向的正应力. 所以梁内一点处应力状态为：

横截面上 $\sigma_x \neq 0$ 为主应力($\sigma_\tau = 0$)，$\sigma_y = \sigma_z = 0$，是单向应力状态.

由单向应力情况下的胡克定律

$$\sigma_x = Y\varepsilon_x$$

弯曲时，同一层"纵向纤维"的地位相同因此应变相同，不同层"纵向纤维" 的应变不同，所以同一层"纵向纤维"都弯曲成圆弧. 其中靠上的层被压缩，下面的层被拉伸，中间层长度不变称为中性(层)面. 图 7.2.2(a)中坐标系原点就在中性面上. 设中性面的曲率半径为 ρ.

图 7.2.2(a)中过 O 和 O' 的两个横截面原来是平行的距离为 $\overline{OO'}$，变形后夹角为 $\Delta\theta$. 则变形后 $\overline{OO'}$ 成为 $\widehat{OO'}$ 而长度不变，P 处那层"纵向纤维"在两个横截面之间长度变成 $\widehat{PP'}$，于是 $P(y)$ 处应变

$$\varepsilon_x(y) = \lim_{\Delta\theta\to 0}(\widehat{PP'} - \widehat{OO'})/\widehat{OO'} = \lim_{\Delta\theta\to 0}[(\rho + y)\Delta\theta - \rho\Delta\theta]/\rho\Delta\theta = y/\rho$$

于是

$$\sigma_x(y) = Y\varepsilon_x = Yy/\rho \propto y$$

即在横截面上应力分布不均匀，而是与坐标 y 成正比，分布见图 7.2.2(b).

假想作 AB 横截面将梁切开，考虑左半部分的平衡，由刚体平衡条件得到

$$\boldsymbol{F}_{合} = 0 \qquad M_{内} = M$$

其中 $M_{内}$、M 都是指力矩的模. 由 $\boldsymbol{F}_{合} = 0$，得到横截面上剪应力 $\sigma_{\tau xy}$ 为零、法向力的合力为零. 剪应力 $\sigma_{\tau xy}$ 为零与前面 $\sigma_\tau = 0$ 的判断相符. 法向力的合力为零要求中性面正在梁的中间，O 点正在横截面的中点，正应力的力矩是力偶矩，与轴的位置无关. 为简单起见，求正应力对 z 轴之矩得到 $M_{内}$

$$M_{内} = \int y\sigma_x \mathrm{d}S = \frac{Y}{\rho}\int y^2 \mathrm{d}S = \frac{Y}{\rho}I_z = M$$

定义：对 z 轴惯性矩

$$I_z = \int y^2 \mathrm{d}S \tag{7.2.3}$$

其中 $M = \dfrac{Y}{\rho}I_z$ 称为**伯努利-欧勒定律**. 于是得到在力偶矩 M 作用下梁内正应力的分布

$$\sigma_x = \frac{M}{I_z}y \tag{7.2.4}$$

最大应力值出现在梁的上下边缘处($y = \pm h/2$)

$$\sigma_{x\max} = Mh/2I_z$$

中性面曲率半径 ρ 和两个端面之间夹角 θ_0(梁变形的转角)为

$$\rho = YI_z/M \tag{7.2.5}$$

$$\theta_0 = l/\rho$$

梁的几何变形可以由 ρ 和 θ_0 描述，ρ 越小 θ_0 越大，说明梁的变形越剧烈.

矩形梁纯弯曲时仍然是线应力和线应变，只是应力和应变不均匀. 变形体内有弹性形变势能，弹性形变势能密度仍为 $e_p = Y\varepsilon_x^2/2 = \sigma_x\varepsilon_x/2$.

对于确定的外加力偶矩 M，梁的变形和最大应力都取决于梁的截面，主要是惯性矩 I_z. 设图 7.2.3 中梁的矩形截面高度为 h、宽度为 b，则

$$I_z = \int y^2 \mathrm{d}S = 2b\int_0^{h/2} y^2 \mathrm{d}y = \frac{1}{12}bh^3 \tag{7.2.6}$$

对图 7.2.3 中半径为 r 的圆形截面，惯性矩为

$$I_z=\int y^2\mathrm{d}S=4\int_0^r\sqrt{r^2-y^2}\,y^2\mathrm{d}y=\pi r^4/4 \qquad (7.2.7)$$

同样的材料，如果减少宽度加大高度（不能影响稳定性）就可以加大惯性矩 I_z. 横截面的中间部分应力、应变都很小，为了节约将材料中间部分变薄，或者做成空心的，如工程上用到的工字钢、槽钢、钢轨……，跨海大桥大跨度的钢梁是用钢板焊接成的箱形梁. 自然界生物的骨架也没有实心的. 图 7.2.4 中画出一些常见的钢梁的截面.

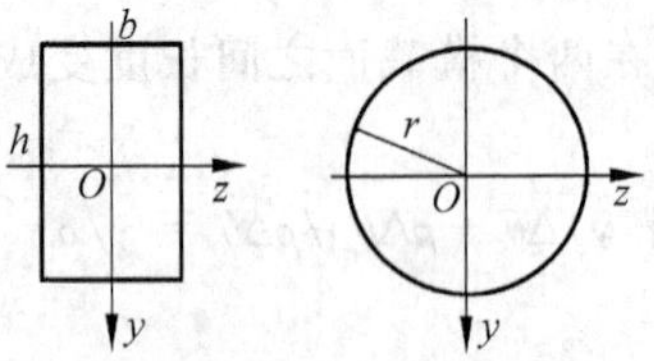

图 7.2.3

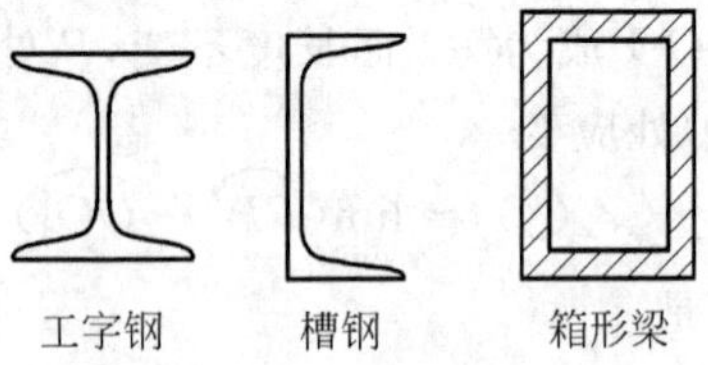

图 7.2.4

非矩形截面的梁在力偶矩作用下弯曲时，一般 $\sigma_y\neq0$、$\sigma_z\neq0$，不是严格的单向应力状态，但是 $\sigma_y\approx0$、$\sigma_z\approx0$，与单向应力状态偏差不大，可以近似按单向应力状态计算，应用上面的计算结果.

如果有外力作用而不是单纯力偶矩作用时，横截面上会出现剪应力，而不是严格的单向应力状态. 但是剪应力一般很小可以忽略，还可以近似按纯弯曲处理，只是在结果上与按纯弯曲有所区别，如梁的内力矩不再是常数而与位置有关，中性面曲率半径 ρ 也不再是常数而与位置有关.

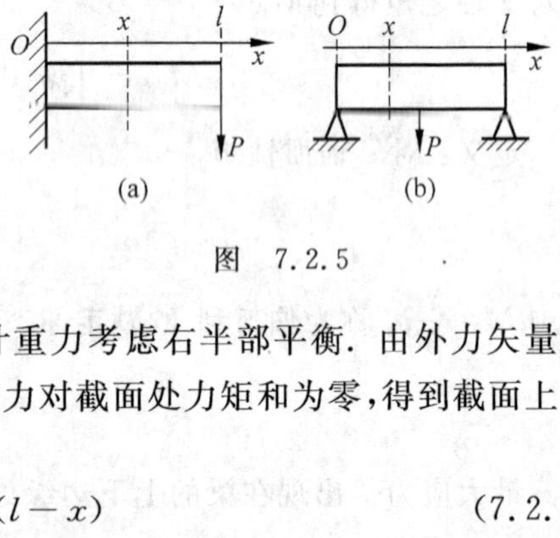

图 7.2.5

常见的悬臂梁和简支梁如图 7.2.5 所示.

图 7.2.5(a)中的梁一端固定在壁上，梁作为悬臂承受载荷，称为悬臂梁. 设悬臂梁长度为 l，载荷为力 P 施加在端点. 假想 x 处截面将梁切开，不计重力考虑右半部平衡. 由外力矢量和为零，得到截面上有向上的剪应力，其合力为 P；由外力对截面处力矩和为零，得到截面上内力矩大小等于 P 对截面处力矩

$$M_{内}=M_{内}(x)=P(l-x) \qquad (7.2.8)$$

所以悬臂梁上内力矩最大的截面在固定端 $x=0$ 处，$M_{内\max}=M_{内}(0)=Pl$. 最大正应力在该截面的上下边缘.

图 7.2.5(b)中的梁的两端放在支架上称为简支梁. 设简支梁长度为 l，载荷为力 P 施加在中点，于是关于简支梁的中间截面对称. 不计重力考虑整个梁的平衡，得到两个支架对梁的支持力相同为 $P/2$. 假想 $x(<l/2)$处截面将梁切开，考虑左半部平衡. 由外力矢量和为零，得到截面上有向上的剪应力，其合力为 $P/2$；由外力对截面处力矩和为零，得到截面上内力矩大小等于 O 处支持力 $P/2$ 对截面处力矩

$$M_{内}=M_{内}(x)=Px/2\quad x\in(0,l/2) \qquad (7.2.9a)$$

当 $x>l/2$ 时考虑右半部平衡，剪切力与左半部相同，内力矩为

$$M_{内}=M_{内}(x)=P(l-x)/2\quad x\in(l/2,l) \qquad (7.2.9b)$$

内力矩最大的截面为中间截面 $x=l/2$ 处，$M_{内\max}=M_{内}(l/2)=Pl/2$. 最大正应力在该截面的上下边缘.

悬臂梁、简支梁都近似为单向应力状态，所以仍有关系

$$\sigma_x(x)=M_{内}(x)y/I_z$$

$$\rho(x)=YI_z/M_{内}(x)$$

例 7.2.3 均匀细杆长为 l、质量为 m，半径为 R. 细杆开始静止在水平位置，然后自由下摆. 不计摩擦. 摆动过程中杆的横截面上存在轴向力 F、剪切力 T 和力偶矩 M. 求：摆角为 θ 时 B 处($\overline{OB}=r$)横截面上的力 F、T 和力偶矩 M；讨论最大正应力.

解：地、杆系统机械能守恒. 取水平时为重力势能零点

$$0+0=I\omega^2/2-mgl\sin\theta/2$$

$$\omega=(3g\sin\theta/l)^{1/2}$$

由杆对 z 轴转动定律得杆角加速度

$$\alpha=M_z/I=3g\cos\theta/2l$$

(1) 计算 T、M 的第一种方法

假想在 B 处作杆的横截面将杆切成两段，讨论下段 AB. 上段对下段的影响用力和力矩代表. F、T、M 的正方向如图 7.2.6(b). 其中 F 为截面上法向(轴向)分布面积力在杆中心点简化后的主力，M 为主矩. 这样简化的主力对质心无力矩. T 为横截面上剪切力的合力.

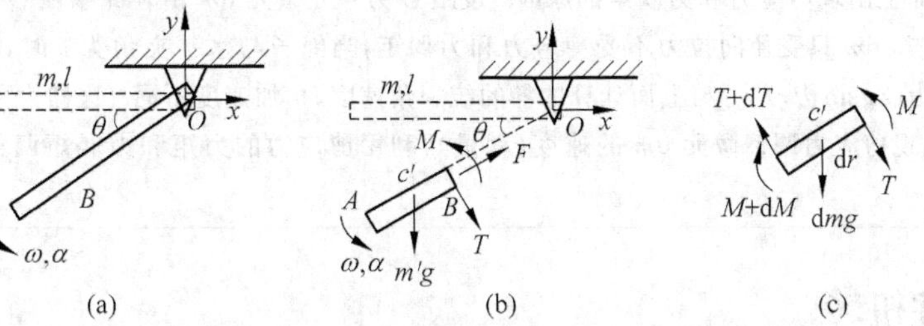

图 7.2.6

注意在固体(杆)的截面上不但有拉力，还有剪切力以及力矩.

设 AB 段长度为 $h=l-r$，质量为 $m'=mh/l$，质心为 c'. 对 AB 段应用质心运动定理. 切向

$$T+m'g\cos\theta=m'a_{c't}=m'\alpha(r+h/2)$$

$$T=m'\alpha(r+h/2)-m'g\cos\theta=m'g\cos\theta(3r-l)/4l=mg\cos\theta(l-r)(3r-l)/4l^2$$

法向

$$F-m'g\sin\theta=m'\omega^2(r+h/2)$$

$$F=m'g\sin\theta[1+3(r+h/2)/l]=m'g\sin\theta(3r+5l)/l=mg\sin\theta(3r+5l)(l-r)/2l^2$$

对 AB 段应用过质心轴的角动量定理

$$-Th/2+M=I_{c'}\alpha=m'h^2\alpha/12$$

$$2M/h=m'h\alpha/6+T=m'\alpha(r+2h/3)-m'g\cos\theta=3m'g\cos\theta(r+2h/3)/2l-m'g\cos\theta=m'gr\cos\theta/2l$$

$$M=mgr(l-r)^2\cos\theta/4l^2$$

(2) 计算 T、M 的第二种方法

距 O 为 r 处取长为 $\mathrm{d}r$ 的微元 $\mathrm{d}m$，$\mathrm{d}m=m\mathrm{d}r/l$. 对微元应用质心运动定理的切向分量式(图 7.2.6(c))

$$(\mathrm{d}m)g\cos\theta-\mathrm{d}T=(\mathrm{d}m)\alpha r$$

$$\mathrm{d}T=mgl^{-1}\cos\theta(1-3r/2l)\mathrm{d}r$$

$$T=\int_l^r mgl^{-1}\cos\theta(1-3r/2l)\mathrm{d}r=mgl^{-1}\cos\theta[(r-l)-3(r^2-l^2)/4l]=mg\cos\theta(l-r)(3r-l)/4l^2$$

过微元质心轴的角动量定理

$$-\mathrm{d}M-T\mathrm{d}r=\mathrm{d}m(\mathrm{d}r)^2\alpha/12=0$$

其中$(\mathrm{d}r)^2$是高阶小，可以忽略．这是一个有意义的结果：对微元的外力矩之和为零．于是

$$\mathrm{d}M=-T\mathrm{d}r$$

$$M=-\int_l^r T\mathrm{d}r=mgr(l-r)^2\cos\theta/4l^2$$

(3) 讨论最大正应力

横截面上正应力分为两部分：一部分是均匀分布的正应力σ产生主力$F=\pi\sigma R^2$；另一部分按式(7.2.4) $\sigma_x=My/I_z$分布，力的矢量和为零，产生力偶矩即主矩M．在主矩较大时，第一部分严格考虑时应该将两部分应力叠加

$$\sigma_{总}=\sigma+\sigma_x=F/\pi R^2+My/I_z$$

主矩M与r、θ有关．若固定θ，令$\mathrm{d}M/\mathrm{d}r=0$，得到：$r=l/3$处截面上内力矩$M$最大．所以$\theta=0$时(水平情况)在$r=l/3$处截面上内力矩为主矩的最大值$M_{\max}$

$$M_{\max}=M(r=l/3,\theta=0)=mgl/27$$

由式(7.2.7)圆杆$I_z=\pi R^4/4$．此截面上边缘上点的应力最大，忽略均匀分布的正应力σ，则杆上最大正应力为

$$\sigma_{x\max}=M_{\max}R/I_z=mgl/27=4mgl/27\pi R^3$$

讨论杆横截面上出现剪应力和力偶矩的原因．设距O为r处微元$\mathrm{d}m$由轻绳系在O处，也从水平位置静止开始自由下摆．$\mathrm{d}m$只受径向拉力不受剪应力和力偶矩，当绳子与水平夹角为θ时，$\mathrm{d}m$的角加速度为$g\cos\theta/r$，角速度为$(2g\sin\theta/r)^{1/2}$，与上面计算的杆的统一角速度、角加速度不同．这样为了维持杆的统一转动，杆横截面上出现剪应力调整微元$\mathrm{d}m$的速度(动量)，利用剪应力的力矩和力偶矩调整微元$\mathrm{d}m$的角加速度．

7.2.3 圆柱扭转

研究高度为h、半径为R的均匀直圆柱的扭转．为了通过实验定性地确定应力的特点，在圆柱侧面均匀地画上圆柱的母线(直线)和垂直于母线的圆，两组线相互垂直．在上下两端面施加方向相反的力偶矩M使圆柱扭转．变形后圆柱见图7.2.7(a)(图中变形画得夸大，实际变形很小)．圆周线仍为平面圆，半径也未改变；圆周线之间的距离几乎不变，所以圆柱高度h不变．母线被扭转，如图上A点转到A'点(考虑相对转动，假设圆柱下端面固定不动)，原来母线与圆周线垂直，变形后直角减少了δ角度，δ就是侧面的剪应变．

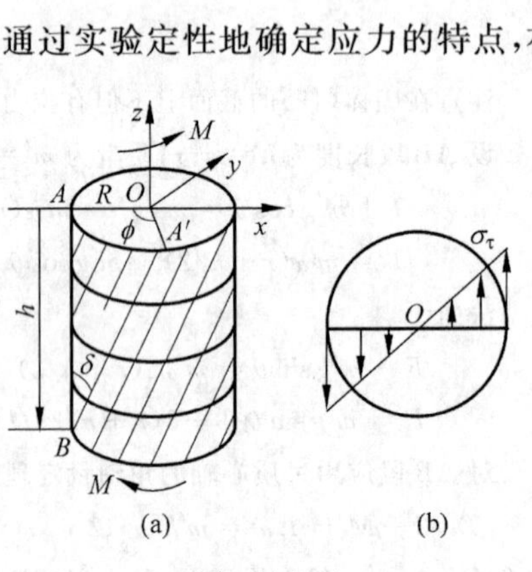

图 7.2.7

假想任意作横截面将圆柱切开，考虑下半部分平衡，得到：横截面内力矢量和为零，即法向力和剪切力都是零；横截面上有内力力偶矩$M_{内}$，其方向为z方向，大小等于外力偶矩M．

由以上实验中得到的圆柱扭转变形的特点和力学平衡得到的横截面上力与力矩的结论，忽略重力，可以大体判断圆柱应力情况，即应力状态：$\sigma_x=\sigma_y=\sigma_z=0$，横截面上剪应力沿

环向($\hat{\phi}$向)，即 $\sigma_{\tau z}=\sigma_{\tau z\phi}$；$\sigma_{\tau xy}=0$. 这些结果与弹性理论的分析结论相同.

在圆柱侧面上沿高度均匀剪切变形. h 高度上转过长度为$\widehat{AA'}$. 设该弧长对应的圆心角为 ϕ，则$\widehat{AA'}$为 $R\phi$. 于是按定义，在圆柱侧面上(半径为 R)的剪应变为

$$\varepsilon_\tau(R)=\delta(R)=\tan\delta(R)=R\phi/h$$

由于物体均匀、连续各向同性，所以在半径 OA 上的点变形后都转到半径 OA' 上. 假想将圆柱的外层去掉，剩下半径为 r 的小圆柱，那么小圆柱侧面上的剪应变为

$$\varepsilon_\tau(r)=\delta(r)=\tan\delta(r)=r\phi/h \tag{7.2.10}$$

即圆柱侧面的剪应变与圆柱半径成正比. 由胡克定律，任意横截面上 r 处的剪应力

$$\sigma_{\tau z}(r)=Gr\phi/h$$

其中 G 为物体的切变模量. 整个横截面上剪切力的矢量和为零，剪切力的总力偶矩(按对 z 轴之矩计算)应该等于内力力偶矩 $M_{内}$(即 M)

$$M_{内}=\int\sigma_{\tau z}r\,\mathrm{d}S=\int_0^R\sigma_{\tau z}r2\pi r\,\mathrm{d}r=\pi GR^4\phi/2h=M$$

得到 $G\phi/h=2M/\pi R^4$，于是

$$\sigma_{\tau z}(r)=\frac{2M}{\pi R^4}r \tag{7.2.11}$$

$$\sigma_{\tau z\max}=\sigma_{\tau z}(R)=2M/\pi R^3$$

在长度(高度)确定之后，这段圆柱的转角 ϕ 与外力力偶矩 M 成正比，于是定义这段圆柱的扭转弹性系数

$$D=M/\phi=\pi GR^4/2h \tag{7.2.12}$$

扭转弹性系数 D 除了与材料的切变模量 G 有关外，还与这段圆柱的长度 h、半径 R 有关，是这段圆柱的整体性质. D 与 R^4 成正比，所以圆柱的半径对扭转弹性系数 D 的影响最大.

圆柱的扭转有两种重要应用，一种是传递扭矩，要求在大的扭矩 M 下转角 ϕ 要小，因此要求扭转弹性系数 D 大，所以半径 R 较大. 同时注意到剪应力 $\sigma_{\tau z}(r)$ 与 r 成正比，r 小处剪应力 $\sigma_{\tau z}$ 小，对扭矩的贡献远远小于 r 大处，所以传递扭矩的都是空心的圆管.

例 7.2.4 已知电机传动轴半径 $R=20\text{ mm}=0.02\text{ m}$，传递功率 $P=3.0\times10^4\text{ W}$，转速 $n=1400\text{ r/min}=(70/3)\text{r/s}$，$G=8.0\times10^{10}\text{ Pa}$，允许的单位长度转角$[\theta]=2(°)/\text{m}$. 试计算实际单位长度转角 θ，并与$[\theta]$比较.

解：扭矩 $M=P/\omega=P/2\pi n$，于是由式(7.2.12)得

$$\theta=\phi/h=2M/\pi GR^4=P/(\pi^2GnR^4)=1.02\times10^{-2}/\text{m}=0.583°/\text{m}<[\theta]$$

例 7.2.5 弹簧横截面上主要是剪应力和剪应变. 简单讨论如图 7.2.8(a)圆柱形截面密绕螺旋弹簧的应力和应变. 已知螺旋半径为 r，螺旋倾角为 $\alpha(\ll1)$，弹簧载荷为力 P，弹簧有效圈数(不计两端磨平部分)为 n 匝，弹簧材料的切变模量为 G，圆柱横截面半径为 R.

解：一般 $\alpha<5°$，所以讨论时近似 α 为零，过中轴线的纵切面在圆柱的切面就近似是横截面. 不计重力，考虑图 7.2.8(b)部分对横截面中心轴的力矩的平衡，于是截面上的力偶矩

$$M_{内}=Pr$$

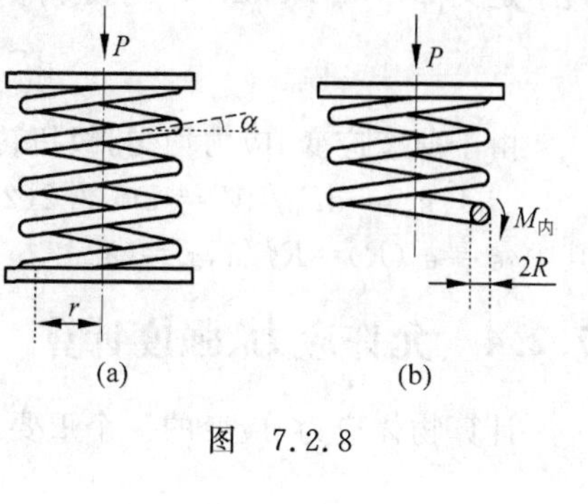

图 7.2.8

$M_{内}$ 就是上面纯扭转情况下的内力矩. 按上面的计算，n

匝弹簧的圆柱长度为

$$h = 2\pi rn$$

设弹簧上端不转动，于是由(7.2.12)式弹簧下端面转过角度为

$$\phi = 2Mh/\pi GR^4$$

这样弹簧下端位移

$$\xi = \phi r = 2Mhr/\pi GR^4 = 4Pnr^3/GR^4 = P/k \tag{7.2.13}$$

$$k = GR^4/4nr^3 \tag{7.2.14}$$

其中 k 就是弹簧的劲度系数．这就是通常使用的弹簧力与位移的关系式 $P=k\xi$.

如果形变不均匀，如图 7.2.9 取弹簧一段微元 dz，这段弹簧的圆柱长度为

$$dh = 2\pi r dn = 2\pi rn dz/L$$

其中，弹簧原长为 L，弹簧微元圈数 $dn=n dz/L$. 这段弹簧微元相对转角

$$d\phi = 2M dh/\pi GR^4 = 4Mnr^2 dz/GLR^4$$

这样该段弹簧微元两端位移增量

$$d\xi = r d\phi = 4Mnr^2 dz/GLR^4 = 4Pnr^3 dz/GLR^4$$

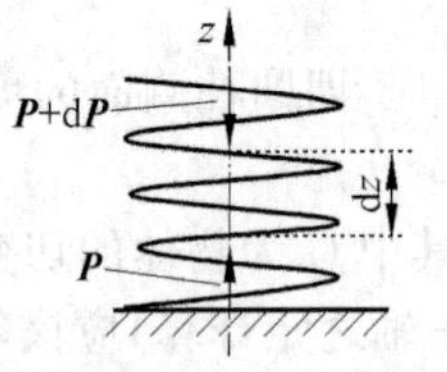

图 7.2.9

于是该段弹簧的载荷即横截面上张力

$$P = GLR^4(d\xi/dz)/4nr^3 = kL(d\xi/dz) \tag{7.2.15}$$

其中应用了式(7.2.14)．横截面上有与 P 平衡的剪切力，一般可以忽略．忽略该剪切力后，横截面上剪应力就可以用式(7.2.11)计算(取 ρ 为横截面中心到任意点的距离)，将横截面上剪应力简记为 σ_τ

$$\sigma_\tau(\rho) = 2M\rho/\pi R^4 = 2Pr\rho/\pi R^4$$

$$\sigma_{\tau\max} = \sigma_\tau(R) = 2Pr/\pi R^3$$

另一种应用是由转角 ϕ 来测量扭矩 M，为了提高精度将圆柱做成又细又长的悬丝，尽量减小扭转弹性系数 D，此时通常将悬丝称为扭称．一些最精密的力和力矩的测量都要用到扭称，例如库仑测量点电荷之间作用力、卡文迪许测量万有引力常数、厄缶验证引力质量与惯性质量成正比的实验等.

设将圆柱底面固定，上面作用力偶矩极其缓慢地扭转，因此外力偶矩时时与杆内力矩平衡，直到外力偶矩为 $M_外$ 时上端面转角为 ϕ. 这时圆柱具有的弹性形变势能 E_p 等于这个过程中外力偶做的功.

$$E_p = \int M_外\, d\phi = \int M_内\, d\phi = \int_0^\phi D\phi d\phi = D\phi^2/2$$

由于圆柱内各处应力、应变不均匀，所以不能直接由上式计算弹性形变势能密度．为了得到弹性形变势能密度，取薄壁圆筒(高 h、外半径 R、壁厚 dR)则

$$M = \int \sigma_\tau r\, dS = \sigma_\tau R 2\pi R dR = 2\pi GR^3\phi dR/h = D\phi$$

其中定义 $D=2\pi GR^3 dR/h$. 于是薄壁圆筒的扭转弹性势能

$$dE_p = \int_0^\phi M\, d\phi = D\phi^2/2$$

由于薄壁应变、应力均匀，故扭转弹性势能分布均匀，于是得到扭转弹性势能密度为

$$e_p = dE_p/dV = D\phi^2/[2(2\pi Rh dR)] = GR^2\phi^2/2h^2 = G\varepsilon_\tau^2/2 = \sigma_\tau\varepsilon_\tau/2 \tag{7.2.16}$$

其中，$\varepsilon_\tau=\varepsilon_\tau(R)=R\phi/h$，$\sigma_\tau=G\varepsilon_\tau$.

7.2.4 允许应力、强度计算

计算物体应力、应变的一个重要应用，是进行结构的强度、刚度的设计或者是验证.

1. 只有正应力或者只有剪应力

每种材料都有通过实验得到的屈服极限 σ_s 和强度极限 σ_b. 一般由使用目的不同而取 σ_s 或是 σ_b 为材料(拉、压)极限应力. 同样有材料极限剪应力. 将各种材料极限应力统一记为 σ_j. 则许可(或允许)应力记为$[\sigma]$为

$$[\sigma]=\sigma_j/K \tag{7.2.17}$$

其中 K 称为安全系数. 不同材料、不同用途安全系数不同,一般 $K=1.4\sim14$. 表 7.2.1 为一些材料在常温、静态、一般工作条件下的许可应力$[\sigma]$. 其中有些材料各向异性,拉伸和压缩的应力极限不同,因此许可应力不同.

表 7.2.1 一些材料的许可应力 kg 力/cm^2

	屈服极限 σ_s	强度极限 σ_b	许可应力$[\sigma]$
A_3 普通低碳钢	2200～2400	3800～4700	1700
16 Mn 低合金钢	2900～3500	4800～5200	2300
300＃水泥		拉伸 21,压 210	拉伸 6,压 105
红松(顺纹)		拉伸 981,压 328	拉伸 65,压 100

如果截面上只有一种应力,那么强度条件就是: 材料中最大应力 $\sigma_{max}\leqslant[\sigma]$.

2. 复杂应力情况

如果应力状态很复杂,既有正应力也有剪应力,就要按相应的强度理论计算.

许多问题还有形变的要求,即最大形变要小于许可形变,这就是刚度要求.

7.3 流体静力学

一般情况下固体中各点有 3 个独立的正应力和 3 个独立的剪应力,还有 6 个应变分量和 3 个位移分量,平衡方程和运动方程很复杂,求解也很困难. 7.2 节具体讨论的内容里,直杆的拉压和矩形梁的纯弯曲是两个单向应力状态,圆柱扭转问题没有正应力只有横截面上的剪应力,都是最简单、最基本的固体弹性变形情况.

流体是气体、液体的总称. 流体的共同特点是具有流动性. 在静止流体中任意截面上两部分流体之间没有阻止对方滑动的力,所以如果有条件的话,两部分可以一直相对滑动(流动)下去,这就是流体的流动性. 静止流体对变形没有抵抗力. 液体对于其体积的变化有很强的抵抗力,因此液体形状依容器而改变,但体积变化不大. 气体与液体的区别是比较容易改变体积,充满整个容器. 因此静止流体没有剪应力; 没有摩擦力的运动流体也没有剪应力. 这样,流体的应力状态要比固体简单得多,讨论分析比较简单. 另一方面,流动起来的流体比固体运动表现得更加丰富多彩. 所以下面几节都是讨论流体的特点以及运动规律.

7.3.1 静止流体内应力

1. 静止流体内一点处的应力状态

如上所述,用一个假想的截面将流体分为两部分,除了摩擦力之外没有阻碍两部分流体

相对流动的力. 流体的摩擦力与速度有关，静止流体内没有摩擦力. 所以在静止流体内任何截面上都没有剪应力，任何截面都是主面. 由此还可以进一步证明，流体内任意点处任何截面上的正应力投影都相同.

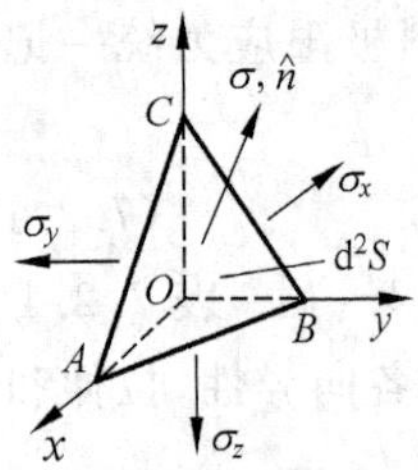

图 7.3.1

讨论 O 点处应力状态. 为此以 O 为原点建立直角坐标系，如图 7.3.1 在三个坐标轴上取 A、B、C 三个点，到原点距离分别为微量 dx、dy、dz. 由三个坐标平面和一个斜面 ABC 构成四面体 $OABC$.

设斜面 ABC 面积为 d^2S、应力为 σ、法向单位矢量为 $\hat{n}$，三个坐标平面的面积分别为 d^2S_x、d^2S_y、d^2S_z，应力分别为 σ_x、σ_y、σ_z. 由于上面的微小面积相对于长度 dx 是二阶小，所以记为 d^2S、d^2S_x、…. 定义斜面 ABC 的面积矢量为

$$d^2\boldsymbol{S} = d^2S\,\hat{n}$$

于是 $d^2S_x = d^2\boldsymbol{S}\cdot\hat{x}$、$d^2S_y = d^2\boldsymbol{S}\cdot\hat{y}$、$d^2S_z = d^2\boldsymbol{S}\cdot\hat{z}$. 四面体静止受力平衡，即外力矢量和为零. 由于体积力（重力）为三阶小，所以忽略，只考虑面积力. 正应力以拉应力（向外）为正，图 7.3.1 标示的都是正应力的正方向.

x 向

$$d^2S\,\sigma\cdot\hat{x} - d^2S_x\sigma_x = \sigma d^2\boldsymbol{S}\cdot\hat{x} - \sigma_x d^2S_x = \sigma d^2S_x - \sigma_x d^2S_x = 0$$

于是 $\sigma_x = \sigma$. 即以 x 为法线的截面上的正应力等于斜面上的正应力. 类似可以证明 $\sigma_y = \sigma = \sigma_z$.

可以任意选取坐标 x、y、z，任意截面都可以选为坐标平面，因此 O 点处任意截面上的正应力投影都是 σ. 于是静止流体内一点处**应力状态**为

$$\sigma_p(\hat{n}) = \sigma_p = \text{常数} \qquad \sigma_\tau(\hat{n}) = 0 \tag{7.3.1}$$

即：静止流体内一点处任意截面上只有正应力σ，且σ与截面无关.

证明关键是剪应力 σ_τ 都是零. 无内摩擦的理想流体在流动时剪应力 σ_τ 也都是零，所以上述结论对流动中的理想流体也正确. 粘滞性流体流动时有剪应力，各截面的正应力不全相同. 但是一般情况下粘滞性流体中作为剪应力的摩擦力远小于正压力，剪应力的影响比较小，各截面正应力相差不大.

仿照上述证明方法，考虑四面体 $OABC$ 的受力平衡即外力矢量和为零，忽略体积力，就可以由三个坐标平面上的已知 3 个正应力和 3 个剪应力计算出任意截面上的应力，即得到一点处的应力状态. 所以三个相互垂直的截面上的应力就决定了一点处的应力状态.

2. 流体内压强

静止流体只须一个正应力就完全描述了一点的应力状态. 由于流体中除极个别情况外都是压应力，所以定义流体内压强为

$$p = -\sigma \tag{7.3.2}$$

由于正应力 σ 与截面方位无关，所以压强 p 与截面方位无关，流体中同一点处向任何方向的压强都相同.

考虑到粘滞性流体流动时有剪应力使各截面的正应力不全相同，具体影响见 7.6.2 节. 对不可压缩粘滞性流体压强与平均正应力 σ_0 的大小相等

$$p = -\sigma_0 = -(\sigma_x + \sigma_y + \sigma_z)/3 \tag{7.3.3}$$

在特定条件(截面不大的流管中,非常稳定、缓慢的过程)下,流体中可出现负压强即拉应力,由流体的内聚力承担. 水的负压可以达到 300 atm(atm 为标准大气压,1 atm=1.013×10^5 Pa).

7.3.2 静止流体平衡方程

静止流体的每一部分都保持平衡,因此每一部分受到的外力的矢量和为零. 这些外力分为两类,一类是边界面上由压强产生的面积力,一类是外场作用下的这部分流体受到的体积力. 这样,静止流体中的压强和体积力之间具有一定的关系,称为静止流体的平衡方程.

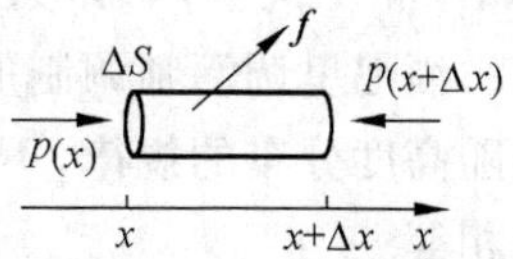

图 7.3.2

如图 7.3.2 取一小段沿 x 轴的柱状流体,长度 Δx,横截面积 ΔS,质量密度 ρ. $\boldsymbol{f}$ 为单位质量流体上所受到的体积外力. ΔS 很小,近似在 ΔS 上压强分布均匀;柱状流体体积很小,近似质量和体积力分布均匀. 柱状流体平衡,其受到的外力的矢量和为零.

x 方向

$$p(x,y,z)\Delta S-p(x+\Delta x,y,z)\Delta S+f_x\Delta m$$
$$=[p(x,y,z)-p(x+\Delta x,y,z)]\Delta S+\rho\Delta S\Delta x\, f_x=0$$

约去 ΔS 得到 $\rho f_x=[p(x,y,z)-p(x+\Delta x,y,z)]/\Delta x$. 取 $\Delta x\to0$ 得

$$\partial p/\partial x=\rho f_x \tag{7.3.4a}$$

类似得到

$$\partial p/\partial y=\rho f_y \tag{7.3.4b}$$

$$\partial p/\partial z=\rho f_z \tag{7.3.4c}$$

引用哈密顿算子∇得到矢量表达式

$$\nabla p=(\partial p/\partial x)\,\hat{x}+(\partial p/\partial y)\,\hat{y}+(\partial p/\partial z)\,\hat{z}=\rho\boldsymbol{f} \tag{7.3.5}$$

例 7.3.1 以 ω 匀速转动的水平试管内充满质量密度为 ρ 的液体. 不计重力,设 ρ 为常数,求试管内液体压强沿轴向的分布.

解:以试管为参考系,则液体为静止流体,满足平衡方程. 其中惯性离心力为体积力. 以转轴为原点建立轴向坐标 r,则微元质量 dm 受惯性离心力为$(\mathrm{d}m)\omega^2\boldsymbol{r}$,于是单位质量流体上所受到的体积外力为

$$\boldsymbol{f}=(\mathrm{d}m)\omega^2\boldsymbol{r}/\mathrm{d}m=\omega^2\boldsymbol{r}$$

于是沿 r 方向的平衡方程为

$$\mathrm{d}p/\mathrm{d}r=\rho\omega^2 r$$

积分$\int_{p_0}^{p}\mathrm{d}p=\int_0^r\rho\omega^2 r\mathrm{d}r$,得到

$$p=p_0+\rho\omega^2r^2/2$$

其中 p_0 为试管转轴处($r=0$)液体压强.

7.3.3 重力场中的静流体

最常见的体积外力是重力. 重力场中的流体具有确定的压强分布. 这里考虑狭义重力场,即小范围内重力场,重力加速度(即重力场强度)$\boldsymbol{g}$ 为常矢量. Δm 质量微元受重力 $\Delta m\boldsymbol{g}$,所以重力场中单位质量流体上受到的体积力为

$$\boldsymbol{f}=(\Delta m\boldsymbol{g})/\Delta m=\boldsymbol{g} \tag{7.3.6}$$

1. 流体中压强随高度分布

选竖直向下为 z 坐标，$\boldsymbol{g}=g\hat{z}$. 设流体质量密度为 ρ，由式(7.3.4a)、(7.3.4b)、(7.3.4c)

$$\partial p/\partial x = \partial p/\partial y = 0 \qquad \partial p/\partial z = \rho g$$

由第一式，压强 p 与 x、y 无关只是 z 的函数，在同一高度 z 上压强相等. 若 ρ 为常数，积分第二式得

$$p(\boldsymbol{r}) = p(z) = p_0 + \rho g z \tag{7.3.7}$$

其中，常数 $p_0=p(0)$，为 $z=0$ 处压强.

酒吧里调酒师调制的鸡尾酒，是把不同密度的几种酒先后倒入一个酒杯中，按流体中压强随高度分布的规律，不同酒的稳定分界面必为水平面，这样才能保证同一高度上各点的压强相等.

2. 流体中 $\boldsymbol{p}$ 与 $\boldsymbol{\rho}$ 的关系

由式(7.1.9)，对静止流体

$$\varepsilon_V = \sigma_0/K = -p/K \tag{7.3.8}$$

因此，如果流体中压强 p 改变则流体体积随之改变，由于质量不变所以密度 ρ 相应改变. 密度 ρ 随压强 p 的变化规律取决于物体的性质，一般通过实验找到经验关系式.

对于气体在一般情况下(温度不是太低，密度不是太大)初步近似都可以看作是理想气体. 理想气体状态方程给出理想气体的 p、ρ 关系为

$$p = \rho RT/m_{摩尔} \tag{7.3.9}$$

其中，T 为热力学温标(单位 K)；$R=8.31\ \mathrm{J/(mol\cdot K)}$ 为气体普适常数；摩尔(mol)是物质的量. 1 摩尔粒子(构成该物质的基本结构称为粒子)的数目为阿伏伽德罗常数 $N_A=6.022\times10^{23}$；$m_{摩尔}$ 是摩尔质量，即 1 摩尔物质的质量. 1 摩尔气体的摩尔质量等于将该气体分子的分子量乘以克，如氧气分子量为 32，则氧气的摩尔质量为 $m_{摩尔}=32\ \mathrm{g/mol}$.

例 7.3.2 求温度均匀为 0℃(273 K)的理想气体 N_2 气压强随高度的分布.

解：$\rho=m_{摩尔}\,p/RT=cp$

其中 $m_{摩尔}=28\ \mathrm{g/mol}=28\times10^{-3}\ \mathrm{kg/mol}$，常数 $c=m_{摩尔}/RT=1.2\times10^{-5}\ \mathrm{kg/(m^3\cdot Pa)}=1.2\times10^{-5}\ \mathrm{kg/(m\cdot N)}$. 以竖直向上为 z 轴，原点为地面. 由式(7.3.4c)

$$\mathrm{d}p/\mathrm{d}z = -\rho g = -cgp$$

积分 $\int_{p_0}^{p}\frac{\mathrm{d}p}{p}=\int_0^z -cg\ \mathrm{d}z$，得到

$$p(z) = p_0\mathrm{e}^{-cgz}$$

其中 p_0 为地面处气压.

对于液体也有相应的经验公式，例如 20℃时的液体

$$\frac{p}{p_0} = (B+1)\left(\frac{\rho}{\rho_0}\right)^n - B \tag{7.3.10}$$

其中，$p_0=1\ \mathrm{atm}$ 为标准大气压，ρ_0 是压强为 p_0 时液体的密度，B 和 n 是与液体性质有关的常数. 对于水，$B=3000$、$n=7$.

例 7.3.3 玛利亚纳海沟深为 $h=11\,022\ \mathrm{m}$，海水表面密度 $\rho_0=1026\ \mathrm{kg/m^3}$. 求：海沟底水压强 p 和密度 ρ.

解：先做近似计算，即近似 ρ 为常数，则由式(7.3.7)

$$p = p_0 + \rho g h = 1109 \times 10^5\ \mathrm{Pa} = 1094 p_0$$

由式(7.3.10)，对于水 $B=3000$、$n=7$

$$\rho/\rho_0 = [(1094+3000)/3001]^{1/7} = 1.045$$

$$\rho = 1.045\rho_0 = 1073\ \mathrm{kg/m^3}$$

作为对比，下面按微分方程计算. 以竖直向下为 z 轴. 由式(7.3.10)两边微分并代入(7.3.4c)式得

$$\mathrm{d}p = np_0(B+1)\rho^{n-1}\mathrm{d}\rho/\rho_0^n = \rho g\,\mathrm{d}z$$

积分 $\int_{\rho_0}^{\rho} np_0(B+1)\rho^{n-2}\mathrm{d}\rho = \int_0^h \rho_0^n g\,\mathrm{d}z$，得到

$$np_0(B+1)(\rho^{n-1}-\rho_0^{n-1})/(n-1) = \rho_0^n gh$$

$$\rho = \{\rho_0^{n-1} + (n-1)\rho_0^n gh/[np_0(B+1)]\}^{1/n-1}$$

$$= \rho_0\{1+(n-1)\rho_0 gh/[np_0(B+1)]\}^{1/n-1}$$

$$= 1.046\rho_0 = 1073\ \mathrm{kg/m^3}$$

于是得到

$$p = p_0[(B+1)(\rho/\rho_0)^n - B] = 1111p_0 = 1.125\times 10^8\ \mathrm{Pa}$$

两种方法比较，结果相差很小，因此在玛利亚纳海沟这样的深度范围内将海水密度假设为常数都是可以的.

重力场中静止流体有两个实验定律：帕斯卡定律和阿基米德定律，下面由静止流体的基本性质来解释或推导.

3. 帕斯卡定律

帕斯卡定律是帕斯卡(Pascal)在 17 世纪提出的.

帕斯卡定律：加在密闭液体中的压强等值地传到液体中各处以及壁上.

水压机就是利用这个原理工作的. 加在小活塞上的压力产生很大压强，等值地传到大活塞上产生很大压力.

解释：以竖直向下为 z 轴. 选欲施加压强处为原点 O. 在重力场中任意点 $\boldsymbol{r}$ 处压强为(7.3.7)式

$$p(\boldsymbol{r}) = p_0 + \rho g z$$

其中 ρ 为液体密度，p_0 为原点处压强. 在 O 处施加附加压强 Δp 后，原点处压强改为 $p_0' = p_0 + \Delta p$，液体密闭依然静止，仍然满足平衡方程，于是得到任意点 $\boldsymbol{r}$ 处压强为

$$p(\boldsymbol{r}) = p_0' + \rho g z = p_0 + \Delta p + \rho g z$$

即任意点处压强都增加了 Δp. 实际上，由平衡方程了解到，液体内部两点之间的压强差取决于体积力 $\boldsymbol{f}$，与外界对液体边界面上的压强无关. 所以边界面上增加的压强就等量地传到各处.

4. 阿基米德定律

阿基米德定律是阿基米德(Archimeders)在公元前 3 世纪提出的.

阿基米德定律：浸在流体中物体所受浮力等于物体排开的流体的重量.

证明：设物体外表面为 S. 静止流体对物体作用力只有压强(压应力)，而压强与作用面的性质无关. 流体对 S 面的总压力就是流体对物体的总作用力，也就是物体所受的浮力. 因此保持 S 不变，浮力就不变，与 S 的内容无关. 现在将物体换成流体，该部分流体与原来流体浑然一体为静止流体，因此该部分应处于平衡，其他流体对这部分流

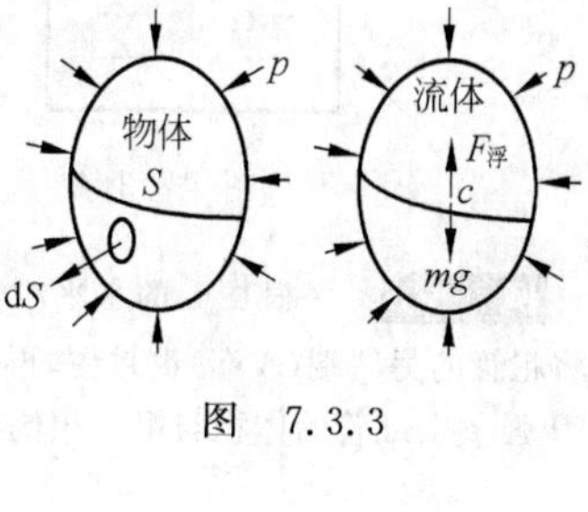

图　7.3.3

体的浮力等于这部分流体重量,也就是物体所受的浮力等于物体排开的流体的重量 mg. 流体受到的重力可以简化为作用在质心上的合力,因此浮力也可以简化为该点上的合力,该点称为浮心,即替换物体的流体重心(一般情况下不是物体的重心).

还可以用公式计算. 矢量面积元为 $d\boldsymbol{S}$,方向从内指向外. 浮力是流体对物体压力之和

$$F_{浮} = \oint - p\mathrm{d}\boldsymbol{S} = -\int_V \nabla \boldsymbol{p}\mathrm{d}V = -\int_V \rho \boldsymbol{f}\,\mathrm{d}V = -\boldsymbol{g}\int \mathrm{d}m = -m\boldsymbol{g}$$

其中利用了矢量积分公式$\oint p\mathrm{d}S = \int \nabla \boldsymbol{p}\mathrm{d}V$($V$ 为 S 所围体积)和流体平衡方程,ρ 为流体质量密度,$\boldsymbol{f} = \boldsymbol{g}$ 为单位质量流体受到的重力. 所以 $m\boldsymbol{g}$ 为物体表面 S 所包围的流体所受总体积力,即物体所排开流体所受重力.

例 7.3.4 一水桶绕自身的对称轴以恒定角速度 ω 旋转. 当水与桶一起转动时,求水面的形状.

解: 以水桶为参考系,水和桶都静止. r 处 $\mathrm{d}m$ 微元受 r 方向惯性力$(\mathrm{d}m)\omega^2 r$,故水$\hat{r}$方向单位质量体积力为

$$f_r = \omega^2 r$$

由对称性,压强 p 与 ϕ 无关,只是 z、r 函数. 由流体静力学平衡方程,设水密度为 ρ,r 方向分量方程

$$\frac{\partial p}{\partial r} = \rho\omega^2 r$$

积分得

$$p(z,r) = p(z,0) + \rho\omega^2 r^2/2$$

由 z 方向分量方程

$$\frac{\partial p}{\partial z} = -\rho g$$

积分得

$$p(z,0) = p(0,0) - \rho g z = p_0 - \rho g z$$

其中 $p(0,0) = p_0$ 为原点压强. 于是水的压强分布为

$$p(z,r) = p_0 - \rho g z + \rho\omega^2 r^2/2$$

水面压强皆为大气压 p_0,故水面坐标条件为

$$p(z,r) = p_0 - \rho g z + \rho\omega^2 r^2/2 = p_0$$

所以水面纵截面的曲线方程为抛物线方程

$$z = \frac{\omega^2}{2g} r^2$$

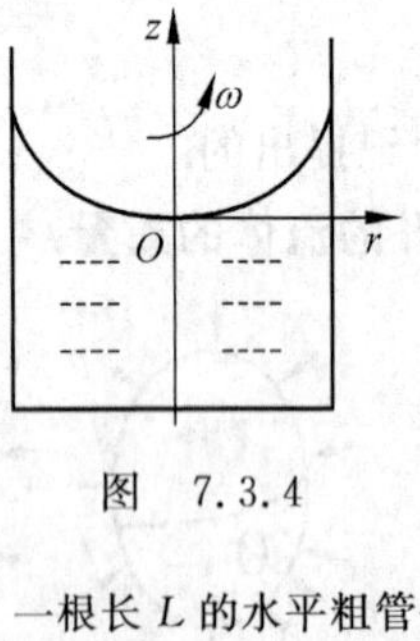

图 7.3.4

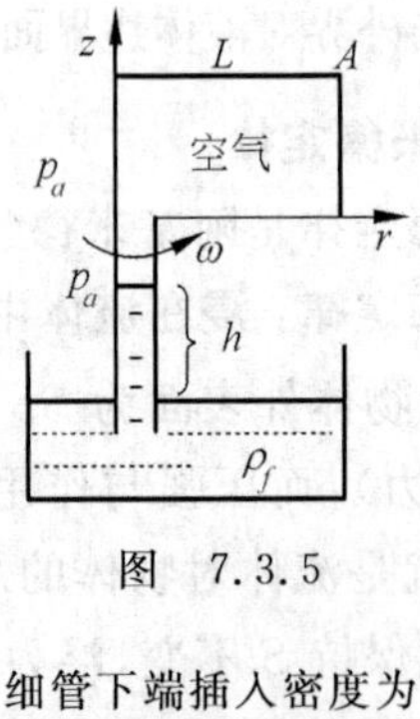

图 7.3.5

例 7.3.5 一根长 L 的水平粗管一端封住,下面与竖直细管连接. 细管下端插入密度为 ρ_f 的液体中,然后将粗管的另一端(A 端)也封住,再使其绕细管以恒定角速度 ω(很小)旋转,如图 7.3.5 所示. 已知空气密度 ρ_a、压强 p_a. 细管的体积与粗管相比可以忽略,忽略毛细现象,温度保持不变,求细管中液面上升的高度 h.

解：以粗管为参考系，以粗管内空气为对象．空气静止，惯性离心力为体积力．由流体静力学平衡方程，沿径向有

$$\frac{\partial p}{\partial r}=\rho(r)\omega^2 r$$

将空气看作理想气体．温度 T 不变，令 $\rho(r)=cp(r)$．其中 c 为常数．略去粗管内空气密度 z 方向上的变化，则

$$\frac{\mathrm{d}p}{\mathrm{d}r}=cp(r)\omega^2 r$$

积分得，并注意到 $\omega\ll 1$

$$p(r)=p(0)\exp(c\omega^2 r^2/2)\approx p(0)(1+c\omega^2 r^2/2)$$

设粗管截面积为 S．转动前后粗管中气体质量不变．转动前粗管中气体密度、压强就是大气中空气的密度 ρ_a、气压 p_a．所以

$$\rho_a SL=cp_a SL=\int_0^L\rho(r)S\mathrm{d}r=cS\int_0^L p(r)\mathrm{d}r\approx cSp(0)\int_0^L\left(1+\frac{c}{2}\omega^2 r^2\right)\mathrm{d}r=cSp(0)L\left(1+\frac{c}{6}\omega^2 L^2\right)$$

得到 $p_a\approx p(0)(1+c\omega^2 L^2/6)$，于是得到待定常数

$$p(0)\approx p_a(1+c\omega^2 L^2/6)^{-1}\approx p_a(1-c\omega^2 L^2/6)$$

不考虑毛细现象．细管中液体静止，细管中与管外液面等高处压强等于大气压 p_a．由液体静压强关系 $p_a=p(0)+\rho_f gh$，得到

$$\rho_f gh=cp_a\omega^2 L^2/6=\rho_a\omega^2 L^2/6$$

$$h=\frac{\rho_a\omega^2 L^2}{6\rho_f g}$$

例 7.3.6　如图 7.3.6，半径为 r 的圆球悬浮于两种液体交界面上．位于交界面上的球冠高度 $a=r/3$．上下液体密度分别为 ρ_1、ρ_2，上面液体液面与交界面的高度差为 h．求：(1)球体质量 m．(2)不用积分，求两液体对球的直接作用力 F_1 和 F_2．

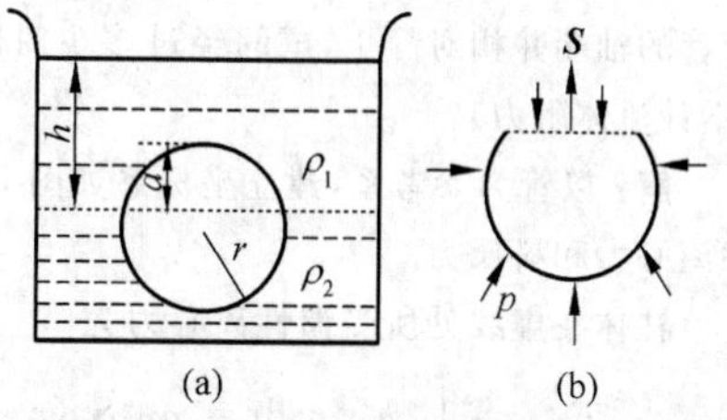

图　7.3.6

解：(1) 球浸没在两种流体里，可以有两种思路应用阿基米德原理求浮力．

整体考虑．阿基米德原理并没有说是单一流体或是多种流体，由证明可知，实际上阿基米德原理可以应用于密度变化的流体或者是多种流体混合而成的流体，如本题．这种流体有一个稳定分布，分界面是水平的．浮力等于物体所排开的这种稳定分布的流体重量．在本题，球体受的浮力等于球冠体积 V_1 的 ρ_1 液体和其他部分体积 V_2 的 ρ_2 液体的总重量，即

$$F_{浮}=(\rho_1 V_1+\rho_2 V_2)g$$

分别考虑．想象沿分界面将球切开．切开的断面中进入液体．断面中液体对球冠压力向上，对下面球体压力向下，两力大小相等，方向相反，对整个球体的作用相互抵消，因此将球切开的想象并不改变球体的受力平衡．球冠完全浸没在第一种液体里，所受浮力为 $\rho_1 V_1 g$；下半球完全浸没在第二种液体里，所受浮力 $\rho_2 V_2 g$．即按阿基米德原理分别确定了球冠和下半球的浮力，整个球受的浮力也是 $(\rho_1 V_1+\rho_2 V_2)g$．

于是

$$mg=(\rho_1 V_1+\rho_2 V_2)g$$

其中 $V_1=\pi a^2(3r-a)/3=8\pi r^3/81$、$V_2=4\pi r^3/3-V_1=V-V_1$

$$m=\rho_1 V_1+\rho_2 V_2=(\rho_1-\rho_2)V_1+\rho_2 V=4\pi r^3(2\rho_1+25\rho_2)/81$$

(2) 按上面分析，想象沿分界面将球切开．切开的断面中进入液体．设断面半径为 b，则断面面积 $S=\pi b^2=\pi a(2r-a)=5\pi r^2/9$．断面处压强为 $\rho_1 gh$，所以断面中液体对上、下面的压力为

$$F = 5\pi\rho_1 ghr^2/9$$

ρ_1 液体对球的直接作用力为与球直接接触的 ρ_1 液体对球的压力，其合力为 F_1，方向竖直向下. 球冠完全浸没在第一种液体里，浮力 $\rho_1 V_1 g$ 为第一种液体对球冠表面压力之和

$$\rho_1 V_1 g = F - F_1$$

$$F_1 = F - \rho_1 V_1 g = \pi r^2 \rho_1 g(45h - 8r)/81$$

类似，ρ_2 液体对球的直接作用力为与球直接接触的 ρ_2 液体对球的压力，其合力为 F_2，方向竖直向上，其中既有 ρ_2 液体本身对下半球的直接作用力，也有 ρ_1 液体压强通过 ρ_2 液体对下半球的作用力. 下面球体完全浸没在第二种液体里，浮力 $\rho_2 V_2 g$ 为第二种液体对下面球体表面压力之和

$$\rho_2 V_2 g = F_2 - F$$

$$F_2 = F + \rho_2(V - V_1)g = 5\pi\rho_1 ghr^2/9 + 100\pi\rho_2 gr^3/81 = 5\pi r^2 g(9\rho_1 h + 20\rho_2 r)/81$$

说明：对球整体考虑也可以说明，单独的 ρ_1、ρ_2 液体对球整体压力分别等于 ρ_1、ρ_2 液体对球冠、下半球体的浮力. ρ_1 液体对球整体压力（即 ρ_1 液体对球整体浮力）为

$$F_{1压} = \oint_{球} -p_1 d\boldsymbol{S} = -\left(\int_{球冠} p_1 d\boldsymbol{S} + \rho_1 gh\int_{下半球} d\boldsymbol{S}\right) = -\left(\int_{球冠} p_1 d\boldsymbol{S} - \rho_1 gh\boldsymbol{S}\right) = -\oint_{球冠} p_1 d\boldsymbol{S} = F_{1浮}$$

其中，p_1 为 ρ_1 液体压强；ρ_1 液体在 ρ_2 液体中的压强为常数 $\rho_1 gh$；$F_{1浮}$ 为 ρ_1 液体对球冠的浮力. 见图 7.3.6(b)，$\boldsymbol{S}$ 为球断面矢量面积，方向向上，由于$\oint d\boldsymbol{S} = \int_{下半球} d\boldsymbol{S} + \boldsymbol{S} = 0$，所以$\int_{下半球} d\boldsymbol{S} = -\boldsymbol{S}$. 而$\oint_{球冠} p_1 d\boldsymbol{S} = \int_{球冠} p_1 d\boldsymbol{S} - \rho_1 gh\boldsymbol{S}$.

ρ_2 液体对球整体压力（即 ρ_2 液体对球整体浮力）为

$$F_{2压} = \oint_{球} -p_2 d\boldsymbol{S} = -\int_{下半球} p_2 d\boldsymbol{S} = -\left(\int_{下半球} p_2 d\boldsymbol{S} + 0 \cdot \boldsymbol{S}\right) = -\oint_{下半球} p_2 d\boldsymbol{S} = F_{2浮}$$

其中，p_2 为 ρ_2 液体压强；ρ_2 液体对球冠压强为零；ρ_2 液体在 $\boldsymbol{S}$ 上压强为零；$F_{2浮}$ 为 ρ_2 液体对下半球的浮力.

例 7.3.7 一长度为 L 的水平圆管绕过其一端的竖直轴以恒定的角速度 ω 旋转. 管内充满密度为 ρ_0 的液体. 管内还有一个截面半径略小于管内径的长为 l、密度为 $\rho(\rho>\rho_0)$ 的小圆柱体. 设开始时小圆柱体靠着管的轴端并相对静止，试问经过多少时间小圆柱体运动到管的另一端（不计流体阻力）？

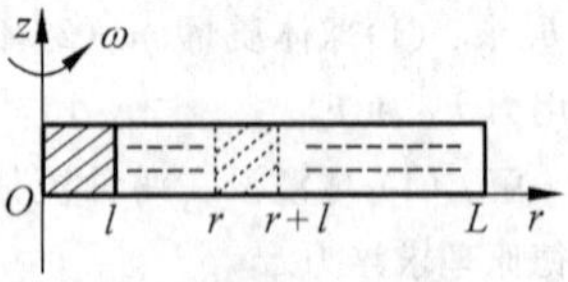

图 7.3.7

解：以管为参考系，建立坐标系如图 7.3.7. 在此参考系中，质点受惯性离心力和科氏力.

柱体在虚线处所受惯性离心力为

$$F_{离心} = \int_r^{r+l} \rho\omega^2 rS dr = \rho\omega^2 S[(r+l)^2 - r^2]/2 = \rho V\omega^2 r_c$$

其中 S 为柱体截面积，$V=Sl$ 为柱体体积，$r_c = r + \frac{l}{2}$ 为柱体质心坐标.

流体所受径向体积力

$$f_r = \omega^2 r$$

小圆柱体运动时流体也流动. 对流体近似应用静止流体平衡方程$\frac{\partial p}{\partial r} = \rho_0 f_r = \rho_0\omega^2 r$，积分得

$$p(r) = p(0) + \rho_0\omega^2 r^2/2$$

由于科氏力垂直管壁，又不计摩擦力，所以对柱体沿径向的运动有

$$\rho V a_r{}' = \rho V\frac{dv_r}{dt} = \rho V\omega^2 r_c + p(r)S - p(r+l)S = \rho V\omega^2 r_c - \rho_0 V\omega^2 r_c$$

得到 $\rho\frac{dv_r}{dt} = \rho v_r \frac{dv_r}{dr_c} = (\rho - \rho_0)\omega^2 r_c$，其中$\frac{dv_r}{dt} = v_r\frac{dv_r}{dr_c}$. 分离变量后积分

$$\int_0^{v_r} \rho v_r dv_r = \int_{l/2}^{r_c} (\rho - \rho_0)\omega^2 r_c dr_c$$

得

$$v_r^2 = \frac{\rho - \rho_0}{\rho}\omega^2\left(r_c^2 - \frac{l^2}{4}\right)$$

于是小圆柱体运动时间

$$t=\int_{l/2}^{L-l/2}\frac{\mathrm{d}r_c}{v_r}=\frac{1}{\omega}\sqrt{\frac{\rho}{\rho-\rho_0}}\ln\left[r_c+\sqrt{r_c^2-\frac{l^2}{4}}\right]\Bigg|_{l/2}^{L-l/2}=\frac{1}{\omega}\sqrt{\frac{\rho}{\rho-\rho_0}}\ln\left[\frac{2L}{l}-1+2\sqrt{\frac{L^2}{l^2}-\frac{L}{l}}\right]$$

7.3.4　液体表面张力

1. 表面层和表面张力

连续介质分子之间作用力是短程力. 设 S 为引力作用距离,在分子距离小于或等于 S 时开始有引力的作用,S 在 $10^{-8}\sim10^{-9}$ m. 当分子距离很近时作用力变成斥力. 在液体内部,以一个分子为中心,以引力作用距离 S 为半径的球称为引力球,凡对该分子有作用的分子都在引力球内. 由球对称性,该分子受的合力为零. 所以液体内部每个分子受力平衡.

在液体表面 S 厚度的一层称为表面层,表面层内分子的分子球不完整,因此受到指向液体内、与液面垂直的力,分子进入表面层要克服保守力而势能增加,所以表面层有缩小的趋势,表面层之间有相互作用的引力,称为表面张力.

如图 7.3.8(a),在表面层上假想一条分隔线,长度为 l,隔线两边存在垂直于隔线的表面张力 F,实验表明

$$F=\alpha l \tag{7.3.11}$$

其中常数 α 称为表面张力系数. 对于确定的液体与环境,α 只与温度有关.

2. 浸润与不浸润

在固体表面的液体有两种表现,由接触角 θ 的范围体现. 见图 7.3.8(b),从液体与固体的接触点处出发作液面的切线,**接触角定义为切线经过液体内部与固体的夹角**. 如果固体吸附液体的作用力大于液体内部对表面层引力则液体沿固体表面延展,$\theta<\pi/2$,称为浸润,如水在玻璃表面上; 反之液体在固体表面上收缩,$\theta>\pi/2$,称为不浸润,如水银在玻璃表面.

3. 球形和柱形液面表面张力引起的附加压强 p

如图 7.3.9(a),对半径为 r 的球形液面,表面张力引起的附加压强指向球心. 将球通过球心切开,取上半球面讨论. 压强 p 对上半球面的合力竖直向下,为 $p\pi r^2$. 此力等效于大圆周上的表面张力 $2\pi r\alpha$. 两力相等,得到半径为 r 的球形液面表面张力引起的压强

$$p=2\alpha/r \tag{7.3.12}$$

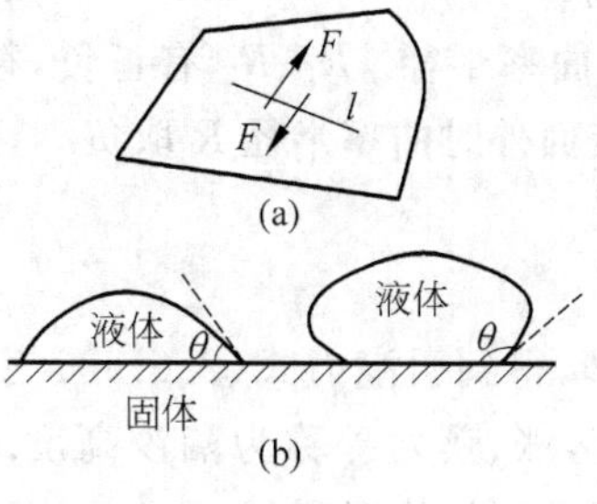

图　7.3.8

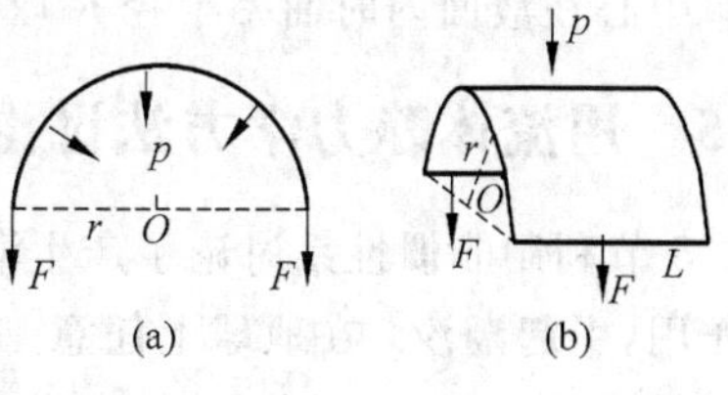

图　7.3.9

类似,如图 7.3.9(b),对半径为 r 的柱形液面,通过对称轴切开,取长度为 L 的半个柱面讨论. 压强 p 对柱面的合力竖直向下为 $2rLp$. 此力等效于柱面两边的表面张力 $2\alpha L$. 两力相等,得到半径为 r 的柱形液面上表面张力引起的附加压强

$$p = \alpha/r \tag{7.3.13}$$

例 7.3.8 见图 7.3.10(a),液体(密度 ρ,表面张力系数 α)中竖直插入内半径为 r 的毛细管. 液面与毛细管壁的接触角为 $\theta(<\pi/2)$. 求毛细管中液体的高度 h.

解: B 点为管内与管外液面等高处,由连通管性质 $p_B = p_0$. 从毛细管内讨论,$p_B = p_A + \rho g h$,因此

$$p_0 = p_B = p_A + \rho g h \tag{1}$$

毛细管内球形液面半径为 $R = r/\cos\theta$,液面上气压为 p_0. 考虑附加压强

$$p_0 = p_A + 2\alpha/R = p_A + 2\alpha\cos\theta/r \tag{2}$$

(1)、(2)两式相等消去 p_A 得

$$h = 2\alpha\cos\theta/\rho g r$$

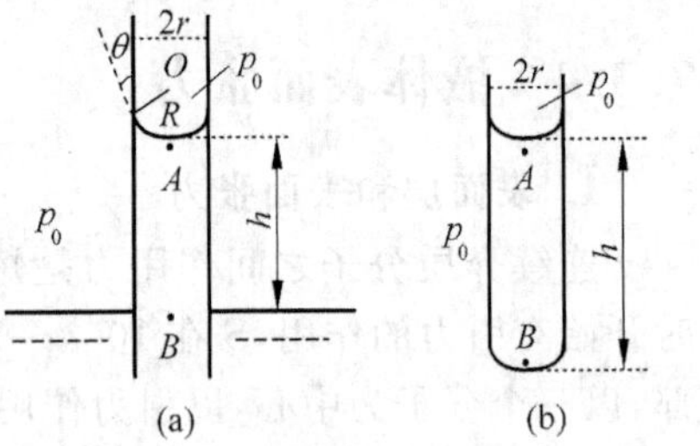

图 7.3.10

例 7.3.9 内半径为 r 的毛细管中保留长度为 h 的一段液柱(密度 ρ,表面张力系数 α),如图 7.3.10(b). 设上端接触角为零,下端球形液面半径为 R,求液柱高度 h.

解: 上球形液面半径为 r,液面上气压为 p_0,则

$$p_0 = p_A + 2\alpha/r$$

下球形液面半径为 R,液面下气压为 p_0,则

$$p_B = p_0 + 2\alpha/R$$

而 $p_B = p_A + \rho g h$, 于是得

$$h = 2\alpha\,(1/r + 1/R)/\rho g = 2\alpha\,(r + R)/(\rho g R r)$$

4. 任意弯曲液面的内外压强差

通过曲面上一点 P 用任意平面去切割曲面得到一条平面曲线(称为截线),设截线在 P 点曲率半径为 R. 平面不同则截线不同 R 也不同. 由微分几何定理得:任意一对互相垂直的正截口(过曲面法线的平面所截曲面的截线称为正截口)的曲率之和为常数,即

$$1/R_1 + 1/R_2 = \text{常数} \tag{7.3.14}$$

其中,R_1、R_2 分别是一对互相垂直的正截口的曲率半径.

对确定的液面,液面的内外压强差关系式称为**拉普拉斯公式**

$$\Delta P = \alpha(1/R_1 + 1/R_2) \tag{7.3.15}$$

其中,R_1、R_2 分别是该液面的一对互相垂直的正截口的曲率半径. R_1、R_2 有正负,符号规定为曲率中心在液面内时曲率半径 R 取正,曲率中心在液面外时曲率半径 R 取负.

7.3.5 用流体静力学方法讨论潮汐高度

2.5 节利用非惯性系讨论了产生潮汐的动力学原理,得到引潮力式(2.5.1). 引潮力周期性作用,引起潮汐. 在地球上任意一点观测潮涨潮落,涨、落之差称为潮汐高度. 计算潮汐高度的方法一般分为两种:静力学和波动学. 静力学模型是伯努利(D. Bernoulli)1740 年引入. 这种模型将地球当作均匀圆球,表面都被海水覆盖,平衡状态下海面都与重力和引潮力的合力垂直,海面上是恒定的大气压. 这样造成海面微小起伏,即潮汐. 下面利用这种方法计算月球引起的潮汐高度,即太阴潮高.

如图 7.3.11,虚线为圆球形,实线为太阴潮海面,图画得夸张. 选坐标系如图,原点在地

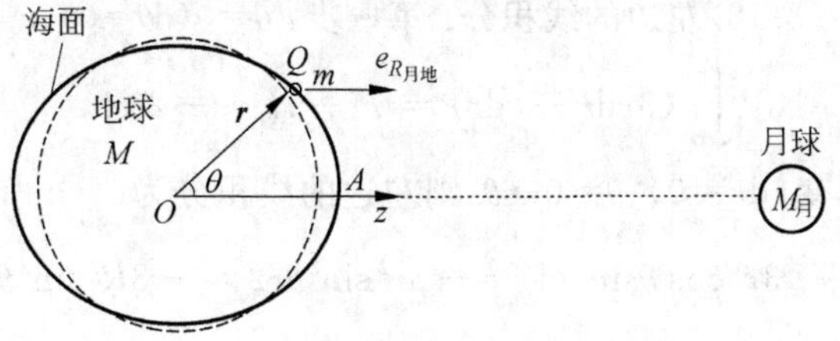

图　7.3.11

心，z 轴指向月心，采用球坐标系(r,θ,ϕ). 由式(2.5.1)，位于 $\boldsymbol{r}$ 处的地球上质量为 m 的海水质元受到的月球引潮力为

$$\boldsymbol{F}_{月引潮力}=GM_{月}\ m\frac{r}{R^3_{月地}}(3\cos\theta\hat{R}_{月地}-\hat{r})$$

其中$\hat{R}_{月地}$即$\hat{z}$，因此单位质量引潮力为

$$\boldsymbol{f}_{月引潮力}=\boldsymbol{F}_{月引潮力}/m=GM_{月}\frac{r}{R^3_{月地}}(3\cos\theta\hat{z}-\hat{r})$$

类似，位于 $\boldsymbol{r}$ 处的地球上海水单位质量质元受到的地球引力为

$$\boldsymbol{f}_{引}=-GM\boldsymbol{r}/r^3$$

其中 M 为地球质量. 如果在海水深处，上式是不准确的. 但是下面只讨论海水表层，而潮汐的高度不到 1 m，所以采用上式是合理的. 于是由静止流体平衡方程式(7.3.5)，平衡状态的地球上海水满足

$$\nabla p=\rho\boldsymbol{f}=\rho(\boldsymbol{f}_{月引潮力}+\boldsymbol{f}_{引})=\rho\left[GM_{月}\frac{r}{R^3_{月地}}(3\cos\theta\hat{z}-\hat{r})-GM\boldsymbol{r}/r^3\right]\quad(7.3.16)$$

其中 ρ 为海水密度，由于只讨论表层海水，所以可以认为 ρ 为常数. 而且上式没有考虑与潮汐无关的科氏力和惯性离心力. 式(7.3.16)表示压强梯度和体积力关系，对其作线积分就可以得到表层海水任意两点之间的压强关系. 为了得到海面压强的分布，选图 7.3.11 中 A 点(z 轴与海面交点，坐标为$(r_0,0,0)$)压强为基准即大气压 p_0，那么海面上任意点 $Q(r,\theta,\phi)$的压强 p 要利用从 A 到 Q 的线积分

$$\int_A^Q\nabla p\cdot\mathrm{d}\boldsymbol{r}=\int_A^Q\rho\left[GM_{月}\frac{r}{R^3_{月地}}(3\cos\theta\hat{z}-\hat{r})-GM\boldsymbol{r}/r^3\right]\cdot\mathrm{d}\boldsymbol{r}$$

其中

$$\nabla p\cdot\mathrm{d}\boldsymbol{r}=\frac{\partial p}{\partial x}\mathrm{d}x+\frac{\partial p}{\partial y}\mathrm{d}y+\frac{\partial p}{\partial z}\mathrm{d}z=\mathrm{d}p(x,y,z)\quad(7.3.17)$$

由(3.3.14)式，$\mathrm{d}\boldsymbol{r}=\mathrm{d}r\,\hat{r}+r\mathrm{d}\theta\,\hat{\theta}+r\sin\theta\mathrm{d}\phi\,\hat{\phi}$，所以$\hat{z}\cdot\mathrm{d}\boldsymbol{r}=\cos\theta\mathrm{d}r-r\sin\theta\mathrm{d}\theta$. 注意到 Q 也是海面上点，其压强 p 也是 p_0，所以上面的线积分为

$$p-p_0=0=\rho\int_A^Q\left[\frac{GM_{月}}{R^3_{月地}}(3\cos^2\theta r\mathrm{d}r-3r^2\cos\theta\sin\theta\mathrm{d}\theta-r\mathrm{d}r)-GM\frac{\mathrm{d}r}{r^2}\right]$$

即

$$\frac{GM_{月}}{R^3_{月地}}\int_A^Q(3\cos^2\theta r\mathrm{d}r-3r^2\cos\theta\sin\theta\mathrm{d}\theta-r\mathrm{d}r)=\int_{r_0}^{r}GM\frac{\mathrm{d}r}{r^2}=-GM(1/r-1/r_0)$$
$$\approx-GM\delta/R^2\quad(7.3.18)$$

其中，海面高度差 $\delta=r_0-r$，R 为图 7.3.11 中虚线球半径也就是地球半径，$R\approx r_0\approx r$. 选择合

适路径分两步计算式(7.3.18)左边的线积分：第一步：$\theta=0(\mathrm{d}\theta=0)$、$r_0\to r$. 则左边的线积分为

$$\int_{r_0}^{r}(3r\mathrm{d}r-r\mathrm{d}r)=r^2-r_0^2\approx-2\delta R$$

第二步：r 保持不变($\mathrm{d}r=0$)、$\theta=0\to\theta$. 则左边的线积分为

$$\int_{0}^{\theta}-3r^2\cos\theta\sin\theta\mathrm{d}\theta=-3r^2\sin^2\theta/2\approx-3R^2\sin^2\theta/2$$

于是式(7.3.17)为

$$\frac{3GM_{月}}{2R_{月地}^3}R^2\sin^2\theta=\delta\left(\frac{GM}{R^2}-2\frac{GM_{月}}{R_{月地}^3}R\right)\approx\delta\frac{GM}{R^2}$$

其中 $GM_{月}\ R/R_{月地}^3\ll GM/R^2$. 于是 $\theta=\pi/2$ 时 A、Q 两点高度差 δ 为海面上最大高度差，也就是同一地点看到的太阴潮高度

$$\delta_{月}=\frac{3M_{月}\ R^4}{2MR_{月地}^3}=0.538\ \mathrm{m} \tag{7.3.19a}$$

同样得到太阳潮高度

$$\delta_{日}=\frac{3M_{日}\ R^4}{2MR_{日地}^3}=0.247\ \mathrm{m} \tag{7.3.19b}$$

太阴潮和太阳潮都起作用，当两者叠加时成为一个地点的最大潮，为

$$\delta_{\max}=\delta_{月}+\delta_{日}=0.785\ \mathrm{m} \tag{7.3.20}$$

台湾东面火烧岛最大潮高为 1 m，夏威夷群岛的火奴鲁鲁最大潮高为 0.9 m，都与上面结果接近. 当然由于地势海流等其他因素的影响，一些地方的潮高远远超过上述数值. 如杭州湾海宁最大潮高达 9 m，北美芬迪湾的最大潮高可达 18 m，为全球最大值.

7.4 流体的定常流动

7.4.1 描述流体运动的两种方法

1.5.2 节指出，一般情况下连续介质中各个质元的运动都不相同，描述流体的运动就要把每个质元的运动都描述出来. 总体来看有两种描述方法.

1. 两种描述流体运动的方法

拉格朗日法：认准各个质元，建立固有坐标系，每个质元都有一个属于自己的确定不变的固有坐标(x_1,x_2,x_3)，相当于为它们分别编号. 描述流体运动就是确定每个质元在任意时刻 t 的位置 $\boldsymbol{r}(x_1,x_2,x_3,t)$. 质元的速度 $\boldsymbol{v}=\mathrm{d}\boldsymbol{r}/\mathrm{d}t=\boldsymbol{v}(x_1,x_2,x_3,t)$，加速度 $\boldsymbol{a}=\mathrm{d}\boldsymbol{v}/\mathrm{d}t=\boldsymbol{a}(x_1,x_2,x_3,t)$.

拉格朗日法实质上延续了前面牛顿力学研究一个质点系的运动通常采用的方法，即描述所有质点任意时刻的运动状态($\boldsymbol{r}_i,\boldsymbol{v}_i,\boldsymbol{a}_i$)，最基本的是位置函数 $\boldsymbol{r}_i=\boldsymbol{r}_i(t)$，而 $\boldsymbol{v}_i=\mathrm{d}\boldsymbol{r}_i/\mathrm{d}t$、$\boldsymbol{a}_i=\mathrm{d}\boldsymbol{v}_i/\mathrm{d}t$. 只不过对于连续介质把编号 i 改为固有坐标 $\boldsymbol{r}(x_1,x_2,x_3)$. 牛顿定律和相应的运动定理都是针对确定的质点或是质点系的，所以应用牛顿定律和相应的运动定理必须用拉格朗日法.

实际上，只有在少数特殊情况下才有可能用拉格朗日法完成整个的分析过程，因为很难在庞大的连续介质中认准每一个质元，并且在整个运动过程中始终跟踪每一个质元. 而且

这些数据也很难处理. 实际上通常采用更简单、明快的描述方式——欧拉法.

欧拉法: **描述流体场(流体性质场)的场分布**,包括流体的**速度场** $\boldsymbol{v}=\boldsymbol{v}(\boldsymbol{r},t)$、**加速度场** $\boldsymbol{a}=\boldsymbol{a}(\boldsymbol{r},t)$、**压强场** $p=p(\boldsymbol{r},t)$、**密度场** $\rho=\rho(\boldsymbol{r},t)$、…….

在欧拉法中关注某时刻在空间各点上质元的速度、加速度,即该时刻流体性质的场分布,并不关注每个质元的历史和将来,即不管这个质元从哪里来和将到哪里去,也不必去区分每个质点. 这样的描述就简单和实用得多. 但是也正因为欧拉法的这种特点,速度场 $\boldsymbol{v}=\boldsymbol{v}(\boldsymbol{r},t)$ 中固定 $\boldsymbol{r}$ 点处的时间导数 $\partial\boldsymbol{v}/\partial t$ 并不是 t 时刻 $\boldsymbol{r}$ 处质元的加速度,因为在下一时刻 $\boldsymbol{r}$ 处的质元已经换成新的了,原来 $\boldsymbol{r}$ 处的质元已经到了别处.

2. 欧拉法中质元的加速度

质元加速度(又称为速度全导数或者速度实质导数)是指质元 (x_1,x_2,x_3) 的速度 $\boldsymbol{v}(x_1,x_2,x_3)$ (即拉格朗日法中的速度)的导数. 利用流速场 $\boldsymbol{v}(\boldsymbol{r},t)$ 的时间和空间导数,可以计算出质元加速度.

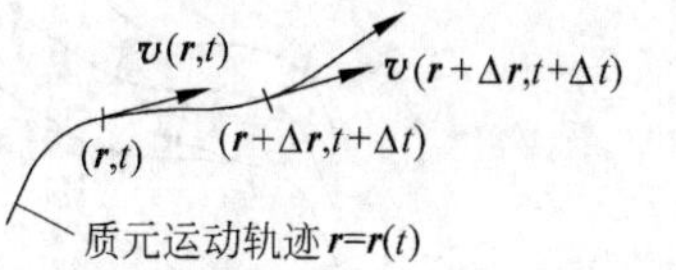

图 7.4.1

设质元 (x_1,x_2,x_3) 的运动轨迹如图 7.4.1, t 时刻质元位于 $\boldsymbol{r}$ 处,速度为 $\boldsymbol{v}(\boldsymbol{r},t)$; $t+\Delta t$ 时刻质元位于 $\boldsymbol{r}+\Delta\boldsymbol{r}$ 处,速度为 $\boldsymbol{v}(\boldsymbol{r}+\Delta\boldsymbol{r},t+\Delta t)$. 按定义其加速度 $\boldsymbol{a}$ 为

$$\begin{aligned}\boldsymbol{a}&=\lim_{\Delta t\to 0}[\boldsymbol{v}(\boldsymbol{r}+\Delta\boldsymbol{r},t+\Delta t)-\boldsymbol{v}(\boldsymbol{r},t)]/\Delta t\\&=\lim_{\Delta t\to 0}[\boldsymbol{v}(\boldsymbol{r}+\Delta\boldsymbol{r},t+\Delta t)-\boldsymbol{v}(\boldsymbol{r}+\Delta\boldsymbol{r},t)]/\Delta t+\lim_{\substack{\Delta t\to 0\\ \Delta r\to 0}}[\boldsymbol{v}(\boldsymbol{r}+\Delta\boldsymbol{r},t)-\boldsymbol{v}(\boldsymbol{r},t)]/\Delta t\\&=\partial\boldsymbol{v}/\partial t+\boldsymbol{v}\cdot\nabla\boldsymbol{v}\end{aligned}$$

其中

$$\begin{aligned}&\lim_{\substack{\Delta t\to 0\\ \Delta r\to 0}}[\boldsymbol{v}(\boldsymbol{r}+\Delta\boldsymbol{r},t)-\boldsymbol{v}(\boldsymbol{r},t)]/\Delta t\\&=\lim_{\substack{\Delta t\to 0\\ \Delta r\to 0}}\{[\boldsymbol{v}(x+\Delta x,y+\Delta y,z+\Delta z;t)-\boldsymbol{v}(x,y+\Delta y,z+\Delta z;t)]\\&\quad+[\boldsymbol{v}(x,y+\Delta y,z+\Delta z;t)-\boldsymbol{v}(x,y,z+\Delta z;t)]\\&\quad+[\boldsymbol{v}(x,y,z+\Delta z;t)-\boldsymbol{v}(x,y,z;t)]\}/\Delta t\\&=\lim_{\Delta t\to 0}\left[\frac{\partial\boldsymbol{v}}{\partial x}\Delta x+\frac{\partial\boldsymbol{v}}{\partial y}\Delta y+\frac{\partial\boldsymbol{v}}{\partial z}\Delta z\right]\Big/\Delta t\\&=v_x\frac{\partial\boldsymbol{v}}{\partial x}+v_y\frac{\partial\boldsymbol{v}}{\partial y}+v_z\frac{\partial\boldsymbol{v}}{\partial z}\end{aligned}$$

$$\boldsymbol{v}\cdot\nabla\boldsymbol{v}=\left(v_x\frac{\partial}{\partial x}+v_y\frac{\partial}{\partial y}+v_z\frac{\partial\boldsymbol{v}}{\partial z}\right)\boldsymbol{v}=v_x\frac{\partial\boldsymbol{v}}{\partial x}+v_y\frac{\partial\boldsymbol{v}}{\partial y}+v_z\frac{\partial\boldsymbol{v}}{\partial z}$$

于是,由欧拉法的速度场函数 $\boldsymbol{v}=\boldsymbol{v}(\boldsymbol{r},t)$ 得到质元加速度为

$$\boldsymbol{a}=\frac{\partial\boldsymbol{v}}{\partial t}+v_x\frac{\partial\boldsymbol{v}}{\partial x}+v_y\frac{\partial\boldsymbol{v}}{\partial y}+v_z\frac{\partial\boldsymbol{v}}{\partial z}=\frac{\partial\boldsymbol{v}}{\partial t}+\boldsymbol{v}\cdot\nabla\boldsymbol{v}\qquad(7.4.1)$$

还可以利用多元函数的复合函数微分法讨论欧拉法的质元加速度. 如果取 $\boldsymbol{r}=\boldsymbol{r}(t)$ 为质元位置(即质元的轨迹方程)而不再是空间的固定地点,那么欧拉法的速度场函数 $\boldsymbol{v}=\boldsymbol{v}(\boldsymbol{r},t)=\boldsymbol{v}[\boldsymbol{r}(t),t]=\boldsymbol{v}(t)$ 就是 t 的单值函数,成为质元速度. 于是取 $\boldsymbol{r}=\boldsymbol{r}(t)$ 为中间变量,把标量多元函数的复合函数微分法推广到矢量多元函数的复合函数,就可以简洁地得到欧拉法的质元加速度

$$\boldsymbol{a}=\frac{\mathrm{d}}{\mathrm{d}t}\boldsymbol{v}[\boldsymbol{r}(t),t]=\frac{\mathrm{d}}{\mathrm{d}t}\boldsymbol{v}[x(t),y(t),z(t),t]=\frac{\partial\boldsymbol{v}}{\partial t}+\frac{\partial\boldsymbol{v}}{\partial x}\frac{\mathrm{d}x}{\mathrm{d}t}+\frac{\partial\boldsymbol{v}}{\partial y}\frac{\mathrm{d}y}{\mathrm{d}t}+\frac{\partial\boldsymbol{v}}{\partial z}\frac{\mathrm{d}z}{\mathrm{d}t}$$

$$= \frac{\partial \boldsymbol{v}}{\partial t} + v_x \frac{\partial \boldsymbol{v}}{\partial x} + v_y \frac{\partial \boldsymbol{v}}{\partial y} + v_z \frac{\partial \boldsymbol{v}}{\partial z} = \frac{\partial \boldsymbol{v}}{\partial t} + \boldsymbol{v} \cdot \nabla \boldsymbol{v}$$

这样,按欧拉法计算质元加速度,就是计算速度场的两项导数:①用不同时刻的速度场计算固定点 $\boldsymbol{r}$ 处对时间导数$\partial \boldsymbol{v}/\partial t$. ②用 t 时刻的速度场计算速度场对空间导数$\partial \boldsymbol{v}/\partial x$、$\partial \boldsymbol{v}/\partial y$、$\partial \boldsymbol{v}/\partial z$.

3. 流体流动的图像表示

拉格朗日法里画出的图像是流体质元的实际运动轨迹称为**迹线**. 见图 7.4.2(a). 迹线可以相交.

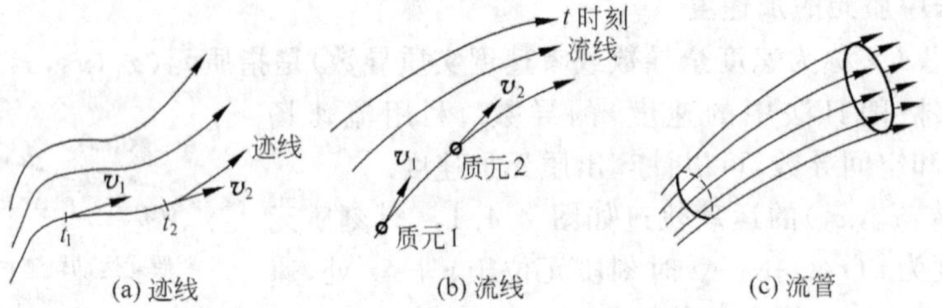

图 7.4.2

欧拉法的流速场是矢量场,如 3.3.3 节所述,为了形象、直观、生动地表示矢量场,在场里人为地画出一些有向曲线称为场线,如 3.3.3 节中的引力场线. 同样也在流速场中画出流速场的场线称为**流线**,规定流线上每一点的切线方向就是该点的流体速度方向. 于是流线就描绘出流速场的方向,见图 7.4.2(b),流线不能相交.

类似式(3.3.8),流速场的流线方程为

$$\mathrm{d}x/v_x = \mathrm{d}y/v_y = \mathrm{d}z/v_z \tag{7.4.2}$$

如图 7.4.2(c)所示,在流体内由流线围成的闭合细管称为**流管**. 由于流线不相交,所以此刻流管内流体不能流到流管外,流管外的流体不能流到流管内. 流管是研究流体运动的通常选用的对象. 流管中流体称为**流束**.

7.4.2 定常流动和不定常流动

一般情况下,流体的流速场$\boldsymbol{v}=\boldsymbol{v}(\boldsymbol{r},t)$与时间 t 有关,称流体作不定常流动. 如果流速场$\boldsymbol{v}$ 是个稳定的矢量场$\boldsymbol{v}=\boldsymbol{v}(\boldsymbol{r})$,与时间 t 无关,则称流体作**定常流动**.

定常流动特点:

(1) 流体定常流动时流速场不随时间变化,即$\partial \boldsymbol{v}/\partial t=0$. 但是质元在空间流动,从一点流到另一点,若流速场不均匀,各点流速不同,则质元速度就随时间变化,质元加速度不为零,即 $\boldsymbol{a}\neq 0$. 从式(7.4.1)也可以看到,当$\partial \boldsymbol{v}/\partial t=0$ 时,$\boldsymbol{a}=\boldsymbol{v}\cdot\nabla\boldsymbol{v}\neq 0$.

(2) 流体定常流动时流线与迹线重合. 流线、迹线不随时间改变.

设迹线如图 7.4.3 所示,$\boldsymbol{v}_1$、$\boldsymbol{v}_2$、$\boldsymbol{v}_3$ 分别是同一质元在 t_1、t_2、t_3 时刻的速度,也是在 t_1、t_2、t_3 时刻 $\boldsymbol{r}_1$、$\boldsymbol{r}_2$、$\boldsymbol{r}_3$ 处流速场的矢量. 由于流速场与 t 无关,所以$\boldsymbol{v}_1$、$\boldsymbol{v}_2$、$\boldsymbol{v}_3$ 也就是任意时刻 $\boldsymbol{r}_1$、$\boldsymbol{r}_2$、$\boldsymbol{r}_3$ 处流速场的矢量,因此迹线也是流线.

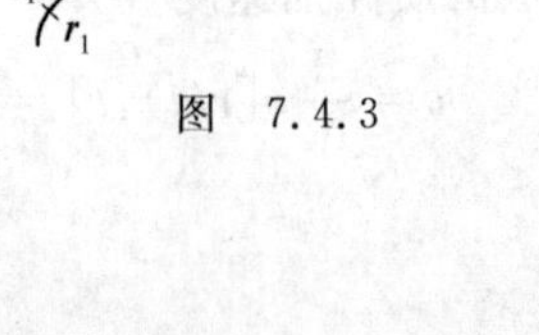

图 7.4.3

(3) 流体定常流动时流体中的压强和密度等物理量的分布

也是稳定的，与时间 t 无关.

由于定常流动时迹线不随时间改变，所以流体中质元的数目不可能改变，因此流体密度不会改变.

(4) 是否为定常流动与参考系有关.

如图 7.4.4，圆柱在理想流体中向左匀速直线运动. 在静系中观察迹线和流线并不相同，圆柱引起流体的扰动，包括迹线和流线都随圆柱的运动而移动，流体为非定常流动. 在圆柱参考系中观察，流体从远处平行流过来，到圆柱跟前环绕流过，最后平行流向远方，为定常流动.

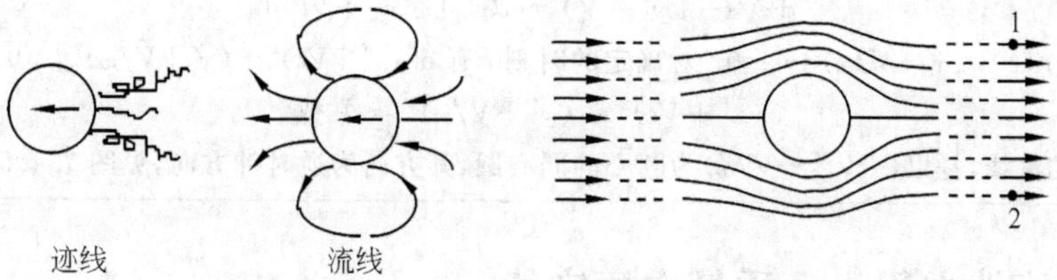

(a) 静系观测　　(b) 圆柱参考系观测

图 7.4.4

例 7.4.1 在 S 系中拉格朗日方法描述质元位置为 $x=r\cos(\omega t+\phi)$；$y=r\sin(\omega t+\phi)$；$z=0$；其中 r 为正实数、$\phi\in(0,2\pi)$、ω 为正常数. (1)确定拉格朗日方法中的固有坐标及质元的速度、加速度；(2)改用欧拉法描述，并且用欧拉法求质元加速度；(3)流动是否定常？画出流线；(4)设 S' 系(由 O'-$x'y'z'$ 坐标系代表)相对 S 系以恒速 V 沿 x 正方向运动，x'、y'、z' 分别与 x、y、z 平行，$t=0$ 时两个参考系原点 O 和 O' 重合. 求 S' 系内流体运动的欧拉表述，说明流动是否定常，画出流线.

解：(1) 选拉格朗日方法中质元固有坐标为柱坐标$(r,\phi,0)$，于是每个质元都有一个属于自己的固有坐标. t 时刻质元$(r,\phi,0)$的位置为 $\boldsymbol{r}(r\cos(\omega t+\phi),r\sin(\omega t+\phi),0)$. 由质元位置函数(轨迹方程)知，在 S 参考系，质元的轨迹(迹线)为原点为圆心的同心圆. 质元速度、加速度分别为

$$\boldsymbol{v}=\mathrm{d}\boldsymbol{r}/\mathrm{d}t=(-\omega r\sin(\omega t+\phi),\omega r\cos(\omega t+\phi),0)$$

$$\boldsymbol{a}=\mathrm{d}\boldsymbol{v}/\mathrm{d}t=(-\omega^2 r\cos(\omega t+\phi),-\omega^2 r\sin(\omega t+\phi),0)$$

(2) 欧拉法的流体流速场为

$$v_x=\partial x/\partial t=-\omega r\sin(\omega t+\phi)=-\omega y$$

$$v_y=\partial y/\partial t=\omega r\cos(\omega t+\phi)=\omega x$$

$$v_z=0$$

(3) 流速场 $\boldsymbol{v}=(-\omega y,\omega x,0)=\boldsymbol{v}(\boldsymbol{r})$与 t 无关，为定常流动. 对比引力场 $\boldsymbol{g}$ 中引力线微分方程式(3.3.8)，流速场$\boldsymbol{v}$ 中流线方程为(将 $\boldsymbol{g}$ 换为$\boldsymbol{v}$)

$$\mathrm{d}x/(-\omega y)=\mathrm{d}y/\omega x$$

得到 $x\mathrm{d}x+y\mathrm{d}y=0$，即

$$x^2+y^2=\text{常数}$$

所以：流线是以原点为圆心的同心圆，其方向为逆时针方向，如图 7.4.5(a).

实际上对定常流动，迹线也是流线，因此也可以直接利用迹线方程得到流线方程 $x^2+y^2=r^2$.

利用式(7.4.1)由流速场$\boldsymbol{v}=(-\omega y,\omega x,0)$计算质元加

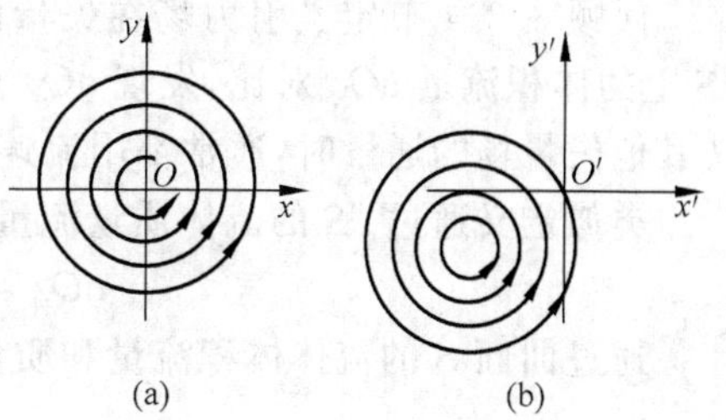

(a)　　(b)

图 7.4.5

速度

$$\boldsymbol{a}=\partial \boldsymbol{v}/\partial t+\boldsymbol{v}\cdot\nabla\boldsymbol{v}=0+v_x(\partial\boldsymbol{v}/\partial x)+v_y(\partial\boldsymbol{v}/\partial y)+v_z(\partial\boldsymbol{v}/\partial z)$$
$$=v_x(0,\omega,0)+v_y(-\omega,0,0)+v_z(0,0,0)=(-\omega v_y,\omega v_x,0)=(-\omega^2 x,-\omega^2 y,0)$$

与选拉格朗日法中计算的质元加速度相同.

(4) S'参考系

由平动参考系之间坐标变换和速度变换得

$$x'=x-Vt \qquad y'=y \qquad z'=z$$
$$v_x'=v_x-V=-\omega y'-V \quad v_y'=v_y=\omega x=\omega(x'+Vt) \quad v_z'=v_z=0$$

由于$\boldsymbol{v}'=\boldsymbol{v}'(\boldsymbol{r}',t)$与$t$有关,为非定常流动. 流线方程

$$\mathrm{d}x'/(-\omega y'-V)=\mathrm{d}y'/[\omega(x'+Vt)]$$

得$(x'+Vt)\mathrm{d}x'+(y'+V/\omega)\mathrm{d}y'=0$. 对确定的时刻$t$有$\mathrm{d}[(x'+Vt)^2+(y'+V/\omega)^2]=0$,得到

$$(x'+Vt)^2+(y'+V/\omega)^2=常数$$

故t时刻的流线,是以$(-Vt,-V/\omega)$为圆心的同心圆,其方向为逆时针方向,见图 7.4.5(b).

7.4.3 连续性方程——质量守恒定律

1. 流量

由(3.3.9)式,选定微元面积 $\mathrm{d}S$ 的法线方向单位矢量$\hat{n}$后,定义矢量面积元 $\mathrm{d}\boldsymbol{S}$

$$\mathrm{d}\boldsymbol{S}=\mathrm{d}S\,\hat{n}$$

在微元面积 $\mathrm{d}S$ 上流体流速均匀为$\boldsymbol{v}$. 以$\boldsymbol{v}$为轴、以 $v\mathrm{d}t$ 为高,包围 $\mathrm{d}S$ 作出微元柱体如图 7.4.6(a). 微元柱体中的流体流速都是$\boldsymbol{v}$,因此 $\mathrm{d}t$ 内此微元柱体内流体全部流过 $\mathrm{d}S$ 面,所以 $\mathrm{d}t$ 内流过 $\mathrm{d}\boldsymbol{S}$ 的流体体积 $\mathrm{d}V$ 就是微元柱体体积. 微元柱体体积等于底面积 $\mathrm{d}S_\perp$ 乘以高 $v\mathrm{d}t$. $\mathrm{d}S_\perp$ 是柱体的横截面面积,等于 $\mathrm{d}\boldsymbol{S}$ 在$\boldsymbol{v}$轴上的投影,即 $\mathrm{d}S_\perp=\mathrm{d}\boldsymbol{S}\cdot\hat{v}$,$\hat{v}$为流速$\boldsymbol{v}$的单位矢量,于是

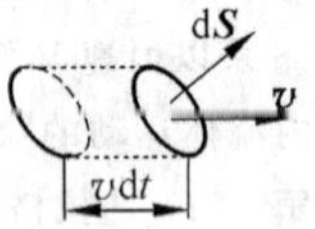

(a)

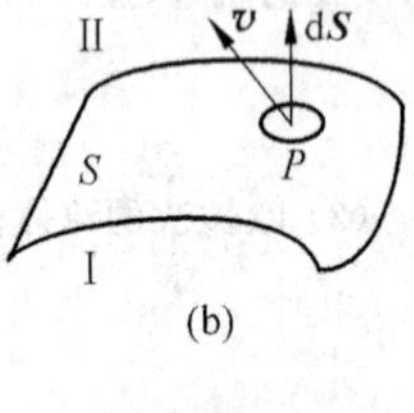

(b)

图 7.4.6

$$\mathrm{d}V=v\mathrm{d}t\mathrm{d}S_\perp=v\mathrm{d}t\,\mathrm{d}\boldsymbol{S}\cdot\hat{v}=\boldsymbol{v}\cdot\mathrm{d}\boldsymbol{S}\mathrm{d}t$$

定义通过 $\mathrm{d}\boldsymbol{S}$ 的流体体积流量为

$$\mathrm{d}Q_V=\mathrm{d}V/\mathrm{d}t=\boldsymbol{v}\cdot\mathrm{d}\boldsymbol{S} \tag{7.4.3}$$

流体体积流量的物理意义就是单位时间内通过 $\mathrm{d}\boldsymbol{S}$ 的流体体积. 注意点积$\boldsymbol{v}\cdot\mathrm{d}\boldsymbol{S}$有正负,如图 7.4.6(a)情况流体沿 $\mathrm{d}\boldsymbol{S}$ 方向流过(通常称为通过 $\mathrm{d}\boldsymbol{S}$ 流出),则流量 $\mathrm{d}Q_V$ 大于零,如果$\boldsymbol{v}$的方向与图相反即流体逆 $\mathrm{d}\boldsymbol{S}$ 方向流过(通常称为通过 $\mathrm{d}\boldsymbol{S}$ 流入),则流量 $\mathrm{d}Q_V$ 小于零. 只有定义了 $\mathrm{d}\boldsymbol{S}$ 的方向之后才能够讨论在它上面的流量.

回顾 3.3.4 节定义引力场在矢量面积元 $\mathrm{d}\boldsymbol{S}$ 上的元通量为 $\mathrm{d}\phi_g=\boldsymbol{g}\cdot\mathrm{d}\boldsymbol{S}$,与这里流体在 $\mathrm{d}\boldsymbol{S}$ 上的体积流量 $\mathrm{d}Q_V$ 对比,发现 $\mathrm{d}Q_V$ 就是矢量场(流速场)在 $\mathrm{d}\boldsymbol{S}$ 上的元通量;反过来,当定义其他矢量场的通量时,通常都用流速场的体积流量来作物理意义的理解.

类似定义通过 $\mathrm{d}\boldsymbol{S}$ 的流体质量流量

$$\mathrm{d}Q_m=\rho\mathrm{d}V/\mathrm{d}t=\rho\boldsymbol{v}\cdot\mathrm{d}\boldsymbol{S} \tag{7.4.4}$$

通过曲面 S 的流体体积流量和质量流量为(图 7.4.6(b))

$$Q_V=\int_S\boldsymbol{v}\cdot\mathrm{d}\boldsymbol{S} \tag{7.4.5}$$

$$Q_m = \int_S \rho \boldsymbol{v} \cdot d\boldsymbol{S} \tag{7.4.6}$$

对曲面 S 先要统一确定曲面上各点的法线方向. 曲面有Ⅰ、Ⅱ两侧,如图 7.4.6(b)取Ⅱ侧作为曲面的正侧,规定曲面上各点的法线方向都是指向正侧. 如果曲面是闭合的,总是取其外侧为正侧. 取定了正侧的曲面称为有向曲面. 只有有向曲面才可以计算通过它的流量.

2. 流体连续性方程

任意选取闭合曲面 S,规定法线方向向外. 设 t 时刻闭合曲面内流体质量为 $m(t)$. dt 内通过闭合曲面流出曲面的质量等于曲面 S 上的质量流量(以流出为正)乘以时间 dt,即

$$Q_m dt = \left(\oint_S \rho \boldsymbol{v} \cdot d\boldsymbol{S}\right) dt$$

由于质量守恒,流出曲面的质量就是 dt 时间内曲面 S 内流体质量的减少量($-dm$),即

$$\left(\oint_S \rho \boldsymbol{v} \cdot d\boldsymbol{S}\right) dt = -dm(t)$$

于是得到**积分形式的连续性方程**,也是**质量守恒的数学表达式**

$$\oint_S \rho \boldsymbol{v} \cdot d\boldsymbol{S} = -\frac{dm}{dt} \tag{7.4.7}$$

即:闭合曲面 S 上的质量流量等于曲面 S 内流体质量的负变化率. 利用高斯定理

$$\oint_S \rho \boldsymbol{v} \cdot d\boldsymbol{S} = \int \nabla \cdot (\rho \boldsymbol{v}) dV$$

于是 $\oint_S \rho \boldsymbol{v} \cdot d\boldsymbol{S} = \int \nabla \cdot (\rho \boldsymbol{v}) dV = -\frac{dm}{dt} = -\frac{d}{dt}\int \rho dV = -\int \frac{\partial \rho}{\partial t} dV$. 由于对于任意闭合曲面上式都成立,所以被积函数必然相等,得到**微分形式的连续性方程**

$$-\nabla \cdot (\rho \boldsymbol{v}) = \frac{\partial \rho}{\partial t} \tag{7.4.8}$$

如果流体本身(在静止平衡情况下)密度均匀,ρ 为常数,而且是不可压缩流体,流动过程中任意局部流体的体积不变,于是密度 ρ 为常数并且与 t 无关,即 $\partial\rho/\partial t = 0$,则 $\nabla \cdot (\rho \boldsymbol{v}) = \rho \nabla \cdot \boldsymbol{v} = 0$,即

$$\nabla \cdot \boldsymbol{v} = 0$$

3. 定常流动情况下连续性方程

在定常流动时,流体的密度分布保持不变,即 $\partial\rho/\partial t = 0$,或者 $\frac{d}{dt}\int \rho dV = 0$,所以定常流动情况下的连续性方程的积分和微分形式分别为

$$\oint \rho \boldsymbol{v} \cdot d\boldsymbol{S} = 0 \tag{7.4.9}$$

$$\nabla \cdot \rho \boldsymbol{v} = 0 \tag{7.4.10}$$

如果是不可压缩流体,在流动过程中每个质元的体积都不变,体积和密度与压强无关,流体中质量密度均匀,ρ=常数. 因此不可压缩流体作定常流动时连续性方程积分和微分形式分别为

$$\oint \boldsymbol{v} \cdot d\boldsymbol{S} = 0 \tag{7.4.11}$$

$$\nabla \cdot \boldsymbol{v} = 0 \tag{7.4.12}$$

这两组方程的物理意义很好理解. 定常流动情况下闭合曲面内流体的质量不变，因此流入的质量一定等于流出的质量，即通过闭合曲面的质量流量必然为零. 当流体不可压缩时流体密度均匀，闭合曲面内流体的体积不变，因此流入的体积一定等于流出的体积，即通过闭合曲面的体积流量必然为零.

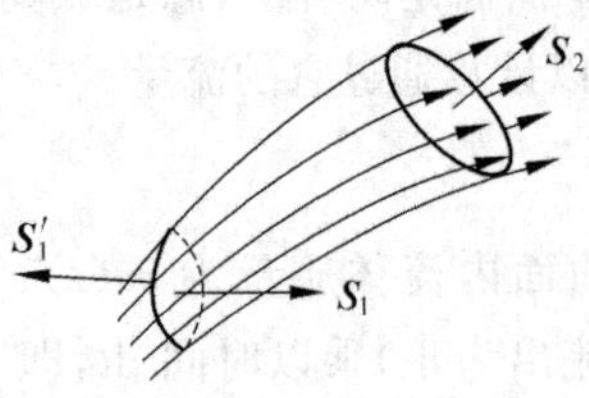

图 7.4.7

如图 7.4.7，选流管为上述闭合曲面的侧面，于是侧面上的流量为零，因此从 S_1 流进的质量等于从 S_2 流出的质量，即两个截面上的质量流量相等. 任意选取 S_2 截面，其质量流量都等于 S_1 面的质量流量，所以**通过同一流管任意截面的质量流量为常数**. 即同一流管任意截面上的质量流量

$$Q_m = \int \rho \boldsymbol{v} \cdot \mathrm{d}\boldsymbol{S} = 常数 \tag{7.4.13}$$

类似地，如果是不可压缩流体，则**同一流管任意截面上的体积流量为常数**，即

$$Q_V = \int \boldsymbol{v} \cdot \mathrm{d}\boldsymbol{S} = 常数 \tag{7.4.14}$$

对细流管 $\Delta\boldsymbol{S}$，流速近似均匀，积分化为乘积

$$\int \rho \boldsymbol{v} \cdot \mathrm{d}\boldsymbol{S} = \rho \boldsymbol{v} \cdot \Delta\boldsymbol{S} = 常数 \tag{7.4.15}$$

例 7.4.2 深度为 h 的大水槽的底部有一个半径为 R 的圆孔，孔中流出的水流如图 7.4.8. 建立如图 7.4.8 的坐标，已知 y 处水流流速为 $v=\sqrt{2g(y+h)}$，求：流出的水柱母线的形状.

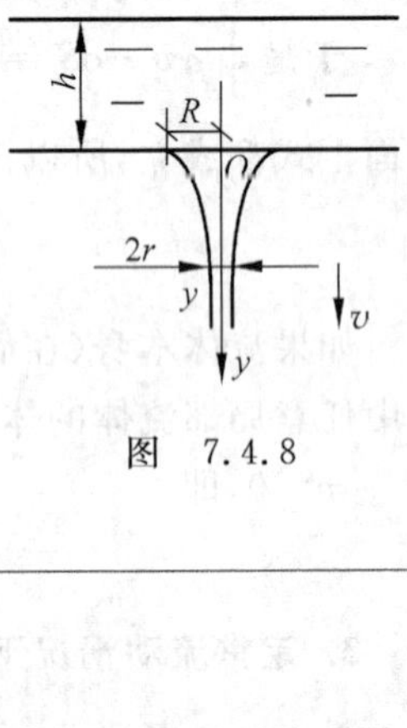

图 7.4.8

解：水流可以看作不可压缩流体的定常流动，水柱就是一个流管，因此水柱任意横截面上体积流量都相同. 近似横截面上流速相同并且与横截面垂直，则

$$vS = \sqrt{2g(y+h)}\pi r^2 = 常数 = \sqrt{2gh}\pi R^2$$

于是在通过水柱对称轴的纵截面上，水柱母线的方程为

$$y = y(r) = hR^4/r^4 - h \quad (r \leqslant R)$$

当 y 较大 r 很小时，水柱断裂散成水花，连续性方程不再成立.

7.4.4 定常流动流体的动量定理

定常流动流体动量定理本应放在动力学部分中，但由于它不涉及流体性质而只要求流体作定常流动，所以在此处讨论.

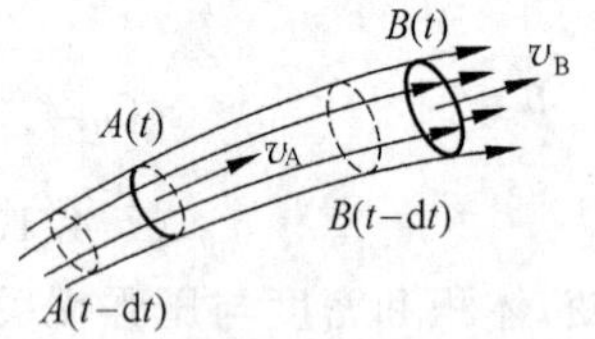

图 7.4.9

由于要应用牛顿定律，所以要采用描述流体运动的拉格朗日法. 如图 7.4.9，分别在 A、B 处作细流管的横截面，选取位于 AB 段内的流体为研究系统. 所谓“细流管”指在横截面上流速近似均匀.

从 $(t-\mathrm{d}t)$ 时刻到 t 时刻，系统移动一段距离. 因为是定常流动，$A(t)$ 至 $B(t-\mathrm{d}t)$ 之间流体动量不变，系统增加的是 $B(t-\mathrm{d}t)$ 到 $B(t)$ 之间流体动量、减少的是 $A(t-\mathrm{d}t)$ 到 $A(t)$ 之间流体动量，所以此期间内系统动量的增量为

$$\mathrm{d}\boldsymbol{p} = (\mathrm{d}m_B)\boldsymbol{v}_B - (\mathrm{d}m_A)\boldsymbol{v}_A = (Q_{mB}\boldsymbol{v}_B - Q_{mA}\boldsymbol{v}_A)\mathrm{d}t = Q_m(\boldsymbol{v}_B - \boldsymbol{v}_A)\mathrm{d}t$$

其中$(\mathrm{d}m_A)=Q_{mA}\mathrm{d}t$、$(\mathrm{d}m_B)=Q_{mB}\mathrm{d}t$分别是$A(t-\mathrm{d}t)$到$A(t)$之间和$B(t-\mathrm{d}t)$到$B(t)$之间流体质量. 由于定常流动同一流管任意截面的质量流量为常数，所以$Q_{mA}=Q_{mB}=Q_m$. 由质点系动量定理得到**定常流动流体的动量定理**

$$\boldsymbol{F}_{外} = \mathrm{d}\boldsymbol{p}/\mathrm{d}t = Q_m(\boldsymbol{v}_B - \boldsymbol{v}_A) \tag{7.4.16}$$

即：**定常流动的流体中细流管里 AB 段流体所受外力的矢量和等于这段流体动量变化率，$Q_m(\boldsymbol{v}_B-\boldsymbol{v}_A)$.**

一段流体所受外力包括表面力（边界面上外界流体的压力和摩擦力）以及流体各质元受的体积力. 如果$\boldsymbol{F}_{外}=0$，那么$\boldsymbol{v}_A=\boldsymbol{v}_B=$常矢量$=\boldsymbol{v}$，这时流体作匀速直线运动，包括$v=0$即流体静止受力平衡情况.

例 7.4.3 供水管道中安装有变径直角弯头，如图 7.4.10. 流体不可压缩. 已知弯头入口处压强、流速、横截面积分别为p_1、v_1、S_1；出口处压强、流速、横截面积分别为p_2、v_2、S_2. 忽略重力，求水流对弯头的作用力$\boldsymbol{F}'$.

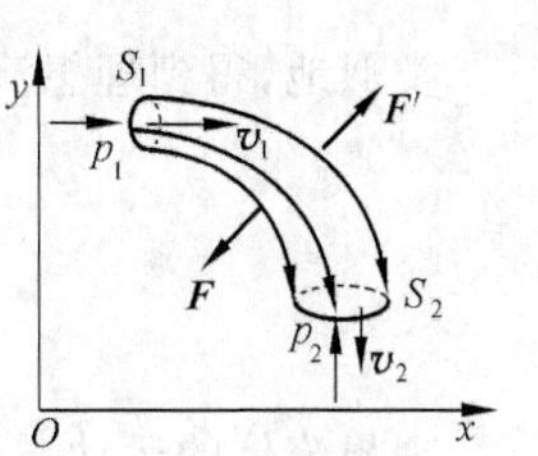

图 7.4.10

解：对弯头内水流，仅受面积力. 除两个端面上的水压外，还有弯头对水流侧面的压力$\boldsymbol{F}$. 设水密度为ρ，则水管内的质量流量为

$$Q_m = \rho v_1 S_1 = \rho v_2 S_2$$

由定常流体的动量定理，x向

$$F_x + p_1 S_1 = -Q_m v_1$$

得到

$$F'_x = -F_x = (p_1 + \rho v_1^2)S_1$$

y向

$$F_y + p_2 S_2 = Q_m(-v_2)$$

得到

$$F'_y = -F_y = (p_2 + \rho v_2^2)S_2$$

由上面的结果看到，压强引起的压力pS与流体运动无关，称为静压力；流动引起的压力$\rho v^2 S$称为动压力.

7.5 理想流体动力学

无粘滞性（摩擦力）的流体称为理想流体. 理想流体也是一种理想化的模型，实际上没有真正无粘滞性（摩擦力）的流体，只是在一般情况下流体特别是气体的粘滞性很小，可以忽略当作理想流体. 在很多情况下粘滞性是不能忽略的，如飞机的升力、流体阻力等问题中，粘滞性的作用至关重要.

有些文献称无粘滞性、不可压缩的流体为理想流体. 本章采用上面的理想流体定义.

7.5.1 理想流体基本方程——欧拉方程

把牛顿定律应用于理想流体，就得到单位体积理想流体的压强梯度、体积外力与流体加速度的关系——欧拉（Euler. L）理想流体动力学方程. 欧拉方程是理想流体动力学的基本方程，类似牛顿力学中牛顿定律的地位. 理想流体的动力学问题都可以由欧拉方程解决.

1. 欧拉方程

与 7.3.2 节类似，如图 7.5.1 取一个小长方体流体为研究系统，边长分别为 dx、dy、dz，流体质量密度为 ρ，单位质量流体上所受到的体积外力为 $\boldsymbol{f}$. 流体体积 dV 很小，近似质量和体积力分布均匀. 与 7.3.2 节不同的是，小流体系统受力不平衡，从而具有加速度 $d\boldsymbol{v}/dt$.

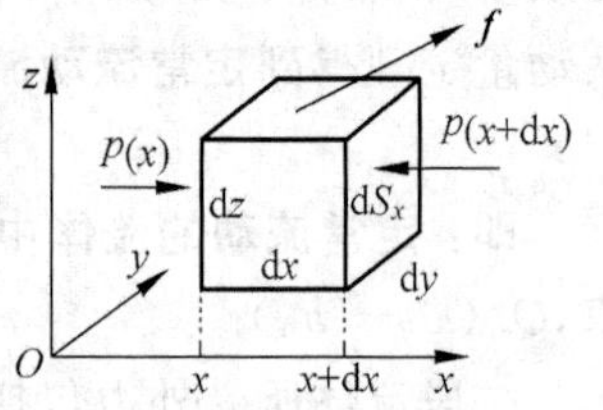

图 7.5.1

对小长方体流体应用牛顿第二定律，x 方向

$$[p(x)-p(x+dx)]dS_x+\rho dVf_x=\rho dV(dv_x/dt)$$

其中 $dS_x=dydz$ 为垂直于 x 轴的截面面积. 即

$$-(\partial p/\partial x)dV+\rho dVf_x=\rho dV(dv_x/dt)$$

两边约去 dV，得到理想流体的运动方程的 x 分量

$$-\frac{\partial p}{\partial x}+\rho f_x=\rho\frac{dv_x}{dt} \tag{7.5.1a}$$

类似地，得到理想流体的运动方程的 y、z 分量

$$-\frac{\partial p}{\partial y}+\rho f_y=\rho\frac{dv_y}{dt} \tag{7.5.1b}$$

$$-\frac{\partial p}{\partial z}+\rho f_z=\rho\frac{dv_z}{dt} \tag{7.5.1c}$$

理想流体的运动方程称为欧拉方程. 写成矢量方程

$$-\left(\frac{\partial p}{\partial x}\hat{x}+\frac{\partial p}{\partial y}\hat{y}+\frac{\partial p}{\partial z}\hat{z}\right)+\rho\boldsymbol{f}=-\nabla p+\rho\boldsymbol{f}=\rho\frac{d\boldsymbol{v}}{dt}=\rho\left(\frac{\partial\boldsymbol{v}}{\partial t}+\boldsymbol{v}\cdot\nabla\boldsymbol{v}\right) \tag{7.5.2}$$

当 $d\boldsymbol{v}/dt=0$ 时，得到静止流体的平衡方程

$$\nabla p=\rho\boldsymbol{f}$$

2. 理想流体定常流动时法向压强差

定常流动时流线就是迹线. 把欧拉方程应用到自然坐标系. 如图 7.5.2，在流线的 A 点流速为 $\boldsymbol{v}$，设流体质量密度为 ρ、单位质量流体上所受到的体积外力为 $\boldsymbol{f}$，取法向坐标参量为 n，则欧拉方程的法向分量为

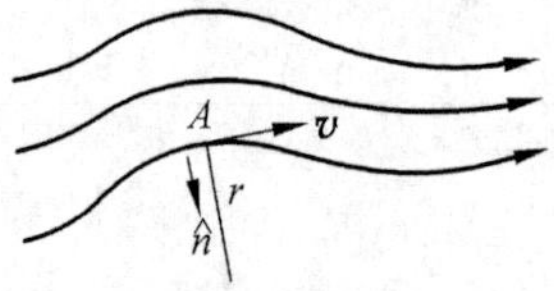

图 7.5.2

$$-(\partial p/\partial n)+\rho f_n=\rho v^2/r$$

其中，r 为 A 处流线的曲率半径，流体的法向加速度为 v^2/r. 于是得到压强法向变化率

$$\frac{\partial p}{\partial n}=-\rho v^2/r+\rho f_n \tag{7.5.3}$$

若流线平直（$r\to\infty$），则 $\partial p/\partial n=\rho f_n$，此时在流线的法向方向上压强变化率与流体流动无关，与静止流体类似，只取决于法向体积力. 如果体积力 $\boldsymbol{f}$ 可以忽略，则 $\partial p/\partial n=0$，横向无压强差.

3. 由欧拉方程推导理想流体定常流动动量定理

由于欧拉方程是理想流体的动力学方程，所以只能推导理想流体定常流动的动量定理. 对定常流动 $\partial\boldsymbol{v}/\partial t=0$、$\boldsymbol{v}=\boldsymbol{v}(x,y,z)$. 欧拉方程为

$$-\nabla p+\rho\boldsymbol{f}=\rho\boldsymbol{v}\cdot\nabla\boldsymbol{v}$$

在上式两边乘以 dV 就得到体积为 dV 的质元满足的动力学方程

$$-(\nabla p)\mathrm{d}V+\rho\boldsymbol{f}\mathrm{d}V=(\rho\boldsymbol{v}\cdot\nabla\boldsymbol{v})\mathrm{d}V$$

如图 7.4.9，沿细流管从 A 到 B 积分上式

$$-\int(\nabla p)\mathrm{d}V+\int\rho\boldsymbol{f}\mathrm{d}V=\int(\rho\boldsymbol{v}\cdot\nabla\boldsymbol{v})\mathrm{d}V=\int(\rho\boldsymbol{v}\cdot\nabla\boldsymbol{v})\mathrm{d}l\mathrm{d}S$$

其中，$\mathrm{d}S$ 为细流管的横截面积、$\mathrm{d}l$ 为质元沿流线方向的长度，$\mathrm{d}V=\mathrm{d}l\mathrm{d}S$. 于是

$$\rho\boldsymbol{v}\mathrm{d}l\mathrm{d}S=Q_m\mathrm{d}\boldsymbol{r}$$

其中，$\mathrm{d}\boldsymbol{r}$ 沿流线方向（$\boldsymbol{v}$ 方向），$|\mathrm{d}\boldsymbol{r}|=\mathrm{d}l$. 矢量积分公式 $\oint\phi\mathrm{d}\boldsymbol{S}=\int\nabla\phi\mathrm{d}V$（$V$ 为 S 所围体积），则 $-\int(\nabla p)\mathrm{d}V=-\oint p\mathrm{d}\boldsymbol{S}$ 为流管里 A、B 之间流体所受的外界压力；$\int\rho\boldsymbol{f}\mathrm{d}V$ 为这些流体所受的体积外力. 所以上式左边为这些流体所受的外力矢量和 $\boldsymbol{F}_{外}$. 注意在同一流管中 Q_m 为常数

$$\int(\rho\boldsymbol{v}\cdot\nabla\boldsymbol{v})\mathrm{d}l\mathrm{d}S=Q_m\int_A^B\mathrm{d}\boldsymbol{r}\cdot\nabla\boldsymbol{v}=Q_m\int_A^B\mathrm{d}\boldsymbol{v}=Q_m(\boldsymbol{v}_B-\boldsymbol{v}_A)$$

其中

$$\mathrm{d}\boldsymbol{r}\cdot(\nabla\boldsymbol{v})=\frac{\partial\boldsymbol{v}}{\partial x}\mathrm{d}x+\frac{\partial\boldsymbol{v}}{\partial y}\mathrm{d}y+\frac{\partial\boldsymbol{v}}{\partial z}\mathrm{d}z=\mathrm{d}\boldsymbol{v}(x,y,z)\tag{7.5.4}$$

于是得到理想流体定常流动的动量定理

$$\boldsymbol{F}_{外}=Q_m(\boldsymbol{v}_B-\boldsymbol{v}_A)$$

7.5.2 伯努利方程

牛顿力学中质点系的机械能守恒、动量守恒、角动量守恒等守恒定律，揭示了系统内在的本质规律. 在流体流动过程中，也存在相应的守恒量. 下面由欧拉方程来确定不可压缩的理想流体在定常流动时同一条流线上的守恒量.

1. 伯努利方程

对定常流动，$\partial\boldsymbol{v}/\partial t=0$、$\partial\rho/\partial t=0$、$\partial p/\partial t=0$. 流体在重力场中，体积力为重力，单位质量的体积力 $\boldsymbol{f}=\boldsymbol{g}$. 于是欧拉方程式(7.5.2)为

$$\rho\boldsymbol{v}\cdot(\nabla\boldsymbol{v})=\rho\boldsymbol{g}-\nabla p$$

研究同一条流线上各点的参量关系. 设 $\mathrm{d}\boldsymbol{r}$ 为某流线上一点 A 处切矢量，用 $\mathrm{d}\boldsymbol{r}$ 点乘上式的两边得

$$\rho[\boldsymbol{v}\cdot(\nabla\boldsymbol{v})]\cdot\mathrm{d}\boldsymbol{r}=\rho\boldsymbol{g}\cdot\mathrm{d}\boldsymbol{r}-(\nabla p)\cdot\mathrm{d}\boldsymbol{r}$$

其中 $[\boldsymbol{v}\cdot(\nabla\boldsymbol{v})]\cdot\mathrm{d}\boldsymbol{r}=\left[\frac{\mathrm{d}\boldsymbol{r}}{\mathrm{d}t}\cdot(\nabla\boldsymbol{v})\right]\cdot\mathrm{d}\boldsymbol{r}=[\mathrm{d}\boldsymbol{r}\cdot(\nabla\boldsymbol{v})]\cdot\frac{\mathrm{d}\boldsymbol{r}}{\mathrm{d}t}=[\mathrm{d}\boldsymbol{r}\cdot(\nabla\boldsymbol{v})]\cdot\boldsymbol{v}$. 由式(7.3.17)$(\nabla p)\cdot\mathrm{d}\boldsymbol{r}=\mathrm{d}p$. 类似 $\mathrm{d}\boldsymbol{r}\cdot\nabla\boldsymbol{v}=\nabla\boldsymbol{v}\cdot\mathrm{d}\boldsymbol{r}=\mathrm{d}\boldsymbol{v}$. 于是 $[\boldsymbol{v}\cdot(\nabla\boldsymbol{v})]\cdot\mathrm{d}\boldsymbol{r}=(\mathrm{d}\boldsymbol{v})\cdot\boldsymbol{v}=\mathrm{d}v^2/2$. 选 z 轴竖直向上，则上式为 $\rho\mathrm{d}v^2/2=-\rho g\mathrm{d}z-\mathrm{d}p$，于是得到

$$\mathrm{d}v^2/2=-g\mathrm{d}z-\mathrm{d}p/\rho\tag{7.5.5}$$

此式对可压缩和不可压缩的流体都适用，称为**普遍的伯努利(D. Bernoulli)方程**，即理想流体定常流动时同一条流线上的微分方程. 如果是不可压缩流体 ρ 为常数，则 $\mathrm{d}(v^2/2+gz+p/\rho)=0$，得

$$v^2/2+gz+p/\rho=常数$$

或者更常用形式

$$\rho v^2/2+\rho gz+p=常数\tag{7.5.6}$$

这就是不可压缩流体所满足的**伯努利方程**（伯努利于 1738 年得到），即不可压缩的理想

流体在定常流动时同一条流线上的守恒量是$(\rho v^2/2+\rho gz+p)$. 不同流线上的守恒量常数一般是不同的. 这个守恒量第一项 $\rho v^2/2$ 相当于单位体积流体的动能，第二项 ρgz 相当于单位体积流体的重力势能，因此这个守恒量体现了功能关系. 为此再用功能原理进行讨论.

2. 由功能原理讨论伯努利方程

与 7.4.4 节讨论定常运动动量定理一样，为了应用运动定理，必须采用描述流体运动的拉格朗日法. 如图 7.5.3，分别在 A、B 处作细流管的横截面，面积分别是 S_1、S_2. 选取位于 AB 段内的流体为研究系统. 所谓"细流管"指在横截面上流速、压强可以近似均匀. 从$(t-\mathrm{d}t)$时刻到 t 时刻，系统由 $A'B'$移动到 AB. 因为是定常流动，AB'之间流体机械能不变，系统增加的是 $B'B$ 之间流体机械能、减少的是 $A'A$ 之间流体机械能，所以此期间内系统机械能的增量为

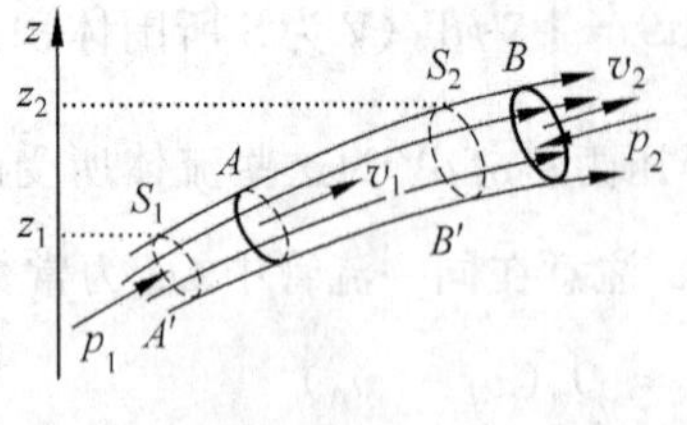

图 7.5.3

$$\begin{aligned}\mathrm{d}E &= (BB'\text{ 内机械能}) - (AA'\text{ 内机械能})\\ &= [(\mathrm{d}m_2)v_2^2/2+(\mathrm{d}m_2)gz_2]-[(\mathrm{d}m_1)v_1^2/2+(\mathrm{d}m_1)gz_1]\\ &= \mathrm{d}m[(v_2^2/2+gz_2)-(v_1^2/2+gz_1)]\end{aligned}$$

其中，$(\mathrm{d}m_1)=Q_{m1}\mathrm{d}t$、$(\mathrm{d}m_2)=Q_{m2}\mathrm{d}t$ 分别是 $A'A$ 之间和 $B'B$ 之间流体质量. 由于定常流动 $Q_{m1}=Q_{m2}=Q_m$，所以 $\mathrm{d}m_1=\mathrm{d}m_2=\mathrm{d}m$. 由于没有摩擦力，流管侧面的压力与质点的运动垂直不做功，所以 $\mathrm{d}t$ 时间内外界对系统做的功为

$$\mathrm{d}W_{\text{外}} = p_1S_1\overline{A'A}-p_2S_2\overline{B'B}=p_1\mathrm{d}V_1-p_2\mathrm{d}V_2$$

由质点系功能原理，设质点系内部非保守力做功为零，则 $\mathrm{d}W_{\text{外}}=\mathrm{d}E$，即

$$\mathrm{d}m[(v_2^2/2+gz_2)-(v_1^2/2+gz_1)]=p_1\mathrm{d}V_1-p_2\mathrm{d}V_2$$

$$p_1/\rho_1+v_1^2/2+gz_1=p_2/\rho_2+v_2^2/2+gz_2=p/\rho+v^2/2+gz=\text{常数} \quad (7.5.7)$$

其中 $\mathrm{d}m=\rho_1\mathrm{d}V_1=\rho_2\mathrm{d}V_2$，$p$、$\rho$、$v$、$z$ 是流线上任意点的压强、密度、流速、z 坐标. 由于是不可压缩流体，$\rho_1=\rho_2=\rho$ 为常数，就得到伯努利方程

$$p_1+\rho v_1^2/2+\rho gz_1=p_2+\rho v_2^2/2+\rho gz_2=\text{常数}$$

从功能角度看，伯努利方程表示，不可压缩的理想流体定常流动时压力差在一条流线上对单位体积流体做的功等于其机械能的增量. 这个结果与前面用欧拉方程推导的结果相同，说明"质点系内部非保守力做功为零"的假设是正确的.

3. 说明

伯努利方程是一维流动问题中的一个主要关系式，而且在整个不可压缩、定常流体力学的领域里也具有根本的重要性.

需要注意的是，一般情况下不同流线的伯努利方程的常数不同，只能对同一条流线上的点应用伯努利方程，不同流线上点的参量不能满足同一个伯努利方程. 但是如果流体无旋，那么各个流线的伯努利方程常数都相等，于是流体中所有点的参量就都满足同一个伯努利方程. 最常见的是选匀速运动物体为参考系的定常流动，如图 7.4.4(b)所示，无穷远处流线彼此平行，流速相同为 v，图中 1、2 是任意两点. 对过 2 点的流线，伯努利方程为

$$p_2+\rho v^2/2+\rho gz_2=\text{常数 }2$$

其中"常数 2"为过 2 点的流线对应的伯努利方程常数. 由于流线平行 $p_2=p_1+\rho g(z_1-z_2)$，

代入上式得

$$常数\ 2 = [p_1 + \rho g(z_1 - z_2)] + \rho v^2/2 + \rho g z_2 = p_1 + \rho v^2/2 + \rho g z_1 = 常数\ 1$$

其中“常数 1”为过 1 点的流线对应的伯努利方程常数. 所以在这种情况下，整个流场中各点对应的伯努利方程的常数相同，因此所有点的参量都满足同一个伯努利方程.

还需要指出的是，当 ρ 不是常数时，$d(p/\rho) \neq dp/\rho$，式(7.5.5)与式(7.5.7)不同，即用两种方法推导的理想流体定常流动时在一条流线上的关系式不同. 式(7.5.7)不适用于可压缩流体. 原因在于可压缩流体(一般是气体)与一般的离散的质点构成的质点系不同，在体积变化过程中除整体的机械能之外，其内部的能量(热运动动能和分子之间的势能等)也在改变，机械能与其他形式能量(物体内能)相互交换，有非保守内力做功，因此外界的功不再等于机械能的增量. 对不可压缩流体(一般是液体)，体积不变，其内部的能量也不变，外界的功才等于机械能的增量. 要用能量关系得到普遍的伯努利方程式(7.5.5)，需要用热力学第一定律[①].

虽然伯努利方程只适用于液体，但是如果流动过程中气体压强变化不大，于是气体体积和密度变化也不大，也可以近似应用伯努利方程. 对普遍的伯努利方程式(7.5.5)两边沿流线从 1 点积分到 2 点得到

$$\int_1^2 \frac{dp}{\rho} + (v_2^2 - v_1^2)/2 + \rho g(z_2 - z_1) = 0$$

当1、2两点的气体相对压差较小时，密度 ρ 的变化也较小，于是近似 $\int_1^2 \frac{dp}{\rho} \approx \frac{p_2 - p_1}{\rho}$，其中取 $\rho \approx \rho_1$ 或 $\rho \approx \rho_2$，得到不可压缩的伯努利方程

$$p_1 + \rho v_1^2/2 + \rho g z_1 = p_2 + \rho v_2^2/2 + \rho g z_2$$

7.5.3　伯努利方程的应用

伯努利方程应用很广，下面举例说明.

1. 等高流管中流速与压强的关系

等高流管中高度 z 为常数，因此

$$p + \rho v^2/2 = 常数 \tag{7.5.8}$$

设流管中任意处的横截面积为 S、流速为 v，由于是不可压缩流体定常流动，所以流管内体积流量 $Q_V = Sv =$ 常数. 这样如果 S 减少则流速增大，那么由上式该处的压强减小. 这就是等高流管中 S、v、p 之间的相互联系.

例 7.5.1　喷雾器原理. 如图 7.5.4，水平流管中空气(密度为 ρ)从左向右流动，左右为粗管，直径为 d_0、流速为 v_0、气压为环境大气压 p_0；中间为细管，直径为 d、流速为 v、气压为 p. 细管下接竖直管插入液体(密度为 ρ_0)中，液面到细管的高度为 h. 细管气压 p 小于环境大气压 p_0，竖直管中液面升高. v 越大($p_0 - p$)越大，直到竖直管中液体被吸入细管后混入空气成为雾状喷出. 设已知 d、d_0、ρ、ρ_0、h，求：能够吸入液体的细管内最小流速 $v_{\min}$.

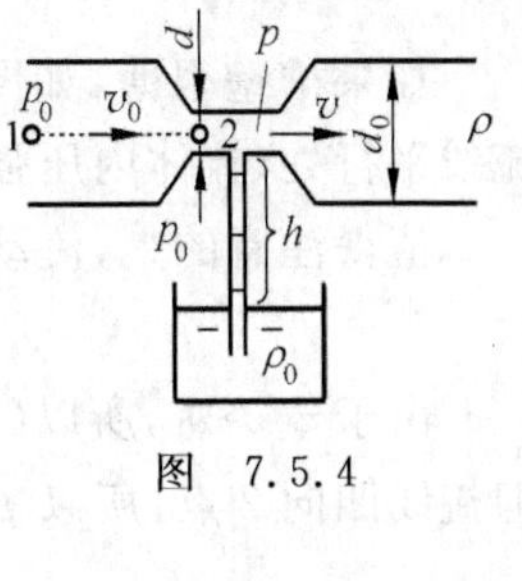

图　7.5.4

解：竖直管中为静止液体，当液面恰好到竖直管上口时气体流速就是 $v_{\min}$，此时满足

$$p_0 - p = \rho_0 g h$$

① P. A. 汤普森. 可压缩流体动力学. 北京：科学出版社，1986 年. 33～35，58.

取流线 1—2. 对空气近似应用伯努利方程式(7.5.8)

$$p_0+\rho v_0^2/2=p+\rho v^2/2$$

由 $v\propto S^{-1}\propto d^{-2}$ 得

$$\rho(v_{\min}^2-v_0^2)/2=\rho v_{\min}^2[1-(d/d_0)^4]/2=p_0-p=\rho_0 gh$$

$$v_{\min}=\sqrt{2\rho_0 gh/\rho[1-(d/d_0)^4]}$$

取 $\rho_0=1\ \mathrm{g/cm^3}$、$\rho=1.29\times10^{-3}\ \mathrm{g/cm^3}$、$h=5\ \mathrm{cm}$、$d=0.41\ \mathrm{cm}$、$d_0=1\ \mathrm{cm}$，得到 $v_{\min}=29\ \mathrm{m/s}$.
当 $d/d_0\to0$ 时 $v_{\min}\to28.6\ \mathrm{m/s}$.

例 7.5.2 皮托(Pitot)管测流速.

皮托管有若干种，如图 7.5.5 为其中之一，用来测流管中气体的流速 v. 皮托管中装着液体，两个管口为 A、B，其中 B 开在流管壁上. 由皮托管中液面高度差 h 计算气体流速 v.

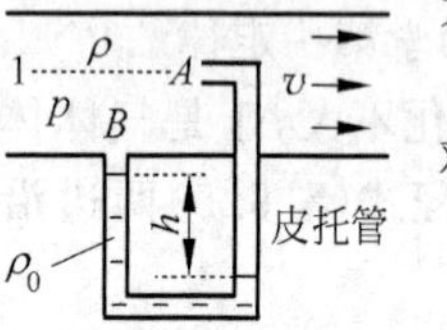

图 7.5.5

取 A 点在皮托管口中央，此处气体流速 $v_A=0$，称 A 点为驻点. 取流线 1—A. 对气体近似应用伯努利方程式(7.5.8)

$$p_A+0=p+\rho v^2/2$$

在管口 B 处，流管中气体的流线彼此平行且平行于管壁，忽略气体所受重力，由式(7.5.3)，垂直于流线的法向方向上压强相同，所以 B 处皮托管内气压等于流管内气流的压强 p，而皮托管右管内气压就是 p_A. 由静止流体的压强关系式

$$p_A-p=\rho_0 gh$$

于是 $\rho v^2/2=\rho_0 gh$，得到气体流速为

$$v=\sqrt{2\rho_0 gh/\rho}$$

---

2. 小孔流速

如图 7.5.6，大水槽下部开一个截面积为 S 的小孔，液面到孔的高度差为 h. 近似水面上流速为零，水流为定常流动. 对流线 0—1—2—3 上 0、3 两点应用伯努利方程式(7.5.6)，取 3 点处 $z=0$，

$$p_0+\rho gh+0=p_0+0+\rho v^2/2$$

其中 3 点处流线平行，所以由式(7.5.3)忽略重力，流体内部水压 p_3 等于外界气压 p_0. 于是得到 3 点处流速，即小孔流速

$$v=\sqrt{2gh} \tag{7.5.9}$$

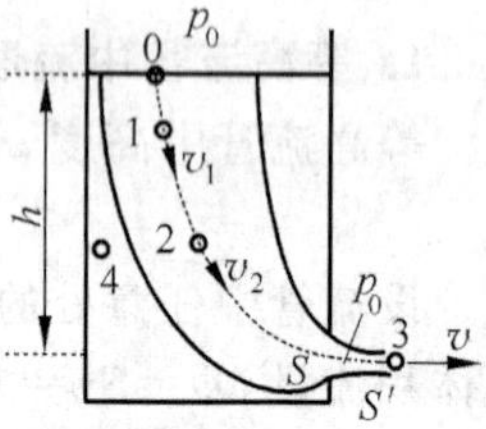

图 7.5.6

式(7.5.9)称为**托里拆利**(Torricelli, E.)**定理**. 设 3 点处水流截面积为 S'，那么水流的体积流量为

$$Q_V=S'v=S'\sqrt{2gh}$$

如果槽壁很薄，如图 7.5.6，流线在小孔处并不平行，流体内压强大于外界气压 p_0. 到流线平行处(流体内压强等于外界气压 p_0)水流截面积收缩为 $S'\approx0.6S$.

值得注意的是，流动情况下的流体压强分布与静止情况下不同. 如图 7.5.6.

$$p_2-p_1=\rho g(z_1-z_2)+\rho(v_1^2-v_2^2)/2$$

由于 $v_2>v_1$，所以(p_2-p_1)小于静水压强差 $\rho g(z_1-z_2)$. 此外 2、4 两点在同一水平面，但流线凹向 2 点，所以 $p_4>p_2$.

3. 压差式水气连动阀(燃气热水器自动开关)

日常生活中使用的燃气热水器的自动开关——压差式水气连动阀，其工作原理也是伯努利方程. 图 7.5.7 是压差式水气连动阀的工作原理图,左边 A 是燃气管道,右边 B 是水管连接在热水器的水路中. 如果热水器不放水,水不流动,压力腔左右压力相等,橡皮膜在中间把燃气阀关上. 一旦热水器放水,水管中水流动起来,细管中流速大压强小、粗管中流速小压强大,压力腔右边压力大于左边压力,使橡皮膜向左移动打开燃气阀;水流量越大,压力腔左右压力差越大,燃气阀开度越大,燃气供应越多,具有自动调节功能.

4. 虹吸原理

虹吸现象如图 7.5.8 所示,水(或者其他液体)可以通过高于水面的 U 形管流到比水面低的地方. 日常生活和科学技术中就有利用虹吸现象的例子,如吸出油箱中的剩油,给鱼缸排水等. 在一些地区黄河水位高出地面,引黄灌溉时不用水泵而是用粗大的虹吸管. 为什么水可以在虹吸管中向上流动?

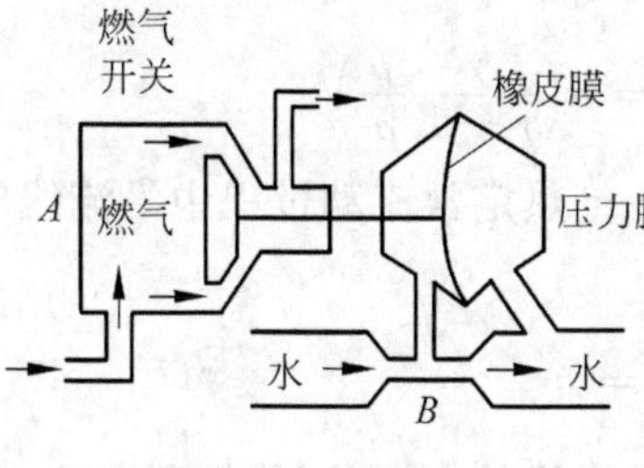

图 7.5.7

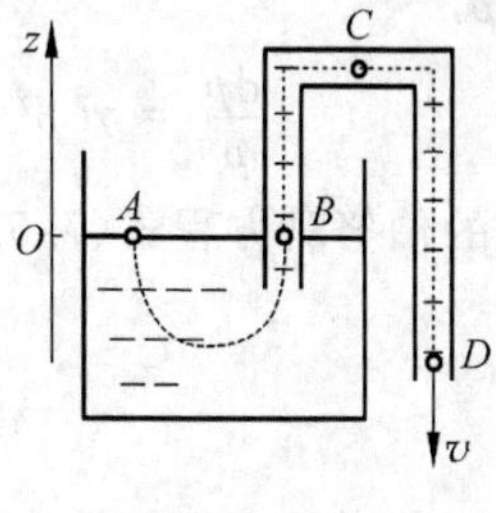

图 7.5.8

要实现虹吸,就要在虹吸管中充满水. 设想将出口 D 用活塞堵住,流体静止平衡. 建立坐标如图 7.5.8,水面处 $z=0$,外界气压为 p_0. 沿 BCD 流线,对 B、D 两点应用伯努利方程,$v=0$、$p_B=p_0$,于是

$$p_D = p_0 - \rho g z_D$$

若 $z_D>0$,则 $p_D<p_0$ 活塞将向上运动,水倒流回水池不会形成虹吸;若 $z_D<0$,则 $p_D>p_0$ 活塞将向下运动,水从虹吸管流出形成虹吸.

在稳定虹吸情况下利用伯努利方程讨论虹吸条件.

在流线 $ABCD$ 上应用伯努利方程. 对 A、D 两点

$$p_0 + 0 + 0 = p_0 + \rho v^2/2 + \rho g z_D \quad 得 \quad v^2 = -2gz_D$$

由此得到第一个条件: $z_D<0$,即出口处 D 必须比水面低.

对 A、C 两点应用伯努利方程

$$p_0 + 0 + 0 = p_C + \rho v^2/2 + \rho g z_C$$

在一般情况下流体不会出现负压,$p_C \geqslant 0$,所以

$$z_C = (p_0 - p_C)/\rho g - v^2/2g \leqslant p_0/\rho g - v^2/2g < p_0/\rho g$$

由此得到第二个条件: $z_C<p_0/\rho g$,即虹吸管的最高处与水面的高度差小于 $p_0/\rho g$. 如果要使流速达到第一个条件 $v^2=-2gz_D$,代入得(注意 $z_D<0$)

$$z_C \leqslant p_0/\rho g + z_D$$

即虹吸管的最高处与水面的高度差小于或等于$(p_0/\rho g)$减去虹吸管的出水口比水面低下的距离. 为了表达得更清楚,将上式改写为

$$z_C - z_D \leqslant p_0/\rho g$$

这就是第三个条件: 虹吸管的最高处与出水口的高度差小于或等于$(p_0/\rho g)$. 显然,第三个条件强于第二个条件. 第三个条件也可以在 C、D 间列出伯努利方程直接得到.

5. 静止流体

静止流体 $v=0$,伯努利方程成为静止流体在重力场中压强分布关系

$$p+\rho g z=\text{常数}$$

7.5.4 可压缩理想气体绝热定常流动的伯努利方程

如果知道了可压缩流体压强与密度的函数关系,就可以由普遍的伯努利方程得到这种可压缩流体沿流线的守恒量. 由热学,理想气体在绝热过程(过程不是很剧烈)中满足泊松(Poissin)公式 $pV^{\gamma}=$常数,以及 $\rho V=$常数,得到

$$p/\rho^{\gamma}=\text{常数} \tag{7.5.10}$$

其中,γ 为气体的泊松比(poisson's ratio). 对空气 $\gamma=1.4$;并设该常数为 L. 于是 $p=L\rho^{\gamma}$,$\mathrm{d}p=L\rho^{\gamma-1}\mathrm{d}\rho$,

$$\frac{\mathrm{d}p}{\rho}=\gamma L\rho^{\gamma-2}\mathrm{d}\rho=\mathrm{d}\left(\frac{\gamma}{\gamma-1}L\rho^{\gamma-1}\right)=\mathrm{d}\left(\frac{\gamma}{\gamma-1}\frac{p}{\rho}\right)$$

由普遍的伯努利方程式(7.5.5),可压缩理想气体在绝热定常流动过程中沿流线的微分方程为

$$\mathrm{d}\left(\frac{\gamma}{\gamma-1}\frac{p}{\rho}+\frac{v^2}{2}+gz\right)=0$$

于是得到可压缩理想气体在绝热定常流动过程中沿流线的守恒量(伯努利方程)为

$$\frac{\gamma}{\gamma-1}\frac{p}{\rho}+\frac{v^2}{2}+gz=\text{常数} \tag{7.5.11}$$

对空气 $\gamma=1.4$,于是空气绝热定常流动的伯努利方程为

$$3.5p/\rho+v^2/2+gz=\text{常数} \tag{7.5.12}$$

下面以压缩空气射流为例说明把空气近似为不可压缩流体的误差. 设把大气(压强为 p_0、密度为 ρ_0、温度为 T_0)压缩到气罐中,压缩空气压强为 p、密度为 ρ. 气罐开一个小孔,气体从小孔流出,近似罐内流速为零. 高度不变取 $z=0$. 由不可压缩的伯努利方程(取 $\rho=\rho_0$)得

$$p/\rho_0+0=p_0/\rho_0+v^2/2$$

$$v_{\text{不压缩}}=[2(p-p_0)/\rho_0]^{1/2}=[2(\beta-1)p_0/\rho_0]^{1/2}=[2(\beta-1)RT_0/m_{\text{摩尔}}]^{1/2}$$

其中 $\beta=p/p_0$,并利用了理想气体的 p、ρ 关系(7.3.9)式,$p_0/\rho_0=RT_0/m_{\text{摩尔}}$. 由(7.5.12)式得

$$3.5p/\rho+0=3.5p_0/\rho_0+v^2/2$$

$$v_{\text{可压缩}}=[7(p/\rho-p_0/\rho_0)]^{1/2}=[7(\beta^{(\gamma-1)/\gamma}-1)p_0/\rho_0]^{1/2}=[7(\beta^{(\gamma-1)/\gamma}-1)RT_0/m_{\text{摩尔}}]^{1/2}$$

其中利用 $p/\rho^{\gamma}=$常数$=p_0/\rho_0^{\gamma}$,得到 $\rho=\rho_0(p/p_0)^{1/\gamma}=\beta^{1/\gamma}\rho_0$. 下面对几个不同的 β 情况下利用($v_{\text{不压缩}}$)作为近似计算,利用($v_{\text{可压缩}}$)作为准确计算,看一看把空气当作不可压缩流体计算的偏差. 见表 7.5.1. 其中取室温 $T_0=290$ K,已知空气摩尔质量 $m_{\text{摩尔}}=28.9\times10^{-3}$ kg/mol.

表 7.5.1

β	1.01	1.05	1.10	1.30	1.50
$v_{\text{不压缩}}$(m/s)	40.8	91.3	129	224	289
$v_{\text{可压缩}}$(m/s)	40.8	90.5	127	213	268
$\lvert v_{\text{可压缩}}-v_{\text{不压缩}}\rvert/v_{\text{可压缩}}$	0	0.009	0.016	0.052	0.078

7.5.5　理想流体的环量定理(开尔文定理)

质点系角动量守恒定律指出，如果作用于质点系的外力对惯性系某定点(或对质点系质心)的总力矩总是零，则质点系对惯性系某定点(或对质点系质心)的角动量守恒. 理想流体没有内在摩擦力，也有相应的定理——开尔文[Kelvin(Thomson，W.)]定理(1869 年).

1. 开尔文定理

定理：**均质理想流体内，沿一封闭的流体线，流体速度的环量不随时间变化.**

其中流体线指永远由同样流体质元组成的线(不一定是流线，也不一定是迹线). 例如在某时刻 t 在流体内画一条曲线就是(t 时刻的)一条流体线 L，将这条曲线上所有质元依次编号为 1、2、……；这些质元有各自的运动，在以后的任意时刻 t'，把这些质元依次连接为一条曲线，就是 t' 时刻的流体线 L. 流体速度的环量(记为 Γ) 指流速在闭合曲线上的线积分. 功 $W=\int_L \boldsymbol{F}\cdot \mathrm{d}\boldsymbol{r}$ 就是力沿曲线 L 的线积分. 开尔文定理的数学表达式为

$$\Gamma=\oint_{(\text{流体线})} \boldsymbol{v}\cdot \mathrm{d}\boldsymbol{r}=\text{常数} \tag{7.5.13}$$

开尔文定理不要求定常流动也不要求不可压缩. 开尔文定理可由欧拉定理证明，见本章附录.

日常生活中就可以观察到开尔文定理的体现. 吸烟人向前吐出的一口烟，很快就消散在空气中. 如果吐出一个很好的圆环面形烟圈(图 7.5.9)，烟圈以速度 V 前进过程中不断扩大，但是可以较长时间内保持住大体形状. 仔细分析一下，烟圈由烟雾粒子组成，这些烟雾粒子绕着圆环面的轴线旋转，一圈烟雾粒子构成一个封闭的流体线. 环量 Γ 守恒，因此虽然烟圈变大烟雾粒子速度减小，但仍然能够保持大致的形状. 设一个小烟环质量为($\mathrm{d}m$)，则其对质心的角动量为

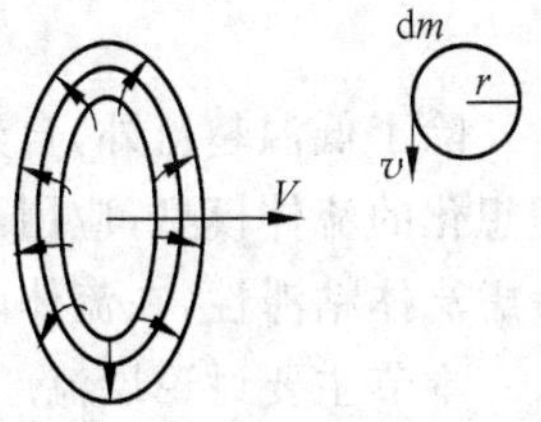

图　7.5.9

$$L=(\mathrm{d}m)vr$$

小烟环作为一个封闭的流体线，其环量为 $\Gamma=2\pi vr=$ 常数. 于是

$$L=(\mathrm{d}m)\Gamma/2\pi=\text{常数}$$

此例说明，环量守恒对应着角动量守恒. 而流体线选定之后，其形状及变化取决于流体的流动.

2. 有旋流动和无旋流动

如果流速场中任意封闭的流体线的环量 Γ 都是零，则称该流体的流动为无旋运动，否则称为有旋运动. 由斯托克斯定理 $\Gamma=\oint_{(\text{流体线})}\boldsymbol{v}\cdot \mathrm{d}\boldsymbol{r}=\int_S(\nabla\times \boldsymbol{v})\cdot \mathrm{d}\boldsymbol{S}$. 其中 S 是以封闭流体线为边界的曲面，S 面的正方向与环路正方向成右手关系. $(\nabla\times \boldsymbol{v})$ 是速度场的旋度. 所以，如果是无旋流动则速度场旋度为零，即 $\nabla\times \boldsymbol{v}=0$；如果是有旋流动则速度场旋度不为零，即 $\nabla\times \boldsymbol{v}\neq 0$.

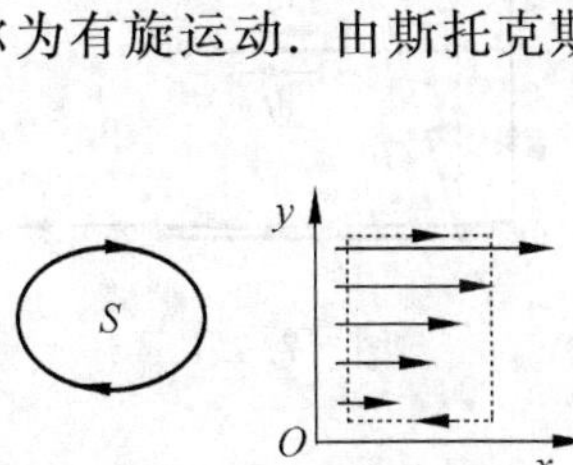

(a)　(b)

图　7.5.10

如果流体内有旋涡，如图 7.5.10(a)，沿着旋涡就是一条封闭流体线，在这条封闭流体线上的环量显然不是零，所以有

旋涡的流体一定是有旋运动. 按斯托克斯定理，流体线的环量 Γ 等于以该旋涡为边界的曲面 S 上，速度场的旋度（$\nabla\times\boldsymbol{v}$）的面积分. 但是，有旋运动不一定必然有旋涡，如图 7.5.10(b) 的定常流动，流线都是平行于 x 轴的直线，流速随 y 坐标线性增加，称为“剪切流”，沿如图虚线表示的封闭流体线上的环量 $\Gamma=\oint\boldsymbol{v}\cdot\mathrm{d}\boldsymbol{r}>0$，所以虽然没有旋涡该流体也是有旋运动.

例 7.5.3 自由涡.

如图 7.5.11，池中水旋转着流入底部的泄水孔，成为中间是空气的涡旋，称为自由涡. 稳定后为定常流动. 以流线为流体线，近似流体线闭合，即 $v_z\approx0$、$v_r\approx0$、$v\approx v_\phi$，由开尔文环量定理，设流线圆周半径为 r，则 $2\pi rv\approx2\pi rv_\phi=$ 常数，即

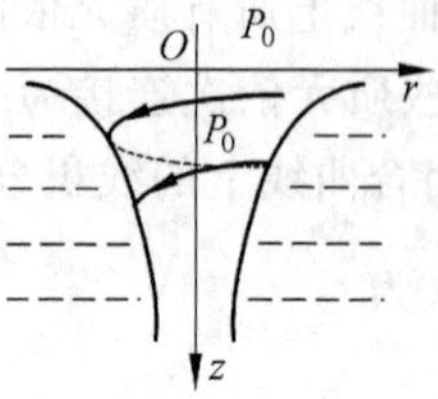

图 7.5.11

$$rv\approx rv_\phi=\text{常数 }K$$

所以随着半径 r 减小，流速 v 增大. 取水面为 $z=0$，近似水面旋涡流速为零，再由伯努利方程

$$-\rho gz+\rho v^2/2=\text{常数}=0$$

于是得到自由涡的母线方程

$$z=v^2/2g=K^2/2gr^2$$

7.6 粘滞流体的流动

除了低温超流外，自然界所有实际流体都具有粘滞性，没有粘滞性的理想流体只是一种理想化的流体模型，应用于粘滞性可以忽略的流体. 当流体长时间、长距离的流动时就必须考虑流体粘滞性，在流体内相对速度很大时，粘滞性往往不可忽略.

本节主要讨论层流. 层流指流体分层流动，彼此之间不混淆.

流体粘滞性体现在液体内部流速不同时，流速不同的各层之间出现摩擦力，称为内摩擦. 此外固、液相对运动时也出现摩擦力. 首先讨论流体内摩擦的规律性.

7.6.1 流体粘滞性规律

1. 流体粘滞性规律

如图 7.6.1，以古艾特(Couette)流动为例. 流体在两平板 A、B 之间. 底板 B 静止不动，其上面坐标为 $z=0$；流体深为 H，板 A 在液面上以 $\boldsymbol{v}_0$ 匀速直线运动，带动整个流体分层流动，z 坐标相同者为一层，各层流速不同，彼此之间有粘滞力相互作用. 为了显示粘滞力，在流体 z 层假想一个微元剖面 $\mathrm{d}S$，上层流体对下层有向右的粘滞力 $\mathrm{d}f$，下层流体对上层有向左的粘滞力 $\mathrm{d}f$. 牛顿提出关于流体粘滞性的实验定律——**牛顿摩擦定律**

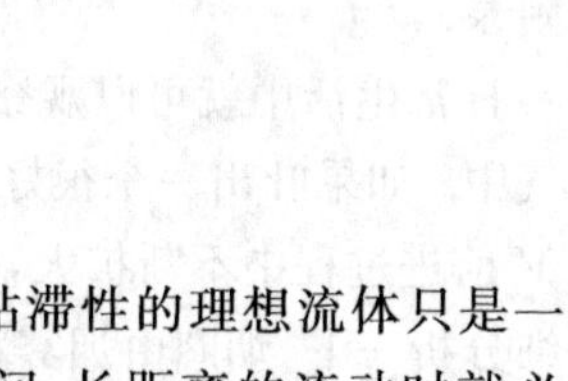

图 7.6.1

$$f=\eta\frac{\mathrm{d}v}{\mathrm{d}z}\mathrm{d}S \tag{7.6.1}$$

即：分层界面上的内摩擦力与该处速度梯度（速度空间变化率）和界面面积成正比.

比例常数 η 称为粘性系数（或粘度），SI 制单位为 Pa·s，CGS 制单位为“泊”，1 泊＝

0.1 Pa·s. 液体和气体摩擦力的本质不同. 液体和固体类似,分子都属于束缚态有一定整体结构,液体流动时分子形变产生了分子力作用,是液体内摩擦力的主要来源;而一般情况下气体分子间距离大,分子属于自由态,由于分子的热运动交换两边的宏观定向动量而引起该层上的摩擦力. 粘性系数 η 与温度密切相关,由于液体和气体摩擦力的本质不同,所以液体和气体粘性系数与温度的关系截然不同. 如果温度升高液体的粘性系数降低而气体的粘性系数升高.

摩擦力在微元剖面 dS 上属于剪切力,有了摩擦力后流体内出现剪应力,于是牛顿摩擦定律可以改写成

$$\sigma_\tau = \eta\frac{\mathrm{d}v}{\mathrm{d}z} = \eta\dot{\varepsilon}_\tau \tag{7.6.2}$$

对比前面的胡克定律,固体弹性形变剪应力与质元位移的空间变化率成正比,即与剪应变成正比;这里的牛顿摩擦定律,流体的剪应力与流体质元速度的空间变化率成正比,即与应变速率成正比. 其中$\frac{\mathrm{d}v}{\mathrm{d}z}=\frac{\mathrm{d}}{\mathrm{d}z}\left(\frac{\mathrm{d}\xi_x}{\mathrm{d}t}\right)=\frac{\mathrm{d}}{\mathrm{d}t}\left(\frac{\mathrm{d}\xi_x}{\mathrm{d}z}\right)=\dot{\varepsilon}_\tau$.

满足牛顿摩擦定律的流体称为牛顿流体,否则称为非牛顿流体,例如麦克斯韦液体、糨糊状和胶状液体等.

由表 7.6.1 可见,无论气体还是液体的粘性系数 η 都很小,所以如果不是压强很小,总有 $\sigma_\tau \ll p$,因此流体内压强可以近似为各向同性.

表 7.6.1　一些物质的粘性系数 η

气体	空气		水蒸气		CO_2		H_2		He	CH_4
温度/℃	20	671	0	100	20	302	20	251	20	20
$\eta/10^{-5}$ Pa·s	1.82	4	0.9	1.27	1.47	2.7	0.89	1.3	1.96	1.10
液体	水				水银		酒精		轻机油	重机油
温度/℃	0	20	50	100	0	20	0	20	15	15
$\eta/10^{-3}$ Pa·s	1.79	1.01	0.55	0.28	1.69	1.55	1.84	1.20	11.3	66

2. 例

例 7.6.1　如果图 7.6.1 所示流体稳定下来,求流体中流速分布及每层剖面上的切应力.

解:讨论高度 $z\sim(z+\Delta z)$ 这一水平薄层流体,稳定状态下该薄层流体动量不变,则所受外力矢量和为零. 只考虑 x 方向受力,忽略薄层流体前后两个端面上的压力差,因此该薄层流体上下两剖面受的摩擦力大小必须相等、方向相反,即要求每层剖面上的切应力 σ_τ 为常数. 由牛顿摩擦定律

$$\mathrm{d}v/\mathrm{d}z = \sigma_\tau/\eta = 常数$$

已知 $z=0$ 处 $v(0)=0$,则积分$\int_0^v \mathrm{d}v = \int_0^z \sigma_\tau \mathrm{d}z/\eta$,得到 $v=\sigma_\tau z/\eta$. 由 $z=H$ 处 $v(H)=v_0$,得

$$\sigma_\tau = \eta v_0/H$$

所以流速分布如图所示为线性(正比)

$$v = v_0 z/H$$

例 7.6.2　测量气体粘度(粘性系数)η 的粘度计如图 7.6.2,由同轴、等长(长度为 L)的两个圆筒组成. 内圆筒(外半径 R_1)悬挂在扭丝上保持静止,外圆筒(内半径 R_2)以 ω_0 匀速转动,两个圆筒间为待测气体. 求

稳定情况下内圆筒所受扭矩 M. 在实际测量时测出扭丝的转角 ϕ，由扭丝的扭转弹性系数 D 得到 $M=D\phi$，就可以计算出气体的粘性系数 η.

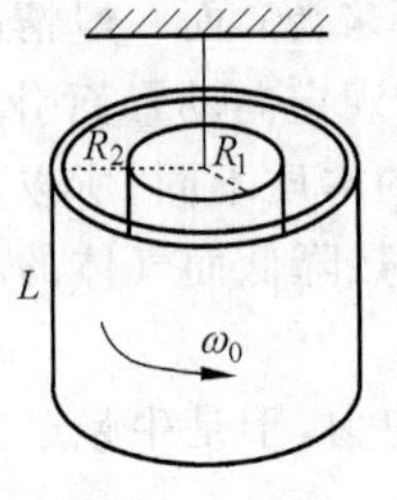

图 7.6.2

解：稳定情况下，两个圆筒之间气体流速分布不变，因此半径 $r\sim(r+\Delta r)$ 的圆柱形薄层气体系统对转轴的角动量不变，所以该气体系统所受外力矩为零. 忽略薄层流体上下两个端面上的阻力矩，则圆柱形薄层气体内外表面上的摩擦力矩大小相等方向相反，即要求作用于任意气体圆柱层面（半径为 r）上的摩擦力矩大小应为常数

$$M=\left|\int r\sigma_\tau(r)\mathrm{d}S\right|=r\mid\sigma_\tau(r)\mid\int\mathrm{d}S=r\eta\left(\frac{\mathrm{d}v}{\mathrm{d}r}\right)_{\text{相对}}2\pi rL=\text{常数}$$

其中 $\sigma_\tau(r)$、$\mathrm{d}S$ 分别为半径为 r 的圆柱层上的剪切应力和微元面积. 上面流速梯度 $(\mathrm{d}v/\mathrm{d}r)$ 加上脚标“相对”是为了强调流速梯度应该是各层之间的相对流速的梯度. 在流体作直线运动时，地面参考系中用各层的绝对流速计算的流速梯度就是各层之间的相对流速的梯度，不必加以强调；但是像本题流体作圆周运动时，地面参考系中用各层的绝对流速计算的流速梯度不是各层之间的相对流速的梯度，所以要加以强调. 第 1 章指出，物体 A 相对于物体 B 的运动，就是在物体 B 参考系中物体 A 的运动. 求 r 处相对流速的梯度，先要求出 r 处相对流速的增量. 地面参考系中，r 处圆柱面和 $(r+\mathrm{d}r)$ 处圆柱面角速度分别是 ω 和 $(\omega+\mathrm{d}\omega)$. 以 r 处圆柱面为参考系，则 $(r+\mathrm{d}r)$ 处圆柱面角速度为 $\mathrm{d}\omega$，$(r+\mathrm{d}r)$ 处圆柱面速度增量即 $(r+\mathrm{d}r)$ 处圆柱面相对 r 处圆柱面的速度增量

$$\mathrm{d}v_{\text{相对}}=(r+\mathrm{d}r)\mathrm{d}\omega\approx r\mathrm{d}\omega$$

其中忽略了高阶小量. 于是 r 处相对流速的梯度为

$$\left(\frac{\mathrm{d}v}{\mathrm{d}r}\right)_{\text{相对}}=\frac{\mathrm{d}v_{\text{相对}}}{\mathrm{d}r}=r\frac{\mathrm{d}\omega}{\mathrm{d}r}$$

所以

$$M=2\pi\eta Lr^3\frac{\mathrm{d}\omega}{\mathrm{d}r}$$

得到 $M\mathrm{d}r/r^3=2\pi\eta L\mathrm{d}\omega$. 两边积分 $\int_{R_1}^{R_2}Mr^{-3}\mathrm{d}r=\int_0^{\omega_0}2\pi\eta L\mathrm{d}\omega$，注意 M 为常数，得到

$$M=4\pi\eta L\omega_0R_1^2R_2^2/(R_2^2-R_1^2)$$

若 $R_1=R$，$R_2=R+\delta$，$\delta\ll R$ 时

$$M\approx 2\pi\eta L\omega_0R^3/\delta$$

3. 哈根-泊肃叶（Hagen, G., Poiseuille, J. L. M.）方程

用牛顿内摩擦定律研究粘滞不可压缩流体在水平圆管定常流动的规律. 设圆管内半径为 R，取柱坐标 (r,ϕ,z). 流体沿 z 方向流动，流速只有 z 分量. 由于对称性，v_z 与 z、ϕ 无关，$v_z=v_z(r)$. 流线是平行直线，忽略重力（体积力），由式(7.5.3)同一横截面上压强 p 相同. 如图 7.6.3(a)，以某时刻半径为 r、长度为 l 的小圆柱内流体为系统，小圆柱内各质元流速不随时间改变，由质点系动量定理，系统所受外力矢量和为零. 由 z 方向受力平衡，忽略体积力

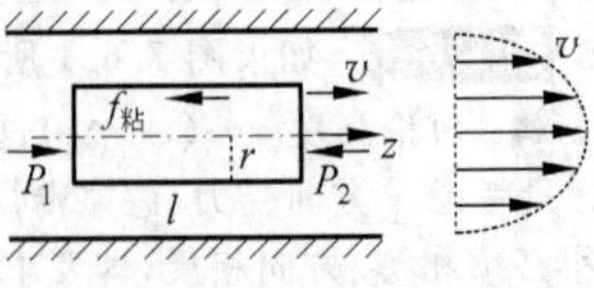

图 7.6.3

$$(p_1-p_2)\pi r^2+\eta\frac{\mathrm{d}v_z}{\mathrm{d}r}\cdot 2\pi rl=0$$

其中粘滞力实际为 $-\hat{z}$ 方向，而 $\mathrm{d}v_z/\mathrm{d}r<0$，所以上式中粘滞力前符号取“+”. 分离变量后两边积分，注意管壁上 $(r=R)$ 流速为零，积分为

$$\int_0^{v_z(r)} \mathrm{d}v_z = \int_R^r -(p_1 - p_2) r\mathrm{d}r/(2\eta l)$$

得到

$$v_z(r) = (p_1 - p_2)(R^2 - r^2)/(4\eta l) \tag{7.6.3}$$

所以圆管内流速为旋转抛物面，如图 7.6.3(b)所示．最大流速在轴线上

$$v_{z\max} = v_z(0) = R^2(p_1 - p_2)/(4\eta l)$$

圆柱面上的剪应力

$$\sigma_{\tau rz}(r) = \eta \frac{\mathrm{d}v_z(r)}{\mathrm{d}r} = -(p_1 - p_2) r/2l \tag{7.6.4}$$

剪应力的最大值在管壁上

$$|\sigma_{\tau rz}|_{\max}(r) = |\sigma_{\tau rz}(R)| = (p_1 - p_2) R/2l$$

流管的体积流量为

$$Q_V = \int \boldsymbol{v} \cdot \mathrm{d}\boldsymbol{S} = \int_0^R v_z 2\pi r \mathrm{d}r = \pi(p_1 - p_2) R^4/(8\eta l) \tag{7.6.5}$$

式(7.6.5)就是著名的哈根-泊肃叶公式．由哈根 1839 年实验证实，后为泊肃叶 1842 年独立发现．这个公式在研究摩擦阻力规律时具有基本的重要性，因为业已证实该公式与实验结果异常符合，并且提供了确定粘性系数 η 的最好方法．哈根-泊肃叶公式也有重要应用，可以用来讨论石油、天然气、水输送问题（管径、压差与流量）等．由于 Q_V 正比于 R^4，所以管径 R 对 Q_V 影响最大．例如用注射器注射时，针头直径减少一半压力要大很多．

考虑粘滞性后水平流管的横截面上流速并不均匀，引入平均流速 $\bar{v}$，定义平均流速

$$\bar{v} = Q_V/S$$

其中 S 为流管横截面积．由哈根-泊肃叶公式，流体在水平流管定常流动时平均流速

$$\bar{v} = (p_1 - p_2) R^2/(8\eta l) \tag{7.6.6}$$

7.6.2 粘滞流体中的应力

上面粘滞流体一维流动的实验验证了牛顿内摩擦定律，即流体 z 截面的剪应力与应变速率成正比．把这个结果推广到三维流动，对牛顿流体作如下假设：(1)应力与应变速率成线性关系；(2)应力与应变速率的关系各向同性．不去做详细推导，与胡克固体的弹性形变关系进行对比．固体的弹性形变关系为

$$\sigma_{\tau xy} = \sigma_{\tau yx} = G\epsilon_{\tau xy} = G(\partial \xi_x/\partial y + \partial \xi_y/\partial x)$$

$$\sigma_{\tau yz} = \sigma_{\tau zy} = G\epsilon_{\tau yz} = G(\partial \xi_y/\partial z + \partial \xi_z/\partial y)$$

$$\sigma_{\tau xz} = \sigma_{\tau zx} = G\epsilon_{\tau xz} = G(\partial \xi_x/\partial z + \partial \xi_z/\partial x)$$

于是对比得到牛顿粘滞流体的剪切应力与切应变速率的关系（广义牛顿内摩擦定律）为

$$\sigma_{\tau xy} = \sigma_{\tau yx} = \eta\dot{\epsilon}_{\tau xy} = \eta(\partial v_x/\partial y + \partial v_y/\partial x) \tag{7.6.7a}$$

$$\sigma_{\tau yz} = \sigma_{\tau zy} = \eta\dot{\epsilon}_{\tau yz} = \eta(\partial v_y/\partial z + \partial v_z/\partial y) \tag{7.6.7b}$$

$$\sigma_{\tau xz} = \sigma_{\tau zx} = \eta\dot{\epsilon}_{\tau xz} = \eta(\partial v_x/\partial z + \partial v_z/\partial x) \tag{7.6.7c}$$

其中，$\dot{\varepsilon} = \mathrm{d}\varepsilon/\mathrm{d}t$ 为切应变速率，$\boldsymbol{v} = \mathrm{d}\xi/\mathrm{d}t$．同时粘滞性也要影响正应力（线应力），通过仔细

分析得到粘滞性引起的正应力①

$$\sigma_{x粘} = 2\eta[\partial v_x/\partial x - (\nabla \cdot \boldsymbol{v})/3] \tag{7.6.8a}$$

$$\sigma_{y粘} = 2\eta[\partial v_y/\partial y - (\nabla \cdot \boldsymbol{v})/3] \tag{7.6.8b}$$

$$\sigma_{z粘} = 2\eta[\partial v_z/\partial z - (\nabla \cdot \boldsymbol{v})/3] \tag{7.6.8c}$$

由式(7.1.6)，注意 $2G=Y/(1+\mu)$ 以及 $\varepsilon_V=\nabla \cdot \xi$，对比可以看出式(7.6.8)的样式.

注意正应力中还有一项与粘性无关的各向同性应力($-p$)，所以对粘滞性不可压缩流体的正应力为

$$\sigma_x = -p + \sigma_{x粘} \quad \sigma_y = -p + \sigma_{y粘} \quad \sigma_z = -p + \sigma_{z粘} \tag{7.6.9}$$

所以，考虑了粘滞性之后，流体的压强并不等于法向应力的负值，但是在一般情况下粘滞力项远远小于压强.

如果是不可压缩流体，由式(7.4.9) $\nabla \cdot \boldsymbol{v}=0$，式(7.6.8)简化为常用形式

$$\sigma_{x粘} = 2\eta(\partial v_x/\partial x) \tag{7.6.10a}$$

$$\sigma_{y粘} = 2\eta(\partial v_y/\partial y) \tag{7.6.10b}$$

$$\sigma_{z粘} = 2\eta(\partial v_z/\partial z) \tag{7.6.10c}$$

相应地式(7.6.9)也简化为

$$\sigma_x = -p + 2\eta(\partial v_x/\partial x) \tag{7.6.11a}$$

$$\sigma_y = -p + 2\eta(\partial v_y/\partial y) \tag{7.6.11b}$$

$$\sigma_z = -p + 2\eta(\partial v_z/\partial z) \tag{7.6.11c}$$

把(7.6.11)三式相加并注意 $\nabla \cdot \boldsymbol{v}=0$，得到

$$p = -(\sigma_x + \sigma_y + \sigma_z)/3$$

因此对不可压缩粘滞性流体，与埋想流体相同，压强仍然等丁二个相互垂直的截面上的正应力的负平均值.

7.6.3 粘滞流体的运动规律

1. 动力学方程——纳维-斯托克斯方程(Nevier, M., Stokes, G. G.)

图 7.6.4 为长方体质元各面上的应力，注意正方向的规定：凡是各坐标平面的法向与坐标方向相同的(图中的前、右、上三个面)，其正方向与坐标方向相同加撇“′”表示，如 σ'_x；凡是各坐标平面的法向与坐标方向相反的(图中的后、左、下三个面)，其正方向与坐标方向相反. 图中只标出 x 方向的应力. 设流体不可压缩，粘性系数为 η、密度为 ρ(常数)，流体所受单位质量体积力为 $\boldsymbol{f}$. 剪应力脚标按 7.1.3 节中规定：剪应力脚标“xy”的第一个指标 x 指截面的法线方向，称为“面元指标”，第二个指标 y 指应力的方向，称为“方向指标”.

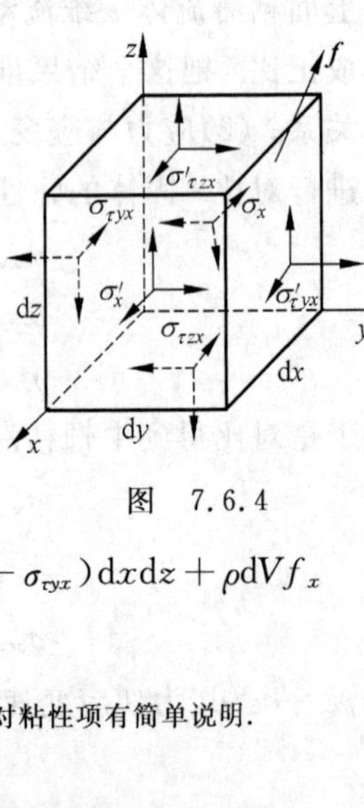

图 7.6.4

对质元 x 方向

$$\rho dV(dv_x/dt) = (\sigma'_x - \sigma_x)dydz + (\sigma'_{\tau zx} - \sigma_{\tau zx})dydx + (\sigma'_{\tau yx} - \sigma_{\tau yx})dxdz + \rho dV f_x$$

① D. J. Tritton. 物理流体力学. 董务民等译. 科学出版社，1986 年，79～81 页对粘性项有简单说明.

$$= (\partial\sigma_x/\partial x)\mathrm{d}V + (\partial\sigma_{\tau zx}/\partial z)\mathrm{d}V + (\partial\sigma_{\tau yx}/\partial y)\mathrm{d}V + \rho \mathrm{d}V f_x$$

将(7.6.11a)、(7.6.7a)、(7.6.7c)式代入得

$$\begin{aligned}\rho(\mathrm{d}v_x/\mathrm{d}t) =& -\partial p/\partial x + 2\eta(\partial^2 v_x/\partial x^2) + \eta(\partial^2 v_x/\partial z^2 + \partial^2 v_z/\partial x\partial z) \\ & + \eta(\partial^2 v_x/\partial y^2 + \partial^2 v_y/\partial x\partial y) + \rho f_x \\ =& -\partial p/\partial x + \eta(\partial^2 v_x/\partial x^2 + \partial^2 v_x/\partial y^2 + \partial^2 v_x/\partial z^2) \\ & + \eta(\partial^2 v_x/\partial x^2 + \partial^2 v_y/\partial x\partial y + \partial^2 v_z/\partial x\partial z) + \rho f_x \\ =& -\partial p/\partial x + \eta(\partial^2 v_x/\partial x^2 + \partial^2 v_x/\partial y^2 + \partial^2 v_x/\partial z^2) \\ & + \eta\frac{\partial}{\partial x}(\partial v_x/\partial x + \partial v_y/\partial y + \partial v_z/\partial z) + \rho f_x\end{aligned}$$

对于不可压缩流体$(\partial v_x/\partial x+\partial v_y/\partial y+\partial v_z/\partial z)=\nabla\cdot\boldsymbol{v}=0$. 于是得到纳维-斯托克斯方程 x 分量

$$\rho(\mathrm{d}v_x/\mathrm{d}t) = -\partial p/\partial x + \eta(\partial^2 v_x/\partial x^2 + \partial^2 v_x/\partial y^2 + \partial^2 v_x/\partial z^2) + \rho f_x \tag{7.6.12a}$$

类似得到 y、z 分量

$$\rho(\mathrm{d}v_y/\mathrm{d}t) = -\partial p/\partial y + \eta(\partial^2 v_x/\partial x^2 + \partial^2 v_x/\partial y^2 + \partial^2 v_x/\partial z^2) + \rho f_y \tag{7.6.12b}$$

$$\rho(\mathrm{d}v_z/\mathrm{d}t) = -\partial p/\partial z + \eta(\partial^2 v_x/\partial x^2 + \partial^2 v_x/\partial y^2 + \partial^2 v_x/\partial z^2) + \rho f_z \tag{7.6.12c}$$

纳维-斯托克斯方程的矢量形式

$$\rho\frac{\mathrm{d}\boldsymbol{v}}{\mathrm{d}t} = -\nabla p + \rho\boldsymbol{f} + \eta\nabla^2\boldsymbol{v} \tag{7.6.13}$$

其中$\nabla^2=\nabla\cdot\nabla=\left(\frac{\partial^2}{\partial x^2}+\frac{\partial^2}{\partial y^2}+\frac{\partial^2}{\partial z^2}\right)$. $\eta=0$ 时即为理想流体的欧拉方程式(7.5.2).

例 7.6.3 由纳维-斯托克斯方程讨论 7.6.1 节里面的古艾特流动. 已知流速只有 x 分量 v_x,且 v_x 只是 z 的函数 $v_x=v_x(z)$;并且 $v_x(0)=0$、$v_x(H)=v_0$;忽略体积力(重力),整个流体内压强都是 p_0.

解:由已知,$\nabla p=0$、$\rho\boldsymbol{f}=0$. 由于是定常流动$(\partial\boldsymbol{v}/\partial t)=0$,所以由式(7.6.13)

$$\rho(\mathrm{d}\boldsymbol{v}/\mathrm{d}t) = \rho\boldsymbol{v}\cdot\nabla\boldsymbol{v} = \eta\nabla^2\boldsymbol{v}$$

由于 $v_y=v_z=0$、$v_x=v_x(z)$,所以 $\boldsymbol{v}\cdot\nabla\boldsymbol{v}=v_x(\partial v_x/\partial x)\hat{x}=0$,$\nabla^2\boldsymbol{v}=(\mathrm{d}^2 v_x/\mathrm{d}z^2)\hat{x}$. 因此上式为

$$\eta(\mathrm{d}^2 v_x(z)/\mathrm{d}z^2)\hat{x} = 0$$

得到

$$v_x(z) = c_1 z + c_2$$

由 $v_x(0)=0$、$v_x(H)=v_0$ 得

$$v_x(z) = v_0 z/H$$

例 7.6.4 在 7.6.1 节已经用牛顿内摩擦定律推导哈根-泊肃叶方程,这里再用纳维-斯托克斯方程推导哈根-泊肃叶方程,作为纳维-斯托克斯方程的一个应用例子. 见图 7.6.3,设圆管内半径为 R,取柱坐标(r,ϕ,z).

解:已知流速只有 z 分量. 由对称性 v_z 与 ϕ 无关;忽略体积力(重力),同一横截面上压强 p 相同,再考虑对称性,压强 p 只与 z 有关,$p=p(z)$;由连续性方程对不可压缩流体$\nabla\cdot\boldsymbol{v}=\frac{1}{r}\frac{\partial}{\partial z}(rv_z)=0$,所以 v_z 与 z 无关,$v_z=v_z(r)$ 并且 $v_z(R)=0$. 再由定常流动$\partial\boldsymbol{v}/\partial t=0$,所以

$$\mathrm{d}\boldsymbol{v}/\mathrm{d}t = \partial\boldsymbol{v}/\partial t + \boldsymbol{v}\cdot\nabla\boldsymbol{v} = \boldsymbol{v}\cdot\nabla\boldsymbol{v} = v_z(\partial v_z/\partial z)\hat{z} = 0$$

所以纳维-斯托克斯方程的 z 分量为

$$0 = -\mathrm{d}p/\mathrm{d}z + \eta\nabla^2 v_z = -\mathrm{d}p/\mathrm{d}z + \eta\left[\frac{\mathrm{d}}{\mathrm{d}r}\left(r\frac{\mathrm{d}v_z}{\mathrm{d}r}\right)\right]\Big/r$$

$$\mathrm{d}p/\mathrm{d}z = \eta\left[\frac{\mathrm{d}}{\mathrm{d}r}\left(r\frac{\mathrm{d}v_z}{\mathrm{d}r}\right)\right]\Big/ r = \text{常数}\ k \tag{1}$$

式(1)左边是 z 的函数，右边是 r 的函数，两者相等必然是与 z、r 无关的常数，设为 k.

$$\mathrm{d}p/\mathrm{d}z = k \quad \text{得} \quad p_1 - p_2 = k(z_1 - z_2) = -kl \tag{2}$$

$$\eta\left[\frac{\mathrm{d}}{\mathrm{d}r}\left(r\frac{\mathrm{d}v_z}{\mathrm{d}r}\right)\right]\Big/ r = k \quad \text{得} \quad \mathrm{d}v_z/\mathrm{d}r = k(r/2 + C/r)/\eta$$

由于 $r=0$ 时 v_z、$(\mathrm{d}v_z/\mathrm{d}r)$ 都要有意义，所以必须 $C=0$，得 $\mathrm{d}v_z/\mathrm{d}r = kr/2\eta$. 积分

$$\int_0^{v_z} \mathrm{d}v_z = \int_R^r kr\mathrm{d}r/2\eta \quad \text{得} \quad v_z = k(r^2 - R^2)/4\eta \tag{3}$$

从式(2)解出 k 并代入式(3)得

$$v_z = (p_1 - p_2)(R^2 - r^2)/(4\eta l)$$

于是流管的体积流量为

$$Q_V = \int \boldsymbol{v}\cdot\mathrm{d}\boldsymbol{S} = \int_0^R v_z 2\pi r\mathrm{d}r = \pi(p_1 - p_2)R^4/(8\eta l)$$

即哈根-泊肃叶方程. 其中 $l = z_2 - z_1$.

---

2. 考虑内摩擦的伯努利方程

直接用纳维-斯托克斯方程求解很困难也很复杂，只有在某些特定边界条件下，方程可以被线性化或化为常微分方程时才能得到精确解. 通常用考虑内摩擦的伯努利方程定性讨论问题. 不可压缩粘性流体定常流动时，仿照 7.5.2 节的方法和图 7.5.3，由功能原理，研究 AB 段内的流体的能量关系. 此时外界对流体做功，包括两个端面上的压力功和粘滞力的功

$$\begin{aligned}\mathrm{d}W_{\text{压力}} + \mathrm{d}W_{\text{粘}1\to 2} &= (p_1 - p_2)\mathrm{d}V + \mathrm{d}W_{\text{粘}1\to 2} = \mathrm{d}E \\ &= (\mathrm{d}mv_2^2/2 + \mathrm{d}mgz_2) - (\mathrm{d}mv_1^2/2 + \mathrm{d}mgz_1)\end{aligned}$$

其中 $\mathrm{d}W_{\text{粘}1\to 2}$ 为 AB 段内的流体从 1 向 2 流动 $\mathrm{d}V$ 时摩擦力(粘滞阻力)做的元功. 由于流体不可压缩，所以流过流管截面的体积 $\mathrm{d}V$ 相同，没有体积功向内能的转换. 摩擦力功使机械能减少转化为流体内能. $\mathrm{d}m = \rho\mathrm{d}V$. 于是得到考虑内摩擦的伯努利方程

$$p_1 + \rho v_1^2/2 + \rho g z_1 = p_2 + \rho v_2^2/2 + \rho g z_2 + w_{12} \tag{7.6.14}$$

其中 $w_{12} = -w_{\text{粘}1\to 2} = -\mathrm{d}W_{\text{粘}1\to 2}/\mathrm{d}V$，一般情况下 $w_{12} > 0$，为 AB 段内的流体从 1 向 2 流动单位体积时克服粘滞阻力做的功，包括克服流管外流体的粘滞力(摩擦外力)的功，以及克服 AB 段流体自身在流动过程中由于各层流速不同出现的内摩擦力做的功(摩擦内力的合功). 前者可正可负，由流管外流体对流管是拉力还是阻力而定，而后者属于克服滑动摩擦力的合功，必然为正. 如果两者都是正的则 w_{12} 又可以称为“损失”，意思是阻力做负功使机械能减少.

通过演示粘滞流动现象的实验可以了解粘滞流动的上述规律. 实验装置如图 7.6.5 所示，水槽底部连接一根水平均匀细管，在细管上间隔 l 接一根竖直细管. 水槽灌水后，从水平细管流出流速为 v 的水流，竖直细管上各有一段高低不同的水柱，这些水柱高度依次为 H_2、H_3、……，呈现如图 7.6.5 的线性关系. 用一条直线连接水柱顶端，交于水槽边缘，高度为 H_1. 槽内水面高度为 H_0.

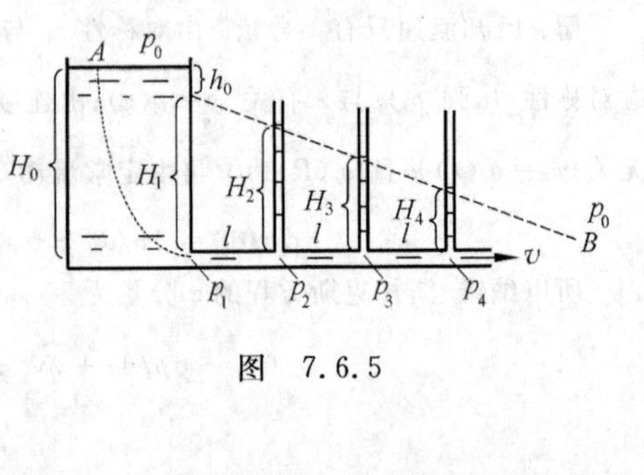

图 7.6.5

竖直细管中水不流动，所以水柱高度显示其底部即水平流管的压强

$$p_2 = p_0 + \rho g H_2 \qquad p_3 = p_0 + \rho g H_3 \qquad \cdots$$

水槽很大，水流可以当作定常流动，水平均匀细管就是一条流管，管中流速 v 和高度 z 相同(设 $z=0$)．如果水是严格的理想流体，那么水平流管内处处压强相等，并且等于出口处 B 的压强 p_0，因此各个竖直细管中水柱高度都应该是零．实验结果 $p_2>p_3>p_4>p_0$，表明了水的粘滞性的影响，水平管越细影响越大，必须用考虑内摩擦的伯努利方程式(7.6.12)分析．由于水平均匀细管中 v 相同、取 $z=0$，所以

$$p_2 + \rho v^2/2 = p_3 + \rho v^2/2 + w_{23} \qquad p_3 + \rho v^2/2 = p_4 + \rho v^2/2 + w_{34} \qquad \cdots$$

由实验装置的特点可知 $w_{23}=w_{34}=\cdots$，而且管壁对流体的力是阻力 $w_{23}=w_{34}=\cdots=w>0$，所以 $p_2-p_3=p_3-p_4=\cdots=w>0$，即

$$H_2 - H_3 = H_3 - H_4 = \cdots = \Delta H = \text{常数} > 0$$

实验结果与伯努利方程的分析相符．由 H_2、H_3、H_4 用直线截得的高度 H_1 就应该对应水平细管进口处压强 $p_1=p_0+\rho g H_1$．于是单位体积水流通过整个细管克服摩擦力做功为

$$w_{\text{细管}} = w_{1B} = w_{12} + w_{23} + \cdots = p_1 - p_B = p_1 - p_0 = \rho g H_1$$

$w_{\text{细管}}$又称为沿途(摩擦)损失．除沿途损失 $w_{\text{细管}}$外，在细管入口处还有管径突变造成的损失 w'．液面 A 与出口 B 在一条流线上，沿流线应用式(7.6.14)

$$\begin{aligned} p_0 + \rho g H_0 + 0 &= p_0 + 0 + \rho v^2/2 + w_{\text{细管}} + w' + w_{\text{粗管}} \\ &= p_0 + \rho v^2/2 + \rho g H_1 + w' + w_{\text{粗管}} \end{aligned}$$

$$\rho v^2/2 = \rho g (H_0 - H_1) - w' - w_{\text{粗管}} = \rho g h_0 - w' - w_{\text{粗管}}$$

其中 $w_{\text{粗管}}$是单位体积流体在粗管(水槽)中流动克服阻力做的功，水槽很大 $w_{\text{粗管}}$可以忽略，再略去 w'，于是出水口流速估算为($h_0=H_0-H_1$)

$$v \approx (2 g h_0)^{1/2}$$

需要说明的是，考虑粘滞性后，在水平流管的横截面上流速并不均匀，上面的"流速 v"实际是平均流速．由哈根-泊肃叶公式，流体在水平流管定常流动时平均流速

$$\bar{v} = (p_1 - p_2) R^2/(8\eta L) = \rho g H_1 R^2/(8\eta L)$$

其中 R、L 分别为细管半径和总长，η 为流体粘滞系数．再由上式 $\bar{v}^2 \approx 2 g h_0 = 2g(H_0-H_1)$，得到

$$\bar{v}^2 + 2gH_1 - 2gH_0 = \bar{v}^2 + 16\eta L \bar{v}/\rho R^2 - 2gH_0 = 0$$

于是在忽略管径突变损失 w'和水槽中流动损失 w 粗管情况下，得到平均流速

$$\bar{v} = [(64\eta^2 L^2 + 2\rho^2 R^4 g H_0)^{1/2} - 8\eta L]/\rho R^2$$

与理想流体不同，粘滞流体水平均匀流动前后必须有压强差．静止的流体表面水平，而自然流动的流水水面不水平，由高度差造成压强差而流动，所以"水向低处流"．例如图 7.6.6，等截面明渠每层水流流速相同．对水面上两点 1、2

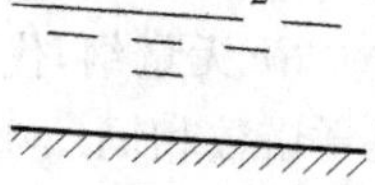

图　7.6.6

$$p_0 + \rho v^2/2 + \rho g z_1 = p_0 + \rho v^2/2 + \rho g z_2 + w_{12}$$

$$z_1 - z_2 = w_{12}/\rho g > 0$$

粘性越大的流体自然流动时需要的高度差越大，例如火山喷发时，很大的高度差才能使熔岩有明显的流动．

7.6.4　湍流、雷诺数

上面讨论的都是层流，即流体分层流动，各层之间绝不混淆．但是粘滞性流体流动时不

总是层流状态，很多情况下往往各层混淆或者根本分不出层次，称为湍流或紊流.

1. 湍流

图 7.6.7 是英国物理学家雷诺(Reynolds)1883 年关于湍流实验的装置. 水箱里的水沿水平玻璃管流出，由阀门控制流速. 与水密度相近的有色液体通过细管流入水平玻璃管的轴线. 在流速较小时，有色液体沿玻璃管轴线流动，呈现一根细线形状，不与水混杂，整个流体分层流动——层流. 改变水的流速，当流速大到一定程度时，有色液体细线开始弯曲、动荡，随着向前流动不断扩散，逐渐与周围水流混杂，流动不再稳定而发生不规则的动荡，这样的流动称为湍流(紊流).

湍流属于非定常流动，流体各层混杂或者根本分不出层次，流速场 $\boldsymbol{v}(\boldsymbol{r},t)$ 随时间 t 变化而且往往没有明确的规律性，处于混沌状态，湍流中常常出现旋涡. 对湍流哈-泊公式不成立. 湍流问题是流体力学的难题，诸如湍流的起因、湍流的运动学描述及其动力学解释等都是没有完全解决的问题.

湍流最初步最简单的描述是采用平均速度场 $\bar{\boldsymbol{v}}(\boldsymbol{r})$，即瞬时速度场 $\boldsymbol{v}(\boldsymbol{r},t)$ 对时间 t 取平均. 虽然湍流速度无论大小和方向总在改变，通常具有随机性没有明确的规律，但是平均速度却近似均匀如图 7.6.8 所示. 管壁上流速为零，靠近管壁的薄层称为附着层，附着层里保持着层流存在很大的速度梯度.

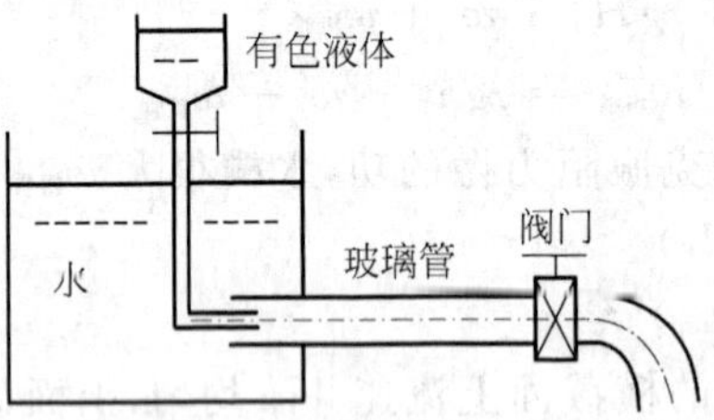

图 7.6.7

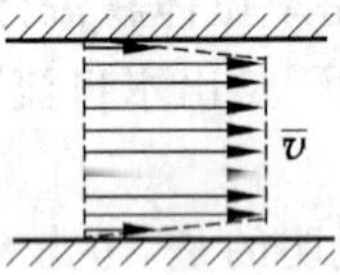

图 7.6.8

2. 雷诺数 *Re*

流体由层流向湍流转变的条件与流体性质、流速、管道等因素有关. 如果一个一个地讨论每个因素的影响将非常复杂，解决实际问题时也很不方便. 用量纲分析的方法可以把与流动有关的物理量 ρ、η、d (管道直径)、v(平均流速)组成无量纲量——雷诺数 Re

$$Re = \rho v d / \eta \tag{7.6.15}$$

有的文献定义 $Re=\rho vR/\eta$，其中 R 为管道半径. 两种定义的雷诺数数值相差一倍.

Re 无量纲，代表了这些因素的综合影响，流体流动的动力学相似性的一个重要判据就是雷诺数相同. 例如从层流到湍流的过渡由临界雷诺数判断，用模型代替真实飞机做风洞实验要求两者雷诺数相同，等等. 只要 Re 和边界条件相同，无论什么具体液体，流体的流动特点就相同，如图 7.6.9 显示的流体绕圆柱流动状态都由 Re 决定，其中图 7.6.9(a)中三个流线图都是层流，随着 Re 增加流动越来越复杂，前两图虽然都是定常流动，但第二图 $Re=20$ 时原来紧贴在圆柱的流线离开圆柱表面，在圆柱后面多出两条流线，即流线分离. 第三图 $Re=100$ 出现旋涡，从定常流动变成非定常流动，旋涡不断产生后向下游流走. 图 7.6.9(b)中二图 Re 都很大，远远超过临界雷诺数，都是湍流. 其中第一图中细小的涡线就是湍流，而第

二图 Re 高达 10^6，在圆柱后面的区域已经都是湍流.

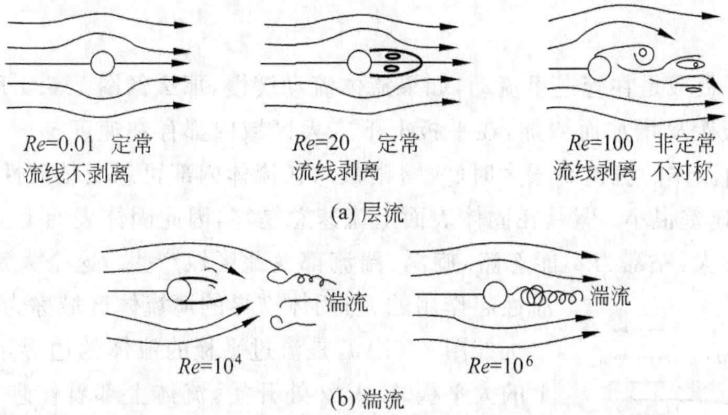

图 7.6.9

3. 临界雷诺数 Re_C——层流向湍流过渡的判据

对各种不同的边界条件都有相应的临界雷诺数 Re_C（表 7.6.2）. 当 $Re<Re_C$ 时为层流；当 $Re>Re_C$ 时进入层流向湍流转变的过渡区，稍有扰动就成为湍流，因此认为 $Re>Re_C$ 时就是湍流.

表 7.6.2 临界雷诺数 Re_C

边界条件	光滑金属管	光滑同心环缝	滑阀口
临界雷诺数 Re_C	2000～2300	1100	260

在 η、ρ、d 不变时，v 减小 Re 随之减小，而且 Re 受 η 的影响变大；相反，v 增大 Re 随之增大，而且 Re 受 η 的影响变小. 流体运动从层流转变为湍流意味着流体的运动丧失了稳定性. 当流体运动为层流受到外界扰动时，一种可能是流体内的粘性作用使扰动影响减少而维持稳定，即保持层流，这一般是 v 较小、Re 较小的情况；另一种可能是流体内的粘性作用不能阻止扰动影响的扩展使流体运动丧失稳定性，即流动变成湍流. 因此流动状态的变化取决于扰动和粘性的对抗，对抗的结果视雷诺数不同而不同，因此 Re 成为判断流动形态的准则数.

例 7.6.5 日常生活中使用的水管直径一般为 $d=0.025$ m. 取临界雷诺数 $Re_C=2000$，1 atm 20℃时水的粘性系数 $\eta=1.0\times10^{-3}$ Pa·s，则能够保持层流的最大流速

$$v_{\max}=\eta Re_C/\rho d=0.079\ \mathrm{m/s}$$

相应的最大体积流量为

$$Q_{V\max}=\pi d^2 v_{\max}/4=3.9\times10^{-5}\ \mathrm{m^3/s}$$

所以日常生活中打开龙头放水时，水的流速稍微大一些，水管里的管流就是湍流.

如果管中流的是 $\eta=11.3\times10^{-3}$ Pa·s、$\rho=0.9\ \mathrm{g/cm^3}$ 的油，则能够保持层流的最大流速和流量为

$$v'_{\max}=\eta Re_C/\rho d=1.00\ \mathrm{m/s}$$
$$Q'_{V\max}=\pi d^2 v/4=4.9\times10^{-4}\ \mathrm{m^3/s}$$

7.6.5 边界层

1. 边界层

流体流过平板或是在管道里流动，如果流体流动缓慢，那么像图 7.6.1 所示平板上下流体流速随距平板距离增加而增加，在平板上下广大区域内都存在速度梯度. 如果流体的粘性系数 η 很小而流体的流速 v 很大时(大雷诺数)，在流体内部可忽略粘滞性，把流体当作理想流体，彼此流速差很小. 但是在固体表面上流速总是零，因此固体表面上方很薄的流动区域内速度梯度很大，粘滞力不能忽略，旋涡、湍流都在此区域产生. 这个大雷诺数情况下粘滞性起作用的、与固体交界的薄流体区域称为边界层.

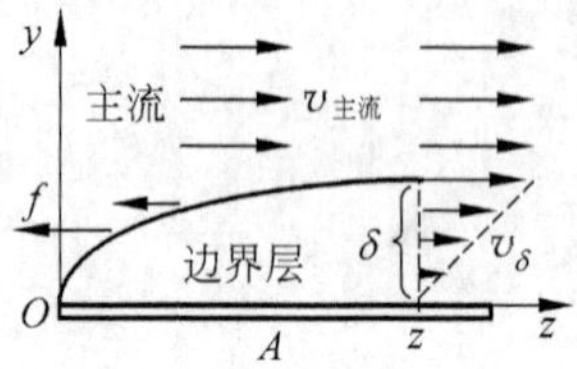

图 7.6.10

如图 7.6.10，是流过平板的流体的边界层，其中 xz 平面上的大平板 A 从 O 处开始，流体上部看作理想流体，是流体的主流，沿 z 向压差不大，但流速很大近似均匀为 $v_{主流}$. 从接触 A 板开始摩擦力起作用出现边界层. 开始边界层很薄近于零，而边界层的边缘对主流有粘滞力 f，使接触处的流速减小而成为边界层的新成员，因此随着 z 坐标的增加边界层的厚度 δ 随之增加，可以推导出边界层的厚度

$$\delta = \lambda(\eta z/\rho v_{主流})^{1/2} \tag{7.6.16}$$

其中 λ 为比例常数，取决于边界条件和流体流动情况. 对于如图 7.6.10 流体沿平板流动，边界层为层流的情况，取流速等于 $0.99v_{主流}$ 为边界层的边缘流速来确定边界层的厚度，则得 $\lambda=5$，即

$$\delta = 5(\eta z/\rho v_{主流})^{1/2} \tag{7.6.17}$$

边界层内考虑流体粘性，所以边界层也有雷诺数. 边界层的厚度 δ 就是粘性流体的截面尺度，所以用 δ 代替前面管道里流体雷诺数定义中的直径 d，用主流流速作为特征速度 v，得到边界层的雷诺数定义

$$Re = \rho v_{主流}\delta/\eta \tag{7.6.18}$$

2. 层流边界层

讨论流体在长直圆管中流动的情况. 如图 7.6.11，圆管半径为 R，设管道入口处为 $z=0$. 从入口开始边界层厚度按 $\sqrt{z}$ 规律增加，图中分别在 z_1、z_2 处画出截面上的速度分布. 直到 $z=l$ 处边界层厚度 $\delta=R$，管中全部都是边界层. 此时的雷诺数最大为

$$Re_{\max} = \rho v_{主流}R/\eta$$

如果 $Re_{\max} < Re_C$，那么整个圆管中都是层流，从 $z=l$ 处开始管中为稳定的泊肃叶分布.

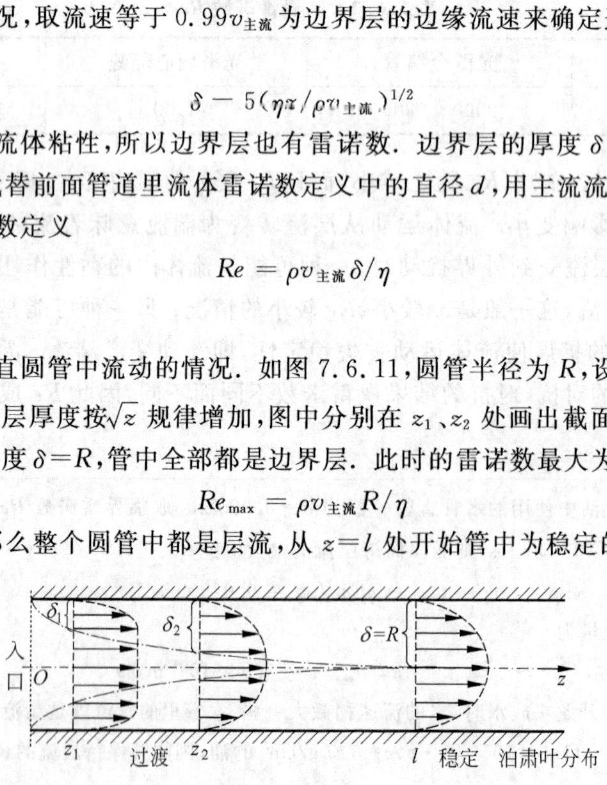

图 7.6.11

3. 湍流边界层

与层流边界层一样也讨论流体在半径为 R 的长直圆管中流动的情况. 如图 7.6.12,管道入口处为 $z=0$. 边界层厚度按 $\sqrt{z}$ 规律增加. 开始为层流边界层,直到 $z=l$ 处边界层厚度为 δ_C,该处雷诺数恰好等于临界雷诺数,所以在 $z>l$ 时边界层里的流动为湍流,图中画出边界层厚度为 $\delta>\delta_C$ 处的平均流速,虽然是湍流但是其平均速度基本均匀. 而且在贴近管壁的很薄的一层里粘滞力起主要作用,仍然保持层流,称为附面层(或附着层),在附面层里流速线性减小,有很大的速度梯度. 附面层的厚度很小,大约是 0.01δ. 最后湍流边界层的厚度等于 R,从此整个圆管中都充满湍流.

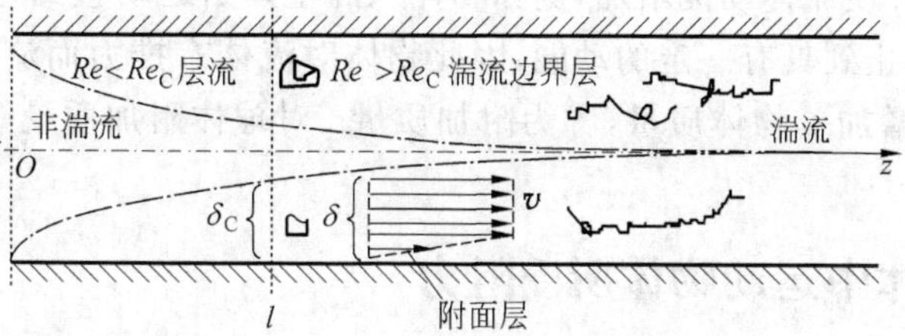

图 7.6.12

4. 旋涡形成,流线分离

边界层为剪切流,如前所述是有旋流动,但是一般不会出现旋涡. 只有在边界层的逆压区才有可能出现流线分离从而形成旋涡.

如图 7.6.13,xz 平面为固体平板,$z=0$ 为平板边缘,OD 就是层流边界层的边缘. 如果是逆压情况,就是压强沿流动方向(z 方向)降低,那么流速就沿流动方向减小,见图中 $z=z_1$、z_2、z_A 处的流速图,主流流速和边界层的流速都减小,边界层的流速梯度也发生改变,在 A 点处边界层流速的轮廓曲线与平板垂直. 继续向前如 z_3 处,靠近平板处流体在逆压下反向流动,从平板上流速为零到反向流速最大,然后再减小到零(C 处)以后就是正向流动. ACB 线是流速为零的流线. 本来流速为零的流线只能贴在壁上,现在从壁面上分离到流体中,称为流线分离. 由于回流使流体堆积,为满足连续性方程,流体不再仅沿 z 方向流动而形成旋涡,旋的方向取决于原剪切流的环量方向.

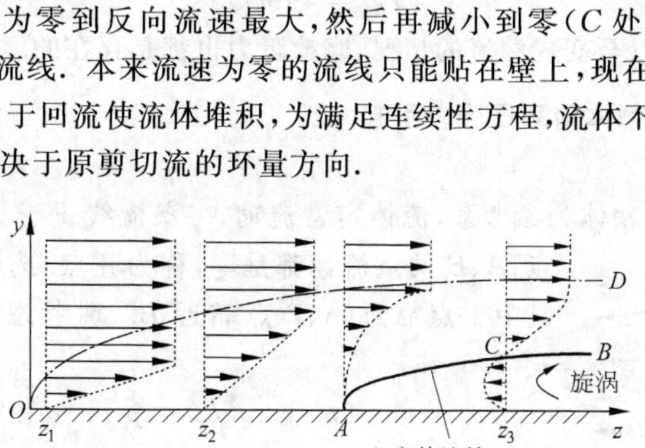

图 7.6.13

7.7 流体中运动物体受到的阻力

流体中运动的物体会受到阻力. 如果物体周围有流体的环流,具有绕物体的环量,则物体还会受到侧向力.

7.7.1 不可压缩理想流体中运动的物体

物体在一个各个方向都延展到无限远的不可压缩理想流体中匀速运动．不可压缩理想流体没有摩擦也没有体积改变，通过伯努利方程的推导可知，没有机械能和其他能量的转换．从地面参考系看，流体在物体前面分开又在物体后面汇合没有留下任何扰动，流体动能也没有改变．物体参考系是惯性系．以物体为参考系看得更清楚，流体是定常流动，流体的动能保持不变，没有物体与流体之间的能量交换，因此流体对物体没有阻力．

加速运动物体受到"惯性阻力"——等效增加物体质量．

物体加速运动会使流体动能增加，例如物体从静止开始运动直到速度为 V 而改为匀速运动，使流体也从静止到具有一定的动能，因此物体对流体有推力而流体对物体有阻力，这个阻力可以等效为增加了物体质量，称为附加质量．对球体附加质量等于它排开流体质量的一半．

7.7.2 粘滞流体中运动物体所受阻力

1．粘滞阻力——表面摩擦力引起

设物体以速度 v 作匀速直线运动，以物体为参考系，流体反向运动流过物体．当流体流过物体时在物体表面有摩擦力引起的剪应力，摩擦阻力就是物体表面上各处剪切力在运动反方向上分力的合力．摩擦阻力的大小与物体形状、运动速度、流体流动情况有关．

低速情况下为层流，摩擦引起的剪应力 σ_τ 与粘性系数 η 和该处法向速度变化率成正比，而法向速度变化率又与物体表面上方流体的最大流速（近似为 v）成比例．严格计算要求出流速场的分布，然后积分剪切力．1851 年斯托克斯（G. C. Stokes）推导出半径为 r、速度为 v 的球体在粘性系数为 η 的流体中所受摩擦阻力

$$f_{粘} = 4\pi\eta r v \tag{7.7.1}$$

在运动速度增加以至变成湍流的情况，摩擦阻力也都是存在的．

2．压差阻力——物体前后压强差引起

(1) 层流无旋

物体低速运动．以物体为参考系，流体定常流动，一条流线止于 A 点，一条流线始于 B 点，A、B 两点流速都是零，称为驻点．选通过 1、2 两点的流线，其中 1 点靠近 A、2 点靠近 B．现考虑有摩擦的伯努利方程式(7.6.14)

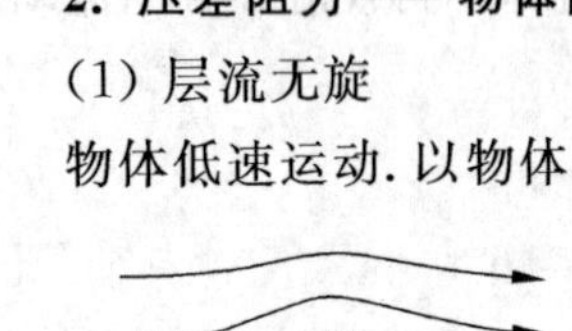

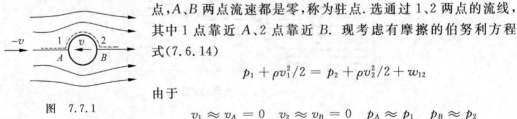

图 7.7.1

$$p_1 + \rho v_1^2/2 = p_2 + \rho v_2^2/2 + w_{12}$$

由于

$$v_1 \approx v_A = 0 \quad v_2 \approx v_B = 0 \quad p_A \approx p_1 \quad p_B \approx p_2$$

所以

$$p_A \approx p_B + w_{12} \qquad p_A - p_B \approx w_{12} > 0$$

因此物体运动前方压强大于后方压强，在物体前后产生压差阻力．同时可以了解到产生压差阻力的本质来自粘滞性，所以如果没有粘滞性就不会有阻力，从而说明匀速直线运动物体在理想流体中不受阻力的本质：既没有直接的摩擦阻力，也没有压差阻力．

压差阻力$\propto(p_A-p_B)S\approx w_{12}S$，其中 S 为物体横截面积.

斯托克斯推导出半径为 r、速度为 v 的球体在粘性系数为 η 的流体中所受压差阻力

$$f_{压差}=2\pi\eta rv \tag{7.7.2}$$

因此该球体受到的总流体阻力为

$$f_{总}=f_{粘}+f_{压差}=6\pi\eta rv \tag{7.7.3}$$

这就是斯托克斯公式或斯托克斯定律.

例 7.7.1　半径为 r 密度为 ρ 的小球，在密度为 $\rho_0(<\rho)$ 粘度为 η 的流体中由静止开始下落. 求收尾速度.

解：收尾速度指物体受力平衡后匀速运动时的速度，也就是下落的最大速度.

物体所受重力大于流体的浮力，在流体中由静止开始加速下降. 称重力与浮力之差为下沉力. 随运动速度加大流体阻力增加，当下沉力等于阻力时物体受力平衡，物体速度达到最大即收尾速度 v_T. 由斯托克斯公式(7.7.3)

$$4\pi r^3(\rho-\rho_0)g/3=6\pi\eta rv_T \tag{1}$$

得到收尾速度为

$$v_T=2r^2(\rho-\rho_0)g/9\eta \tag{2}$$

另一方面，如果已知 η、ρ 和 ρ_0，通过测量得到收尾速度 v_T，就可以由上式求出球体的半径 r. 密立根油滴实验就是这样做的.

下面由(2)式具体计算小雨滴下落收尾速度. 若半径为 $r=0.3\times10^{-4}$ m 的雨滴从高度 $h=2000$ m 下落，求其收尾速度，已知空气粘性系数 $\eta=1.71\times10^{-5}$ Pa·s，$\rho_0=1.29$ kg/m³.

如果没有空气阻力雨滴自由下落，则其到达地面的速度为 $v=\sqrt{2gh}\approx200$ m/s.

考虑空气阻力(层流)，忽略空气浮力，即取 $\rho_0=0$，于是由式(2)

$$v_T=2\rho gr^2/9\eta \tag{3}$$

取雨滴质量密度 $\rho=1.00\times10^3$ kg/m³，得 $v_T=1.27\times10^8r^2=0.11$(m/s).

又如沙尘暴，是强烈的大气对流将沙尘暴源头的沙石卷到几千米的高空. 大沙石收尾速度大(见后面)会很快落回地面，小沙粒收尾速度小遇到水平气流可以被带到几百公里远处形成沙尘暴. 设小沙粒平均半径为 $r=1.5\times10^{-5}$ m、密度 $\rho=2.00\times10^3$ kg/m³，则由(3)式小沙粒收尾速度

$$v_T=2\rho gr^2/9\eta=0.057(\text{m/s})$$

设小沙粒的高度 $H=1000$ m，水平气流风速 $v_0=10$ m/s，那么小沙粒在水平气流携带下漂移的水平距离

$$s=v_0t=v_0H/v_T=9\eta v_0H/2\rho gr^2=175\ \text{km}$$

离沙尘暴源头越远，构成沙尘暴的沙粒越小.

---

(2) 湍流有旋

流速很大时，物体前面仍为层流而后面出现湍流，如图 7.7.2. 以物体为参考系，物体前面流体定常流动，一条流线止于 A 点，远处流体速度也是流体主流的速度为$(-\boldsymbol{v})$. 如前所述，湍流的平均速度$\bar{\boldsymbol{v}}$是均匀的，等于主流的速度. 严格讲对湍流这种非定常流动情况下不能应用伯努利方程，但是可以用伯努利方程来计算物体后面流速均匀，为$-\boldsymbol{v}$情况下的压强差，作为湍流情况压强差的估计值. 如图 7.7.2(b)仍选通过 1、2 两点的流线；1 靠近 A、2 靠近 B. 由式(7.6.12)

$$p_1+\rho v_1^2/2=p_2+\rho v_2^2/2+w_{12}$$

由于

$$v_1\approx v_A=0\quad v_2\approx v_B\approx\bar{v}\approx v\quad p_A\approx p_1\quad p_B\approx p_2$$

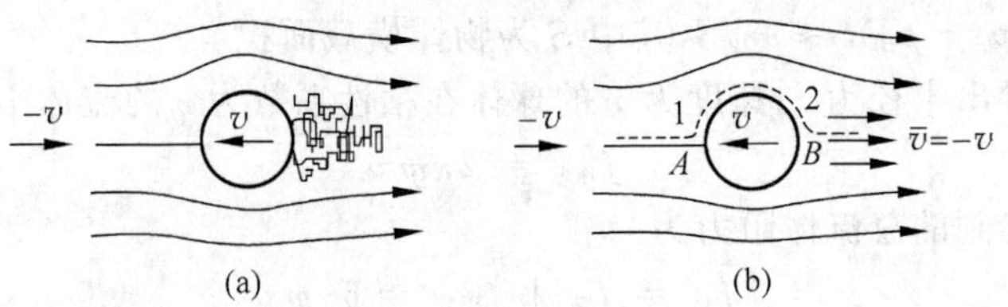

(a) (b)

图 7.7.2

所以

$$p_A \approx p_B + \rho v_2^2/2 + w_{12} \approx p_B + \rho v_2^2/2 \qquad p_A - p_B \approx \rho v_2^2/2 \propto \rho v^2$$

由于流速很大，所以相对于 $\rho v_2^2/2$ 可以忽略 w_{12}.

压差阻力$\propto(p_A - p_B)S \propto \rho v^2 d^2$，其中 S 为物体横截面积，d 为物体横截面尺度.

湍流时也有粘滞阻力，但远小于湍流引起的压差阻力，流体阻力基本上是压差阻力.

因此减小流体阻力要区分高速、低速两种不同情况讨论. 对高速情况流体阻力基本上是湍流压差阻力，要减小流体阻力就要改造物体为流线型，不让后部出现湍流；对低速情况流体阻力基本上是粘滞阻力，要减小流体阻力就要减小物体尺度特别是长度，所以流线型对低速情况非但不会减小阻力反而会加大阻力.

7.7.3 阻力系数、球体阻力

前面关于流体阻力大体上还是定性的讨论，像低速、高速的划分以及低速到高速的过渡等都应该有定量的关系，而这种关系不但与速度有关，还与物体形状、尺度、表面有关，并且还与流体性质有关. 这些复杂关系除极少数情况外都没有严格的解析解，主要通过实验得到. 为此引入阻力系数 c_d. 设物体所受流体阻力为 f，流体质量密度为 ρ、无穷远处流速大小即物体运动速率为 v（以物体为参考系）、物体最大横截面积为 S，则令

$$f = c_d \rho v^2 S/2 \tag{7.7.4}$$

阻力系数 c_d 无量纲，与物体形状、尺度、表面性质等有关. 对于确定的物体，阻力系数 c_d 就是雷诺数 Re 的函数，即

$$c_d = c_d(Re)$$

对球体 $S=\pi r^2$、$Re=\rho v d/\eta$，按斯托克斯公式 $f=6\pi\eta r v$

$$c_d = 2f/\rho v^2 S = 12\eta/(\rho v r) = 24/Re$$

人们做了大量实验研究阻力系数与雷诺数的关系，其中关于球和长圆柱的一些实验数据如表 7.7.1，长圆柱的轴线垂直于运动方向.

表 7.7.1 球和长圆柱的阻力系数

Re		0.1	1	10	10^2	10^3	10^4	10^5	10^6
c_d	球	245	28	4.0	1.10	0.46	0.42	0.49	0.14
	长圆柱	58	10	2.6	1.45	0.98	1.12	1.23	0.35

此表来自 L. 普朗克，K. 奥斯瓦提奇，K. 维格哈特. 流体力学概论. 郭永怀，陆士嘉译. 科学出版社，1984，300.

由实验可知，$Re<0.4$ 时，斯托克斯定律足够准确，一般在 $Re<1$ 的情况下使用斯托克斯公式. 前面例 7.1.1 中雨滴的 $Re=\rho_0 v_T d/\eta=0.50$，小沙粒的 $Re=\rho_0 v_T d/\eta=0.13$ 都小于 1，满足应用斯托克斯公式条件. 奥辛（Oseen）提出另一个小雷诺数（$Re<4$）的近似公式

$$f = 6\pi\eta r v(1 + 3Re/16) \qquad c_d = 24(1 + 3Re/16)/Re \tag{7.7.5}$$

图 7.7.3 是球阻力系数的实验曲线，采用的是对数坐标，其中的虚线是斯托克斯定律曲线. 从实验曲线可以分区间列出一系列的近似关系式，近似关系式的形式为

$$c_d = k/(Re)^\alpha \tag{7.7.6}$$

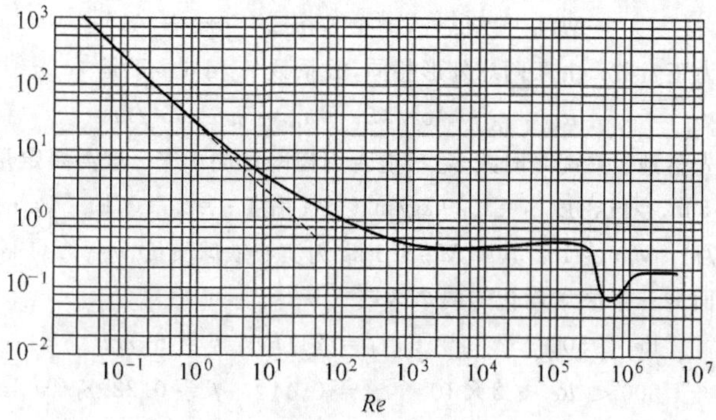

图 7.7.3

其中 k、α 为常数. 最简单可以分为三个区域，见表 7.7.2.

表 7.7.2 三个区域的球阻力系数

	k	α	c_d
$Re<1$	24	1	$24/Re$
$1<Re<500$	10	1/2	$10/\sqrt{Re}$
$500<Re<2\times10^5$	0.44	0	0.44

可见，在 Re 一个很宽广的区域（$500<Re<2\times10^5$）内阻力系数接近常数. 此时球体所受阻力约为

$$f_{总} \approx 0.22\rho_0 S v^2 = 0.22\pi\rho_0 r^2 v^2 \tag{7.7.7}$$

例 7.7.2 求大雨滴（或者冰雹）（质量密度 $\rho=1.00\times10^3\ \text{kg/m}^3$）下落收尾速度. 已知空气粘性系数 $\eta=1.71\times10^{-5}\ \text{Pa}\cdot\text{s}$，$\rho_0=1.29\ \text{kg/m}^3$.

解：与例 7.7.1 相同也忽略空气浮力，由下沉力等于阻力的平衡条件，利用式(7.7.7)得

$$4\pi\rho g r^3/3 = 0.22\pi\rho_0 r^2 v_T^2$$

于是收尾速度为

$$v_T = (200\rho g r/33\rho_0)^{1/2} = 215\sqrt{r}$$

由式(7.6.15)

$$Re = 2\rho_0 v_T r/\eta = 3.24\times10^7\ r^{3/2}$$

由应用式(7.7.7)的条件 $500<Re<2\times10^5$，得到适用的大雨滴（或者冰雹）的半径范围

$$6.2\times10^{-4}\ \text{m} < r < 3.4\times10^{-2}\ \text{m}$$

计算在此范围内小、大两种边界的雨滴（或者冰雹）的收尾速度为

$$r = 0.06\ \text{cm} = 0.0006\ \text{m} \qquad v_T = 5.3\ \text{m/s}$$

$$r = 3\ \text{cm} = 0.03\ \text{m} \qquad v_T = 37\ \text{m/s}$$

例 7.7.3 比萨斜塔实验中球落地时间的计算.

传说伽利略在比萨斜塔作实验，看两个大小相同，重量不同的球是否同时落地，并称结果是同时落地.

不管是否真有此实验,这里只分析一下从比萨斜塔上同时自由下落的两个大小相同、重量不同的球是否同时落地.

定性分析:大小相同、材质相同的两球(如实心和空心的两个铁球),空气阻力与速度的函数关系相同,且阻力与质量无关;而引起下落的力是重力(忽略浮力),与质量成正比. 设重、轻球质量分别为 M、m,加速度分别为 a_M、a_m. 则

$$Ma_M = Mg - Av^2 \qquad ma_m = mg - Av^2$$

其中 $A=c_d\rho_0 S/2$ 为正常数. 由于两球外形相同,故系数 A 相同. 于是

$$a_M = g - Av^2/M \qquad a_m = g - Av^2/m$$

显然,重球阻力小先落地. 关键是时差多少,能否用肉眼观测出来. 这需要定量计算.

已知:塔高 $h=54.5$ m、空气密度 $\rho_0=1.29$ kg/m^3、空气粘度 $\eta=1.71\times10^{-5}$ Pa·s、球半径 $r=0.05$ m、铁质量密度 $\rho=7.9\times10^3$ kg/m^3、$M/m=10$. 其中 $M=4.1$ kg 为实心铁球质量、$m=0.41$ kg 为空心铁球质量.

为简单起见,将上面的三个区域简化为两个区域

$$Re < 500 \qquad c_d = 24/Re \quad f = 6\pi\eta r v$$

$$500 < Re < 2\times10^5 \quad c_d = 0.44 \qquad f = 0.22\pi\rho_0 r^2 v^2$$

令 $Re_1=500$,对应的速度为 $v_1=\eta Re'/2\rho_0 r=0.066$ m/s.

(1) 第一阶段. v 从零到 v_1,流体阻力 $f=6\pi\eta rv$

对重球,考虑浮力,向下为正,$Ma_M=Mg-\rho_0 Vg-6\pi\eta rv$,其中球体积为 V. 得

$$a_M = \mathrm{d}v/\mathrm{d}t = g - \rho_0 Vg/M - 6\pi\eta rv/M = g_M - B_M v \tag{1}$$

其中重球等效重力加速度 $g_M=g-\rho_0 Vg/M=g(1-\rho_0/\rho)=g(1-1.633\times10^{-4})=9.798\ 400$,$B_M=6\pi\eta r/M=3.9308\times10^{-6}$. 分离变量后积分

$$\Delta t_{M1} = \int \mathrm{d}v/(g_M - B_M v) \approx \frac{1}{g_M}\int_0^{v_1}(1 + B_M v/g_M)\mathrm{d}v = \frac{v_1}{g_M}(1 + B_M v_1/2g_M)$$

$$= 6.735\ 79\times10^{-3}(1 + 1.32\times10^{-8}) = 6.735\ 79\times10^{-3}\ \mathrm{s}$$

可见,这段运动可以作为以 g_M 为加速度的匀加速运动,路程

$$h_{M1} = v_1^2/2g_M = 2.222\ 81\times10^{-4}\ \mathrm{m}$$

对空心球,$g_m=g-\rho_0 Vg/m=g(1-10\rho_0/\rho)=g(1-1.6329\times10^{-3})=9.783\ 998$ m/s^2,$B_m=10B_M=3.930\ 82\times10^{-5}$,得

$$\Delta t_{m1} = \int \mathrm{d}v/(g_m - B_m v) \approx \frac{v_1}{g_m}(1 + B_m v_1/2g_m) = 6.745\ 71\times10^{-3}(1 + 1.33\times10^{-7})$$

$$= 6.745\ 71\times10^{-3}\ \mathrm{s}$$

$$h_{m1} = v_1^2/2g_m = 2.226\ 08\times10^{-4}\ \mathrm{m}$$

由计算中可知,第一阶段时间和下降距离的差别主要来自浮力影响,受流体阻力影响可以忽略,所以第一阶段统一采用流体阻力公式 $f=6\pi\eta rv$ 对结果没有影响.

(2) 第二阶段. v 从 v_1 到 v_2,落到地面. 流体阻力 $f=0.22\pi\eta_0 r^2 v^2$

对重球,考虑浮力,向下为正,取为 z 坐标

$$a_M = \mathrm{d}v/\mathrm{d}t = v(\mathrm{d}v/\mathrm{d}z) = g - \rho_0 Vg/M - 0.22\pi\rho_0 r^2 v^2/M = g_M - C_M v^2 \tag{2}$$

其中 $C_M=0.22\pi\rho_0 r^2/M=5.436\ 487\ 78\times10^{-4}$/m. 分离变量后积分

$$h_{M2} = h - h_{M1} = \int \mathrm{d}v^2/[2(g_M - C_M v^2)] = -\frac{1}{2C_M}[\ln(g_M/C_M - v_{M2}^2) - \ln(g_M/C_M - v_1^2)]$$

$$v_{M2}^2 = g_M/C_M - (g_M/C_M - v_1^2)\exp[-2C_M(h - h_{M1})] = 1036.996\ 998\ \mathrm{m^2/S^2}$$

$$v_{M2} = 32.2024\ \mathrm{m/s}$$

由(2)式

$$\Delta t_{M2} = \int \mathrm{d}v/(g_M - C_M v^2) = \frac{1}{2C_M D_M}\ln[(D_M + v_{M2})(D_M - v_1)/(D_M - v_{M2})(D_M + v_1)] = 3.345\ 060\ 255\ \mathrm{s}$$

其中令 $D_M=(g_M/C_M)^{1/2}=134.2512585\ \mathrm{m/s}$.

对空心球，$C_m=0.22\pi\rho_0 r^2/m=10C_m=5.436487775\times10^{-3}/\mathrm{m}$，$g_m/C_m=1.799690978\times10^3\ \mathrm{m^2/s^2}$，$D_m=(g_m/C_m)^{1/2}=42.42276486\ \mathrm{m/s}$

$$v_{m2}^2=g_m/C_m-(g_m/C_m-v_1^2)\exp[-2C_m(h-h_{m1})]=804.6408452\ \mathrm{m^2/S^2}$$

$$v_{m2}=28.36619\ \mathrm{m/s}$$

$$\Delta t_{m2}=\int \mathrm{d}v/(g_m-C_m v^2)=\frac{1}{2C_m D_m}\ln[(D_m+v_{m2})(D_m-v_1)/(D_m-v_{m2})(D_m+v_1)]$$

$$=3.498016959\ \mathrm{s}$$

综合起来：

实心球 $\Delta t_M=\Delta t_{M1}+\Delta t_{M2}=3.35180\ \mathrm{s}$　空心球 $\Delta t_m=\Delta t_{m1}+\Delta t_{m2}=3.50476\ \mathrm{s}$

时间差 $\mathrm{d}t=\Delta t_m-\Delta t_M=0.15296\ \mathrm{s}$

故，重球先落地，时间差为 0.152 96 s，约为下落时间的二十分之一，按接近地面的球速（$\approx30\ \mathrm{m/s}$），两球落地前后间距约 4.5 m，应该可以分辨.

对比：不考虑流体阻力，重球以 g_M 匀加速下降，落地速度 $v_M=(2g_M h)^{1/2}=32.68\ \mathrm{m/s}$、下落时间 $\Delta t_M=(2h/g_M)^{1/2}=3.3353059\ \mathrm{s}$；空心球以 g_m 匀加速下降，落地速度 $v_m=(2g_m h)^{1/2}=32.657\ \mathrm{m/s}$、下落时间 $\Delta t_m=(2h/g_m)^{1/2}=3.337760\ \mathrm{s}$. 可见，引起下落时间差的主要因素是流体阻力.

7.7.4 具有环量的运动物体受到的侧向力——机翼升力、茹可夫斯基公式、马格努斯效应

如果物体在流体中运动时，还具有围绕物体的环量，那么物体除了受到与运动方向相反的阻力之外，还要受到与运动方向垂直的侧向力. 对于机翼而言，这个侧向力就是流体给予机翼的升力；对于一个由于物体本身旋转而产生侧向力的现象称为马格努斯效应.

飞机的升力来自机翼. 由机翼的形状和相对运动方向的仰角，使飞机起飞、飞行过程中出现围绕机翼的环量，于是同时产生了升力.

1. 环量的出现

当飞机刚开始运动时，气流在机翼周围自动分布，一条流线终于机翼，终点速度为零，称为前驻点；一条流线始于机翼，始点 a 速度为零，称为后驻点. 这两条流线把气流分为上下两部分，机翼上下空气的流速基本相同，没有升力，如图 7.7.4(a). 但是这样的流动不稳定，不是定常流动. 由于翼尖 b 处流速高而压强低、a 处流速为零而压强最大，在机翼边界层内从 b 向 a 是逆压流动. 在 7.6.5 节中说明逆压流动时可以造成流线分离. 随着飞机速度加大，b 处流速也加大，a、b 的压强差也加大，直到 b 到 a 之间流线分离，后驻点由 a 点向 b 移动，出现如图 7.7.4(c)的旋涡进入主流；同时机翼上方流速增加、下方流速减少，如果沿绕机翼的主流(非边界层)中的闭合流体线求速度的环量将不是零，即此时主流中出现与旋涡方向相反的反向环量. 主流可以看作理想流体，开始时环量为零，由开尔文定理总环量应该永远是零，所以旋涡出现的同时主流中出现反向环量，使反向环量和旋涡引起的环量总和为零. 旋涡流走，反向环量保留下来. 这样的过程一直进行到如图 7.7.4(b)情况，飞机速度不再改变，后驻点移到翼尖 b 点，边界层不再分离成为稳定的定常流动. 此时机翼上、下方流速差达到最大，绕机翼的环量为稳定不变的 Γ.

2. 简化计算机翼升力

飞机以 $\boldsymbol{V}$ 水平匀速飞行. 以飞机为参考系，远处气流均匀速度为 $\boldsymbol{U}=-\boldsymbol{V}$，流线如图 7.7.5(a)所示为定常流动. 图中为机翼横截面，Ⅰ、Ⅱ为远离机翼的下、上两条流线. 设

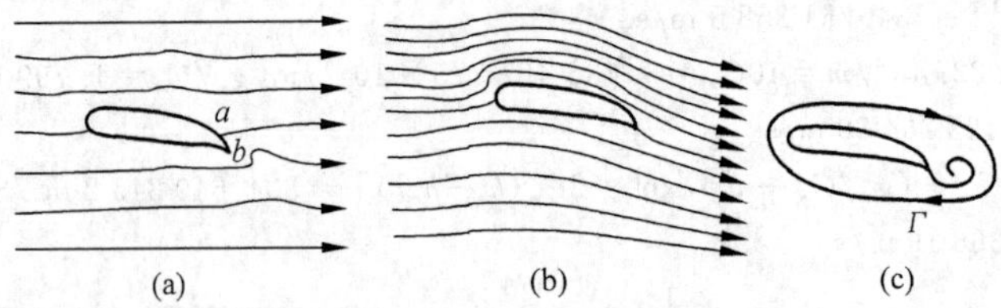

图 7.7.4

机翼长度为 L. 沿长度方向（z 方向）距机翼等距的流线Ⅰ构成一个面积为 S_{I} 的流线面，类似，沿长度方向距机翼等距的流线Ⅱ构成一个面积为 S_{II} 的流线面. 选择流线面是为了在流线面上没有流体的出入，避免由于交换流体引起的力.

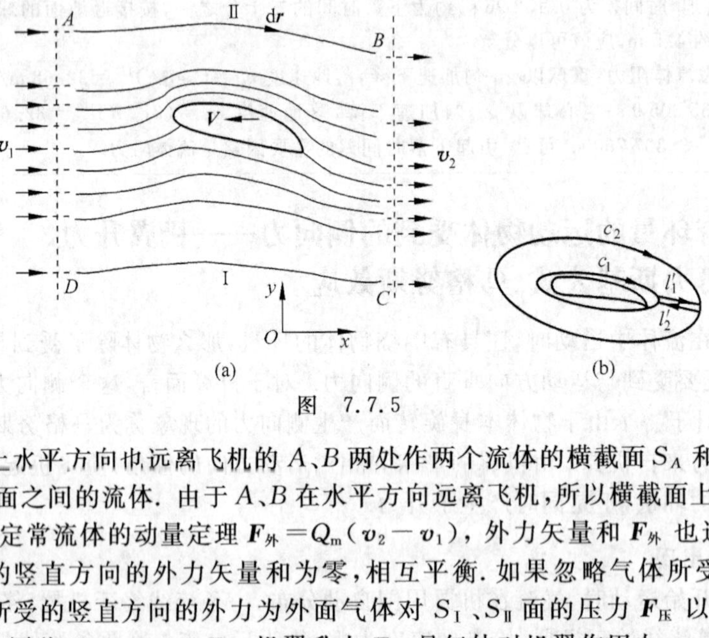

图 7.7.5

在流线面上水平方向也远离飞机的 A、B 两处作两个流体的横截面 S_A 和 S_B. 考虑 S_{I}、S_{II} 和两个横截面之间的流体. 由于 A、B 在水平方向远离飞机，所以横截面上流速近似均匀并基本水平，由定常流体的动量定理 $\boldsymbol{F}_{\text{外}}=Q_{\mathrm m}(\boldsymbol v_2-\boldsymbol v_1)$，外力矢量和 $\boldsymbol F_{\text{外}}$ 也近似水平. 因此这段流体所受的竖直方向的外力矢量和为零，相互平衡. 如果忽略气体所受的体积力（重力），这段流体所受的竖直方向的外力为外面气体对 S_{I}、S_{II} 面的压力 $\boldsymbol F_{\text{压}}$ 以及机翼对气体作用力 $\boldsymbol F_{\text{机翼对气}}$，因此 $\boldsymbol F_{\text{机翼对气}}=-\boldsymbol F_{\text{压}}$. 机翼升力 $\boldsymbol F_{\text{升}}$ 是气体对机翼作用力

$$\boldsymbol F_{\text{升}}=-\boldsymbol F_{\text{机翼对气}}=\boldsymbol F_{\text{压}}=-\int_{\text{Ⅰ、Ⅱ面}}p\,\mathrm d\boldsymbol S=-\int_A^B pL\hat z\times\mathrm d\boldsymbol r+\int_D^C pL\hat z\times\mathrm d\boldsymbol r$$

其中在Ⅱ流线面上，矢量面积元 $\mathrm d\boldsymbol S=L\,\hat z\times\mathrm d\boldsymbol r$；在Ⅰ流线面上，矢量面积元 $\mathrm d\boldsymbol S=-L\,\hat z\times\mathrm d\boldsymbol r$. 空气近似为不可压缩流体，在边界层之外忽略内摩擦，由伯努利方程，不考虑重力，得

$$p+\rho v^2/2=\text{常数 }J\qquad p=J-\rho v^2/2$$

其中 ρ 为气体密度. 气流速度 $\boldsymbol v=\boldsymbol U+\boldsymbol v_{\text{扰动}}$. $\boldsymbol v_{\text{扰动}}$ 是由于机翼作用使气体产生的扰动速度，气体的实际速度是无穷远的均匀流速 $\boldsymbol U$ 和扰动速度 $\boldsymbol v_{\text{扰动}}$ 的叠加. 由于Ⅰ、Ⅱ流线远离机翼，所以两条流线接近水平，其上的扰动速度 $\boldsymbol v_{\text{扰动}}$ 很小，所以气流速度 $\boldsymbol v\approx\boldsymbol U=U\hat x$，$\mathrm d\boldsymbol r\approx\mathrm dr\,\hat x$.

$$v^2=(\boldsymbol U+\boldsymbol v_{\text{扰动}})\cdot(\boldsymbol U+\boldsymbol v_{\text{扰动}})=U^2+2\boldsymbol U\cdot\boldsymbol v_{\text{扰动}}+v_{\text{扰动}}^2\approx U^2+2\boldsymbol U\cdot\boldsymbol v_{\text{扰动}}$$

于是 $p=H-\rho\boldsymbol U\cdot\boldsymbol v_{\text{扰动}}$. 其中常数 $H=J-\rho U^2/2$，并且忽略 $v_{\text{扰动}}^2$ 项. 得到

$$\begin{aligned}\boldsymbol F_{\text{升}}&=-\int_A^B pL\,\hat z\times\mathrm d\boldsymbol r+\int_D^C pL\,\hat z\times\mathrm d\boldsymbol r\\&=L\left[-H\hat z\times\left(\int_A^B\mathrm d\boldsymbol r-\int_D^C\mathrm d\boldsymbol r\right)+\rho\left(\int_A^B\boldsymbol U\cdot\boldsymbol v_{\text{扰动}}\,\hat z\times\mathrm d\boldsymbol r-\int_D^C\boldsymbol U\cdot\boldsymbol v_{\text{扰动}}\,\hat z\times\mathrm d\boldsymbol r\right)\right]\end{aligned}$$

其中 $\left(\int_A^B\mathrm d\boldsymbol r-\int_D^C\mathrm d\boldsymbol r\right)\approx 0$. 注意到 $\boldsymbol U=U\hat x$，$\mathrm d\boldsymbol r\approx\mathrm dr\,\hat x$，于是

$$(\boldsymbol{U}\cdot\boldsymbol{v}_{扰动})\,\hat{z}\times \mathrm{d}\boldsymbol{r}=U\mathrm{d}r(\hat{x}\cdot\boldsymbol{v}_{扰动})\,\hat{z}\times\hat{x}=\hat{z}\times\boldsymbol{U}(\boldsymbol{v}_{扰动}\cdot\mathrm{d}\boldsymbol{r})=U(\boldsymbol{v}_{扰动}\cdot\mathrm{d}\boldsymbol{r})\,\hat{y}$$

$$\begin{aligned}\boldsymbol{F}_{升}&=\rho LU\Big(\int_A^B\boldsymbol{v}_{扰动}\cdot\mathrm{d}\boldsymbol{r}-\int_D^C\boldsymbol{v}_{扰动}\cdot\mathrm{d}\boldsymbol{r}\Big)\hat{y}\\&=\rho LU\Big(\int_A^B\boldsymbol{v}_{扰动}\cdot\mathrm{d}\boldsymbol{r}+\int_C^D\boldsymbol{v}_{扰动}\cdot\mathrm{d}\boldsymbol{r}\Big)\hat{y}=\rho LV\Gamma\,\hat{y}\end{aligned}\tag{7.7.8}$$

其中在 $ABCDA$ 闭合回路上的环量

$$\begin{aligned}\Gamma&=\oint\boldsymbol{v}\cdot\mathrm{d}\boldsymbol{r}=\int_A^B\boldsymbol{v}\cdot\mathrm{d}\boldsymbol{r}+\int_B^C\boldsymbol{v}\cdot\mathrm{d}\boldsymbol{r}+\int_C^D\boldsymbol{v}\cdot\mathrm{d}\boldsymbol{r}+\int_D^A\boldsymbol{v}\cdot\mathrm{d}\boldsymbol{r}=\int_A^B\boldsymbol{v}\cdot\mathrm{d}\boldsymbol{r}+\int_C^D\boldsymbol{v}\cdot\mathrm{d}\boldsymbol{r}\\&=\int_A^B(\boldsymbol{U}+\boldsymbol{v}_{扰动})\cdot\mathrm{d}\boldsymbol{r}+\int_C^D(\boldsymbol{U}+\boldsymbol{v}_{扰动})\cdot\mathrm{d}\boldsymbol{r}\\&=\boldsymbol{U}\cdot\Big(\int_A^B\mathrm{d}\boldsymbol{r}+\int_C^D\mathrm{d}\boldsymbol{r}\Big)+\Big(\int_A^B\boldsymbol{v}_{扰动}\cdot\mathrm{d}\boldsymbol{r}+\int_C^D\boldsymbol{v}_{扰动}\cdot\mathrm{d}\boldsymbol{r}\Big)\\&=\int_A^B\boldsymbol{v}_{扰动}\cdot\mathrm{d}\boldsymbol{r}+\int_C^D\boldsymbol{v}_{扰动}\cdot\mathrm{d}\boldsymbol{r}\end{aligned}$$

其中在 BC 和 DA 线上 $\boldsymbol{v}\cdot\mathrm{d}\boldsymbol{r}\approx 0$；$\Big(\int_A^B\mathrm{d}\boldsymbol{r}+\int_C^D\mathrm{d}\boldsymbol{r}\Big)=\Big(\int_A^B\mathrm{d}\boldsymbol{r}-\int_D^C\mathrm{d}\boldsymbol{r}\Big)\approx 0$.

下面证明环绕机翼的任意闭合流体线上环量都相等. 见图 7.7.5(b)，c_1、c_2 两条闭合流体线割开补上 l_1'、l_2'后成为一条新的闭合流体线 c，当 l_1'、l_2'无限靠近后，$c=c_1+(-c_2)$. 由于流体线 c 不包含机翼，所以流体线 c 的环量为零

$$\oint_c\boldsymbol{v}\cdot\mathrm{d}\boldsymbol{r}=\oint_{c1}\boldsymbol{v}\cdot\mathrm{d}\boldsymbol{r}+\oint_{-c2}\boldsymbol{v}\cdot\mathrm{d}\boldsymbol{r}=0$$

因此 c_1、c_2 上环量相等，$\Gamma=\oint_{c1}\boldsymbol{v}\cdot\mathrm{d}\boldsymbol{r}=\oint_{c2}\boldsymbol{v}\cdot\mathrm{d}\boldsymbol{r}$.

所以上面得到的升力公式(7.7.8)与选择的回路无关，是普遍的结果，即茹可夫斯基(N. E. Zhukovskii)公式(1906 年). 公式表明，机翼受到的升力与流体密度 ρ、飞机速度 V、围绕机翼的环量 Γ 成正比.

另一方面，式(7.7.8)不仅仅适用于机翼. 在地面参考系，一个固体在流体中以 $\boldsymbol{v}$ 运动，如果具有绕物体的环量 Γ，那么由式(7.7.8)，固体会受到一个侧向力 $\boldsymbol{F}$，其大小与固体速度和环量成正比，与运动方向垂直，即侧向力 $\boldsymbol{F}$ 的规律

$$F\propto\Gamma v$$

$\boldsymbol{F}\perp\boldsymbol{v}$　　$\boldsymbol{v}\times\boldsymbol{F}$ 与环量绕行方向成右手螺旋关系.

3. 马格努斯效应

如图 7.7.6，当一个以 ω 旋转着的圆柱体或圆球，在流体中以 $\boldsymbol{v}$ 运动时，会受到与运动方向垂直的侧向力 $\boldsymbol{F}$ 的现象称为马格努斯(Magnus, H. G. 1852 年)效应.

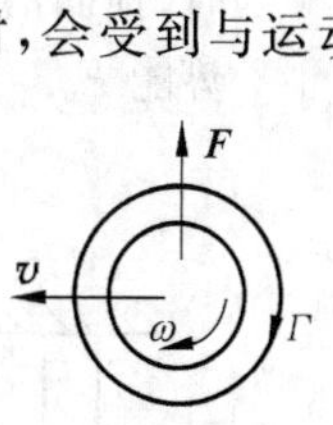

图 7.7.6

由上面的讨论，可以了解马格努斯效应的机理. 由于粘滞作用旋转着的物体带动周围的流体作同方向的转动，从而形成围绕物体的流体环量 Γ. 于是由上面的侧向力的规律，物体受到侧向力 $\boldsymbol{F}$，$\boldsymbol{v}\times\boldsymbol{F}$ 与 Γ 的绕行方向成右手螺旋关系，如图 7.7.6.

乒乓球中的“上旋球”、“下旋球”、“侧旋球”和足球中的“香蕉球”就是有意识地应用马格努斯效应改变球飞行的轨迹. 如用球拍向上提拉乒乓球使球向上转动，则侧向力向下，球高飞而后迅速下降.

习 题

7.1 长度为 100 cm、直径为 20 cm 的钢棒，沿轴向施加 $F=3.0\times10^7$ N 的压力. 已知钢材的杨氏模量 $Y=2.0\times10^7\ \mathrm{N/cm^2}$、泊松比 $\mu=0.28$，忽略重力，求：(1)横截面的轴向(正应力)应力 σ_z 和横向(垂直于 z 方向)线应变 $\varepsilon_{横}$；(2)体应变 ε_v.

7.2 横截面积为 S 的直杆在两端面上受到均匀分布的拉力作用，合力为 F. 在杆中做一个与横截面成 θ 角的斜截面，如图所示. 已知在斜截面上应力分布均匀，求：此面上的正应力(法向应力)σ_n 和切向应力 σ_t；并求最大切向应力 $\sigma_{t\max}$.

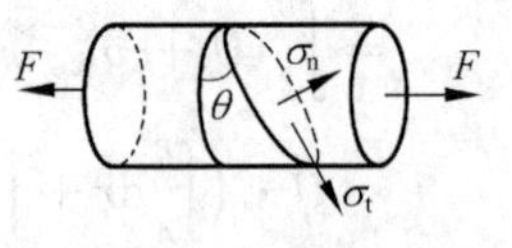

题 7.2 图

7.3 铜的线膨胀系数为 $\alpha=1.0\times10^{-5}$/K，杨氏模量 $Y=1.0\times10^{11}$ Pa. 若要在温度升高 $\Delta t=100$℃时铜柱之长度保持不变，问需要在两端加上多大的压应力 $\sigma_{外}$？

7.4 一个质量 $m=1.0$ kg 的金属球，焊在一根长 $L=1.0$ m、横截面积 $S=0.50\ \mathrm{cm^2}$ 的轻金属杆的一端，绕过杆另一端的轴在竖直平面内作匀速圆周运动，其旋转的角速度 $\omega=5\pi\mathrm{s^{-1}}$. 忽略杆的质量，且视物体为质点，已知杆的杨氏模量 $Y=2.0\times10^{11}$ Pa，求：当物体从圆周顶部转到底部时，杆的长度改变量 ΔL.

7.5 如图所示，原长为 L 的均匀直圆杆竖直悬挂. 上端固定在天花板上. 已知杆的质量密度为 ρ、杨氏模量为 Y，求杆由于自重产生的伸长 ΔL.

7.6 质量为 m、长为 L、横截面积为 S 的均匀直杆竖直放置. 现在用竖直向上的恒力 $F(>mg)$ 拉其上端，杆向上作匀加速运动，求：(1)距离作用点 O 为 $x(<L)$ 的横截面上的正应力 $\sigma_x(x)$ 及最大正应力 $\sigma_{x\max}$；(2)求杆相对于自由状态的伸长 ΔL.

7.7 已知某金属的杨氏模量 $Y=2.0\times10^{11}$ Pa、泊松比 $\mu=0.30$. 金属中 P 点正应力为 $\sigma_x=\sigma_y=\sigma_z/2=2.0\times10^6$ Pa，分别计算该处的 z 方向线应变 ε_z 和体应变 ε_V.

7.8 如图所示空心圆柱内、外半径分别为 R_1、R_2，材料的切变模量为 G. 空心圆柱在对中心的外力矩 $M_{外}$ 作用下扭转变形，横截面上剪应力 σ_t 沿圆周方向如图，剪应力 σ_τ 的大小与其到中心距离 r 成正比. 求：(1)距中心 r 处剪应力的大小 $\sigma_{\tau(r)}$；(2)最大剪应变 $\varepsilon_{\tau\max}$.

7.9 如图所示，边长 $a=5$ cm 的正方体，底面固定在桌面上. 当顶面受到 $F=500$ N 的切向力时，顶面沿力的方向移动了 $b=5$ mm，求此立方体的切变模量 G，以及此时正方体的形变势能 E_p.

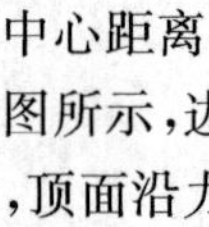
题 7.5 图

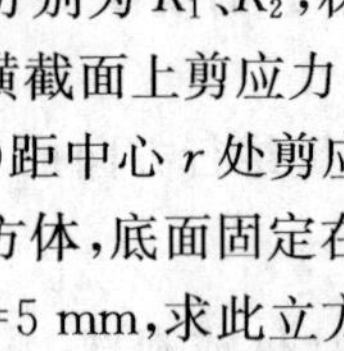

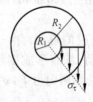

题 7.8 图

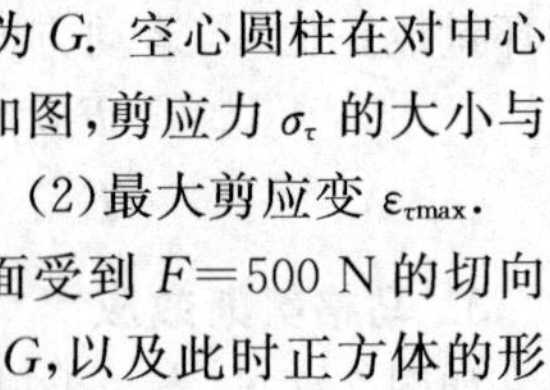

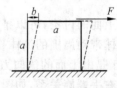

题 7.9 图

7.10 剪切钢材时由于刀口不快，没有切断而是使部分钢材发生了如图所示的切变. 钢材的横截面积 $S=90\ \mathrm{cm^2}$，两刀口之间的垂直距离 $d=0.5$ cm，剪切力 $F=7.02\times10^6$

N. 钢材的切变模量 $G=8\times10^{10}\ \mathrm{N/m^2}$. 求：钢材中的切应力 σ_t 和与刀口相齐的上下两个截面之间的相对位移 Δx.

7.11 如图所示，矩形截面简支梁长度为 l，横截面宽度为 b、高度为 h，负载为 P，$CB=l/4$，不计自重. 求：梁的横截面上的最大内力矩 $M_{内\max}$ 以及横截面上的最大正应力 $\sigma_{x\max}$. (已知 A、B 支点处对梁的支持力皆竖直向上)

7.12 如图所示，矩形悬臂梁长 $l=2$ m，横截面的高 $h=20$ cm、宽 $b=5$ cm，在其自由端加上负载 $P=1000$ kg 力. 不考虑自重，求悬臂梁横截面上的最大正应力 $\sigma_{\max}$.

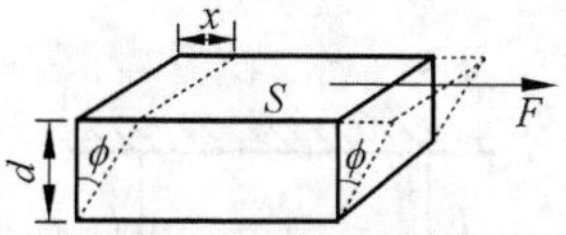

题 7.10 图

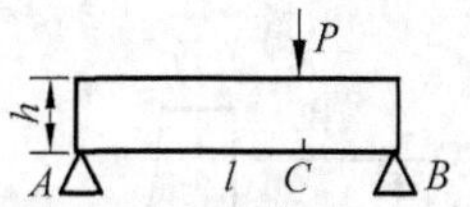

题 7.11 图

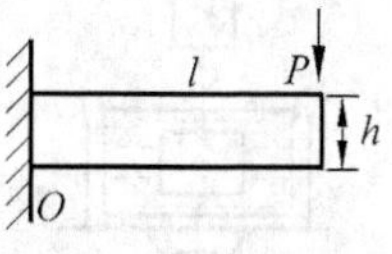

题 7.12 图

7.13 设石英悬丝长 $l=1$ m、直径 $d=0.20$ mm，切变弹性模量 $G=3.12\times10^{10}$ Pa、许可拉应力为 $[\sigma]=4000$ kg 力/$\mathrm{cm^2}$，求该悬丝可以悬挂的最大重量 P 和扭转弹性系数 D.

7.14 卡文迪许测量万有引力常数 G 的实验如图. 石英悬丝扭转弹性系数 $D=8.34\times10^{-8}\ \mathrm{kg\cdot m^2/s^2}$，下端系长度为 $l=50.0$ cm 的轻杆，杆两端固定着相同的质量 $m=10.0$ g 的小球，两个小球旁各有一个质量为 $M=10$ kg 的大球，相邻大小球中心距离 $a=10.0$ cm. 实验得到在引力作用下悬丝转动角度 $\theta=3.96\times10^{-3}$ rad，由此计算 G.

7.15 用弹簧秤称量，某固体在空气中重量为 $P_1=5.0$ N，浸在水中重量 $P_2=3.0$ N，浸在未知液体中重量为 $P_3=2.0$ N，求此液体的密度 $\rho_液$.

7.16 一块纯金(质量密度 $\rho=19.3\ \mathrm{g/cm^3}$)的内部有一个洞，它在空气中和水中的称重分别为 $P_1=38.25$ g 和 $P_2=36.22$ g，由此求洞的体积 ΔV.

7.17 如图所示，一个半径为 R 的圆环形细管放在竖直平面内，等体积的两种密度分别为 ρ 和 ρ' 的液体注满半个环形细管，其中 $\rho>\rho'$. 求两液体分界面与竖直方向间的夹角 θ.

7.18 如图倒 T 字型容器，上部细管横截面积 $S_1=5.00\ \mathrm{cm^2}$，下部横截面积 $S_2=100\ \mathrm{cm^2}$，高度 $h_2=5.00$ cm. 容器总高 $h_1+h_2=100$ cm. 注满水($\rho=1.00\times10^3\ \mathrm{kg\cdot m^{-3}}$). 求：(1)水对容器底部的作用力；(2)此装置内水的重量；(3)解释(1)、(2)的结果为何不同？

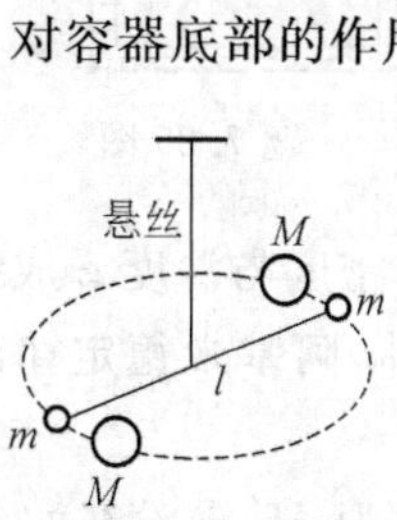

题 7.14 图

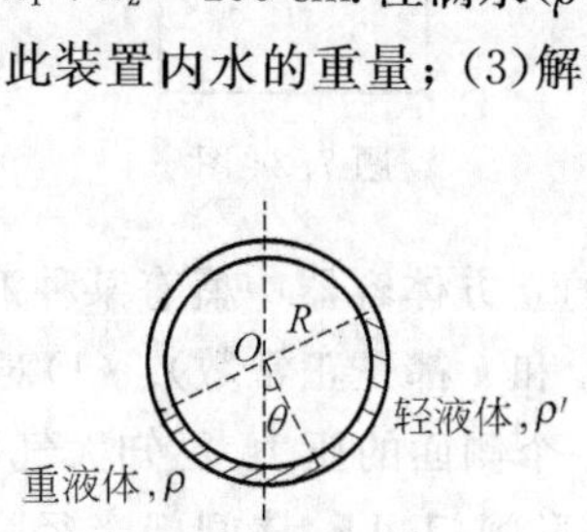

题 7.17 图

题 7.18 图

7.19 如图所示装置中，已知容器和容器内液体总质量为 5.0 kg，吊在弹簧秤下的重物是边长为 8.0 cm 的立方体，弹簧秤的读数为 6.0 kg，磅秤的读数为 8.1 kg. 求：(1)重物的质量 m；(2)容器内液体的密度 ρ.

7.20 边长 a 的立方钢块平浮在水银上，设其高出水银面高度为 h_1. 加水使水面恰好与钢块相平，设水层厚度为 h_2. 已知 $\rho_{\mathrm{Hg}}=13.6\ \mathrm{g/cm^3}$，$\rho_{\mathrm{Fe}}=7.8\ \mathrm{g/cm^3}$ 求(1)h_1/a；(2)h_2/a.

7.21 如图所示，大坝一侧水深 H，坝宽为 D，(1)求由水造成的对大坝的水平作用力 F；(2)由水造成的对大坝的水平作用力相对于大坝底部与大坝平行的过 O 点的轴的力矩 M；(3)该力矩对于水平合力下的等效力臂 d.

7.22 一金属棒长 $L=80$ cm、质量 $m=1.6$ kg，横截面积 $S=6.0\ \text{cm}^2$. 质心 c 与 A 端的距离为 $L_1=20\ \text{cm}=L/4$. 如图所示，金属棒浸在水中被绳子水平悬挂. 求：两根绳子中的张力 T_1、T_2.

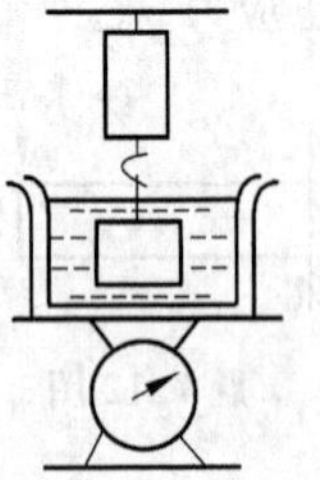

题 7.19 图

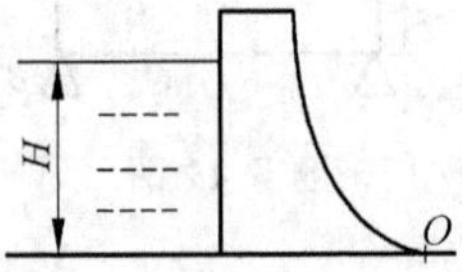

题 7.21 图

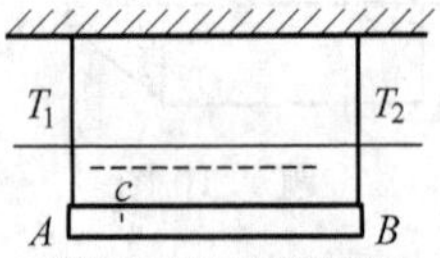

题 7.22 图

7.23 如图所示，长为 $2L$ 的均匀细杆的下一部分 AD 浸入水中，细杆的上端 B 系于一根细绳，细绳竖直固定在顶板上. 已知此细杆的密度为 $\rho=0.75\ \text{g/cm}^3$，求细杆露出水面部分 DB 占总体积的比例.

7.24 如图所示，质量为 m、长度为 l、粗细均匀的细长直杆 AB，由于密度不均匀其质心 c 距 B 端为 $l/4$. 将其水平置于水中后放手. 已知杆对过质心轴的转动惯量为 I_c，杆所受浮力恰好等于其重量. 不计水的阻力. 求(1)杆水平时的角加速度 α. (2)竖直时杆的角速度 ω.

7.25 如图所示，一个粗细均匀的 U 形管内装有适量的液体，U 形管底长度为 l. 当 U 形管以不变的加速度 a 沿水平方向运动时，求：稳定状态下两端液面的高度差 h.

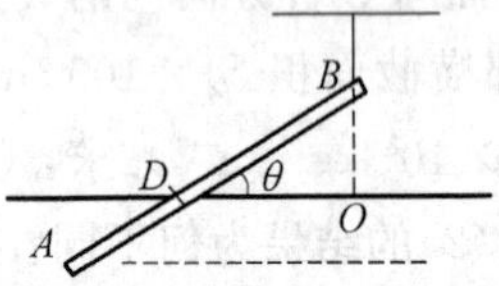

题 7.23 图

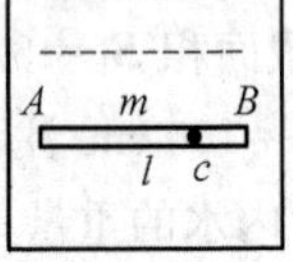

题 7.24 图

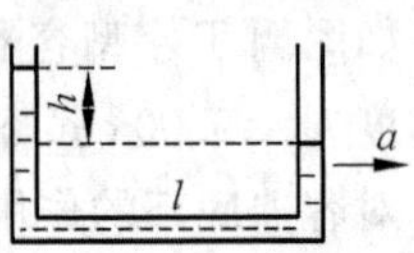

题 7.25 图

7.26 如图所示，一个边长为 a 的立方体容器中盛有某种液体，液体密度与深度 z 成线性关系：$\rho=\rho_0(1+kz)$(其中 ρ_0 和 k 都是正常数). (1)对这种液体，阿基米德定律还成立吗？(2)求液体对容器的一个侧面的压力. 已知大气压为 P_0.

7.27 如图在堤坝上装有半圆柱形闸门 AB，该闸门半径为 R、宽度为 H，浸没在水中位置如图. 已知 a、θ 和水密度 ρ，求：水对该闸门向右和向下的压力 F_x、F_z(提示：可以不必直接计算半圆柱面上的压力).

7.28 用流体静力学方法讨论潮汐高度，除了 7.3.5 节的方法之外，还有一种由牛顿设计的简单方法如下：设想分别在潮峰 A 处和潮谷 B 处各挖一口竖井直达地心，两井在地心相通，如图，井中充满水，并设水密度 ρ 为常数. 试由上面的设计，应用静止流体平衡方程算潮汐高度 δ.

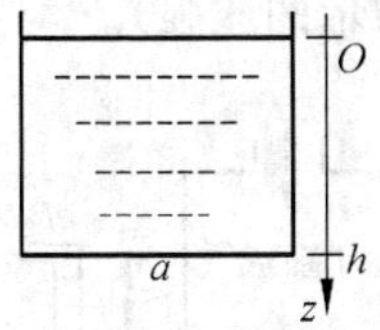

题 7.26 图

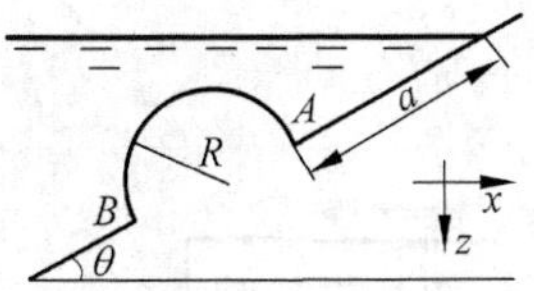

题 7.27 图

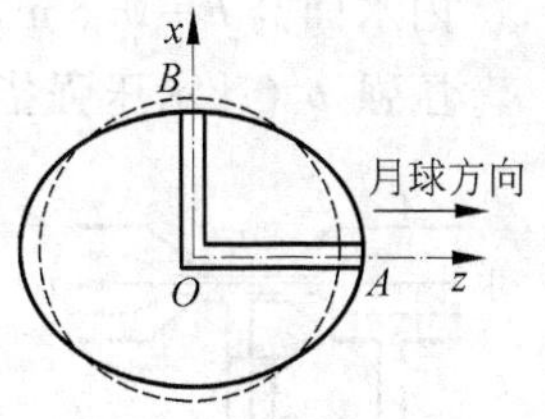

题 7.28 图

7.29　已知流体的速度场为 $\boldsymbol{v}=-\frac{cy}{x^2+y^2}\hat{x}+\frac{cx}{x^2+y^2}\hat{y}$，其中 c 为常数. 求该速度场的流线方程.

7.30　设二维流速场为 $v_x=x+t$、$v_y=-y+t$. 求：$t=1$ 时刻过点 $A(-1,0)$ 的流线方程和迹线方程.

7.31　已知速度场为 $v_x=x^2-y^2$、$v_y=-2xy$，求通过点(1,1)的流线方程.

7.32　已知二维速度场为 $v_x=-y/(x^2+y^2)$、$v_y=x/(x^2+y^2)$，问该流体是否有旋？是否可压缩？

7.33　心脏每次收缩射出 $v=75$ ml 血液，血液压强为 $p=100$ mmHg，设心率为 $\nu=65$ 次/min，求心脏的功率 N.

7.34　如图所示，水流过一个水平管，并以 $v_2=15$ m/s 的速度流出进入大气. 左边和右边管的直径分别为 $d_1=5.0$ cm 和 $d_2=3.0$ cm，求：(1)10 分钟内有多少体积的水流出管子？(2)左边管水的流速 v_1 和压强 p_1 为多少？

7.35　如图所示，容器底部边上有一截面积为 S 的开口，为防止液体从中流出，在开口处挡了一块板. 已知容器内液体密度为 ρ，水面到小孔的高度差为 H. (1)求挡板所受的合力大小 F；(2)将挡板拿离开口一小段距离，液体喷出时无弹性地打在挡板上后垂直落下，求此时作用在挡板上的力 F'.

7.36　如图所示，水流过文氏管，大管的直径为 $D=4$ cm，小管的直径为 1 cm，如果大管中水的流速为 $v_{大}=1$ m/s，求：小管流速 $v_{小}$ 和两管压强计的高度差 h.

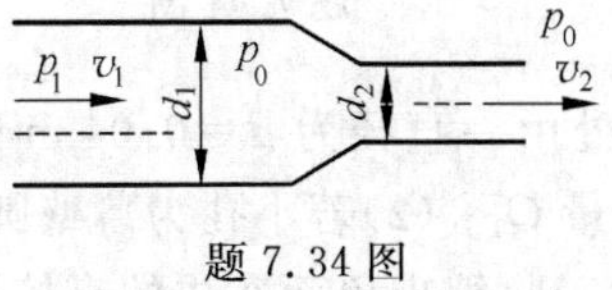

题 7.34 图

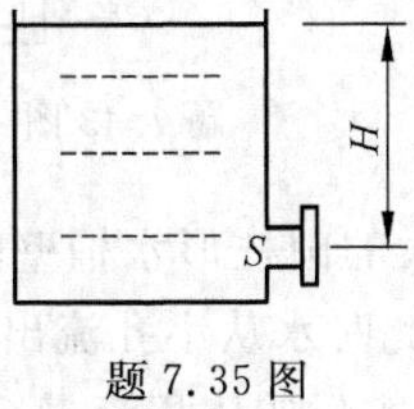

题 7.35 图

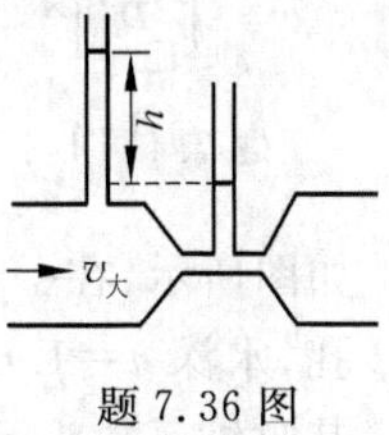

题 7.36 图

7.37　如图所示，水平管下面装有一个 U 形管，U 形管内盛有水银. 水平管中 A、B 处水流截面分别为 $S_A=5.0\times10^{-3}$ m²、$S_B=1.0\times10^{-3}$ m². 当水平管中水作定常流动时，U 形管内水银液面高度差 $h=3.0\times10^{-2}$ m. 已知水银密度 $\rho_{Hg}=13.6\times10^3$ kg/m³. 求：水在 A 处流速 v.

7.38　如图所示，注射器针筒内活塞面积为 S，前面的针管 BC 内部截面积为 s. 以力 F 推动活塞使药液从针管射出. 不考虑流体阻力，求活塞的移动速度 v.

7.39　利用压缩空气把水从一个密封的容器通过一根管子压出如图. 已知管子出口比容器

内水面高 $h=0.5\ \mathrm{m}$，当水从管口以 $v=1.5\ \mathrm{m/s}$ 的流速流出时，求容器内空气的计示压强 p'（计示压强指减去外界大气压后的压强，也是压力表指示的压强）.

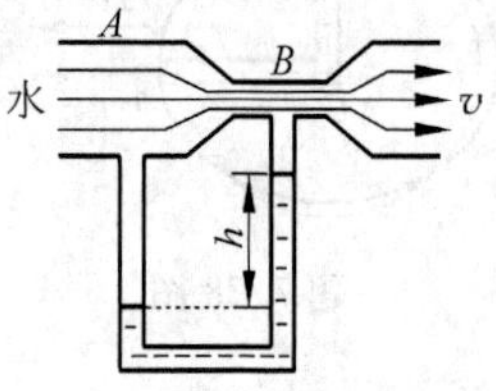

题 7.37 图

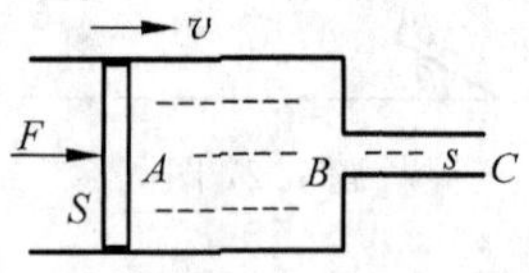

题 7.38 图

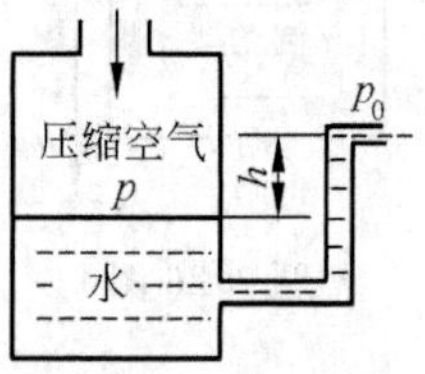

题 7.39 图

7.40 水箱底部小孔处水的体积流量为 $q_0=30\ \mathrm{ml/s}$，水面高 $h=4\ \mathrm{m}$，如果将水箱密闭起来，在水面上增加 $\Delta p=50\ \mathrm{kPa}$ 的压强，求此时水的流量 q.

7.41 一喷泉竖直喷出高度为 H 的水柱，喷泉的喷嘴为如图的截锥形状，上截面的直径为 d，下截面的直径为 D，喷嘴高为 h. 设大气压为 p_0. 求：(1)水的体积流量；(2)喷嘴的下截面 A 处的水压.

7.42 匀速地将水注入一容器中，注入水的流量为 $q=100\ \mathrm{cm^3/s}$，容器底有面积为 $S=0.2\ \mathrm{cm^2}$ 的小孔使水不断流出. 求：达到稳定状态时，容器中水的深度 h.

7.43 如图所示，在一个大容器的底部接一个竖直管 BC，其下口 C 用软木塞塞住. 在 B 处安装一压力计. 已知 A、B、C 处高度分别为 h_A、h_B、h_C. 求：(1)此刻液压计液面 D 处高度 h_1；(2)拔掉塞子成为定常流后液压计液面高度 h_2.

7.44 如图所示，一个大容器的底部有一个小孔，容器截面积是小孔面积的 100 倍. 容器内盛有高度 $h=0.80\ \mathrm{m}$ 的水. 求容器内的水全部流完所需时间. 设在整个过程中水的流动可视为定常流动.

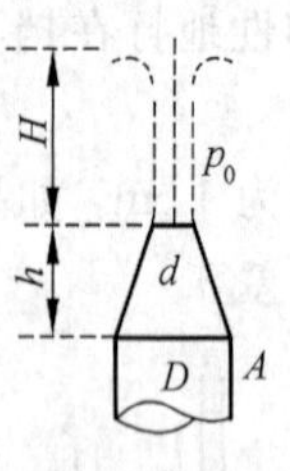

题 7.41 图

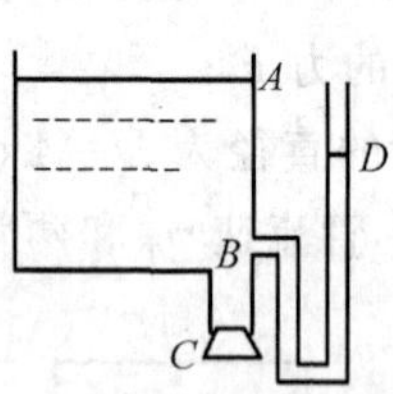

题 7.43 图

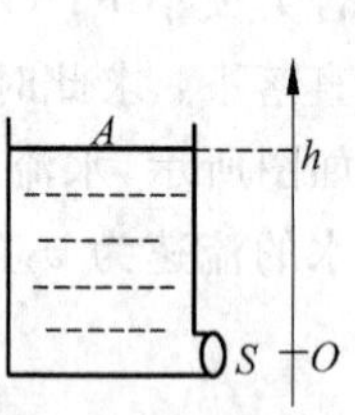

题 7.44 图

7.45 如图所示，在一个直径很大的圆柱形水桶壁的近底部处由一直径为 $d=0.04\ \mathrm{m}$ 的小孔，水深 $h=1.6\ \mathrm{m}$. (1)求此时水从小孔流出的体积流量 Q_1；(2)若小孔为薄壁圆孔，其收缩系数为 $\alpha=61\%$，求实际的体积流量 Q_2，并求由于收缩现象而造成的直接计算值(Q_1)与实际值(Q_2)之间的百分误差.

7.46 利用一根跨过水坝的粗细均匀的虹吸管从水库取水，如图所示. 已知水库水深 $h_A=2.00\ \mathrm{m}$，虹吸管出水口高度 $h_B=1.00\ \mathrm{m}$，虹吸管截面积 $S=7.00\times10^{-4}\ \mathrm{m^2}$，水坝高 $h_C=2.50\ \mathrm{m}$. 水在虹吸管内作定常流动，气压为 $p_0=1.013\times10^5\ \mathrm{Pa}$. (1) A、B、C 三个位置处管内压强；(2)从虹吸管流出的水的体积流量；(3)虹吸管最高点 C 最多能高出水库水面多少？

7.47 如图所示，矩形横截面的水槽车，长度为 b，装有高度 $h=2b$ 的水. 现在水槽车以恒定加速度a向左行进，a等于重力加速度g.待车上水静止后(水不溢出)拔掉底部小孔的塞子，求从小孔中流出的水相对车的流速v'.

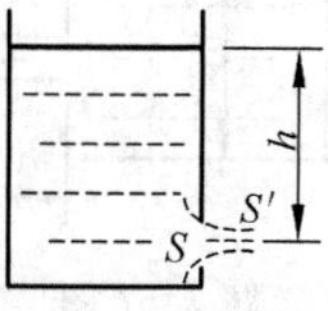

题 7.45 图

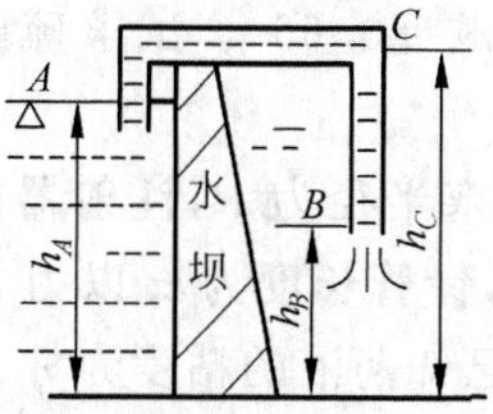

题 7.46 图

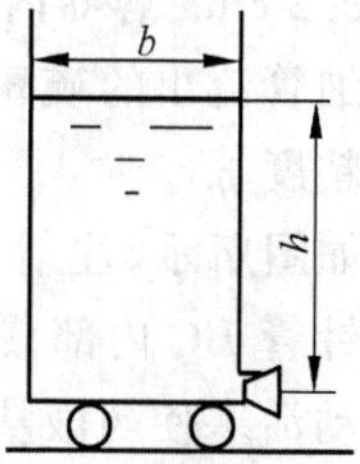

题 7.47 图

7.48 如图所示，横截面积为S的等截面U形管，一端在水中，一端高出水面H，以V匀速直线运动，水从上端流出. 忽略水的粘滞性，求流出水的体积流量Q_v.

7.49 如图所示，质量为m、半径为R的匀质圆盘，可以绕竖直中心轴自由转动，忽略轴上摩擦.圆盘下放置一个与圆盘盘面平行的固定水平大平板，两者之间距离为d，充满了粘度为η的流体.设$t=0$时圆盘以ω_0旋转.假设在任一竖直直线上流体的速度梯度都相等，求：t时刻圆盘的转动角速度.

7.50 如图所示，倾角为θ的斜面上涂有厚度为δ的润滑油.一块质量未知的底面积为S的木板沿此斜面以v_1匀速下滑.若在板上放质量为M的重物则匀速下滑的速率变为v_2.求油的粘度η.

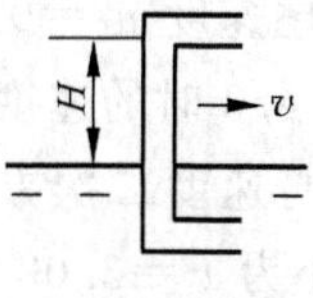

题 7.48 图

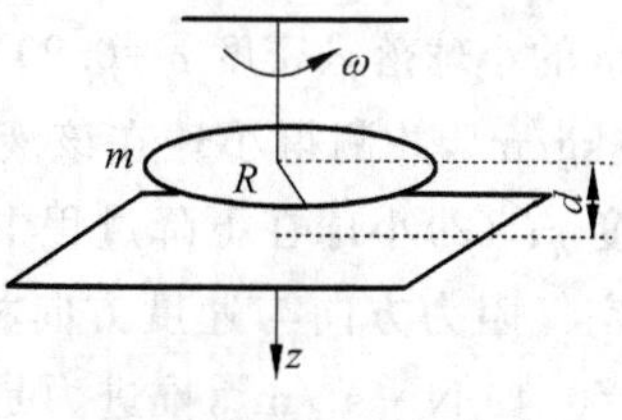

题 7.49 图

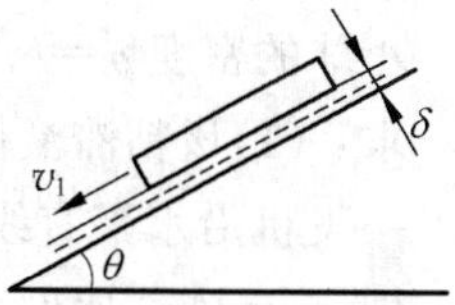

题 7.50 图

7.51 管子的直径为$d=2$ cm，若水在管中作层流的最大流速为$v_c=10$ cm/s，已知水的粘度为$\eta=0.001$ Pa·s，求水在管中作层流的临界雷诺数.

7.52 抽水机通过一根半径为$r=5\times10^{-2}$ m的水平光滑管子把20℃的水从一容器中抽出.测得抽出水的体积流量为$Q=4.1\times10^{-3}$ m³/s.已知20℃水的粘度$\eta=1.0\times10^{-3}$ Pa·s.试问：管中水的流动是层流还是湍流？

7.53 在风洞中利用$H=20$ cm高的模型车模拟$H_0=550$ cm高的汽车以$v_0=15$ m/s速率行驶的情况，风洞中风速v应该为多少？可能出现湍流吗？

7.54 油泵把粘度$\eta=0.30$ Pa·s、密度$\rho=0.90\times10^3$ kg/m³的油从宽口槽经过半径$R=0.10$ m的水平光滑钢管抽运到相距$L=100$ m的另一槽中.已知水平管高出供油槽液面$h=5.0$ m，抽油时的体积流量$Q=0.50$ m³/s.试求：(1)油泵的计示压强为多大？(2)油泵消耗的功率为多大？

7.55 某种粘滞液体在重力作用和压强差下，在一根半径为R的竖直管中作稳定层流.测量知上端压强为p_1、下端压强为p_2、体积流量为Q.求：(1)液体的粘度η；(2)管轴

处流速 v.

7.56 一宽大玻璃容器底部，有一根长度 $L=20$ cm 的水平的细玻璃管，内直径为 $d=0.2$ cm. 容器内盛有深 $h=10$ cm 的硫酸，它的密度 $\rho=1.9$ g/cm^3. 测得 $t=1$ min 由细管流出的硫酸的质量为 $m=0.66$ g，试求硫酸的粘度 η.

7.57 如图所示，注射器针筒内活塞半径为 R，注射器前面针管 BC 内部截面半径为 r，针管长度为 l. 以力 F 推动活塞使药液从针管射出. 已知药液的粘度为 η，忽略注射器内流体阻力，求活塞的移动速度 v.

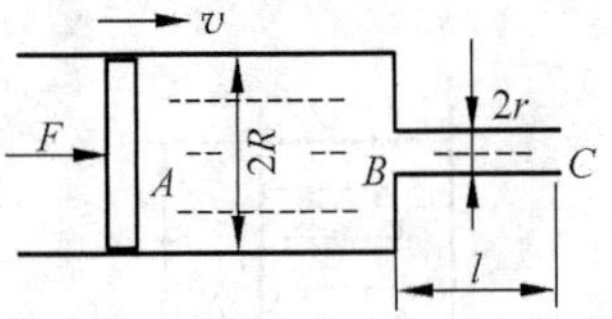

题 7.57 图

7.58 在推导哈根-泊肃叶公式过程中，得到长为 L 的水平圆管中，在层流情况下，管内粘滞液体最大流速(沿着水管中心轴线的流速)为 $v_m=(p_1-p_2)R^2/4\eta L$，其中 p_1、p_2 分别为流体前后压强，R 为圆管半径，η 为液体的粘度. 由此计算血液流过一段长 $L=1$ mm、半径为 $R=2$ μm 的毛细血管后，血压降低多少？(用 mmHg 表示). 已知血流经毛细血管中心处的速度为 0.66 mm/s，血的粘度为 $\eta=4\times10^{-3}$ Pa·s.

7.59 一个半径为 $r=0.10\times10^{-2}$ m 的小空气泡在粘滞液体中上升，液体的粘度 $\eta=0.11$ Pa·s、密度 $\rho_0=0.72\times10^3$ kg/m^3. 求其上升的收尾速度.

7.60 假定奶油油滴在牛奶中的运动阻力可以用斯托克斯公式计算，试求牛奶加热使奶油分离时，油滴匀速上升的速率. (已知油滴直径为 $d=5$ μm，牛奶的粘度 $\eta=1.1\times10^{-3}$ Pa·s，奶油的密度为 $\rho=0.94$ g/cm^3，牛奶的密度为 $\rho'=1.034$ g/cm^3)

7.61 一个半径 $r=0.20\times10^{-2}$ m 的小球落入密度 $\rho=0.90\times10^3$ kg/m^3 的粘滞液体中. 已知小球的密度 $\rho'=6.5\times10^3$ kg/m^3，并测得小球在该液体中的收尾速度 $v_T=0.24$ m/s. 求：(1)该粘滞液体的粘度 η；(2)小球在下降过程中加速度为 $g/3$ 时的速度.

7.62 一飞机沿水平直线飞行，空气阻力方向与速度方向相反，大小与速度二次方成正比，即 $f_r=Bv^2$，比例系数 $B=0.49$ N·s^2/m^2，推进力是常量，大小为 $F=3.02\times10^4$ N，方向与水平方向成角度 $\theta=10°$. 求飞机收尾速度 v_T.

7.63 密度为 $\rho=2.56$ g/cm^3、半径为 $r=9$ mm 的玻璃球，在密度为 $\rho_0=1.26$ g/cm^3、粘度 $\eta=8.2$ Pa·s 的甘油中自由下落，求：玻璃球的收尾速度为 v_T.

7.64 在著名的确定基本电荷的密立根实验中，密立根在两块平行金属板间喷入带电的雾状油滴，调节板间电场使电力和油滴重力平衡，从而可以确定油滴的带电量. 他巧妙地利用了挡板间不加电场时油滴在空气中降落具有收尾速度的特点，通过测定油滴收尾速度来计算油滴半径和质量. (1)如果已知这种油的密度为 $\rho=981$ kg/m^3、空气的密度为 $\rho_0=1.29$ kg/m^3、空气的粘度为 $\eta=1.83\times10^{-5}$ kg/m·s(Pa·s)，观测到一个油滴在空气中以匀速 $v_1=9.5\times10^{-5}$ m/s 下降，求这个油滴的半径和质量；(2)若认为当油滴速度达到收尾速度的 95% 时就算已经具有收尾速度，估算油滴由静止开始达到收尾速度所需的时间.

7.65 抽水机通过一根半径为 $r=5\times10^{-2}$ m 的水平光滑管子把 20℃ 的水从一容器中抽出. 测得抽出水的体积流量为 $Q=4.1\times10^{-3}$ m^3/s. 已知 20℃ 水的粘度 $\eta=1.0\times10^{-3}$ Pa·s. 试问，管中水的流动是层流还是湍流？

附录 7.1 开尔文定理的证明

开尔文定理：均质理想流体内，沿一封闭的流体线，流体速度的环量不随时间变化，即

$$\Gamma = \oint_{(\text{流体线})} \boldsymbol{v} \cdot \mathrm{d}\boldsymbol{r} = \text{常数}$$

证：$\mathrm{d}\Gamma/\mathrm{d}t = \dfrac{\mathrm{d}}{\mathrm{d}t}\oint_{(\text{流体线})} \boldsymbol{v} \cdot \mathrm{d}\boldsymbol{r} = \oint\left(\dfrac{\mathrm{d}\boldsymbol{v}}{\mathrm{d}t} \cdot \mathrm{d}\boldsymbol{r} + \boldsymbol{v} \cdot \dfrac{\mathrm{d}(\mathrm{d}\boldsymbol{r})}{\mathrm{d}t}\right)$

由欧拉公式

$$\frac{\mathrm{d}\boldsymbol{v}}{\mathrm{d}t} \cdot \mathrm{d}\boldsymbol{r} = -(\nabla p) \cdot \mathrm{d}\boldsymbol{r}/\rho + \boldsymbol{f} \cdot \mathrm{d}\boldsymbol{r} = -\mathrm{d}p/\rho - \mathrm{d}e_{\mathrm{p}}$$

由(7.3.17)式$(\nabla p) \cdot \mathrm{d}\boldsymbol{r} = \mathrm{d}p$；一般流体密度 $\rho = \rho(p)$ 是压强 p 的函数，所以 $\mathrm{d}p/\rho$ 可以成为一个函数 Ψ 的微分 $\mathrm{d}p/\rho = \mathrm{d}\Psi(p)$. 设体积力 $\boldsymbol{f}$ 为保守力，则 $\boldsymbol{f} \cdot \mathrm{d}\boldsymbol{r} = -\mathrm{d}e_{\mathrm{p}}$，$e_{\mathrm{p}}$ 为单位质量势能.

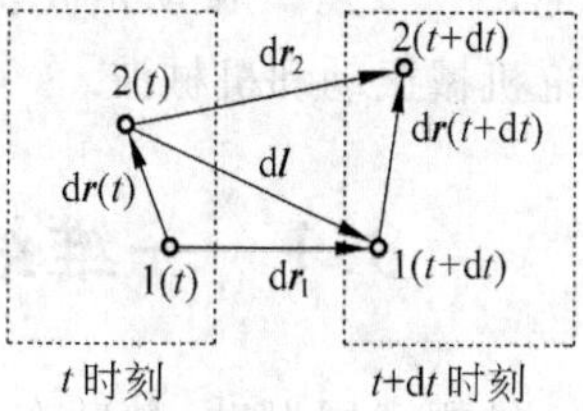

图附 7.1.1

图附 7.1.1 中 $1(\boldsymbol{r}, t)$、$2(\boldsymbol{r} + \mathrm{d}\boldsymbol{r}, t)$ 是流体线上相邻两个质元. 流体线积分元 $\mathrm{d}\boldsymbol{r}$ 不是质点的位移，而是流体线上相邻质元的矢径差，所以由图可知

$$\mathrm{d}(\mathrm{d}\boldsymbol{r}) = \mathrm{d}\boldsymbol{r}(t + \mathrm{d}t) - \mathrm{d}\boldsymbol{r}(t) = (\mathrm{d}\boldsymbol{r}_2 - \mathrm{d}\boldsymbol{l}) - (\mathrm{d}\boldsymbol{r}_1 - \mathrm{d}\boldsymbol{l}) = \mathrm{d}\boldsymbol{r}_2 - \mathrm{d}\boldsymbol{r}_1$$

$\mathrm{d}\boldsymbol{r}_1$、$\mathrm{d}\boldsymbol{r}_2$ 分别是 1、2 两个质元在 $\mathrm{d}t$ 内的位移. 所以

$$\frac{\mathrm{d}(\mathrm{d}\boldsymbol{r})}{\mathrm{d}t} = \mathrm{d}\boldsymbol{r}_2/\mathrm{d}t - \mathrm{d}\boldsymbol{r}_1/\mathrm{d}t = \boldsymbol{v}_2(\boldsymbol{r} + \mathrm{d}\boldsymbol{r}, t) - \boldsymbol{v}_1(\boldsymbol{r}, t) = \mathrm{d}\boldsymbol{v}$$

$\mathrm{d}\boldsymbol{v}$ 是同一时刻沿流体线的速度增量(微分). 于是

$$\boldsymbol{v} \cdot \frac{\mathrm{d}(\mathrm{d}\boldsymbol{r})}{\mathrm{d}t} = \boldsymbol{v} \cdot \mathrm{d}\boldsymbol{v} = \mathrm{d}v^2/2$$

所以

$$\mathrm{d}\Gamma/\mathrm{d}t = \oint \mathrm{d}[-(e_{\mathrm{p}} + \Psi(p)) + v^2/2] = 0$$

因此 Γ 守恒为常数. 证明中并未利用不可压缩条件，只利用了密度 $\rho = \rho(p)$ 是压强 p 的函数的条件.

第 8 章 振动和波

振动和波动是物质运动的基本形式，是最常见的物理现象，贯穿于声学、光学、电磁学、热学、……之中. 振动是波动的基础；波动是振动的最主要、最普遍的存在形式. 下面主要讨论机械振动和机械波.

8.1 一维线性系统无阻尼自由振动、简谐振动

钟摆来回摆动，秒针在表盘上一圈又一圈地转动，水面上下起伏，过山车呼啸着冲过最低点，地球在椭圆形轨道上高速飞行……，这些普遍的常见的物体的运动形式都可以称为机械振动. 机械振动就是物体或质点在一点(称为平衡位置)附近的往复运动. 推而广之，任何一个物理量在某值附近反复变化就称该物理量作振动，该点称为平衡位置. 下面以质点的机械振动为例讨论振动规律. 虽然各种振动形式千差万别，但是其内在规律却是相同的.

按是否存在策动力来划分振动，在策动力作用下进行的振动称为受迫振动，没有策动力作用的振动称为自由振动；按是否存在阻力来划分振动，考虑阻力的振动称为有阻尼振动；忽略阻力的振动称为无阻尼振动. 首先讨论最简单的一维线性系统无阻尼自由振动.

一维线性系统无阻尼自由振动的模型是弹簧振子，见图 8.1.1，在光滑水平面上质量为 m 的滑块系在一端固定的弹簧上，弹簧和滑块构成一个弹簧振子系统.

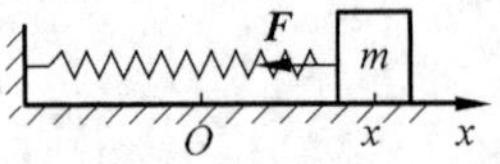

图 8.1.1

8.1.1 动力学方程及其通解

1. 动力学方程

设弹簧的劲度系数为 k，取弹簧原长时滑块位置为坐标原点. 当滑块位于 x 处时，滑块受到的弹簧作用力为

$$\boldsymbol{F}=-kx\,\hat{x}$$

于是滑块的运动方程为

$$m\ddot{x}=-kx$$

即

$$\ddot{x}+\omega^2x=0 \tag{8.1.1}$$

其中 $\omega=\sqrt{k/m}$ 称为弹簧振子系统的圆频率或本征圆频率. 所谓系统的线性体现在微分方

程是线性的．线性的根源在于弹簧作用力是线性的，与位移成正比．凡是滑块的实际运动都是微分方程的解；反过来凡是微分方程的解都是滑块可能的运动．

这个微分方程是二阶齐次常系数线性常微分方程，齐次方程指方程右边为零．n 阶微分方程通解指方程的解中包含 n 个独立常数．

2. 两次积分求通解

这个方程可以按前面通常采用的变量置换的方法分两次积分求解．式(8.1.1)变形为 $\ddot{x}=\mathrm{d}v/\mathrm{d}t=v(\mathrm{d}v/\mathrm{d}x)=-\omega^2 x$．于是

$$v\mathrm{d}v=-\omega^2 x\mathrm{d}x$$

其中 $v=v_x=\mathrm{d}x/\mathrm{d}t$ 为滑块速度的投影．积分得

$$v^2/2=c-\omega^2 x^2/2$$

$$\mathrm{d}x/\mathrm{d}t=v=\pm(a^2-\omega^2 x^2)^{1/2}$$

其中取 $a^2=2c$ 且 $a>0$．令 $\omega x=a\cos\theta$ 代入上式得

$$\mathrm{d}\theta=\pm\omega\mathrm{d}t \qquad \theta=\pm\omega t+\theta_0$$

于是得

$$x=a\cos\theta/\omega=A\cos(\pm\omega t+\theta_0)=A\cos(\omega t\pm\theta_0)$$

其中待定常数 $A=a/\omega>0$．取待定常数 $\phi=\pm\theta_0$，A、ϕ 为相互独立的两个待定常数，则运动方程的通解为

$$x=A\cos(\omega t+\phi) \tag{8.1.2}$$

在这样的振动中位移 x 是时间的余弦函数，称为简谐振动．规定 $A\geqslant 0$、$\phi\in(-\pi,\pi)$，A 称为振幅．所以线性系统无阻尼自由振动是简谐振动．

3. 本征方程及通解

在微分方程理论中齐次常系数线性常微分方程有统一的解法．按此解法，设 $x(t)=c\mathrm{e}^{\lambda t}$ 代入微分方程式(8.1.1)得到本征方程

$$\lambda^2+\omega^2=0 \tag{8.1.3}$$

本征值 λ 有两个虚数解 $\lambda=\pm\mathrm{i}\omega$．于是微分方程的通解为

$$x(t)=c_1\mathrm{e}^{\mathrm{i}\omega t}+c_2\mathrm{e}^{-\mathrm{i}\omega t} \tag{8.1.4}$$

其中 c_1、c_2 为两个独立的常数．由于两个指数函数为复数，所以两个常数也是复数．由欧拉方程得

$$x(t)=(c_1+c_2)\cos\omega t+\mathrm{i}(c_1-c_2)\sin\omega t$$

注意 $x(t)$ 是实数函数，而 $\cos\omega t$ 和 $\sin\omega t$ 是任意的时间变量，所以 (c_1+c_2) 必然为实数 a、(c_1-c_2) 必然为纯虚数 $\mathrm{i}b$(b 为实数)，于是也得到同样结果

$$x(t)=a\cos\omega t-b\sin\omega t=A\cos(\omega t+\phi)$$

最后一步来自三角函数公式，其中 $A=(a^2+b^2)^{1/2}$、$\sin\phi=a/A$、$\cos\phi=-b/A$．

滑块的速度和加速度分别为

$$v(t)=\mathrm{d}x/\mathrm{d}t=-\omega A\sin(\omega t+\phi) \tag{8.1.5}$$

$$a(t)=\mathrm{d}^2x/\mathrm{d}t^2=-\omega^2 A\cos(\omega t+\phi)=-\omega^2 x \tag{8.1.6}$$

例 8.1.1 扭摆也是一个一维线性无阻尼自由振动的系统．如图 8.1.2，悬丝下端挂一个物体，称为扭摆．物体在悬丝的扭矩作用下绕竖直轴来回摆动．忽略阻力讨论物体的转动．

解：设物体绕竖直轴的转动惯量为 I、悬丝的扭转弹性系数为 D．设物体上 A 点在 1 处时悬丝转角为零为平衡位置；当 A 点转到 2 处时转角为 α，以 $\hat{z}$ 为正方向，则由 (7.2.12) 式悬丝扭矩为

$$M=-D\alpha$$

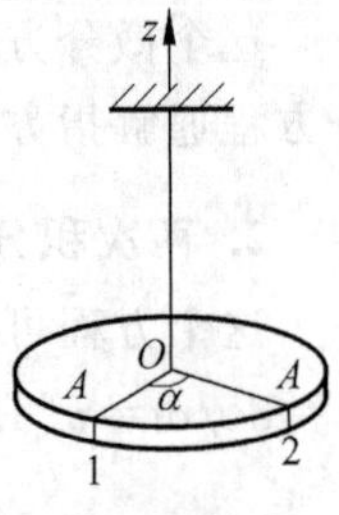

图 8.1.2

由对 z 轴的角动量定理

$$I\ddot{\alpha}=-D\alpha \qquad \ddot{\alpha}+\omega^2\alpha=0$$

其中 $\omega^2=D/I$．于是扭摆是以 α 为参量的一维线无阻尼自由振动的系统，微分方程的通解为

$$\alpha=A\cos(\omega t+\phi)$$

8.1.2 初始条件和确定解

通解代表系统可能实现的各种各样的振动，体现在 A、ϕ 取各种各样的数值．系统实际的振动只是这些振动中的某一种称为确定解，对应着一组确定的 (A,ϕ)．选定时间原点 $t=0$，给出 $t=0$ 时刻的位移 $x(0)$ 和速度 $v(0)$（称为初始条件）就可以得到一组确定的 (A,ϕ)，即得到确定解．在上面的规定 $(A\geqslant 0$、$-\pi<\phi\leqslant\pi)$ 下，对于每一组初始条件都有唯一的确定解．

例 8.1.2 弹簧振子系统，弹簧劲度系数 $k=15.8\ \text{N/m}$，滑块质量 $m=0.1\ \text{kg}$．第一种情况：滑块静止于平衡处，$t=0$ 时刻向 $-\hat{x}$ 方向敲击滑块使其具有速率 $0.628\ \text{m/s}$；第二种情况：将滑块拉到 $x=0.08\ \text{m}$ 处，$t=0$ 时刻放手．分别求两种情况下的振动频率 ν 和位移函数 $x(t)$．

解：系统的振动频率是系统的内在性质，与初始条件无关．所以两种情况下的振动频率都是

$$\omega=(k/m)^{1/2}=4\pi \quad \nu=\omega/2\pi=2\ \text{Hz}$$

设 $x(t)=A\cos(\omega t+\phi)$，则 $v(t)=-\omega A\sin(\omega t+\phi)$．

第一种情况．初始条件：$x(0)=x_0=0$、$v(0)=v_0=-0.628\ \text{m/s}$．将初始条件代入得

$$x_0=A\cos\phi=0 \quad \text{得到} \quad \phi=\pm\pi/2$$

$$v_0=-\omega A\sin\phi=-0.628\ \text{m/s}$$

$\phi=\pm\pi/2$ 的两种可能值里只有 $\phi=\pi/2$ 才能够满足上式．将 $\phi=\pi/2$ 代入上式得到 $A=0.05\ \text{m}$．于是得到

$$x(t)=0.05\cos(4\pi t+\pi/2)$$

第二种情况．初始条件：$x(0)=x_0=0.08$、$v(0)=v_0=0$．将初始条件代入得

$$v_0=-\omega A\sin\phi=0 \quad \text{得到} \quad \phi=0$$

$$x_0=A\cos\phi=A=0.08 \quad \text{得到} \quad A=0.08\ \text{m}$$

于是

$$x(t)=0.08\cos 4\pi t$$

8.1.3 能量关系、势能曲线和相图

1. 弹簧振子系统势能　动能　机械能

弹簧振子系统没有阻尼，外力不做功，所以系统的机械能 E 守恒．系统的势能为弹簧

势能

$$E_p = kx^2/2 = kA^2\cos^2(\omega t+\phi)/2 = \frac{1}{4}m\omega^2A^2[1+\cos 2(\omega t+\phi)]$$

系统的动能为滑块动能

$$E_k = mv^2/2 = [m\omega^2A^2\sin^2(\omega t+\phi)]/2 = \frac{1}{4}m\omega^2A^2[1-\cos 2(\omega t+\phi)]$$

可见 E_p、E_k 分别是圆频率为 2ω 的简谐振动. 于是机械能为

$$E = E_p + E_k = \frac{1}{2}m\omega^2A^2$$

正如前面分析,弹簧振子系统机械能守恒,注意机械能与频率平方、振幅平方成正比. 动能和势能的时间平均值 $\langle E_k\rangle$、$\langle E_p\rangle$ 相同,为机械能的一半:

$$\langle E_k\rangle = \frac{1}{T}\int_0^T E_k\,dt = \langle E_p\rangle = E/2 = m\omega^2A^2/4$$

例 8.1.3 规定交变电流 i 的有效值 I 为: 在电阻 R 上,交变电流 i 的平均功率等于稳恒电流 I 的功率. 对正弦交流电,电流 $i=I_m\sin(\omega t+\phi)$. 在电阻 R 上的电功率为 $N=i^2R$, 于是 i 的平均功率为

$$\langle N\rangle = \frac{1}{T}\int_0^T i^2R\,dt = I_m^2R/2$$

稳恒电流 I 的功率为 I^2R. 令 $\langle N\rangle = I^2R$,得到正弦交流电电流有效值

$$I = I_m/\sqrt{2}$$

类似,设正弦交流电电压 $u=U_m\sin(\omega t+\phi)$,得到正弦交流电电压有效值

$$U=U_m/\sqrt{2}$$

---

2. 势能曲线和相图

在 5.3.5 节中利用势能曲线和相图定性讨论质点运动,讨论的两个例子都是无耗散的保守系统. 其中例 5.3.13 的单摆,在小角度摆动时近似为简谐振动. 对于简谐振动位移和速度分别为

$$x(t) = A\cos(\omega t+\phi)\quad v_x(t) = -\omega A\cos(\omega t+\phi)$$

于是

$$x^2/A^2 + v_x^2/\omega^2A^2 = 1$$

所以简谐振动的相轨迹——轨线是以平衡位置为中心的闭合的椭圆曲线.

对于无阻尼自由振动,势能 $E_p = kx^2/2$ 为抛物线型且机械能守恒,势能曲线和相图、轨线见图 8.1.3.

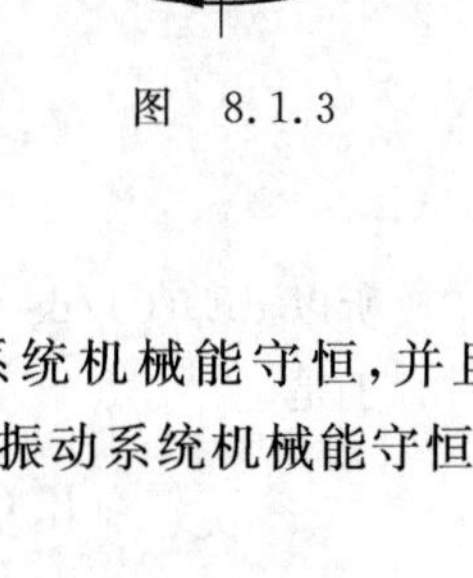

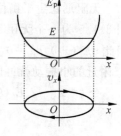

图 8.1.3

8.1.4 由能量关系求振动规律

上面以弹簧振子模型为代表,说明一维线性无阻尼自由振动系统机械能守恒,并且 $E_p = kx^2/2$、$E_k = m\dot{x}^2/2$. 反过来,如果一个以任意物理量 ξ 为参量的振动系统机械能守恒,并且其动能、势能分别为 $E_k = m^*\dot{\xi}^2/2$、$E_p = k^*\xi^2/2$,即

$$E = \frac{1}{2}m^*\dot{\xi}^2 + \frac{1}{2}k^*\xi^2 = \text{常数} \tag{8.1.7}$$

其中，m^*、k^*分别为等效质量和等效劲度系数．式(8.1.5)两边对 t 求导，得到

$$m^* \ddot{\xi} + k^* \xi = 0$$

所以这样的系统就是线性无阻尼自由振动系统，参量 ξ 作简谐振动

$$\xi(t) = A\cos(\omega t + \phi) \qquad \omega = (k^*/m^*)^{1/2} \tag{8.1.8}$$

实际上，只要满足式(8.1.7)，不必再用求导来验证就可以确定系统就是线性无阻尼自由振动系统，直接得到式(8.1.8)．

例 8.1.4 U 形管横截面积相同为 S，液体质量密度为 ρ，液柱总长度为 L．不计摩擦阻力，求：液面起伏的振荡频率．

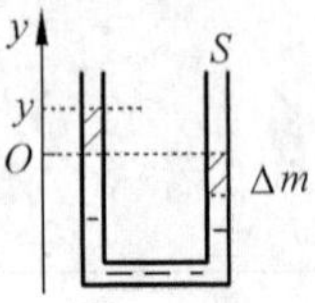

图 8.1.4

解：由于不考虑摩擦阻力，液体系统机械能 E 守恒．

取两管液面高度相同时的液面位置为 $y=0$，作为重力势能 E_p 的零点．当左边液面位置为 y 时，右边液面位置为 $-y$，相当于质量为 $\Delta m=\rho S y$ 的液体的质心上升 y，所以此时系统的重力势能为

$$E_p = \Delta m g y = \rho g S y^2$$

液体微元的运动速率相同，为 $v=\mathrm{d}y/\mathrm{d}t$，于是系统的机械能为

$$E = m\dot{y}^2/2 + \rho g S y^2 = 常数$$

对比(8.1.5)式，这个系统就是线性无阻尼自由振动系统，以 y 为参量作简谐振动．$m^*=m=\rho SL$、$k^*=2\rho g S$．由(8.1.6)式得系统的圆频率为

$$\omega = [2\rho g S/m]^{1/2} = [2g/L]^{1/2}$$

于是液面起伏的振荡频率

$$\nu = \omega/2\pi = \frac{1}{2\pi}\sqrt{\frac{2g}{L}}$$

一般情况下一维运动的系统的动能总可以写成 $m^*\dot{\xi}^2/2$ 的形式，因此由能量角度判断自由振动是谐振动有两个条件：①无阻尼机械能守恒；②E_p 可表示为平方形式．

无阻尼稳定平衡位置附近的小振动，一般都可以近似为谐振动．图 8.1.5 为一个无阻尼系统的势能曲线，$x=x_0$ 处为稳定平衡位置，因此 $\mathrm{d}E_p(x_0)/\mathrm{d}x=0$，一般情况下 $\mathrm{d}^2E_p(x_0)/\mathrm{d}x^2>0$，这样的系统在 x_0 附近的小振动就可以近似为谐振动．

图 8.1.5

令 $\xi=x-x_0$、$E'_p(\xi)=E_p(x)-E_p(x_0)$，于是

$$E'_p(0) = 0$$

$$\mathrm{d}E'_p(\xi)/\mathrm{d}\xi = \frac{\mathrm{d}E_p(x)}{\mathrm{d}x}\frac{\mathrm{d}x}{\mathrm{d}\xi} = \mathrm{d}E_p(x)/\mathrm{d}x$$

$$\mathrm{d}^2E'_p(\xi)/\mathrm{d}\xi^2 = \mathrm{d}^2E_p(x)/\mathrm{d}x^2$$

所以 $\mathrm{d}E'_p(0)/\mathrm{d}\xi=\mathrm{d}E_p(x_0)/\mathrm{d}x=0$、$\mathrm{d}^2E'_p(0)/\mathrm{d}\xi^2=\mathrm{d}^2E_p(x_0)/\mathrm{d}x^2>0$

于是

$$E'_p(\xi) = \frac{\mathrm{d}^2E_p(0)}{\mathrm{d}\xi^2}\xi^2/2 + o(\xi^2) = \frac{\mathrm{d}^2E_p(x_0)}{\mathrm{d}x^2}\xi^2/2 + o(\xi^2)$$

$$\approx \frac{\mathrm{d}^2E_p(x_0)}{\mathrm{d}x^2}\xi^2/2 \quad (\xi \ll 1)$$

因此系统为谐振动，等效劲度系数 $k^*=\mathrm{d}^2E_p(x_0)/\mathrm{d}x^2$.

例 8.1.5 单摆小角度摆动. 长度为 l 的轻绳系质量为 m 的小球，在竖直平面内摆动. 当轻绳与竖直方向夹角为 $\theta(\theta\ll1)$ 时重力势能(以小球在最低点时为重力势能零点)为

$$E_p(\theta)=mgl(1-\cos\theta)$$

稳定平衡位置为 $\theta=0$. 当 $\theta\ll1$ 时，$\cos\theta\approx1-\theta^2/2$，$E_p(\theta)\approx mgl\theta^2/2=\frac{\mathrm{d}^2E_p(0)}{\mathrm{d}\theta^2}\theta^2/2$. 忽略阻力则机械能守恒，因此单摆小角度摆动为无阻尼稳定平衡位置附近的小振动，是简谐振动. 单摆机械能为

$$E=ml^2\dot{\theta}^2/2+mgl(1-\cos\theta)\approx ml^2\dot{\theta}^2/2+mgl\theta^2/2$$

等效质量和等效劲度系数分别为 $m^*=ml^2$、$k^*=mgl$. 于是摆角 θ 的运动规律为

$$\theta(t)=\theta_0\cos(\omega t+\phi)$$

其中简谐振动圆频率为 $\omega=(k^*/m^*)^{1/2}=\sqrt{g/l}$.

例 8.1.6 用能量方法简单估计一下弹簧质量远小于质点质量时弹簧质量对振动频率的影响.

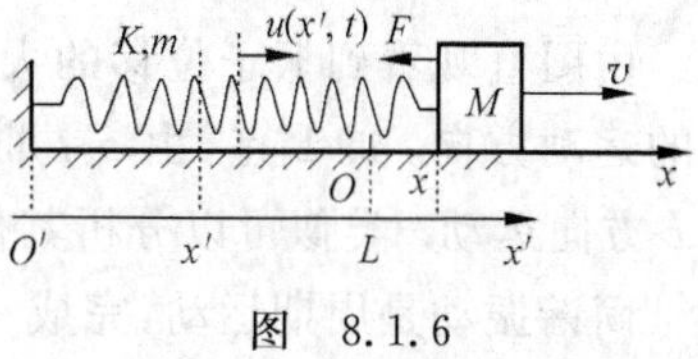

图 8.1.6

上面讨论质点弹簧系统时忽略弹簧质量，简化为一个质点振动的弹簧振子模型. 质点弹簧系统如图 8.1.6，弹簧质量 m、长度 L、劲度系数 K，质点质量为 M、速度为 v、位移为 x'.

当弹簧质量远小于质点质量时弹簧的运动应该接近不考虑弹簧质量的情况——弹簧均匀伸长. 所以在初步计算势能和动能时可以近似弹簧均匀伸长. 以弹簧原长时的坐标 x' 来标注弹簧微元 $\mathrm{d}m$ 的位置，于是质点(位置为 $x'=L$)的速度为 v 时 $\mathrm{d}m$ 振动速度 $u(x',t)\approx vx'/L$，所以弹簧动能为

$$E_{k弹簧}=\int u^2(x',t)\mathrm{d}m/2=\int_0^L mv^2x'^2\mathrm{d}x'/2L^3=mv^2/6$$

其中弹簧微元质量 $\mathrm{d}m=m\mathrm{d}x'/L$. 以弹簧原长为势能零点. 由于弹簧运动近似为无质量情况下的运动，所以弹簧的势能仍然是 $Kx^2/2$. 于是系统机械能

$$E=E_k+E_p=E_{k弹簧}+E_{k质点}+E_p=mv^2/6+Mv^2/2+Kx^2/2$$
$$=(M+m/3)\dot{x}^2/2+Kx^2/2=常数$$

上式表明，考虑弹簧质量(远小于质点质量)时，弹簧系统相当于不考虑弹簧质量而质点质量为等效质量 $(m_0+m/3)$ 的弹簧振子系统，所以其振动圆频率为

$$\omega=[K/(m_0+m/3)]^{1/2} \tag{8.1.9}$$

当考虑了弹簧质量之后，质点弹簧系统的运动成为弹簧的波动. 严格讨论要利用波动理论，见 8.11.5 节.

8.1.5 简谐振动

1. 简谐振动

简谐振动的振动位移表达式为式(8.1.2)

$$x(t)=A\cos(\omega t+\phi)$$

$A\geqslant0$ 称为振幅，$\phi\in(-\pi,\pi)$ 称为初位相，ω 称为圆频率或角频率. A、ω、ϕ 三个常数表达了简谐振动的特征，称为表示简谐振动的三个特征量. 上式是用三角函数来描述简谐振动的，称为简谐振动的三角函数表示法.

把简谐振动的概念推广,不仅局限于机械运动,凡是一个物理量与时间 t 为余(正)弦函数关系的都称该物理量在作简谐振动,并统一规定取余弦形式为简谐振动三角函数表示法的标准形式. 这样定义的标准形式与后面的复数形式实部对应.

x-t 图像称为振动曲线,见图 8.1.7(a).

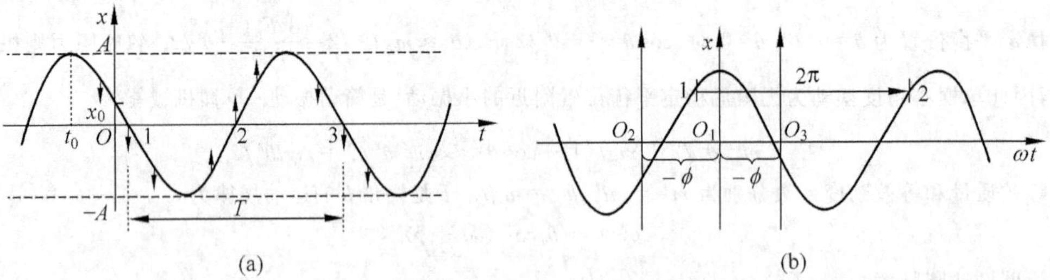

图 8.1.7 振动曲线

由图直观看到振子位移的大小不会超过振幅,即$|x|\leqslant A$. 由图还可以分析各个时刻振子的运动方向,如 1 点,由 x-t 曲线可知它下一个时刻的位移 $x<0$,所以此刻它必然向 $-x$ 方向运动. 类似可以分析其他时刻振子的运动方向,并用箭头标在图 8.1.7(a)中.

简谐振动是周期运动,完成一次完整的振动所经历的时间称为周期 T. 所谓一个完整的振动,就是从一个振动状态到相邻的另一个完全相同的振动状态. 振动状态不只是位移,还包括速度和加速度. 由式(8.1.6)加速度 $a=-\omega^2x$ 决定于位移 x,所以决定振动状态的是位移和速度. 比较图 8.1.7(a)上的 1、2、3 三个点(状态),虽然位移都是零,但 1、2 两个状态的速度方向相反,所以不是全同的振动状态,1、3 两个状态才是相邻的全同的振动状态,两个状态之间的时间差就是周期 T. 振动频率 ν 为振子单位时间内振动的次数,所以

$$\nu = 1/T \tag{8.1.10}$$

图 8.1.7(b)也是振动曲线,与图 8.1.7(a)不同的是以 ωt 为自变量,单位是角度(弧度). 相邻的两个全同的振动状态 1、2 之间的角度间隔为 2π,而时间间隔为 T,因此

$$\omega t_1 + 2\pi = \omega t_2 = \omega(t_1 + T)$$

于是得到圆频率与周期的关系

$$\omega = 2\pi/T = 2\pi\nu \tag{8.1.11}$$

简谐振动 $x=A\cos(\omega t+\phi)$的初位相 ϕ 与时间原点有关. 如图 8.1.7(b)所示,若取时间原点为 O_1,则 $t_{O_1}=0$,那么 $\phi=0$,$x=A\cos\omega t$;若取时间原点为 O_2(则 $t_{O_1}>0$)或 O_3(则 $t_{O_1}<0$),那么 $\phi=-\omega t_{O_1}\neq 0$,$x=A\cos(\omega t-\omega t_0)$. 由此可知,振动的初位相 ϕ 并不是绝对的,与时间原点相关联,改变时间原点就可以改变 ϕ. ϕ 不能从图 8.1.7(a)直接得到,但可以间接得到. 图 8.1.7(a)中离原点最近的最大值点的时刻为 t_0,则 $\phi=-\omega t_0$.

这样由振动曲线图可以确定 A、ω、ϕ,即完全确定了一个振动,因此振动曲线图也是简谐振动的一种表示法.

2. 位相 Ψ

定义:简谐振动的位相为

$$\Psi(t) = \omega t + \phi \tag{8.1.12}$$

$\phi=\Psi(0)$，称为初位相. 于是简谐振动

$$x = A\cos\Psi \tag{8.1.13}$$

在讨论简谐振动时常常不关注某时刻的具体位移数值，而是关注此刻振动在一个完整振动(一个 2π 周期内的余弦曲线)上的位置，即此刻振动在一个完整振动中的"地位"，例如处于位移最大还是最小？还是向上运动到 $2A/3$ 处？……. 为了去掉振幅 A 的影响，突出振动状态的相对"地位"因素，可以将简谐振动归一化，引入归一化简谐振动函数

$$x' = x/A = \cos\Psi$$

归一化简谐振动就是余弦函数，由此可以更清楚地看到，归一化简谐振动的"地位"完全由位相 Ψ 决定. 所以在简谐振动中位相 Ψ 是决定振动状态的最重要参量.

由前面讨论知道，改变时间 t 的原点就可以改变 ϕ，也就是改变了位相. 所以对于一个简谐振动来说，位相和初位相都是相对的. 而对于多个同频的简谐振动，彼此之间的位相差与时间原点无关，是确定不变的，具有重要意义.

设有两个简谐振动

$$x_1(t) = A_1\cos(\omega_1 t + \phi_1) \quad x_2(t) = A_2\cos(\omega_2 t + \phi_2)$$

这两个简谐振动的位相差为

$$\Delta\Psi = \Psi_2 - \Psi_1 = (\omega_2 - \omega_1)t + (\phi_2 - \phi_1)$$

对于两个不同频率的简谐振动来说，位相差 $\Delta\Psi$ 是时间的函数，可以取任意值，一般来说意义不大.

3. 两个同频简谐振动的位相差. 超前与落后

两个同频简谐振动($\omega_2=\omega_1=\omega$)，它们的位相差

$$\Delta\Psi = \phi_2 - \phi_1 = 常数$$

在讨论同频简谐振动的合成和干涉等问题上位相差具有重要的意义. 在比较两个同频简谐振动时常常要分辨谁先谁后，即同一个振动状态谁先达到，称先达到者为领先、后达到者为落后.

初位相 $\phi\in(-\pi,\pi)$，这样位相差 $\Delta\Psi\in(-2\pi,2\pi)$，$\Delta\Psi$ 取值区间宽度为 4π，超出了余弦函数的周期 2π，而且 $\Delta\Psi$ 的大小也与两个简谐振动的领先或者落后没有确定的联系. 为此规定两个同频简谐振动初位相差的取值区间为 $\Delta\phi\in(-\pi,\pi)$. 在这样规定下两个同频简谐振动初位相差为

$$\Delta\phi = \phi_2 - \phi_1 \pm 2\pi \in (-\pi,\pi) \tag{8.1.14}$$

如果$(\phi_2-\phi_1)$超出$(-\pi,\pi)$范围，通过$\pm 2\pi$ 使 $\Delta\phi$ 回到$(-\pi,\pi)$内. 这样规定的两个同频简谐振动初位相差 $\Delta\phi$ 与两个简谐振动的领先或者落后有确定的联系：

若 $\Delta\phi>0$ 则 x_2 超前 x_1 位相差 $\Delta\phi$

若 $\Delta\phi<0$ 则 x_2 落后 x_1 位相差 $|\Delta\phi|$

为了在振动曲线图上更清楚地比较两个简谐振动的领先或者落后，先将简谐振动归一化. 归一化后三个简谐振动为

$$x'(t) = x'/A = \cos(\omega t + \phi)$$
$$x_1'(t) = x_1'/A_1 = \cos(\omega t + \phi_1)$$
$$x_2'(t) = x_2'/A_2 = \cos(\omega t + \phi_2)$$

三个归一化简谐振动曲线画在图 8.1.8 中. x_1'、x_2'都与 x' 比较，x_1'曲线相当于 x'曲线向右移动一段距离($<T/2$)得到，同一个状态(如位移最大) x'先达到 x_1'后达到；x_2'曲线相当于 x'曲线向左移动一段距离($<T/2$)得到，同一个状态(如位移最大)x_2'先达到 x'后达到. 因此 x_2' 超前 x'、x_1'落后 x'. 真正了解了简谐振动曲线图上超前与落后振动曲线的特点之后，即使不归一化也能从振动曲线图分辨出几个简谐振动的超前与落后.

4. 简谐振动的等时性

简谐振动圆频率 ω 完全由振动系统决定，因此简谐振动周期 $T=2\pi/\omega$ 也完全由简谐振动系统决定，与初始条件无关，称为等时性，是简谐振动的一个重要性质. 简谐振动的周期常常作为时间标准，如节拍器和钟摆等.

一些非简谐振动也具有等时性，如 5.3.2 节中例 5.3.2 讨论质点在光滑的旋轮线上滑动的周期 T，结果表明，质点在光滑的旋轮线上的振动是等时的. 单摆近似具有等时性. 具有严格等时性的摆是惠更斯等时摆，见附录 8.1.

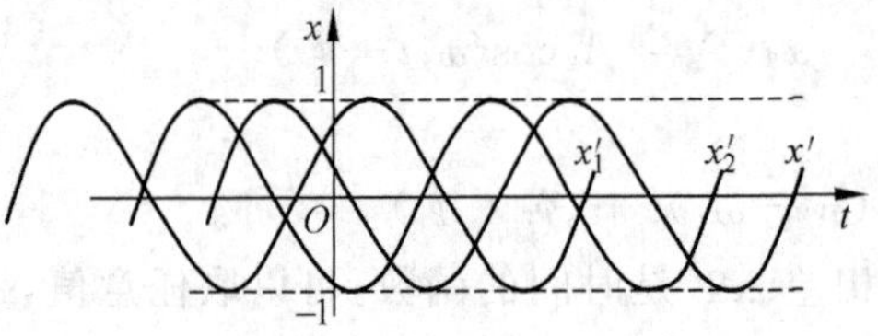

图 8.1.8

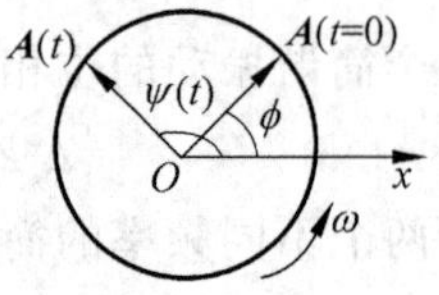

图 8.1.9

5. 振幅矢量图表示法

还有一种直观地描述简谐振动的方法——振幅矢量图表示法，见图 8.1.9. 作一个大小为振幅 A、起点在原点的矢量 $\boldsymbol{A}$，令 $\boldsymbol{A}$ 以简谐振动圆频率 ω 为角速度绕 O 点逆时针旋转，取 Ox 轴为基准轴，t 时刻 $\boldsymbol{A}$ 与 Ox 轴夹角为 $\Psi(t)$. 这个矢量 $\boldsymbol{A}$ 称为旋转振幅矢量，简称振幅矢量. 振幅矢量 $\boldsymbol{A}$ 在 x 轴投影为简谐振动

$$x(t) = A\cos\Psi = A\cos(\omega t + \phi)$$

振幅矢量图完整地描述了简谐振动，从中可以直观地看到 A、ω、Ψ、ϕ 参量，突出体现 ω 作为角速度的物理意义. 在振幅矢量图里还可以直观判断振子的运动方向：当 $\boldsymbol{A}$ 在Ⅰ、Ⅱ象限时振子向 $-x$ 方向运动；当 $\boldsymbol{A}$ 在Ⅲ、Ⅳ象限时振子向 $+x$ 方向运动. 以后会经常使用振幅矢量图表示法，特别在比较和合成两个或多个同频简谐振动时非常直观和方便. 在画振幅矢量图特别是在一个图里画多个振幅矢量时，通常只画 $t=0$ 时刻的振幅矢量，在头脑里想象任意时刻振幅矢量位置.

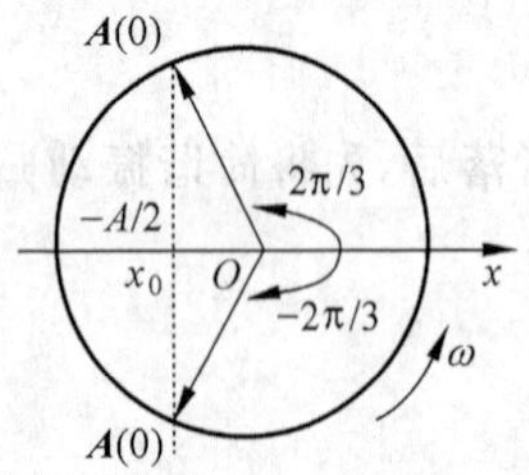

图 8.1.10

例 8.1.7 已知某简谐振动的初始条件为：$x_0=-A/2$、$v_0<0$，求该简谐振动的初位相 ϕ.

解：如图 8.1.10，$x_0=A\cos\phi=-A/2$，过 x_0 作垂直于 x 轴直线交圆周于两点，得到两个 $t=0$ 时刻的振幅矢量 $\boldsymbol{A}(0)$，从而得到 ϕ 的两个可能解 $\pm 2\pi/3$.

由于 $v_0<0$，ϕ 只能在 $(0,\pi)$ 区间，所以得到

$$\phi = 2\pi/3$$

例 8.1.8 设有两个同频简谐振动 $x_1(t)=A_1\cos(\omega t+2\pi/3)$ 和 $x_2(t)=A_2\cos(\omega t-2\pi/3)$. 讨论 x_1、x_2 振动步调的先后.

解：由于振幅矢量是逆时针旋转，由图 8.1.11 可见 $\boldsymbol{A}_2$ 在前，$\boldsymbol{A}_1$ 跟随在后，任何一个振动状态（如回到原点）都是 x_2 先实现 x_1 后实现，所以按图计算，x_2 超前 x_1 位相差 $2\pi/3$. 如果 ϕ_1 不变（$\boldsymbol{A}_1$ 位置不动）ϕ_2 增加（$\boldsymbol{A}_2$ 逆时针转动），x_2 超前 x_1 的位相差越来越大，直到 $\boldsymbol{A}_2$ 与 $\boldsymbol{A}_1$ 方向相反位相差为 π，此时 x_1、x_2 为反相状态，无法确定谁先谁后；当 ϕ_2 继续增加时就变成 x_1 超前 x_2 落后了. 所以两个同频简谐振动的超前、落后以 π 为界，也说明上面规定初位相差 $\Delta\phi\in(-\pi,\pi)$ 的合理性.

按上面规定计算 x_1、x_2 的初位相差 $\Delta\phi$ 为

$$\Delta\phi=-2\pi/3-2\pi/3+2\pi=2\pi/3>0$$

按计算结果，x_2 超前 x_1 位相差 $2\pi/3$，与用振幅矢量图直观判断的结果相同.

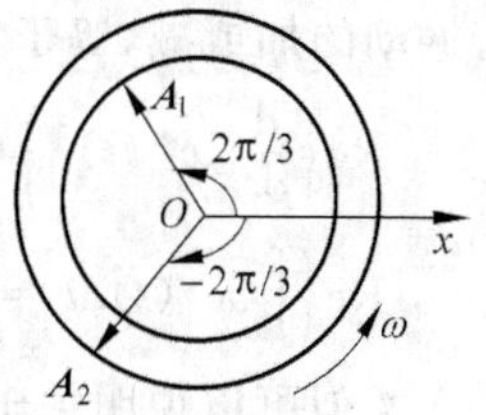

图 8.1.11

例 8.1.9 讨论 $x(t)$, $v(t)$, $a(t)$ 之间位相关系.

解：设简谐振动位移为 $x(t)=A\cos(\omega t+\phi)$

于是速度、加速度简谐振动分别为

$$v(t)=-\omega A\sin(\omega t+\phi)=\omega A\cos(\omega t+\phi+\pi/2)$$

$$a(t)=-\omega^2 A\cos(\omega t+\phi)=\omega^2 A\cos(\omega t+\phi+\pi)$$

因此 v 振动超前 x 振动 $\pi/2$，a 振动超前 v 振动 $\pi/2$. 由此总结一个规律：简谐振动微分一次后得到的新简谐振动超前原振动 $\pi/2$.

---

6. 复数表示法

复数 $z(x,y)$ 定义为

$$z(x,y)=x+\mathrm{i}y \tag{8.1.15}$$

其中 $\mathrm{i}=\sqrt{-1}$ 为虚数单位；x、y 为实数，分别称为复数 z 的实部和虚部，记为

$$x=\mathrm{Re}\,z \qquad y=\mathrm{Im}\,z \tag{8.1.16}$$

两个复数相等，必须实部和虚部分别相等.

复数 z 本质上由一组实数决定，因此复数 z 与平面上点有一一对应的关系，该平面称为复平面或 z 平面，见图 8.1.12. 其中横轴（x 轴）称为实轴，纵轴（y 轴）称为虚轴；$r=(x^2+y^2)^{1/2}$ 称为复数的模或绝对值，记为 $|z|$；ϕ 称为复数的辐角记为 $\mathrm{Arg}\,z$. 于是复数 z 可以记为

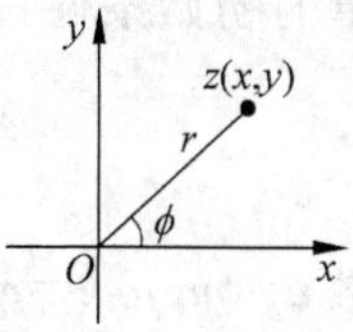

图 8.1.12

$$z(x,y)=r\cos\phi+\mathrm{i}r\sin\phi=r\mathrm{e}^{\mathrm{i}\phi} \tag{8.1.17}$$

其中利用了欧拉公式

$$\mathrm{e}^{\mathrm{i}\phi}=\cos\phi+\mathrm{i}\sin\phi \tag{8.1.18}$$

欧拉公式实际上是一种规定，利用泰勒级数定义了复数 z 为变量的指数函数

$$\mathrm{e}^z=1+z+z^2/2!+z^3/3!+z^4/4!+\cdots \tag{8.1.19}$$

按此定义，令 $z=\mathrm{i}\phi$，并与 $\sin\phi$、$\cos\phi$ 的泰勒展开式对比就有了欧拉公式.

令复数 z 为

$$z(x,y)=x+\mathrm{i}y=A\cos(\omega t+\phi)+\mathrm{i}A\sin(\omega t+\phi)=A\mathrm{e}^{\mathrm{i}(\omega t+\phi)}$$

这样简谐振动 $x=A\cos(\omega t+\phi)$ 就是复数 z 的实部，于是有简谐振动的复数表示法

$$x(t)=\mathrm{Re}\,z=\mathrm{Re}\{A\mathrm{e}^{\mathrm{i}(\omega t+\phi)}\} \tag{8.1.20}$$

通常称 $z=Ae^{i(\omega t+\phi)}$ 为简谐振动的复数形式 x^*，记为

$$x^* = Ae^{i(\omega t+\phi)} = Ae^{i\phi}e^{i\omega t} = \widetilde{A}e^{i\omega t} \tag{8.1.21}$$

其中复数 $\widetilde{A}=Ae^{i\phi}$ 称为复振幅.

简谐振动 $x(t)$ 的微分或积分，等于其复数形式 $x^*(t)$ 微分或积分以后的实部；几个简谐振动的加或减，等于它们复数形式加或减以后的实部. 例如

$$\mathrm{Re}\left\{\frac{\mathrm{d}}{\mathrm{d}t}[x^*(t)]\right\} = \mathrm{Re}\left\{\frac{\mathrm{d}}{\mathrm{d}t}[x(t)+\mathrm{i}y(t)]\right\} = \mathrm{Re}\{\dot{x}(t)+i\dot{y}(t)\} = \dot{x}(t)$$

$$\mathrm{Re}\left\{\int x^*(t)\mathrm{d}t\right\} = \mathrm{Re}\left\{\int[x(t)+\mathrm{i}y(t)]\mathrm{d}t\right\} = \mathrm{Re}\left\{\int x(t)\mathrm{d}t + \mathrm{i}\int y(t)\mathrm{d}t\right\} = \int x(t)\mathrm{d}t$$

类似可以说明关于加、减的运算规律.

8.2 阻尼振动

振动系统振动过程中总要受到阻力，有阻尼的自由振动简称阻尼振动. 本节首先简单分析考虑滑动阻力的弹簧振子系统的运动，然后重点讨论阻力与速度成正比的阻尼振动.

8.2.1 考虑滑动摩擦阻力的弹簧振子系统的运动

1. 运动微分方程

振子运动时都要受到摩擦阻力. 通常观察的如图 8.1.1 的弹簧振子都不可避免地受到摩擦阻力，振幅逐渐减少直到停止. 设振子在水平面上的摩擦系数为 μ（近似取滑动摩擦系数和静摩擦系数相同）. 摩擦力的大小不变，方向总与振子速度方向相反. 运动方向改变时，摩擦力的方向也随之改变，因此运动微分方程要分为两个

$$m\ddot{x} = -kx - mg\mu \qquad \ddot{x} + \omega^2 x = -g\mu \quad (v \geqslant 0) \tag{8.2.1a}$$

$$m\ddot{x} = -kx + mg\mu \qquad \ddot{x} + \omega^2 x = g\mu \quad (v < 0) \tag{8.2.1b}$$

其中 $\omega^2=k/m$，令 $T=2\pi/\omega$. 由于向左、右运动满足不同的微分方程，所以没有统一的振动函数，而是按运动方向不同依次有不同的函数关系. 下面只讨论一种简单的初始条件：将振子推到最远处释放. 若弹簧力大于最大静摩擦力的话，振子就振动起来.

2. 前三次振动

初始条件为：$x_{10}=-A$、$v_{10}=0$，且 $A>a$，即弹簧力大于摩擦力，其中常数 $a=mg\mu/k=g\mu/\omega^2$. 并设第一次振动（从左向右）的位移为

$$x_1 = x_1' - a$$

令 $x=x_1$ 代入式(8.2.1a)中得

$$\ddot{x}_1' + \omega^2 x_1' = 0$$

初始条件：$x_{10}'=-A+a=-A_1$、$v_{10}'=0$. 其中 $A_1=A-a$ 为正常数，于是 x_1' 为简谐振动（只是前半个周期）

$$x_1' = A_1\cos(\omega t+\pi)$$

$$x_1 = x_1' - a = A_1\cos(\omega t+\pi) - a \quad (0 \leqslant t \leqslant T/2)$$

当 $t=T/2$ 时，$v=0$、$x=x_{1\max}=A_1-a=A-2a$

若 $A-2a>a$，则此时弹簧力大于摩擦力，振子反向运动，满足 $v<0$ 微分方程. 设第二次振动（从右向左）的位移为

$$x_2 = x_2' + a$$

令 $x=x_2$ 代入式(8.2.1b)中得

$$\ddot{x}_2' + \omega^2 x_2' = 0$$

初始条件：$x_{20}'=A_1-2a=A_2$、$v_{10}'=0$，其中 $A_2=A_1-2a=A-3a$ 为正常数. 于是 x_1'为简谐振动（只是半个周期）

$$x_2' = A_2\cos(\omega t+\pi)$$

$$x_2 = x_2' + a = A_2\cos(\omega t+\pi)+a \quad (T/2 \leqslant t \leqslant T)$$

当 $t=T$ 时 $v=0$、$x=x_{2\min}=-A_2+a=-A_1+3a=-A+4a$

若 $A-4a>a$，则此时弹簧力大于摩擦力，振子反向运动，满足 $v>0$ 微分方程. 设第三次振动（从左向右）的位移为

$$x_3 = x_3' - a$$

令 $x=x_3$ 代入式(8.2.1a)中得

$$\ddot{x}_3' + \omega^2 x_3' = 0$$

初始条件：$x_{30}'=-A+5a=-A_3$、$v_{10}'=0$. 其中 $A_3=A-5a$ 为正常数，于是 x_5'为简谐振动（只是前半个周期）

$$x_3' = A_3\cos(\omega t+\pi)$$

$$x_3 = x_3' - a = A_3\cos(\omega t+\pi)-a \quad (T \leqslant t \leqslant 3T/2)$$

当 $t=3T/2$ 时 $v=0$、$x=x_{3\max}=A_3-a=A-6a$.

3. 第 i 次振动

由前三次振动总结出规律，得到任意次（第 i 次）振动情况.

(1) i 为奇数，从左向右运动，$\Delta x_i>0$，则

$$x_i = x_i' - a = A_i\cos(\omega t+\pi)-a \quad [(i-1)T/2 \leqslant t \leqslant iT/2] \tag{8.2.2}$$

其中 $A_i=A-(2i-1)a$ 为正常数[相当于 $A-2(i-1)a>a$].

当 $t=(i-1)T/2$ 时 $v=0$、$x=x_{i初}=-A_i-a=-A+2(i-1)a$

$$E_{i初} = kx_{i0}^2/2 = k(A_i+a)^2/2$$

当 $t=iT/2$ 时 $v=0$、$x=x_{i末}=x_{i\max}=A_i-a=A-2ia$

$$E_{i末} = kx_{i末}^2/2 = k(A_i-a)^2/2$$

第 i 次振动中的机械能

$$\begin{aligned} E_i &= mv_i^2/2 + kx_i^2/2 = m\omega^2 A_i^2 \sin^2(\omega t+\pi)/2 \\ &\quad + k[A_i\cos(\omega t+\pi)-a]^2/2 \\ &= k[A_i^2 - 2aA_i\cos(\omega t+\pi)+a^2]/2 \end{aligned} \tag{8.2.3}$$

$$\Delta E_i = E_i - E_{i初} = -kaA_i[1+\cos(\omega t+\pi)]$$

这期间摩擦力做的功

$$\begin{aligned} W_{fi} &= -mg\mu(x_i - x_{i初}) = -mg\mu A_i[1+\cos(\omega t+\pi)] \\ &= -kaA_i[1+\cos(\omega t+\pi)] = \Delta E_i \end{aligned} \tag{8.2.4}$$

(2) i 为偶数,从右向左运动,$\Delta x_i<0$,则

$$x_i = x_i' + a = A_i\cos(\omega t+\pi)+a \qquad [(i-1)T/2\leqslant t\leqslant iT/2] \tag{8.2.5}$$

其中 $A_i=A-(2i-1)a$ 为正常数[相当于 $A-2(i-1)a>a$].

当 $t=(i-1)T/2$ 时 $v=0$、$x=x_{i初}=A_i+a=A-2(i-1)a$

$$E_{i初} = kx_{i0}^2/2 = k(A_i+a)^2/2$$

当 $t=iT/2$ 时 $v=0$、$x=x_{i末}=x_{i\min}=-A_i+a=-A+2ia$

$$E_{i末} = kx_{i末}^2/2 = k(A_i-a)^2/2$$

第 i 次振动中的机械能

$$\begin{aligned} E_i &= mv_i^2/2+kx_i^2/2 = m\omega^2A_i^2\sin^2(\omega t+\pi)/2 \\ &\quad + k[A_i\cos(\omega t+\pi)+a]^2/2 \\ &= k[A_i^2+2aA_i\cos(\omega t+\pi)+a^2]/2 \end{aligned} \tag{8.2.6}$$

$$\Delta E_i = E_i - E_{i初} = -kaA_i[1-\cos(\omega t+\pi)]$$

这期间摩擦力做的功

$$\begin{aligned} W_{fi} &= mg\mu(x_i-x_{i初}) = mg\mu A_i[\cos(\omega t+\pi)-1] \\ &= kaA_i[\cos(\omega t+\pi)-1] = \Delta E_i \end{aligned} \tag{8.2.7}$$

4. 最后一次振动

设最后一次振动为第 n 次,则满足条件

$$A-2(n-1)a>a \quad 即 \quad A_n=A-(2n-1)a>0 \qquad n<(A/a+1)/2$$

$$A-2na\leqslant a \quad 即 \quad A-(2n+1)a\leqslant 0 \qquad n\geqslant(A/a-1)/2$$

即 n 为小于 $(A/a+1)/2$ 的最大正整数.

图 8.2.1 中振动次数 $n=5$.

相应的相图见图 8.2.2. 每半个周期的运动是简谐振动,在相图上是椭圆. 向右运动时简谐振动的平衡位置即椭圆中心是 $-a$,向左运动时椭圆中心是 a,速度振幅也不断减小. 5 次半周期振动后到达 $x=a$ 处静止下来,把整个过程表示得很清楚. 区间 $[-a,a]$ 是寂灭区,一旦振子进入此区域停下来就再也不能运动起来.

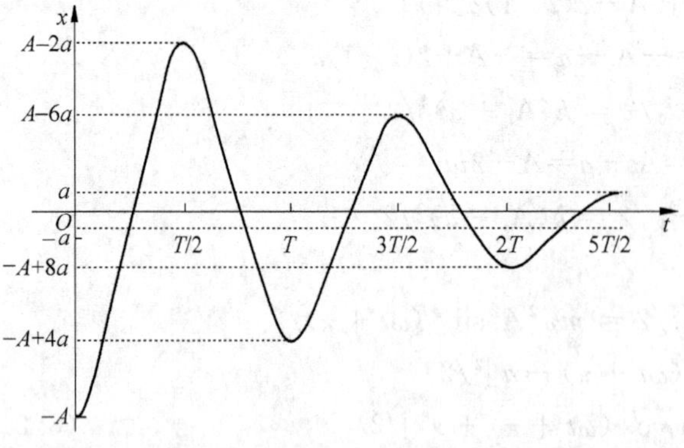

图 8.2.1

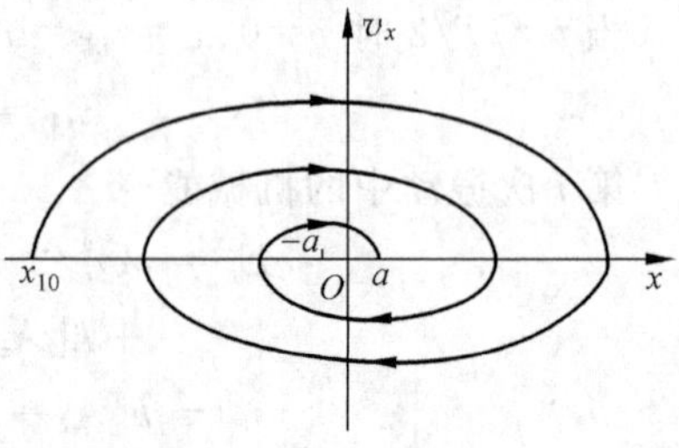

图 8.2.2

5. 小结

考虑了滑动摩擦力后,振子振动起来后每一个半周期都是简谐振动,振动的中心分别在

$x=\pm a$ 处；简谐振动周期和频率都相同，由系统本身性质(m,k)决定，与摩擦力无关，为系统的固有频率，这是这种振动的重要特点；简谐振动的振幅依次减少，体现了摩擦力的影响；摩擦力始终做负功，使机械能不断减少. 振动有限次后振子最终停止下来，此时动能为零而位移引起的弹簧力小于或者等于滑动摩擦力.

如果考虑到最大静摩擦力大于滑动摩擦力，静摩擦系数 μ_0 大于滑动摩擦系数 μ，并且采取静摩擦到动摩擦突变模型，即物体一旦滑动则静摩擦力立刻突变为滑动摩擦力，结果与上面的讨论没有本质的区别，只是在振子完成一次半周期简谐振动后判断是否还能继续振动时判断条件有所区别. 为此引入新参量 $a_0=mg\mu_0/k>a$，那么第 i 次振动可以实现的条件改为

$$A-2(i-1)a>a_0$$

最后一次振动(第 n 次) 满足的条件改为

$$A-2(n-1)a>a_0 \quad n<(A-a_0)/2a+1 \quad \text{此时} \quad A_n=A-(2n-1)a>0$$

$$A-2na\leqslant a_0 \qquad n\geqslant(A-a_0)/2a$$

即 n 为小于$[(A-a_0)/2a+1]$的最大正整数.

下面讨论阻力与速度成正比的阻尼振动.

8.2.2　阻力与速度成正比的阻尼振动微分方程及其通解

通常讨论的阻尼振动是阻力与速度成正比的情况，即阻尼力

$$f_r=-b\dot{x} \tag{8.2.8}$$

其中 b 为正常数. 如前所述，在流体中运动的振子在低速情况下受到的流体阻力就与速度成正比. 而其他许多物理量在振动过程中受到的阻力在一定条件下常常也是这种情况，如 R-C-L 电路中电阻上的电压降就与电荷 q 的导数成正比，相当于阻尼振动里的阻尼.

1. 微分方程

振子受到式(8.2.8)阻尼力时由牛顿定律得到运动微分方程为

$$m\ddot{x}=-kx-b\dot{x}$$

即

$$\ddot{x}+2\delta\dot{x}+\omega_0^2x=0 \tag{8.2.9}$$

其中，$\omega_0^2=k/m$，ω_0 为系统固有圆频率或者本征圆频率；$\delta=b/2m$，δ 称为阻尼系数.

2. 通解

与无阻尼自由振动微分方程相比较，阻尼振动的微分方程多了 $2\delta\dot{x}$ 项. 为了消去此项，令

$$x(t)=\mathrm{e}^{-\delta t}\xi(t)$$

于是$\dot{x}=-\delta x+\mathrm{e}^{-\delta t}\dot{\xi}$、$\ddot{x}=-2\delta\dot{x}-\delta^2x+\mathrm{e}^{-\delta t}\ddot{\xi}$，将其代入微分方程得

$$\ddot{\xi}+(\omega_0^2-\delta^2)\xi=0 \tag{8.2.10}$$

由 δ 和 ω_0 大小关系的不同，有三种不同类型阻尼，于是有三种不同类型的阻尼振动解.

(1) 临界阻尼

当$\delta=\omega_0$时称为临界阻尼，此时微分方程为

$$\ddot{\xi}=\mathrm{d}\dot{\xi}/\mathrm{d}t=0 \tag{8.2.11}$$

积分得

$$\dot{\xi}=c_1 \qquad \xi=c_1t+c_2$$

其中c_1、c_2为积分常数. 于是振动方程的通解为

$$x(t)=(c_1+c_2t)\mathrm{e}^{-\delta t} \tag{8.2.12}$$

临界阻尼时一般情况下振子不作往复振动，而是向平衡位置的单调运动. 例如，设初始条件为$x(0)=x_0>0$、$\dot{x}(0)=0$，则得到

$$c_1=x_0 \quad 和 \quad c_2=\delta c_1=\delta x_0$$

$$x(t)=(1+\delta t)x_0\mathrm{e}^{-\delta t}$$

振动曲线为图 8.2.3 中左边曲线.

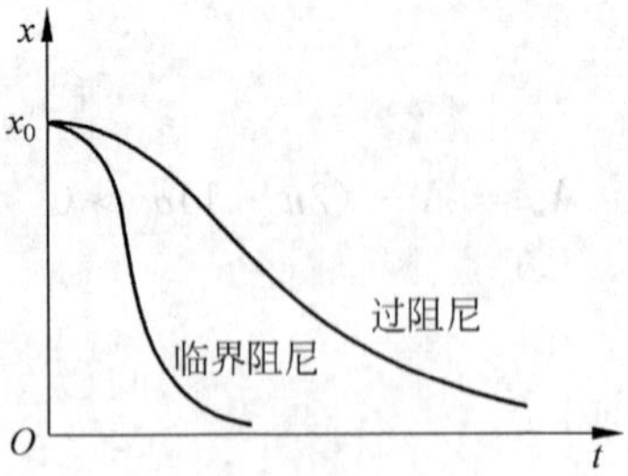

图 8.2.3

(2) 过阻尼

当$\delta>\omega_0$时称为过阻尼，此时微分方程为

$$\ddot{\xi}-\alpha^2\xi=0 \tag{8.2.13}$$

其中$\alpha^2=\delta^2-\omega_0^2$.

与前面计算无阻尼自由振动微分方程类似，也可以采用变量置换的方法分两次积分求解此方程

$$\ddot{\xi}=\mathrm{d}\dot{\xi}/\mathrm{d}t=\dot{\xi}(\mathrm{d}\dot{\xi}/\mathrm{d}\xi)=\alpha^2\xi$$

$$\dot{\xi}\mathrm{d}\dot{\xi}=\alpha^2\xi\mathrm{d}\xi$$

积分得$\dot{\xi}=\mathrm{d}\xi/\mathrm{d}t=\pm(c+\alpha^2\xi^2)^{1/2}$，即$(c+\alpha^2\xi^2)^{-1/2}\mathrm{d}\xi=\pm\mathrm{d}t$. 令$y=\alpha\xi$得到

$$(c+y^2)^{-1/2}\mathrm{d}y=\pm\alpha\mathrm{d}t$$

积分得$\ln[y+(c+y^2)^{1/2}]=\pm\alpha t+c_1$，即

$$y+\sqrt{y^2+c}=c_2\mathrm{e}^{\pm\alpha t}$$

其中c_1、c_2为积分常数. 解此方程得$y=c_2\mathrm{e}^{\pm\alpha t}/2-c/(2c_2\mathrm{e}^{\pm\alpha t})$，于是得到解

$$\xi=y/\alpha=c_3\mathrm{e}^{\alpha t}+c_4\mathrm{e}^{-\alpha t}$$

其中c_3、c_4为任意实数. 于是振动方程的通解为

$$x(t)=(c_3\mathrm{e}^{\alpha t}+c_4\mathrm{e}^{-\alpha t})\mathrm{e}^{-\delta t} \tag{8.2.14}$$

过阻尼时一般情况下振子也不作往复振动，而是向平衡位置的单调运动. 例如，设初始条件为$x(0)=x_0>0$、$\dot{x}(0)=0$，则

$$c_3+c_4=x_0$$

$$\alpha(c_3-c_4)-\delta(c_3+c_4)=\alpha(c_3-c_4)-\delta x_0=0$$

得到

$$c_3=(\alpha+\delta)x_0/2 \qquad c_4=(\alpha-\delta)x_0/2\alpha$$

$$x(t)=[(\alpha+\delta)-(\delta-\alpha)\mathrm{e}^{-2\alpha t}]x_0\mathrm{e}^{-(\delta-\alpha)t}/2\alpha$$

作为比较，过阻尼的振动曲线也画在图 8.3.2 中，为右边曲线. 由于$\delta>\delta-\alpha>0$，所以过阻尼的振动曲线比临界阻尼的振动曲线平缓，阻尼越大，$(\delta-\alpha)$越小，振子回到平衡位置需要的时间越长. 电流计、化学天平等精密灵敏仪器由于阻尼很小，测量时往往要往复振动

很长时间才能停止在平衡位置. 为此要调整阻尼系数 δ 使之成为临界阻尼,这样就能最快地回到平衡位置. 例如用化学天平称量时放上砝码后指针摆动很长时间不能停下来,如果增加刀口的摩擦力矩的话,虽然可以使指针很快停下来却降低了灵敏度,解决的方法之一是在天平臂上连接汽缸的活塞,将汽缸的缸体固定,这样就对系统引入了流体阻尼. 由于静止时流体阻尼为零所以不会影响天平的灵敏度. 选择合适的阻尼系数 δ 使之成为临界阻尼,在不降低灵敏度前提下使指针迅速地回到平衡位置.

(3) 欠阻尼

当 $\delta<\omega_0$ 时称为欠阻尼,此时微分方程为

$$\ddot{\xi}+\omega'^2\xi=0 \tag{8.2.15}$$

其中 $\omega'^2=\omega_0^2-\delta^2$. 这是无阻尼自由振动微分方程,因此 $\xi(t)$ 是以 ω' 为圆频率的简谐振动

$$\xi(t)=x_{谐}=A\cos(\omega't+\phi')$$

于是欠阻尼振动通解为

$$x(t)=\mathrm{e}^{-\delta t}x_{谐}=A\mathrm{e}^{-\delta t}\cos(\omega't+\phi') \tag{8.2.16}$$

欠阻尼振动是真正的往复运动——振动. 通常所说的阻尼振动就是指的欠阻尼振动.

3. 阻尼振动微分方程的统一解法

阻尼振动微分方程也是二阶齐次常系数线性常微分方程,可以用前面介绍的统一方法求解. 令 $x(t)=c\mathrm{e}^{\lambda t}$,代入阻尼振动微分方程式(8.2.9)得到相应的本征(特征)方程

$$\lambda^2+2\delta\lambda+\omega_0^2=0 \tag{8.2.17}$$

$$\lambda=-\delta\pm(\delta^2-\omega_0^2)^{1/2}$$

阻尼振动微分方程的通解为

$$x(t)=(c_1\mathrm{e}^{\lambda't}+c_2\mathrm{e}^{-\lambda't})\mathrm{e}^{-\delta t} \tag{8.2.18}$$

其中 c_1、c_2 为彼此独立的待定常数(积分常数); $\lambda'=(\delta^2-\omega_0^2)^{1/2}$. 若 $\delta>\omega_0$(过阻尼)情况,$\lambda'=\alpha=(\delta^2-\omega_0^2)^{1/2}$

$$x(t)=(c_1\mathrm{e}^{\alpha t}+c_2\mathrm{e}^{-\alpha t})\mathrm{e}^{-\delta t}$$

若 $\delta<\omega_0$(欠阻尼)情况,$\lambda'=\mathrm{i}\omega'=\mathrm{i}(\omega_0^2-\delta^2)^{1/2}$

$$x(t)=(c_1\mathrm{e}^{\mathrm{i}\omega't}+c_2\mathrm{e}^{-\mathrm{i}\omega't})\mathrm{e}^{-\delta t}=A\mathrm{e}^{-\delta t}\cos(\omega't+\phi')$$

其中,$(c_1\mathrm{e}^{\mathrm{i}\omega't}+c_2\mathrm{e}^{-\mathrm{i}\omega't})=A\cos(\omega't+\phi')$ 为圆频率 ω' 的简谐振动解.

若 $\delta=\omega_0$(临界阻尼)情况 $\lambda'=0$,特征根为二重根 $\lambda=-\delta$. 此时的解为 $x(t)=C\mathrm{e}^{-\delta t}$,其中只有一个任意常数 C,还不是通解. 为求通解采用常数变异法,改设 C 为 t 的函数 $C(t)$,令 $x(t)=C(t)\mathrm{e}^{-\delta t}$,代入阻尼振动微分方程得

$$\ddot{C}(t)=0 \qquad C(t)=c_1t+c_2$$

临界阻尼的通解为

$$x(t)=(c_1t+c_2)\mathrm{e}^{-\delta t}$$

与滑动阻力弹簧振子系统不同,这里阻尼与速度(变量 x 的导数)成正比,所以阻尼项进入方程左边,成为方程本征方程的一项. 本征方程改变了,系统的性质就改变了,体现在不再是简谐振动,振动频率也发生改变.

而滑动阻力弹簧振子系统的阻尼与速度大小无关,在从左向右或从右向左的运动过程中阻尼为常数,所以阻尼项在方程右边,没有影响本征方程,所以分段的简谐振动中振动频率仍然是无阻尼系统的本征频率.

下面重点讨论欠阻尼振动.

8.2.3 欠阻尼振动

1. 欠阻尼振动

由(8.2.16)式,欠阻尼振动解为

$$x(t)=A\mathrm{e}^{-\delta t}\cos(\omega' t+\phi')$$

由此可知,欠阻尼振动相当于衰减因子 $\mathrm{e}^{-\delta t}$ 与谐振因子 $A\cos(\omega' t+\phi')$ 相乘,所以虽然欠阻尼振动不是周期运动,但仍然在考虑谐振因子的因素上定义欠阻尼振动的圆频率和初位相分别为 ω'、ϕ'. 于是周期 $T'=2\pi/\omega'$. 在振动曲线上位移 x 为零的两个相邻点之间的时间间隔为 $T'/2$,见图 8.2.4.

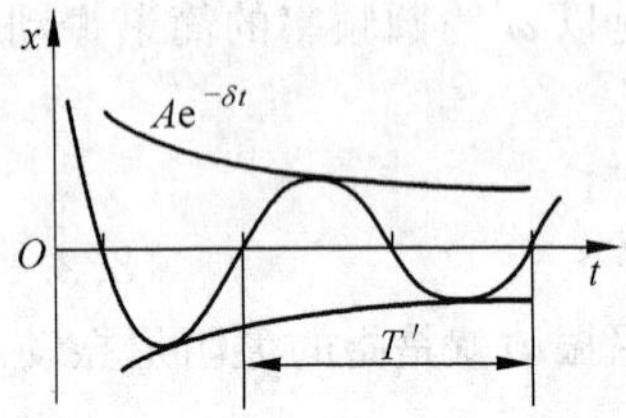

图 8.2.4

欠阻尼振动与 8.2.1 节中考虑滑动阻力后弹簧振子系统的运动相同之处是振幅都在减少,不同之处主要体现在频率上,后者频率不受摩擦力的影响,仍为无阻尼系统的本征频率 ω_0；而欠阻尼振动的频率 ω' 比无阻尼系统的本征频率 ω_0 减小.

$$\omega'=(\omega_0^2-\delta^2)^{1/2}<\omega_0 \tag{8.2.19}$$

引入阻尼振动位相 $\psi'=\omega' t+\phi'$. 振子运动速度为

$$\begin{aligned}v=\dot{x}&=-A\mathrm{e}^{-\delta t}[\omega'\sin\psi'+\delta\cos\psi']=-\omega_0 A\mathrm{e}^{-\delta t}\sin(\psi'+\theta)\\&=V\mathrm{e}^{-\delta t}\cos(\omega' t+\phi'')\end{aligned} \tag{8.2.20}$$

其中 $\tan\theta=\delta/\omega'$、$V=\omega_0 A$、$\phi''=\phi'+\theta+\pi/2$. 可见阻尼振动的速度也是同频率的阻尼振动.

例 8.2.1 将振子拉到最大位移 $x_0(>0)$ 处松手,求该阻尼振动.

解：初始条件为 $x(0)=x_0$、$v(0)=0$,则由式(8.2.18)得

$$x_0=A\cos\phi' \tag{1}$$

$$0=-A(\omega'\sin\phi'+\delta\cos\phi') \tag{2}$$

由式(2)得

$$\tan\phi'=-\delta/\omega' \qquad \phi'=\arctan(-\delta/\omega')$$

$$\cos\phi'=(1+\tan^2\phi')^{-1/2}=\omega'/(\omega'^2+\delta^2)^{1/2}=\omega'/\omega_0$$

将 $\cos\phi'$ 代入式(1)得

$$A=x_0/\cos\phi'=x_0\omega_0/\omega'=x_0\omega_0/(\omega_0^2-\delta^2)^{1/2}$$

得到 ϕ'、A 就确定了阻尼振动 $x(t)=A\mathrm{e}^{-\delta t}\cos(\omega' t+\phi')$.

阻尼振动的机械能为

$$\begin{aligned}E&=\frac{1}{2}(mv^2+kx^2)=\frac{1}{2}mA^2\mathrm{e}^{-2\delta t}[(\omega_0^2+\delta^2)\cos^2\psi'+\omega'^2\sin^2\psi'+\delta\omega'\sin 2\psi']\\&=\frac{1}{2}mA^2\mathrm{e}^{-2\delta t}[\omega_0^2+\delta(\omega'\sin 2\psi'+\delta\cos 2\psi')]\\&=\frac{1}{2}mA^2\mathrm{e}^{-2\delta t}[\omega_0^2+\omega_0\delta\cos(2\psi'+\theta+\pi/2)]\\&=\frac{1}{2}m\omega_0A^2\mathrm{e}^{-2\delta t}[\omega_0+\delta\cos(2\omega' t+\phi''')]\end{aligned} \tag{8.2.21}$$

其中 $\tan\theta=\delta/\omega'$,此处 θ 与式(8.2.20)中 θ 相同；$\phi'''=2\phi'+\theta+\pi/2$. 可见,阻尼振动的机械

能是二倍频率的阻尼振动.

2. 小阻尼振动

阻尼很小($\delta \ll \omega_0$)的阻尼振动称为小阻尼振动,见图 8.2.5. 对小阻尼振动

$$\omega' \approx \omega_0$$
$$\delta T' = 2\pi\delta/\omega' \approx 2\pi\delta/\omega_0 \ll 1$$

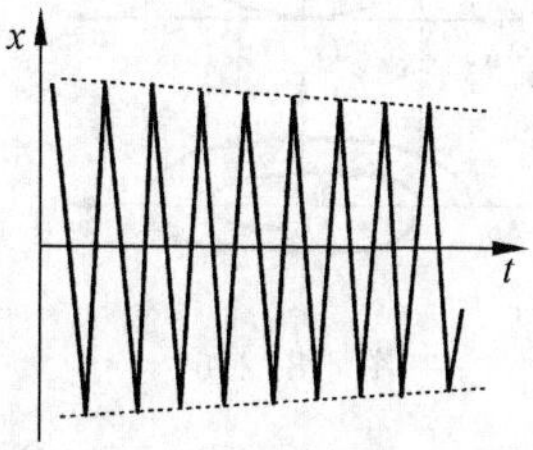

图 8.2.5

所以 $e^{-\delta(t+T')} = e^{-\delta t}e^{-\delta T'} \approx e^{-\delta t}$,即在一个周期里 $Ae^{-\delta t}$ 几乎不变,类似简谐振动,因此又称小阻尼振动为振幅缓慢衰减的简谐振动. 在下面求机械能的时间平均值$\langle E\rangle$时,对 E 积分一个周期,就可以把 $e^{-2\delta t}$ 当作常数从积分中提出来简化计算

$$\langle E\rangle = \frac{1}{T'}\int_0^{T'} E\mathrm{d}t \approx \frac{1}{2T'}m\omega_0 A^2 e^{-2\delta t}\int_0^{T'}[\omega_0 + \delta\cos(2\omega' t + \phi''')]\mathrm{d}t$$
$$= m\omega_0^2 A^2 e^{-2\delta t}/2 = kA^2 e^{-2\delta t}/2 \tag{8.2.22}$$

实际上,在小阻尼振动情况下也可以直接由式(8.2.21)略去 $\delta\cos(2\omega' t + \phi''')$项,近似为

$$E \approx m\omega_0^2 A^2 e^{-2\delta t}/2 \tag{8.2.23}$$

因此可知,小阻尼振动的机械能和平均机械能按 2δ 的指数随时间衰减.

如果将振子拉到最大位移 $x_0(>0)$处松手,由例 8.2.1 得 $A = x_0\omega_0/(\omega_0^2 - \delta^2)^{1/2}$,对小阻尼振动 $A \approx x_0$. 于是这种初始条件下小阻尼振动的初始机械能为 $E_0 = kx_0^2/2 \approx kA^2/2$,因此$\langle E\rangle \approx E \approx E_0 e^{-2\delta t}$.

3. 品质因数 Q

用品质因数 Q 来衡量一个振动系统性能的好坏. 振动系统阻尼越小越接近简谐振动系统. 而阻尼的大小可以用获得机械能的振动系统振动次数来表征,于是定义**品质因数**为

$$Q = 2\pi\frac{E}{|\Delta E|} = 2\pi\frac{E}{-\Delta E} \tag{8.2.24}$$

其中,E 为系统能量、$|\Delta E| = -\Delta E$ 为系统一周期损耗的能量. 粗略看$\dfrac{E}{\Delta E}$就是振动系统的振动次数.

由上面讨论知,小阻尼振动情况下 $E \approx E_0 e^{-2\delta t}$、$\Delta E \approx \dfrac{\mathrm{d}E}{\mathrm{d}t}T' \approx -2\delta ET'$,于是

$$Q \approx 2\pi E/2\delta ET' = \omega'/2\delta \approx \omega_0/2\delta \tag{8.2.25}$$

其中 $\omega' = 2\pi/T'$. 品质因数 Q 的这个结果正体现了阻尼越小系统的振动性能越好. 下面是通常情况下几种振动系统的品质因数.

表 8.2.1 几种振动系统的品质因数

系统	音叉(无音箱)	电磁线圈	激光腔
Q	10^4	50～500	10^7

4. 相图

在 5.3.5 节中利用势能曲线和相图定性讨论质点运动,讨论的两个例子都是无耗散的

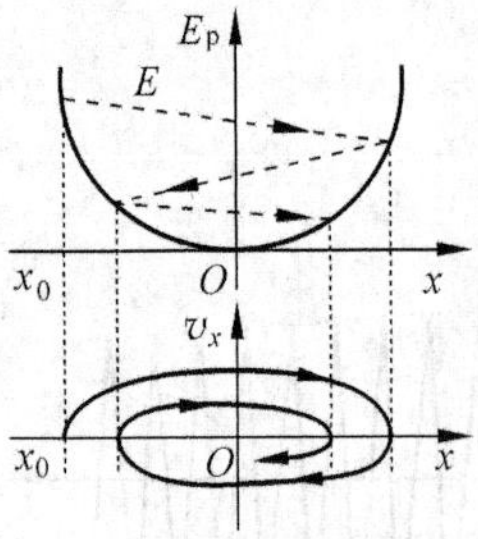

图 8.2.6

保守系统. 在 8.1.3 节中图 8.1.3 为无阻尼自由振动的势能曲线和相图、轨线.

对于阻尼振动,势能仍为 $E_p = kx^2/2$ 抛物线型,但是机械能不守恒而是随时间单调减少,位移和速度分别为式(8.2.16)、(8.2.20)

$$x(t) = A e^{-\delta t} \cos(\omega' t + \phi')$$

$$v_x = -A e^{-\delta t}[\omega' \sin\psi' + \delta\cos\psi']$$

将振子拉到最大位移 x_0 处松手,随着振子运动机械能不断减少,振子的振动幅度越来越小,势能曲线和相图、轨线见图 8.2.6. 轨线不再闭合而是不断趋向中心,最后终止在中心,因此常常称中心为吸引子. 机械能 E 随振动进程不断减少,如图中所示;但是图中 E 变化曲线(虚线)只是粗略的、定性的,并不严格.

8.3 受迫振动和自持振动

周期性外力(策动力)驱动的振动系统的振动称为受迫振动. 其中最常见、最简单、又是最重要的周期性外力为余弦(正弦)策动力,通常能够持续作简谐振动的系统许多是在余弦(正弦)策动力作用下实现的,系统按策动力的频率振动. 例如,匀角速度转动的电动机由于转子质量对转动轴分布不完全对称,就会对它的基础产生余弦(正弦)策动力,又如加在振荡电路上余弦(正弦)形式的交变电压等. 其他形式的周期性外力都可以分解为余弦(正弦)策动力的线性叠加. 严格讲,振动系统作受迫振动时也会对策动力的源产生影响,但是通常这种影响很小可以忽略.

其他一些持续作简谐振动的系统是在非周期性外力作用下实现的,系统按自由振动的频率振动,称为自持振动.

8.3.1 受迫振动的稳态解

1. 微分方程

受迫振动情况下,外界对振动系统既有阻力 $f_{阻}$ 也有推动力(策动力) $f_{动}$,体现了外界对振动系统的完整的影响,振动方程为

$$m\ddot{x} = -kx + f_{阻} + f_{动} = -kx - b\dot{x} + F\cos\omega t$$

其中,$f_{阻} = -b\dot{x}$、$f_{动} = F\cos\omega t$,b、F 为正常数. 令 $h = F/m$ 则方程化为标准形式

$$\ddot{x} + 2\delta\dot{x} + \omega_0^2 x = h\cos\omega t \tag{8.3.1}$$

为了与策动力频率相区别,系统的本征圆频率记为 $\omega_0 = (k/m)^{1/2}$. 由于策动力与未知函数 $x(t)$ 无关,所以写在方程右边,本征方程仍为 $\lambda^2 + 2\delta\lambda + \omega_0^2 = 0$ 与阻尼振动相同. 策动力的存在不影响系统本身性质.

2. 受迫振动方程通解

受迫振动微分方程是二阶非齐次常系数线性常微分方程. 如果去掉右边的策动力项 $h\cos\omega t$,那么就是齐次方程,也就是阻尼振动方程. 设满足方程的一个解(称为特解)为 $x_{特}$. 显然,特解加上齐次方程的解仍然是受迫振动微分方程的解. 如果齐次方程的解是通解包含 2 个任意常数,那么特解加上齐次方程通解得到的受迫振动微分方程的解也包含 2 个任

意常数，即为受迫振动微分方程通解．即

受迫振动微分方程通解＝齐次方程通解＋特解＝阻尼振动方程通解＋特解

如果是欠阻尼振动，那么

$$\text{受迫振动微分方程通解} = A' e^{-\delta t} \cos(\omega' t + \phi') + x_{\text{特}}$$

求出特解 $x_{\text{特}}$，就得到了受迫振动微分方程的通解．

3. 复数法求特解

在圆频率为 ω 的余弦策动力的作用下，系统中会存在一个同频率的余弦振动（简谐振动），设其为特解 $x_{\text{特}} = A\cos(\omega t + \phi)$，代入原方程，得到一个具有 $\sin \omega t$、$\cos \omega t$ 的恒等式，于是得到 A、ϕ．这样做比较繁复．下面利用复数法求特解，既简单又可以练习简谐振动复数表达方法的应用．

令复数解为 $x^* = A e^{i(\omega t + \phi)}$，取 $f^* = F e^{i\omega t}$，于是受迫振动方程由原来的实数方程转换成为复数方程

$$\ddot{x}^* + 2\delta \dot{x}^* + \omega_0^2 x^* = f^* = h e^{i\omega t}$$

每一个复数方程都对应两个实数方程．由于受迫振动方程是常系数线性微分方程，所以复数解代入方程后实部和虚部是分开的，实部满足的正是原来的受迫振动方程．如果能够得到一个复数解，则复数解的实部正是特解 $x_{\text{特}}$．将复数解 x^* 代入复数方程得

$$A e^{i\phi}(i^2 \omega^2 e^{i\omega t} + i2\delta\omega e^{i\omega t} + \omega_0^2 e^{i\omega t}) = h e^{i\omega t}$$

方程两边约去 $e^{i\omega t}$ 后得到复数方程

$$A[(\omega_0^2 - \omega^2) + i2\delta\omega] = h e^{-i\phi} = h(\cos\phi - i\sin\phi)$$

实、虚部分别相等，得

$$A(\omega_0^2 - \omega^2) = h\cos\phi \qquad -2\delta\omega A = h\sin\phi$$

于是得到

$$A = \frac{h}{\sqrt{(\omega_0^2 - \omega^2)^2 + 4\delta^2\omega^2}} \tag{8.3.2}$$

$$\phi = \arctan^{-1}\frac{-2\delta\omega}{\omega_0^2 - \omega^2} \qquad \phi \in [-\pi, 0] \tag{8.3.3}$$

由于 $\sin\phi < 0$，所以 $\phi \in [-\pi, 0]$．ϕ 实质上是受迫振动特解 $x_{\text{特}}(t)$ 和策动力 $f(t)$ 的位相差，$\phi < 0$ 正体现了策动力主动和受迫振动特解被动的位相关系，即受迫振动特解落后于策动力．确定了 A、ϕ 就确定了受迫振动的特解和通解（假设 $\delta < \omega_0$）

$$x_{\text{特}} = A\cos(\omega t + \phi)$$

$$\text{受迫振动通解} = A' e^{-\delta t}\cos(\omega' t + \phi') + A\cos(\omega t + \phi) \tag{8.3.4}$$

其中 A'、ϕ' 为两个任意常数．给出受迫振动的初始条件：$x(0) = x_0$、$v(0) = v_0$，就可以确定 A'、ϕ'，从而得到一个完全确定的受迫振动．

4. 稳态解

实际上，无论受迫振动通解中的阻尼振动齐次解是过阻尼、临界阻尼还是欠阻尼振动，也无论初始条件如何，长时间后该项总是趋于零．于是系统的振动只剩下特解，系统作稳定不变的简谐振动，称此时系统处于稳定状态，特解 $x_{\text{特}}$ 称为稳态解

$$x(t) = x_{\text{特}}(t) = A\cos(\omega t + \phi) \tag{8.3.5}$$

我们通常看到的稳定的简谐振动大多是受迫振动系统的稳定状态．受迫振动的稳态解是简谐振动，运动规律与无阻尼自由振动相同，但两者的物理本质不同．无阻尼自由振动系统是孤立系统，机械能守恒；简谐振动的频率为系统固有频率 ω_0，振幅 A 初位相 ϕ 为待定常数由初始条件决定．受迫振动系统并不孤立，能量不断地耗散，又时时从外界补充能量，机械能不守恒；简谐振动的频率为策动力频率 ω，与自身系统无关，振幅 A 初位相 ϕ 为已知常数与初始条件无关．

下面讨论的受迫振动都是指受迫振动的稳定状态．

8.3.2 受迫振动振幅与频率的关系、位移共振

1. 振幅与频率的关系、频率响应曲线

由(8.3.2)式可知，受迫振动的振幅 A 与策动力振幅、频率和系统的固有频率、阻尼系数都有关系．对于确定的系统其固有频率 ω_0 是确定不变的．如果再固定 h、δ，那么 A 就是 ω 的函数

$$A(\omega)=\frac{h}{\sqrt{(\omega_0^2-\omega^2)^2+4\delta^2\omega^2}} \tag{8.3.6}$$

$\omega=0$ 时策动力为常力 F，已经没有周期性，但可以看作极限情况，$A(0)=h/\omega_0^2=F/k$，$\phi(0)=0$．当 $\omega\ll\omega_0$ 时，$A(\omega)\approx h/\omega_0^2=F/k=A(0)$、$\phi(\omega)\approx 0=\phi(0)$，振子缓慢振动，$kx=kA\cos(\omega t+\phi)\approx F\cos\omega t=f(t)$，策动力与弹性力近似保持平衡；当 $\omega\gg\omega_0$ 时 $A(\omega)\approx h/\omega^2=F/m\omega^2$、$\phi(\omega)\approx-\pi$，$ma=m\ddot{x}=-m\omega^2A\cos(\omega t+\phi)\approx F\cos\omega t=f(t)$，此时振子好像一个自由质点在策动力作用下运动，弹性力和阻尼的作用可以忽略；当 $\omega\to\infty$ 时，$A(\omega)\to 0$．

图 8.3.1 绘出 $A(\omega)$-ω 曲线，称为频率响应曲线．

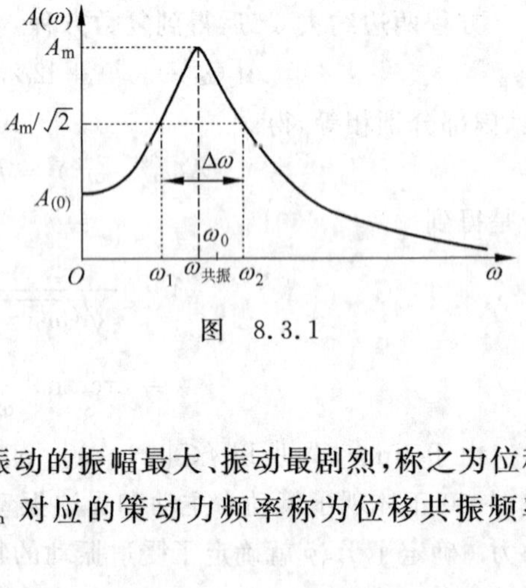

图 8.3.1

2. 位移共振

在频率响应曲线上有一个峰值 A_m，届时受迫振动的振幅最大、振动最剧烈，称之为位移共振．位移共振时系统势能也最大．共振峰值 A_m 对应的策动力频率称为位移共振频率 $\omega_{共振}$．令 $dA(\omega_{共振})/d\omega=0$ 得到位移共振频率

$$\omega_{共振}^2=\omega_0^2-2\delta^2 \tag{8.3.7}$$

所以位移共振频率小于系统的固有频率 ω_0．将 $\omega_{共振}$ 代入式(8.3.6)得到振幅峰值

$$A_m=h/[2\delta\sqrt{\omega_0^2-\delta^2}]=h/2\delta\omega' \tag{8.3.8}$$

在共振峰附近，阻尼系数 δ 起决定性作用：决定了共振频率 $\omega_{共振}$ 相对固有频率 ω_0 的偏离以及共振峰的高度 A_m．δ 越小，$\omega_{共振}$ 越接近 ω_0；A_m 越大，共振峰越陡峭．

3. 共振峰锐度

如图 8.3.1，设 $\omega=\omega_1$、ω_2 时振幅 $A(\omega_1)=A(\omega_2)=A_m/\sqrt{2}$，则定义位移共振峰宽度为

$$\Delta\omega=\omega_2-\omega_1$$

由共振峰宽度 $\Delta\omega$ 进一步定义反映共振峰陡峭程度的**共振峰锐度 S**

$$S = \omega_{共振}/\Delta\omega \tag{8.3.9}$$

令 $A(\omega)=A_m/\sqrt{2}$，则 ω 满足 $(\omega^2-\omega_0^2)^2+4\delta^2\omega^2=8\delta^2(\omega_0^2-\delta^2)$. 移项后

$$(\omega^2-\omega_0^2)^2+4\delta^2(\omega^2-\omega_0^2)+4\delta^4=4\delta^2(\omega_0^2-\delta^2)$$

得到

$$(\omega^2-\omega_0^2)+2\delta^2=\pm 2\delta(\omega_0^2-\delta^2)^{1/2}$$

$$\omega^2=\omega_0^2+2\delta[-\delta\pm(\omega_0^2-\delta^2)^{1/2}]$$

"±"分别取"−"和"+"得到 ω_1、ω_2 两个解，两解的平方差为

$$\omega_2^2-\omega_1^2=4\delta(\omega_0^2-\delta^2)^{1/2}$$

近似 $\omega_2+\omega_1\approx 2\omega_0^2$，则位移共振峰宽度 $\Delta\omega=\omega_2-\omega_1\approx 2\delta(\omega_0^2-\delta^2)^{1/2}/\omega_0$，于是共振峰锐度

$$S=\omega_{共振}/\Delta\omega\approx(\omega_0^2-2\delta^2)^{1/2}\omega_0/[2\delta(\omega_0^2-\delta^2)^{1/2}] \tag{8.3.10}$$

对于小阻尼 $\delta\ll\omega_0$ 时

$$S\approx\omega_0/2\delta\approx Q \tag{8.3.11}$$

这样在小阻尼情况下通过测量共振曲线的共振峰锐度 S 可以得到系统的品质因数.

风掠过树梢，树林发出飒飒声响；火车通过，地面起伏不定；站在过街天桥上，随着车辆通过，天桥不停抖动好像具有生命一样，偶尔剧烈地颤动起来正是发生了共振；……；受迫振动以及共振现象比比皆是. 开动甩干机就体验了频率响应的全过程：刚刚开动时，转数很低，$A(\omega)\to A(0)$，甩干机振动幅度较小；随着转数增加，$A(\omega)$ 增加，甩干机的振动越来越剧烈，直到振幅最大达到位移共振，然后转数继续增加振动幅度 $A(\omega)$ 反而越来越小，当转数达到最高(接近 50 r/s)时甩干机平稳转动，振动幅度非常小. 交流电路中很多是受迫振荡. 收音机就是利用共振电路从无数的电台信号中选出一个信号. 舞台上的音响放大器也是一个受迫振动系统，麦克风(麦克风里膜片的振动就是受迫振动)把空气的振动转换为电信号，放大后经喇叭输出. 整个音响放大器有一个频响曲线. 要求音响放大器不失真就要求频响曲线是水平的，确保对不同频率声音信号的放大倍数相同.

8.3.3 稳态受迫振动的功能关系、速度共振

1. 稳态受迫振动机械能

回顾无阻尼自由振动情况下振子也是作简谐振动，在整个振动过程中机械能守恒. 那么稳态受迫振动时机械能是否也可以保持不变，损耗的机械能随时由策动力做功来补充? 下面通过计算来考察. 受迫振动稳定振动状态是简谐振动式(8.3.5)，振子速度为 $v(t)=\dot{x}=-\omega A\sin(\omega t+\phi)$. 则稳态受迫振动机械能

$$E=mv^2/2+kx^2/2=mA^2[\omega^2\sin^2(\omega t+\phi)+\omega_0^2\cos^2(\omega t+\phi)]/2$$

$$=mA^2\{\omega^2[1-\cos 2(\omega t+\phi)]+\omega_0^2[1+\cos 2(\omega t+\phi)]\}/2 \tag{8.3.12}$$

其中 $k=m\omega_0^2$. 由于简谐振动频率 ω 不等于系统固有频率 ω_0，所以机械能不是常数，而是以频率 2ω 作简谐振动. 机械能的时间平均值 $\langle E\rangle$ 为

$$\langle E\rangle=\frac{1}{T}\int_0^T E\mathrm{d}t=mA^2(\omega^2+\omega_0^2)/4 \tag{8.3.13}$$

$\langle E\rangle$ 是常数. 这是周期运动的必然结果.

2. 策动力功率和阻力功率

由于 E 不是常数，策动力功率不可能等于阻力功率. 策动力功率为

$$N_{动} = f_{动} v = F\cos\omega t[-\omega A\sin(\omega t+\phi)]$$
$$= \frac{1}{2}F\omega A[-\sin\phi - \sin(2\omega t+\phi)] \quad (8.3.14)$$

注意，$-\sin\phi = 2\delta\omega A/h = 2\delta m\omega A/F > 0$. 由此可知，策动力功率并不总是正的而是可正可负，有时策动力是动力对系统做正功输入能量，有时策动力是阻力对系统做负功消耗机械能. 策动力功率的时间平均值为

$$\langle N_{动}\rangle = \frac{1}{T}\int_0^T N_{动}\,\mathrm{d}t = -\frac{1}{2}F\omega A\sin\phi = m\delta\omega^2 A^2 \quad (8.3.15)$$

显然，策动力的时间平均值为正，在一个周期里策动力对系统做正功. 类似计算阻力功率和阻力功率的时间平均值

$$N_{阻} = f_{阻} v = -bv^2 = -b\omega^2 A^2\sin^2(\omega t+\phi)$$
$$= -2m\delta\omega^2 A^2\sin^2(\omega t+\phi) \quad (8.3.16)$$

$$\langle N_{阻}\rangle = \frac{1}{T}\int_0^T N_{阻}\,\mathrm{d}t = -m\delta\omega^2 A^2 \quad (8.3.17)$$

由此可知，阻力功率总是负的(或者为零)；$\langle N_{动}\rangle + \langle N_{阻}\rangle = 0$，保证了机械能的时间平均值为常数.

3. 速度共振

稳态受迫振动的速度

$$v(t) = -\omega A\sin(\omega t+\phi) = \omega A\cos(\omega t+\phi+\pi/2)$$
$$= V\cos(\omega t+\phi+\pi/2)$$

速度 $v(t)$ 也是频率为 ω 的简谐振动，$V=\omega A$ 是其振幅. 对于确定的系统，其固有频率 ω_0 是确定不变的. 如果再固定 h、δ，那么 V 就是 ω 的函数

$$V(\omega) = \omega A = \omega h/[(\omega^2-\omega_0^2)+4\delta^2\omega^2]^{1/2}$$
$$= h/[(\omega^2-\omega_0^2)/\omega^2+4\delta^2]^{1/2} \quad (8.3.18)$$

由此可知，当 $\omega=\omega_0$ 时 $V(\omega)$ 达到最大，此时称为速度共振. 速度共振时系统动能也达到最大. 速度共振的共振频率为系统的固有频率 ω_0. 注意到策动力功率的时间平均值 $\langle N_{动}\rangle$ 与 $\omega^2 A^2$ 成正比，因此当速度共振时 $\langle N_{动}\rangle$ 也是最大，此时系统最大限度地从能源吸取能量.

4. $\omega=\omega_0$ 时受迫振动的特点

综上所述，受迫振动的共振分两种：位移共振和速度共振. $\omega=\omega_0$ 时不是位移共振而是速度共振，只有在小阻尼($\delta\ll\omega_0$)情况下才近似为位移共振.

$\omega=\omega_0$ 时 $\phi=-\pi/2$，即振子运动比策动力落后 $\pi/2$，这样振子速度恰好与策动力同步，所以策动力对系统总做正功，输入能量最大. 由式(8.3.14)策动力功率

$$N_{动} = \frac{1}{2}F\omega_0 A(1+\cos 2\omega_0 t) = F\omega_0 A\cos^2\omega_0 t = 2m\delta\omega_0^2 A^2\cos^2\omega_0 t$$

其中由于 $-\sin\phi = 2\delta\omega A/h = 2\delta m\omega A/F$，所以当 $\phi=-\pi/2$ 时 $-\sin\phi=1$，因此 $F=2\delta m\omega_0 A$. 此时阻力功率

$$N_{阻} = -2m\delta\omega^2 A^2\cos^2\omega t$$

所以 $\omega=\omega_0$ 时，$N_{动}+N_{阻}=0$. 克服阻力消耗的机械能时时被策动力做的功补偿，由此

可以确定系统的机械能不会改变. 此时机械能 $E=mv^2/2+kx^2/2=m\omega_0^2A^2/2=$常数.

8.3.4　自持振动

1. 自持振动

自持振动的例子很多,例如机械式的钟表,它的摆轮(或摆锤)是一个损耗很小的线性振动系统,按自己的本征频率振动. 为了补充损耗的机械能,钟表的摆轮带有一个擒纵机构,当摆轮摆到一端尽头时触动擒纵机构,借助上紧的发条的动力推动摆轮一下. 看起来发条的推动力是周期性的,但是发条本身的作用力并没有周期性,是振动系统按本身的周期对发条的推动力加以调制才产生的周期性. 还有弓子在琴弦上拉动,单方向的摩擦力却带动琴弦作简谐振动发出悦耳的乐声.

下面讨论摩擦力带动的弹簧振子的自持振动.

2. 摩擦力引起的自持振动方程及其解

以图 8.3.2 所示的简单模型来分析单方向拉力引起自持振动的现象. 传送带以恒速 V 前进;弹簧劲度系数为 k; 滑块质量 m,与传送带的静摩擦系数为 μ_0、滑动摩擦系数为 μ. 选 x 坐标原点为弹簧原长处. 也采取静摩擦到动摩擦突变模型,即物体一旦滑动则静摩擦力立刻突变为滑动摩擦力.

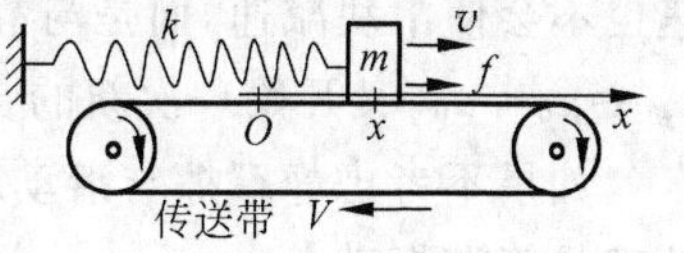

图　8.3.2

在弹簧为原长时使滑块与传送带接触,在静摩擦力作用下随传送带一起以 V 运动,弹簧伸长产生拉力,直到拉力超过最大静摩擦力时滑块相对传送带打滑,摩擦力变为滑动摩擦力,认为此时弹簧伸长 $x=a_0$、滑块速度为 V. 参考 8.2.1 节,从此开始滑块的运动微分方程为

$$\ddot{x}+\omega_0^2x=g\mu \tag{8.3.19}$$

其中 $\omega_0^2=k/m$. 方程式(8.3.19)的适用条件为滑块相对传送带向左运动,即速度 $v<V$. 下面利用求受迫振动方程通解的方法,式(8.3.19)的通解为齐次方程的通解加上特解. 令 $a=mg\mu/k=g\mu/\omega_0^2$、$a_0=mg\mu_0/k=g\mu_0/\omega_0^2$. 则特解为 $x_{特}=g\mu/\omega_0^2=a$,式(8.3.19)的通解为

$$x(t)=A\cos(\omega_0t+\phi)+a \tag{8.3.20}$$

初始条件为 $x(0)=x_0=a_0=g\mu_0/\omega_0^2$、$v(0)=v_0=V$. 由式(8.3.20)和 $v(t)=-\omega_0A\sin\cdot(\omega_0t+\phi)$得

$$A\cos\phi+a=a_0\quad -\omega_0A\sin\phi=V$$

即

$$A\cos\phi=a_0-a\geqslant 0\quad A\sin\phi=-V/\omega_0<0$$

得到解

$$A=[(a_0-a)^2+V^2/\omega_0^2]^{1/2}=[g^2(\mu_0-\mu)^2+V^2\omega_0^2]^{1/2}/\omega_0^2 \tag{8.3.21}$$

$$\tan\phi=-V/[\omega_0(a_0-a)]=-V\omega_0/[g(\mu_0-\mu)]\quad \phi\in(-\pi/2,0) \tag{8.3.22}$$

$$v(t)=-\omega_0A\sin(\omega_0t+\phi)=V\sin(\omega_0t+\phi)/\sin\phi$$

可见,在方程成立的情况下,滑块作振幅为 A、频率为 ω_0 的简谐振动. 下面讨论具体的振动过程.

3. 摩擦力引起的自持振动过程分析

令 $\psi=\omega_0t+\phi$. 随时间进展,ψ 从 $\phi(<0)$起不断增加. 以 ψ 为参量讨论振动过程中位移、

速度随时间的变化情况. $t=0$、$\psi=\phi$ 称之为简谐振动的初态.

(1) $\psi=\phi\to\psi=0$

位移 x 从 $x_0=a_0$ 增加到最大值 $x_{max}=A+a$；速度 v 从 V 减小到 0

(2) $\psi=0\to\psi=\pi/2$

位移 x 从最大值 x_{max} 减小到 a；速度 v 从 0 减小到最小值 $v_{min}=-\omega_0 A=V/\sin\phi$

(3) $\psi=\pi/2\to\psi=\pi$

位移 x 从 a 减小到最小值 $x_{min}=-A+a$；速度 v 从最小值 v_{min} 增加到 0

(4) $\psi=\pi\to\psi=\pi-\phi$

位移 x 从最小值 x_{min} 增加到 $x_{末}=-A\cos\phi+a=2a-a_0$；速度 v 从 0 增加到 V

因此，到 $\psi=\pi-\phi$ 时刻滑块相对传送带静止，上述微分方程不再成立，从 $\psi=\phi$ 开始的简谐振动到此结束，称之为简谐振动的末态.

一般来说，μ_0 大于 μ 但是又接近 μ，所以 a_0 大于 a 但是又接近 a，

$$3a_0 > x_{末} = 2a - a_0 > 0$$

所以末态时弹簧拉力 $-kx_{末}<0$ 向左，而其大小又比最大静摩擦力小，因此既不会使滑块加速也不会使滑块减速，而是与静摩擦力保持平衡以 V 运动，直到位移达到简谐振动的初态 $x_{初}=x_0=a_0$，又开始一次新的自持振动.

如果不考虑静摩擦与滑动摩擦的区别，即 $a=a_0$，则 $x_{末}=a=x_{初}$、$\phi=-\pi/2$，整个自持振动都是简谐振动.

4. 摩擦力引起的自持振动过程曲线

见图 8.3.3，滑块与传送带开始接触为 G 点，从 H 点开始简谐振动（初态），到 I 点简谐振动结束（末态），然后随传送带以 V 运动（图中的虚线），到 J 点重新开始简谐振动（初态），…….

振幅 A 与 V、ω_0 有关，如果近似 $a_0\approx a$，则 $A\approx V/\omega_0$、$\phi\approx-\pi/2$.

图 8.3.4 为上述自持振动的相轨迹. 其中简谐振动部分相轨是以 $x=a$ 为中心的椭圆，静摩擦力作用部分相轨是 $v_x=V$ 的水平线.

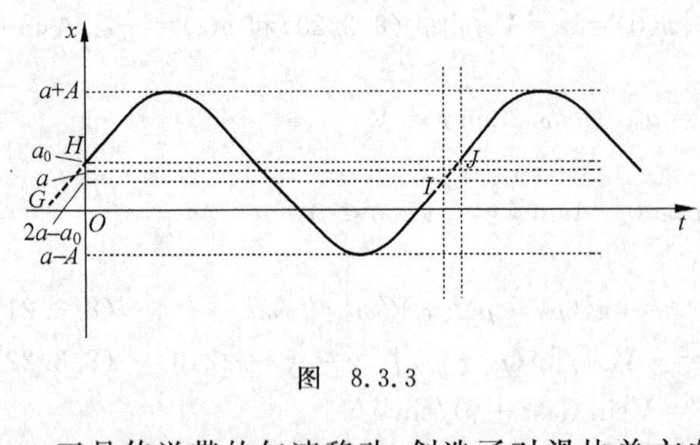

图 8.3.3

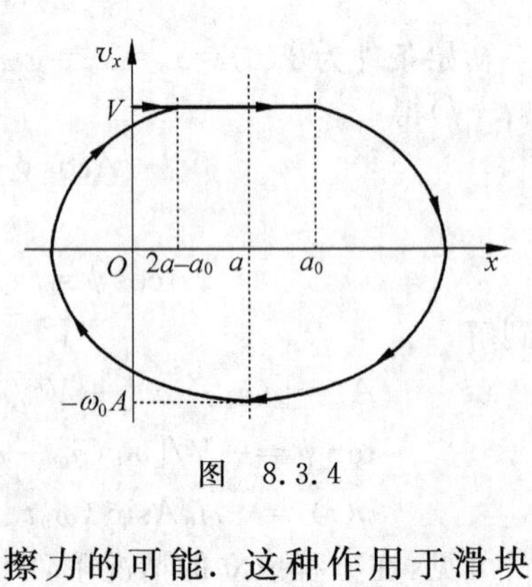

图 8.3.4

正是传送带的匀速移动，创造了对滑块单方向摩擦力的可能. 这种作用于滑块的单方向摩擦力在滑块的往复运动过程中既做负功也做正功，保证滑块能够作稳定的简谐振动.

5. 考虑流体阻力

单方向滑动摩擦力属于常力，线性系统在常力作用下总是可以作简谐振动的，如悬挂起来的弹簧振子系统在重力作用下仍然作简谐振动.

在空气阻力下作阻尼振动时，虽然阻尼系数很小，如半径为 1 cm 的球体 $\delta=b/2m\approx 1\times10^{-6}$/s远远小于固体之间的摩擦阻力，但是常力的作用不能弥补消耗的机械能，长时间振动后最终都会停止. 然而，在图 8.3.2 所示的传送带模型中单方向摩擦力情况下，可以实现长时间稳定的阻尼振动.

传送带以恒速 V 前进，在弹簧为原长时使滑块与传送带接触，在静摩擦力作用下随传送带一起以 V 运动，直到拉力和流体阻力超过最大静摩擦力时滑块相对传送带打滑，摩擦力变为滑动摩擦力，设此时弹簧伸长 $x=a_0'$、滑块速度为 V. 考虑流体阻力式(8.2.8) $f_r=-b\dot{x}$，从此开始滑块受流体阻尼的运动微分方程为

$$\ddot{x}+2\delta\dot{x}+\omega_0^2x=g\mu \tag{8.3.23}$$

其中 $\omega_0^2=k/m$. 方程式(8.3.23)的适用条件为滑块相对传送带向左运动，即速度 $v<V$. 令 $a=mg\mu/k=g\mu/\omega_0^2$、$a_0'=(mg\mu_0-bV)/k=(g\mu_0-2\delta V)/\omega_0^2$，且取 $\psi'=\omega't+\phi'$，特解为 $x_{特}=g\mu/\omega_0^2=a$，于是式(8.3.23)通解为

$$x(t)=A\mathrm{e}^{-\delta t}\cos(\omega't+\phi')+a=A\mathrm{e}^{-\delta t}\cos\psi'+a \tag{8.3.24}$$

相应的振子速度为

$$v(t)=\dot{x}=-A\mathrm{e}^{-\delta t}[\omega'\sin\psi'+\delta\cos\psi']=-\omega_0A\mathrm{e}^{-\delta t}\sin(\psi'+\theta)$$

其中，$\tan\theta=\delta/\omega'$，$\theta\in(0,\pi/2)$；初始条件为 $x(0)=x_0=a_0'$、$v(0)=v_0=V$. 于是

$$A\cos\phi'=a_0'-a \qquad -\omega_0A\sin(\phi'+\theta)=-\omega_0A\sin\phi''=V$$

其中 $\phi''=\phi'+\theta<0$. 与无阻尼情况类似，$t=0$、$\psi'=\phi'$ 称之为小阻尼振动的初态. 从 $t=0$、$\psi'=\phi'<0$ 起，ψ' 不断增加到零、$\pi/2$、π，一直增加到 t 时刻 $\psi'=[\pi-(\phi''+\theta)]$，此刻振子速度为

$$\begin{aligned}v(t)&=-\omega_0A\mathrm{e}^{-\delta t}\sin(\psi'+\theta)=-\omega_0A\mathrm{e}^{-\delta t}\sin(\pi-\phi'')\\&=-\omega_0A\mathrm{e}^{-\delta t}\sin\phi''=V\mathrm{e}^{-\delta t}<V\end{aligned}$$

当小阻尼时 $\delta\ll\omega_0\approx\omega'$，$\theta\to0$，$\mathrm{e}^{-\delta t}\approx\mathrm{e}^{-\delta T'}\to1$. 这样从 t 时刻开始 ψ' 继续增加，到 $(t+\Delta t)(<T')$时刻 $\psi'=[\pi-(\phi''+\theta)+\Delta\phi]$，使该时刻振子速度达到 V，即

$$\begin{aligned}v(t+\Delta t)&=-\omega_0A\mathrm{e}^{-\delta(t+\Delta t)}\sin(\psi'+\theta)=-\omega_0A\mathrm{e}^{-\delta(t+\Delta t)}\sin(\phi''+\Delta\phi)\\&=V\mathrm{e}^{-\delta(t+\Delta t)}\sin(\phi''+\Delta\phi)/\sin\phi''=V\end{aligned}$$

此刻滑块相对传送带静止，上述微分方程不再成立，从 $\psi'=\phi'$ 开始的小阻尼振动到此结束，称之为小阻尼振动的末态. 以后在静摩擦力作用下滑块随传送带一起以 V 运动，直到拉力和流体阻力超过最大静摩擦力时滑块相对传送带打滑，摩擦力变为滑动摩擦力，成为小阻尼振动的初态，开始新一轮同样的小阻尼振动. 这样的自持振动可以称为稳定的阻尼振动，每一轮的振动都相同，静摩擦力大于滑动摩擦力，提供额外的能量补充机械能.

如果流体阻尼系数较大(如水的阻尼)，从初态(速度为 V)开始在一个周期的阻尼振动中速度都不能达到 V，没有静摩擦力作用的机会，系统就继续阻尼振动直到静止. 静止时弹簧仍有伸长，弹簧的弹性力与滑动摩擦力保持平衡.

8.4 振动的合成与分解

一个线性系统可以同时存在两个或多个简谐振动. 系统的实际振动就是这些简谐振动的合成. 本节主要讨论多个简谐振动的合成. 另一方面，任何一个复杂的振动都可以分解为一系列简谐振动的和，本节简单介绍分解方法——傅里叶分析.

8.4.1 线性系统的叠加原理

为什么一个线性系统可以同时存在两个或多个同频或不同频的简谐振动？这要由线性系统叠加原理来说明. 已经讨论过的能够长期实现简谐振动的是无阻尼自由振动系统和稳态受迫振动系统.

1. 线性无阻尼自由振动系统

无阻尼自由振动的动力学方程是齐次线性微分方程

$$\ddot{x}+\omega_0^2x=0$$

方程的解都是频率为 ω_0 的简谐振动. 若两个简谐振动 x_1、x_2 是微分方程的解，可以分别在系统中实现，即

$$\ddot{x}_1+\omega_0^2x_1=0 \qquad \ddot{x}_2+\omega_0^2x_2=0$$

将 $x=x_1+x_2$ 代入方程左边

$$\text{方程左边}=\ddot{x}+\omega_0^2x=(\ddot{x}_1+\omega_0^2x_1)+(\ddot{x}_2+\omega_0^2x_2)=0=\text{方程右边}$$

所以 x 也是微分方程的解，说明这两个简谐振动可以在系统中同时存在，而且这两个简谐振动的合成就是系统的实际振动. 类似可得：可以有多个同频的简谐振动在系统中同时存在，这些简谐振动的合成就是系统的实际振动. 这就是**线性无阻尼自由振动系统的叠加原理**.

2. 线性受迫振动系统

设线性受迫振动系统中同时存在两个频率分别为 ω_1、ω_2 的余弦策动力，动力学方程是非齐次线性微分方程

$$\ddot{x}+2\delta\dot{x}+\omega_0^2x=h_1\cos\omega_1t+h_2\cos\omega_2t \tag{8.4.1}$$

如果两个余弦策动力分别单独存在，成为两个受迫振动系统，微分方程分别为

$$\ddot{x}+2\delta\dot{x}+\omega_0^2x=h_1\cos\omega_1t \qquad \ddot{x}+2\delta\dot{x}+\omega_0^2x=h_2\cos\omega_2t$$

若 $x_1=A_1\cos(\omega_1t+\phi_1)$、$x_2=A_2\cos(\omega_2t+\phi_2)$ 分别是上述两个受迫振动的稳态解，即

$$\ddot{x}_1+2\delta\dot{x}_1+\omega_0^2x_1=h_1\cos\omega_1t \qquad \ddot{x}_2+2\delta\dot{x}_2+\omega_0^2x_2=h_2\cos\omega_2t$$

将 $x=x_1+x_2$ 代入式(8.4.1)左边

$$\begin{aligned}\text{方程左边}&=\ddot{x}+2\delta\dot{x}+\omega_0^2x=(\ddot{x}_1+2\delta\dot{x}_1+\omega_0^2x_1)+(\ddot{x}_2+2\delta\dot{x}_2+\omega_0^2x_2)\\&=h_1\cos\omega_1t+h_2\cos\omega_2t=\text{方程右边}\end{aligned}$$

所以 x 是微分方程式(8.4.1)的解，说明这两个不同频率简谐振动可以在式(8.4.1)系统中同时存在，而且这两个简谐振动的合成就是系统的实际振动. 类似可得：有若干个不同频率的余弦策动力的受迫振动系统中，同时存在着相应的不同频率的简谐振动，这些简谐振动的合成就是系统的实际振动. 这就是**线性受迫振动系统的叠加原理**.

除上述情况外，还有其他的在一个系统中存在多个简谐振动的情况.

对非线性系统，叠加原理不适用. 加上 ω_1、ω_2 策动力，可以出现 ω_1、ω_2 的高阶谐波 $2\omega_1$、$3\omega_1$、…，$2\omega_2$、$3\omega_2$、…，以及和频 $(\omega_1+\omega_2)$、差频 $(\omega_1-\omega_2)$ 等.

8.4.2 同频且振动方向相同的简谐振动或标量简谐振动的合成

振子同时参与各个简谐振动，振子的实际运动就是这些简谐振动的矢量和. 在一维情况下，各个简谐振动的振动方向相同都是 x 方向，矢量和就是投影和. 还有一些标量物理量作简谐振动，合振动是分振动的标量合成，相当于矢量的投影和. 设两个频率相同为 ω 的简谐振动分别为

$$x_1 = A_1\cos(\omega t+\phi_1)$$

$$x_2 = A_2\cos(\omega t+\phi_2)$$

则合振动为

$$x = x_1 + x_2 = A\cos(\omega t+\phi) \tag{8.4.2}$$

最简单的合成方法是振幅矢量图法（几何法），由振幅矢量的合成得到简谐振动的合成，并推广到多个简谐振动的叠加. 考虑一个固有频率为 ω 的线性无阻尼自由振动系统，由其通解可知，所有频率为 ω 的简谐振动都可以是它的解，反过来，只有简谐振动才可以是该系统的解，所以有充分理由确信同频简谐振动的合振动也是简谐振动，即式(8.4.2).

x_1、x_2 的振幅矢量分别为 $\boldsymbol{A}_1$、$\boldsymbol{A}_2$，设 $\boldsymbol{A}$ 是 $\boldsymbol{A}_1$、$\boldsymbol{A}_2$ 的合矢量，在任意时刻满足

$$\boldsymbol{A} = \boldsymbol{A}_1 + \boldsymbol{A}_2$$

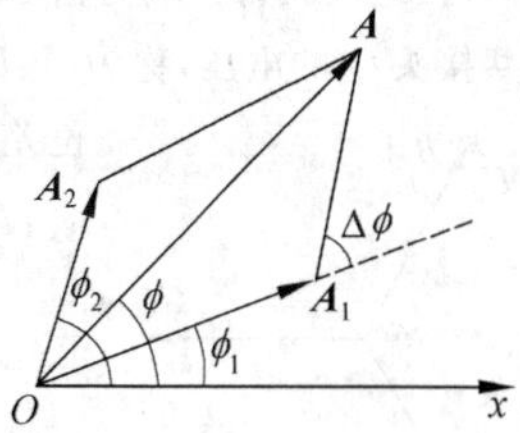

图 8.4.1

图 8.4.1 画出 $t=0$ 时刻的矢量合成. $\boldsymbol{A}_1$、$\boldsymbol{A}_2$ 旋转角速度相同，所以以 $\boldsymbol{A}_1$、$\boldsymbol{A}_2$ 为邻边的平行四边形形状保持不变，矢量 $\boldsymbol{A}$ 大小不变并且也以 ω 角速度转动，因此矢量 $\boldsymbol{A}$ 是频率为 ω 的简谐振动 x 的振幅矢量，该简谐振动为

$$x = A\cos(\omega t+\phi)$$

由矢量性质，(任何时刻) $\boldsymbol{A}$ 在 x 轴投影等于 $\boldsymbol{A}_1$、$\boldsymbol{A}_2$ 在 x 轴投影，即 $x=x_1+x_2$. 由于振幅矢量与简谐振动一一对应，所以 $\boldsymbol{A}$ 代表的简谐振动 x 就是两个简谐振动 x_1、x_2 的合振动；反过来，两个同频简谐振动振幅矢量之和就是它们合振动振幅矢量.

用振幅矢量合成来讨论简谐振动合成时，用 $t=0$ 时刻的振幅矢量图. 由矢量性质 ($t=0$ 时刻)

$$A\cos\phi = A_1\cos\phi_1 + A_2\cos\phi_2$$

$$A\sin\phi = A_1\sin\phi_1 + A_2\sin\phi_2$$

令 $\Delta\phi=\phi_2-\phi_1\pm2\pi$，规定 $\Delta\phi\in(-\pi,\pi)$，得到合振动振动振幅和初位相

$$A = [A_1^2 + A_2^2 + 2A_1A_2\cos\Delta\phi]^{1/2} \tag{8.4.3}$$

$$\tan\phi = (A_1\sin\phi_1 + A_2\sin\phi_2)/(A_1\cos\phi_1 + A_2\cos\phi_2) \tag{8.4.4}$$

将这种方法推广到 n 个简谐振动 x_1、x_2、…、x_n 的合成（叠加），它们的合振动也是简谐振动，记为 $x=x_1+x_2+\cdots+x_n=A\cos(\omega t+\phi)$，于是合振动的振幅矢量 $\boldsymbol{A}$ 是分振动振幅矢量之和

$$\boldsymbol{A} = \boldsymbol{A}_1 + \boldsymbol{A}_2 + \cdots + \boldsymbol{A}_n \tag{8.4.5}$$

由振幅矢量图的矢量加法，就可以得到合振动的振幅矢量，从而得到合振动.

此外，还可以用三角函数运算直接计算两个简谐振动的合振动

$$
\begin{aligned}
x &= x_1 + x_2 = A_1\cos(\omega t+\phi_1) + A_2\cos(\omega t+\phi_2) \\
&= A_1(\cos\omega t\ \cos\phi_1 - \sin\omega t\ \sin\phi_1) + A_2(\cos\omega t\ \cos\phi_2 - \sin\omega t\ \sin\phi_2) \\
&= (A_1\cos\phi_1 + A_2\cos\phi_2)\cos\omega t - (A_1\sin\phi_1 + A_2\sin\phi_2)\sin\omega t \\
&= A\cos(\omega t+\phi)
\end{aligned}
$$

显然，两个同频同振动方向的简谐振动的合振动仍然是简谐振动，其中

$$
\begin{aligned}
A &= [(A_1\cos\phi_1 + A_2\cos\phi_2)^2 + (A_1\sin\phi_1 + A_2\sin\phi_2)^2]^{1/2} \\
&= [A_1^2 + 2A_1A_2\cos(\phi_2-\phi_1) + A_2^2]^{1/2}
\end{aligned}
$$

并且

$$
A\cos\phi = A_1\cos\phi_1 + A_2\cos\phi_2 \qquad A\sin\phi = A_1\sin\phi_1 + A_2\sin\phi_2
$$

与振幅矢量合成方法结果相同，验证了振幅矢量合成方法的正确性.

在 A_1、A_2 保持不变情况下，改变两个简谐振动的位相差就可以改变合振动的振幅.

当 $\Delta\phi=0$ 时，$A=A_1+A_2$. 合振动振幅最大，称其为完全加强的合成；

当 $\Delta\phi=\pi$ 时，$A=|A_1-A_2|$. 合振动振幅最小，称其为相消的合成.

例 8.4.1 三相交流发电机有三组线圈，每组线圈叫做一相. 三组线圈一端接在一起引出一个公共接头 O，三组线圈另一端为输出端，分别记为 A、B、C. 以 O 点电位为 0，A、B、C 的电位即 A、B、C 三个端点对公共接头 O 的电压，称为 A、B、C 三个相电压，每个相电压都是同频余弦交变电压，振幅相同为 $U_{相}$，彼此相位差 $2\pi/3$. A、B、C 之间电压称为线电压，也是余弦交变电压，振幅相同为 $U_{线}$. 证明 $U_{线}=\sqrt{3}U_{相}$.

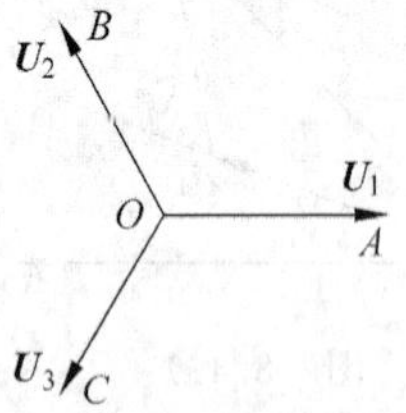

图 8.4.2

证：设三个相电压分别为

$$
\begin{aligned}
u_{AO} &= u_A - u_O = U_1\cos\omega t \\
u_{BO} &= u_B - u_O = U_2\cos(\omega t + 2\pi/3) \\
u_{CO} &= u_C - u_O = U_3\cos(\omega t - 2\pi/3)
\end{aligned}
$$

其中 $U_1=U_2=U_3=U_{相}$，图 8.4.2 是其振幅矢量图. 则线电压为

$$
\begin{aligned}
u_{BA} &= u_B - u_A = u_{BO} - u_{AO} = U_2\cos(\omega t + 2\pi/3) - U_1\cos\omega t \\
&= U_{相}\cos(\omega t + 2\pi/3) + U_{相}\cos(\omega t + \pi) \\
&= U_{线}\cos(\omega t + \phi)
\end{aligned}
$$

这是 $\Delta\phi=\pi-2\pi/3=\pi/3$ 的两个简谐振动的合成，由式(8.4.3)得

$$
U_{线} = \sqrt{3}U_{相}
$$

例 8.4.2 用振幅矢量图法求受迫振动特解.

解：受迫振动微分方程(8.3.1)式

$$
\ddot{x} + 2\delta\dot{x} + \omega_0^2 x = h\cos\omega t
$$

设方程特解为 $x=A\cos(\omega t+\phi)$，代入(8.3.1)式后，微分方程成为频率为 ω 的 4 个简谐振动 x_1、x_2、x_3、x_4 的合成关系

$$
x_3 + x_2 + x_1 = x_4
$$

其中 4 个简谐振动分别为

$$
x_1 = \omega_0^2 x = \omega_0^2 A\cos(\omega t+\phi) = A_1\cos(\omega t+\phi)
$$

$$
x_2 = 2\delta\dot{x} = -2\delta\omega A\sin(\omega t+\phi) = 2\delta\omega A\cos(\omega t+\phi+\pi/2) = A_2\cos(\omega t+\phi+\pi/2)
$$

$$x_3 = \ddot{x} = -\omega^2 A\cos(\omega t + \phi) = \omega^2 A\cos(\omega t + \phi + \pi) = A_3\cos(\omega t + \phi + \pi)$$

$$x_4 = h\cos\omega t = A_4\cos\omega t$$

相应的振幅矢量关系为

$$\boldsymbol{A}_1 + \boldsymbol{A}_2 + \boldsymbol{A}_3 = \boldsymbol{A}_4$$

由此画出的振幅矢量图为图 8.4.3，x_2 超前 x_1 位相 $\pi/2$、x_3 超前 x_2 位相$\pi/2$，因此 $\boldsymbol{A}_2$ 相对 $\boldsymbol{A}_1$ 逆时针转 $\pi/2$、$\boldsymbol{A}_3$ 相对 $\boldsymbol{A}_2$ 逆时针转 $\pi/2$. 只有 $\phi<0$ 为如图方位才可以满足上面的矢量关系. 由图 8.4.3 得到

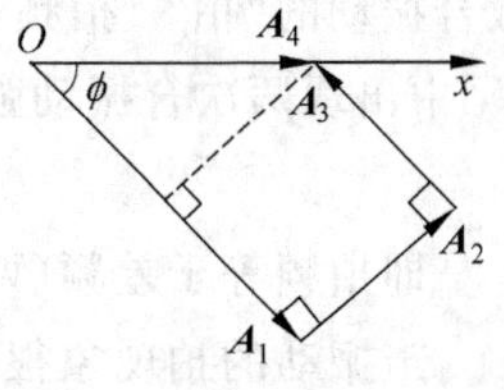

图 8.4.3

$$A_4^2 = (A_1 - A_3)^2 + A_2^2 \qquad \tan|\phi| = A_2/(A_1 - A_3)$$

将 $A_1=\omega_0^2 A$、$A_2=2\delta\omega A$、$A_3=\omega^2 A$、$A_4=h$ 代入，并注意到如图位置 $\phi<0$，得到

$$A = h/[(\omega_0^2-\omega^2)^2 + 4\delta^2\omega^2]^{1/2}$$

$$\tan\phi = -2\delta\omega/(\omega_0^2-\omega^2)$$

与式(8.3.2)、(8.3.3)相同.

8.4.3 振动方向相同而频率不同的简谐振动的合成、拍

与 8.4.2 节类似，这里的讨论也适用于频率不同的标量简谐振动的合成.

设两个不同频率的 x 方向简谐振动分别为

$$x_1 = A_1\cos(\omega_1 t + \phi_1)$$

$$x_2 = A_2\cos(\omega_2 t + \phi_2)$$

振子实际振动 x 为这两个简谐振动之和

$$x = x_1 + x_2$$

总可以通过选择时间原点(零点)使不同频率的两个简谐振动的初位相相同，因此可以不失普遍性地取 $\phi_1=\phi_2=\phi$. 不同频率的两个简谐振动的合振动 $x(t)$不是简谐振动，若 ω_1、ω_2有公倍数，则合振动 $x(t)$具有周期性，若 ω_1、ω_2没有公倍数，则合振动 $x(t)$不具有周期性，一般情况下合成的结果比较复杂. 这里只讨论两个简谐振动振幅相同、频率相近的特殊而又重要的情况. 取 $A_1=A_2=A'$、ω_2大于且近似等于 ω_1，则

$$x = x_1 + x_2 = 2A'\cos[(\omega_2-\omega_1)t/2]\cos[(\omega_2+\omega_1)t/2 + \phi]$$

其中 $0<\omega_2-\omega_1\ll\omega_1$、$\omega_2$、$(\omega_2+\omega_1)/2$. 这样可以把合振动记为一个振幅缓慢变化的简谐振动形式(图 8.4.4)

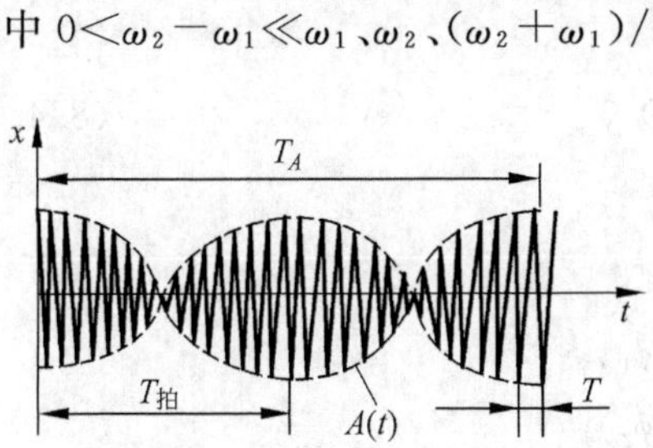

图 8.4.4

$$x(t) = A(t)\cos(\omega t + \phi) \qquad (8.4.6)$$

其中"缓慢变化简谐振动"的频率为 $\omega=(\omega_2+\omega_1)/2$，"振幅函数 $A(t)$"是 $x(t)$的轮廓曲线，为严格的简谐振动

$$A(t) = 2A'\cos\left[\frac{1}{2}(\omega_2-\omega_1)t\right]$$

设振幅函数 $A(t)$的周期为 T_A，x_1 和 x_2 的周期分别为 T_1、T_2，由 $\omega_A=(\omega_2-\omega_1)/2$ 得

$$1/T_A = (1/T_2 - 1/T_1)/2$$

于是 $A(t)$的频率

$$\nu_A = (\nu_2 - \nu_1)/2$$

这样如图 8.4.4 所示，“缓慢变化简谐振动 $x(t)$”的振幅时而最大为 $|A(t)|_{\max}=2A'$，时而最小为零，体现合振动的强弱具有周期性变化．合振动的强弱具有周期性变化的现象叫做合振动的“拍”．拍频 $\nu_{拍}$ 指合振动强弱变化的频率，由图 8.4.4 可见，在一个振幅函数周期 T_A 中出现两次合振动强弱的变化，所以拍频为

$$\nu_{拍} = 2\nu_A = \nu_2 - \nu_1 \tag{8.4.7}$$

即拍频等于差频(两简谐振动频率之差)．

声振动的拍现象很容易听到．两个 1000 Hz 的标准音叉，将其中一个粘上一块小橡皮泥使其频率减低．同时使两音叉发声，就会听到忽强忽弱的拍音．用手表可以测出拍频 $\nu_{拍}$(如 10 秒内出现 8 次拍，拍频约为 0.8 Hz)，就能估算出粘着橡皮泥的音叉的频率为 $(1000-\nu_{拍})$．这种方法常常用来测未知频率．若发生拍频的两个简谐振动频率一个已知一个未知，就可由已知频率和拍频(即差频)求出未知频率．

多普勒雷达发射电磁波到运动物体上，由多普勒效应，反射电磁波频率与入射电磁波频率不同，从频率差可以确定物体的运动速度．测量发射和反射电磁波频率差的方法，就是使发射和反射电磁波产生拍，测量拍频就得到差频．

实际上，实现拍并不需要两个简谐振动的振幅严格相等，只要两个简谐振动的振幅相差不大就可以出现明显的拍现象．设 $A_1>A_2$，则

$$\begin{aligned} x &= x_1 + x_2 = [A_2\cos(\omega_1 t+\phi) + A_2\cos(\omega_2 t+\phi)] + (A_1-A_2)\cos(\omega_1 t+\phi) \\ &= 2A_2\cos[(\omega_2-\omega_1)t/2]\cos[(\omega_2+\omega_1)t/2+\phi] + (A_1-A_2)\cos(\omega_1 t+\phi) \\ &= A(t)\cos(\omega t+\phi) + (A_1-A_2)\cos(\omega_1 t+\phi) \end{aligned}$$

由此看到，当两个简谐振动的振幅不同时，它们的合振动相当于在一个简谐振动的背景下的拍，如果两个振幅相差不太大还可以清晰地感受到拍的存在．所以实现拍的主要要求是两个简谐振动的频率接近．

8.4.4 振动方向互相垂直谐振动的合成

质点在平面上作二维运动，参与互相垂直方向上的两个谐振动 $x(t)$、$y(t)$．两个谐振动的合振动就是质点的实际运动，即矢径 $\boldsymbol{r}$ 端点的运动

$$\boldsymbol{r}(t) = x(t)\,\hat{x} + y(t)\,\hat{y} \tag{8.4.8}$$

1. 两个谐振动频率相同

设两个谐振动频率为 ω，分别是

$$x(t) = A_1\cos(\omega t+\phi_1)$$

$$y(t) = A_2\cos(\omega t+\phi_2)$$

即

$$x/A_1 = \cos(\omega t+\phi_1) = \cos\omega t\,\cos\phi_1 - \sin\omega t\,\sin\phi_1$$

$$y/A_2 = \cos(\omega t+\phi_2) = \cos\omega t\,\cos\phi_2 - \sin\omega t\,\sin\phi_2$$

从上面二式分别消去 $\cos\omega t$ 和 $\sin\omega t$ 得到

$$\begin{aligned} x\cos\phi_2/A_1 - y\cos\phi_1/A_2 &= (\sin\phi_2\cos\phi_1 - \sin\phi_1\cos\phi_2)\sin\omega t \\ &= \sin(\phi_2-\phi_1)\sin\omega t \end{aligned}$$

$$x\sin\phi_2/A_1 - y\sin\phi_1/A_2 = (\sin\phi_2\cos\phi_1 - \sin\phi_1\cos\phi_2)\cos\omega t$$
$$= \sin(\phi_2 - \phi_1)\cos\omega t$$

上面二式分别平方后相加得

$$(\cos\phi_2 x/A_1 - \cos\phi_1 y/A_2)^2 + (\sin\phi_2 x/A_1 - \sin\phi_1 y/A_2)^2 = \sin^2(\phi_2 - \phi_1)$$

化简后得

$$\frac{x^2}{A_1^2} + \frac{y^2}{A_2^2} - 2\frac{xy}{A_1A_2}\cos(\phi_2 - \phi_1) = \sin^2(\phi_2 - \phi_1) \tag{8.4.9}$$

这是椭圆方程. 所以参与互相垂直方向上的两个同频谐振动的质点的运动轨迹为椭圆. 椭圆的方位和质点沿椭圆运动的方向都由两个简谐振动的初位相差 $\Delta\phi$ 决定. 按 8.1.5 节的规定

$$\Delta\phi = \phi_2 - \phi_1 \pm 2\pi = \psi_2 - \psi_1 \pm 2\pi \in (-\pi, \pi)$$

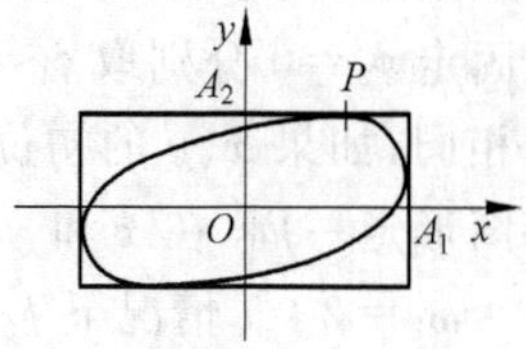

图 8.4.5

下面用一个特殊点 P 的运动情况来讨论椭圆的方位和质点沿椭圆运动的方向. 见图 8.4.5, P 点是椭圆的最高点, 即 y 方向振动的位移最大点, 此时 P 点 y 坐标 $y_P = A_2$, $\psi_2 = \omega t + \phi_2 = 2n\pi$ (n 为整数), 于是 $\psi_1 = \omega t + \phi_1 = 2n\pi - \Delta\phi$. P 点 x 坐标 x_P 为

$$x_P = A_1\cos\psi_1 = A_1\cos\Delta\phi$$

由此可以判断椭圆的方位:

如果 $|\Delta\phi| < \pi/2$, 则 $x_P > 0$, P 在 1 象限, 椭圆长轴在 1、3 象限.

如果 $|\Delta\phi| > \pi/2$, 则 $x_P < 0$, P 在 2 象限, 椭圆长轴在 2、4 象限.

P 点 x 方向速度 v_{Px} 为

$$v_{Px} = \mathrm{d}x_P/\mathrm{d}t = -\omega A_1\sin\psi_1 = \omega A_1\sin\Delta\phi$$

由此可以判断质点沿椭圆运动的方向:

如果 $\Delta\phi \in (0, \pi)$, 则 $v_{Px} > 0$, 质点顺时针沿椭圆运动, 称之为右旋;

如果 $\Delta\phi \in (-\pi, 0)$, 则 $v_{Px} < 0$, 质点逆时针沿椭圆运动, 称之为左旋.

在光学中通常要区分左旋光和右旋光.

当初位相差 $\Delta\phi = 0$、$\pm\pi/2$、π 这些特殊值时, 合振动也呈现特殊形状, 见图 8.4.6.

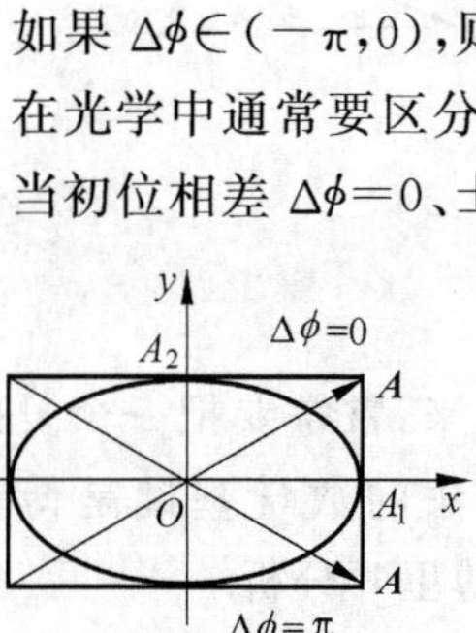

图 8.4.6

如果 $\Delta\phi = 0$ 或 π, 则

$$y/x = \pm A_2/A_1$$

质点作直线运动, 合振动为简谐振动

$$\boldsymbol{r} = \boldsymbol{A}\cos(\omega t + \phi) \tag{8.4.10}$$

如图 8.4.6, $\boldsymbol{A}$ 为常矢量, $A = (A_1^2 + A_2^2)^{1/2}$.

其中若 $\Delta\phi = 0$, 取 $\phi = \phi_1 = \phi_2$、$A_x = A_1$、$A_y = A_2$, $\boldsymbol{A}$ 的正方向如图 8.4.6, $x = A_x\cos(\omega t + \phi)$、$y = A_y\cos(\omega t + \phi)$; 若 $\Delta\phi = \pi$, 取 $\phi = \phi_1$、$A_x = A_1$、$A_y = -A_2$, $\boldsymbol{A}$ 的正方向如图 8.4.6, $x = A_x\cos(\omega t + \phi)$、$y = A_y\cos(\omega t + \phi + \pi)$.

如果 $\Delta\phi = \pm\pi/2$, 则轨迹方程简化为

$$x^2/A_1^2 + y^2/A_2^2 = 1 \tag{8.4.11}$$

这是正椭圆. 若 $A_2 = A_1$ 则为圆.

2. 两个谐振动频率不同

设 x、y 方向的两个频率不同的简谐振动为

$$x = A_1\cos(\omega_1 t + \phi_1) \qquad y = A_2\cos(\omega_2 t + \phi_2)$$

一般情况下合振动的轨迹非常复杂，也不闭合．重要的是 ω_1 与 ω_2 成整数比的情况，这样经过一段时间后合振动出现重复，质点合振动的轨迹是闭合曲线，称为李萨如(Lissajous)图形．李萨如图的具体形状取决于 ω_1 与 ω_2 的比例以及 x、y 的初位相差．实际上并不关注李萨如图的具体形状，真正有用的是由李萨如图判断 ω_1 与 ω_2 的比例，如果其中一个频率已知就可以确定另一个振动的频率．与拍频法的不同在于，拍频法中已知和未知频率必须接近，而李萨如图法已知和未知频率可以差很多．图 8.4.7 中画出两种李萨如图，其中固定 $\phi_2=0$ 分别取 $\phi_1=0$、$\pi/4$、$\pi/2$、$3\pi/4$、π 画出李萨如图．由图 8.4.7 可知，即使频率比相同，如果 x、y 的初位相差不同则图形也不同，但是相同频率比的图形具有共同特征：沿图形走一周，在 x 和 y 方向上达到最大的次数之比等于 ω_1 与 ω_2 之比．例如图 8.4.7 中 $\omega_1 : \omega_2 = 2:1$ 情况下 $\phi_1=\pi/4$ 的李萨如图，从 a 点出发，沿 $a\to b\to c\to d\to a$ 在李萨如图上走一周，在 x 方向达到最大 2 次、在 y 方向上达到最大 1 次，恰好等于 ω_1 与 ω_2 之比．其余情况相同．

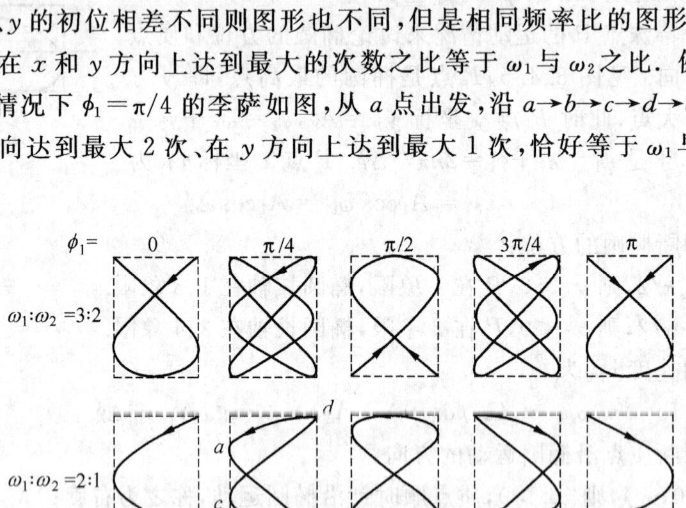

图 8.4.7　李萨如图

8.4.5　振动分解、谐波分析

前面讨论在振动系统中多个简谐振动合成一个合振动．反过来，常常要把一个复杂的振动分解为一系列的简谐振动之和，称之为谐波分析．这种方法的数学基础是傅里叶(J. B. J. Fourier)级数和傅里叶积分的理论，因此这种方法又称为傅里叶分析．

1. 周期振动的分解、傅里叶级数

在微积分中一个函数可以展开为幂级数——泰勒级数，在一定条件下还可以近似为前几项之和．傅里叶级数理论指出，一般的周期为 T 的周期函数 $f(t)$ 都可以展开为傅里叶级数

$$\begin{aligned} f(t) &= a_0/2 + \sum_{n=1}^{\infty}(a_n\cos n\omega t + b_n\sin n\omega t) \\ &= A_0/2 + \sum_{n=1}^{\infty}A_n\cos(n\omega t + \phi_n) \end{aligned} \tag{8.4.12}$$

其中 $\omega=2\pi/T$、$A_n\cos\phi_n=a_n$、$A_n\sin\phi_n=-b_n$. 因此

$$A_n=(a_n^2+b_n^2)^{1/2}\qquad \tan\phi_n=-b_n/a_n \tag{8.4.13}$$

利用三角函数的正交性

$$\int_0^T\cos m\omega t\cos n\omega t\,\mathrm{d}t=\int_0^T\sin m\omega t\sin n\omega t\,\mathrm{d}t=0\quad(m\neq n)$$

$$\int_0^T\cos m\omega t\cos n\omega t\,\mathrm{d}t=\int_0^T\sin m\omega t\sin n\omega t\,\mathrm{d}t=T/2\quad(m=n)$$

得到傅里叶级数各项系数，即得到周期函数 $f(t)$ 的傅里叶级数

$$\begin{cases}a_0=A_0=\dfrac{2}{T}\displaystyle\int_{-T/2}^{T/2}f(t)\,\mathrm{d}t\\ a_n=\dfrac{2}{T}\displaystyle\int_{-T/2}^{T/2}f(t)\cos n\omega t\,\mathrm{d}t\\ b_n=\dfrac{2}{T}\displaystyle\int_{-T/2}^{T/2}f(t)\sin n\omega t\,\mathrm{d}t\end{cases}\tag{8.4.14}$$

例 8.4.3 给出两个常见的周期振动的傅里叶级数

(1) 周期为 T 的矩形振动(图 8.4.8(a))

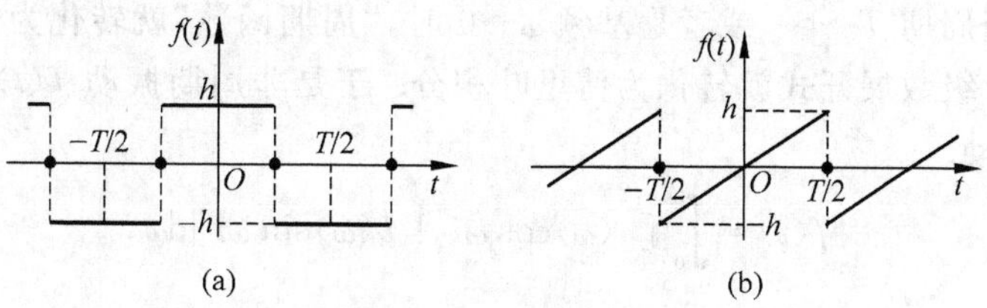

图 8.4.8

由于是偶函数 $f(t)=f(-t)$，所以 $b_n=0$. 由式(8.4.14)计算得到

$$a_0=0$$

$$a_n=4h\sin(n\pi/2)/n\pi$$

$$A_n=|a_n|=4h/n\pi\qquad n=1,3,5,\cdots$$

$$f(t)=\frac{4h}{\pi}\left(\cos\omega t-\frac{1}{3}\cos 3\omega t+\frac{1}{5}\sin 5\omega t-\cdots\right)$$

注意在间断点处傅里叶级数等于该点左右极限的平均值，见图上黑点. 如 $t=T/4$ 处傅里叶级数为零，是 $T/4$ 处函数 $f(t)$ 左右极限 $f(T/4-0)=h$ 和 $f(T/4+0)=-h$ 的平均值

$$[f(T/4-0)+f(T/4+0)]/2=[h+(-h)]/2=0$$

(2) 周期为 T 的锯齿形振动(图 8.4.8(b))

由于 $f(t)$ 是奇函数，所以 $a_0=a_n=0$

$$b_n=\frac{2}{T}\int_{-T/2}^{T/2}2ht\sin n\omega t\,\mathrm{d}t/T=(-2h\cos n\pi)/n\pi=(-1)^{n+1}2h/n\pi$$

$$A_n=|b_n|=2h/n\pi$$

$$f(t)=\frac{2h}{\pi}\left(\sin\omega t-\frac{1}{2}\sin 2\omega t+\frac{1}{3}\sin 3\omega t-\cdots\right)$$

数学上周期函数 $f(t)$ 的傅里叶展开，其物理意义是周期为 T 的周期振动 $f(t)$，分解为频率为 $\omega=2\pi/T$ 的简谐振动以及无数频率为 ω 的整数倍的简谐振动之和，其中频率为 ω 的简谐振动分量称为 $f(t)$ 的基频振动分量，频率为 2ω、3ω、…、$n\omega$、…的简谐振动分量分别称为 $f(t)$ 的二次谐频振动分量、三次谐频振动分量、

……、n 次谐频振动分量、…….

每个谐频振动分量对周期振动 $f(t)$ 的影响由其振幅 A_n 和初位相 ϕ_n 决定，起主要作用的是振幅 A_n. 而傅里叶分析（谐波分析）主要就是讨论各次谐频的振幅分布. 振幅分布的图形 $A-\omega$ 称为周期振动 $f(t)$ 的振幅频谱，简称频谱. 从频谱中看到 $f(t)$ 的各次谐频成分，找到主要的谐频振动，其中最主要的就是基频谐振分量. 不同乐器演奏同一音调的音色不同，就是因为不同乐器振动的频谱不同. 图 8.4.9(a)、(b)分别是图 8.4.8(a)、(b)表示的矩形和锯齿形周期振动的频谱，图中在 $n\omega$ 处用长度为 A_n 的竖直线标示出频率为 $n\omega$ 的 n 次谐频的振幅. 由于频率 ω、2ω、3ω、…是分立的，所以称这样的频谱为分立频谱.

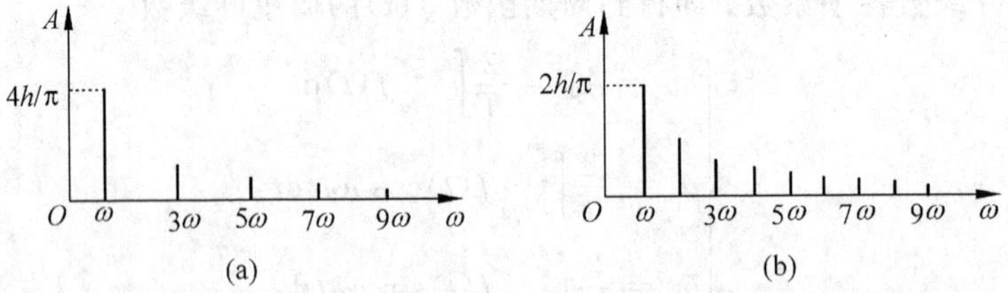

图 8.4.9

2. 非周期振动的分解、傅里叶积分

一般来说，当周期 $T\to\infty$，或者是基频 $\omega\to 0$ 时，"周期函数"就转化为非周期函数；"周期函数"的傅里叶级数展开式就转化为傅里叶积分. 于是非周期振动 $f(t)$ 分解为一系列连续分布的简谐振动.

$$\begin{aligned} f(t) &= \int_0^\infty [a(\omega)\cos\omega t + b(\omega)\sin\omega t]\mathrm{d}\omega \\ &= \int_0^\infty A(\omega)\cos[\omega t + \phi(\omega)]\mathrm{d}\omega \end{aligned} \tag{8.4.15}$$

其中

$$a(\omega) = \frac{1}{\pi}\int_{-\infty}^{\infty} f(t)\cos\omega t\,\mathrm{d}t \qquad b(\omega) = \frac{1}{\pi}\int_{-\infty}^{\infty} f(t)\sin\omega t\,\mathrm{d}t \tag{8.4.16}$$

由 $A(\omega)\cos\phi(\omega)=a(\omega)$、$A(\omega)\sin\phi(\omega)=-b(\omega)$ 得

$$A(\omega) = [a^2(\omega)+b^2(\omega)]^{1/2} \qquad \tan\phi(\omega) = -b(\omega)/a(\omega) \tag{8.4.17}$$

注意 $a(\omega)$、$b(\omega)$、$A(\omega)$ 不具有长度量纲（振幅量纲），$a(\omega)\,\mathrm{d}\omega$、$b(\omega)\,\mathrm{d}\omega$、$A(\omega)\,\mathrm{d}\omega$ 才是长度量纲. 可以称 $A(\omega)$ 为振幅分布密度，$A(\omega)-\omega$ 称为非周期振动 $f(t)$ 的频谱，为连续谱.

例 8.4.4 求如图 8.4.10(a)宽度为 2τ 的单个矩形脉冲 $f(t)$ 的频谱.

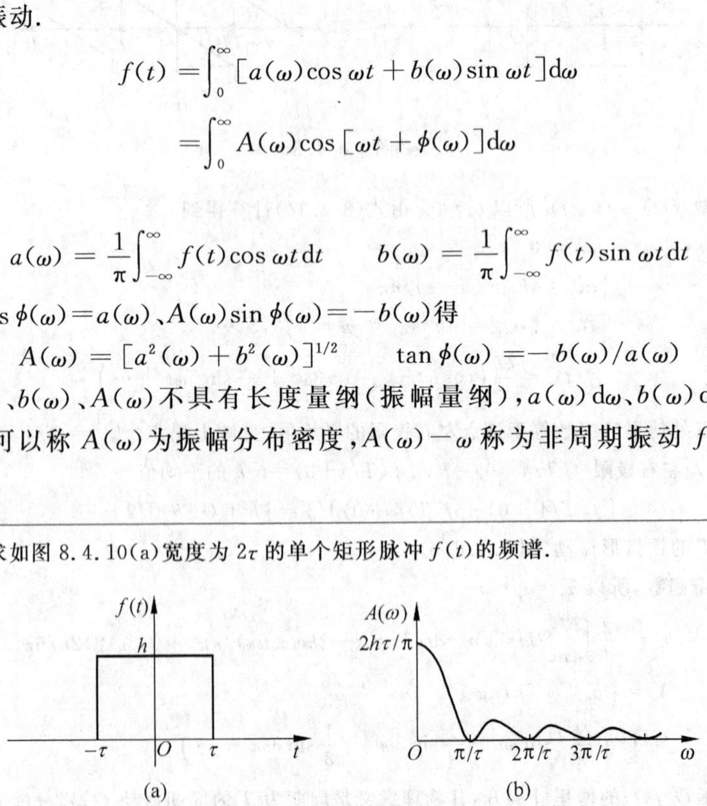

图 8.4.10

解：由于是偶函数，所以 $b(\omega)=0$

$$a(\omega)=\int_{-\infty}^{\infty}f(t)\cos\omega t\,\mathrm{d}t/\pi=\int_{-\tau}^{\tau}h\cos\omega t\,\mathrm{d}t/\pi=2h\sin\omega\tau/\pi\omega$$

$$A(\omega)=|a(\omega)|=2h\,|\sin\omega\tau|/\pi\omega$$

$$f(t)=\int_{0}^{\infty}2h\sin\omega\tau\cos\omega t\,\mathrm{d}\omega/\pi\omega=\int_{0}^{\infty}2h\,|\sin\omega\tau|\cos[\omega t+\phi(\omega)]\mathrm{d}\omega/\pi\omega$$

图 8.4.10(b)就是 $f(t)$的振幅频谱. 由图可知，$f(t)$的谐频成分主要集中在 $\omega=0$ 到 $\omega=\pi/\tau$ 的范围内，可以称为 $f(t)$的频带宽度.

例 8.4.5　(1)如图 8.4.11(a)一个频率为 ω_0 的振动系统完成 $2N$ 次振幅为 h 的正弦振动，求其频谱. (2)求如图 8.4.12(a)的阻尼振动的频谱.

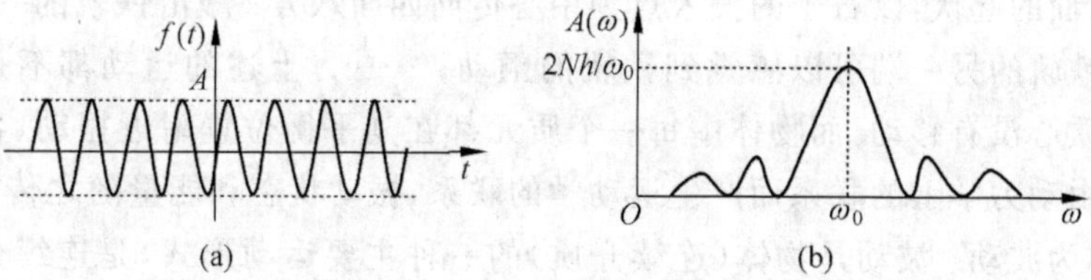

图　8.4.11

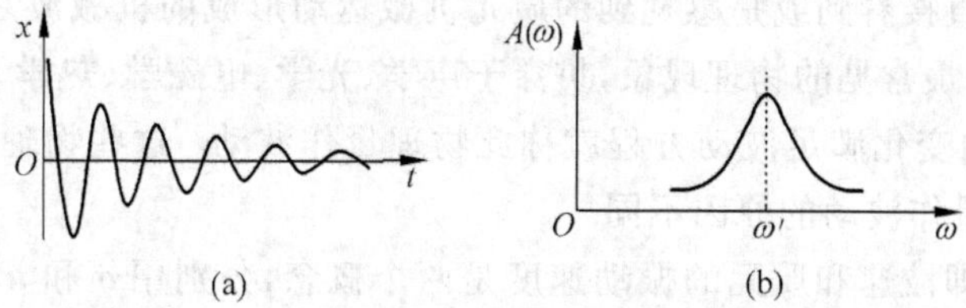

图　8.4.12

解：(1) 由于是奇函数，所以 $a(\omega)=0$

$$b(\omega)=\int_{0}^{\tau}2h\sin\omega_0 t\,\sin\omega t\,\mathrm{d}t/\pi=-h\int_{0}^{\tau}[\cos(\omega_0+\omega)t-\cos(\omega_0-\omega)t]\mathrm{d}t/\pi$$

$$=-h\sin\omega\tau[1/(\omega_0+\omega)+1/(\omega_0-\omega)]/\pi$$

$$=2\omega_0 h\sin\omega\tau/[\pi(\omega^2-\omega_0^2)]$$

其中 $\tau=NT_0=2\pi N/\omega_0$.

$$A(\omega)=|a(\omega)|=2\omega_0 h\,|\sin\omega\tau|/[\pi(\omega^2-\omega_0^2)]$$

由罗比达法则，当 $\omega=\omega_0$ 时 $A(\omega)$最大，$A(\omega)_{\max}=h\tau/\pi=2Nh/\omega_0$. 频谱见图 8.4.11(b).

由此可见，进行有限次数的正(余)弦振动并不是简谐振动.

(2) 图 8.4.12(a)为阻尼振动

$$x=A\mathrm{e}^{-\delta t}\cos\omega' t$$

由式(8.4.16)

$$a(\omega)=\int_{0}^{\infty}A\mathrm{e}^{-\delta t}\cos\omega' t\,\cos\omega t\,\mathrm{d}t/\pi$$

$$=A\delta(\delta^2+\omega^2+\omega'^2)/[\pi(\delta^2+\omega_1^2)(\delta^2+\omega_2^2)]$$

$$b(\omega)=\int_{0}^{\infty}A\mathrm{e}^{-\delta t}\cos\omega' t\,\sin\omega t\,\mathrm{d}t/\pi$$

$$=A\omega(\delta^2+\omega^2-\omega'^2)/[\pi(\delta^2+\omega_1^2)(\delta^2+\omega_2^2)]$$

其中，$\omega_1=\omega+\omega'$、$\omega_2=\omega-\omega'$.

$$A^2(\omega)=A^2(\delta^2+\omega^2)[(\delta^2+\omega^2)^2+2\omega'^2(\delta^2-\omega^2)+\omega'^4]$$
$$/[\pi(\delta^2+\omega_1^2)(\delta^2+\omega_2^2)]^2$$

相应的频谱图 8.4.12(b)为连续谱，频谱的峰值出现在 ω'处.

8.5 简 谐 波

8.5.1 波动

1. 波动

很少有质点自已单独振动的. 振动的质点几乎都是在连续介质(气体、液体、固体)中作为介质的一个微元,随着整个介质的节奏在振动. 在舞台上奏乐,并没有空气的流动,但是音乐声清楚地传到剧场里每一个观众的耳边; 在水中投入石子,并没有水的流动,但是可以清楚地看到水面的起伏,以石子的投入点为中心传向四面八方; 敲击铁轨的一端,铁轨没有移动,但是在铁轨的另一端可以感觉到铁轨的颤动; …… . 上述的运动都不是物体整体的运动,物体的质心没有移动,而物体中每一个质元都在其平衡位置附近振动,各个质元的振动相互牵连,由动力学上的联系而产生运动学的联系,振动状态和能量随之传播. 物体的这种运动形式称为波动. 波动是物体(连续介质)的一种主要运动形式,是连续介质受到扰动后内部的整体反响. 在物体整体运动时,也常常伴随着波动.

除了人们可以直接看到或是感觉到的质元机械运动形成的机械波之外,还有其他许多形式的波动,波动是最常见的物理现象,贯穿于声学、光学、电磁学、热学、……之中. 任何物理量随时间、地点的变化满足波动方程就称此物理量作波动. 这些物理量作波动都有其内在原因; 不同物理量作波动的原因不同.

波的传播速度即波速和质元的振动速度是两个概念,分别用 $\boldsymbol{v}$ 和 $\boldsymbol{u}$ 代表; 用质元平衡位置 $\boldsymbol{r}$ 来区分和标注质元,"$\boldsymbol{r}$ 处质元"的位移记为 $\xi(\boldsymbol{r},t)$. 波动可以分为纵、横两种波,如果质元的振动速度与传播方向平行则称为纵波,如果质元的振动速度与传播方向垂直则称为横波.

下面以一维机械波为例讨论波动.

2. 波的产生

产生机械波需要有波源和介质. 以绳波为例,轻绳一端固定,手持另一端将绳拉直. 手上下抖动带动绳头上下振动,而绳头带动后面绳子上下振动、后面绳子又带动再后面绳子上下振动、……,于是手的振动状态就如此传播下去,整根绳子逐步振动起来. 如果手抖动一次就停止,绳上就传过去一个起伏的波形; 如果手连续不断周期性地上下抖动,且绳子固定端能够吸收振动不反射,绳上就会形成一个稳定的波动. 仔细观察,无论是一个起伏的波形还是稳定的波形,都可以清楚地看到波的形状以稳定的速度(波速)运动. 手是波源. 实际上,由波的产生过程可知,前面的绳子质元也是后面绳子的波源,带动后面绳子产生波动.

为了区别带动和被带动,称前面绳为波的上游、后面绳为波的下游. 上下游是相对的. 上游被更上游带动,同时又带动了下游.

3. 波动的描述

物体中所有质元的振动构成波动,所以描述波动就是要描述出任意质元的振动,即确定任意质元的位移函数 $\xi(\boldsymbol{r},t)$. 函数 $\xi(\boldsymbol{r},t)$ 称为波动表达式或波函数. 为简单起见,下面先考虑一条直线上的质元振动形成的波,即一维空间的波动. 选该直线为 z 轴,则波动表达式简化为$\xi(z,t)$. 一般各质元的位移方向相同或相反，选取单位位移矢量$\hat{\xi}$后，用ξ表示位移投影.

波动还可以用图形描述，即画出波函数$\xi(z,t)$的图形. 由于$\xi(z,t)$是 z 和 t 的函数，所以波动的图形表示分为两种，一种是固定位置 $z=z_0$，画出某一地点 z_0 处质元的$\xi(z_0,t)$-t 图，就是 z_0 处质元的振动曲线图. 另一种是固定某一时刻 $t=t_0$，画出该时刻每一质元的位移曲线$\xi(z,t_0)$-z，称为波形曲线或波形图. 各种不同时刻的波形图或者各种不同地点的振动曲线都可以完整地描述波动.

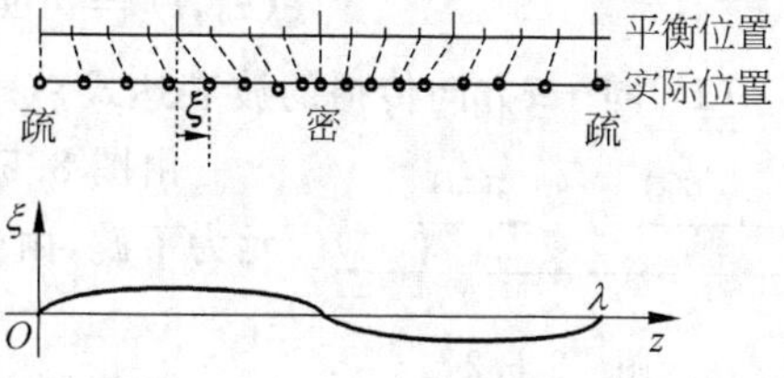

图 8.5.1 纵波波形图

对于横波，波形图相当于给波照相，直接画出各个质元位置就是波形图. 对于纵波要根据各个质元的位移画出波形图，见图 8.5.1. 在图中找一些代表质元，由它们的平衡位置和实际位置得到它们的位移，再由代表质元的位移画出波形图. 从纵波质元的实际位移图看到，纵波里有的地方质元密集，有的地方质元稀疏，所以纵波又称为疏密波.

8.5.2 简谐波的描述

如果参与波动的所有质元都作简谐振动，则称该波动为简谐波. 犹如简谐振动是讨论振动的基础一样，简谐波是讨论波动的基础. 主要讨论一维的平面简谐波. 平面波概念在后面定义. 先讨论最简单的一维空间(一条直线上的质元)振动形成的简谐波. 设波沿$\pm z$方向传播. 若是横波，质元位移ξ方向与 z 轴垂直；若是纵波，质元位移ξ方向与 z 轴平行.

简谐波具有时间和空间的两种周期性. 每个质元都作简谐振动，时间周期性就是简谐振动的周期性，周期为 T，圆频率为 $\omega=2\pi/T$. 图 8.5.1 是一个简谐纵波 t_0 时刻的波形图 $\xi(z,t_0)$，$\xi(z,t_0)$是 z 的余弦函数. 波形图上一个完整的周期所占有的空间长度，或者说在一个周期内波传播的距离称为波长 λ. $1/\lambda$ 为单位长度上波的数目，称为波数. 引入**圆波数** k，定义

$$k = 2\pi/\lambda \tag{8.5.1}$$

k 是像周期 T 一样重要的反映简谐波性质的参量. 有以下关系

$$\lambda = vT \qquad v = \lambda\nu \qquad v = \omega/k \tag{8.5.2}$$

其中 v 是波速，$\nu=1/T$ 为简谐波的频率.

8.5.3 建立一维简谐波表达式

$\xi(z,t)$代表了任意位置 z 处质元的振动，是一维简谐波的表达式. 下面由已知条件写出$\xi(z,t)$.

简谐波的传播可看作位相或者波形的传播.

1. 已知波源或任意质元的振动由波动位相的传播写出$\xi(z,t)$

波源的振动状态逐步传递给介质. 比较波上不同地点的质元的振动，发现波的传播就是振动状态的传播. 对于简谐波来说振动状态由位相决定，所以简谐波的传播可看作位相传播. 按位相传播规律就可以确定波动表达式. 实际上，由于波上任意质元都可以看作下游质元的波源，所以只要知道波源或是波上任意一个质元(设为 z_0 处质元)的振动 $\xi(z_0,t)$，就可以利用位相的传播写出 $\xi(z,t)$.

按位相传播规律，上游带动下游，上游质元振动位相 $\psi_上$ 超前下游质元振动位相 $\psi_下$．若上游与下游距离 λ，则 $\psi_上$ 超前 $\psi_下$ 位相 2π；若上游与下游距离 l，则

$$\psi_上 - \psi_下 = 2\pi l/\lambda = kl \tag{8.5.3}$$

设 z_0 处质元（包括直接由波源带动的质元）振动为

$$\xi(z_0,t) = A\cos(\omega t + \phi_0) = A\cos\psi(z_0)$$

(1) 向 $+\hat{z}$ 方向传播的波表达式 $\xi(z,t)$

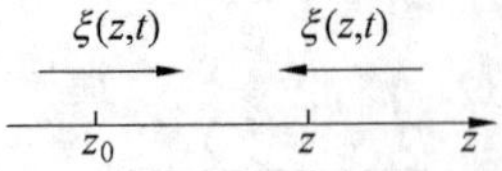

图 8.5.2

由图 8.5.2，对向 $+\hat{z}$ 方向传播的波，z_0 处质元为上游，z 处质元为下游，由(8.5.3)式

$$\psi(z_0) - \psi(z) = k(z - z_0)$$

于是任意点 z 处的振动位相为

$$\psi(z) = \psi(z_0) - k(z - z_0) = \omega t - kz + \phi_0 + kz_0$$

一维简谐波上各质元的振幅都相同，因此任意点 z 处的振动也就是简谐波的表达式为

$$\xi(z,t) = A\cos\psi(z) = A\cos(\omega t - kz + \phi) \tag{8.5.4}$$

其中 $\phi=\phi_0+kz_0$．(8.5.4)式就是向 $+\hat{z}$ 方向传播的波表达式的一般形式，给出了波的振幅 A、圆频率 ω、圆波数 k 以及原点处质元的初位相 ϕ．

(2) 向 $-\hat{z}$ 方向传播的波表达式 $\xi(z,t)$

由图 8.5.2，对向 $-\hat{z}$ 方向传播的波 $\xi(z,t)$，z 处质元为上游，z_0 处质元为下游，因此

$$\psi(z) - \psi(z_0) = k(z - z_0)$$

于是任意点 z 处的振动位相为

$$\psi(z) = \psi(z_0) + k(z - z_0) = \omega t + kz + \phi_0 - kz_0$$

因此任意点 z 处的振动也就是简谐波的表达式为

$$\xi(z,t) = A\cos\psi(z) = A\cos(\omega t + kz + \phi) \tag{8.5.5}$$

其中 $\phi=\phi_0-kz_0$．ξ(8.5.5)式就是向 $-\hat{z}$ 方向传播的简谐波表达式的一般形式．

例 8.5.1 如图 8.5.3，已知向右传播的波 $\xi(z,t)$ 在 z_0 处质元的振动为 $\xi(z_0,t)=A\cos(\omega t+\phi_0)$．该波在 $z_1(>z_0)$ 处反射，反射处无位相突变，求反射的波 $\xi'(z,t)$（已知反射波振幅为 A'）．

图 8.5.3

解：直接计算反射波上任意点 z 处质元振动位相 $\psi(z)$．显然，z_0 处质元为上游、z 处质元为下游．波动从 z_0 处先传播到反射面 z_1 处，然后成为反射波传播到 z 处．因此引起两个振动位相差的距离为 $[(z_1-z_0)+(z_1-z)]$，由(8.5.3)式，注意到反射处无位相突变，得到

$$\psi(z_0) - \psi(z) = k[(z_1 - z_0) + (z_1 - z)] = k(2z_1 - z - z_0)$$

$$\psi(z) = \psi(z_0) - k(2z_1 - z - z_0) = \omega t + kz + \phi_0 + kz_0 - 2kz_1$$

于是反射波表达式为

$$\xi'(z,t) = A'\cos(\omega t + kz + \phi_0 + kz_0 - 2kz_1) = A'\cos(\omega t + kz + \phi')$$

其中 $\phi'=\phi_0+kz_0-2kz_1$．

---

2. 已知某时刻波形曲线由波形的传播写出 $\xi(z,t)$

比较不同时刻的波形曲线，发现波的传播就是波形的传播．盯住波动的波形仔细观察，就会看到波形不变地（刚性地）以波速 $\boldsymbol{v}$ 传播．

首先讨论曲线图形平移问题. 见图 8.5.4,图形 $f(z)$ 向右平移一段距离 a 成为新图形 $g(z)$,由图 8.5.4 可知

$$g(z)=f(z-a) \tag{8.5.6}$$

如果 $f(z)$向左平移一段距离 a 成为新图形 $g(z)$,则

$$g(z)=f(z+a) \tag{8.5.7}$$

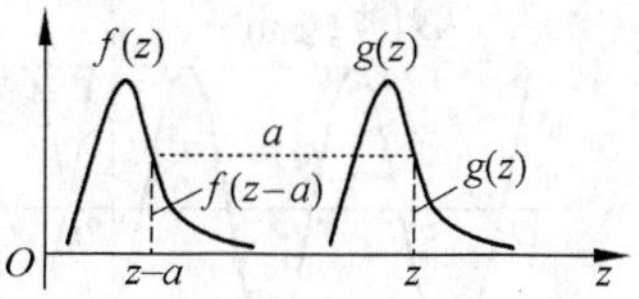

图　8.5.4

设已知 t_0 时刻的波形曲线

$$\xi(z,t_0)=A\cos(kz+\phi_0)$$

如果波向右以 v 传播,则 t 时刻的波形曲线 $\xi(z,t)$ 相对于曲线 $\xi(z,t_0)$ 向右平移 $v(t-t_0)$,于是由(8.5.6)式

$$\begin{aligned}\xi(z,t)&=\xi\{[z-v(t-t_0)],t_0\}=A\cos\{k[z-v(t-t_0)]+\phi_0\}\\&=A\cos(kz-kvt+kvt_0+\phi_0)=A\cos(\omega t-kz+\phi)\end{aligned} \tag{8.5.8}$$

其中,$kv=\omega,\phi=-(\omega t_0+\phi_0)$. 所以只要把 t_0 时刻的波形曲线 $\xi(z,t_0)$中 z 换成$[z-v(t-t_0)]$,就得到向右以 v 传播的波表达式. 如果波向左以 v 传播,则 t 时刻的波形曲线 $\xi(z,t)$相对于曲线 $\xi(z,t_0)$ 向左平移 $v(t-t_0)$,于是由(8.5.7)式

$$\begin{aligned}\xi(z,t)&=\xi\{[z+v(t-t_0)],t_0\}=A\cos\{k[z+v(t-t_0)]+\phi_0\}\\&=A\cos(kz+kvt-kvt_0+\phi_0)=A\cos(\omega t+kz+\phi)\end{aligned} \tag{8.5.9}$$

其中,$kv=\omega,\phi=-\omega t_0+\phi_0$. 所以只要把 t_0 时刻的波形曲线 $\xi(z,t_0)$中 z 换成$[z+v(t-t_0)]$,就得到向左以 v 传播的波表达式.

回顾这种方法的由来,并没有要求必须是简谐波. 所以任何一种平面波,只要在传播过程中波形不变,已知其 t_0 时刻波形为 $\xi(z,t_0)$,如果以速度 v 向右传播,则波的表达式为 $\xi(z,t)=\xi\{[z-v(t-t_0)],t_0\}$;如果以速度 v 向左传播,则波的表达式为

$$\xi(z,t)=\xi\{[z+v(t-t_0)],t_0\}.$$

例 8.5.2　已知 $t=0$ 时刻脉冲波形如图 8.5.5,为 $\xi(z,0)=a^2/(b^2+z^2)$,a、b 为常数. 设脉冲波以 v 向 $+z$ 传播,求该脉冲波形表达式,以及 $t=0$ 时刻 z 处质元的振动速度 u.

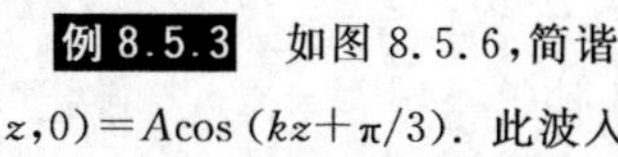

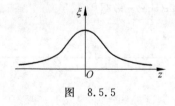

图　8.5.5

解:由上面分析得脉冲波形表达式

$$\xi(z,t)=\xi[(z-vt),0]=a^2/[b^2+(z-vt)^2]$$

质元的振动速度为

$$u(z,t)=\partial\xi/\partial t=2a^2(z-vt)v/[b^2+(z-vt)^2]^2$$

$t=0$ 时刻 z 处质元的振动速度为

$$u(z,0)=2a^2zv/(b^2+z^2)^2$$

例 8.5.3　如图 8.5.6,简谐波 $\xi(z,t)$在波速为 v 的介质中沿 $+z$ 方向传播,$t_0=0$ 时刻波形曲线为 $\xi(z,0)=A\cos(kz+\pi/3)$. 此波入射到 P 处界面上反射,反射波振幅为 A'. 已知 $z_P=9\lambda/4$. 求:(1)入射波的表达式 $\xi(z,t)$;并且分别在反射时无位相突变以及有位相突变 π 两种情况下写出反射波表达式 $\xi'(z,t)$;(2)画出 $t=0$ 时刻入射波曲线,并用作图法画出同一时刻两种情况下的反射波曲线.

解:(1) 入射波的表达式为

$$\begin{aligned}\xi(z,t)&=\xi[(z-vt),0]=A\cos[k(z-vt)+\pi/3]\\&=A\cos(kvt-kz-\pi/3)\end{aligned}$$

O 处入射波位相 $\Psi(0)=kvt-\pi/3$

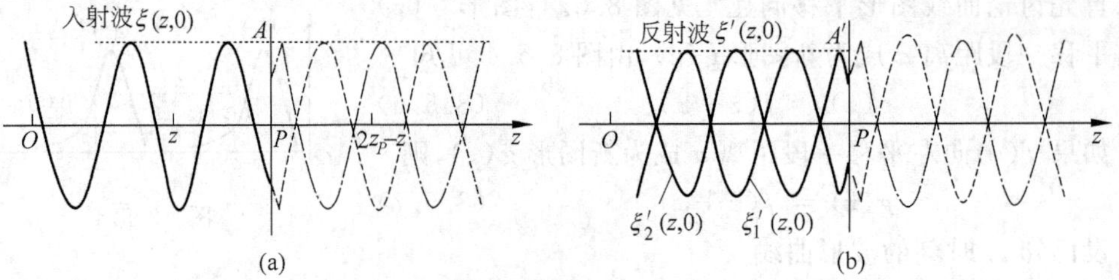

图 8.5.6

如果反射时无位相突变，则反射波上 z 处位相

$$\Psi(z)=\Psi(0)-k[z_P+(z_P-z)]=\Psi(0)-k(2z_P-z)=\omega t-28\pi/3+kz$$

$$\xi'(z,t)=A'\cos(\omega t+kz-28\pi/3)=A'\cos(\omega t+kz+2\pi/3)$$

如果反射时有位相突变 π，则反射波上 z 处位相

$$\Psi(z)=\Psi(0)-k[z_P+(z_P-z)]+\pi=\Psi(0)-k(2z_P-z)+\pi=\omega t-25\pi/3+kz$$

$$\xi'(z,t)=A'\cos(\omega t+kz-25\pi/3)=A\cos(\omega t+kz-\pi/3)$$

(2) 在图 8.5.6(a)中画出入射波波形曲线 $\xi(z,0)$ ($z<z_P=9\lambda/4$ 区域，实线)，到反射面终止.

$$\xi(z,0)=A\cos(kz+\pi/3)$$

反射波上入射波由于反射面的反射而反向传播，所以，如果画出入射波在反射面后边的虚拟波形曲线，那么真实的反射波波形曲线就是这些虚拟入射波形曲线关于反射面的镜面反演. 由此就可以由作图法得到反射波波形曲线.

图 8.5.6(a)中反射面右边虚线是 $\xi(z,0)$ 曲线，在反射面上没有位相突变；反射面右边点划线是 $-\xi(z,0)$ 曲线，在反射面上有位相突变 π，$A\cos(kz+\pi/3+\pi)=-\xi(z,0)$. 分别作出虚线和点划线关于反射面的图形，然后缩小振幅为 A'，就成为图 8.5.6(b)中 $t=0$ 时刻反射波波形曲线 $\xi_1'(z,0)$ 和 $\xi_2'(z,0)$. 其中 $\xi_1'(z,0)$ 为没有位相突变的反射波波形，$\xi_2'(z,0)$ 为有位相突变 π 的反射波波形.

作图法启发写出反射波的另一种方法. 由图 8.5.6(a)，z 点关于 z_P 处反射面的对称点为 $(2z_P-z)$，因此函数 $f(z)$ 关于 z_P 处反射面的对称函数为 $f(2z_P-z)$. 所以没有位相突变的反射波为

$$\begin{aligned}\xi_1'(z,t)&=A'\xi[(2z_P-z),t]/A=A'\cos[kvt-k(2z_P-z)-\pi/3]\\&=A'\cos(\omega t+kz+2\pi/3)\end{aligned}$$

有位相突变的反射波为

$$\begin{aligned}\xi_2'(z,t)&=-A'\xi[(2z_P-z),t]/A=-A'\cos[kvt-k(2z_P-z)-\pi/3]\\&=A'\cos(\omega t+kz+2\pi/3+\pi)\\&=A\cos(\omega t+kz-\pi/3)\end{aligned}$$

8.5.4 一维简谐波表达式

一维简谐波表达式给出简谐波的各个参量，包含了一维简谐波的所有信息. 一维简谐波表达式(8.5.4)和(8.5.5)式合起来为

$$\xi(z,t)=A\cos(\omega t\pm kz+\phi)$$

1. 波的传播方向

表达式中 kz 前面的符号指出波传播的方向："+"表示波向 $-z$ 方向传播；"−"表示波向 $+z$ 方向传播. 表达式中 ϕ 是坐标原点处质元振动的初位相.

2. 确定质元的振动表达式

以 $+z$ 方向传播为例.

如果令 $z=z_0$，就是固定质元的位置，研究 z_0 处一个确定的质元的振动，则波的表达式就成为该质元的振动表达式

$$\xi(z_0,t)=A\cos(\omega t+\phi-kz_0)=A\cos(\omega t+\phi_0)$$

其中 $\phi_0=\phi-kz_0$.

3. 选定时刻的波形曲线

如果令 $t=t_0$，就是选定一个时刻，研究 t_0 时刻波上所有质元的位移，则波的表达式就成为该时刻的波形曲线

$$\xi(z,t_0)=A\cos(kz-\phi-\omega t_0)=A\cos(kz+\theta)$$

其中 $\phi=-\phi-\omega t_0$.

4. 简谐波的位相

简谐波 $\xi(z,t)=A\cos(\omega t\pm kz+\phi)$ 的位相为

$$\psi=\omega t\pm kz+\phi \tag{8.5.10}$$

简谐波的位相 ψ 可以理解为 z 处质元的振动位相.

简谐振动的位相 $(\omega t+\phi)$ 完全确定了简谐振动的振动状态. 同样，简谐波的位相 ψ 也完全确定了简谐波的波动状态. 一个确定的位相值 ψ_0 代表一个唯一的确定的波动状态. 以 $+z$ 方向传播为例讨论，为简单起见设 $\phi=0$ 则位相 $\psi=\omega t-kz$. $\psi_0=0$ 为一个特定的波峰，$t=0$ 时刻该峰在原点、$t=T$ 时刻该峰到达 $z=\lambda$ 处、……；而 $\psi_0=\pi$ 为 $t=0$ 时刻 $z=-\lambda/2$ 处波谷，在 $t=T/2$ 时刻该波谷到原点；……. 选定一个确定的波动状态 ψ_0，则 t 时刻该状态到达的位置为

$$z=(\omega t-\psi_0)/k$$

这就是同一波动状态的位置 z 与时间 t 的关系. 由此可见，随着时间 t 的增长，位置 z 也不断增加，说明同一波动状态随时间向右传播，即简谐波动的本质是位相的传播. 上式两边对 t 求导得

$$\mathrm{d}z/\mathrm{d}t=\omega/k=v$$

所以波速 v 本质上是位相传播的速度，称为相速度.

8.5.5 平面简谐波与球面简谐波

实际上波都在三维空间传播. 下面把对一维空间的讨论推广到三维，质元的位置用 $\boldsymbol{r}$ 描述，波的表达式为 $\xi(\boldsymbol{r},t)$.

1. 相关的一些概念

为了形象地描绘波在空间的传播情景，沿波传播方向画出一系列的有向曲线称为波线或是波射线，表示波的传播路径.

同一时刻波到达地点（质元的平衡位置）所构成的面称为波面或是波阵面. 同一波面上各质元的振动状态相同. 如果是简谐波，同一波面上各质元的位相相同，波面就是同相面.

称最前面的波面为波前. 但往往不能确定哪个波面是最前沿的，在讨论持续而稳定的波动时人们也并不关注哪个波面是最前沿的，因此有时也用波前来称呼正在向前传播的波面.

在各向同性介质中波线垂直波面.

波面为同心球面的波称为球面波，见图 8.5.7(a)，左边是剖面图. 球面波波线为径向直线，波面为球面. 严格的球面波是由严格的点波源产生的，一般波源都不是严格的点波源，但是在离波源距离远大于波源尺度的地方，该波源可以近似为点波源，波动近似为球面波.

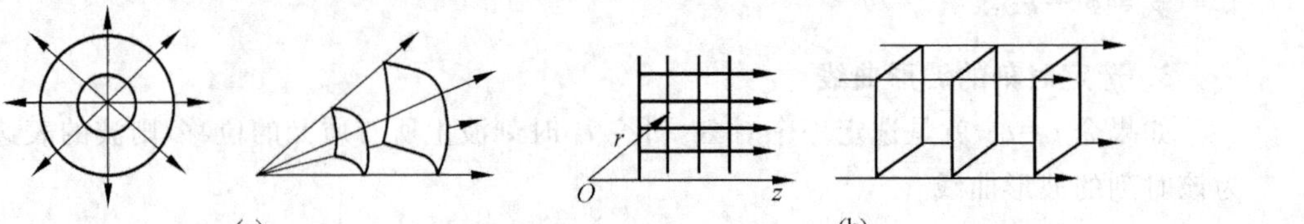

(a)　　(b)

图 8.5.7

平面波是指波面为平行平面的波. 图 8.5.7(b)是三维空间中的平面波，波线为平行直线，波面为与波线垂直的平面. 在球面波的小区域内，波线近似为直线，球面近似为平面，波动近似为平面波. 例如，在地面上可以把太阳光近似认为平行光.

2. 沿任意方向传播的平面简谐波

设平面简谐波在三维空间里沿 $+z$ 方向传播，如图 8.5.7(b)所示. 按(8.5.4)式 z 轴上质元波动表达式为 $\xi(z,t)=A\cos(\omega t-kz+\phi)$. 后面(8.7.2)将说明，无吸收介质中平面简谐波的振幅相同，所以各质元的振动完全取决于位相. 按平面波定义，此平面波同相面为垂直于 z 轴的平面，因此任意点 $\boldsymbol{r}(x,y,z)$ 处质元的位相等于 z 轴上 z 处质元的位相，所以 $\boldsymbol{r}(x,y,z)$ 处质元的振动即此平面简谐波的表达式为

$$\xi(\boldsymbol{r},t)=\xi(z,t)=A\cos(\omega t-kz+\phi)$$

这样，沿 z 轴传播的平面简谐波表现为一维波动. 另一方面，由上式，平面简谐波的同相面方程为

$$\psi=\omega t-kz+\phi=\text{常数}$$

其中 ϕ 为常数. 同相面由同一时刻位相相同的点构成，所以 ωt 也是常数，因此沿 z 轴传播的平面简谐波的同相面方程为

$$z=\text{常数}$$

这正是垂直于 z 轴的平面方程，说明上式确实是沿 $+z$ 方向传播的平面波的波函数. 若平面简谐波传播方向不沿坐标轴，如何写出其表达式？首先定义简谐波的传播矢量简称波矢量或**波矢 $\boldsymbol{k}$**，其模为圆波数 k，方向为波的传播方向，以 $\hat{v}$ 为波的传播方向（波速 $\boldsymbol{v}$ 的方向）上的单位矢量，则波矢可以写作

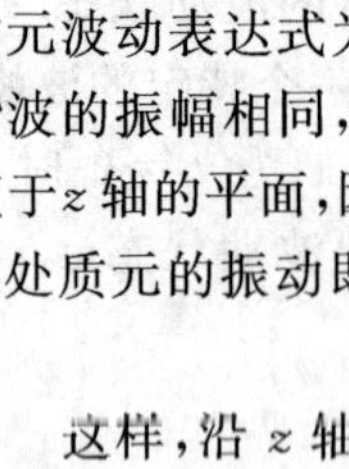

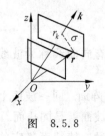

图 8.5.8

$$\boldsymbol{k}=k\hat{v} \tag{8.5.11}$$

参照一维平面简谐波的表达式，如图 8.5.8，设向任意 $\boldsymbol{k}$ 方向传播的平面简谐波为

$$\xi(\boldsymbol{r},t)=A\cos[\omega t+f(\boldsymbol{r})+\phi]$$

其同相面（σ 平面）方程为

$$f(\boldsymbol{r})=\text{常数}$$

由平面波定义，对 $f(\boldsymbol{r})$ 的要求是

(1) 同相面 σ 为垂直于 $\boldsymbol{k}$ 的平面，即“$f(\boldsymbol{r})=$常数”为垂直于 $\boldsymbol{k}$ 的平面方程

(2) $f(\boldsymbol{r})$ 应该无量纲

满足这两个条件的 $f(\boldsymbol{r})$ 为

$$f(\boldsymbol{r}) = \pm \boldsymbol{k} \cdot \boldsymbol{r}$$

$f(\boldsymbol{r})=\pm\boldsymbol{k}\cdot\boldsymbol{r}=\pm kr_k=$常数，说明 $\boldsymbol{r}$ 在 $\boldsymbol{k}$ 方向上的投影 r_k 为常数，由图 8.5.8，满足“$\boldsymbol{k}\cdot\boldsymbol{r}=$常数”的 $\boldsymbol{r}$ 的端点必然都在同一个 $\boldsymbol{k}$ 的垂面 σ 平面上，即“$f(\boldsymbol{r})=\boldsymbol{k}\cdot\boldsymbol{r}=$常数”为垂直于 $\boldsymbol{k}$ 的平面方程.

考虑位相沿 $\boldsymbol{k}$ 方向传播，$\boldsymbol{k}\cdot\boldsymbol{r}$ 小的应为上游、$\boldsymbol{k}\cdot\boldsymbol{r}$ 大的应为下游，上游位相超前下游，所以应取负号，取 $f(\boldsymbol{r})=-\boldsymbol{k}\cdot\boldsymbol{r}$. 于是沿 $\boldsymbol{k}$ 方向传播的平面谐波为

$$\begin{aligned}\xi(\boldsymbol{r},t) &= A\cos(\omega t - \boldsymbol{k}\cdot\boldsymbol{r} + \phi)\\ &= A\cos[\omega t - (k_x x + k_y y + k_z z) + \phi]\end{aligned} \tag{8.5.12}$$

验证：

设平面简谐波沿 $+z$ 传播，$\boldsymbol{k}=k\hat{z}$、$\boldsymbol{k}\cdot\boldsymbol{r}=kz$，得 $\xi(\boldsymbol{r},t)=A\cos(\omega t-kz+\phi)$

设平面简谐波沿 $-z$ 传播，$\boldsymbol{k}=-k\hat{z}$、$\boldsymbol{k}\cdot\boldsymbol{r}=-kz$，得 $\xi(\boldsymbol{r},t)=A\cos(\omega t+kz+\phi)$

结果与一维平面简谐波表达式相符.

平面简谐波特点：振幅不变；$\boldsymbol{k}$ 为常矢；同相面为垂直于 $\boldsymbol{k}$ 的平面.

3. 平面简谐波的振幅矢量图表示

以沿 $+z$ 轴传播的平面波为例. 波表达式为

$$\xi(\boldsymbol{r},t) = A\cos(\omega t - kz + \phi)$$

各处质元振幅相同，振动完全由位相 $\psi(z,t)$ 决定

$$\psi(z,t) = \omega t - kz + \phi$$

振幅矢量 $\boldsymbol{A}$ 以简谐振动圆频率 ω 为角速度绕 O 点逆时针旋转，t 时刻与 Ox 轴夹角为 $\psi(t)$. 振幅矢量 $\boldsymbol{A}$ 在 x 轴投影为平面简谐波表达式，见图 8.5.9. 这就是平面简谐波的振幅矢量图表示.

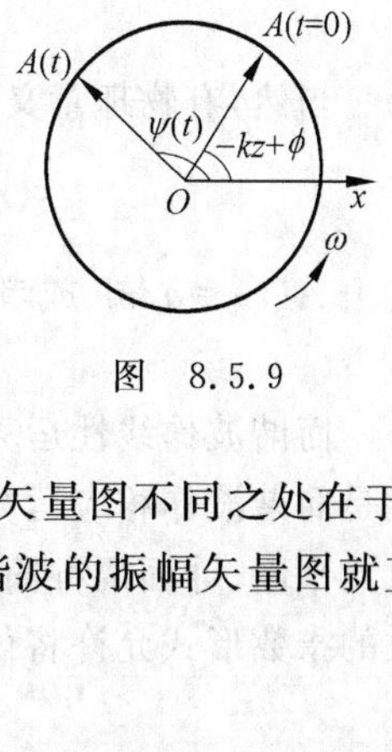

图　8.5.9

这种表示方法实质上是简谐振动的表示法，而任意位置质元振动的表示，就成为波动表示. 简谐波的振幅矢量图与简谐振动的振幅矢量图不同之处在于，其辐角中包含空间位置参量$(-kz)$，位相与 z 有关. 这样由平面简谐波的振幅矢量图就直观地看到 A、ω、Ψ、k、ϕ 参量. 固定位置 $z=z_0$ 后辐角

$$\psi(z_0,t) = \psi(t) = \omega t - kz_0 + \phi$$

即 $\boldsymbol{A}$ 以 ω 绕 O 点逆时针旋转，由 $\boldsymbol{A}$ 在 x 轴投影得到 z_0 处振动规律，相当于 z_0 处质元振动的振幅矢量图；固定时间 $t=t_0$ 后，辐角

$$\psi(z,t_0) = \psi(z) = \omega t_0 - kz + \phi$$

即 $\boldsymbol{A}$ 以“空间角速度 k”绕 O 点随 z 增加顺时针旋转，表明位相减小，说明波是向 z 正方向传播. 由 $\boldsymbol{A}$ 在 x 轴投影得到波形规律. 通常称波长 λ 为“空间周期”，称波长倒数$(1/\lambda)$为“空间频率”，称 k 为空间角速度，相当于单位长度转过的位相角度.

4. 球面简谐波

如图 8.5.10，取球心为坐标系原点，则球面波波矢沿径向，大小相同但方向各异，所以波矢 $\boldsymbol{k}=k\hat{r}$ 不是常矢.

后面将说明球面波振幅 $A(r)$ 与 r 成反比，于是令

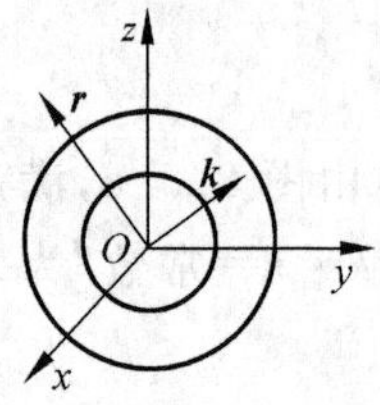

图 8.5.10

$$A(r) = a/r \quad (a \text{ 为正常数})$$

类似平面简谐波，设球面简谐波为

$$\xi(\boldsymbol{r},t) = a\cos\,[\omega t + f(\boldsymbol{r}) + \phi]/r$$

其同相面(球面)方程为

$$f(\boldsymbol{r}) = \text{常数}$$

显然 $f(\boldsymbol{r})=\pm kr$. 考虑位相沿径向向外传播，所以取负号，$f(\boldsymbol{r})=-kr$. 于是沿径向向外传播的球面简谐波为

$$\xi(r,t) = A(r)\cos\psi(r) = \frac{a}{r}\cos\,(\omega t - kr + \phi) \tag{8.5.13}$$

上式适用于均匀各向同性介质. 实际球面波的波源一般不是严格的点波源，当 r 小到不能把波源看作点波源时，该处已不是球面波，上式也不再适用.

8.5.6 简谐波的复数表示、复振幅

与 8.1.5 节中利用欧拉公式用复数表示简谐振动一样，也可以利用欧拉公式用复数表示简谐波. 于是平面简谐波表示为

$$\xi(\boldsymbol{r},t) = A\cos\,(\omega t - \boldsymbol{k}\cdot\boldsymbol{r} + \phi) = \mathrm{Re}\{A\mathrm{e}^{-\mathrm{i}(\omega t - \boldsymbol{k}\cdot\boldsymbol{r} + \phi)}\} \tag{8.5.14}$$

由于 $\xi(\boldsymbol{r},t)$是余弦函数，所以写成指数形式的复数时，指数前面的符号取“+”或“−”都可以. 为了照顾多数文献的习惯，这里采用负号. 实际上常常直接用复数表示简谐波，记为

$$\xi(\boldsymbol{r},t) = A\mathrm{e}^{-\mathrm{i}(\omega t - \boldsymbol{k}\cdot\boldsymbol{r} + \phi)} \tag{8.5.15}$$

当然，有物理意义的是复数的实部. 类似，球面简谐波表示为

$$\xi(r,t) = \frac{a}{r}\cos\,(\omega t - kr + \phi) = \mathrm{Re}\{A(r)\mathrm{e}^{-\mathrm{i}(\omega t - kr + \phi)}\} \tag{8.5.16}$$

其中 $A(r)=a/r$. 或者记为

$$\xi(r,t) = A(r)\mathrm{e}^{-\mathrm{i}(\omega t - kr + \phi)} \tag{8.5.17}$$

简谐波作线性运算(叠加、分解、微积分、……)，都可以先用复数形式运算，结果取实部就是简谐波作相应运算的结果，在很多情况下复数形式运算要简单得多.

平面、球面两种简谐波都是单一频率 ω，区别在于振幅 $A(r)$和位相 ψ 中的空间项，而复数的指数形式允许将位相的时间项和空间项分开，于是引入复振幅

$$U(\boldsymbol{r}) = A(\boldsymbol{r})\mathrm{e}^{-\mathrm{i}\phi(\boldsymbol{r})} \tag{8.5.18}$$

其中 $\phi(\boldsymbol{r})$ 为位相 ψ 中的空间项. 对平面简谐波 $\phi(\boldsymbol{r})=-\boldsymbol{k}\cdot\boldsymbol{r}+\phi$; 对球面简谐波 $\phi(\boldsymbol{r})=-kr+\phi$. 这样平面简谐波的复振幅为

$$U(\boldsymbol{r}) = A\mathrm{e}^{\mathrm{i}(\boldsymbol{k}\cdot\boldsymbol{r} - \phi)} \tag{8.5.19}$$

球面简谐波的复振幅为

$$U(\boldsymbol{r}) = \frac{a}{r}\mathrm{e}^{\mathrm{i}(kr - \phi)} \tag{8.5.20}$$

于是两种简谐波统一为

$$\xi(\boldsymbol{r},t) = U(\boldsymbol{r})\mathrm{e}^{-\mathrm{i}\omega t} \tag{8.5.21}$$

一般地，把波存在的区域称为波场. 很多情况下波场中各质元以同一频率稳定地振动，称为稳定的单频波场，平面简谐波和球面简谐波都是这种波场的特例. 这种波场可以用复振幅 $U(\boldsymbol{r})$普遍地表示各质元的振幅和位相，即表达了波场的主要信息. 实质上，单频稳定

波场的分布就是复振幅 $U(\boldsymbol{r})$ 的分布．稳定的单频波场表示为

$$\xi(\boldsymbol{r},t)=U(\boldsymbol{r})\mathrm{e}^{-\mathrm{i}\omega t} \tag{8.5.22}$$

(8.5.22)式与(8.5.21)式形式上完全相同，但后者仅代表平面简谐波和球面简谐波．稳定的单频波场的分布本质上就是 $U(\boldsymbol{r})$ 的分布．

8.6　波动方程与波速

前面从运动学角度讨论了波的传播以及简谐波的描述．波源振动带动波源处质元振动，然后依靠质元之间相互作用力的联系，将振动传播开来形成波动，即介质内部有序的集体的规则运动．介质内部相互作用即内力是产生波动的根本原因．内力的性质决定了波动的规律．讨论内力性质与波动的关系，建立波动介质中的质元所遵循的运动微分方程——波动方程，是研究波动本质的重要内容．波的周期 T 由波源决定，而波速 v 由介质的力学性质决定，体现了介质力学性质对波动的影响．此外，重力、表面张力、绳子张力等也可以作为振动恢复力引起机械波，机械波的种类超出连续介质的弹性波范畴．

本节将对波动作动力学分析，讨论不同波动的波动方程．

8.6.1　固体中弹性纵波

在弹性极限内，固体中内力为服从胡克定律的弹性力．固体中可以产生和传播纵波和横波．

1. 弹性杆中的纵波

纵波中质元振动方向与波的传播方向平行．选波的传播方向为 z 轴正方向．先讨论均匀圆形直杆中纵波．如图 8.6.1(a)，在杆上想象切下长度 Δz 的一小段，质心为 c，两端位移分别为 $\xi(z)$ 和 $\xi(z+\Delta z)$．注意正应力以向外为正．设杆质量密度为 ρ．对该小段 z 方向

$$\Delta m\partial_{tt}\xi_c=F(z+\Delta z)-F(z)=S[(\sigma_z)_{z+\Delta z}-(\sigma_z)_z]$$

其中，该小段质量 $\Delta m=\rho S\Delta z$，S 为横截面积；为简单起见，本节简记偏微分 $(\partial/\partial t)=\partial_t$、$(\partial^2/\partial t^2)=\partial_{tt}$、$(\partial/\partial z)=\partial_z$、$(\partial^2/\partial z^2)=\partial_{zz}$．取 $\Delta z\to0$，则 $\xi_c\to\xi$、$[(\sigma_z)_{z+\Delta z}-(\sigma_z)_z]=(\partial_z\sigma_z)\Delta z$，于是

$$\rho S\Delta z\,(\partial_{tt}\xi)=S(\partial_z\sigma_z)\Delta z$$

得到

$$\rho(\partial_{tt}\xi)=(\partial_z\sigma_z) \tag{8.6.1}$$

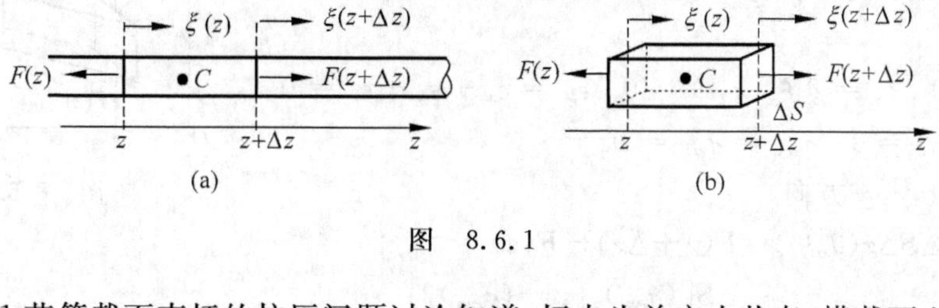

图　8.6.1

由 7.2.1 节等截面直杆的拉压问题讨论知道，杆内为单应力状态，横截面上应力为

$$\sigma_z=Y\varepsilon_z=Y(\partial_z\xi) \tag{8.6.2}$$

将 σ_z 代入上式，最后得到等截面直杆的纵波波动方程为

$$\frac{\partial^2 \xi}{\partial t^2} = \frac{Y}{\rho} \frac{\partial^2 \xi}{\partial z^2} \tag{8.6.3}$$

下面将说明,方程中$(\partial_{zz}\xi)$项的系数(Y/ρ)是波速的平方,所以均匀圆形直杆中纵波波速

$$v_{/\!/} = \sqrt{Y/\rho} \tag{8.6.4}$$

一般的弹性直杆中即使不是单向应力状态,但偏差并不大,可以近似应用上面的结果.

2. 无限大介质中的纵波

如果是很大的介质,例如在地球中传播的地震波,就要考虑σ_x、σ_y的影响. 如图8.6.1(b),在大介质中取一小段棱线平行于z轴的长方体,横截面积ΔS、长度Δz、质心c. 设变形前固体质量分布均匀,质量密度为ρ. z方向传播的平面纵波只有z方向位移$\xi=\xi_z(z,t)$,其他方向位移为零,在长方体各截面上只有线应变,没有剪应变,所以只有正应力没有剪应力,即$\sigma_{\tau xy}=\sigma_{\tau xz}=\sigma_{\tau yz}=0$. 对该小段$z$方向应用牛顿定律得

$$\Delta m(\partial_{tt}\xi_c) = F(z+\Delta z) - F(z) = \Delta S[(\sigma_z)_{z+\Delta z} - (\sigma_z)_z]$$

取$\Delta z \to 0$后消去ΔS、Δz,也得到(8.6.1)式$\rho(\partial_{tt}\xi)=(\partial_z\sigma_z)$.

由(7.1.6c)式$\sigma_z=Y[\mu\varepsilon_V/(1-2\mu)+\varepsilon_z]/(1+\mu)$. 对平面波$\varepsilon_x=\varepsilon_y=0$,$\varepsilon_V=\varepsilon_z=(\partial_z\xi)$,因此(7.1.6c)式为

$$\sigma_z = Y(1-\mu)(\partial_z\xi)/[(1-2\mu)(1+\mu)] \tag{8.6.5}$$

将σ_z代入(8.6.1)式,最后得到大介质中的纵波波动方程为

$$\frac{\partial^2 \xi}{\partial t^2} = \frac{Y}{\rho(1-2\mu)(1+\mu)}(1-\mu)\frac{\partial^2 \xi}{\partial z^2} \tag{8.6.6}$$

于是得到大介质中(称为无限大介质)的纵波波速为

$$\begin{aligned} v_{/\!/\infty} &= \{Y(1-\mu)/[\rho(1-2\mu)(1+\mu)]\}^{1/2} \\ &= \{(1-\mu)/[(1-2\mu)(1+\mu)]\}^{1/2} v_{/\!/} \end{aligned} \tag{8.6.7}$$

其中$v_{/\!/}$是均匀圆形直杆中纵波波速.

8.6.2 固体中弹性横波

如图8.6.2,仍取波传播方向为z轴,取y轴平行于质元振动方向. 取一小段棱线平行于z轴的长方体,横截面积ΔS、长度Δz、质心c.

z方向传播的平面横波只有y方向位移$\xi=\xi_y(z,t)$,其他方向位移为零. 只有$\partial_z\xi=\varepsilon_{\tau yz}\neq 0$,其他剪应变以及线应变都是零

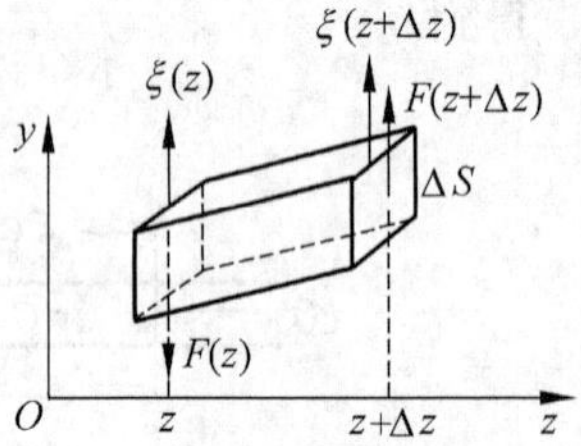

图 8.6.2

$$\varepsilon_x = \varepsilon_z = 0 \quad \varepsilon_y = \partial_y\xi_y(z,t) = 0 \quad \varepsilon_V = \varepsilon_x + \varepsilon_y + \varepsilon_z = 0$$

$$\sigma_x = \sigma_y = \sigma_z = 0 \quad \sigma_{\tau xy} = \sigma_{\tau xz} = 0$$

对该长方体y方向

$$\begin{aligned} \rho\Delta S\Delta z(\partial_{tt}\xi_c) &= F(z+\Delta z) - F(z) \\ &= \Delta S[(\sigma_{\tau yz})_{z+\Delta z} - (\sigma_{\tau yz})_z] \end{aligned}$$

取$\Delta z \to 0$,则$\xi_c \to \xi$、$[(\sigma_{\tau yz})_{z+\Delta z} - (\sigma_{\tau yz})_z] = (\partial_z\sigma_{\tau yz})\Delta z$,于是$\rho\Delta S\Delta z\ (\partial_{tt}\xi) = \Delta S(\partial_z\sigma_{\tau yz})\Delta z$,即

$$\rho(\partial_{tt}\xi) = (\partial_z\sigma_{\tau yz}) \tag{8.6.8}$$

由胡克定律 $\sigma_{\tau yz}=G\varepsilon_{\tau yz}=G(\partial_z\xi)$，得到固体中平面横波波动方程

$$\frac{\partial^2\xi}{\partial t^2}=\frac{G}{\rho}\frac{\partial^2\xi}{\partial z^2} \tag{8.6.9}$$

于是固体中横波波速为

$$v_\perp=\sqrt{G/\rho} \tag{8.6.10}$$

由(7.1.12)式

$$G=Y/2(1+\mu)$$

所以同一种固体中纵波与横波波速之比为

$$\begin{cases} v_{/\!/}/v_\perp=(Y/G)^{1/2}=[2(1+\mu)]^{1/2} \\ v_{/\!/\infty}/v_\perp=[2(1-\mu)/(1-2\mu)]^{1/2} \end{cases} \tag{8.6.11}$$

取 $\mu=0.35$，得 $v_{/\!/}/v_\perp=1.64$，$v_{/\!/\infty}/v_\perp=2.08$.

表 8.6.1 中给出一些固体中弹性波的波速以及泊松比 μ.

表 8.6.1 某些固体中弹性波的波速以及泊松比

	细棒中纵波 $v_{/\!/}$/(m/s)	无限大介质中纵波 $v_{/\!/\infty}$/(m/s)	无限大介质中横波 $v_\perp$/(m/s)	泊松比 μ	$\sqrt{\frac{2(1-\mu)}{1-2\mu}}$	$v_{/\!/\infty}/v_\perp$
低碳钢	5200	5960	3235			
铝	5000	6420	3040	0.355	2.10	2.11
电解铁	5120	5950	3240	0.29	1.84	1.84
铜	3750	5010	2270	0.37	2.2	2.21
铅	1210	1960	690	0.43	2.85	2.84
熔凝氧化硅	5760	5968	3764	0.17	1.59	1.59
硬玻璃	5170	5640	3280	0.24	1.71	1.72
重火石玻璃	3720	3980	2380	0.224	1.68	1.67
聚乙烯	920	1950	540	0.458	3.59	3.61

表 8.6.1 中倒数第二列是理论上 $v_{/\!/\infty}$ 与 $v_\perp$ 的比值 $[2(1-\mu)/(1-2\mu)]^{1/2}$，最后一列是实测的 $v_{/\!/\infty}$ 与 $v_\perp$ 的比值，两者基本相符.

地震中纵波波速 $v_{/\!/}\sim7$ km/s，横波波速 $v_\perp\sim4$ km/s，这是在无限大介质中传播的弹性波. 在地震学中利用接收到的地震纵波与横波时间差来计算震源位置. 此外地震纵波破坏性小于地震横波破坏性. 接到地震纵波后发出警报，在地震横波到来之前还可以有若干秒的反应时间. 据说日本 2008 年 6 月初利用两波速度差在地震横波到来之前提前 10 秒钟发出警报.

地壳的很多性质也是通过对地震波分析得到. 为研究地壳性质，常常用人工爆破产生地震波. 图 8.6.3 描述地震纵、横波的波速随深度变化. 在深度约 2900 m 时，纵波波速突然下降，横波消失，并且产生反射波，表明 2900 m 处为间断面，间断面以上为固态称为地幔，以下为液态，称为地核. 在深度 5000 km 以下又出现横波，说明在液态的地核中心存在固态内核.

8.6.3 流体中声波

1. 流体中平面声波

流体中没有剪切力也没有拉应力，只有压应力——压强，压强 $P=-(\sigma_x+\sigma_y+\sigma_z)/3=$

$-\sigma_0$，对应的应变是体应变．在波动之前流体处于稳定的静平衡状态，内部已经存在压强和体积压缩，以此时作为质元的平衡位置．在波源作用下流体产生波动，引起质元相对平衡位置的微小位移ξ，造成体积的膨胀与收缩和压强的起伏．

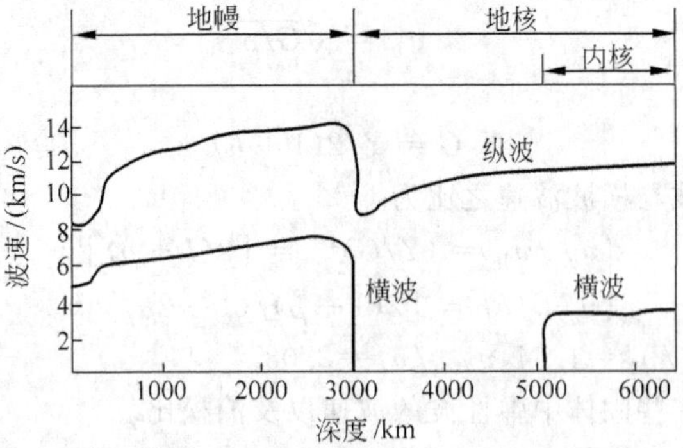

图 8.6.3

设流体静平衡状态时密度为 ρ_0、压强为 P_0．产生波动后，波动引起压强起伏为 $\Delta P(\boldsymbol{r},t)$，对平面波为 $\Delta P(z,t)$，则总压强 $P(z,t)=P_0+\Delta P(z,t)$．选波的传播方向为 z 轴正方向，在流体中取一段母线平行于 z 轴的柱体，横截面积为 ΔS．这段柱体的运动是波动压强引起，所以 z 方向方程（流体波动为纵波，ξ 沿 z 方向，投影为ξ）

$$\rho_0 \Delta S \Delta z(\partial_{tt}\xi_c) = -[\Delta P(z+\Delta z) - \Delta P(z)]\Delta S$$

取 $\Delta z \to 0$ 则 $\xi_c \to \xi$、$[\Delta P(z+\Delta z)-\Delta P(z)]=(\partial_z \Delta P)\Delta z$，于是

$$\rho \Delta S \Delta z\ (\partial_{tt}\xi) = -\Delta S \Delta z(\partial_z \Delta P),$$

即

$$\rho(\partial_{tt}\xi) = -(\partial_z \Delta P) \tag{8.6.12}$$

下面仿照 7.1 节讨论固体体应变的方法，定义流体中一点 A 处的体应变．在平衡态 P_0 时以 $A(x,y,z)$ 处为起点，沿 x、y、z 轴分别取 Δx、Δy、Δz 的长度为边长作出小长方体，体积为 $V_0=\Delta x \Delta y \Delta z$．在波动压强 ΔP 作用下产生形变使 V_0 的增量为 ΔV，$\Delta V/V_0$ 为平均体应变，Δx、Δy、Δz 分别趋于零时平均体应变的极限为 A 处体应变 $\varepsilon_V(x,y,z)$，即

$$\varepsilon_V(x,y,z) = \lim_{\substack{\Delta x\to 0\\ \Delta y\to 0\\ \Delta z\to 0}} (\Delta V/V) \tag{8.6.13}$$

严格讲这里的 ε_V 应该称为相对体应变，即在原有变形基础上由于压强增量而产生的体应变．设在 Δx、Δy、Δz 很小时新增加的线应变分别为 ε_x、ε_y、ε_z，则形变后的边长近似为 $(1+\varepsilon_x)\Delta x$、$(1+\varepsilon_y)\Delta y$、$(1+\varepsilon_z)\Delta z$，于是

$$\Delta V \approx (1+\varepsilon_x)(1+\varepsilon_y)(1+\varepsilon_z)\Delta x \Delta y \Delta z - V_0 \approx (\varepsilon_x+\varepsilon_y+\varepsilon_z)\Delta x \Delta y \Delta z$$

所以 Δx、Δy、Δz 分别趋于零时 A 处体应变

$$\varepsilon_V(x,y,z) = \varepsilon_x + \varepsilon_y + \varepsilon_z = \nabla \cdot \xi \tag{8.6.14}$$

设 A 处波动压强 $\Delta P(z,t)$ 与它产生的体应变成正比，即

$$\Delta P = -K\varepsilon_V = -K\nabla \cdot \xi \tag{8.6.15}$$

其中 K 为流体的体弹性模量．式(7.1.9)定义固体体弹性模量 K 为 σ_0 与体应变 ε_V 的比例系数

$$\sigma_0 = K\varepsilon_V \approx K(\Delta V)/V$$

其中，$\sigma_0=(\sigma_x+\sigma_y+\sigma_z)/3$，$V$ 为未形变时的小体积，ΔV 为平均应力 σ_0 作用下 V 的形变. 注意体弹性模量 K 的两种定义有所不同，固体定义中体应变 ε_V 是从应力为零、形变为零开始，而流体定义中体应变是从压强为 P_0 的稳定平衡状态开始，平衡状态时已经有了形变.

实验表明，压强 P 在从零开始相当大的范围内变化时液体的 K 都可以看作常数，与 (P_0,V_0) 无关，并且流体压强 $P=-\sigma_0$，所以对液体来说 K 的两种定义是相同的. 对气体，在大的压强范围内 P 与 V 不成线性关系，只是在状态 (P,V) 附近的小变形情况下 K 才近似为常数，K 是 (P,V) 的函数，而且气体没有压强为零的状态，所以，对气体来说，按固体的方法定义体弹性模量没有意义.

z 方向传播的平面纵波 $\xi=\xi_z(z,t)$，其他方向位移为零，所以 $\varepsilon_V=\varepsilon_z=\partial_z\xi$. 从图 8.6.4 也可以直接看出，波动过程中横截面积不变，所以体积的变化率就是 z 方向的长度变化率，即 ε_z. 由(8.6.15)式

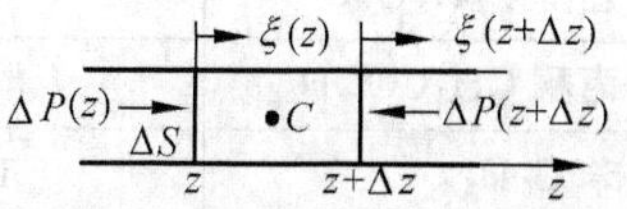

图 8.6.4

$$\Delta P = -K\varepsilon_V = -K\partial_z\xi \tag{8.6.16}$$

代入(8.6.12)式得到流体波动方程

$$\frac{\partial^2\xi}{\partial t^2} = \frac{K}{\rho}\frac{\partial^2\xi}{\partial z^2} \tag{8.6.17}$$

于是流体中声速为(设平衡态时质量密度为 ρ_0)

$$v = \sqrt{K/\rho_0} \tag{8.6.18}$$

流体特别是气体中粒子实际上可以自由移动，一个质元包含了大量粒子，质元位移 ξ 是大量粒子位移的统计平均值，是一种理论处理方法，实际上不能直接测量. 实际测量的是压强 ΔP. 可以将上面关于质元位移 ξ 的波动方程改写为压强的波动方程，压强波是标量波. 下面用小写字母 p 代表波动压强起伏 ΔP，则(8.6.12)式为

$$\partial_z p = -\rho(\partial_{tt}\xi)$$

方程两边求对 z 的偏导数，利用(8.6.16)式 $(\partial_z\xi)=-p/K$ 得到关于声压 p 的波动方程

$$\frac{\partial^2 p}{\partial t^2} = \frac{K}{\rho}\frac{\partial^2 p}{\partial z^2} \tag{8.6.19}$$

声速仍然为 $v=\sqrt{K/\rho_0}$.

设 $\xi(z,t)=A\cos(\omega t-kz)$，则由(8.6.16)式

$$\begin{aligned} p &= -K\partial_z\xi = -KkA\sin(\omega t-kz) = -\rho_0 v^2 kA\sin(\omega t-kz) \\ &= Z\omega A\cos(\omega t-kz+\pi/2) = P\cos(\omega t-kz+\pi/2) \end{aligned}$$

其中 $K=\rho_0 v^2$，$vk=\omega$，波阻 $Z=\rho_0 v$. 波阻 Z 将在后面 8.7 节讨论. 则声压 p 振幅为 $P=Z\omega A$.

为了计算声速，先求流体的体弹性模量 K. 直接按 (8.6.15)式给出的一点处压强与体应变关系来计算或测量 K 很不方便，因为很难确定或测量质元的位移. 实际上是从平衡态 (P_0,V_0) 开始进行缓慢地加压或减压到附近的平衡态 (P,V)，整个流体变形均匀，相对于初态 (P_0,V_0) 体应变为 $\varepsilon_V=(V-V_0)/V_0$，于是(8.6.15)式为

$$P-P_0 = -K(V-V_0)/V_0 \tag{8.6.20}$$

两边对 V 求导得

$$K = -V_0 \frac{\partial P(P_0, V_0)}{\partial V} \tag{8.6.21}$$

液体主要通过实验用(8.6.20)式测量 K 值. 表 8.6.2 给出一些液体的体弹性模量 K、质量密度 ρ_0、声速 v. 其中倒数第二列的 v 是实验值，最后一列是计算值.

表 8.6.2　一些液体的体弹性模量 K、质量密度 ρ_0、声速 v（20℃，一个大气压）

	$K/(10^8\,\mathrm{N/m^2})$	$\rho_0/(10^3\,\mathrm{kg/m^3})$	$v/(\mathrm{m/s})$	计算 $(K/\rho_0)^{1/2}$
水 H_2O	22	0.998	1482.9	1485
甲醇 CH_3OH	8.13	0.7913	1121	1014
乙醇 C_2H_5OH	9.01	0.7893	1168	1068
丙酮 CH_3COCH_3	7.94	0.7905	1190	1002
苯 C_6H_6	10.5	0.8790	1324	1093
甲苯 $C_6H_5CH_3$	11.0	0.866 83	1327.5	1126
三氯甲烷	9.90	1.4891	1002.5	815.3
甘油	47.6	1.2613	1923	1942

对气体主要利用(8.6.21)式计算，计算过程要涉及波动过程的热学性质假定.

牛顿在 1687 年首先推导出空气中声速公式. 推导中认为声波运动中温度不变，因此应用了等温过程的波义耳定律

$$PV = 常数 = P_0 V_0 \tag{8.6.22}$$

由此得到 $\partial_V P(P_0, V_0) = -P_0/V_0$，由(8.6.21)式得

$$K_{等温} = V_0 P_0 / V_0 = P_0$$

由此计算标准状况空气（摄氏零度，气压 $P_0 = 1.013\times10^5\,\mathrm{N/m^2}$，$\rho_0 = 1.29\,\mathrm{kg/m^3}$）中声速

$$v_{等温} = (K/\rho_0)^{1/2} = (P_0/\rho_0)^{1/2} = 280\ \mathrm{m/s} \tag{8.6.23}$$

这个结果与实验结果 332 m/s 出入较大. 后来人们认识到，空气声波过程进行得很快，空气本身不易导热，所以声波过程中各质元之间来不及传热，波动是绝热过程. 1816 年拉普拉斯得到绝热过程下空气中声速. 将空气看作理想气体，绝热过程方程为

$$PV^\gamma = 常数 = P_0 V_0{}^\gamma \tag{8.6.24}$$

由此得到 $\partial_V P(P_0, V_0) = -\gamma P_0/V_0$，由(8.6.21)式得

$$K_{绝热} = -V_0[\partial_V P(P_0, V_0)] = \gamma P_0$$

其中 $\gamma = 1.40$ 是空气的比热容比. 于是在绝热过程假设下，得到标准状况空气的声速

$$v = (K/\rho_0)^{1/2} = (\gamma P_0/\rho_0)^{1/2} = 332\ \mathrm{m/s} \tag{8.6.25}$$

这个结果与实验结果相当符合，说明绝热过程假设是正确的.

2. 流体中三维声波

在流体中取边界为 S 的小体积 ΔV，质心 c、平衡态质量密度 ρ_0，波动压强 ΔP 记为 p，ΔV 很小，忽略体积力（重力），则

$$\rho_0 \Delta V(\partial_{tt}\xi_c) = \oint_S(-p\,\mathrm{d}\boldsymbol{S}) = -\int \nabla p\,\mathrm{d}V$$

当 $\Delta V \to 0$ 时 $-\int \nabla p\,\mathrm{d}V \to -\nabla p\Delta V$，$\xi_c \to \xi(\boldsymbol{r})$，于是由(8.6.15)式 $p = -K\nabla\cdot\xi$

$$\rho_0(\partial_{tt}\xi) = -\nabla p = K\nabla(\nabla\cdot\xi)$$

$\nabla(\nabla\cdot\xi)=\nabla^2\xi+\nabla\times(\nabla\times\xi)$. 由于流体没有剪切力，因此没有剪应变，$\nabla\times\xi=0$，所以$\nabla(\nabla\cdot\xi)=\nabla^2\xi$. 于是

$$\rho_0\frac{\partial^2\xi}{\partial t^2} = K\nabla^2\xi \tag{8.6.26}$$

这是三维波动方程，声速仍为 $v=(K/\rho_0)^{1/2}$.

总结起来，固体、流体中由于应力和应变(线、剪、体应变)的线性关系得到统一的线性波动方程，由此确定了波速. 波速平方正比于相互作用强度(弹性模量)、反比于惯性(质量密度).

以上讨论了连续介质中由于内部应力引起的各种波动的波动方程和波速. 下面讨论其他原因引起的波动.

8.6.4 弦上横波

如图 8.6.5，将一根均匀柔弦用拉力 T 拉紧. 柔弦指弦中仅有拉应力. 设弦上质元只作上下微小振动，在弦上形成横波. 弦上各质元之间的横向运动靠张力联系，忽略弦长度的变化，忽略重力，柔弦线密度为 η. 取 $z\sim z+\Delta z$ 小段，设其质量为 Δm，在振动方向上应用牛顿定律

$$\Delta m(\partial_{tt}\xi_c) = T_2\sin\theta_2 - T_1\sin\theta_1$$

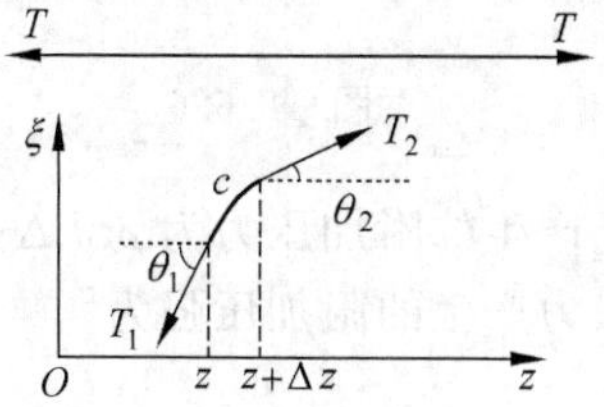

图 8.6.5

质元在 z 方向上没有运动，所以小段弦所受 z 方向合力为零

$$0 = T_2\cos\theta_2 - T_1\cos\theta_1$$

由于是微小振动，θ_1、$\theta_2\ll1$，因此 $\cos\theta_2\approx\cos\theta_1\approx1$、$\sin\theta_1\approx\theta_1\approx\tan\theta_1=(\partial_z\xi)_z$、$\sin\theta_2\approx\theta_2\approx\tan\theta_2=(\partial_z\xi)_{z+\Delta z}$. 所以

$$T_2 \approx T_1 \approx 常数 = T$$

小段长度$\approx\Delta z$，$\Delta m\approx\eta\Delta z$，于是 $\eta\Delta z(\partial_{tt}\xi_c)\approx T[(\partial_z\xi)_{z+\Delta z}-(\partial_z\xi)_z]$. 取 $\Delta z\to0$ 则 $\xi_c\to\xi$、$[(\partial_z\xi)_{z+\Delta z}-(\partial_z\xi)_z]=(\partial_{zz}\xi)\Delta z$，于是得到柔弦上小振动横波的波动方程

$$\frac{\partial^2\xi}{\partial t^2}=\frac{T}{\eta}\frac{\partial^2\xi}{\partial z^2} \tag{8.6.27}$$

这就是典型的一维平面波波动方程，波速为

$$v = (T/\eta)^{1/2} \tag{8.6.28}$$

8.6.5 水面波

液体中声波依靠压强与体应变的联系传播，一般是不能直接观测到的. 日常能够看到的波很少，人们熟悉的可以用肉眼观察到的是液体表面的波动，称为液面波. 以下以水为例，水面波也称水波. 水波千姿百态，“风乍起，吹皱一池春水”(五代南唐冯延巳《谒金门》，《南唐二主、冯延巳词选》)“波神留我看斜阳，唤起鳞鳞细浪”(张孝祥，《西江月》，《宋词选》235 页)“惊涛拍岸，卷起千堆雪”(苏轼，《念奴娇 · 赤壁怀古》)“阴风怒号，浊浪排空”(范仲淹，《岳阳楼记》)，……，给大自然添上无限风采. 水波的波长从毫米量级(称为毛细波，表面张力作用为主)到几千公里(如潮涌波和海啸波)；水波的幅度从零点几毫米到几十米. 深

水波波速与频率有关，从 20 cm/s（波长 $\lambda\sim2$ cm）到每小时几百公里（波长 λ 很大）；浅水波波速由水深决定，与频率无关，1 米水深的浅水波波速约为 3 m/s.

没有波动的静止水面是水平的，属于平衡状态. 波动时水面起伏，水质元在平衡位置附近振动，将质元拉向平衡位置的恢复力是重力和表面张力. 水的体应变其实非常小，水波不涉及体应变引起的压强，所以在讨论水波时忽略体应变，把水当作不可压缩的流体. 为简单只讨论两维(x,y)情况，位移和压强都与 z 无关，沿 z 方向的波形都是平行直线，称为直波. 在两维情况下位移$\xi(x,y,t)=(\xi_x,\xi_y)$，为平面矢量.

1. 直波运动动力学方程

如图 8.6.6，取平衡水面为 y 轴零点. 平衡时水深为 h. 研究水面上层一小块水的运动.

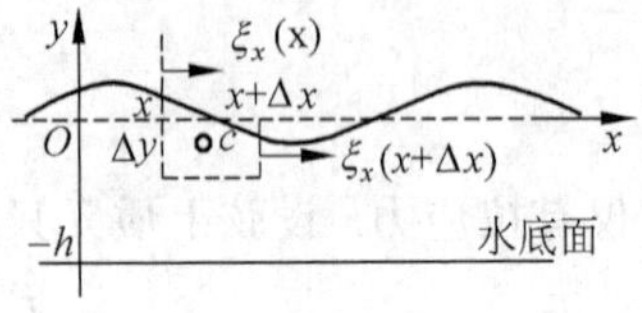

图 8.6.6

取静止时 $x\sim x+\Delta x$、$0\sim-\Delta y$、z 方向长度为L 的一小块水体为对象，质量 $\Delta m=\rho L\Delta x\Delta y$. x 处水面升高 $\xi_y(x,0,t)$，简记为 $\xi_y(x)$，在 x 处竖直截面上产生的附加压强为 $\rho g\xi_y(x)$，忽略水面升高对截面面积的影响，在截面上产生的附加压力为 $\rho gL\Delta y\xi_y(x)$. 类似，$(x+\Delta x)$处水面升高 $\xi_y(x+\Delta x,0,t)$，简记为 $\xi_y(x+\Delta x)$，在$(x+\Delta x)$处竖直截面上产生的附加压力为 $\rho gL\Delta y\xi_y(x+\Delta x)$. 直波液面为圆柱面. 由(7.3.13)式，圆柱面上表面张力产生的附加压强为

$$\alpha/r\approx-\alpha(\partial_{xx}\xi_y)$$

其中 r 为水面的曲率半径，由(1.3.33)式，略去了$(\partial_x\xi_y)$并且忽略 ξ_x 的影响，则 $r\approx1/(\partial_{xx}\xi_y)$. 如果水面为凹面时$(\partial_{xx}\xi_y)>0$，但附加压强为负，所以加负号. 于是对 Δm 在 x 方向有

$$\rho L\Delta y\Delta x(\partial_{tt}\xi_{cx})=L\Delta y\{-\rho g[\xi_y(x+\Delta x)-\xi_y(x)]$$
$$+\alpha[-\partial_{xx}\xi_y(x)+\partial_{xx}\xi_y(x+\Delta x)]\}$$

取 $\Delta x\to0$、$\Delta y\to0$ 则 $\xi_{cx}\to\xi_x(x,0,t)$、$[\xi_y(x+\Delta x,0,t)-\xi_y(x,0,t)]=(\partial_x\xi_y)|_{y=0}\Delta x$、$[-\partial_{xx}\xi_y(x)+\partial_{xx}\xi_y(x+\Delta x)]=(\partial_{xxx}\xi_y)|_{y=0}\Delta x$，于是上式化简为

$$(\partial_{tt}\xi_x)|_{y=0}=[-g(\partial_x\xi_y)+\alpha(\partial_{xxx}\xi_y)/\rho]|_{y=0} \tag{8.6.29}$$

此式就是水面质元的运动微分方程. 要解这个运动方程必须找到 $\xi_x(x,0,t)$和 $\xi_y(x,0,t)$的关系.

2. 水波质元运动学方程

要找到 ξ_x 和ξ_y 之间的关系，首先要了解水波质元运动的限制条件. 由水的不可压缩性其体应变为零，于是

$$\nabla\cdot\xi=\partial_x\xi_x+\partial_y\xi_y=0 \tag{8.6.30}$$

其次，流速场无旋，即

$$\nabla\times\boldsymbol{v}=\frac{\partial}{\partial t}(\nabla\times\xi)=0$$

因此$(\nabla\times\xi)=$常数，取常数为零得

$$\nabla\times\xi=(\partial_x\xi_y-\partial_y\xi_x)\hat{z}=0 \tag{8.6.31}$$

(8.6.30)式和(8.6.31)式就是水波质元的运动学条件.

3. ξ_x与 y 无关情况下的波动方程和谐波解

先假设 ξ_x 与y 无关以便得到ξ_x 与水面上质元 y 向分位移$\xi_y(x,0,t)$的简单关系，将

$\xi_y(x,0,t)$简记为 ξ_y. 考虑图 8.6.6 中静止时 $x\sim x+\Delta x$、$0\sim -h$、z 方向长度为 L 的从水面到水底的一块水体为对象，由于水不可压缩、长度 L 保持不变，忽略 ξ_y 的高阶小 $\Delta\xi_y$，得

$$h\Delta x=(\Delta x+\Delta\xi_x)(h+\xi_y+\Delta\xi_y/2)\approx(\Delta x+\Delta\xi_x)(h+\xi_y)$$

略去高阶小，当 $\Delta x\to 0$ 时得到一个竖直截面上 ξ_x 与 $\xi_y(x,0,t)$的关系

$$\xi_y(x,0,t)=-h(\partial_x\xi_x) \tag{8.6.32}$$

将其代入(8.6.29)式，并且略去表面张力，得到波动方程为

$$\partial_{tt}\xi_x=gh(\partial_{xx}\xi_x) \tag{8.6.33}$$

这是关于 ξ_x 的线性波动方程，波速为

$$v=(gh)^{1/2} \tag{8.6.34}$$

简谐波是方程的解. 所以可以设(为简单计，选择时间零点使初位相 $\phi=0$)

$$\xi_x(x,y,t)=A\cos(\omega t-kx)$$
$$\xi_y(x,0,t)=-h(\partial\xi_x/\partial x)=-hkA\sin(\omega t-kx)$$

这样简单地讨论无法得到 ξ_y 与 y 的函数关系.

4. 位移的谐波假设、水波频率和波速

实际上质元的位移不可能与 y 无关，特别是 ξ_y，在水底与底面接触处 $\xi_y=0$. 参考上面的谐波解，设普遍情况下 ξ_x、ξ_y 为振幅与 y 有关的简谐波

$$\xi_x=a(y)\cos(\omega t-kx)\qquad \xi_y=b(y)\sin(\omega t-kx)$$

虽然在一般情况下 ξ_x、ξ_y 不具有(8.6.32)式表示的那种简单的同一截面关系，但是当 ξ_x 空间变化率为零时该处 ξ_y 也为零、ξ_x 空间变化率大时该处$|\xi_y|$也大的关系还是对的，即 $\partial_x\xi_x\propto\xi_y$，所以设 ξ_x 为$(\omega t-kx)$的余弦函数，ξ_y 为$(\omega t-kx)$的正弦函数.

将 ξ_x、ξ_y 的简谐波解代入质元位移的运动学条件(8.6.30)和(8.6.31)式，得

$$ka(y)\sin(\omega t-kx)+b'(y)\sin(\omega t-kx)=0\qquad ka(y)=-b'(y)$$
$$-kb(y)\cos(\omega t-kx)-a'(y)\cos(\omega t-kx)=0\qquad kb(y)=-a'(y)$$

消去 $b(y)$得到关于 $a(y)$的二阶微分方程

$$a''-k^2a=0$$

于是得到

$$a(y)=Ae^{ky}+Be^{-ky}\qquad b(y)=-a'(y)/k=-Ae^{ky}+Be^{-ky}$$

由边界条件 $\xi_y(-h,t)=0$，得 $b(-h)=0=-Ae^{-kh}+Be^{kh}$，于是 $B=Ae^{-2kh}$. 代入上式得

$$a(y)=A(e^{ky}+e^{-2kh}e^{-ky})\qquad b(y)=-a'(y)/k=-A(e^{ky}-e^{-2kh}e^{-ky})$$

于是得到简谐波

$$\begin{cases}\xi_x=A\cos(\omega t-kx)(e^{ky}+e^{-2kh}e^{-ky})\\ \xi_y=-A\sin(\omega t-kx)(e^{ky}-e^{-2kh}e^{-ky})\end{cases} \tag{8.6.35}$$

将上式代入水面质元的运动微分方程(8.6.29)式，得到

$$-\omega^2A\cos(\omega t-kx)(1+e^{-2kh})$$
$$=-[gkA\cos(\omega t-kx)+\alpha k^3A\cos(\omega t-kx)/\rho](1-e^{-2kh})$$

由此得到水波的频率和波速分别为

$$\omega=[(gk+\alpha k^3/\rho)(1-e^{-2kh})/(1+e^{-2kh})]^{1/2} \tag{8.6.36}$$

$$v=\omega/k=[(g/k+\alpha k/\rho)(1-e^{-2kh})/(1+e^{-2kh})]^{1/2} \tag{8.6.37}$$

室温下水的表面张力系数 $\alpha=7.2\times10^{-2}\,\mathrm{N/m}$、$\rho=1.00\times10^{3}\,\mathrm{kg/m^3}$，于是

$$\alpha/\rho=7.2\times10^{-5}$$

当 $k\sim370$，即波长 $\lambda\sim0.02\,\mathrm{m}$ 时 $g/k\sim\alpha k/\rho$，表面张力的影响与重力影响大体相当，此时称为重力毛细波. 所以只有波长 $\lambda\gg0.02\,\mathrm{m}$ 时表面张力对水波的影响才可以忽略，称为重力波.

由于 ξ_x、ξ_y 的相互影响，人们看到的水波形状并不是余弦曲线. 液面上 $(x,0)$ 处质元在 t 时刻位置为

$$\begin{aligned}&[x+\xi_x(x,0,t),\xi_y(x,0,t)]\\&=[x+A\cos(\omega t-kx)(1+e^{-2kh}),-A\sin(\omega t-kx)(1-e^{-2kh})]\end{aligned}$$

5. 深水波

若 $kh\gg1$，即 $h\gg\lambda$，称为深水波，此时 $e^{-2kh}\approx0$，位移 x、y 分量谐波为

$$\begin{cases}\xi_x=A\cos(\omega t-kx)e^{ky}\\ \xi_y=-A\sin(\omega t-kx)e^{ky}=A\cos(\omega t-kx+\pi/2)e^{ky}\end{cases} \tag{8.6.38}$$

实际上，当 $h=\lambda$ 时，$e^{-2kh}=e^{-2\pi}\approx0.002$，深水波已经是很好的近似. 平常在河、湖看到的水波波长都不长，远小于水深，都属于深水波. 深水波振幅随水深下降，在水深超过一个波长之后波动就很小了，深层没有水波扰动. 深水波的另一个特点是每个质元的 x、y 方向位移都是简谐振动，振幅相同、位相差为 $\pi/2$，由 8.4.4 节振动方向互相垂直谐振动的合成知道，水质元作顺时针的圆周运动，见图 8.6.7(a).

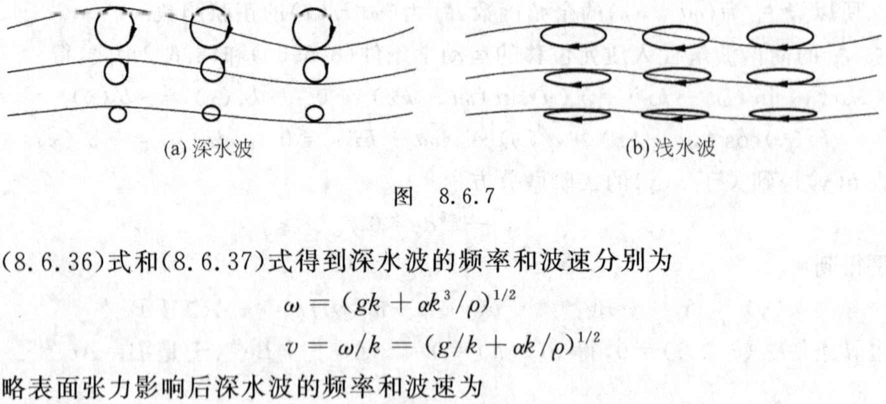

(a) 深水波　　(b) 浅水波

图 8.6.7

由(8.6.36)式和(8.6.37)式得到深水波的频率和波速分别为

$$\omega=(gk+\alpha k^3/\rho)^{1/2}$$

$$v=\omega/k=(g/k+\alpha k/\rho)^{1/2}$$

忽略表面张力影响后深水波的频率和波速为

$$\omega=(gk)^{1/2} \tag{8.6.39}$$

$$v=(g/k)^{1/2} \tag{8.6.40}$$

6. 浅水波

若 $kh\ll1$，即 $h\ll\lambda$，称为浅水波，此时位移 x、y 分量谐波为

$$\xi_x=2A\cos(\omega t-kx)\quad \xi_y=-2k(h+y)A\sin(\omega t-kx) \tag{8.6.41}$$

注意到水底处 $\xi_y(x,-h,t)=0$，水面上 $\xi_y(x,0,t)=-h\,(\partial\xi_x/\partial x)$，所以浅水波正是前面所假设的 ξ_x 与 y 无关的最简单情况. 由于 $kh\ll1$，所以 ξ_y 的振幅远远小于 ξ_x 的振幅，并且还随深度增加而减少，一直减到水底为零，见图 8.6.7(b)示意图. 由(8.6.36)式和(8.6.37)式得到浅水波的频率和波速

$$\omega=[(gk+\alpha k^3/\rho)(1-e^{-2kh})/(1+e^{-2kh})]^{1/2}\approx[kh(gk+\alpha k^3/\rho)]^{1/2}$$

$$v=[(g/k+\alpha k/\rho)(1-e^{-2kh})/(1+e^{-2kh})]^{1/2}\approx[kh(g/k+\alpha k/\rho)]^{1/2}$$

忽略表面张力影响后浅水波的频率和波速为

$$\omega=(gk^2h)^{1/2} \tag{8.6.42}$$

$$v=(gh)^{1/2} \tag{8.6.43}$$

8.6.6 一维线性波动方程

一维平面弹性波、柔弦上横波和忽略表面张力的浅水波的波动方程都是典型的一维线性波动方程

$$\frac{\partial^2\xi}{\partial t^2}=c\frac{\partial^2\xi}{\partial z^2}$$

其中 c 为正常数，在前面讨论的波动方程中分别为 Y/ρ、G/ρ、K/ρ_0、T/η、gh. 凡是能够实现的波都是波动方程的解；凡是波动方程的解都能够实现.

平面简谐波 $\xi(z,t)=A\cos(\omega t\pm kz+\phi)$ 满足波动方程. 将其代入方程

方程左边 $=-\omega^2A\cos(\omega t\pm kz+\phi)$　方程右边 $=-ck^2A\cos(\omega t\pm kz+\phi)$

如果 c 是波速 v 的平方，那么 $k^2=\omega^2$，于是方程右边 $=-\omega^2A\cos(\omega t\pm kz+\phi)=$ 方程左边. 这是 $c=v^2$ 的一个理由. 平面简谐波是一维线性波动方程的最简单最基本最重要的解. 方程本身对平面简谐波的频率没有限制，ω 可取任意实数. ω 确定之后，波长也随之确定，$\lambda=2\pi/k=2\pi v/\omega$.

可以用变量代换方法求波动方程的通解. 令常数 $v=\sqrt{c}$，以及 $u=z-vt$、$w=z+vt$，则 $\partial_t u=-v$、$\partial_z u=1$；$\partial_t w=v$、$\partial_z w=1$. $\xi(z,t)=\xi[u(z,t),w(z,t)]$，于是

$$\partial_t\xi=(\partial_u\xi)(\partial_t u)+(\partial_w\xi)(\partial_t w)=-v(\partial_u\xi)+v(\partial_w\xi)$$

$$\begin{aligned}\partial_{tt}\xi&=-v\partial_t(\partial_u\xi)+v\partial_t(\partial_w\xi)=-v[(\partial_{uu}\xi)(\partial_t u)+(\partial_{uw}\xi)(\partial_t w)]\\&\quad+v[(\partial_{wu}\xi)(\partial_t u)+(\partial_{ww}\xi)(\partial_t w)]=v^2(\partial_{uu}\xi)-2v^2(\partial_{uw}\xi)+v^2(\partial_{ww}\xi)\\&=c[(\partial_{uu}\xi)-2(\partial_{uw}\xi)+(\partial_{ww}\xi)]\end{aligned}$$

类似，有

$$\partial_{zz}\xi=(\partial_{uu}\xi)+2(\partial_{uw}\xi)+(\partial_{ww}\xi)$$

将上面结果代入波动方程得

$$\partial_{uw}\xi=0$$

先对 w 积分得

$$\partial_u\xi=f_1(u)$$

再对 u 积分得波动方程的通解

$$\begin{aligned}\xi(z,t)&=\int f_1(u)\mathrm{d}u+g(w)=f(u)+g(w)\\&=f(z-vt)+g(z+vt)\end{aligned} \tag{8.6.44}$$

其中 f、g 为任意函数.

实际上 $f(z-vt)$、$g(z+vt)$ 代表普遍的以 v 为波速的平面波. 设 $\xi(z,t)=f(z-vt)=f(u)$，在 u 坐标系中 $f(u)$ 图形不变；在 z 坐标系中观察，u 坐标系以及其中的 $f(u)$ 图形以 v 匀速向右运动. 在 8.5.3 节中指出，任何一种平面波，只要在传播过程中波形不变，波动过

程就相当于一个刚性波形以波速匀速运动；如果已知其 t_0 时刻波形为 $\xi(z,t_0)$、波速为 v，则向右传播的波表达式为 $\xi(z,t)=\xi\{[z-v(t-t_0)],t_0\}$，向左传播的波表达式为 $\xi(z,t)=\xi\{[z+v(t-t_0)],t_0\}$. 可见，$f(u)$ 就是 $t=0$ 时刻的波形，所以 $f(z-vt)$ 是以 v 为波速向 $+z$ 传播的平面波. 类似可说明 $g(z+vt)$ 是以 v 为波速向 $-z$ 传播的平面波. 由波动方程通解波形传播的物理意义可知，平面简谐波的振幅必然是常数，各处都相同.

对平面波 $\xi(z,t)=f(z\pm vt)$，令 $u=z\pm vt$，有关系

$$\partial_t\xi=(\mathrm{d}f/\mathrm{d}u)(\partial_t u)=\pm v(\mathrm{d}f/\mathrm{d}u)=\pm v(\partial_z\xi) \tag{8.6.45}$$

$$\partial_{tt}\xi=v^2(\mathrm{d}^2 f/\mathrm{d}u^2)=v^2(\partial_{zz}\xi) \tag{8.6.46}$$

由(8.6.46)式可知，平面波 $\xi(z,t)=f(z\pm vt)$ 满足波动方程.

波动方程还有一个很重要的特性：**若 $\xi=\xi_0(z,t)$ 是方程的一个解，那么 $\xi_0(z,t)$ 关于 z 或 t 的偏导数 $(\partial_u\xi_0)$ 也是方程的解，其中 u 代表 z 或 t.** 证明如下.

由 $(\partial_{tt}\xi_0)=v^2(\partial_{zz}\xi_0)$，两边对 u 求导得

$$\partial_u(\partial_{tt}\xi_0)=v^2\partial_u(\partial_{zz}\xi_0)$$

即

$$\partial_{tt}(\partial_u\xi_0)=v^2\partial_{zz}(\partial_u\xi_0)$$

所以 $(\partial_u\xi_0)$ 也是波动方程的解. 由此，如果 ξ 代表位移是方程的解，其传播速度为 v，那么应变、应力、速度、加速度都是 ξ 对 z 或 t 的各阶导数，所以这些物理量也同样是波动方程的解，也是以 v 传播的波.

8.6.7 相互作用的传播

通过波动和波动方程的讨论了解到，波动是质元位移的传播，实质上也是应力和应变的传播，即作用力的传播. 例如敲击钢轨，相当于施加一个脉冲作用. 这个作用脉冲成为脉冲波波源，以波速向两边传播，远处摸着钢轨的人，过一段时间才能感觉到钢轨的振动，再过一段时间才能听到敲击声. 同样，用钢丝绳牵引一辆很长的拖车，先是拉动与绳接触的拖车质元，然后依次拉动后面的质元. 从开始拉到拉动整车需要一段短暂的时间差，大致是波动在车内传播的时间. 即使车整体运动起来以后，相对于拖车质心系的波动还可能存在，只是振动很小很难觉察.

所以没有超距作用，也没有"绝对刚体". 外界对物体的作用以波动的形式以波速在物体内部传播. 波速是研究作用传播的重要参量. 由此可知，刚体模型不但忽略了物体的变形而且忽略了作用传播的时间以及物体内的波动.

8.7 波的能量传输

从动力学角度看，波传输的是能量和动量.

8.7.1 波的能量密度

1. 波的能量密度

波动介质中单位体积内介质由于参与波动所具有的能量称为波的能量密度，用小写的 e 表示. 首先讨论动能密度. 设无波动时介质质量密度为 ρ，取小体积 ΔV，体积小到可以近

似 ΔV 内质元具有相同速度$(\partial\xi/\partial t)$. 于是该处的动能密度为

$$e_k = \frac{1}{2}\rho\Delta V(\partial\xi/\partial t)^2/\Delta V = \frac{1}{2}\rho(\partial\xi/\partial t)^2 \tag{8.7.1}$$

在 7.2 节固体形变中给出了固体弹性变形的势能密度. 纵波(线应变)势能密度(7.2.2)式

$$e_p = \varepsilon_z\sigma_z/2 = Y(\partial\xi/\partial z)^2/2$$

横波(切应变)势能密度(7.2.16)式

$$e_p = \varepsilon_t\sigma_t/2 = G(\partial\xi/\partial z)^2/2$$

类似体应变的势能密度为

$$e_p = K(\partial\xi/\partial z)^2/2 \tag{8.7.2}$$

弦上横波单位长度的(线)势能密度

$$e_p = T(\partial\xi/\partial z)^2/2 \tag{8.7.3}$$

下面推导弦上横波的势能密度(8.7.3)式,推导过程中要区分波动势能和非波动势能. 如图 8.7.1,取静止时长度为 Δx 的弦,在 T 力作用下 Δx 伸长 u. 于是

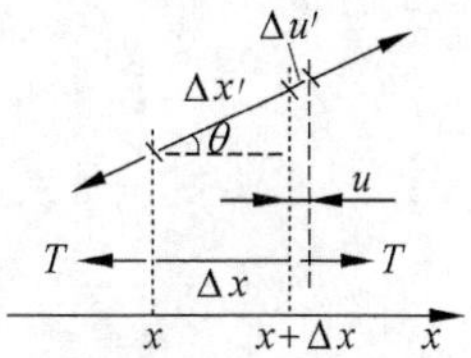

图 8.7.1

$$T = ku$$

其中 k 为线弹性系数. 静止时这段弦的弹性势能

$$E_p = \int_0^u ku\,\mathrm{d}u = ku^2/2$$

波动时$(\Delta x+u)$成为

$$(\Delta x'+u') = (\Delta x+u)\sec\theta \approx (1+\tan^2\theta/2)\ (\Delta x+u)$$

其中利用了小振动 $\theta\ll 1$ 的条件. 波动引起的伸长

$$\Delta u = (\Delta x'+u') - (\Delta x+u) \approx (\Delta x+u)\ \tan^2\theta/2$$

这段弦由于波动引起的势能即波动势能

$$\Delta E_p = k(u+\Delta u)^2/2 - ku^2/2 \approx ku\Delta u = T\Delta u$$

所以波动势能密度

$$e_p = \lim_{\Delta x\to 0}(\Delta E_p/\Delta x) = T\lim_{\Delta x\to 0}(\tan^2\theta/2) = T(\partial\xi/\partial z)^2/2$$

利用波速 v 把上面的各类势能密度统一为

$$e_p = \frac{1}{2}\rho v^2(\partial\xi/\partial z)^2 \tag{8.7.4}$$

其中 ρ 一般为质量密度,对弦 ρ 为线密度.

机械波的能量密度 e 包括势能密度和动能密度

$$e = e_k + e_p = \frac{1}{2}\rho[v^2(\partial\xi/\partial z)^2 + (\partial\xi/\partial t)^2] \tag{8.7.5}$$

2. 一维平面波

如 8.6.5 节所述,一维平面波普遍表达式为 $\xi(z,t)=f(z\pm vt)$. 由(8.6.65)式 $(\partial\xi/\partial t)^2 = v^2(\partial\xi/\partial z)^2$,所以一维平面波的动能密度等于势能密度

$$e_k = \frac{1}{2}\rho(\partial\xi/\partial t)^2 = \frac{1}{2}\rho v^2(\partial\xi/\partial z)^2 = e_p \tag{8.7.6}$$

于是一维平面波的能量密度

$$e = 2e_k = 2e_p$$

3. 平面简谐波

以向$+z$方向传播的平面简谐波为例，并且记位相 $\psi=\omega t-kz+\phi$，则平面简谐波为 $\xi=A\cos(\omega t-kz+\phi)=A\cos\psi$，于是平面简谐波的动能密度、势能密度和机械能能量密度分别为

$$e_k = e_p = \frac{1}{2}\rho\omega^2 A^2 \sin^2\psi \tag{8.7.7}$$

$$e = 2e_k = \rho\omega^2 A^2 \sin^2\psi = \frac{1}{2}\rho\omega^2 A^2(1-\cos 2\psi) \tag{8.7.8}$$

所以 e_k、e_p、e 也是波动，频率为 2ω、波长为 $\lambda/2$，波速是圆频率与圆波数之比，仍为 v. 所以能量也像位移一样，从上游以波速 v 向下游传播. 图 8.7.2(a)表示 t_0 时刻平面简谐波的位移波和能量波的波形图 $\xi(z,t_0)$ 和 $e(z,t_0)$.

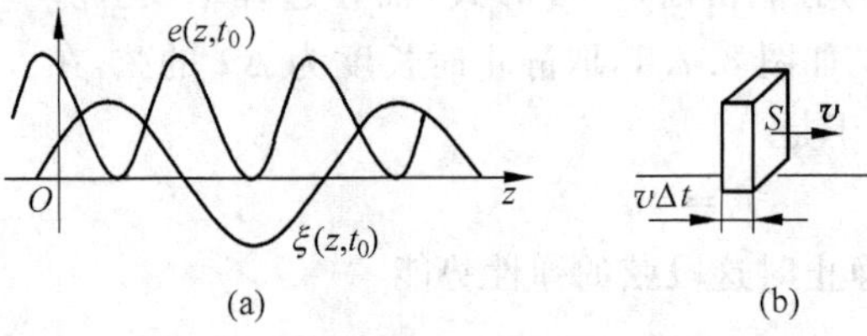

图 8.7.2

无阻尼自由振动的振动系统是孤立系统机械能守恒，依靠动能和势能的相互转换来维持运动. $|\xi|$最大时速度为零，即动能为零而势能最大，$\xi=0$ 时势能为零而动能最大.

与无阻尼自由振动不同，平面简谐波 $e_k=e_p$，动能 e_k、势能 e_p 之间不发生能量转化，每个质元机械能的增加来自上游的输运，机械能的减少是将能量输运给下游. 每个质元或是每一部分介质都是开放系统，通过相互作用力与外界交换能量. 平面简谐波里，在$|\xi|$最大处振动速度 u 为零、应变$(\partial\xi/\partial z)$为零，即 $e_k=e_p=0$；在 $\xi=0$ 处，$|u|$和$|\partial\xi/\partial z|$最大，即 e_k、e_p、e 最大.

8.7.2 能流和能流密度

1. 能流密度

在波的传播过程中，图 8.7.2(a)的能量波的波形也是刚性地以波速 v 匀速运动，表明能量在空间输送或是定向流动，称为能流. 为了定量讨论能流，如图 8.7.2(b)，在垂直于波速的横截面上取面积 S. Δt 内能量波的波形图向前移动距离 $v\Delta t$，因此以 S 为底面高度为$(v\Delta t)$的微小体积内的波动能量都在 Δt 内通过 S 面，所以 Δt 内通过 S 面的波动能量为

$$e\Delta V = eSv\,\Delta t$$

定义通过 S 面的(瞬时)能流(或能量通量)为单位时间内通过 S 面的波动能量. 所以通过 S 面的**能流**为

$$eSv\,\Delta t/\Delta t = eSv$$

称单位时间内通过垂直于传播方向的单位面积的波动能量为(瞬时)**能流密度** i,

$$i = \text{能流}/S = ev$$

2. 波的强度

波动有强有弱. 波动的强弱可以用波输送的能量来衡量. 但是用(瞬时)能流密度 i 来表示波动强度不合适,因为 i 随时间改变,例如无论多么强的简谐波都有 i 等于零的时刻. 所以定义波的强度 I 为能流密度的时间平均值,对周期波动,就是一个周期的时间平均值. 用符号"⟨⟩"表示平均值,于是

$$I=\langle i\rangle=\langle e\rangle v \tag{8.7.9}$$

其中,波速 v 为常数,所以 $\langle ev\rangle=\langle e\rangle v$. 如果是平面简谐波,由(8.7.8)式得平面简谐波的强度为

$$\begin{aligned}I&=\langle e\rangle v=v\int_0^T e\mathrm{d}t/T=v\int_0^T\rho\omega^2A^2(1-\cos 2\psi)\mathrm{d}t/2T\\&=\rho v\omega^2A^2/2\end{aligned} \tag{8.7.10}$$

3. 特性阻抗 Z

在电学中,电压驱动电流,电压与电流之积为电功率,电压与电流之比为电路常数,称为阻抗,在直流电路中阻抗就是电阻. 在力学中,应力推动质元运动,力与速度的乘积为功率,力与速度之比为介质常数,称为特性阻抗或波阻. 以弹性棒内弹性纵波为例,应力与应变的关系为

$$\sigma_z=Y\varepsilon_z=Y(\partial\xi/\partial z)$$

对平面波 $\xi(z,t)=f(z\pm vt)$,由(8.6.45)式 $(\partial\xi/\partial z)=\pm(\partial\xi/\partial t)/v$. 其中 $|\partial\xi/\partial t|$ 是质元速率 u,所以应力 σ_z 与质元速率 u 之比,即为单位面积上的特性阻抗 Z

$$Z=|\sigma_z|/|\partial\xi/\partial t|=Y/v=\rho v \tag{8.7.11}$$

对其他各种波的单位面积上的特性阻抗都可以表示为 ρv. 于是平面谐波的波强为

$$I=Z\omega^2A^2/2 \tag{8.7.12}$$

在电路问题中有阻抗匹配问题,如果外电路中阻抗过大或过小,电源都不能有效地输出功率,只有外电路中阻抗合适(称为阻抗匹配) 电源才可以输出最大功率. 在力学中也有阻抗匹配问题,例如人们游泳,划手、蹬腿来推水获得水的推力向前游动,水的阻抗比较合适可以使人的力量发挥出来,相当于阻抗匹配. 如果人在空气中同样划手,由于空气阻抗小所以人感到"使不出力",几乎感受不到空气对手的推力,这就相当于阻抗不匹配.

4. 平面简谐波和球面简谐波的振幅

如果波动的各个质元的振动情况不变,都在作稳定不变的周期振动(如果是简谐振动,其振幅和初位相保持不变),这样的波动称为稳定波. 前面讨论的平面简谐波和球面简谐波都是稳定波. 稳定波动的能量密度 e 随时间起伏,而 e 的时间平均值 $\langle e\rangle$ 为常数,与 t 无关;任意闭合曲面内部稳定波动的能量也随时间起伏,能量在闭合曲面上流入和流出,但是平均能量保持不变,因此在忽略介质的吸收和其他损耗后,通过任意闭合曲面的平均能量通量一定为零,流入的平均能量等于流出的平均能量. 在波动介质中选一个闭合曲面如图 8.7.3,其侧面为波射线构成,两个底面 S_1、S_2 垂直于传播方向. 从 S_1 面流入能量、从 S_2 面流出能量,侧面没有能量流动. 取 S_1、S_2 面积很小使该面上的波强 I_1、I_2 为常数,所以单位时间内流入和流出闭合曲面的平均能量为 I_1S_1 和 I_2S_2,于是对于稳

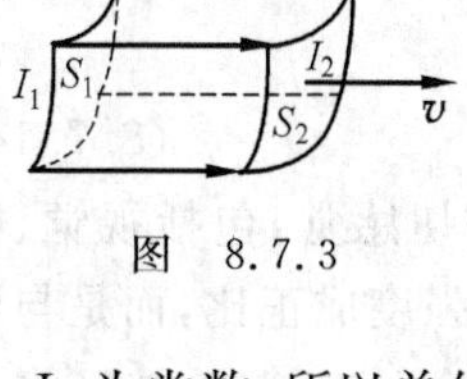

图 8.7.3

定波

$$I_1S_1 = I_2S_2 \tag{8.7.13}$$

如果是平面波,波射线为平行直线,S_1、S_2 面为平行平面,所以 $S_1=S_2$,于是 $I_1=I_2$,即平面波的波强为常数. 平面简谐波的波强与振幅平方成正比,因此平面简谐波传播时振幅不变. 这是平面简谐波振幅不变的又一说明. 如果是球面波,波射线为径向直线,S_1、S_2 面分别为半径 r_1、r_2 的微元球面,所以 $S_1/S_2=r_1^2/r_2^2$,于是 $I_1/I_2=r_2^2/r_1^2$,即球面波的波强与半径平方成反比. 球面简谐波的波强与振幅平方成正比,因此球面简谐波的振幅与半径成反比,即(8.5.13)式的根据.

8.7.3 声强和声强级

固体中弹性波和流体中声波统称为声波,声波的强度称为声强,所以声强就是波的强度 I. 对简谐波声强为

$$I = Z\omega^2A^2/2 = P^2/2Z$$

其中 $P=Z\omega A$ 为声压振幅. 声强是客观的物理参数. 人们听到声音后,对声波的强弱有主观的判断. 人的听觉首先与频率有关. 人能够听见 20~20 000 Hz 的声音. 频率高于 20 000 Hz 的声音称为超声波,低于 20 Hz 的称为次声波. 人的声音频率在 65 Hz(男低音)到 11 000 Hz(女高音)范围内. 人类耳朵对声音的敏感度取决于声音的频率. 对于 2500 Hz 到 3000 Hz 的声音,人类耳朵的反应最灵敏,因此讨论人的听觉时先要确定频率. 一般确定在 $\nu=1000$ Hz. 这个频率下,人在空气中能够听到的最小声强约为 10^{-12} W/m^2,称为闻阈 I_0. 当声强超过 1 W/m^2 时听着很难受,有疼痛感,这个声强称为痛感阈. 实际上人耳对声压很敏感. 0℃条件下 1 大气压的空气密度 $\rho_0=1.29$ kg/m^3、声速 $v=332$ m/s,对于闻阈 I_0,频率 $\nu=1000$ Hz 的声波的振幅 $A=(2I_0/\rho_0 v)^{1/2}/2\pi\nu=1\times10^{-11}$ m,甚至小于一个原子的大小,相应的声压振幅 $P=(2\rho_0 vI_0)^{1/2}=3\times10^{-5}$ Pa.

如果把闻阈和痛感阈当作人耳听到的声强的上下限,这个声强范围达到 12 个量级. 直接用声强来表达人对声波强弱的感觉是不方便的也是不科学的. 科学的定义要考虑人体对外界刺激的反应,即考虑客观强度与主观响度之间、心理量和物理量之间的关系. 在心理物理学中有一个"韦伯-费希纳定律"(Weber-Fechner's law)的感觉法则. 韦伯(E. H. Weber, 1795—1878)是德国生理学家和心理学家,通过实验发现了**韦伯定律:对两个刺激物的辨别能力不是取决于两者差异的绝对值,而是取决于差异的相对值**. 20 年后在 18 世纪中叶,德国物理学家费希纳(G. T. Fechner, 1801—1887)将韦伯定律总结为公式 $\Delta r/r=k$(常数),其中 r 指对人体的刺激量,Δr 为可以感觉到的刺激差别量. 并在此基础上,提出了一个假定:把最小可感觉的相对刺激差(称为差别阈限)作为心理感觉量的单位,也就是每增加一个差别阈限,心理感觉量增加一个单位,即 $\Delta r/r=\Delta S$,S 为感觉量. 把差别阈限看作连续的写成微分后再积分,并取积分常数为零,得到费希纳的对数定律,简称费希纳定律或者**韦伯-费希纳定律**

$$S = c\lg r \tag{8.7.14}$$

其中 S 为感觉量、c 为常数、r 为物理刺激量. 这个定律说明了人的一切感觉,包括视觉、听觉、肤觉(含痛、痒、触、温度)、味觉、嗅觉等等,都不是与对应物理量的强度成正比,而是与对应物理量的强度的对数成正比的. 韦伯在研究过程中应用了物理实验方法,费希纳又将韦

伯定律发展为定量的关系式,从而开创了心理物理学.

按韦伯-费希纳定律定义一个由人的心理感觉决定的声音响度物理量——**声强级** L. 声强 I 所对应的声强级为

$$L = 10\lg \frac{I}{I_0} \tag{8.7.15}$$

声强级单位为 dB(分贝). 闻阈 $L=0$ dB、痛阈 $L=120$ dB. 人耳能够分辨的最小的声强级差为 1 dB. 分贝不仅是声强级单位,还可以表示放大倍数,例如放大器输出与输入的比值为放大倍数,放大倍数用"分贝"作单位时称之为增益.

按普通人的听觉,下面列出不同声强级所对应的环境以及人的感觉(表 8.7.1):

表 8.7.1 不同声强级所对应的环境以及人的感觉

声强级/dB	0～20	20～40	40～60	60～70	70～90	90～100	100～120
感觉与环境	静、几乎感觉不到	安静、轻声絮语	一般、普通室内谈话	吵闹、有损神经细胞	很吵、破坏神经细胞	剧吵、听力受损	难忍、一分钟暂时致聋

8.8 波的衍射、反射和折射

在各向均匀同性介质中波沿直线传播，当波遇到障碍或是小孔时波要绕行称为衍射;在介质交界面处波会改变传播方向,发生反射和折射. 本节用惠更斯原理讨论波的衍射、反射和折射.

8.8.1 惠更斯原理

惠更斯原理不涉及波的性质以及介质性质,讨论的方法和结果适用于所有波动情况.

1. 惠更斯原理

前面讨论了机械波的产生与传播,以绳波为例,波源带动与之接触的绳子质元,这些质元又带动后面的质元,……,依次而下,上游带动下游,在介质中形成波动. 由波的产生过程可知,前面的绳子质元也是后面绳子的波源,带动后面绳子产生波动. 因此从物理本质上讲,上游的每一个质元都可以作为下游波动的波源. 17 世纪末,惠更斯将这个物理思想推广到所有的波动(把光波也当作某种弹性波),作为讨论所有波传播方向的普遍原理——**惠更斯原理**.

在波传播的过程中,媒质中波传到的各点都可以看作开始发出子波的点波源;此后某一时刻在波前进方向上这些子波的包络面就是实际的波在该时刻的波前.

例 8.8.1 在均匀各向同性介质中波沿直线传播.

如图 8.8.1(a),设平面波在 t 时刻的波面为平面,上面的每一点都是发射子波的点波源,并且开始向右边发射球面波. 由于介质均匀各向同性波速为 v,因此在 Δt 之后各个子波的半径都是 $v\Delta t$,所以 $(t+\Delta t)$ 时刻这些球面的包络面(公切面)是与 t 时刻波面平行的平面,由此推论下去,在均匀各向同性介质中平面波的波面都是彼此平行的平面,沿直线传播. 类似,如图 8.8.1(b),可以讨论球面波在均匀各向同性介质中沿直线传

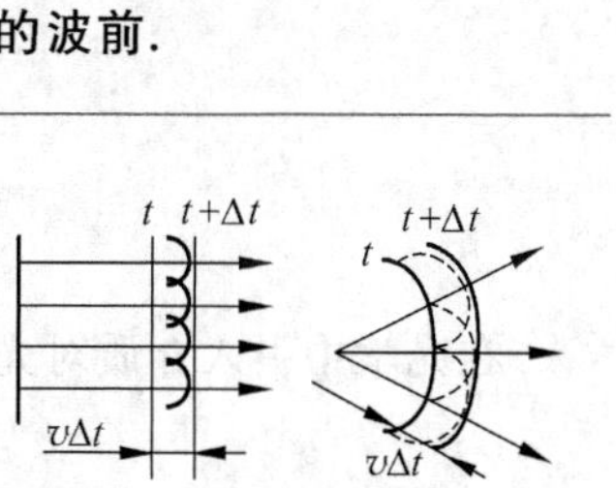

图 8.8.1

播. 设球面波在 t 时刻的波面为球面，上面的每一点作为点波源向右边发射球面波. $(t+\Delta t)$ 时刻这些球面的包络面是与 t 时刻波面同心的球面，所以球面波也沿直线传播.

2. 波的衍射

如图 8.8.2，平面波垂直入射到小孔上. 小孔平面是有限的，小孔平面上点波源发出的球面波的包络面不再是严格的平面，在边缘处包络面成为球面，于是边缘处波线偏离原来的传播方向，“绕射”到小孔的背后，即产生衍射. 发生绕射的都是靠近边缘的波线，中间部分波线仍然保持直线传播. 当孔较大时衍射部分所占比例很小可以忽略不记；孔越小衍射部分所占比例越大. 实验表明，当孔的尺度小到可以与波长相比时，衍射现象就相当明显不可忽略了.

8.8.2 反射和折射定律

平面波以入射角 θ_1 斜入射到两介质的交界面上，t 时刻波前为 ABC 平面. 经过时间 τ 后在 $(t+\tau)$ 时刻 C 点到达界面上 C' 处，此时已经到达交界面的入射波的各个质元已经分别向介质 1、2 发射了半球面子波. $(t+\tau)$ 时刻介质 1 中半球面子波的包络面为平面 $A'B'C'$，也就是 $(t+\tau)$ 时刻反射波的波前，反射波波线与平面 $A'B'C'$ 垂直；同样，$(t+\tau)$ 时刻介质 2 中折射波波前为半球面子波包络面 $A''B''C'$，折射波波线与平面 $A''B''C'$ 垂直(图 8.8.3).

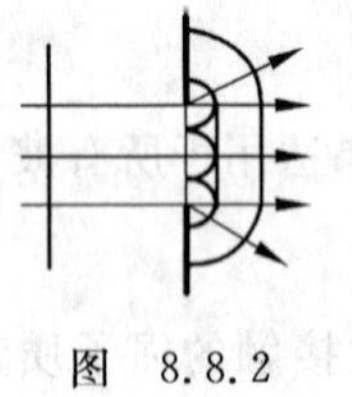

图 8.8.2

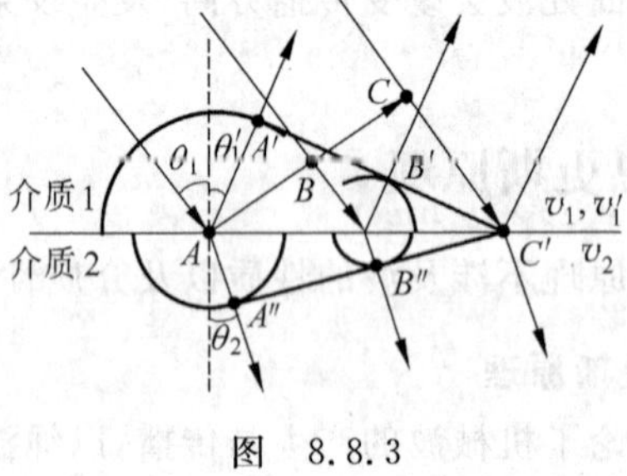

图 8.8.3

设介质 1 中入射波和反射波的波速分别为 v_1 和 v_1'、介质 2 中折射波的波速为 v_2，则

$$\overline{CC'} = v_1\tau \qquad \overline{AA'} = v_1'\tau \qquad \overline{AA''} = v_2\tau$$

$$\angle CAC' = \theta_1 \qquad \angle AC'A' = \theta_1' \qquad \angle AC'A'' = \theta_2$$

$$\sin\theta_1 = \overline{CC'}/\overline{AC'} \qquad \sin\theta_1' = \overline{AA'}/\overline{AC'} \qquad \sin\theta_2 = \overline{AA''}/\overline{AC'}$$

于是得到反射定律和折射定律

$$\frac{\sin\theta_1'}{\sin\theta_1} = \frac{v_1'}{v_1} \tag{8.8.1}$$

$$\frac{\sin\theta_2}{\sin\theta_1} = \frac{v_2}{v_1} \tag{8.8.2}$$

在光学中引入介质对光的绝对折射率

$$n = c/v \tag{8.8.3}$$

于是光学的折射定律为

$$n_1\sin\theta_1 = n_2\sin\theta_2 \tag{8.8.4}$$

注意固体中可以出现横波和纵波两种波速不同的弹性波，因此在同一种固体介质中会有两种波速. 从固体射向别的介质时反射波的波速 v_1' 可能不等于入射波波速 v_1，于是入射角可能不等于反射角. 而射入固体中的波也会有两种不同的折射角.

在光学中有全反射现象. 当光从光密介质射向光疏介质，即 $n_1 > n_2$ 时，折射角大于入射角，存在临界角 $\theta_c = \arcsin(n_2/n_1)$，临界角 θ_c 是使折射角为 $\pi/2$ 的入射角. 如果入射角 θ_1 大于 θ_c 就不会出现折射而全部反射，称为全反射. 同样对机械波也可能发生全反射. 当波从波速小的介质射向波速大的介质，即 $v_1 < v_2$ 时，也存在临界角 $\theta_c = \arcsin(v_1/v_2)$，如果入射角 θ_1 大于 θ_c 就会出现全反射.

例 8.8.2 流水中波的折射.

前面讨论反射、折射定律时，波速 v 都是静止介质中的波速，或者是相对于介质的波速. 在流动流体（流速 $\boldsymbol{u}$）中传播的波受流体流动的影响，波速是相对于介质的波速 $\boldsymbol{v}$ 与流速 $\boldsymbol{u}$ 的矢量和.

下面讨论一种最简单的情况：上层为静水下层是水平方向流速均匀为 u 的流水，静水中声速为 v. 以地面为参考系. 静水中波速 $v_1 = v$ 各向同性，流水中波速 v_2 与波动传播方向即折射角 θ_2 有关，相当于介质各向异性

$$\boldsymbol{v}_2 = \boldsymbol{v} + \boldsymbol{u}$$

由图 8.8.4(a)并利用 $u \ll v$ 的条件得到

$$v = (v_2^2 - 2v_2 u \sin\theta_2 + u^2)^{1/2}$$
$$\approx v_2(1 - u\sin\theta_2/v_2) = v_2 - u\sin\theta_2$$
$$v_2 \approx v + u\sin\theta_2$$

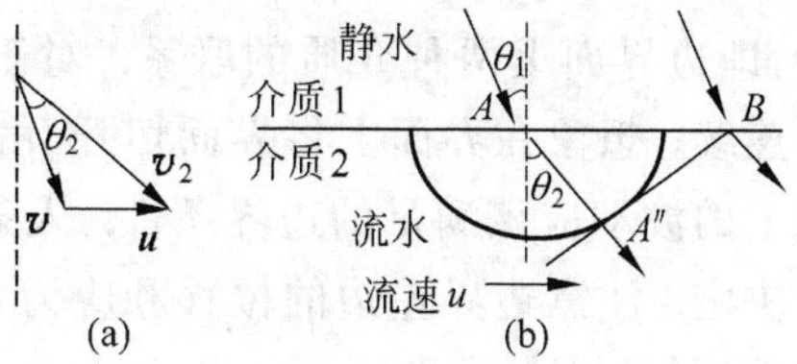

图 8.8.4

这样，t 时刻 A 在流水中发射的子波不再是半球面，$(t+\tau)$ 时刻介质 2 中折射波波前为图 8.8.4(b)所示的曲面，折射子波波前包络面为 $A''B$，折射波波线与平面 $A''B$ 垂直. 于是由(8.8.2)式得

$$\sin\theta_1/\sin\theta_2 = v/v_2 \approx v/(v + u\sin\theta_2)$$

$$\sin\theta_1 = \frac{\sin\theta_2}{1 + u\sin\theta_2/v}$$

折射、反射定律除了由惠更斯原理直接推导外，还可以按下面方法推导.

设介质 1、介质 2 的波速分别为 v_1、v_2. 平面波从介质 1 射向分界面，波上两点 A、B 在 t 时刻同时到达分界面，成为 t 时刻入射波的终点，过 A、B 两点入射波的等相面分别为 S_{A1}、S_{B1}；进入介质 2 的透射波转变方向，A、B 两点是透射波的始点，过 A、B 两点透射波的等相面分别为 S_{A2}、S_{B2}. 两种介质中两个等相面之间位相差相同，设为 $\Delta\psi$，入射、反射波的频率为 ω，则经过时间 $\tau = \Delta\Psi/\omega$ 后，等相面 S_{A1} 和 S_{A2} 同时到达 B 处. 因此等相面 S_{A1}、S_{B1} 之间距离为 $v_1\tau$，等相面 S_{A2}、S_{B2} 之间距离为 $v_2\tau$. 由图 8.8.5 的几何关系 A、B 两点距离

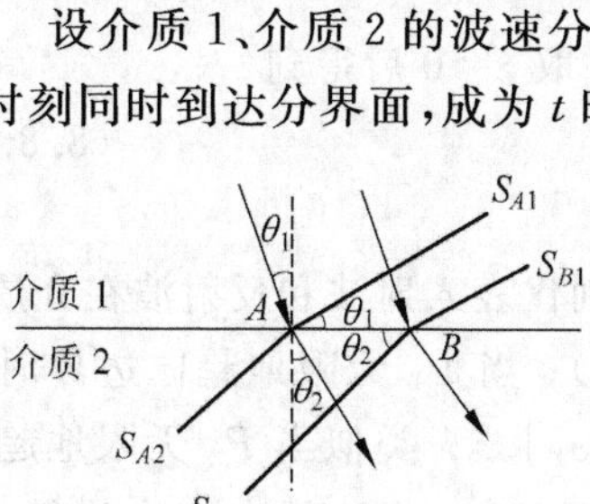

图 8.8.5

$$\overline{AB} = v_1\tau/\sin\theta_1 = v_2\tau/\sin\theta_2$$

于是得到折射定律

$$\sin\theta_1/\sin\theta_2 = v_1/v_2$$

类似可以得到反射定律.

8.8.3 垂直入射时反射和透射波的振幅与位相

平面简谐波射向介质分界面，产生反射波和折射波. 惠更斯原理只能解决波的传播方向问题，由此得到反射和折射定律. 至于反射波和折射波的振幅和位相等问题需要考虑边界条件才可以得到解决. 下面讨论平面简谐波垂直入射情况下反射波和折射波的振幅和位相. 由反射定律和折射定律，反射波和折射波的传播方向也与分界面垂直. 建立如图 8.8.6 坐标，取分界面处为坐标原点.

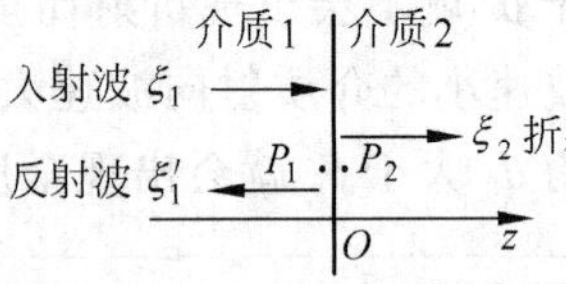

图 8.8.6

设入射波为 $\xi_1=A_1\cos(\omega t-k_1z)$，记为复数形式 $\xi_1=A_1\exp(\mathrm{i}k_1z)\mathrm{e}^{-\mathrm{i}\omega t}$；

设反射波为 $\xi_1'=A_1'\cos(\omega t+k_1z+\phi_1')$，记为复数形式 $\xi_1'=A_1'\exp[-\mathrm{i}(k_1z+\phi_1')]\mathrm{e}^{-\mathrm{i}\omega t}$；

设折射波为 $\xi_2=A_2\cos(\omega t-k_1z+\phi_2)$，记为复数形式 $\xi_2=A_2\exp[\mathrm{i}(k_2z-\phi_2)]\mathrm{e}^{-\mathrm{i}\omega t}$.

采用复数形式可以消去时间项 $\mathrm{e}^{-\mathrm{i}\omega t}$，使计算简化. 分界面两边是不同介质，因此在分界面两边物理量一般会发生突变而不连续(不相等)；但是由于两种介质本身在边界上密切联系，所以必然有某些物理量在边界上连续(相等). 边界条件就是确定边界两边相等的物理量，即边界面上两种介质的联系. 对于连续介质，在边界面上没有分裂，所以介质质元的位移连续；想象在界面上将界面切开，由牛顿第三定律，两个界面上的应力相等. 这就是边界面上的波动应该满足的边界条件. 入射波、反射波、折射波的振幅和位相关系正是由边界条件决定. 注意边界左边的位移和应力是入射波和反射波共同产生的. 下面分别由两个边界条件进行讨论.

为了应用边界条件，在边界两边靠近边界的地方取两个质元 P_1、P_2.

(1) 位移连续

P_1 处质元在介质 1 中，其位移记为 $(\xi_1+\xi_1')|_{P1}$；当 P_1 无限地趋向边界时其极限坐标为 $z=0$，所以 P_1 无限地趋向边界其位移极限为 $[\xi_1+\xi_1']_{z=0}$. 类似当 P_2 无限地趋向边界时其位移极限为 $[\xi_2]_{z=0}$. 由边界上位移连续，当 P_1、P_2 无限地趋向边界时两者的位移相等，即

$$[\xi_1+\xi_1']_{z=0}=[\xi_2]_{z=0}$$

将 ξ_1、ξ_1'、ξ_2 的复数形式代入上式，方程两边消去 $\mathrm{e}^{-\mathrm{i}\omega t}$，并取 $z=0$ 后得到

$$A_1+A_1'\mathrm{e}^{-\mathrm{i}\phi_1'}=A_2\mathrm{e}^{-\mathrm{i}\phi_2} \tag{8.8.5}$$

(2) 应力连续

同样，P_1 处质元的总应力记为 $[\sigma_1+\sigma_1']_{P1}$，其中 σ_1、σ_1' 分别代表入射波和反射波在介质 1 中引起的应力(正应力、剪应力，包括定义为负线应力的压强)；当 P_1 无限地趋向边界时其极限坐标为 $z=0$，所以 P_1 无限地趋向边界其总应力为 $[\sigma_1+\sigma_1']_{z=0}$. 类似当 P_2 无限地趋向边界时其总应力为 $[\sigma_2]_{z=0}$，σ_2 代表折射波在介质 2 中引起的应力. 由边界上应力连续，当 P_1、P_2 无限地趋向边界时两者的应力相等，即

$$[\sigma_1+\sigma_1']_{z=0}=[\sigma_2]_{z=0} \tag{8.8.6}$$

由 8.6 节可知，无论是固体中的弹性纵波和横波，还是流体中的声波，包括柔弦上的小横波，平面波引起的应力和应变有一个统一的正比关系

$$\sigma=\rho v^2(\partial\xi/\partial z) \tag{8.8.7}$$

在式(8.8.6)中利用上式得

$$\rho_1 v_1^2[\partial\xi_1/\partial z+\partial\xi_1'/\partial z]_{z=0}=\rho_2 v_2^2[\partial\xi_1/\partial z]_{z=0} \tag{8.8.8}$$

将 ξ_1、ξ_1'、ξ_2 的复数形式代入上式，方程两边消去 $e^{-i\omega t}$，并取 $z=0$ 后得

$$\rho_1 v_1^2 ik_1(A_1-A_1'e^{-i\phi_1'})=\rho_2 v_2^2 ik_2 A_2 e^{-i\phi_2}$$

利用关系 $v_1k_1=\omega=v_2k_2$、$Z_1=\rho_1 v_1$、$Z_2=\rho_2 v_2$ 得到

$$Z_1(A_1-A_1'e^{-i\phi_1'})=Z_2A_2e^{-i\phi_2} \tag{8.8.9}$$

由边界条件得到关于 A_1' 和 A_2 的两个方程(8.8.5)、(8.8.9)式，从中得到解

$$A_1'/A_1=(Z_1-Z_2)e^{i\phi_1'}/(Z_1+Z_2) \qquad A_2/A_1=2Z_1e^{i\phi_2}/(Z_1+Z_2) \tag{8.8.10}$$

在解题过程中用复数代表波动代入两个边界条件方程，得到两个复数方程. 两个复数相等必须实部和虚部分别相等，每个复数方程对应两个实数方程. 由于边界条件方程是线性方程，所以两个复数方程的实部方程是入射、反射、折射波所要满足的方程；两个复数方程的虚部方程是附加的条件. 因此只要得到符合要求的实数解就是我们要求的解. 当然由于附加了条件，有可能造成丢解和无解. 现在得到解，就不存在这个问题了.

上面的关于 A_1'、A_2 的解中，ϕ_1'、ϕ_2 可以任意取值，因此有无数的关于 A_1'、A_2 的复数解. 在数学上对 A_1'、A_2 没有要求，可以是复数常数，但在物理上要求 A_1'、A_2 为正实数，因此只有 A_1'、A_2 为正实数的解才是符合要求的解.

由于 A_1、A_1'、A_2、Z_1、Z_2 都是正实数，所以 $e^{i\phi_2}=+1$，即 $\phi_2=0$，**透射波相对入射波没有位相突变**，两波在界面两侧的振动位相相同. 若 $Z_1>Z_2$ 则 $e^{i\phi_1'}=+1$，即 $\phi_1'=0$，**从波密(z 大)介质入射到波疏(z 小)介质时反射波相对入射波没有位相突变**，两波在界面上的振动位相相同；若 $Z_1<Z_2$ 则 $e^{i\phi_1'}=-1$，即 $\phi_1'=\pi$，**从波疏(z 小)介质入射到波密(z 大)介质时反射波相对入射波位相突变 π**，或者说反射波有半波损失，两波在界面上的振动位相相反. 于是得到振幅反射系数 r 和振幅透射系数 t

$$r=A_1'/A_1=|Z_1-Z_2|/(Z_1+Z_2) \tag{8.8.11}$$

$$t=A_2/A_1=2Z_1/(Z_1+Z_2) \tag{8.8.12}$$

由此可见，垂直入射时反射波、折射波与入射波的振幅之比完全由特性阻抗决定，体现出在机械波动问题中特性阻抗的重要性.

下面讨论能量的反射和折射. 定义能量反射系数 R 为反射波与入射波平均能量通量(平均能流)之比；定义能量透射系数 T 为折射波与入射波平均能量通量(平均能流)之比. 由于垂直入射时入射波、反射波、折射波的横截面积都相同，所以平均能量通量之比就是波的强度 I 之比. 设入射波、反射波、折射波的波强度分别为 I_1、I_1' 和 I_2，则由平面简谐波的波强公式(8.7.12)得

$$R=I_1'/I_1=r^2=[(Z_1-Z_2)/(Z_1+Z_2)]^2 \tag{8.8.13}$$

$$T=I_2/I_1=Z_2t^2/Z_1=4Z_1Z_2/(Z_1+Z_2)^2 \tag{8.8.14}$$

显然

$$R+T=1 \tag{8.8.15}$$

由于没有考虑吸收等损耗，所以反射和透射的能量必然等于入射能量，因此 R 与 T 之和必然等于 1.

例 8.8.3 讨论两种极端情况：自由端反射和固定端反射.

设有两种特性阻抗悬殊的介质(例如钢和空气)，平面波从特性阻抗极大的介质射向特性阻抗极小的介

质称为自由端反射,此时 $Z_2 \ll Z_1$,于是 $\phi_1' = 0$,反射波相对入射波没有位相突变,两波在界面上的振动位相相同,两波引起的质元位移相加从而合振动振幅最大. 由(8.8.11)~(8.8.14)式得到

$$A_1' = A_1 \qquad A_2 = 2A_1 = A_1' + A_1$$
$$R = 1 \qquad T = 0$$

虽然 $A_2 = 2A_1 > A_1$,但由于 $Z_2 \ll Z_1$,所以透射能量趋于零,能量全部反射.

平面波从特性阻抗极小的介质射向特性阻抗极大的介质称为固定端反射,此时 $Z_2 \gg Z_1$,于是 $\phi_1' = \pi$,反射波相对入射波有位相突变 π,两波在界面上的振动位相相反,两波引起的质元位移相抵消从而合振动为零

$$A_1' = A_1 \qquad A_2 = 0 = A_1' - A_1$$
$$R = 1 \qquad T = 0$$

固定端反射情况下透射能量为零,能量全部反射.

例 8.8.4 阻抗匹配.

在例 8.8.3 的两种极端情况下能量全部反射,稳定后在介质 1 中形成驻波,波源的能量一点也不能输送出去,原因是两种介质特性阻抗悬殊,是阻抗不匹配的又一种表现. 相反,如果两种介质的特性阻抗相同(这是可能的,不同介质的密度和波速不同,但是两者的乘积有可能相同) $Z_1 = Z_2$,则

$$A_1' = 0 \qquad A_2 = A_1$$
$$R = 0 \qquad T = 1$$

在这种情况下没有反射波,反射为零能量全部透射,波源的能量继续传下去,称为两种介质阻抗匹配.

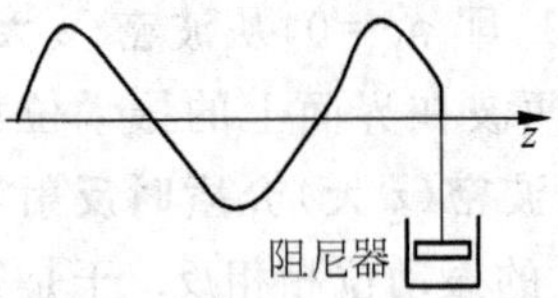

图 8.8.7

当通过波来传递能量时,波的另一端有负载,也称阻尼器,如图 8.8.7,绳波的一头是波源,另一头接上阻尼器. 设计阻尼器的阻力与其运动速度成正比(例如采用流体阻尼),于是阻力与其运动速度之比就是阻尼器的特性阻抗. 选择阻尼器的阻抗等于绳的特性阻抗,就不会出现反射波,波源的能量就全部被负载接收,达到阻抗匹配,否则一定有一部分能量反射. 这也是阻抗匹配的又一个含义.

例 8.8.5 已知空气的特性阻抗 $Z_{气} = 413\ \mathrm{kg/(m^2 \cdot s)}$(0℃、1 大气压空气)、水的特性阻抗 $Z_{水} = 1.48 \times 10^6\ \mathrm{kg/(m^2 \cdot s)}$、钢的特性阻抗 $Z_{钢} = 4.65 \times 10^7\ \mathrm{kg/(m^2 \cdot s)}$(无限大钢中纵波),计算平面声波垂直入射的透射系数.

解:由能量透射公式(8.8.14)直接计算得到以下透射系数

$$T_{气\to水} = 1 \times 10^{-3} \quad T_{气\to钢} = 4 \times 10^{-5} \quad T_{水\to钢} = 0.12$$

可见从空气入射到钢中时由于阻抗不匹配透射能量极小. 如果声波先入射到水再射入钢,则

$$T_{气\to水\to钢} = 1.2 \times 10^{-4} \approx 3T_{气\to钢}$$

8.9 多普勒效应

讨论波的传播或是波的频率改变(多普勒效应)问题时一般都选取介质作参考系. 在介质参考系中波动频率等于静止波源的振动频率; 但是如果波源运动或是接收器运动或是波源和接收器都运动时,接收器接收到的波的频率与波源的振动频率不同,这种现象称为多普勒效应. 多普勒效应是所有波动都具有的共同特性. 了解多普勒效应可以加深对波源振动、波的传播、波的振动与波的频率的关系的理解.

声学(机械波)的多普勒效应与光学(电磁波)的多普勒效应有所不同,本节以声学多普

勒效应为例讨论，其中的普遍原理也适用于光学多普勒效应，在学习了狭义相对论的时空关系之后略加修正就可以得到光学多普勒效应.

8.9.1 运动波源在介质中产生的波动

以介质为参考系. 设一个作简谐振动(圆频率 ω_S、周期 T_S)的波源 S(看作点波源)的振动为

$$\xi_S = A_S\cos(\omega_S t + \phi)$$

设波源在 z 轴上. 波源振动带动了相邻的介质质元振动，而后这个振动(状态)以波源为中心在介质中成球面波传播开来，其传播规律遵从介质的波动方程，与波源的运动无关. 设 S 在 t 和 $(t+T)$ 两个时刻发出两个位相差为 2π 的同相面(波动状态) Ψ_1 和 Ψ_2. 若 S 静止则 Ψ_1 和 Ψ_2 为两个同心球面，两面之间距离为波长 $\lambda_0 = vT_S$. 若 S 以 $\boldsymbol{u}_S$ 沿 z 轴向右运动，如图 8.9.1(注意(a)、(b)两图长度单位不同). 其中(b)中 $S(t)$、$S(t+T)$ 分别是 t、$t+T$ 时刻波源 S 的位置，两个球面是 $t+T+\tau$ 时刻的 Ψ_1、Ψ_2 两个同相面. 那么在 $t+T$ 时刻发出 Ψ_2 时 S 已经向右运动了一段距离 $u_S T_S$，即两个球面 Ψ_1 和 Ψ_2 的中心向右偏离 $u_S T_S$，这样在 S 右边 Ψ_1 和 Ψ_2 之间的距离也就是波长缩小为

$$\lambda(0) = \lambda_0 - u_S T_S = vT_S - u_S T_S$$

其中"0"是指从波源 S 到 S 右边任意点 P 的连线 SP 与波源速度 $\boldsymbol{u}_S$ 的夹角为零. 相应的 P 处质元的振动频率，也就是放在 S 右边 z 轴上接收器测到的频率为

$$\nu(0) = v/\lambda(0) = v/[(v-u_S)T_S] = \frac{v}{v-u_S}\nu_S \tag{8.9.1}$$

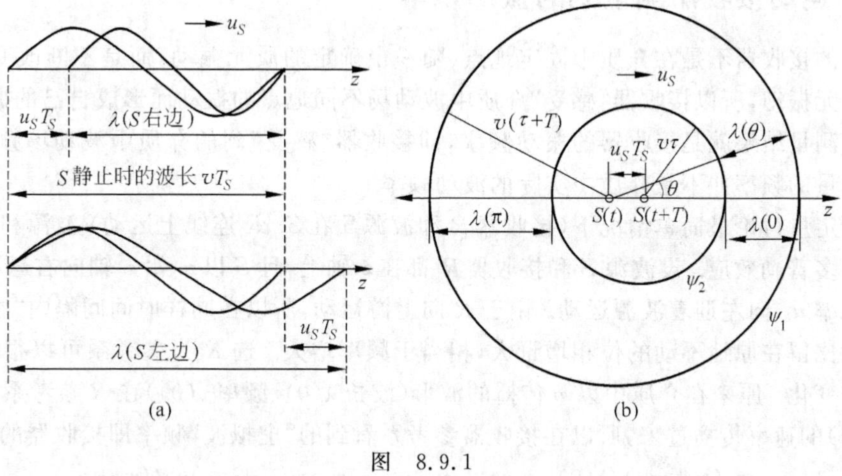

图 8.9.1

这样，迎着波源的接收器测到的频率比波源频率升高. 而在 S 左边 Ψ_1 和 Ψ_2 之间的距离也就是波长扩大为

$$\lambda(\pi) = \lambda_0 + u_S T_S = vT_S + u_S T_S$$

其中"π"是指从波源 S 到 S 左边任意点 P 的连线 SP 与波源速度 $\boldsymbol{u}_S$ 的夹角为 π. 相应的 P 处质元的振动频率，也就是放在 S 左边 z 轴上接收器测到的频率为

$$\nu(\pi) = v/\lambda = v/[(v+u_S)T_S] = \frac{v}{v+u_S}\nu_S \tag{8.9.2}$$

这样,背着波源的接收器测到的频率比波源频率降低.

于是 S 右边 z 轴上传播向右的行波为

$$\xi(z,t) = A(z,t)\cos\left[\omega(0)t - k(0)z + \phi(0)\right]$$

其中,$\omega(0)=2\pi\nu(0)=v\omega_S/(v-u_S)$,$k(0)=2\pi/\lambda(0)$. S 左边 z 轴上传播向左的行波为

$$\xi(z,t) = A(z,t)\cos\left[\omega(\pi)t + k(\pi)z + \phi(\pi)\right]$$

其中 $\omega(\pi)=2\pi\nu(\pi)=v\omega_S/(v+u_S)$,$k(\pi)=2\pi/\lambda(\pi)$.

从图 8.9.1(b)可见,波源激发的向 θ 方向传播的波的波长 $\lambda(\theta)$,取决于 $\boldsymbol{u}_S$ 在 θ 方向上的分量 $u_S\cos\theta$,所以 θ 方向质元的振动频率也就取决于 $u_S\cos\theta$. 由于波源运动,即使波源是匀速直线运动,同一个质元相对于波源的夹角 θ 也会随时间改变,因此同一个质元的振动频率并不固定. 还要注意到波的传播需要时间,t 时刻波源 $S(t)$ 传向 θ 方向的振动,到 $t+r/v$ 时刻才传到距离波源 $S(t)$ 为 r 的地方,发射振动到接收振动存在延迟时间(r/v),所以该处 $t+r/v$ 时刻的振动取决于 t 时刻波源 $S(t)$ 的方位角 θ 及速度 $\boldsymbol{u}_S$. 总之,运动的简谐点波源在介质中激发出一个振幅和频率都随时间变化的波场,任意处 $P(\boldsymbol{r})$ 的质元振动可以表示为

$$\xi_P(t) = A(P,t)\cos\left[\omega_P(t)t + \phi_P\right] \tag{8.9.3}$$

其中各点的振动频率 $\omega_P(t)$ 取决于波源的运动速度 $\boldsymbol{u}_S$、相对于波源的方位角 θ,以及延迟时间的影响. 在波速 v 远远大于 u_S 和距离不是很远情况下,延迟时间常常可以忽略. 固定在介质中的接收器"感受"到的当地振动频率,与波源振动频率不同,这就是波源运动引起的多普勒效应.

8.9.2 运动接收器测量到的振动频率

运动的接收器不是在介质中固定地点、随一个确定的质元振动,而是不断改变地点,随不同的质元振动,所以接收器"感受"介质中波动场不同地点的振动而形成自己的振动,接收器给出的测量结果就是接收器的振动频率,即接收器"感受"到的介质中波动场频率. 因此接收器测量的频率并不是介质中实际的波动频率.

下面定量讨论最简单情况下(接收器 R 和波源 S 在 S 、R 连线上运动) 波源和接收器运动引起的多普勒效应. 设波源 S 和接收器 R 都在 z 轴上,且 S 以 u_S 沿 z 轴向右运动、R 在 S 右边以速率 u_R 向左迎着波源运动. 由于 R 向上游运动,所以在同样时间间隔内"感受"到的位相增量比留在原地不动的位相增量大,相当于频率增大. 选 R 为参考系可以很容易地计算频率的变化. 原来在介质中以 v 传播的波形(波长 $\lambda(0)$、频率 $\nu(0)$)在 R 参考系"观察"是以$(v+u_R)$的速率传播过来,所以在接收器参考系看到的"虚拟波"频率即接收器的频率为

$$\nu_R = (v + u_R)/\lambda(0) = (v + u_R)\nu(0)/v = (v + u_R)\nu_S/(v - u_S)$$

类似可以得到 S 以 u_S 沿 z 轴向右运动、R 在 S 右边以速率 u_R 向右背着波源运动时接收器的频率为

$$\nu_R = (v - u_R)\nu_S/(v - u_S)$$

同样可以讨论 R 在 S 左边以速率 u_R 向左或右运动时接收器的频率.

引入 u_S、u_R 符号规则后可以把波源、接收器在一条直线上运动的上述各种情况下的多普勒效应公式简化为一个公式. 多普勒效应只取决于波源与接收器的相对运动. **符号规则**:如果波源或接收器向对方运动使相互距离缩短时 u_S 或 u_R 取正; 如果波源或接收器背

离对方运动使相互距离增大时 u_S 或 u_R 取负. 于是多普勒效应公式为

$$\nu_R = (v + u_R)\nu_S/(v - u_S) \tag{8.9.4}$$

如果接收器和波源不在一条直线上运动,就要在两者的连线方向分析. 波源速度沿连线方向上分量引起波长改变; 接收器速度沿连线方向上分量改变了"虚拟波"的波速. 定量关系在下面讨论.

8.9.3 普遍的多普勒效应

上面分别讨论了波源和接收器运动引起的多普勒效应的物理本质,对声波而言,波源和接收器运动引起的物理效应是不同的. 如果只是为了得到多普勒效应关系式(即接收器振动频率和波源振动频率的关系式),则只需要直接分析波源发出的振动状态被接收器接收即可,这样可以简化讨论,对接收器和波源不在一条直线上运动并且接收器和波源的运动随时间改变的普遍情况给出普遍公式.

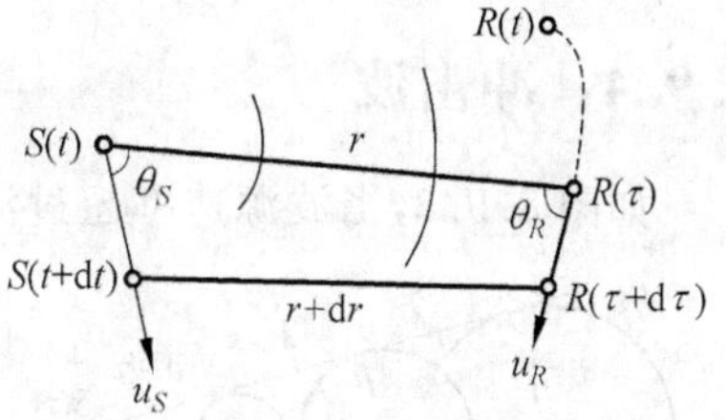

图 8.9.2

对声波仍要选介质为参考系. 在介质参考中波以 v 各向同性地传播. 图 8.9.2 中,t 时刻波源和接收器分别位于 $S(t)$、$R(t)$. 设 t 时刻波源发出波动状态(波动状态概念见 8.5.4 节)ψ,经过 $\mathrm{d}t$ 后波源发出波动状态$(\psi+\mathrm{d}\psi)$. 接收器分别于 τ 和 $\tau+\mathrm{d}\tau$ 时刻接收 ψ 和 $\psi+\mathrm{d}\psi$ 状态. 由图可知

$$\tau = t + r/v \qquad \tau + \mathrm{d}\tau = t + \mathrm{d}t + (r + \mathrm{d}r)/v$$

于是

$$\mathrm{d}\tau = \mathrm{d}t + \mathrm{d}r/v \tag{8.9.5}$$

由图 8.9.2,波源和接收器相对距离 r 的改变量 $\mathrm{d}r$ 由两者的径向速度分量决定

$$\mathrm{d}r = -(u_S\cos\theta_S\mathrm{d}t + u_R\cos\theta_R\mathrm{d}\tau)$$

代入上式得

$$(1 + u_R\cos\theta_R/v)\mathrm{d}\tau = (1 - u_S\cos\theta_S/v)\mathrm{d}t$$

按波源和接收器的振动规律,同样的位相增量

$$\mathrm{d}\psi = \omega_S\mathrm{d}t = \omega_R\mathrm{d}\tau$$

所以 $\nu_R/\nu_S = \omega_R/\omega_S = \mathrm{d}t/\mathrm{d}\tau = (1+u_R\cos\theta_R/v)/(1-u_S\cos\theta_S/v)$,于是得到接收器测量到的声波频率

$$\nu_R = \frac{v + u_R\cos\theta_R}{v - u_S\cos\theta_S}\nu_S \tag{8.9.6}$$

这就是普遍的多普勒效应关系式,其中 u_S、u_R 当作模来处理,速度方向的影响由方向角 θ_S 和 θ_R 来代表. 关系式成立需要满足条件: u_R、$u_S < v$. 由讨论过程了解到,严格的多普勒效应关系式是有时间延迟的,τ 时刻接收器接收的振动是波源在 τ 时刻之前 $\tau - r/v$ 时刻发出的,τ 时刻接收器感受到的频率取决于 $\tau - r/v$ 时刻波源的速度 u_S 和方向角 θ_S.

例 8.9.1 人们站在火车道口,火车拉着汽笛从远处开来,经过人们身边远去. 站在道口的静止观测者听到汽笛音调高低不断地变化.

$$\nu_R = v\nu_S/(v - u_S\cos\theta_S)$$

火车从远处开来时 $\theta_S \approx 0$、$\nu_R = v\nu_S/(v-u_S)$,听到的声音频率最高. 随着火车越来越近汽笛音调不断降低，通过火车道口时 $\theta_S=\pi/2$、$\nu_R=\nu_S$. 随着火车远去，汽笛音调继续降低，直到 $\theta_S\approx\pi$、$\nu_R=v\nu_S/(v+u_S)$，听到的声音频率最低.

多普勒效应有着广泛的应用. 测速是多普勒效应的最主要应用，一般是发射波（声波、无线电波、光波）到被测物体上接收反射波，由发射波与入射波的频率差计算被测物体的速度. 例如医学上用超声波测血管中血液的流速；多普勒雷达利用无线电波测量车辆、飞机等速度；通常用激光多普勒测流速场的速度分布，如果是无色的流体（气流、水流等），还要加上染色的颗粒或是烟雾才可以测量. 天文学上测量星体的运动速度都是应用多普勒效应. 著名的哈勃定律就是由星体光谱线的红移（接收到的星光频率低于星体发出的光的频率）确定了这些星体都是离我们而去.

8.9.4 冲击波

如图 8.9.3，当波源速率超过波速时，波源跑在它所发出的波的前边，波源运动的前方没有波. t 时刻子波的包络面，是以 t 时刻波源位置 $S(t)$ 为顶点的锥面，圆锥的半顶角 α 的正弦为

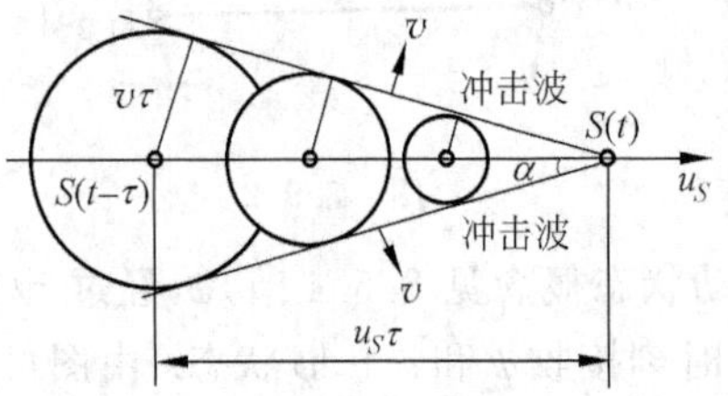

图 8.9.3

$$\sin\alpha=v/u_S \tag{8.9.7}$$

其中，u_S/v 称为马赫数，α 称为马赫角. 即使波源不振动，由于波源的挤压也会出现冲击波，无所谓多普勒效应. 由于波源速度超过波速，波源对介质的冲击超过介质内部正常波动时的相互作用，从而产生很大的压强脉冲以波的形式向两侧传播，就是冲击波. 波面的包络面呈圆锥样，称为马赫锥.

由于水波波速较小，船速很容易超过波速，此时清晰地看到以船头为顶点水纹形成的楔形尾迹随船而行，后面出现渐宽渐远的水波，称为舷波. 但是舷波与气体冲击波的马赫锥不同，楔形尾迹的半顶角 $\alpha\approx19.5°$，与船速 u_S 无关，这来自色散现象，将在 8.10.4 节中讨论. 1934 年切伦柯夫（Cerenkov）发现液体在 γ 射线作用下的发光现象. 研究表明，这种现象不是普通的荧光，是被 γ 射线打出的电子速度超过介质中的光速时产生的一种特殊的辐射，称为切伦柯夫辐射. 切伦柯夫辐射本质上不是运动电子本身的辐射，而是介质分子受到运动电子的扰动发射子波，因此也出现了与上述声波冲击波类似电磁辐射波.

8.10 简谐波的叠加和非简谐波的传播

前面主要讨论一列简谐波的产生和传播. 介质中常常同时存在几列波，介质质元的实际振动是这几列波叠加的结果. 波的非常重要而又独特的表现——干涉现象就来自波的叠加；与简谐波一样重要甚至更重要的基本波动形式——单频驻波也由简谐波的叠加产生. 非简谐波可以分解为一系列简谐波，非简谐波的传播就归结为非简谐波的分解、简谐波的传播以及简谐波的合成.

8.10.1 波的独立传播和叠加原理

在介质中同时激发几列波，介质的波动取决于这些波在介质中的波场分布，也就是取决

于这些波的传播. 单列波的传播规律是否还适用于多列波同时存在的情况？一列波的传播是否受其他波存在的影响？这是讨论简谐波叠加首先要解决的问题. 通过实验发现，一列波的传播特性不受其他波存在的影响，各个波的波动过程彼此独立. 其实人们在日常生活中也有这方面的体验，例如在水面上落下几个石子，每个石子在水面产生向外扩展的圆形水纹，这些水纹相遇时形状复杂，但是彼此贯穿之后，仍然按原来的波形传播，并不因为曾经与其他波相遇过而扭曲、减弱；又如声波，几个人一起说话，仍然可以清晰地分辨出每个人的说话声；再如光波，两个手电筒的光束相交之后还按原来的光路传播. 在多个波相遇的区域里，介质质元同时参与每个波引起的振动，由振动的可加性，质元的实际运动是这些振动的合成. 由此总结出波的**独立传播和叠加原理**：

线性介质中同时存在几列波时，每一列波的传播与其他波是否存在无关，即彼此互不影响独立传播；介质中每一个质元的振动是各列波单独存在时在该点的振动之和.

振动的叠加性是振动的物理量(位移、压强等)自身的性质与波动无关，所以波的独立传播和叠加原理的关键是波的独立传播性质. 波能够独立传播互不干扰是由介质的动力学性质决定的，体现在波动方程为线性. 前面讨论的平面波的各种波动方程，除水面波外都是一维线性波动方程. 设 ξ_1、ξ_2 分别是波动方程的解，是在介质内各自独立传播的波，如果波动方程为线性微分方程，那么由线性波动方程的性质$(\xi_1+\xi_2)$也是该波动方程的解(用代入法很容易证明)，说明两个波动可以同时存在于介质中，保持各自的性质独立传播，即波的独立传播；如果波动方程是非线性微分方程，那么$(\xi_1+\xi_2)$一般就不再满足该波动方程，说明两个波动互相影响不能同时存在于介质中，即波的独立传播和叠加原理不再适用. 波动方程为线性微分方程的介质称为线性介质，波动方程为非线性微分方程的介质称为非线性介质. 所以波的独立传播和叠加原理只适用于线性介质.

介质是否线性不仅取决于介质，还与波的种类、波的强度有关.

推导固体弹性波波动方程时应用了广义胡克定律得到线性微分方程，所以固体为线性介质的条件就是应变不太大，保证胡克定律成立. 一般情况下固体中波强度不大，固体可以看作线性介质. 同样分析表明，流体为线性介质的条件是流体的体弹性模量 K 为常数. 8.6.3 节指出，压强 p 在从零开始相当大的范围内变化时液体的 K 都可以看作常数，所以通常把液体当做线性介质. 对气体，只是在状态(p,V)附近的小变形情况下 K 才近似为常数，K 是(p,V)的函数. 0℃下 1 大气压的空气里阈值声强 I_0 对应的声压振幅$\sim10^{-5}$ Pa，60 dB 的普通谈话声对应的声压振幅$\sim10^{-2}$ Pa. 对于这样的声强，空气可以近似为线性介质. 如果声强过大，空气就不能看作线性介质了. 真空中电磁波(光波)的波动方程总是线性的；介质对电磁波是线性介质的条件，是介质的介电常数 ε 和磁导率 μ 为常数，与 $\boldsymbol{E}$、$\boldsymbol{B}$ 无关. 实际上普通磁介质的磁化极弱(磁化率 χ_m 的大小$|\chi_m|$为 $10^{-4}\sim10^{-5}$)常常忽略，所以介质是线性介质的条件主要是介质的介电常数 ε 为常数，与 $\boldsymbol{E}$ 无关. 这个条件是否满足取决于电磁波(光波)的强度. 普通光和弱激光的电场强度 $\boldsymbol{E}$ 的幅值远远小于原子内部作用于电子的电场强度的幅值($\sim10^{10}$ V/m)，因此这样的光波对介质中电子的作用只是一种极微小的扰动，由此引起的介质极化强度与光波电场强度成正比，即 ε 为常数，介质为线性；强激光的电场强度的幅值可达 10^9 V/m 以上，与原子内部电场相比拟，于是介质的极化不再是线性的，介质成为非线性介质，叠加原理也不再成立.

下面只讨论线性介质中简谐波的叠加.

8.10.2 简谐波的叠加

如果有两列波$\xi_1(\boldsymbol{r},t)$和$\xi_2(\boldsymbol{r},t)$在线性介质中相遇，则相遇区域介质质元的振动$\xi(\boldsymbol{r},t)$为两个振动的合成

$$\xi(\boldsymbol{r},t)=\xi_1(\boldsymbol{r},t)+\xi_2(\boldsymbol{r},t) \tag{8.10.1}$$

$\xi(\boldsymbol{r},t)$即为两列波ξ_1和ξ_2的叠加. 虽然处理是如此简单，但是由于波的类型、振动方向、传播方向等等千差万别，所以叠加结果$\xi(\boldsymbol{r},t)$也是非常复杂的一个波场，没有普遍的明确的结果. 下面主要讨论一维简谐波的叠加.

1. 一维简谐波的叠加

如前所述，波动是波动介质的整体行为. 位于任意处$\boldsymbol{r}_0$的质元作振动$\xi(\boldsymbol{r}_0,t)$；任意时刻t_0整个介质的各个质元有其位移$\xi(\boldsymbol{r},t_0)$，构成波形图. 所以两列波的叠加式(8.10.1)，即可以看作是任意点$\boldsymbol{r}$处质元的两个振动的合成，也可以看作是任意时刻t两个波形图的相加. 下面以同频、同传播方向的两列平面简谐波的合成为例讨论.

例 8.10.1 同频、同传播方向、同振动方向的两个平面简谐波的叠加.

振动方向相同的两个位移矢量和成为标量和. 设两个平面简谐波为

$$\xi_1(z,t)=A_1\cos(\omega t-kz+\phi_1) \quad 复数形式为 \quad \xi_1(z,t)=A_1\mathrm{e}^{-\mathrm{i}\phi_1}\mathrm{e}^{-\mathrm{i}(\omega t-kz)}$$

$$\xi_2(z,t)=A_2\cos(\omega t-kz+\phi_2) \quad 复数形式为 \quad \xi_2(z,t)=A_2\mathrm{e}^{-\mathrm{i}\phi_2}\mathrm{e}^{-\mathrm{i}(\omega t-kz)}$$

(1) 直接计算

在这种简单情况下，可以用复数形式直接计算两波的合成. 合成波的复数形式为

$$\xi(z,t)=\xi_1+\xi_2=(A_1\mathrm{e}^{-\mathrm{i}\phi_1}+A_2\mathrm{e}^{-\mathrm{i}\phi_2})\mathrm{e}^{-\mathrm{i}(\omega t-kz)} \tag{1}$$

显然，合成波也是同频、同传播方向、同振动方向的简谐波，设为

$$\xi(z,t)=A\cos(\omega t-kz+\phi) \quad 复数形式为 \quad \xi(z,t)=A\mathrm{e}^{-\mathrm{i}\phi}\mathrm{e}^{-\mathrm{i}(\omega t-kz)}$$

与(1)式比较得到

$$\begin{aligned}A\mathrm{e}^{-\mathrm{i}\phi}&=A\cos\phi-\mathrm{i}\sin\phi=A_1\mathrm{e}^{-\mathrm{i}\phi_1}+A_2\mathrm{e}^{-\mathrm{i}\phi_2}\\&=(A_1\cos\phi_1+A_2\cos\phi_2)-\mathrm{i}(A_1\sin\phi_1+A_2\sin\phi_2)\end{aligned} \tag{2}$$

由(2)式得到

$$A\cos\phi=A_1\cos\phi_1+A_2\cos\phi_2 \qquad A\sin\phi=A_1\sin\phi_1+A_2\sin\phi_2$$

于是得到合成波$\xi(z,t)$的A和ϕ，从而确定了合成波

$$A=[A_1^2+A_2^2+2A_1A_2\cos(\phi_2-\phi_1)]^{1/2}$$

$$\phi=\arctan[(A_1\sin\phi_1+A_2\sin\phi_2)/(A_1\cos\phi_1+A_2\cos\phi_2)]$$

(2) 按谐振动合成方法

介质中任意点z处质元同时参与两列简谐波引起的简谐振动，z处质元的振动是这两个简谐振动的合成. 按8.4.2节谐振动合成的方法求出合振动，也就得到了两列简谐波的叠加.

设两列简谐波引起z处质元的两个简谐振动分别为

$$\xi_1(z,t)=A_1\cos(\omega t+\phi_1') \quad \xi_2(z,t)=A_2\cos(\omega t+\phi_2')$$

其中两个简谐振动的“初位相”分别为

$$\phi_1'=-kz+\phi_1 \qquad \phi_2'=-kz+\phi_2$$

两个简谐振动的位相差为

$$\Delta\phi'=\phi_2'-\phi_1'=\phi_2-\phi_1=常数$$

按8.4.2节简谐振动合成知合振动仍为简谐振动

$$\xi(z,t)=\xi_1(z,t)+\xi_2(z,t)=A\cos(\omega t+\phi')$$

由(8.4.3)和(8.4.4)式

$$A=[A_1^2+A_2^2+2A_1A_2\cos\Delta\phi']^{1/2}=[A_1^2+A_2^2+2A_1A_2\cos(\phi_2-\phi_1)]^{1/2}\tag{3}$$

$$\tan\phi'=(A_1\sin\phi_1'+A_2\sin\phi_2')/(A_1\cos\phi_1'+A_2\cos\phi_2')\tag{4}$$

将 ϕ_1'、ϕ_2' 代入(4)式得

$$\tan\phi'=[(A_1\cos\phi_1+A_2\cos\phi_2)\sin(-kz)+(A_1\sin\phi_1+A_2\sin\phi_2)\cos(-kz)]$$
$$/[(A_1\cos\phi_1+A_2\cos\phi_2)\cos(-kz)-(A_1\sin\phi_1+A_2\sin\phi_2)\sin(-kz)]\tag{5}$$

设 $\boldsymbol{A}_1$、$\boldsymbol{A}_2$ 分别为 $A_1\cos(\omega t+\phi_1)$、$A_2\cos(\omega t+\phi_2)$ 两个简谐振动的振幅矢量，设 $\boldsymbol{A}'$ 为这两个简谐振动合振动的振幅矢量，则 $\boldsymbol{A}'=\boldsymbol{A}_1+\boldsymbol{A}_2$，见图 8.10.1，于是

$$A'\cos\phi=A_1\cos\phi_1+A_2\cos\phi_2\qquad A'\sin\phi=A_1\sin\phi_1+A_2\sin\phi_2\tag{6}$$

由此得 $A'=[A_1^2+A_2^2+2A_1A_2\cos(\phi_2-\phi_1)]^{1/2}=A$

$$\phi=\arctan[(A_1\sin\phi_1+A_2\sin\phi_2)/(A_1\cos\phi_1+A_2\cos\phi_2)]$$

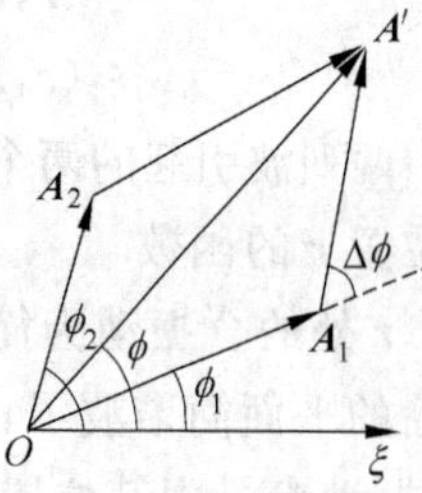

图　8.10.1

将(6)式代入(5)式得

$$\tan\phi'=\frac{\cos\phi\sin(-kz)+\sin\phi\cos(-kz)}{\cos\phi\cos(-kz)-\sin\phi\sin(-kz)}$$
$$=\sin(-kz+\phi)/\cos(-kz+\phi)=\tan(-kz+\phi)$$

于是 $\phi'=-kz+\phi$. 所以合振动为

$$\xi(z,t)=A\cos(\omega t-kz+\phi)$$

这也是平面简谐波的表达式，合成波也是同频、同传播方向、同振动方向的简谐波. 两种方法结果相同.

本例说明，特别是(1)式明确表示，两个同频、同传播方向的平面简谐波 $A_1\cos(\omega t-kz+\phi_1)$、$A_2\cos(\omega t-kz+\phi_2)$ 的合成实质上来自两个简谐振动 $A_1\cos(\omega t+\phi_1)$、$A_2\cos(\omega t+\phi_2)$ 的合成.

例 8.10.2　同频、同传播方向、振动方向互相垂直的两个平面简谐波的叠加.

设两个平面简谐波振动频率为 ω，向 $+z$ 方向传播，质元振动方向分别是 x、y. 两个简谐波表达式分别为

$$\xi_x(z,t)=A_1\cos(\omega t-kz+\phi_1)\qquad \xi_y(z,t)=A_2\cos(\omega t-kz+\phi_2)$$

由于两列波都沿 z 方向同速传播，所以合成波也沿 z 方向以同样速度传播，每个质元的合振动在 x、y 平面上. 按例 8.10.1 的结论，这样两个平面简谐波的合成实质上来自 8.4.4 节振动方向互相垂直的两个简谐振动 $x(t)=A_1\cos(\omega t+\phi_1)$、$y(t)=A_2\cos(\omega t+\phi_2)$ 的合成. 令

$$\Delta\phi=\phi_2-\phi_1\pm 2\pi\in(-\pi,\pi)$$

由 8.4.4 节讨论可知，当 $\Delta\phi=0$ 或 π 时，质元在一条直线上运动，合振动为简谐振动，合成波为矢量形式平面简谐波

$$\boldsymbol{\xi}(z,t)=\boldsymbol{A}\cos(\omega t-kz+\phi)$$

其中 $\boldsymbol{A}$ 为常矢量，$A=(A_1^2+A_2^2)^{1/2}$. $\xi_x(z,t)=A_x\cos(\omega t-kz+\phi)$、$\xi_y(z,t)=A_y\cos(\omega t-kz+\phi)$

若 $\Delta\phi=0$，取 $\phi=\phi_1=\phi_2$、$A_x=A_1$、$A_y=A_2$，$\boldsymbol{A}$ 的正方向见图 8.4.6.

若 $\Delta\phi=\pi$，取 $\phi=\phi_1$、$A_x=A_1$、$A_y=-A_2$，$\boldsymbol{A}$ 的正方向见图 8.4.6.

在一般情况下质元振动轨迹为椭圆，不是简谐振动，所以合成波也不再是简谐平面波. 例如当 $\Delta\phi=\pm\pi/2$ 时，则质元振动轨迹方程简化为

$$\xi_x^2/A_1^2+\xi_y^2/A_2^2=1$$

这是正椭圆，见图 8.4.6.

2. 干涉

两列或多列波叠加时，有一种非常重要的现象——干涉. 干涉是波所特有的效应. 在

光学历史上存在着粒子说和波动说两种对光的本性的认识. 光的干涉现象明白无误地证实了光的波动本性. 微观粒子如电子的干涉现象验证了实物粒子具有波动性的假说,有力地推动了量子物理的发展. 可以说,讨论波的叠加的主要目的之一是研究干涉现象; 不了解波的干涉就不能了解波的本质.

下面由最简单的干涉问题,引出干涉概念和特点. 设线性介质中有两列平面简谐横波,振动方向相同沿 z 轴,传播方向垂直 z 轴,波矢分别为 $\boldsymbol{k}_1$、$\boldsymbol{k}_2$. 讨论两列波的叠加. 由于两列波振动方向相同,所以波动表达式可以写成投影形式. 设两列波分别为

$$\xi_1(\boldsymbol{r},t) = A_1\cos(\omega t - \boldsymbol{k}_1\cdot\boldsymbol{r} + \phi_1) = A_1\cos[\omega t + \phi_1'(\boldsymbol{r})]$$

$$\xi_2(\boldsymbol{r},t) = A_2\cos(\omega t - \boldsymbol{k}_2\cdot\boldsymbol{r} + \phi_2) = A_2\cos[\omega t + \phi_2'(\boldsymbol{r})]$$

其中两列波引起的两个简谐振动"初"位相分别为 $\phi_1'(\boldsymbol{r}) = -\boldsymbol{k}_1\cdot\boldsymbol{r} + \phi_1$、$\phi_2'(\boldsymbol{r}) = -\boldsymbol{k}_2\cdot\boldsymbol{r} + \phi_2$,都是位置 $\boldsymbol{r}$ 的函数.

$\boldsymbol{r}$ 处的合振动为简谐振动,但是由于两列波的传播方向不同,叠加后已经不是向某方向传播的平面简谐波了,而是一个二维简谐波动场 $\xi(\boldsymbol{r},t)$,即空间中每一个质元都作简谐振动,振动参量由其位置 $\boldsymbol{r}$ 决定.

$$\xi(\boldsymbol{r},t) = \xi_1(\boldsymbol{r},t) + \xi_2(\boldsymbol{r},t) = A(\boldsymbol{r})\cos[\omega t + \phi'(\boldsymbol{r})] \tag{8.10.2}$$

由振幅矢量图方法计算得到

$$\begin{aligned} A(\boldsymbol{r}) &= [A_1^2 + A_2^2 + 2A_1A_2\cos\Delta\psi(\boldsymbol{r})]^{1/2} \\ &= [A_1^2 + A_2^2 + 2A_1A_2\cos\Delta\phi'(\boldsymbol{r})]^{1/2} \end{aligned} \tag{8.10.3}$$

$$\tan\phi'(\boldsymbol{r}) = (A_1\sin\phi_1' + A_2\sin\phi_2')/(A_1\cos\phi_1' + A_2\cos\phi_2')$$

其中振动位相差 $\Delta\psi(\boldsymbol{r}) = \Delta\phi'(\boldsymbol{r}) = \phi_2' - \phi_1' = (\phi_2 - \phi_1) - (\boldsymbol{k}_2 - \boldsymbol{k}_1)\cdot\boldsymbol{r}$. 因为合成波不是行波,所以不关注位相 $\phi'(\boldsymbol{r})$,而是关注振幅 $A(\boldsymbol{r})$. 由于振动位相差是位置的函数,所以振幅也是位置的函数. 一般情况下波的强度 I 与振幅平方 A^2 成正比,因此

$$I_1 \propto A_1^2 \quad I_2 \propto A_2^2 \quad I \propto A^2$$

其中 I 为合成波的强度. 由(8.10.3)式得到

$$\begin{aligned} I(\boldsymbol{r}) &= I_1 + I_2 + 2\sqrt{I_1I_2}\cos\Delta\psi(\boldsymbol{r}) \\ &= I_1 + I_2 + 2\sqrt{I_1I_2}\cos\Delta\phi'(\boldsymbol{r}) \end{aligned} \tag{8.10.4}$$

在这个合成波场中,合成波的振幅和强度都是位置的函数,合成波的波动强度 I 不等于单独每列波强度 I_1、I_2 之和,相邻各处的振幅和波动强度明显不同,在空间形成稳定的强弱分布. 这就是**干涉**现象,称两列波发生了干涉. 由(8.10.4)式可知,引起干涉的是 $2\sqrt{I_1I_2}\cos\Delta\phi'(\boldsymbol{r})$,称为干涉项.

其中强度为极大的场点 $\boldsymbol{r}_+$ 满足

$$\Delta\psi(\boldsymbol{r}_+) = \Delta\phi'(\boldsymbol{r}_+) = 2n\pi, \quad n = 0, \pm1, \pm2, \cdots \tag{8.10.5}$$

两列波在场点 $\boldsymbol{r}_+$ 处引起的两个简谐振动同相,称为**相长干涉**.

$$A(\boldsymbol{r}_+) = A_{极大} = A_1 + A_2 \tag{8.10.6}$$

$$I(\boldsymbol{r}_+) = I_{极大} = I_1 + I_2 + 2\sqrt{I_1I_2} \tag{8.10.7}$$

其中强度为极小的场点 $\boldsymbol{r}_-$ 满足

$$\Delta\psi(\boldsymbol{r}_-) = \Delta\phi'(\boldsymbol{r}_-) = (2n+1)\pi, \quad n = 0, \pm1, \pm2, \cdots \tag{8.10.8}$$

两列波在场点 $\boldsymbol{r}_-$ 处引起的两个简谐振动反相,称为**相消干涉**.

$$A(\boldsymbol{r}_-) = A_{极小} = |A_1 - A_2| \tag{8.10.9}$$

$$I(\boldsymbol{r}_-) = I_{极小} = I_1 + I_2 - 2\sqrt{I_1 I_2} \tag{8.10.10}$$

并不是随意的两列波都可以发生干涉，例如两束光射到墙上，没有干涉条纹而是光强相加；两个人一起说话，人们听到的是两个人的正常声音而不是忽强忽弱的乱音. 要实现稳定的干涉，如果是矢量波就要求两个矢量波的振动方向要相同，这样两个波引起的振动可以直接代数相加，才可以出现干涉项；其次要求位相差 $\Delta\phi$ 与时间无关只是位置的函数 $\Delta\phi(\boldsymbol{r})$，这样干涉项就与时间无关只是位置 $\boldsymbol{r}$ 的函数，才能实现稳定的干涉. 由 $\Delta\phi=(\omega_2-\omega_1)t+\Delta\phi'=(\omega_2-\omega_1)t+(\phi_2-\phi_1)-(\boldsymbol{k}_2-\boldsymbol{k}_1)\cdot\boldsymbol{r}$ 可知，只有两波频率相同（$\omega_2=\omega_1$）并且 $\Delta\phi=(\phi_2-\phi_1)=$常数时，才能确保位相差 $\Delta\phi$ 与时间无关. 所以两波能够实现稳定干涉必须同频、同振动方向（或者是标量波，如压强波）、初位相差 $\Delta\phi$ 恒定. 满足相干条件的两列波称为相干波，发出相干波的若干波源称为相干波源.

相干的机械波波源很容易实现. 两个相同频率的稳定的机械振动就是相干的机械波波源. 但是普通光源却不可能成为相干波源，因为普通光源发光是原子、分子的个体行为，彼此没有确定的位相关系，每次光源作如图 8.4.11 所示有限次数的正（余）弦振动，发光持续时间约为 $\Delta t\approx10^{-9}\sim10^{-8}$s，发出的每个波不是理想的简谐波，而是长度为 $v\Delta t$ 的一段波称为波列. 因此即使这些波频率相同，但初位相差 $\Delta\phi$ 是随机的，所以不能产生干涉. 用普通光源产生光波干涉的相干波都是同一个波列分出的两列波.

下面是一个实际的常见的机械波干涉的例子.

例 8.10.3 在一个大水盆的水面上放置两个同频、同位相的上下振动的触头 S_1 和 S_2，产生两列分别以 S_1 和 S_2 为中心的圆形水面波. 由于波长很小，可以看作深水波，每个水面波引起水面上质元作圆周运动，为互相垂直的两个方向（径向和上下）上的简谐振动的合成. 这样两列波相遇相当于两组波的叠加. 上下振动两波振动方向相同为相干波；S_1 和 S_2 靠得很近，径向两波振动方向近似相同，也近似为相干波. 对同一地点，两组相干波的位相差相同，因此干涉表现也相同. 讨论上下振动的两列相干波，设两波在任意点 P 处引起的上下振动 ξ_1、ξ_2 分别为

$$\xi_1 = A_1(r_1)\cos(\omega t - kr_1)$$
$$\xi_2 = A_2(r_2)\cos(\omega t - kr_2)$$

其中 r_1、r_2 的意义见图 8.10.2(a). 两列上下振动波相干叠加形成干涉的波动场 $\xi(r_1,r_2)$，设

$$\xi(r_1,r_2) = \xi_1 + \xi_2 = A(r_1,r_2)\cos(\omega t + \phi)$$

由(8.10.3)式波动场 $\xi(r_1,r_2)$ 的振幅为

$$A = [A_1^2 + A_2^2 + 2A_1A_2\cos\Delta\phi]^{1/2}$$
$$= [A_1^2 + A_2^2 + 2A_1A_2\cos k(r_1 - r_2)]^{1/2}$$

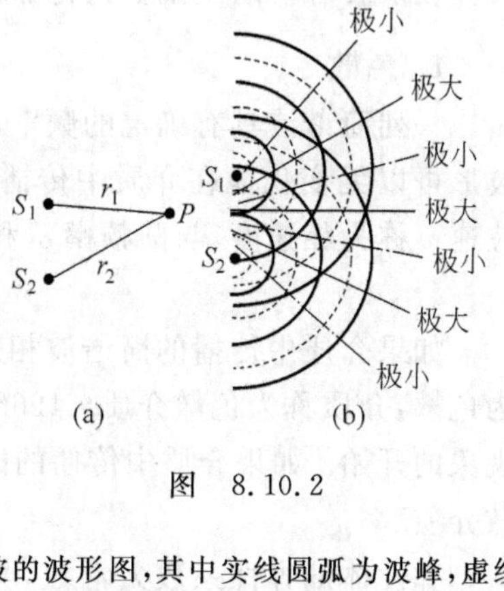

图 8.10.2

其中位相差 $\Delta\phi=k(r_1-r_2)$. 图 8.10.2(b)为某时刻上下振动两列波的波形图，其中实线圆弧为波峰，虚线为波谷. 波峰与波峰叠加、波谷与波谷叠加，表明两列波位相相同，该处为干涉极大点；波峰与波谷叠加，表明两列波位相相反，该处为干涉极小点. 极大点和极小点分别构成一系列曲线，形成水面波的干涉图形.

8.10.3 非简谐波的分解、谐波分析

前面讨论两列简谐波叠加成一列波或一个波动场. 反过来一列非简谐波可以分解为一

系列简谐波．下面，以平面非简谐波为例，讨论非简谐波的傅里叶积分分解．

设平面非简谐波沿 z 轴传播．波源在 $z=0$ 处，作非周期振动 $f(t)$．按 8.4.5 节的方法波源振动 $f(t)$ 分解为一系列连续分布的简谐振动，即傅里叶积分．由(8.4.15)、(8.4.16)、(8.4.17)式

$$\begin{aligned}\xi(0,t) &= f(t) = \int_0^\infty [a(\omega)\cos\omega t + b(\omega)\sin\omega t]\mathrm{d}\omega \\ &= \int_0^\infty A(\omega)\cos[\omega t + \phi(\omega)]\mathrm{d}\omega \end{aligned} \tag{8.10.11}$$

$$a(\omega) = \frac{1}{\pi}\int_{-\infty}^{\infty} f(t)\cos\omega t\,\mathrm{d}t \qquad b(\omega) = \frac{1}{\pi}\int_{-\infty}^{\infty} f(t)\sin\omega t\,\mathrm{d}t$$

$$A(\omega) = [a^2(\omega) + b^2(\omega)]^{1/2} \qquad \tan\phi(\omega) = -b(\omega)/a(\omega)$$

介质按波源振动频率波动，于是波源振动 $f(t)$ 的频谱 $A(\omega)$-ω 就是非简谐波的频谱，对非周期振动为连续谱．这样求非简谐波的各个简谐波组分(振幅和相对位相)的运算通常也称为非简谐波的**谐波分析**或是**傅里叶分析**．有了非简谐波的谐波组成，就可以得到传播中的非简谐波．波源振动的每一个频率的简谐分量 $A(\omega)\cos[\omega t+\phi(\omega)]$，都在介质中形成一列沿 z 轴传播的简谐波 $A(\omega)\cos[\omega t-kz+\phi(\omega)]=A(\omega)\cos[\omega(t-z/v)+\phi(\omega)]$，其中频率为 ω 的简谐波的相速度 $v=\omega/k$．于是任意点 z 处的振动即该非简谐波的波动表达式，就是这些简谐波分量的合成——傅里叶积分

$$\begin{aligned}\xi(z,t) &= \int_0^\infty A(\omega)\cos[\omega t - kz + \phi(\omega)]\mathrm{d}\omega \\ &= \int_0^\infty A(\omega)\cos[\omega(t - z/v) + \phi(\omega)]\mathrm{d}\omega\end{aligned} \tag{8.10.12}$$

8.10.4 非简谐波的传播

在谐波分析的基础上讨论非简谐波在线性无吸收介质中的传播．

1. 色散

一列简谐波具有确定的频率，通常又称为单色波或单频波．平面简谐波满足波动方程，波形可以无变化地在介质中传播，这是平面简谐波具有特殊重要性的一个原因．简谐波的波速 v 称为相速度，与圆频率 ω 和圆波数 k 有关系

$$v = \omega/k$$

如果介质中传播的简谐波相速度 v 与频率 ω 有关，如深水波 $v=(g/k)^{1/2}$，这种现象称为色散，介质称为色散介质．1666 年牛顿利用三棱镜将白光分散为彩色光带，是研究色散现象的开始．如果介质中传播的简谐波相速度 v 与频率 ω 无关则称无色散，介质称为无色散介质．

弹性体的弹性系数为常数，与波动频率无关，所以弹性体对机械波一般都没有色散．介质对光波一般都有色散．

2. 平面波的传播

(1) 在无色散介质中波形不变地传播

介质无色散时 v 为常数．令 $t'=t-z/v$，则 t' 与 ω 无关．将 t' 代入非简谐波的表达式(8.10.12)得到

$$\xi(z,t)=\int_0^{\infty}A(\omega)\cos\left[\omega t'+\phi(\omega)\right]\mathrm{d}\omega$$

注意 $A(\omega)$、$\phi(\omega)$已经被确定. 对比波源振动的傅里叶积分(8.10.11)式,可知上式为

$$\xi(z,t)=f(t')=f(t-z/v)$$

因此整个平面波以波速 v 形状不变地在介质中传播.

(2) 平面非简谐波在色散介质中传播时波形改变

色散介质中 $v=v(\omega)$、$k=k(\omega)$,则

$$t'=t-z/v(\omega)=t'(\omega)$$

于是 z 处振动为

$$\xi(z,t)=\int_0^{\infty}A(\omega)\cos\left[\omega t'(\omega)+\phi(\omega)\right]\mathrm{d}\omega$$

对比波源振动的傅里叶积分(8.10.11)式,可知色散介质中 z 处振动与波源振动不同,在传播过程中波形改变. 图 8.10.3 表示一个脉冲平面波在 t_1、t_2 两个时刻的波形,随着波的传播波形逐渐变得"扁平"而散开.

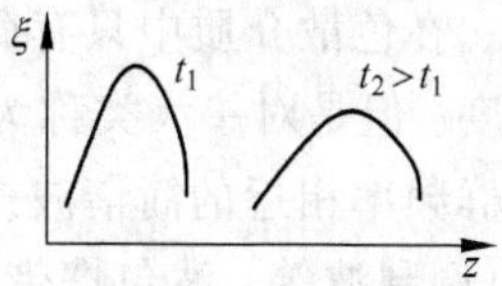

图 8.10.3

还可以通过简谐波的叠加讨论非简谐波的传播. 非简谐波波源的振动频谱 $A(\omega)$、$\phi(\omega)$是确定的. 它们传播到 z 处后,z 处振动就是这些简谐振动分量的合成振动,取决于这些简谐振动分量在 z 处的位相 $\phi'(\omega)=-kz+\phi(\omega)$. 如果是无色散介质,各简谐振动分量传播速度相同,$-kz$ 为常数,因此各简谐振动分量的相对位相(位相差) $\Delta\phi'(\omega)=\Delta\phi(\omega)$与地点无关,所以波形不变;如果是色散介质,各简谐振动分量传播速度不同,$-k(\omega)z$ 为 ω 函数,各简谐振动分量的相对位相发生改变,$\Delta\phi'(\omega)\neq\Delta\phi(\omega)$,所以合成以后波形改变.

还可以通过波动方程讨论. 如果是无色散介质,v 为常数,$f(z-vt)$、$g(z+vt)$ 为波动方程的解,平面波 $f(z-vt)$、$g(z+vt)$可以波形不变地传播;如果是色散介质,v 为 ω 的函数,则 $f(z-vt)$、$g(z+vt)$ 不是波动方程的解,平面波 $f(z-vt)$、$g(z+vt)$在传播过程中波形必然改变.

3. 孤波

波传播过程中总有耗散和色散,有耗散波会衰减、有色散波会变形,因此脉冲波总会衰减、扩散最后消失. 但是如果有非线性的收缩作用,会与扩散作用抵消,使脉冲波长时间维持下去. 1844 年英国工程师罗素(J. S. Russell)记述了他 1834 年在连接格拉斯哥和爱丁堡之间的运河上观察到的现象,一个长约 9 m、高约 30~45 cm 的圆形、轮廓分明的很大的孤立波,以 12~14 km/h 的速度形状不变地快速前进,最后它的高度逐渐减小,行进几公里后才消失在蜿蜒的河道中. 这是关于这种稳定脉冲波——孤波的第一个报道. 以后罗素又在水槽中实验,证实了他在河里观察的结果. 1895 年荷兰的考特维格(D. J. Korteveg)和德弗瑞斯(D. de. Vries)首次提出浅水中非线性方程(KdV 方程),正确解释了孤波现象. KdV 非线性方程为

$$\frac{\partial\xi}{\partial t}+\left(c_0+\frac{3c_0}{2h}\xi\right)\frac{\partial\xi}{\partial x}+\frac{1}{3}\sigma\frac{\partial^3\xi}{\partial x^3}=0 \tag{8.10.13}$$

式中 $\xi(x,t)$表示 x 处高于平衡水面的位移,h 为平衡水面的高度,波速 $c_0=(gh)^{1/2}$,

$\sigma=h^3/3-Th/\rho g$，其中 T 为表面张力、ρ 为水质量密度.

令 $t^*=(g/h\sigma)^{1/2}t/2$、$x^*=-x/\sigma^{1/2}$、$u=-\xi/2-c_0/3$，则 KdV 方程改写为

$$\frac{\partial u}{\partial t^*}-6u\frac{\partial u}{\partial x^*}+\frac{\partial^3 u}{\partial x^{*3}}=0 \tag{8.10.14}$$

KdV 方程的线性部分具有色散效应，非线性部分对脉冲波有挤压作用，在合适条件下两者相互抵消形成孤波.

从 20 世纪 60 年代起，关于孤波(又称孤子 soliton)的研究取得重大成就，找到一些有孤波解的偏微分方程，提出一些求解方法，在自然界和实验室中发现许多孤波实例，如涡旋星云中的密度波、木星大气中巨红斑的活动、光束的自聚焦效应、光纤中脉冲波的传播……

8.10.5 群速度

在色散介质中只有简谐波有确定的波速——相速度，一般的非简谐波没有统一的传播速度. 但是对一大类称为波包或波群的重要的非简谐波可以定义群速度. 波包(波群)是由一群频率相近的简谐波构成的非简谐波，波包的特征是波包的包络即轮廓上有峰包，如脉冲波、调制波等. 波包携带信息、能量. 定义波包中心的传播速度为群速度 v_g，也就是信息和能量的传播速度. 下面先用最简单方法构成一个波包，讨论群速的计算.

设两列传播方向相同(沿 z 轴)、振动方向相同、振幅相同、频率相近的平面简谐波分别为

$$\xi_1=A'\cos(\omega_1 t-k_1 z)$$

$$\xi_2=A'\cos(\omega_2 t-k_2 z)$$

其中 $\omega_1>\approx\omega_2$. 两波叠加成为一列非简谐波

$$\begin{aligned}\xi=\xi_1+\xi_2&=2A'\cos(\omega' t-k'z)\cos(\omega t-kz)\\&=A(z,t)\cos(\omega t-kz)\end{aligned} \tag{8.10.15}$$

其中，$\omega'=(\omega_1-\omega_2)/2=\Delta\omega/2$、$\omega=(\omega_1+\omega_2)/2$、$k'=(k_1-k_2)/2=\Delta k/2$、$k=(k_1+k_2)/2$. 由于 $\omega_1>\approx\omega_2$ 所以 $\omega\gg\omega'$. 因此合成波相当于一列以 $A(z,t)=2A'\cos(\omega' t-k'z)$ 为振幅，以 ω 为频率的近似平面简谐波.

该合成波实际上是一列“拍波”. 如果固定位置 z，质元的合成振动就是 8.4.3 节讨论的时间拍，近似为振幅缓变的谐振动. 时间拍长度(周期)的倒数称为拍频，拍频 $\nu_{拍}=\nu_1-\nu_2$.

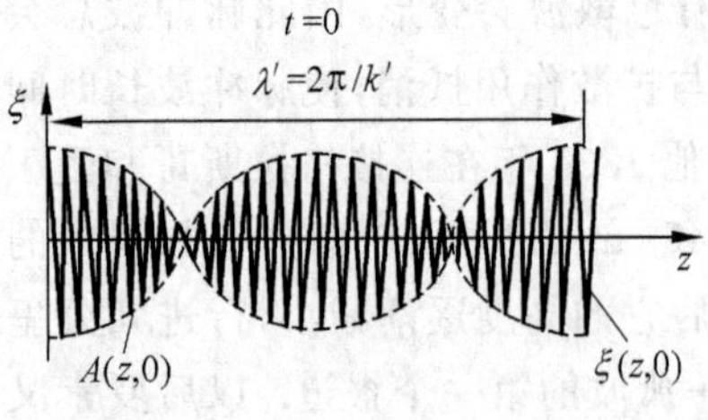

图 8.10.4　$t=0$ 时刻的波形

如果固定时刻 t，空间中的波形近似为振幅缓变的简谐波波形. 图 8.10.4 为 $t=0$ 时刻的波形，其中虚线是轮廓波 $A(z,0)=2A'\cos(k'z)$. 这样振幅缓变的简谐波波形各处振幅不同，称为空间拍. 空间拍的长度 $\lambda_{拍}$ 为振幅波 $A(z,t)$ 波长 λ' 的一半，即

$$\lambda_{拍}=\lambda'/2=\lambda_1\lambda_2/(\lambda_2-\lambda_1) \tag{8.10.16}$$

其中振幅波波长 $\lambda'=2\pi/k'$. 从图 8.10.4 可见，ξ 为 z 方向传播的波包. 波包中每个质元仍作谐振动，波强正比于振幅平方，所以能量集中在波包中心处，群速度也就是能量传播速度. 波包包络就是轮廓波 $A(z,t)$，所以波包中心的传播速度(群速度) 就是 $A(z,t)$传播速度.

$A(z,t)$是一列简谐波，以其相速度 $v=\omega'/k'$ 传播．所以波包 ξ 的群速度为

$$v_g=\omega'/k'=\Delta\omega/\Delta k$$

实际的波包一般是由频率相当接近的一群连续分布的简谐波叠加而成，写成如 (8.10.12)式的傅里叶积分，如上面两个波合成波包的例子，取 $\phi=0$．为了计算方便，采用复数形式

$$\xi(z,t)=\int_{-\infty}^{\infty}A(\omega)\exp[-\mathrm{i}(\omega t-kz)]\mathrm{d}\omega$$

设波包的中心频率为 ω_0(对应圆波数为 k_0)，则

$$\begin{aligned}\xi(z,t)&=\exp[-\mathrm{i}(\omega_0 t-k_0 z)]\int_{-\infty}^{\infty}A(\omega)\exp\{-\mathrm{i}[(\omega-\omega_0)t-(k-k_0)z]\}\mathrm{d}\omega\\&=A(z,t)\exp[-\mathrm{i}(\omega_0 t-k_0 z)]\end{aligned}$$

其中 $A(z,t)=\int_{-\infty}^{\infty}A(\omega)\exp\{-\mathrm{i}[(\omega-\omega_0)t-(k-k_0)z]\}\mathrm{d}\omega$．由于频率相当接近，所以 $(\omega-\omega_0)\ll\omega_0$，$A(z,t)$为频率很低的缓慢变化的向 z 传播的波动．与上面的"拍波"比较，合成波 $\xi(z,t)$也相当于一列以 $A(z,t)$为振幅的以 ω_0为频率的近似平面简谐波．合成波 $\xi(z,t)$的包络波也就是轮廓波为 $A(z,t)$，波包的群速度即为波包中心传播速度，也就是轮廓波 $A(z,t)$的传播速度．由于色散，v、k 为 ω 的函数

$$k(\omega)=k_0+\left.\frac{\mathrm{d}k}{\mathrm{d}\omega}\right|_{\omega_0}(\omega-\omega_0)+\left.\frac{\mathrm{d}^2k}{\mathrm{d}\omega^2}\right|_{\omega_0}(\omega-\omega_0)^2/2+\cdots$$

其中，$\left.\frac{\mathrm{d}k}{\mathrm{d}\omega}\right|_{\omega_0}$、$\left.\frac{\mathrm{d}^2k}{\mathrm{d}\omega^2}\right|_{\omega_0}$ 分别为 $\omega=\omega_0$处 k 对 ω 的一阶、二阶导数．波包频率范围很窄，故只取一级近似代入得

$$\begin{aligned}A(z,t)&\approx\int_{-\infty}^{\infty}A(\omega)\exp\left\{-\mathrm{i}(\omega-\omega_0)\left[t-\left.\frac{\mathrm{d}k}{\mathrm{d}\omega}\right|_{\omega_0}z\right]\right\}\mathrm{d}\omega\\&=\int_{-\infty}^{\infty}A(\omega^*)\exp(-\mathrm{i}\omega^*t^*)\mathrm{d}\omega^*\end{aligned}$$

其中，$\omega^*=(\omega-\omega_0)$、$t^*=t-\left.\frac{\mathrm{d}k}{\mathrm{d}\omega}\right|_{\omega_0}z$．$t^*$与 ω 无关，所以

$$\begin{aligned}&\int_{-\infty}^{\infty}A(\omega^*)\exp(-\mathrm{i}\omega^*t^*)\mathrm{d}\omega^*\\&=f(t^*)=f\left[t-\left.\frac{\mathrm{d}k}{\mathrm{d}\omega}\right|_{\omega_0}z\right]\approx A(z,t)\end{aligned}\tag{8.10.17}$$

因此 $A(z,t)$近似为一列平面波 $f(t^*)$，波包的群速度即该平面波 $f(t^*)$的速度．与向 z 方向传播的标准平面波形式(8.6.44)式 $f(z-vt)=f[-v(t-z/v)]$比较，得到平面波 $f(t^*)$的速度即波包群速度

$$v_g=\left.\left(\frac{\mathrm{d}\omega}{\mathrm{d}k}\right)\right|_{\omega_0}$$

将 $\omega=v_pk$ 代入，其中 v_p 是频率为 ω 的简谐波的相速度，得

$$v_g=\left.\left(\frac{\mathrm{d}\omega}{\mathrm{d}k}\right)\right|_{\omega_0}=v_p+k\left.\left(\frac{\mathrm{d}v_p}{\mathrm{d}k}\right)\right|_{\omega_0}=v_p-\lambda\left.\left(\frac{\mathrm{d}v_p}{\mathrm{d}\lambda}\right)\right|_{\omega_0}\tag{8.10.18}$$

例 8.10.4 深水波相速度 $v_p=(g/k)^{1/2}$，求其 v_g，并解释凯尔文船行波现象．

解：由(8.10.18)式，深水波群速度为

$$v_g=v_p+k(\mathrm{d}v_p/\mathrm{d}k)=v_p-(g/k)^{1/2}/2=v_p/2$$

凯尔文(Kelvin,英国科学家)船行波现象指船行很快船速超过波速时,以船头为顶点水纹形成的楔形尾迹随船而行,楔形尾迹的半顶角 $\alpha\approx19.5°$与船速 u_S无关的现象. 下面做运动学解释.

设船以 u_s 沿 z 轴运动,$t=0$ 时刻到 A 点,t 时刻到 B 点,$AB=u_st$. 船行进激发出各种频率的深水水面波. 设频率 ω 的波速为 $v_p(\omega)$,t 时间内行进路程 $AC=v_p(\omega)t$,由惠更斯原理波射线 AC 与 t 时刻波面 BC 垂直,因此 C 点在以 AB 为直径的圆周上见图 8.10.5,其中 O 为圆周中心. $t=0$ 时刻船激发的各频率波的波射线与 t 时刻波面的交点都在该圆周上.

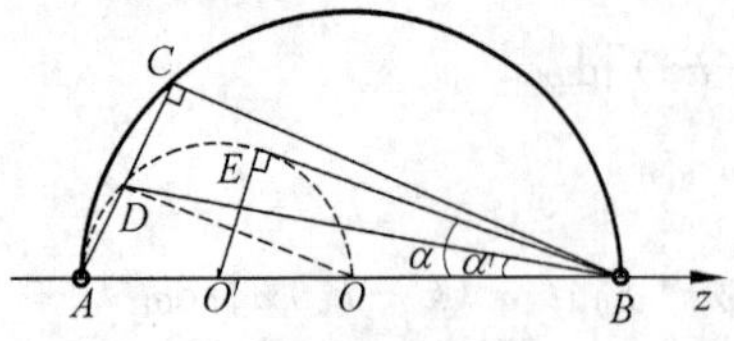

图　8.10.5

由于色散,ω 频率附近波群的群速度为相速度 $v_p(\omega)$的一半,所以 t 时刻 ω 附近的波包中心(即观察到的波迹)只到达 BD 线,D 为 AC 的中点. 类似,所有波群 t 时刻的波迹都是从 B 到各个波射线的中点. 注意到 $OD/\!/BC$,所以 D 在以 AO 为直径的圆周上,其他各个波射线的中点也都在此圆周上. 由图 8.10.5 可见,最外面的波迹是 B 点到该圆周的切线 BE. 也就是楔形尾迹的边缘,BE 与 AB 的夹角即为楔形尾迹的半顶角 α. 由图 8.10.5 可知

$$\sin\alpha=O'E/O'B=1/3\quad \alpha\approx19.5° \tag{8.10.19}$$

光学中通过测量折射角和入射角由折射定律得到介质的折射率 n,由此计算得到光波在介质中传播的相速度 $v_p=c/n$,c 为真空中光速. 通过测量光信号传播速度得到光波在介质中传播的群速度. 例如在SO_2 中钠黄光的折射率为 $n=1.64$,于是 SO_2 中钠黄光的相速度 $v_p=c/1.64$；而 SO_2 中钠黄光的群速度$v_g=c/1.76$. 两者有明显的区别.

8.11　驻　　波

前面讨论了波的产生、传播以及波的叠加和分解,其中最重要和最基本的是单频的平面简谐波. 严格的平面简谐波在时间上无头无尾,在空间上延续到整个空间. 实际上长期稳定的波动都是在有限空间内. 此外,还有很重要的问题没有涉及和解决,例如,按以前的讨论弦上横波本来可以产生各种频率的波动,而实际上各种弦乐奏出的是特定频率的乐声,类似的还有其他乐器钢琴、笛子、钟、锣等等. 而且乐器音调还可以改变,如调节琴弦的松紧就可以改变提琴的音调. 上述这些问题都要在本节通过对驻波的讨论得到解答.

前面讨论的都是波形传播的波动称为行波,由于不满足边界条件行波在有限介质中只能暂时存在；在有限介质可以长久存在的是驻波. 单频驻波起着行波中简谐波(单频行波)的作用.

8.11.1　单频驻波

1. 驻波的形成

驻波可由同频、同幅、同振动方向、传播方向相反的两列平面简谐波叠加形成. 这样的两列波实际上很容易获得. 当一列平面简谐波传播到介质的自由端或固定端时,如果波传播方向与分界面垂直,根据 8.8.3 节的讨论入射波在界面上全反射,于是入射波和反射波就是这样的两列波,所以驻波才是实际上常见的稳定波动. 设两列平面简谐波为

$$\xi_1=A'\cos(\omega t-kz+\phi_1)\qquad \xi_2=A'\cos(\omega t+kz+\phi_2)$$

两列波叠加得到的合成波即为驻波

$$\xi(z,t) = \xi_1 + \xi_2 = A\cos(kz+\theta)\cos(\omega t+\phi) \qquad (8.11.1)$$

其中,$A=2A'$、$\theta=(\phi_2-\phi_1)/2$、$\phi=(\phi_2+\phi_1)/2$. 注意到驻波场$\xi(z,t)$有稳定的由位置决定的振幅分布,相邻各处有明显的波动强度的不同,是一种特殊的干涉现象. 这种驻波频率单一,又称为单频驻波. 为与驻波相区别,前面讨论的平面波等传播的波称为行波.

也可以用振幅矢量图法合成. 讨论 z 处两个简谐振动

$$\xi_1 = A'\cos(\omega t+\phi_1') \qquad \xi_2 = A'\cos(\omega t+\phi_2')$$

其中,$\phi_1'=-kz+\phi_1$、$\phi_2'=kz+\phi_2$. 见图 8.11.1,其中 $A_1=A_2=A'$. 令 $\Delta\phi'=\phi_2'-\phi_1'=2kz+(\phi_2-\phi_1)$. 于是

$$\begin{aligned}
&\xi(z,t) = \xi_1+\xi_2 = A\cos(\omega t+\phi') \\
&A = [A_1^2+A_2^2+2A_1A_2\cos\Delta\phi']^{1/2} = \sqrt{2}A'(1+\cos\Delta\phi')^{1/2} \\
&\quad = 2A'\,|\cos(\Delta\phi'/2)| = 2A'\,|\cos[kz+(\phi_2-\phi_1)/2]| \\
&\phi' = \phi_1'+\Delta\phi'/2 = (\phi_2+\phi_1)/2
\end{aligned}$$

其中,由于两波振幅相同为 A',因此 $\phi'=\phi_1'+\Delta\phi'$. 于是驻波为

$$\xi(z,t) = 2A'\,|\cos[kz+(\phi_2-\phi_1)/2]|\cos[\omega t+(\phi_2+\phi_1)/2] \qquad (8.11.2)$$

(8.11.1)、(8.11.2)写法略有不同,(8.11.2)式中取绝对值,具有振幅意义.

由于各地简谐振动的振幅是位置的函数,显然合成波是一种干涉现象,而不是简谐波.

2. 驻波特点

(1) 满足波动方程

将驻波解代入波动方程,可以直接验证驻波解满足波动方程. 实际上驻波是两列同频平面简谐波叠加而成,由叠加原理,作为合成波的驻波自然满足波动方程.

(2) 驻波波形,波形不传播

为简单取 $\theta=\phi=0$,由(8.11.1)式驻波为

$$\xi(z,t) = A\cos kz\cos\omega t$$

在任意 z 处质元作简谐振动,振动相互关联,振幅为$|A\cos kz|$与位置有关,呈现干涉现象. 图 8.11.2 画出 5 个时刻的波形图,与平面简谐波的波形图完全不同,波形不传播. 振幅为零处称为波节,振幅最大处称为波腹,相邻波节与波腹的距离为 $\lambda/4$.

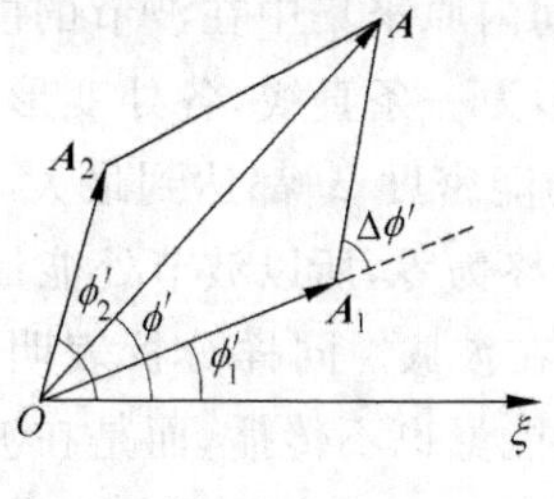

图 8.11.1

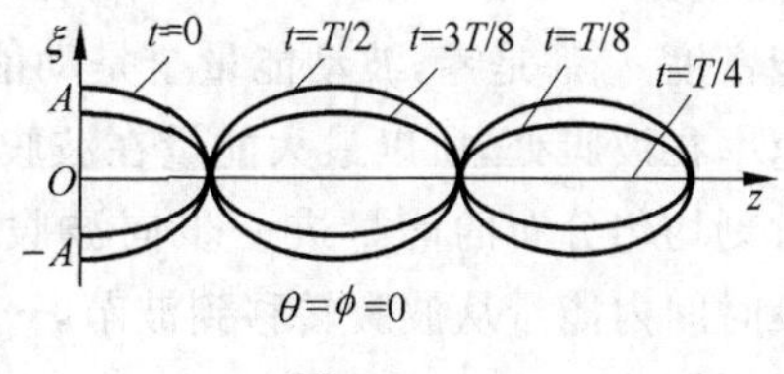

图 8.11.2

(3) 驻波位相,位相不传播

z 处质元的简谐振动为

$$\xi(z,t) = A\cos kz\cos\omega t = A(z)\cos(\omega t+\phi')$$

其中,振幅 $A(z)=A|\cos kz|$,初位相为 ϕ'. 如果 $\cos kz>0$,则取 $\phi'=0$,$A(z)=A\cos kz$;如果 $\cos kz<0$ 则取 $\phi'=\pi$,$A(z)=-A\cos kz$.

波节处 $\cos kz=0$,即 $kz=(2n+1)\pi/2(n=0,\pm1,\pm2,\cdots)$,波节位置 $z=(2n+1)\lambda/4$. 这样

波形图上两个波节之间各点对应的 kz 或是在二、三象限或是在四、一象限，于是两个波节之间各点对应的 $\cos kz$ 同号，所以两波节之间各个质元的振动位相相同．还可以从波形图上直接确定各点之间的位相差．从波形图 8.11.2 上看，两波节之间各个质元的振动同时达到最大位移、同时回到平衡位置……，所以它们必然同位相；一个波节两侧（相邻的两个波节）质元振动一边位移最大时另一边位移必然最小，因此一个波节两侧质元振动彼此反相．

所以驻波位相不传播．

(4) 驻波能量，能量不传播

作简谐振动的质点机械能守恒，依靠动能和势能的相互转换维持运动；简谐行波 $e_k=e_p$，动能和势能并不转化，质元振动能量由波源提供．驻波质元振动能量从何而来？由能量密度进行讨论．由(8.7.1)、(8.7.4)式，驻波的动能、势能密度分别为

$$\begin{aligned} e_k &= \rho(\partial\xi/\partial t)^2/2 = \frac{1}{2}\rho\omega^2 A^2\cos^2 kz\ \sin^2\omega t \\ &= \frac{1}{8}\rho\omega^2 A^2(1+\cos 2kz)(1-\cos 2\omega t) \end{aligned} \tag{8.11.3}$$

$$\begin{aligned} e_p &= \rho v^2(\partial\xi/\partial z)^2/2 = \frac{1}{2}\rho\omega^2 A^2\sin^2 kz\ \cos^2\omega t \\ &= \frac{1}{8}\rho\omega^2 A^2(1-\cos 2kz)(1+\cos 2\omega t) \end{aligned} \tag{8.11.4}$$

驻波的动能密度与势能密度并不相等．波节处质元速度为零，于是 $e_k=0$，波腹处 $\cos 2kz=1$，于是 $e_p=0$．驻波总的能量密度为

$$\begin{aligned} e &= e_k+e_p = \frac{1}{4}\rho\omega^2 A^2(1-\cos 2kz\cos 2\omega t) \\ &= E_0(1-\cos 2kz\cos 2\omega t) \end{aligned} \tag{8.11.5}$$

其中 $E_0=\rho\omega^2A^2/2$．因此 e 也是驻波．图 8.11.3 是 $t=0$、$T/8$、$T/4$（T 为周期）三个时刻的位移波形图（ξ-z）和能量密度波形图（e-z）．①$t=0$ 时刻各处 $|\xi|$ 最大、振动速度都是零，所以动能密度 e_k 都是零，波动能量全是势能，而此时各处势能密度 e_p 都达到最大．其中最大变形在波节处，所以最大能量在波节；波腹处变形始终为零，所以波腹处能量为零．能量集中在波节．②$t=T/8$ 时刻 $\cos 2\omega t=0$、$e=E_0$ 为常数，这段时间内原来集中在波节的能量向波腹扩散，能量分布均匀．③$t=T/4$ 时刻各处位移 $\xi=0$，波形为一条直线，各处变形都是零，所以势能密度 e_p 都是零，波动能量全是动能，而此时各处动能密度 e_k 都达到最大．其中最大振动速率在波腹处，所以最大能量在波腹；波节处速度始终为零，所以波节处能量为零．$t=T/8$ 时刻均匀分布的能量进一步向波腹转移，此刻集中在波腹．同样分析表明，$T/4$ 到 $T/2$ 这段时间内能量从波腹转移到波节，…….所以驻波的能量也不传播，而是在波节和波腹之间来回振荡．

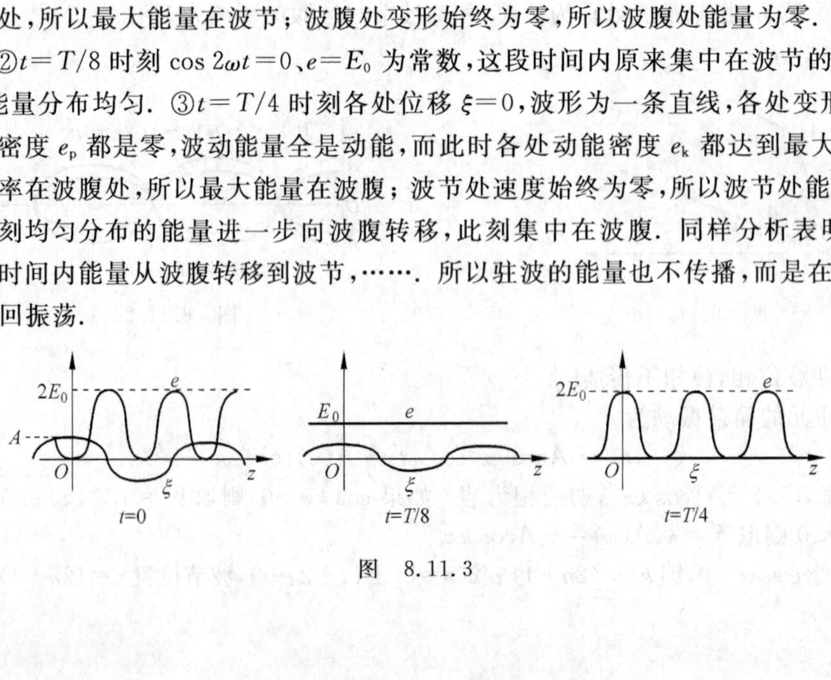

图 8.11.3

换一个角度讨论. 波节处应力不是零,在波节切开两侧有相互作用力,但是波节处位移始终为零,所以波节处相互作用力不做功,波节两侧没有能量交换;波腹处应力始终为零,所以波腹两侧也没有能量交换. 能量不能通过波节、波腹传播出去,只能在波节和波腹之间来回振荡.

这就是驻波,它的能量、位相、波形都不传播,所以称为"驻";另一方面,这是一个完整的波动场,各处质元的振动彼此关联有确定的规律,所以称为"波".

8.11.2　两端固定有界弦的自由波动、简正模式

常见的波动大都局限在有限区域,有限区域具有边界;在有限区域能够稳定地持续一段时间的波动都必须满足边界条件,因此都是驻波或是驻波的叠加. 这里讨论比较简单的两端固定有界弦的自由波动.

1. 两端固定弦上的基础波动

如图 8.11.4,一根长度为 L 的均匀柔弦(弦线密度为 η)两端固定,弦中张力为 T,建立如图坐标. 如果给弦以横向初始小激励,弦就会作横向波动 $\xi(z,t)$. 波动 $\xi(z,t)$ 除了要满足均匀柔弦小振动的波动方程(8.6.27)外,还要满足边界条件

$$\xi(0,t)=\xi(L,t)=0 \tag{8.11.6}$$

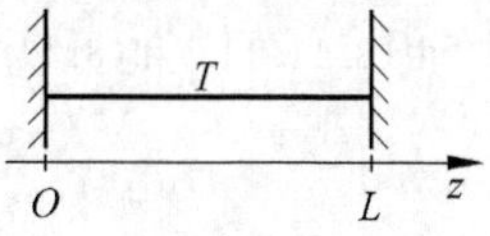

图　8.11.4

行波和驻波都满足波动方程. 但是行波振幅处处相同,与位置无关,不可能满足边界条件;驻波各处有不同的确定的振幅,可以满足边界条件. 设满足边界条件的单频驻波为

$$\xi(z,t)=A\sin kz\,\cos(\omega t+\phi)$$

这样形式的驻波已经满足 $\xi(0,t)=0$ 的边界条件. 为满足 $\xi(L,t)=0$ 的边界条件,必须

$$kL=n\pi \qquad n=1,2,3,\cdots$$

因此这个单频驻波的圆波数 k 就不能任意连续取值,必须取一系列分立的值 $n\pi/L$,分别编号为 k_1、k_2、k_3、…,记为

$$k_n=n\pi/L \quad n=1,2,3,\cdots \tag{8.11.7}$$

于是相应的波长、圆频率、频率分别为

$$\begin{cases}\lambda_n=2L/n=\lambda_1/n\\ \omega_n=vk_n=n\pi v/L=n\omega_1\\ \nu_n=v/\lambda_n=nv/2L=n\nu_1\end{cases} \tag{8.11.8}$$

其中,$\lambda_1=2L$、$\omega_1=\pi v/L$、$\nu_1=v/2L$ 为 $n=1$ 驻波波长、圆频率和频率;波速 $v=(T/\eta)^{1/2}$. $n=1$ 单频驻波称为基频,n 大于 1 的驻波 ν_n、λ_n 称为 n 次谐波. 于是弦上单频驻波为

$$\xi_n(z,t)=A_n\sin k_nz\,\cos(\omega_nt+\phi_n), \quad n=1,2,3,\cdots \tag{8.11.9}$$

2. 弦上自由波动是单频驻波叠加

由于波动方程是线性微分方程,所以这些单频驻波的叠加也是波动方程的解,而且满足边界条件(两个端点位移为零). 下面将通过傅里叶级数说明弦上满足上述边界条件的自由波动 $\xi(z,t)$都是单频驻波叠加

$$\xi(z,t) = \sum_{n=1}^{\infty} A_n \sin k_n z \cos(\omega_n t + \phi_n)$$
$$= \sum_{n=1}^{\infty} A_n \sin(n\pi z/L) \cos(n\pi v t/L + \phi_n) \tag{8.11.10}$$

A_n、ϕ_n 是待定常数，由初始条件 $\xi(z,0)=f(z)$ 和 $\dot{\xi}(z,0)=g(z)$ 决定

$$f(z) = \xi(z,0) = \sum_{n=1}^{\infty} A_n \sin(n\pi z/L) \cos\phi_n \tag{8.11.11a}$$

$$g(z) = \dot{\xi}(z,0) = \sum_{n=1}^{\infty} -\omega_n A_n \sin(n\pi z/L) \sin\phi_n \tag{8.11.11b}$$

例 8.11.1 坐标如图 8.11.4. 将弦支撑为正弦形式 $f(z)=h\sin(\pi z/L)$，然后无初速地释放. 取释放时刻 $t=0$，则初始条件为 $\xi(z,0)=h\sin(\pi z/L)$ 和 $\dot{\xi}(z,0)=0$. 求：弦上的波动.

解：设弦上的波动为

$$\xi(z,t) = \sum_{n=1}^{\infty} A_n \sin(n\pi z/L) \cos(\omega_n t + \phi_n)$$

由(8.11.11a)和(8.11.11b)式得

$$\sum A_n \sin(n\pi z/L) \cos\phi_n = \xi(z,0) = h\sin(\pi z/L) \tag{1}$$

$$\sum -\omega_n A_n \sin(n\pi z/L) \sin\phi_n = \dot{\xi}(z,0) = 0 \tag{2}$$

由(2)式，因为 z 可以在区间$[0,L]$内任意取值，所以必须 $\phi_n=0$；将 $\phi_n=0$ 代入(1)式得到

$$A_1 = h \qquad A_n = 0 \ (n \neq 1)$$

因此弦上波动为基频驻波

$$\xi(z,t) = h\sin(\pi z/L)\cos(\pi v t/L)$$

---

3. 傅里叶级数

上面把弦上满足边界条件的任意自由波动都表示为单频简谐驻波的叠加，不同的波动来自不同的初始条件. 如果能够由初始条件的两个方程(8.11.11a)和(8.11.11b)式唯一地确定待定常数 A_n、ϕ_n，就唯一地确定了该波动. 初始条件的两个方程可以改写为

$$f(z) = \xi(z,0) = \sum_{n=1}^{\infty} a_n \sin(n\pi z/L) \tag{8.11.12a}$$

$$g(z) = \dot{\xi}(z,0) = \sum_{n=1}^{\infty} b_n \sin(n\pi z/L) \tag{8.11.12b}$$

其中，$a_n=A_n\cos\phi_n$、$b_n=-\omega_n A_n \sin\phi_n$. 从数学上看这两式是$[0,L]$区间上的正弦形式的傅里叶级数，其中系数为

$$a_n = \frac{2}{L}\int_0^L f(z)\sin(n\pi z/L)\,\mathrm{d}z \tag{8.11.13a}$$

$$b_n = \frac{2}{L}\int_0^L g(z)\sin(n\pi z/L)\,\mathrm{d}z \tag{8.11.13b}$$

需要注意的是，函数 $f(z)$ 一般是在区间$[-L,L]$上展开为傅里叶级数的. 而这里 $f(z)$ 定义在区间$[0,L]$上，为此要扩充 $f(z)$ 为定义在区间$[-L,L]$上的奇函数 $F(z)$

$$F(z) = f(z) \qquad z \in [0,L]$$

$$F(z)=-f(-z)=-F(-z)\qquad z\in[-L,0]$$

当然这种扩充不影响物理问题中$[0,L]$区间上的展开结果. 此外函数在区间$[-L,L]$上的傅里叶级数展开式本身在$(-\infty,\infty)$区间上都有意义,是以 $2L$ 为周期的周期函数. 如果函数在周期的端点$\pm L$ 处以及补充的接点 O 处不连续, 则傅里叶级数不等于函数在间断点处左极限或右极限,而是收敛于间断点处左极限和右极限的平均值. 在两端固定边界条件下,O 和 L 处的位移和振动速度都是零,所以没有间断的问题.

得到 a_n 和 b_n 后就可以求出 A_n 和 ϕ_n

$$A_n=(a_n{}^2+b_n{}^2/\omega_n{}^2)^{1/2}\qquad \tan\phi_n=-b_n/a_n\omega_n \tag{8.11.14}$$

在例 8.11.1 中,$f(z)=h\sin(\pi z/L)$、$g(z)=0$,代入式(8.11.13a)和(8.11.13b),得到

$$a_1=h、a_n=0\ (n>1);\quad b_n=0$$

于是由(8.11.14)式得到

$$A_1=h\qquad A_n=a_n=0\quad(n>1)$$

$$\phi_n=0$$

弦上波动为 $\xi(z,t)=h\sin(\pi z/L)\cos(\pi vt/L)$

由傅里叶级数性质,符合边界条件的任意初始条件都可以求出 a_n 和 b_n,从而得到相应的波动. 所以弦上满足边界条件的自由波动都是单频驻波叠加.

一般的弦乐器都是在两端固定的弦上演奏出动人的乐曲,弦上自由波动的基频即是该自由波动的“音调”,其 n 次谐波的组分即是自由波动的“泛音”,体现出“音色”. 不同的乐器演奏同样的音调而音色不同,可以从音色清楚地分辨出不同乐器. 演奏中手指按在琴弦上以改变弦长 L,从而改变基频. 如果琴弦音调不准,就扭动音柱调整弦上张力改变波速,也就改变了弦的基频,即改变了音调的高低.

4. 两端固定弦的简正模式

综上所述,两端固定的边界条件使弦上波动的频率和波长分立而不连续. 所有自由波动都是单频驻波叠加,因此单频驻波

$$\xi_n(z,t)=A_n\sin k_n z\cos(\omega_n t+\phi_n)\quad n=1,2,3,\cdots$$

是两端固定弦波动的基础,称为该边界条件(两端固定)下的简正模式,相当于数学上的基础解系. 每一个单频驻波对应一个简正模式.

简正模式的关键参数为频率 ν_n(称为固有频率或是特征频率)和波长 λ_n. 两者满足关系 $\lambda_n\nu_n=v$,v 为波速. 由前面讨论知道,两端固定的边界条件决定了单频驻波的波长为 $\lambda_n=2L/n$,相应的频率为 $\nu_n=v/\lambda_n=nv/2L$.

5. 空间模式——简称模式

两端固定弦的一个简正模式 $\xi_n(z,t)$分为空间部分 $A_n\sin(k_n z)=A_n\sin(n\pi z/L)$和时间部分 $\cos(\omega_n t+\phi_n)=\cos(2\pi\nu_n t+\phi_n)$. 直接与边界条件相联系的、体现了简正模式特点的是空间部分,是简正模式的主要部分; 而时间部分是间接、被动地与边界条件相联系. 简正模式 $\xi_n(z,t)$的空间部分称为空间模式,也常常简称为模式,记为

$$H_n(z)=A_n\sin(n\pi z/L)$$

$H_n(z)$-z 图称为空间模式图. 空间模式图可以按函数 $H_n(z)$画出,也可以按边界条件和驻波特点直接定性画出,如图 8.11.5.

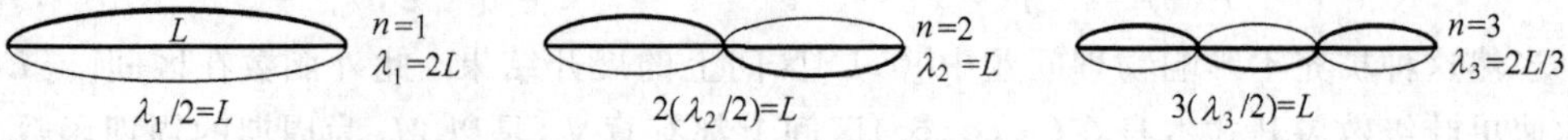

图 8.11.5

弦长 L、两端为波节，因此最大波长即 $n=1$ 基频情况必然是图中所示，除两端节点外弦上没有节点，两个波节距离即弦长 L 为一个半波长 $\lambda_1/2$，于是 $\lambda_1=2L$；$n=2$ 时为次长波长，弦中点为波节如图所示，弦长 L 为两个半波长，即 $L=2(\lambda_2/2)$，$\lambda_2=L$；类似可以定性地画出 $n=3$、4、…的空间模式图，直接得到相应波长 λ_n. 这样不必进行计算，通过空间模式图直接得到了各个简正模式的波长. 简正模式的频率 $\nu_n=v/\lambda_n$. 这样的便利更彰显出空间模式的重要性.

8.11.3 其他边界条件的简正模式

1. 推广到其他形式波

除了上述均匀柔弦横波外，还有固体弹性波、流体声波、电磁波（光波）等其他形式的波动. 这些波动也都有两端固定的边界条件，如图 8.11.6. 其中细长固体棒两端固定，棒中激发的弹性纵、横波在两端位移为零，为驻波节点；两端密封的圆管，管中激发的声波在两端位移为零，为驻波节点；激光器里两端是反射镜，来回传播的激光在反射镜上电场强度为零，也是驻波节点. 需要注意的是，气体中声波即可以看作气体质元的位移波 $\xi(z,t)$ 也可以看作是气体内压强起伏的压强波 $p(z,t)$，(8.6.16)式给出流体中声波的压强波动 p 与位移波动 ξ 的关系

$$p=-K(\partial\xi/\partial z)$$

因此位移波 $\xi(z,t)$ 的波节处正是压强波的波腹，位移波 $\xi(z,t)$ 的波腹处正是压强波的波节.

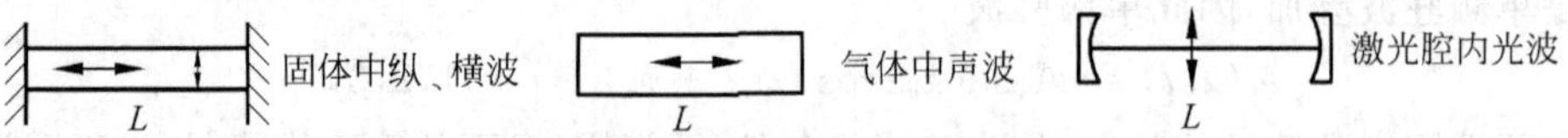

图 8.11.6

虽然这些波的形式不同，但是由于边界条件相同，所以空间模式 $H_n(z)$ 的模式图以及空间模式的波长 λ_n 都相同，与两端固定弦一样. 区别在于不同波的波速 v 不同，从而导致简正模式时间部分的频率 ν_n 不同. 所以两端固定边界条件统一的空间模式为

$$H_n(z)=A_n\sin(n\pi z/L) \tag{8.11.15}$$

2. 其他边界条件下的简正模式

下面讨论几种典型边界条件的模式. 由于只讨论空间模式，所以不必区分波的种类.

(1) 两端自由边界条件

具体的两端自由边界条件的波如图 8.11.7(a)的气体中声波，长为 L 的两端开口的细长圆管，两端没有约束，相当于 8.8.3 节中向自由端反射的情况. 垂直入射的简谐波在自由端是全反射，而且入射、反射波在反射面上引起的两个谐振动同位相，因此在自由端叠加后振幅最大，为单频驻波的波腹（开口处不是真正的自由端，所以波腹不在开口处而是略微伸

向管外一些).

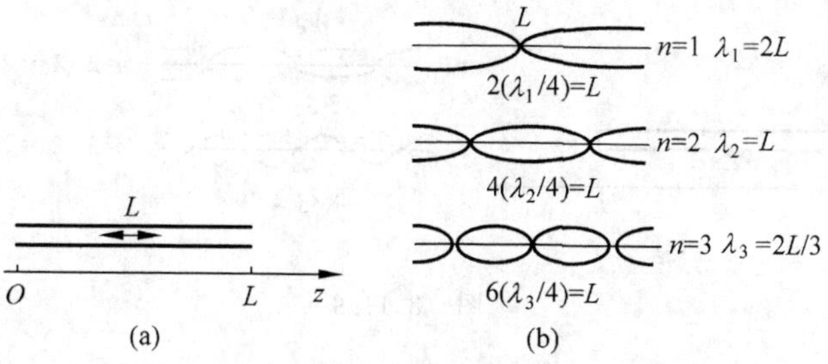

图 8.11.7

所以两端自由边界对应的空间模式图在两个端点处都是波腹. 如图 8.11.7(b)所示. 这样最大波长即 $n=1$ 基频情况必然是中点为节点两端为波腹,在 L 长度上有 2 个波节到波腹长度($\lambda_1/4$),所以 $\lambda_1=2L$. $n=2$ 的次长波长情况,在弦上增加一个节点,增加了 2 个波节到波腹长度($\lambda_2/4$),所以 $\lambda_2=L$. 类似可以画出 $n=3,4,5,\cdots$ 的空间模式图,总结出规律

$$\lambda_n = 2L/n \qquad n = 1,2,\cdots \tag{8.11.16}$$

由空间模式图写出空间模式为

$$H_n(z) = A_n\cos(n\pi z/L) \tag{8.11.17}$$

(2) 一端固定一端自由边界条件

实际的一端固定一端自由边界条件的波的例子见图 8.11.8(a),第一个是左端固定的固体中弹性波;第二个是一端固定的柔弦上横波,右端连接一个极轻的光滑圆环,环套在直杆上自由滑动;第三个是左端封闭右端开口的圆管中声波. 这种边界条件的空间模式图左端为波节、右端为波腹,图 8.11.8(b)画出空间模式图的前三个模式. 由此总结出规律

$$\lambda_n = 4L/(2n-1) \qquad n = 1,2,\cdots \tag{8.11.18}$$

由空间模式图写出空间模式为

$$H_n(z) = A_n\sin[(2n-1)\pi z/2L] \tag{8.11.19}$$

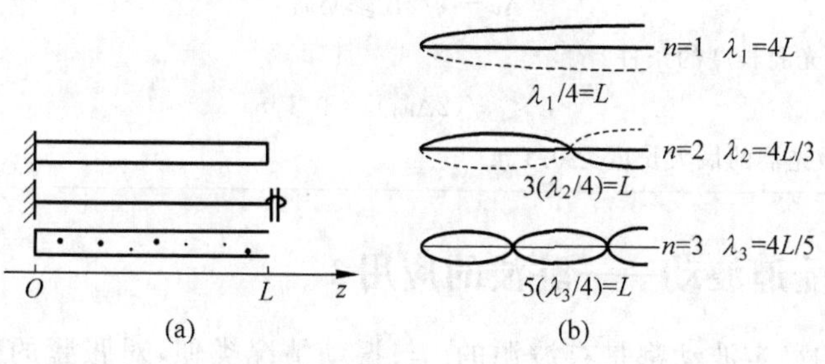

图 8.11.8

(3) 中间固定两端自由边界条件

图 8.11.9(a)中长度为 L 的弹性棒中点固定,使棒中点的位移为零但是可以变形,因此整个棒上是统一的弹性波动. 这就是中间固定两端自由边界条件的波动例子. 这种边界条件的空间模式图两个自由端都是波腹、中点为波节. 图 8.11.9(b)画出空间模式图的前三个模式. 由此总结出规律

$$\lambda_n = 2L/(2n-1) \qquad n = 1,2,\cdots \tag{8.11.20}$$

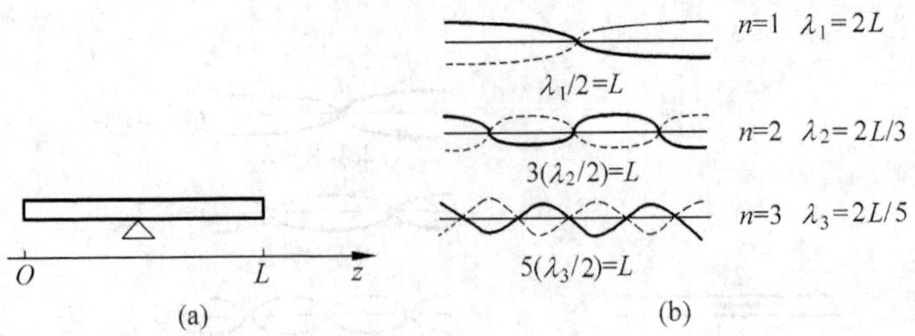

图 8.11.9

由空间模式图写出空间模式为

$$H_n(z) = A_n \cos\left[(2n-1)\pi z/L\right] \tag{8.11.21}$$

例 8.11.2 利用驻波的特征频率可以讨论激光器的发光频率. 例如 He-Ne 激光器由两个凹面反射镜构成激光腔(图 8.11.10)，激光管内充有 He 气和 Ne 气，对特定频率 ν_0 的光波有放大作用称为增益. 由于多普勒效应，对以 ν_0 为中心一定范围内频率的光波都有增益，增益的大小与频率有关，增益-频率关系曲线称为增益曲线. 增益曲线上大于激光阈值的频率宽度称为多普勒宽度 $\Delta\nu_D$. 凡是处于多普勒宽度范围内的激光腔特征频率 ν_n 都可以激发. 所以一个 He-Ne 激光器一般发出的是多频激光，包含若干个频率. 在很多场合要求使用单频激光，要得到单频激光就要限制激光腔的长度. 已知 $\Delta\nu_D=1500$ MHz，求单频激光器激光腔的最大长度 L.

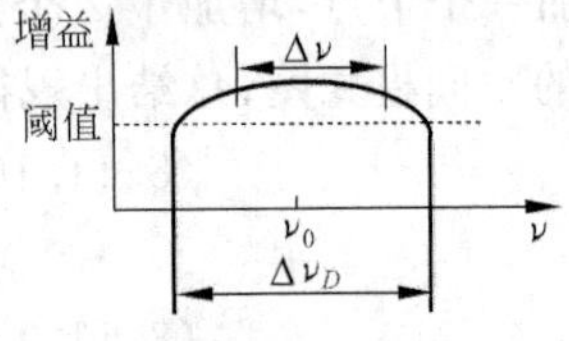

图 8.11.10

解：He-Ne 激光器激光腔为两端固定的边界条件，光波波速为 c. 所以激光器的特征频率为

$$\nu_n = nc/2L$$

激光器的特征频率间隔为

$$\Delta\nu = \nu_n - \nu_{n-1} = c/2L$$

由图 8.11.10 可见，如果激光腔的特征频率间隔 $\Delta\nu \geqslant \Delta\nu_D$ 时，在 $\Delta\nu_D$ 范围内只能有一个激光腔特征频率，于是只有一个频率能够振荡，发出单频激光. 因此实现单频激光的条件为

$$\Delta\nu = c/2L \geqslant \Delta\nu_D$$

于是得到关于激光腔长度的条件

$$L \leqslant c/(2\Delta\nu_D) = 0.1\ \text{m}$$

即单频 He-Ne 激光器的最大长度为 0.1 m.

8.11.4 弦的受迫波动——驻波的应用 1

物体中存在的稳定波动都是有波源的. 与振动情况类似，对张紧的弦要维持稳定的波动可以采取两种方法，一种是使弦发生自持振动，如用琴弓在琴弦上拉动，此时琴弦按两端固定边界条件的特征频率波动；另一种是外加周期性策动力，弦作受迫波动，此时弦按策动力频率波动.

下面用驻波方法讨论最简单的一种受迫波动，如图 8.11.11(a)所示. 长度为 L 的柔弦其中张力为 T，一端固定，另一端系在滑块 H 上，滑块在光滑轨道中上下作谐振动 $\xi=a\cos\omega t$，引起弦上横波如图 8.11.11(b). 简谐波源 H 在弦上引起频率 ω 的简谐行波，行波传播到固定端全反射，入射、反射波形成以固定端 O 为节点的频率为 ω 的单频驻波

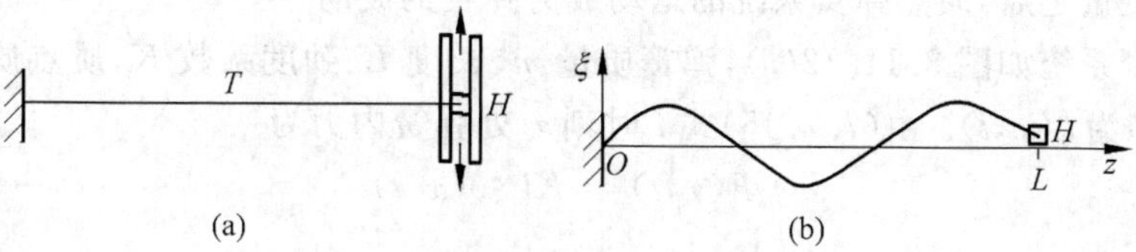

图 8.11.11

$$\xi(z,t)=A\sin kz\cos(\omega t+\phi) \tag{8.11.22}$$

$\xi(z,t)$就是简谐波源在弦上激发的受迫波动. 由于只有左端为确定的边界条件,所以对频率并没有确定的限制,可以按任意的波源的频率波动.

注意这里的受迫波动与受迫振动的不同. 受迫振动的策动力为简谐振动,并没有限制质点位移为周期运动,因此开始阶段质点的运动除了有按策动力频率振动的简谐振动之外,还有非周期的阻尼振动. 这里受迫波动的波源作简谐振动,因此整个波动是单频驻波,没有其他频率的波动. 受迫波动的波长也是确定的

$$\lambda=v/\nu=2\pi v/\omega \tag{8.11.23}$$

其中,$v=(T/\eta)^{1/2}$,η为弦的线密度. 具体的波动还要满足右端的边界条件

$$\xi(L,t)=A\sin kL\cos(\omega t+\phi)=a\cos\omega t$$

由此确定 A 和 ϕ 从而得到受迫波动$\xi(z,t)$. 于是

$$A=a/|\sin kL| \tag{8.11.24}$$

当 $\sin kL>0$ 时,取 $\phi=0$; 当 $\sin kL<0$ 时,取 $\phi=\pi$. 由式(8.11.24)可知,当$|\sin kL|=1$ 时驻波振幅最小为

$$A_{\min}=a$$

$|\sin kL|=1$ 要求波长 λ 分立,满足

$$\lambda_n=2L/(n-1/2)=4L/(2n-1) \qquad n=1,2,3,\cdots$$

对比前面的驻波空间模式,知道这是一端固定一端自由的空间模式(8.11.18)式,右端为驻波波腹. 所以当波源频率等于该弦一端固定一端自由空间模式的特征频率时,受迫波动振幅最小恰为波源振幅 a,波源处恰为驻波波腹.

由(8.11.24)式可知,当$|\sin kL|\to 0$ 时驻波振幅最大. $|\sin kL|=0$ 正是右端固定的边界条件. 两端固定边界条件的分立波长和特征频率分别为

$$\lambda_n=2L/n \qquad \omega_n=2\pi v/\lambda_n=n\pi v/L \qquad n=1,2,3,\cdots$$

所以当波源频率等于该弦二端固定空间模式的特征频率 ω_n时,受迫波动振幅最大为 $A_{\max}$,称为共振. 共振时波源处为该弦二端固定空间模式的波节,但不是受迫波动的波节,该处还有振动. 由于此时 $a\ll A_{\max}$,因此波源处近似为受迫波动的波节. 共振时无法由(8.11.24)式计算最大振幅,这是很自然的,因为波动必然存在阻尼. 在一般情况下可以忽略小阻尼,但是受迫振动的讨论表明,在共振时阻尼起决定性作用绝对不能忽略,所以无阻尼情况下得到的式(8.11.24)可以用来估计实现共振的条件,但是不能计算共振时的振幅 $A_{\max}$.

8.11.5 质点弹簧系统的运动——驻波的应用 2

1. 质点弹簧系统

一般讨论质点弹簧系统时都忽略弹簧质量,简化为一个质点振动的弹簧振子模型. 当

考虑了弹簧质量之后，质点弹簧系统的运动成为弹簧的波动.

质点弹簧系统如图 8.11.12(a)，弹簧质量 m、长度 L、劲度系数 K，质点质量为 m_0. 设 x 处弹簧位移为 $\xi(x,t)$. 由(7.2.15)式 t 时刻 x 处弹簧内力为

$$F(x,t) = KL\xi_x(x,t) \tag{8.11.25}$$

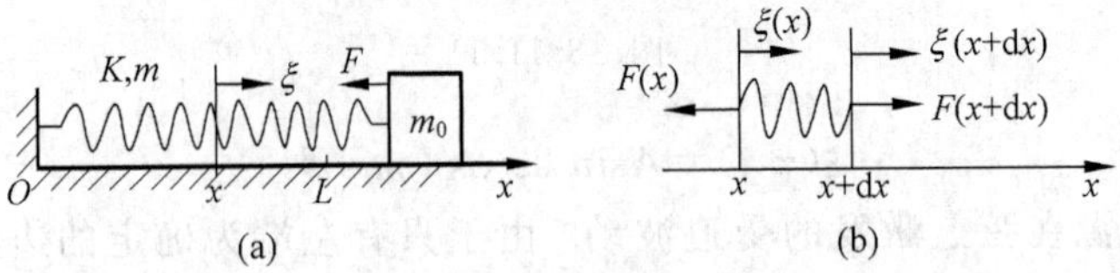

图 8.11.12

考虑弹簧质量，由于弹簧质元作变速运动，弹簧内力不再是常数，弹簧形变不再均匀，弹簧端点对质点的作用力也不再等于 $K\xi(L,t)$. 实际上，有质量的弹簧作为一个内力与形变成正比的弹性体，在内力作用下整体作规律的振动——波动.

前面在例 8.1.6 中用能量方法简单估计了弹簧质量远小于质点质量时弹簧质量对振动频率的影响. 在初步计算势能和动能时近似弹簧均匀伸长，于是弹簧系统相当于不考虑弹簧质量而质点质量为等效质量$(m_0+m/3)$的弹簧振子系统，其振动圆频率为 $\omega=[K/(m_0+m/3)]^{1/2}$.

然而，要严格讨论弹簧质量的影响必须用波动理论和方法.

2. 弹簧的波动方程与边界条件

类似 8.6.1 节建立弹性体中纵波的波动方程的方法，取弹簧 $\mathrm{d}x$ 段

$$\begin{aligned}\eta\mathrm{d}x(\partial_{tt}\xi) &= m\mathrm{d}x(\partial_{tt}\xi)/L = F(x+\mathrm{d}x) - F(x)\\ &= KL(\partial_x\xi\,|_{x+\mathrm{d}x} - \partial_x\xi\,|_x) = KL(\partial_{xx}\xi)\mathrm{d}x\end{aligned}$$

其中 $\eta=m/L$ 为弹簧线密度；记$\partial_{tt}\xi=\partial^2\xi/\partial t^2$，$\partial_{xx}\xi=\partial^2\xi/\partial x^2$. 于是得到弹簧的波动方程

$$(\partial_{tt}\xi) = v^2(\partial_{xx}\xi) \tag{8.11.26}$$

这是典型的线性波动方程，简谐行波和简谐驻波都是方程的解. 其中波速

$$v^2 = KL/\eta = KL^2/m \qquad v = (K/m)^{1/2}L = \Omega L \tag{8.11.27}$$

其中记 $\Omega=(K/m)^{1/2}$. 弹簧波动的边界条件是左端固定、右端带动质点运动，比起上面弦的受迫波动右端作确定的简谐振动要复杂得多. 弹簧波动的边界条件为

$$\xi(0,t) = 0 \qquad m_0[\partial_{tt}\xi(L,t)] = -KL[\partial_x\xi(L,t)] \tag{8.11.28}$$

由左端固定的边界条件，弹簧波动的单频简正模式不是行波而是驻波

$$\xi_n(x,t) = A_n\sin k_n x\cos(\omega_n t+\phi_n)$$

其中 $\omega_n=vk_n=\Omega k_n L$. 满足边界条件的弹簧波动为单频驻波之和

$$\xi(x,t) = \sum\xi_n(x,t) = \sum A_n\sin k_n x\cos(\omega_n t+\phi_n) \tag{8.11.29}$$

注意，虽然 $\xi(x,t)$也是级数，但不是傅里叶级数. 由于单频简正模式的频率比一般不是有理数，所以 $\xi(x,t)$并不是周期函数.

弹簧微元振动速度、振动加速度分别为

$$\partial_t\xi(x,t) = -\sum A_n\omega_n\sin k_n x\sin(\omega_n t+\phi_n)$$

$$\partial_{tt}\xi(x,t) = -\sum A_n\omega_n^2\sin k_n x\cos(\omega_n t+\phi_n)$$

由右端边界条件

$$-m_0\sum A_n\omega_n^2\sin k_nL\cos(\omega_nt+\phi_n)=-KL\sum A_nk_n\cos k_nL\cos(\omega_nt+\phi_n)$$

此式在任意时刻成立，必须 $\cos(\omega_nt+\phi_n)$系数相等

$$m_0A_n\omega_n^2\sin k_nL=KLA_nk_n\cos k_nL$$

由此得到简正模式的圆波数 k_n 满足的方程

$$\cos k_nL=m_0k_nL\sin k_n/m \tag{8.11.30}$$

其中利用(8.11.27)式 $\omega_n^2=v^2k_n^2=Kk_n^2L^2/m$. 令 $\zeta_n=k_nL$，于是 $\omega_n=\Omega k_nL=\Omega\zeta_n$，(8.11.30)式为

$$\cot\zeta_n=m_0\zeta_n/m$$

用图解法求本征圆波数 k_n，图 8.11.13 中曲线 $\cot\zeta$ 和直线 $m_0\zeta/m$ 的交点就是解 $\zeta_n=k_nL$. 由图 8.11.13 了解 k_n 的性质和特点：k_n 随 n 单调增加；$k_nL\in[(n-1)\pi,(n-1/2)\pi]$；$n\gg1$ 时 $k_nL\to(n-1)\pi$；$m\to0$ 时 $k_1\to0$.

以上由边界条件求出了弹簧波动的简正模式. 具体波动要由初始条件得到.

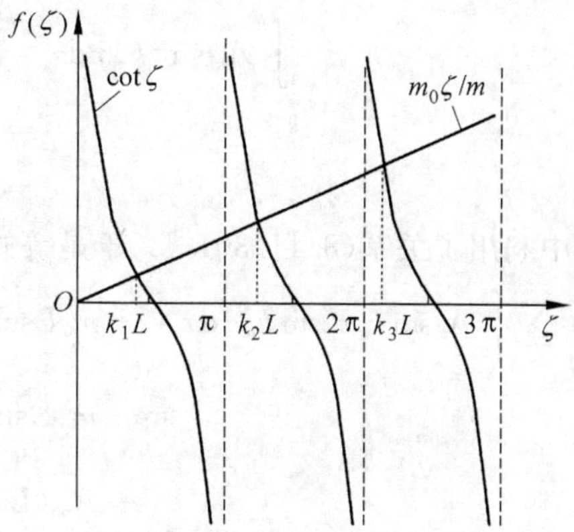

图　8.11.13

3. 弹簧的波动

由初始条件确定 A_n、ϕ_n，就得到了弹簧的波动解. 选一个简单的初始条件：将弹簧慢慢拉伸 ξ_0，稳定后松手，则初始时弹簧均匀伸长，各处初速为零

$$\xi(x,0)=\xi_0x/L\qquad\partial_t\xi(x,0)=0 \tag{8.11.31}$$

由(8.11.29)式代入第二个初始条件得 $\partial_t\xi(x,0)=-\sum A_n\omega_n\sin k_nx\sin\phi_n=0$，于是得到

$$\phi_n=0\qquad n=1,2,3,\cdots \tag{8.11.32}$$

将 $\phi_n=0$ 代入(8.11.29)式后得到弹簧的波动为

$$\xi(x,t)=\sum A_n\sin k_nx\cos\omega_nt$$

其中 A_n 是待定系数. 将上式代入第一个初始条件得 $\xi(x,0)=\xi_0x/L=\sum A_n\sin k_nx$. 为求 A_n，在等式两边乘以 $\sin k_mx$ 后积分

$$\int_0^L\xi_0x\sin k_mx\,\mathrm{d}x/L=\sum_n\int_0^LA_n\sin k_nx\sin k_mx\,\mathrm{d}x$$

利用分步积分以及(8.11.30)式得到

$$\begin{aligned}\int_0^L\xi_0x\sin k_mx\,\mathrm{d}x/L&=-\xi_0(L\cos k_mL-\sin k_mL/k_m)/k_mL\\&=\xi_0\sin k_mL(1/k_m^2L-m_0L/m)\end{aligned}$$

$n\neq m$ 时等式右边

$$\begin{aligned}\int_0^L\sin k_nx\sin k_mx\,\mathrm{d}x&=-\int_0^L[\cos(k_n+k_m)x-\cos(k_n-k_m)x]\mathrm{d}x/2\\&=[-\sin(k_n+k_m)L/(k_n+k_m)+\sin(k_n-k_m)L/(k_n-k_m)]/2\end{aligned}$$

$$=\sin k_nL\cos k_mL[-1/(k_n+k_m)+1/(k_n-k_m)]/2$$

$$+\cos k_nL\sin k_mL[-1/(k_n+k_m)-1/(k_n-k_m)]/2$$

$$=(k_m\sin k_nL\cos k_mL-k_n\cos k_nL\sin k_mL)/(k_n^2-k_m^2)$$

将(8.11.30)式 $\cot k_mL=m_0k_mL\sin k_m/m$ 代入得

$$\int_0^L A_n\sin k_nx\ \sin k_mx\,dx=-m_0LA_n\sin k_nL\sin k_mL/m$$

$n=m$ 时等式右边

$$\int_0^L A_m\sin^2 k_mx\,dx=A_m(L-\sin 2k_mL/2k_m)/2$$

$$=A_m(L-\sin k_mL\cos k_mL/k_m)/2$$

$$=A_m(L-m_0L\sin^2 k_mL/m)/2$$

其中利用了关系(8.11.30)式. 于是等式右边

$$\sum_n\int_0^L A_n\sin k_nx\ \sin k_mx\,dx=-m_0L\sin k_mL\sum_{n\neq m}A_n\sin k_nL/m+A_m(L-m_0L\sin^2 k_mL/m)/2$$

$$=-m_0L\sin k_mL\left(\sum_n A_n\sin k_nL-A_m\sin k_mL\right)/m$$

$$+A_m(L-m_0L\sin^2 k_mL/m)/2$$

$$=-m_0L\xi_0\sin k_mL/m+A_mL\ (1+m_0\sin^2 k_mL/m)/2$$

其中在关系式 $\xi(x,0)=\xi_0x/L=\sum A_n\sin k_nx$ 中令 $x=L$,得到

$$\xi(L,0)=\xi_0=\sum_n A_n\sin k_nL.$$

于是得到

$$\xi_0\sin k_mL(1/k_m^2L-m_0L/m)$$

$$=-m_0L\xi_0\sin k_mL/m+A_mL(1+m_0\sin^2 k_mL/m)/2$$

$$A_m=2\xi_0\sin k_mL/[k_m^2L^2(1+m_0\sin^2 k_mL/m)] \tag{8.11.33}$$

在这样初始条件下弹簧的波动为

$$\xi(x,t)=\sum 2\xi_0\sin k_mL\sin k_mx\ \cos\omega_mt/[k_m^2L^2(1+m_0\sin^2 k_mL/m)] \tag{8.11.34}$$

弹簧端点即质点的运动为

$$\xi(L,t)=\sum 2\xi_0\sin^2 k_mL\cos\omega_mt/[k_m^2L^2(1+m_0\sin^2 k_mL/m)] \tag{8.11.35}$$

具体例子及计算见附录 8.2.

8.12 非线性振动和混沌简介

物质世界是复杂的,物质运动的规律、事物的发展变化、物质世界的内部关系都是非线性的. 在科学发展的初期,是把复杂的非线性问题简化为线性问题来处理,用以确定性描述、由确定性的线性过程方程,一般可以得到解析解,于是物质的运动就被完全确定了. 但是科学技术的发展要求人们直面非线性问题,从 20 世纪 60 年代起,非线性科学飞跃发展. 非线性科学主要有非线性动力学、混沌、分形、孤立子等研究领域.

以一维运动为例. 主要讨论非线性振动.

8.12.1 一维振动系统

1. 二阶常微分方程转化为两个一阶微分方程

一个动力系统的动力学状态参量随时间变化. 设状态量为 $x_i(i=1,2,\cdots,n)$. 则普遍的状态变化方程也就是系统的动力学方程组为

$$\mathrm{d}x_i/\mathrm{d}t = f(\boldsymbol{x},t) \qquad i = 1,2,\cdots,n$$

其中 $\boldsymbol{x}=(x_1,x_2,\cdots,x_n)$,为状态矢量. 于是系统动力学方程可以简写为

$$\mathrm{d}\boldsymbol{x}/\mathrm{d}t = \dot{\boldsymbol{x}} = f(\boldsymbol{x},t) \tag{8.12.1}$$

经过变换,一般的高阶微分方程都可以转化为上述标准方程,二阶常微分方程可以转换为两个一阶微分方程组成的方程组. 例如大幅度单摆的无量纲方程为

$$\ddot{\theta} + \omega_0^2 \sin\theta = 0$$

令 $x=\theta$、$y=\dot{\theta}$,于是上面方程转化为

$$\dot{x} = y \qquad \dot{y} = -\omega_0^2 \sin x \tag{8.12.2}$$

更一般的情况下转换得到的两个一阶微分方程是

$$\dot{x} = P(x,y) \qquad \dot{y} = Q(x,y) \tag{8.12.3}$$

从第一式解出 $y=f(x,\dot{x})$,代入第二式就得到关于 x 的二阶微分方程.

2. 平衡点或不动点 $S(x_0,y_0)$

讨论振动系统特别是非线性系统,重要的是确定系统的平衡点以及平衡点附近系统的性质. 使 $\mathrm{d}x/\mathrm{d}t=0$、$\mathrm{d}y/\mathrm{d}t$ 的点称为系统的平衡点或不动点 $S(x_0,y_0)$,即

$$\dot{x}\,|_S = 0 \qquad \dot{y}\,|_S = 0 \tag{8.12.4}$$

例 8.12.1 求(8.12.2)式代表的系统的平衡点.

解:(8.12.2)式的平衡点方程为

$$\dot{x} = y = 0 \qquad \dot{y} = -\omega_0^2 \sin x = 0$$

于是平衡点为

$$x=n\pi \qquad n=0,\pm1,\pm2,\cdots$$
$$y=0$$

---

3. 平衡点的性质

将(8.12.3)式在平衡点 $S(x_0,y_0)$ 邻域展开,取一阶线性近似得

$$\begin{aligned}\mathrm{d}x/\mathrm{d}t = \mathrm{d}X/\mathrm{d}t &= P(x_0,y_0) + \left.\frac{\partial P}{\partial x}\right|_S (x-x_0) + \left.\frac{\partial P}{\partial y}\right|_S (y-y_0)\\ &= AX + BY \end{aligned}\tag{8.12.5a}$$

$$\begin{aligned}\mathrm{d}y/\mathrm{d}t = \mathrm{d}Y/\mathrm{d}t &= Q(x_0,y_0) + \left.\frac{\partial Q}{\partial x}\right|_S (x-x_0) + \left.\frac{\partial Q}{\partial y}\right|_S (y-y_0)\\ &= CX + DY \end{aligned}\tag{8.12.5b}$$

其中 $A=\left.\frac{\partial P}{\partial x}\right|_S$、$B=\left.\frac{\partial P}{\partial y}\right|_S$、$C=\left.\frac{\partial Q}{\partial x}\right|_S$、$D=\left.\frac{\partial Q}{\partial y}\right|_S$;$X=x-x_0$、$Y=y-y_0$. 由于是平衡点,$P(x_0,y_0)=0=Q(x_0,y_0)$. 在上面两式中消去 Y 得

$$\ddot{X} - (A + D)\dot{X} + (AD - BC) = 0 \tag{8.12.6}$$

此式相当于阻尼振动方程(8.2.9)式．令 $p = (A + D)$、$q = (AD - BC)$，类似(8.2.17)式，(8.12.6)式的特征方程为

$$\lambda^2 - p\lambda + q = 0 \tag{8.12.7}$$

设特征方程两根为 λ_1、λ_2，则近似解为

$$X = A_1 e^{\lambda_1 t} + A_2 e^{\lambda_2 t} \qquad Y = B_1 e^{\lambda_1 t} + B_2 e^{\lambda_2 t} \tag{8.12.8}$$

由两根 λ_1、λ_2 判断平衡点性质：

(1) 当 λ_1、λ_2 为同号实根，平衡点称为结点．

若 λ_1、λ_2 同为负，则 $t \to \infty$ 时 X、$Y \to 0$，称为稳定结点，相轨迹趋于平衡点．

若 λ_1、λ_2 同为正，则相轨迹从结点向外，称为不稳定结点．

(2) 当 λ_1、λ_2 为异号实根，平衡点称为鞍点．

有两条相轨迹趋于平衡点，有两条相轨迹离开平衡点．其他相轨迹都不经过平衡点．鞍点是不稳定的．

(3) 当 λ_1、λ_2 为复数且 $\mathrm{Re}\{\lambda\} \neq 0$ 时，平衡点称为焦点．相轨迹为对数螺线族．

若 $\mathrm{Re}\{\lambda\} < 0$，对数螺线收敛于平衡点，焦点是稳定的．

若 $\mathrm{Re}\{\lambda\} > 0$，对数螺线从平衡点发散，焦点是不稳定的．

(4) 当 λ_1、λ_2 为复数且 $\mathrm{Re}\{\lambda\} = 0$ 时，平衡点称为中心点．

此时相轨迹为以平衡点为中心的闭合椭圆，系统作周期运动．平衡点是稳定的．

而 λ_1、λ_2 的性质由 p、q 决定．

4. 庞加莱(Poincare H. H)截面

复杂的非线性系统往往是非周期的甚至是混沌，相图也非常复杂，很难分析．庞加莱发展了一种截面法来分析．截面法是在 n 维相轨迹中截取一个 $(n-1)$ 维截面，由截面上轨迹的交点比较容易分析运动的特点．

例 8.12.2 阻尼受迫单摆．

阻尼受迫单摆运动微分方程为

$$\ddot{\theta} + 2\beta\dot{\theta} + \omega_0^2 \sin\theta = h\cos\Omega t \tag{1}$$

令

$$\dot{\theta} = \omega \qquad \dot{\omega} = -2\beta\omega - \omega_0^2 \sin\theta = h\cos\phi \qquad \dot{\phi} = \Omega \tag{2}$$

于是为三维相空间，见图 8.12.1(a)．考虑到 ϕ 具有 2π 的周期性，可以把 ϕ 坐标弯成长度为 2π 的圆周，于是所有相轨迹都绕成了环状．取 ϕ 为常数就在环状相空间上截取了一个二维平面，即庞加莱截面，见图 8.12.1(b)．如果运动为单周期 Ω，则在环行过程中重复原有轨迹，在截面上只留下一个点；如果运动为两倍周期 2Ω，则在截面上留下二个点；……．如果运动无周期，相轨迹在截面上不同点穿过，截面上留下无数的点．

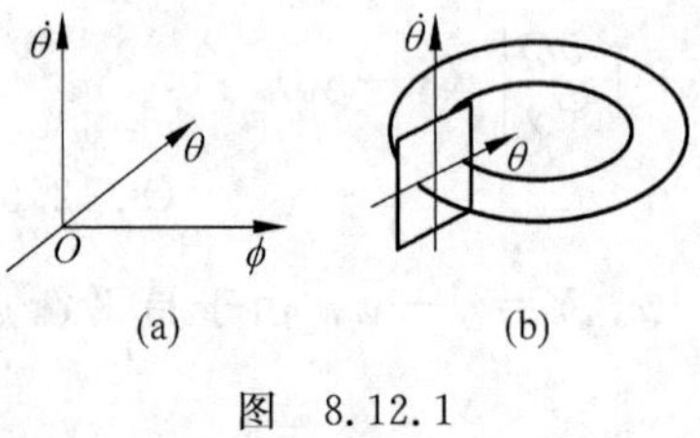

图 8.12.1

(1) 小驱动力 $h \to 0$．于是 $\theta \ll 1$，$\sin\theta \approx \theta$，近似为余弦策动力的受迫振动(8.3.1)式，其稳态解为

$$\theta = A\cos(\Omega t + \gamma)$$

于是 $\dot{\theta} = -\Omega A\cos(t + \gamma)$，相轨迹为椭圆

$$\theta^2+(\dot{\theta}/\Omega)^2=A^2$$

因此在庞加莱截面上只有一个点.

(2) 大驱动力. 为非线性系统,没有解析解. 用数值计算.

取 $\beta=0.25$、$\omega_0=\dfrac{2}{3}\mathrm{s}^{-1}$.

$h=1.045$ 时仍为单周期运动,庞加莱截面上只有一个点.

$h=1.093$ 时庞加莱截面见图 8.12.2(a),相点在一条线上,为准周期运动,$\theta\in(-\pi,\pi)$.

$h=1.15$ 时庞加莱截面见图 8.12.2(b),运动时 θ 超出$(-\pi,\pi)$范围,相点散开,呈现混沌特点.

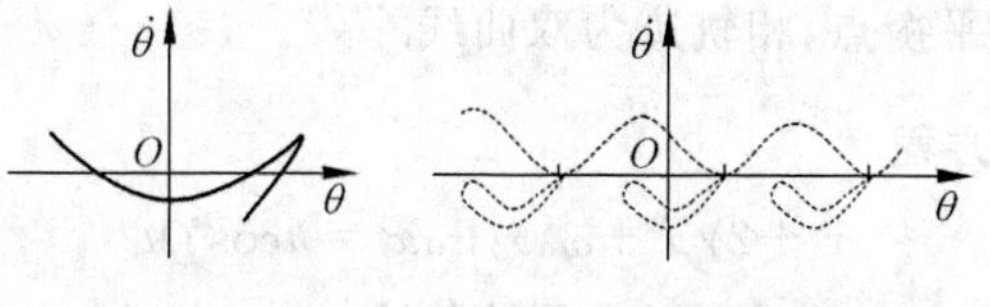

(a) h=1.093 (b) h=1.15

图 8.12.2 $\phi=2\pi/3$ 的庞加莱截面

下面讨论一种常见的非线性振子——杜芬振子.

8.12.2 杜芬方程

含有立方恢复力的非线性振子称为杜芬(Duffing)振子.

1. 无阻尼、无强迫力的杜芬方程

无阻尼、无强迫力的杜芬方程为

$$\ddot{x}+\omega_0^2x+\alpha x^3=0 \tag{8.12.9}$$

其中,$\alpha>0$ 称为硬非线性振子,$\alpha<0$ 称为软非线性振子. 改写为二个一阶微分方程为

$$\dot{x}=y \qquad \dot{y}=\mathrm{d}y/\mathrm{d}t=-\omega_0^2x-\alpha x^3 \tag{8.12.10}$$

由于无阻尼、无强迫力所以系统机械能守恒. 由(8.12.9)式,系统受保守力 $F=-\omega_0^2x-\alpha x^3$. 以 $x=0$ 为势能零点,系统势能为

$$E_\mathrm{p}=\omega_0^2x^2/2+\alpha x^4/4 \tag{8.12.11}$$

系统机械能为

$$E=y^2/2+\omega_0^2x^2/2+\alpha x^4/4 \tag{8.12.12}$$

图 8.12.3 分别画出 $\alpha>0$ 和 $\alpha<0$ 的势能曲线及相图.

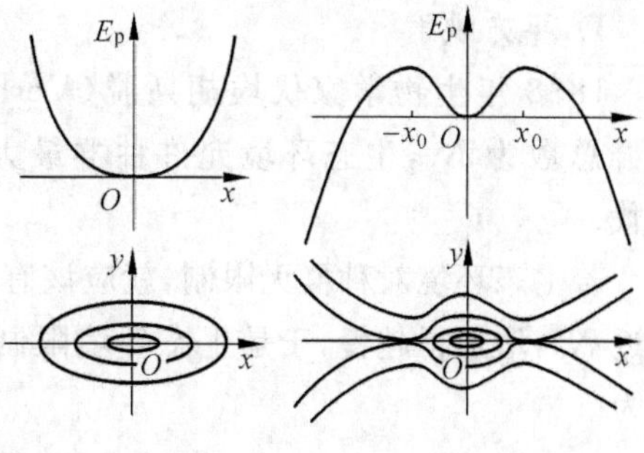

(a) $\alpha>0$ (b) $\alpha<0$

图 8.12.3

令 $\dot{x}=0$、$\dot{y}=0$ 得到平衡点方程

$$\omega_0^2x+\alpha x^3=0$$

$\alpha>0$ 时只有一个平衡点(0,0),由图 8.12.3(a)可知,这是稳定平衡点,振子作周期运动.

$\alpha<0$ 时有三个平衡点(0,0)、$(x_0,0)$、$(-x_0,0)$. 其中 $x_0=\omega_0/\sqrt{-\alpha}$. 由图 8.12.3(b)可知,(0,0)点也是稳定平衡点,振子在(0,0)点

附近作周期运动；$(\pm x_0, 0)$两点是鞍点，为不稳定平衡点，相轨迹为双曲线.

还可以按 8.12.1 节中方法，不必画出势能曲线和相图，直接由特征根判断平衡点的性质. 这里 $P(x,y)=y$、$Q(x,y)=(-\omega_0^2 x-\alpha x^3)$，于是由(8.12.5a)、(8.12.5b)两式得到 $A=0$、$B=1$、$C=-(\omega_0^2+3\alpha x^2)$、$D=0$. 由(8.12.7)式得到特征根方程为

$$\lambda^2+(\omega_0^2+3\alpha x^2)=0 \tag{8.12.13}$$

平衡点(0,0)：$\lambda=\pm\omega_0 \mathrm{i}$ 为纯虚数是中心点，是稳定的平衡点，相轨迹为椭圆.

平衡点$(\pm x_0, 0)$：此时 $\alpha x_0^2=-\omega_0^2$，代入(8.12.13)式得到 $\lambda=\pm\sqrt{2}\omega_0$. 为异号实数，这两点是鞍点，为不稳定的平衡点，相轨迹为双曲线.

2. 有阻尼受迫杜芬方程

$$\ddot{x}+2\gamma\dot{x}+\omega_0^2 x+\alpha x^3=h\cos\Omega t \tag{8.12.14}$$

当非线性项是小项($|\alpha|\ll 1$)时可以采用迭代法

设：方程解为

$$x=x^{(0)}+x^{(1)}+\cdots \tag{8.12.15}$$

取 $\alpha=0$，零级解满足的方程为$\ddot{x}^{(0)}+2\gamma\dot{x}^{(0)}+\omega_0^2 x^{(0)}=h\cos\Omega t$，是线性受迫振动方程，于是零级解为该方程的稳态解

$$x^{(0)}=A\cos(\Omega t+\phi) \qquad A=h/[(\omega_0^2-\Omega^2)^2+4\gamma^2\Omega^2]^{1/2}$$

将 $x=x^{(0)}+x^{(1)}$ 代入原方程(8.12.14)式，得到一级解满足的方程

$$\begin{aligned}\ddot{x}^{(1)}+2\gamma\dot{x}^{(1)}+\omega_0^2 x^{(1)} &= -\alpha x^{(0)}=-\alpha A^3\cos^3(\Omega t+\phi)\\ &= -\alpha A^3[\cos 3(\Omega t+\phi)+3\cos(\Omega t+\phi)]/4\end{aligned}$$

仍然是线性受迫振动方程，只是出现频率为 Ω 和 3Ω 的强迫力，于是 $x^{(1)}$ 必为频率为 Ω 和 3Ω 的稳态解，一级解为

$$x^{(1)}=B_1\cos(\Omega t+\phi_1)+B_3\cos(3\Omega t+\phi_3)$$

继续迭代会出现 $n\Omega(n=1,2,3,\cdots)$的简谐振动. 这体现了非线性振动的特点：会出现倍频和分频(分数频率).

8.12.3 李雅普诺夫指数和费根鲍姆常数

非线性振动系统在一定条件下会进入混沌运动状态. 下面以平方映射为例说明进入混沌状态的一般过程和混沌运动的一些判断指数.

1. 平方映射

1838 年生物学家伏埃胡斯脱(Verhulst)在研究生物种群演化时提出：设第 n 代某种群总数为 N_n，生态环境允许种群最大数为 N_0，令 $x_n=N_n/N_0$. 称 x_n 为亲代，x_{n+1} 为子代.

若生态环境对种群无限制，就应该有关系 $x_{n+1}\propto x_n$；生态环境对种群限制使种群数越接近 N_0，增加得越慢，于是生态环境限制使 $x_{n+1}\propto x_n(1-x_n)$. 这样最终得到生态平衡方程为

$$x_{n+1}=\mu x_n(1-x_n)=\mu(x_n-x_n^{\ 2}) \tag{8.12.16}$$

这个关系也称为平方映射. 给出初始值 x_0 和比例系数(增长率)μ，可由迭代法得到 x_n.

2. 平方映射的不动点

迭代可以通过作图实现. 图 8.12.4 是 $x_0=0.2$、$\mu=3$ 的平方映射. 图中抛物线为 $x_{n+1}=\mu x_n(1-x_n)$，恒等线（对角线）上 x_{n+1} 与 x_n 相等.

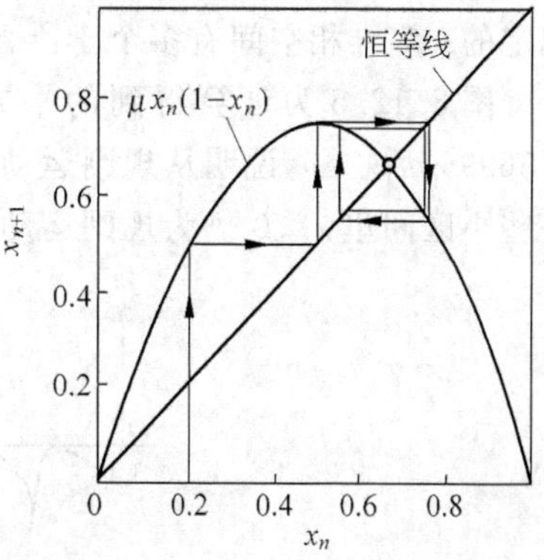

图 8.12.4　$x_0=0.2$，$\mu=3$

映射的不动点指 $x_{n+1}=x_n$，从此迭代就到了终点，x_n 不再变化，就是种群最终数目. 由图 8.12.4 可知，恒等线与抛物线的交点就是不动点.

当 $\mu>1$ 时有两个不动点：0 和 $(\mu-1)/\mu$.

当 $\mu<1$ 时只有一个不动点：0.

因此，当 $\mu<1$ 时从任意初始点 x_0 出发最后都到达一个终点 0. 说明当增长率 μ 小于 1 时种群必然灭亡；当 $\mu>1$ 时从有些初始点 x_0 出发可以到达不动点 $(\mu-1)/\mu$，说明种群可以维持一个确定的数量.

3. 李雅普诺夫(Lyapunov)指数λ

在一定条件下动力学系统会呈现对初值的敏感性，这在平方映射中也有反映. 当增长率 $\mu\in(1,3.5699)$ 时，无论初值如何，迭代的结果都是周期性的，即在一个定态附近振荡；当 $\mu>3.5699$ 时迭代结果将进入随机混沌状态.

例 8.12.3　$\mu=4$. 分别取两个相当接近的初值 $x_0^1=0.370$ 和 $x_0^2=0.380$. 迭代 5 次后结果就出现了显著差别. 计算如表 8.12.1.

表　8.12.1

n	0	1	2	3	4	5	6	7	8	9	10
x_n^1	0.370	0.932	0.252	0.754	0.741	0.767	0.715	0.814	0.606	0.956	0.167
x_n^2	0.380	0.942	0.217	0.680	0.870	0.451	0.990	0.038	0.147	0.501	0.999

李雅普诺夫指数 λ 就是定量描述动力学系统对初值的敏感性.

设一个动力学系统为 $u_{n+1}=f(u_n)$. 分别取两个初值 $u_0^1=x_0$、$u_0^2=y_0$，得到两个迭代式 $x_{n+1}=f(x_n)$、$y_{n+1}=f(y_n)$. 则 1 次、2 次、…、n 次迭代后两个迭代结果之差分别为

$$|x_1-y_1|=|f(x_0)-f(y_0)|\approx|f'(x_0)||x_0-y_0|$$

$$|x_2-y_2|=|f(x_1)-f(y_1)|\approx|f'(x_1)||x_1-y_1|\approx|f'(x_1)f'(x_0)||x_0-y_0|$$

$$|x_n-y_n|\approx|f'(x_0)f'(x_1)\cdots f'(x_{n-1})||x_0-y_0|$$

其中 $f'(x_0)$ 表示 $\mathrm{d}f(x_0)/\mathrm{d}x$，其他类似. 这样 n 次迭代后平均每次产生的分离值为

$$|f'(x_0)f'(x_1)\cdots f'(x_{n-1})|^{1/n}.$$

李雅普诺夫指数 λ 定义为

$$\lambda=\lim_{n\to\infty}\ln|f'(x_0)f'(x_1)\cdots f'(x_{n-1})|^{1/n}=\lim_{n\to\infty}\frac{1}{n}\sum_{n=0}^{n-1}\ln|f'(x_n)| \tag{8.12.17}$$

于是

$$|x_n - y_n| \approx |x_0 - y_0| e^{n\lambda} \quad (8.12.18)$$

当平均分离值大于1时λ为正，否则为负．如果λ为正说明系统对初值敏感，即使初值相差不大，随着迭代的进行（时间的流逝）偏差越来越大，系统越来越远离平衡点，系统是不稳定的．多维相空间有多个李雅普诺夫指数，其中只要有一个正的指数λ就可以出现混沌．

图8.12.5为计算得到的平方映射的λ-μ曲线（$\mu=3.4\sim4.0$范围内）．当$\mu>\mu_c=3.5699\cdots$后$\lambda>0$，说明从规则运动转为混沌．从图8.12.5也可以看出，在$\mu>\mu_c$范围内有一些小区间里$\lambda<0$仍为规则运动．

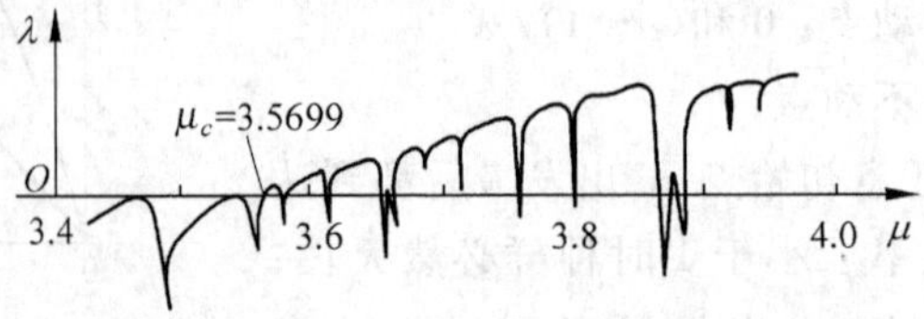

图8.12.5　平方映射的λ-μ曲线

4. 平方映射的分岔和费根鲍姆（M. J. Feigenbaum）常数

给定不同的μ值后平方映射的“运动”各不相同．平方映射的“运动”指迭代过程中随n的增加平方映射值的变化规律．

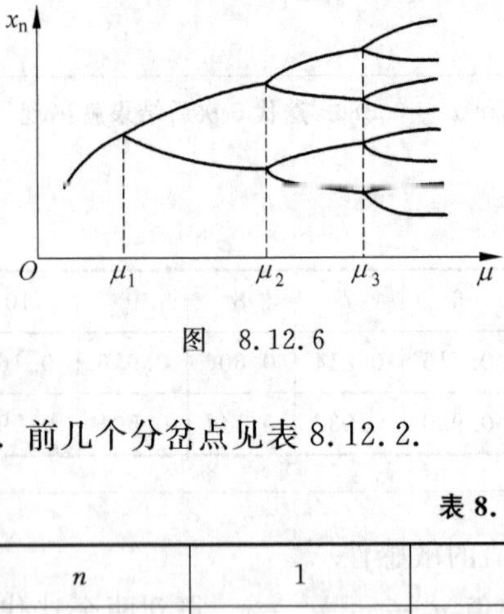

图　8.12.6

当$\mu<1$时迭代后平方映射值趋于零．当$\mu\in(1,3)$时，对每个μ值迭代后得到一个结果即不动点，x_n-μ曲线为一条，称为单轨道（或单周期）；当$\in(3,3.4495)$时，对每个μ值迭代得到两个结果，即在两个值之间“振动”，x_n-μ曲线为两条，称为双轨道（或双周期）；……，见图8.12.6．这种现象称为倍周期分岔，μ_1、μ_2、…、μ_n称为1次、2次、…、n次分岔点．第n次分岔后由2^{n-1}条轨道变化为2^n条轨道．前几个分岔点见表8.12.2．

表8.12.2　平方映射的分岔点

n	1	2	3	4	5
μ_n	3	3.4495	3.5441	3.5644	3.5688

这样从$\mu=3$开始，不断进行倍周期分岔，直到$\mu=\mu_c$为止．$\mu>\mu_c$时平方映射的终态值给出的图像已是一片模糊，已经没有“振荡的周期性”，进入了随机的混沌状态．这就是非线性动力学系统通过分岔进入混沌．

费根鲍姆通过计算平方映射的倍周期分岔得到普适常数——费根鲍姆（第一）常数δ

$$\delta = \lim_{n\to\infty}\frac{\mu_n - \mu_{n-1}}{\mu_{n+1} - \mu_n} = 4.669\,201\,609\cdots \quad (8.12.19)$$

费根鲍姆常数反映了非线性系统由倍周期分岔通向混沌的过程中所具有的某种普适特性．虽然费根鲍姆常数是在平方映射的倍周期分岔得到的，但其他倍周期分岔序列的计算也是同样的常数，说明了费根鲍姆常数的普适性．

习　题

8.1　质点作简谐振动，运动方程为 $x=1.0\cos 5\pi(t+1/6)$ m. 求：(1)A、ω、T；(2)ϕ、x_0、v_0；(3)$t=2.0$ s 时 x、v、a.

8.2　一质点在点 $x=0$ 附近作简谐振动. $t=0$ 时，位移为 $x_0=0.5$ cm，速度为 $v_0=0$，运动频率为 $\nu=0.5$ Hz. 试确定：(1)周期；(2)角频率；(3)振幅；(4)时刻 t 的位移；(5)时刻 t 的速度；(6)最大速率；(7)最大加速度.

8.3　简谐振动周期为 T，初相位为 $\pi/2$，开始振动后，请问：(1)质点第一次距平衡位置为振幅一半需多长时间？(2)经过多长时间质点速率为最大速率的一半？

8.4　已知简谐振动为 $x=\cos(\pi t/3+\phi)$. 求：周期 T，并分别画出 $\phi=0$、$\pm\pi/3$ 的振动曲线.

8.5　一物体粘在滑块底面上，粘结力为物体重力的 2 倍. 滑块在竖直方向作周期为 $T=1.0$ s 的简谐运动. 试问：(1)在多大振幅时，物体将与滑块相互分开？(2)如果滑块的振幅达到 10.0 cm，则物体不掉落的最大频率为多大？

8.6　一质量为 $m_1=1.0$ kg 的物体竖直系在一弹簧上，再将另一质量为 $m_2=500$ g 的物体放在这物体上面，这时弹簧又压缩 $\Delta x=2.0$ cm，求此时系统振动周期.

8.7　如图所示，长为 $L=2.0$ m、质量为 $m=15$ kg 的跳板，一端固定于转轴 O，另一端与弹簧相连. 弹簧的弹性系数为 $k=1000$ N/m. 求：当跳板受到微小扰动开始振动时，其振动频率 ν.

8.8　如图所示，相同两轮高速旋转，两轮中心距离为 $2l$. 一个质量为 M 的均匀木板放在轮上，板与轮摩擦系数为 μ. 开始时板静止，板质心到两轮中点距离为 x_0. (1)证明板的运动为谐振，并求圆频率 ω；(2)如果两轮反转，讨论板的运动，计算板的速度.

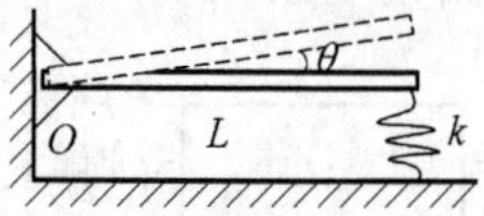

题 8.7 图

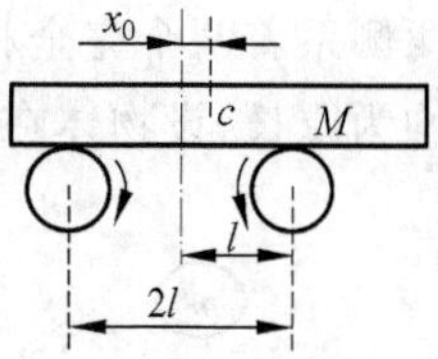

题 8.8 图

8.9　一个质量为 $M=5.0$ kg 的木块挂在一弹性系数为 $k=500$ N/m 的弹簧上，处于平衡状态. 一个质量为 $m=10$ g 的子弹以 $u=120$ m/s 的速度从下方打入木块并嵌入其中. 求：(1)此后简谐振动的振幅 A. (2)子弹的动能有多大部分转换成振动的机械能？

8.10　质量密度为 ρ 的均匀球形行星，绕 y 轴以 ω_0 匀角速度转动. 在 xy 平面上沿垂直于 y 轴的弦 CD 挖掘隧道. 将质量为 m 的物体从隧道口 D 静止释放. 不考虑摩擦，取释放时刻为 $t=0$，求：(1)物体运动规律；(2)地球密度 $\rho=5.52\times10^3$

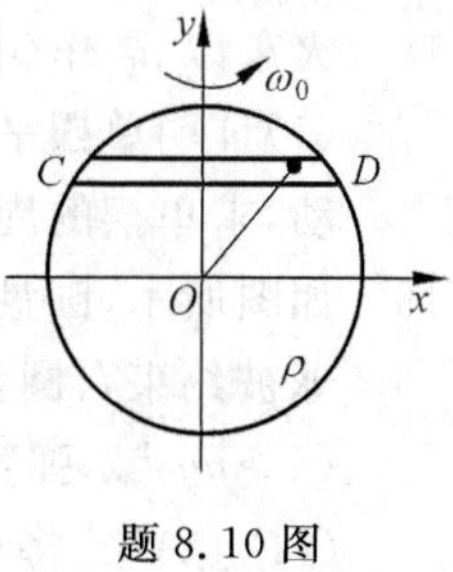

题 8.10 图

kg/m^3，计算地球上物体从 D 落到 C 的时间 τ.

8.11 质量为 m、长度为 l 的均匀直杆，和一个质量为 M、半径为 R 的匀质圆盘构成复摆，绕 O 轴小角度转动. 不考虑摩擦，分别在下述两种情况下求复摆周期 T：(1)杆与盘固结；(2)盘可绕 O' 轴自由转动.

8.12 质量为 m、半径为 r 的匀质球，在竖直面内在半径为 R 的球形碗底上纯滚动，求：球在平衡位置附近小振动的周期.

8.13 如图所示，质量为 m 的物块放在质量为 M 的小车上，两者由弹簧相连（弹簧劲度系数为 k）. 忽略所有摩擦力，求：物块简谐振动的周期 T.

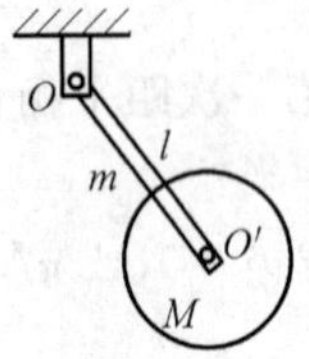

题 8.11 图

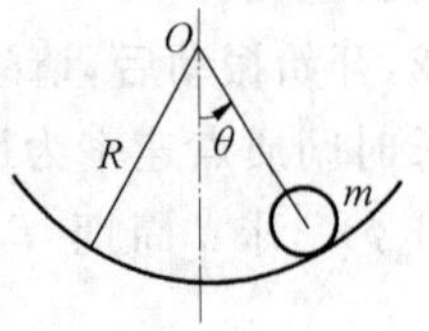

题 8.12 图

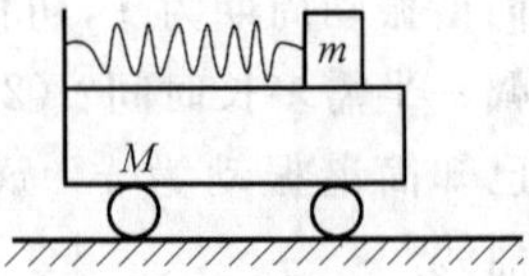

题 8.13 图

8.14 一个质量 $m=0.1\ kg$，直径 $d=1\ cm$ 的比重计在液体中浮动，当其受到微小扰动偏离平衡位置后，将作周期 $T=3\ s$ 的振动. 忽略阻力，求液体的密度 ρ.

8.15 已知木块质量 $m=0.5\ kg$，弹簧的劲度系数为 $k=64\ N/m$，振幅 $A=0.1\ m$，当木块经过平衡位置的瞬时有质量 $m'=0.5\ kg$ 的泥块垂直落到物块上，泥块落下速率近似为零，并粘牢在木块上. 求：(1)木块和泥系统的圆频率 ω' 和振幅 A'；(2)泥块粘牢木块过程是否有能量损耗？(3)如果泥块是在木块路程末端落在物块上，答案是否相同？

8.16 一均匀圆盘被三根长为 L 的绳所悬挂，绳和盘垂直且垂点三等分圆周. 圆盘作小角度扭转振动，求：振动周期 T.

8.17 如图所示，质量为 M 的物体放置在两个完全相同的质量均为 m 的薄壁中空圆筒上. 物体两侧系着两个完全相同的劲度系数为 k 的弹簧，两弹簧的另一端固定，开始时两弹簧均为原长，设物体在两筒上作纯滚动. 试求振动圆频率 ω.

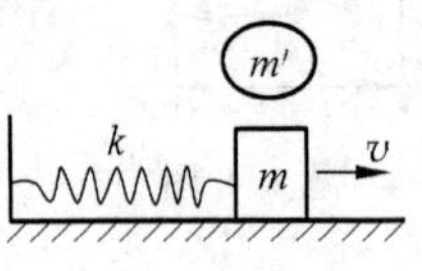

题 8.15 图

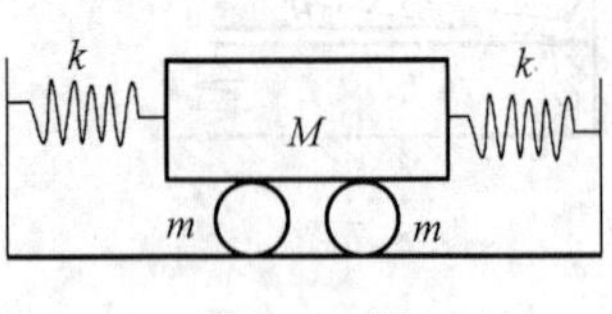

题 8.17 图

8.18 火车以 a_0 作匀加速直线运动. 在火车顶上悬挂一个质量为 m、长度为 l 的单摆. (1)证明单摆平衡时摆线与竖直线夹角为 $\theta_0=\arctan(a_0/g)$；(2)若单摆作小角度摆动，求单摆的周期 T.

8.19 如图所示，圆盘绕通过中心 O' 点的竖直轴在水平面内以 ω 匀速转动. 质量为 m 的小球被约束在圆盘上的光滑导轨 AB 内运动. 小球与一劲度系数为 k 的弹簧相连 ($k>m\omega^2$)，弹簧另一端固定在圆盘 A 点. 弹簧为原长时，小球位于 P 点，$O'P=r_0$ 且 $O'P\perp AB$. 将小球从 P 点沿导轨拉开距离 h 后从静止释放. 在圆盘参考系 $O'-x'y'$

中考察小球的运动.(1)求小球的平衡位置;(2)试证明小球作简谐振动,并求圆频率 Ω;(3)求 t 时刻导轨施予小球的侧向水平力(取从静止释放时刻 $t=0$).

8.20 如图所示,质量为 M、长度为 L 的均匀细杆的一端悬挂,可绕过 O 点轴在竖直面内无摩擦地摆动. 质量 $m=M/3$ 的小虫相对杆以极慢的速度 v' 缓慢向下爬行. 开始时,杆静止与竖直线夹角为 θ_0(θ_0 很小)且小虫位于悬点 O. 放手后,杆开始摆动、小虫爬下. 求:小虫爬到距 O 点 r 处时,杆摆动的圆频率.

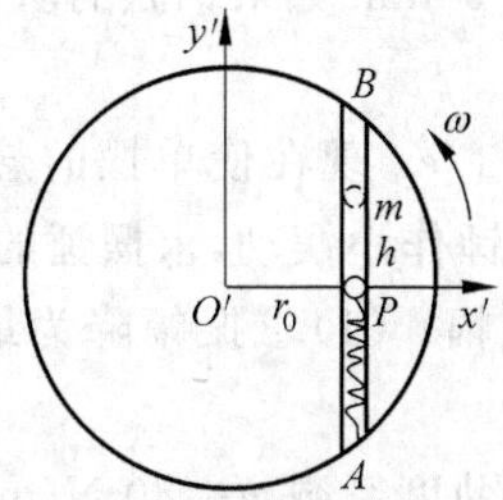

题 8.19 图

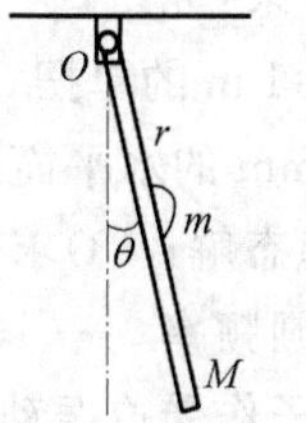

题 8.20 图

8.21 已知某阻尼振动系统的本征周期(无阻尼存在时的周期)为 T_0,以及阻尼振动振幅在两个周期后减为原来的 1/5,求:阻尼振动周期 T'.

8.22 一个摆的自由振动周期为 T_0,今在阻尼系数 $\delta=0.50\omega_0$ 的条件下作阻尼振动,试求:
(1) 阻尼振动的周期 T';
(2) 经过一个周期,阻尼振动振幅衰减率(一个周期后振幅与原振幅之比);
(3) 弛豫时间 τ(弛豫时间为振幅减为起始振幅的 $1/e$ 所经历的时间).

8.23 质量 $m=0.2$ kg 的物体悬挂在劲度系数 $k=10$ N/m 的弹簧下,系统所受阻力 $f=-bv$. 求:(1)运动方程;(2)若 $(\omega_0-\omega')/\omega_0=10^{-4}$,求 b;(3)求品质因数 Q.

8.24 某阻尼振动的振幅在一个周期后减为 1/4,求此阻尼振动周期比该系统无阻尼存在时的本征周期增加了百分之几?

8.25 在某钢琴上弹奏"中音 C"时,振动能量在 1 秒内减少到开始值的一半. 已知"中音 C"的频率 $\nu=256$ Hz,求此系统的 Q 值.

8.26 一个质量为 $M=10$ kg 的物体,从 $h=0.50$ m 的高处由静止下落到弹簧秤的秤盘上并粘在上面. 已知弹簧秤的质量 $m=2.0$ kg,弹簧的劲度系数为 $k=980$ N/m. 为使称盘快些停下来,加上阻尼系统. 求:使盘最快停下的阻尼系数 δ,以及盘和物体振动位移函数 $y(t)$.(取物体粘到称盘时刻为 $t=0$,$y=0$ 为平衡位置).

8.27 质量为 m 的质点在弹性力和阻尼力的作用下沿 x 轴运动. 取平衡位置为坐标原点,弹性力为 $-kx$,阻尼力为 $-b\dot{x}$. m、k 保持不变,改变系数 b,质点可以分别作欠阻尼、临界阻尼、过阻尼振动. 一般条件下,质点作临界阻尼振动时回到平衡位置最快. 试简单讨论,在什么条件下质点作过阻尼振动时回到平衡位置最快.

8.28 火车在铁轨上行驶时,每经过一接轨处便受到一次震动,使车厢在弹簧上作上下振动. 假设铁轨每段长 $L=12.5$ m,车厢上每个弹簧承受的质量为 $m=0.50\times10^3$ kg,弹簧每受 1.0 t 重的力将压缩 16 cm. 若弹簧本身重量不计,火车以什么速度行驶时,弹簧的振幅最大(忽略阻尼).

8.29 一个摆的自由振动周期为 $T_0=2.0$ s,阻尼系数为 $\delta=0.45\omega_0$. 摆作阻尼振动,当它的

振幅 $A=2.0$ cm 时，加上周期性外力矩 $M=M_0\cos\omega t$，其中 $M_0=0.10$ N·m，外力矩周期 $T=3.0$ s. 已知摆的转动惯量 $I=0.10$ mg·m^2. 请问：再经过多长时间摆的振动成为稳态的受迫振动？（注：阻尼振动的振幅比稳态受迫振动振幅小一个量级以上就可以看成稳态的受迫振动）

8.30 将一拉紧的钢弦放在一频率为 $\nu=100$ Hz 的交流电磁铁前，当钢丝固有频率达到 $\nu_{01}=100$ Hz$=\nu$ 时，稳定受迫振动振幅达到 $A_1=6.0$ mm；若再拉紧钢丝其固有频率增至 $\nu_{02}=105$ Hz 时，稳定受迫振动振幅降至 $A_2=2.0$ mm. 如果钢弦的阻尼系数 δ 保持不变，求：δ.

8.31 摆长 $l=1$ m 的单摆，摆动 50 周后振幅减到原来的 $1/e$. 现在使单摆的悬点 O' 作振幅为 1 mm 的水平简谐振动 $x_2=A_2\cos\omega t$. (1)设摆锤作小摆动，求摆锤的运动方程；(2)求稳态解；(3)求位移共振的共振频率和摆锤振幅；(4)求振幅降为最大振幅一半时的圆频率.

8.32 弹簧振子作受迫振动. 振子质量 $m=0.20$ kg、弹簧劲度系数 $k=80$ N/m、阻尼常数 $b=4.0$ N·s/m；策动力 $F=F_0\cos\omega t$，其中 $F_0=2$ N、$\omega=30$ s^{-1}. 求：(1)每周期克服阻力而耗散的能量 W；(2)输入系统的平均功率 $\bar{P}_{动}$.

8.33 某系统的固有频率 $\nu_0=1000$ Hz，品质因数为 $Q=50$. 如果共振时策动力提供的平均功率为 5.0 mW，求：此时振子的能量 E.

8.34 如图所示，为某振动系统在余弦策动力（策动力振幅不变）驱动下的频率响应曲线 $A(\omega)$-ω. 由图确定：(1)系统的固有圆频率 ω_0 和品质因数 Q；(2)系统的阻尼系数 δ.

8.35 一质点在 x-y 平面上按照方程 $x=A\cos(\omega t-\pi/2)$、$y=3A\sin(\omega t+\pi/2)$ 而运动，其中 x 和 y 单位为 m，t 的单位为 s，请描述质点的运动轨迹.

8.36 两个同方向同频率的谐振：$x_1=0.4\cos(0.5\pi t+\pi/6)$ m 和 $x_2=0.2\cos(0.5\pi t+\phi_2)$ m. 求：(1)ϕ_2 何值时合振幅最大？并求出最大合振幅；(2)ϕ_2 为何值时合振动的初位相为 $\phi=\phi_2+\pi/2$？

8.37 如图所示，平行光线垂直照射到质量为 $m_2=980$ g 的屏上，屏悬挂在劲度系数 $k_2=9.8\times10^4$ 达因/厘米的弹簧下. 弹簧振子质量 $m_1=98$ g，悬挂在劲度系数 $k_1=9.8\times10^3$ 达因/厘米的弹簧下. 将二者从各自的平衡位置分别拉下 10 cm，先释放弹簧振子让其自由振动，然后经时间 τ 再释放屏. 如果影子在屏上振动的振幅为 $A=5$ cm，求：τ，并写出影子运动表达式.

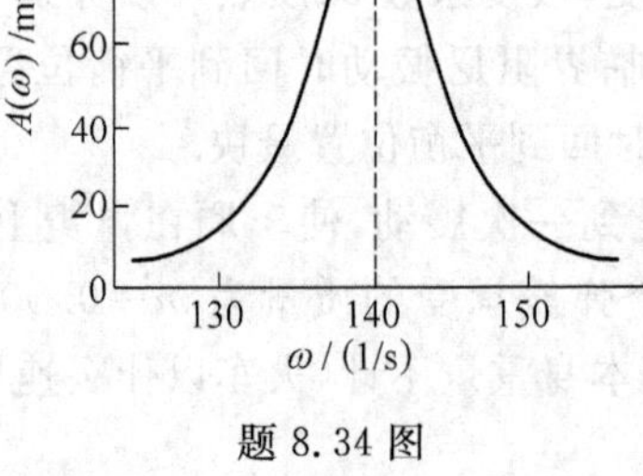

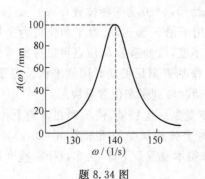

题 8.34 图

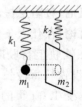

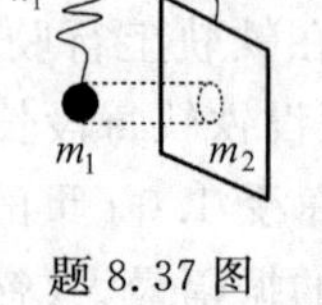

题 8.37 图

8.38　一根琴弦的音不准，为此拿一个标准音叉（频率 $\nu_0=400$ Hz）与琴弦同时发音，在 20 s 内听到 10 拍；将琴弦拧紧一些，再次与标准音叉同时发音，在 20 s 内听到 20 拍，求拧紧后的琴弦频率 ν.

8.39　平面简谐波的振幅为 $A=5.0$ cm、频率为 $\nu=50$ Hz、波速为 $v=200$ m/s，以波源处的质点达到最大位移处时作为时间起点，求距波源 $L=800$ cm 处媒质质点 P 的振动表达式.

8.40　一列简谐波 $\xi(z,t)=2.0\cos 2\pi(20t-0.1x)$ cm. 求：(1)该简谐波的振幅 A、频率 ν、波长 λ、波速 v；(2)若波动介质中某处的振动初位相为 $\phi=3\pi/5$，求该处位置 z.

8.41　一列简谐波的频率为 $\nu=100$ Hz、相速度为 $v=350$ m/s，(1)试问同一时刻波动位相差为 30°的两点相距多远？(2)试问在某一点处前后相隔 10^{-3} s 出现的两位移的位相差为多大？

8.42　一列平面谐波以波速 $v=2.0$ m/s 向 $-z$ 方向传播，波源在 $z=0$ 处；已知 $z_0=-0.50$ m 处质点振动为 $\xi(z_0,t)=0.10\cos(\pi t+\pi/12)$ m. 求：(1)波长 λ；(2)波源的振动；(3)波的表达式.

8.43　简谐波沿 z 轴传播，z_1、z_2 处质点分别作 $\nu=2.0$ Hz 的谐振且 z_1 位相比 z_2 落后 $\pi/4$. 已知 $z_2-z_1=3.0$ cm. 求：(1)波的传播方向；(2)简谐波的波长 λ 和波速 v（已知 $\lambda>6$ cm）.

8.44　一列平面简谐波沿 z 轴传播，$t=0$ 波形如图所示. (1)画出 $t=T/4$、$T/2$、$3T/4$ 时刻波形图；(2)画出 $z=0$、z_1、z_2、z_3 处的振动曲线.

8.45　圆频率为 ω、圆波数为 k 的平面简谐波 $\xi(z,t)$，在线性各向同性无吸收介质中沿 $+z$ 方向传播，在 $t_0=T/12$ 时刻的波形图为 $\xi(z,t_0)=A\cos(kz+\pi/3)$. 已知 ω、k、A，求：波的表达式 $\xi(z,t)$.

8.46　已知一个一维脉冲波在介质中波形不变地传播，波速为 v，$t=0$ 时刻的波形函数为 $\xi(z,0)=A\exp(-z^2)$. 求：该脉冲波的表达式.

8.47　声音由地面铅直向上传播. 地面上温度为 $t_0=16$℃，大气的温度梯度为 $k=-0.007$ ℃/m. 已知空气中声速 $v=(\gamma RT/m)^{1/2}$，其中比热容比 $\gamma=1.4$、气体普适常数 $R=8.31$ J/mol·K、空气摩尔质量 $m=29$ g/mol. 求：声音传到 $H=10$ km 高度要多少时间？如果温度梯度等于零时要多少时间？

8.48　如图所示，一个绳子圈成的环以角速度 ω 高速旋转为一个半径为 R 的绷紧的圆，绳子线密度为 η. 求：(1)绳上的张力 T；(2)在绳上传播横波的波速 v.

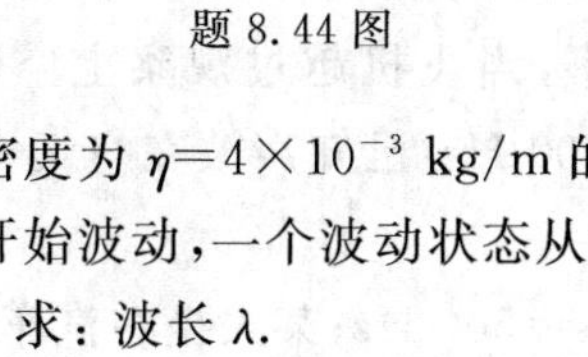

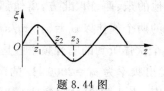

题 8.44 图

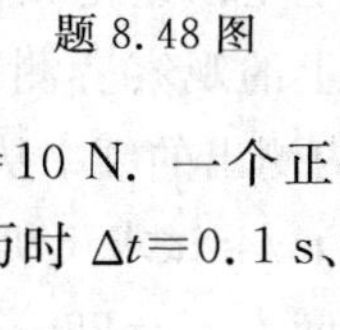

题 8.48 图

8.49　线密度为 $\eta=4\times10^{-3}$ kg/m 的均匀钢丝，其中张力 $T=10$ N. 一个正弦波源带动钢丝开始波动，一个波动状态从钢丝的一端传到另一端，历时 $\Delta t=0.1$ s、经历 100 个周期. 求：波长 λ.

8.50 介质中传播着一个平面脉冲波，波的表达式为 $\xi(z,t)=\dfrac{b^3}{b^2+(2z-ut)^2}$，其中 b、u 为正常数．(1)画出 $t=0$ 时的波形图；(2)求脉冲波的传播速率 v 及传播方向；(3)求 $t=0$ 时刻任意点 z 处的振动速度．

8.51 在均匀各向同性无损耗介质中，一个点波源发射球面波，总发射功率为 $P=5.00\times10^4$ W．在距波源 r 处测量该波的平均能量密度为 $\langle e\rangle=8.00\times10^{-15}\ \mathrm{J/m^3}$，求：$r$.

8.52 柱面简谐波是指等相面为同轴柱面的沿径向向外传播的简谐波．求：略去吸收，在均匀各向同性介质中，稳定的柱面简谐波距轴线距离为 r 处的振幅 $A(r)$ 与 r 的关系．

8.53 在一个半径为 $r=10$ cm 充满空气的柱形管中，平面简谐波沿轴向传播，波长为 $\lambda=80$ cm、频率为 $\nu=425$ Hz，波的平均能流密度 $I=17$ 尔格/秒·厘米^2．求：(1)管中平面简谐波平均能量密度 $\langle e\rangle$ 和最大能量密度 $e_{\max}$；(2)每两个相邻同相面之间的总能量 E.

8.54 有一频率为 $\nu=1000$ Hz 的平面简谐波，在密度 $\rho=1.3\times10^{-3}\ \mathrm{g/cm^3}$ 的空气中，以 $v=340$ m/s. 的速度传播，传播到耳中时振幅 $A=5.0\times10^{-5}$ cm．试求耳中声波的平均能量密度、声波强度和声强级．(这恰是我们通常听报告时的声强)

8.55 平面波在两种媒质的界面反生反射．设在入射波与反射波中的介质质点的振动方向不变．如果入射波是横波，要使反射波是纵波，求：入射角 θ_1(已知介质中纵波波速 v_1' 为横波波速 v_1 的 $\sqrt{2}$ 倍)．

8.56 拉紧的弦线上张力为 T，弦线质量密度为 η，质量为 m 的质点附在弦上某点．圆频率为 ω 的波沿弦线传播．设入射波为 $\cos(\omega t-kz)$，试求波在质点处反射时的反射波和透射波．

8.57 如图所示，弦线 1 和 2 在 P 处连接，用力 T 将两根弦线拉紧．弦线 1、2 的质量线密度分别是 η_1、η_2．设有一平面简谐波 ξ_1 从弦线 1 入射到 P 处，透射波、反射波分别是 ξ_2 和 ξ_1'．A、B、C 分别为入、反、透射波振幅．已知 $B/A=1/3$．求：(1) η_1/η_2；(2) C/A.

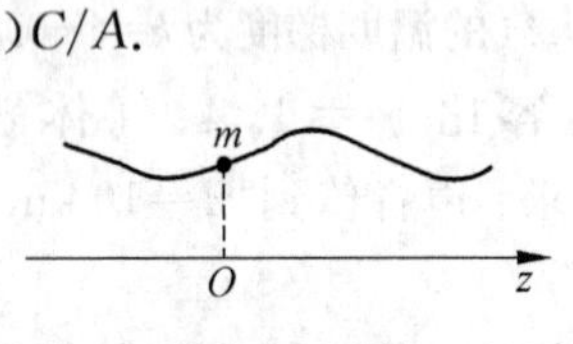

题 8.56 图

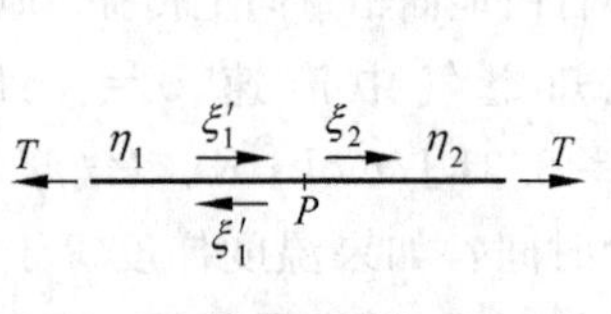

题 8.57 图

8.58 田野上刮着南风，风以速度 $v_0=10$ m/s 从南向北吹．一人站在田野上对着四个伙伴吹口哨(频率 $\nu_s=1000$ Hz)，这四个伙伴分别在他的东、西、南、北方，离他都是 200 m 远．其中东、南方的两个伙伴站着不动，西、北方的两个伙伴以 $v_1=5.0$ m/s 的速率向他跑来，设空气中声速 $v=331$ m/s，求：他的四个伙伴听到的哨音频率各是多少？

8.59 飞机在上空以速度 $u_s=200$ m/s 作水平飞行，发出频率为 $\nu_0=2000$ Hz 的声波．静止在地面上的观察者测定飞机发出的声波的频率，当飞机越过观察上空时，观察者在 4 s 内测出的频率从 $\nu_1=2400$ Hz 降为 $\nu_2=1600$ Hz．已知声波在空气中的速度为 $v=330$ m/s．试求飞机的飞行高度 h.

8.60 火车速度为 $u_S=25$ m/s，发出的汽笛声频率为 $\nu_S=500$ Hz；某人坐在汽车里，汽车在与铁轨平行的公路上迎着火车以速度 $u_R=18$ m/s 行进. 已知声速 $v=340$ m/s,求某人听到的汽笛频率 ν_R.

8.61 装置于海底的超声波探测器发射出一束频率为 $\nu_S=3.00\times10^4$ Hz 的超声波,被向着探测器驶来的潜艇反射,探测器收到的回波 ν_R 与原来的波 ν_S 合成后,得到频率为 241 Hz 的拍频. 已知海水中声速 $v=1500$ m/s,求:潜艇速率 u_R.

8.62 一个微波探测器 P 位于湖面以上 h 高度处. 一颗发射波长为 λ 的单色微波的射电星从地平线上缓慢升起. 直接到达探测器的微波和通过湖面反射到达探测器的微波发生干涉,探测器将相继指出信号强度的极大值和极小值. 求:当接收到第一个极大值时,射电星位于湖面以上的角度 θ.

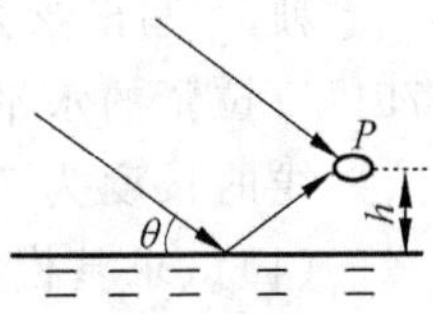

题 8.62 图

8.63 某种波动的色散关系满足 $\omega=(c^2k^2+m^2)^{1/2}$,其中 m 为常数. 试写出群速度的表达式,并讨论其极限情况.

8.64 在媒质中同时传播两列平面简谐波 $\xi_1=A\cos(6t-5z)$ m 和 $\xi_2=A\cos(5t-4z)$ m. 求:(1)两波相速 v_{p1},v_{p2};(2)两波叠加后的合成波表达式,及合成波相邻两个振幅为零的点之间的距离;(3)群速度 v_g.

8.65 水面短波($\lambda\leqslant1$ cm)的涟波由表面张力决定,涟波的相速为 $v_p=\left(\frac{2\pi\alpha}{\rho\lambda}\right)^{\frac{1}{2}}$,其中 α 为表面张力系数,ρ 为水的质量密度. (1)证明 $v_g=3v_p/2$;(2)若波群由 $\lambda_1=0.99$ cm、$\lambda_2=1.01$ cm 的两波组成,求波群相邻峰值距离 $\lambda'/2$.

8.66 深水波考虑表面张力后,其色散关系为 $\omega^2=gk+\alpha k^3/\rho$,其中水的密度为 $\rho=1.0\times10^3$ kg/m^3,表面张力系数 $\alpha=7.2\times10^{-2}$ N/m. 求:(1)求相速度 v_p、群速度 v_g 与 k 的函数关系;(2)证明 $\lambda\sim1.7\times10^{-2}$ m 时各谐波构成的水波,其群速等于相速度,即 $v_g=v_p$,并求出速度值.

8.67 某乐器为一根一端固定一端开放的细管,其频率为 $\nu_1=256$ Hz. 已知空气中声速为 $v=334$ m/s,求:管长 l.

8.68 有一口井,侧面是竖直的,井底有水. 井中空气可与 9.0 Hz 以及大于 9.0 Hz 的一些频率的声波发生共鸣. 已知空气中声速为 $v=350$ m/s,求:井的深度 h.

8.69 一中心被夹住的金属棒以基频共振产生频率为 $\nu_0=4$ kHz 的纵波. 若将此金属棒的一端夹住,求此时的基频共振频率 ν_0'及第一、第二两个泛音频率 ν_1'、ν_2'.

8.70 两端固定的均质细绳(长为 L、线密度为 η、绳中张力为 T)上存在着 n 次简谐驻波,振幅为 A_n. 求:(1)n 次简谐驻波表达式;(2)绳上的波动能量 E.

8.71 两根完全相同的钢琴线内张力均为 T、基频均为 $\nu_0=600$ Hz. 若想在两根线间产生 $\nu_{拍}=6$ 拍/秒的拍频,则其中一根钢琴线的张力需要增加到多少?

8.72 一根长 $L_1=60.0$ cm、横截面积 $S=1.00\times10^{-2}$ cm^2、密度 $\rho_1=2.60$ g/cm^3 的铝线,与一根长 $L_2=86.6$ cm、密度 $\rho_2=7.80$ g/cm^3 的相同横截面积的铁线相连,线上张力 $T=98.0$ N. 用一外加波源在线上产生横波,求:(1)使两线交点处为波节的最低频率;(2)此时线上共有多少节点?

8.73 音叉与频率为 250.0 Hz 的标准声源同时发音时,产生 1.5 Hz 的拍音. 当音叉粘上一小块橡皮泥时,拍频增加了. 将该音叉放在盛水的细管口处,连续调节管内水面高度，当管内空气柱高度相继为 $h_1=0.34\ \text{m}$ 和 $h_2=1.03\ \text{m}$ 时发生共振. 试求：(1)声波在空气中的声速 v；(2)画出空气柱中的驻波图.

8.74 小提琴弦长为 L，质量线密度为 η，张力为 T. (1)用手指轻按弦的中点，试求基频和一次谐波的频率；如果已知基频的振幅为 A_1、位相为 ϕ_1，试写出基频驻波表达式；(2)在弦的一端 $L/3$ 的长度上均匀包缠线，使其线密度增加为 4η，放开手指，试求基频，并写出弦上各点的振动表达式.

8.75 一拉紧的水平细线中张力 $T=10.0\ \text{N}$，细线线密度为 $\eta=4.00\times10^{-3}\ \text{kg/m}$，细线的长度为 $L=2.5\ \text{m}$. 在细线上的驻波基频的最大振幅为 $A=0.0200\ \text{m}$. (1)试求基模的频率和对应的总能量；(2)用手拨动细线，在其中激起所有可能的驻波模式，然后在距端点 $a=0.50\ \text{m}$ 处抓住细线. 试问哪些频率的驻波可在细线中继续存留.

8.76 设入射波为 $\xi=0.2\cos(\pi t-1.5\pi z+0.4\pi)\ \text{m}$，在 $x=0$ 处全反射形成驻波. 分别设 $z=0$ 为自由端和固定端，求：合成波(驻波)函数，并指明 $x=0$ 是波节还是波腹.

8.77 如图所示，在线密度为 $\eta=1.0\ \text{g/cm}$ 的弦线上有沿 $+z$ 方向传播的入射波 ξ_1，波长为 λ，入射波在 A 点引起的振动为 $\xi_1(A,t)=A\cos(\omega t+0.2\pi)$. 入射波在固定端 B 全反射. 已知 $OA=0.9\lambda$、$AB=0.2\lambda$. (1)求：入射波、反射波、合成波的表达式；(2)若 $A=2.0\ \text{cm}$、$\omega=40\pi/\text{s}$、$\lambda=20\ \text{cm}$，求：相邻两波节间总能量.

8.78 如图所示，一根线密度为 $\eta=0.15\ \text{g/cm}$ 的弦线，一端与频率为 $\nu=50\ \text{Hz}$ 的音叉相连，另一端跨过定滑轮后悬挂质量为 M 的重物，音叉到定滑轮的距离为 $l=1\ \text{m}$. 调整重物质量 M，当音叉振动时弦上可以分别出现 1 个、2 个、3 个波腹. 求：弦上出现 1 个、2 个、3 个波腹时对应的 M.

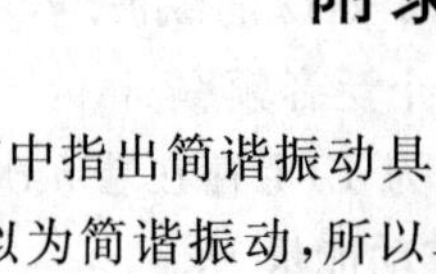

题 8.77 图

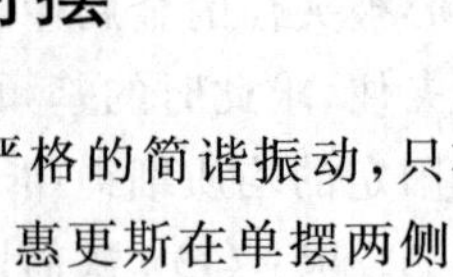

题 8.78 图

附录 8.1 惠更斯等时摆

8.1.5 节中指出简谐振动具有等时性. 单摆运动不是严格的简谐振动，只有在小角度摆动时才近似为简谐振动，所以单摆不具有严格的等时性. 惠更斯在单摆两侧加上旋轮线形状的夹板，在一定摆长条件下摆球的运动具有严格的等时性，称为惠更斯等时摆.

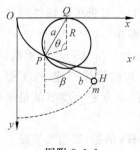

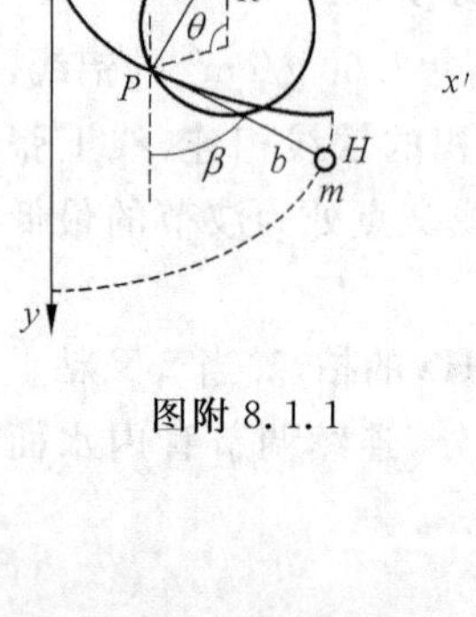

图附 8.1.1

如图附 8.1.1，摆长为 L 的单摆悬挂在 O 点，两侧为旋轮线形状的夹板. 旋轮线是由半径为 R 的圆周在 x 轴上纯滚时圆周上一点 P 形成的曲线. 由对称性仅讨论摆从竖直位置向右侧的摆动. 在摆动过程中摆线逐渐贴在旋轮线板上，未贴上的摆线及摆球成为旋轮线的切线.

图中 Q 为此刻圆周纯滚的瞬心，切点为 $P(x_0,y_0)$，P 点坐

标为

$$x_0 = R(\theta - \sin\theta) \qquad y_0 = R(1 - \cos\theta) \tag{附 8.1.1}$$

此刻 P 点运动为绕瞬心 Q 的转动，所以切线 PH 垂直于 QP，元弧长为

$$\mathrm{d}s = a\mathrm{d}\theta = 2R\sin(\theta/2)\mathrm{d}\theta$$

其中 a 为 Q、P 距离. 切线与竖直方向夹角

$$\beta = \pi/2 - (\pi - \theta)/2 = \theta/2$$

设摆线贴在旋轮线上长度(OP 之间的弧长)为 s，则切点 P 到摆球 m 的长度 b 为

$$b = L - s = L - \int_0^\theta 2R\sin(\theta/2)\mathrm{d}\theta = L - 4R[1 - \cos(\theta/2)]$$

于是摆球坐标(x,y)，即摆球运动轨迹参量方程为

$$\begin{aligned} x &= x_0 + b\sin\beta = R(\theta - \sin\theta) + \{L - 4R[1 - \cos(\theta/2)]\}\sin(\theta/2) \\ &= R(\theta + \sin\theta) + (L - 4R)\sin(\theta/2) \end{aligned} \tag{附 8.1.2a}$$

$$\begin{aligned} y &= y_0 + b\cos\beta = R(1 - \cos\theta) + \{L - 4R[1 - \cos(\theta/2)]\}\cos(\theta/2) \\ &= R(1 + \cos\theta) + 2R + (L - 4R)\cos(\theta/2) \end{aligned} \tag{附 8.1.2b}$$

这样如果取 $L=4R$，则

$$x = R(\theta + \sin\theta) \tag{附 8.1.3a}$$

$$y = R(1 + \cos\theta) + 2R \tag{附 8.1.3b}$$

这条摆球轨迹正是半径为 R 的圆周形成的旋轮线的右半边. 为了说明这一点引入 $\theta' = \theta + \pi$，并将坐标系 Oxy 平移为 $O'x'y'$，见图附 8.1.2. 坐标变换为

$$x' = x + \pi R = R(\theta' - \sin\theta') \tag{附 8.1.4a}$$

$$y' = y - 2R = R(1 - \cos\theta') \tag{附 8.1.4b}$$

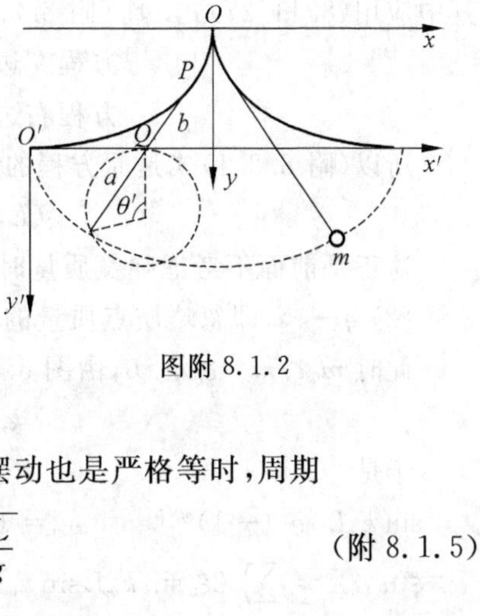

图附 8.1.2

这是典型的旋轮线方程. 摆球沿此旋轮线在重力和绳张力作用下运动. 摆球 m 在瞬时相当于绕切点 P 转动，所以绳总是与摆球运动轨迹垂直，绳张力总是法向力. 因此摆球沿旋轮线的摆动相当于质点在光滑旋轮线上的滑动，于是由 5.3.2 节中例 5.3.2 可知摆球的摆动也是严格等时，周期

$$T = 4\pi\sqrt{\frac{R}{g}} = 2\pi\sqrt{\frac{L}{g}} \tag{附 8.1.5}$$

等于小角度单摆的近似周期.

附带说明，摆球既可以看作绕圆周纯滚动瞬心 Q 转动，也可以看作绕绳与夹板切点 P 转动，所以 P、Q 都在摆球轨迹的法线上，并且摆球速率 v 与角速度关系为

$$v = a\dot{\theta}' = a\dot{\theta} = b\dot{\beta}$$

前面已得 $\theta = 2\beta$，所以应该有 $b = 2a$.

$$a = 2R\sin(\theta'/2) = 2R\cos(\theta/2) \qquad b = 4R\cos(\theta/2) = 2a$$

所以恰好满足此关系.

附录 8.2 质点弹簧系统的例子和计算

接续 8.11.5 节质点弹簧系统波动的分析，进行具体的讨论和计算．令 $m/m_0=q$.

1. 简单讨论和计算

(1) 讨论 $q\to 0$ 情况

此时 $m_0\zeta/m=\zeta/q\to\infty$，由图 8.11.13 知只有基频，且

$$\tan\zeta_1=1/\cot\zeta_1=m/m_0\zeta_1=q/\zeta_1$$

取 $\tan\zeta_1\approx\zeta_1$，代入得 $\zeta_1^2=q$，于是 $\zeta_1=\sqrt{q}\to 0$

$$\omega_1=vk_1=\Omega\zeta_1=(K\zeta_1^2/m)^{1/2}\to(Kq/m)^{1/2}=(K/m_0)^{1/2}=\omega_0$$

其中定义 $\omega_0=(K/m_0)^{1/2}$ 为不考虑弹簧质量时质点的振动频率．$\sin k_1L\to k_1L$、$\sin k_1x\to k_1x$ 得

$$\begin{aligned}\xi(x,t)&=\xi_1(x,t)\\&=2\xi_0\sin k_1L\ \sin k_1x\cos\omega_1t/[k_1^2L^2(1+m_0\sin^2k_1L/m)]\\&=\xi_0x\cos\omega_0t\ /L\end{aligned}\tag{附 8.2.1}$$

将此解代入波动方程，由于 $m\to 0$ 所以要利用原始的方程(8.11.26)式

$$m(\partial_{tt}\xi)/L=KL(\partial_{xx}\xi)$$

其中应用(8.11.27)式．将(附 8.2.1)式代入

$$方程左边=-m\omega_0^2\xi_0x\cos\omega_0t\ /L^2\to 0$$

$$方程右边=0=方程左边$$

所以(附 8.2.1)式是原方程的解．由(附 8.2.1)式质点运动为

$$\xi(L,t)=\xi_1(L,t)=\xi_0\cos\omega_0t\tag{附 8.2.2}$$

这正是前面不考虑弹簧质量时振子的运动．所以 $q\to 0$ 就是不考虑弹簧质量．

(2) $q\to\infty$，即忽略质点质量的极端情况

此时 $m_0\zeta/m=\zeta/q\to 0$，由图 8.11.13 知

$$k_mL=\zeta_m\to(m-1/2)\pi$$

于是

$$\sin k_mL\to(-1)^{m-1}\qquad\omega_m=\Omega\zeta_m\to(m-1/2)\pi\,\Omega=(m-1/2)\pi(K/m)^{1/2}$$

$$\begin{aligned}\xi(x,t)&=\sum 2\xi_0\sin k_mL\sin k_mx\ \cos\omega_mt\ /[k_m^2L^2(1+m_0\sin^2k_mL/m)]\\&=\sum(-1)^{m-1}2\xi_0\sin[(m-1/2)\pi x/L]\cos\omega_mt/[(m-1/2)^2\pi^2(1+1/q)]\\&=\sum(-1)^{m-1}2\xi_0\sin[(m-1/2)\pi x/L]\cos\omega_mt/[(m-1/2)^2\pi^2]\\&=\sum\frac{8}{\pi^2}(-1)^{m-1}\xi_0\sin[(m-1/2)\pi x/L]\cos\omega_mt/(2m-1)^2\end{aligned}\tag{附 8.2.3}$$

质点运动

$$\begin{aligned}\xi(L,t)&=\sum 2\xi_0\ \cos\omega_mt/[(m-1/2)^2\pi^2]\\&=\sum\frac{8}{\pi^2}\xi_0\ \cos\omega_mt/(2m-1)^2\end{aligned}\tag{附 8.2.4}$$

实际上，忽略质点质量的极端情况相当于右端为自由端(波腹)，可以直接由空间模式图(图 8.11.8)得到各模式的波长和频率为

$$\lambda_1 = 4L \qquad \lambda_m = \lambda_1/(2m-1) = 4L/(2m-1)$$

$$\omega_m = vk_m = 2\pi v/\lambda_m = 2\pi\Omega L(2m-1)/4L = (2m-1)\pi\Omega/2$$

(3) 已知弹簧长度为 $L=0.4$ m. 分别讨论 $m=m_0$ 和 $m=m_0/2$ 时弹簧和质点的振动.

解：记 $\zeta_m=k_mL$、$q=m/m_0$.

则由 $\zeta_m=q/\tan\zeta_m$ 计算 ζ_m，由 $A_m=2\xi_0\sin\zeta_m/[\zeta_m^2(1+m_0\sin^2\zeta_m/m)]$ 计算 A_m.

① $m=m_0$ 即 $q=1$，此时 $\zeta_n=\cot\zeta_n$，计算得

$\zeta_1 = 0.860\,333\,6 \qquad \zeta_2 = 3.425\,618\,46 \qquad \zeta_3 = 6.437\,298\,17 \qquad \zeta_4 = 9.529\,334\,4$

$A_1 = 1.300\,811\,682\xi_0 \qquad A_2 = -0.044\,281\,757\xi_0$

$A_3 = 0.007\,238\,13\xi_0 \qquad A_4 = -0.002\,273\,836\xi_0$

$\omega_n = vk_n = \Omega k_nL = \Omega\zeta_n = (K/m)^{1/2}\zeta_n = (K/m_0)^{1/2}\zeta_n = \zeta_n\omega_0$

显然只有基频振幅最大，略去高次谐波. $k_1=\zeta_1/L=2.1508$. 于是弹簧的波动近似为

$$\xi(x,t) \approx \xi_1(x,t) = A_1\sin k_1x\cos\omega_1t = 1.300\,812\xi_0\sin k_1x\cos\omega_1t$$
$$=1.300\,812\xi_0\sin 2.1508x\cos 0.860\,33\omega_0t$$

质点的振动近似为

$$\xi(L,t) = 1.300\,812\xi_0\sin 2.1508L\cos 0.860\,33\omega_0t = 1.300\,812\xi_0\sin\zeta_1\cos\omega_1t$$
$$=0.986\,09\xi_0\cos\omega_1t = 0.986\,09\xi_0\cos 0.860\,33\omega_0t$$

可见，考虑弹簧质量后，质点的振幅变小，周期变大. 设质点受力为 F，则

$$F = -KL\xi_x(L,t) \approx -KL\xi_{1x}(L,t) = -KA_1k_1L\cos k_1L\cos\omega_1t$$
$$= -KA_1\zeta_1\cos\zeta_1\cos\omega_1t = -0.729\,881K\xi_0\cos\omega_1t$$
$$= -0.7402K\xi(L,t) \neq -K\xi(L,t)$$

② $m=m_0/2$，即 $q=1/2$，此时 $\zeta_n=1/2\tan\zeta_n$，计算得

$\zeta_1 = 0.653\,271\,18 \qquad \zeta_2 = 3.292\,310\,02 \qquad \zeta_3 = 6.361\,620\,39 \qquad \zeta_4 = 9.477\,522\,711$

$A_m = 2\xi_0\sin\zeta_m/[\zeta_m^2(1+2\sin^2\zeta_m)]$

$A_1 = 1.638\,107\,083\xi_0 \qquad A_2 = -0.026\,508\,998\xi_0$

$A_3 = 0.003\,825\,245\xi_0 \qquad A_4 = -0.001\,167\,376\xi_0$

$\omega_n = \Omega\zeta_n = (K/m)^{1/2}\zeta_n = (2K/m_0)^{1/2}\zeta_n = \sqrt{2}\zeta_n\omega_0$

与 $q=1$ 情况对比，A_1 增大，其他振幅都变小，基频更突出. 略去高次谐波. $k_1=\zeta_1/L=1.6332$，$\omega_1=\sqrt{2}\zeta_1\omega_0=0.923\,86\omega_0$. 于是弹簧的波动近似为

$$\xi(x,t) \approx \xi_1(x,t) = A_1\sin k_1x\cos\omega_1t = 1.638\,107\,083\xi_0\sin k_1x\cos\omega_1t$$
$$=1.638\,107\,083\xi_0\sin 1.6332x\cos 0.923\,86\omega_0t$$

质点的振动近似为

$$\xi(L,t) = 1.638\,107\,083\xi_0\sin\zeta_1\cos 0.923\,86\omega_0t$$
$$=0.995\,62\xi_0\cos 0.923\,86\omega_0t = 0.995\,62\xi_0\cos\omega_1t$$

2. 弹簧质量比较小时弹簧的运动

一般情况下弹簧质量小于质点质量，讨论这种情况下弹簧质量的影响.

$q=m/m_0<1$，只考虑基频. 由 $\zeta_1=k_1L$ 所满足的方程

$$\zeta_1 \tan \zeta_1 = q$$

此时 ζ_1 也较小.

(1) 一阶近似

取 $\tan \zeta_1$ 到一阶小 $\tan \zeta_1 \approx \zeta_1$，于是

$$\zeta_1^2 = k_1^2 L^2 \approx q \tag{附 8.2.5}$$

由此得到圆频率和波动解

$$\omega_1 = \Omega\zeta_1 = (K\zeta_1^2/m)^{1/2} = (K/m_0)^{1/2} = \omega_0$$

$$\xi(x,t) \approx \xi_1(x,t) = 2\xi_0 \sin k_1 L \sin k_1 x \cos \omega_1 t / [k_1^2 L^2 (1 + m_0 \sin^2 k_1 L/m)]$$

其中正弦函数也取一阶近似：$\sin k_1 L = \sin \zeta_1 \approx \zeta_1 \approx q^{1/2}$；$\sin k_1 x \approx k_1 x = \zeta_1 x/L \approx q^{1/2} x/L$，于是波动

$$\xi(x,t) \approx \xi_0 x \cos \omega_0 t/L \tag{附 8.2.6}$$

质点的运动

$$\xi(L,t) \approx \xi_0 \cos \omega_0 t \tag{附 8.2.7}$$

这样，在一阶近似下，质点的运动与不考虑弹簧质量情况完全相同，整个弹簧近似为均匀伸长. 但是将 $\xi(x,t)$ 的一阶近似解代入波动方程，却不能满足该方程. 本质上均匀伸长的弹簧内力也均匀，处处相等，不可能推动由质量的弹簧微元作变速运动，所以一阶近似不合理.

(2) 三阶近似

取 $\tan \zeta_1$ 展开式的前三项

$$\tan \zeta_1 \approx \zeta_1 + \zeta_1^3/3 + 2\zeta_1^5/15 \tag{附 8.2.8}$$

于是方程近似为

$$\zeta_1^2 = q/(1 + \zeta_1^2/3 + 2\zeta_1^4/15) \tag{附 8.2.9}$$

利用迭代法计算，迭代四次后得

$$\zeta_1^2 = q/(1 + q/3 + q^2/45) \approx q/(1 + q/3) \tag{附 8.2.10}$$

用上式计算，$q=0.5$ 时相对误差[指：(真值－近似值)/真值]为 0.002，$q=0.1$ 时相对误差为 0.0001. 由此得到圆频率和波动解

$$\begin{aligned}\omega_1 &= \Omega\zeta_1 = (K\zeta_1^2/m)^{1/2} \approx [K/(1 + q/3)]^{1/2} \\ &= [K/(m_0 + m/3)]^{1/2} = (1 + q/3)^{-1/2}\omega_0\end{aligned} \tag{附 8.2.11}$$

考虑弹簧质量后频率降低，相当于改变了质点质量. 引入基频质点的等效质量

$$m_0' = m_0(1 + q/3) = m_0 + m/3$$

则基频圆频率为

$$\omega_1 = (K/m_0')^{1/2}$$

在 $\xi_1(x,t)$ 表达式中，正弦函数也取到三阶(ξ_1 的三阶小，相当于 q 的二分之三阶)：

$$\sin k_1 L = \sin \zeta_1 \approx \zeta_1(1 - \zeta_1^2/6);$$

$$\sin k_1 x \approx \zeta_1 x(1 - \zeta_1^2 x^2/6L^2)/L;$$

$$\sin^2 k_1 L \approx \zeta_1^2(1 - \zeta_1^2/3);$$

代入 $\xi_1(x,t)$ 表达式中后得

$$\begin{aligned}\xi(x,t) \approx \xi_1(x,t) &\approx 2\xi_0(1 - \zeta_1^2/6)x(1 - \zeta_1^2 x^2/6L^2)\cos \omega_1 t \\ &/\{L[1 + \zeta_1^2(1 - \zeta_1^2/3)/q]\}\end{aligned} \tag{附 8.2.12}$$

将 $\xi(x,t)$ 代入波动方程左边

$$\partial_{tt}\xi(x,t) \approx -2\omega_1^2\xi_0(1-\zeta_1^2/6)x(1-\zeta_1^2x^2/6L^2)\cos\omega_1 t/\{L[1+\zeta_1^2(1-\zeta_1^2/3)/q]\}$$
$$=-2v^2\zeta_1^2\xi_0(1-\zeta_1^2/6)x(1-\zeta_1^2x^2/6L^2)\cos\omega_1 t$$
$$/\{L^3[1+\zeta_1^2(1-\zeta_1^2/3)/q]\}$$

其中 $\omega_1^2=v^2k_1^2/=v^2\zeta_1^2/L^2$. 将 $\xi(x,t)$ 代入波动方程右边

$$v^2\partial_{xx}\xi(x,t) \approx v^2 2\xi_0(1-\zeta_1^2/6)(-\zeta_1^2x/L^2)\cos\omega_1 t/\{L[1+\zeta_1^2(1-\zeta_1^2/3)/q]\}$$
$$=-2v^2\zeta_1^2\xi_0(1-\zeta_1^2/6)x\cos\omega_1 t/\{L^3[1+\zeta_1^2(1-\zeta_1^2/3)/q]\}$$

由于对 x 求偏导数时要降低 x 的幂指数,所以近似解代入波动方程后只能满足 ζ_1^2 阶次的相等. 所以(附 8.2.12)式可以认为是波动方程的近似解.

将 $\zeta_1^2=q/(1+q/3)$ 代入, 注意取 $\zeta_1^4=q^2$,得

$$\xi(x,t) \approx 2\xi_0\, x\,(6+q)(1+q/3-qx^2/6L^2)\cos\omega_1 t/[6L(2+2q/3+q^2/9)]$$
$$=\xi_0(6+q)(6+2q-qx^2/L^2)\,x\cos\omega_1 t/[2L(18+6q+q^2)] \quad \text{(附 8.2.13)}$$

质点的运动

$$\xi(L,t) \approx \xi_0(6+q)^2\cos\omega_1 t/[2(18+6q+q^2)] \quad \text{(附 8.2.14)}$$

可见质点的振幅比不考虑弹簧质量时略小.

(3) 计算 $q=0.5$、0.1 的质点弹簧系统基频频率和质点运动

① $q=0.5$

$\omega_1 \approx (1+q/3)^{-1/2}\omega_0=0.9258\omega_0$ (前面精确计算结果 $\omega_1=0.923\,86\omega_0$)

$\xi(L,t) \approx (6+q)^2\xi_0\cos\omega_1 t/[2(18+6q+q^2)]=0.9941\xi_0\cos\omega_1 t$

(前面精确计算结果 $\xi(L,t)=0.995\,62\xi_0\cos\omega_1 t$)

② $q=0.1$

$$\omega_1 \approx (1-q/3)^{1/2}\omega_0=0.983\,74\omega_0$$
$$\xi(L,t) \approx 0.999\,73\xi_0\cos\omega_1 t$$

第 9 章 狭义相对论基础

9.1 狭义相对论的基本原理

9.1.1 古典力学时空观、力学相对性原理

力学的研究对象活动在时空里，因此力学首先要回答时空是什么样的问题. 任何一种力学都有相应的时空观. 古典力学认为空间和时间彼此无关，相互独立. 空间是物质活动的舞台，时间是物质活动的旁观者和活动历程的记录员，它们都与物质无关. 物体的长度和时间间隔大小都是绝对的. 这种与古典力学相联系的时空观称为绝对时空观或古典时空观. 古典时空观很容易被人们接受，不只因为它简单，而且因为它与人们日常生活的体验相吻合.

时空观决定了坐标变换. 时空观不同，坐标变换不同. 1.4 节中各个参考系的变换都是在古典时空观指导下的变换. 参考系常常由固定在参考系中的直角坐标系来代表，于是参考系的变换由坐标系的变换代表. 其中最简单也是最基本的变换是惯性系之间的坐标变换，称为伽利略变换，见图 9.1.1. 古典力学的惯性系彼此之间为匀速直线运动，坐标系 $Oxyz$ 代表静止参考系 S 系，坐标系 $O'x'y'z'$ 代表运动参考系 S' 系，S' 系相对 S 系以匀速率 u 沿 x 轴正方向运动. 取 x 和 x' 轴重合，并取两系原点重合时刻为 $t=t'=0$. 按古典时空观两系的时间（实质上是与时间原点之间的间隔）是相等的，即

$$t = t' \tag{9.1.1}$$

设 P 为空间中任意点，在两系中坐标分别为 $\boldsymbol{r}$ 和 $\boldsymbol{r}'$，按古典时空观长度不因参考系的不同而改变，故由图 9.1.1 得

$$x' = x - ut$$
$$y' = y$$
$$z' = z$$

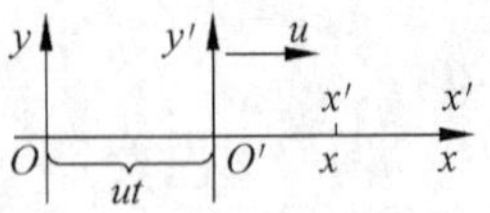

图 9.1.1 伽利略坐标变换

这就是伽利略坐标变换. 写成矢量形式，设 $\boldsymbol{R}$ 为 O' 的位置矢量，于是

$$\boldsymbol{r}' = \boldsymbol{r} - \boldsymbol{R} \tag{9.1.2}$$

由坐标变换可以得到速度和加速度变换

$$v'_x = v_x - u \quad v'_y = v_y \quad v'_z = v_z$$
$$a'_x = a_x \quad a'_y = a_y \quad a'_z = a_z$$

写成矢量形式

$$\boldsymbol{v}' = \boldsymbol{v} - \boldsymbol{u} \tag{9.1.3}$$

$$\boldsymbol{a} = \boldsymbol{a}' \tag{9.1.4}$$

惯性系不止一个的事实,说明牛顿力学定律不是只在一个参考系成立,而是在无数的参考系都成立. 也就是说,这无数个参考系(惯性系)在力学上都是平等的. 如果我们在某一个惯性系中做任何力学实验,无法发现这个惯性系与其他惯性系有什么本质上的不同. 这是牛顿力学的基本性质, 已在 2.1 节讨论过. 实际上这个事实具有更重要的也更普遍的意义, 体现了自然定律的重要的普遍的规律——相对性原理. 伽利略讨论相对性原理时,从人们日常生活现象谈起. 他对此有生动的描述: ①"把你和一些朋友关在一条大船甲板下的主舱里,再让你们带几只苍蝇、蝴蝶和其他小飞虫,舱内放一只大水碗,其中放两条鱼. 然后,挂上一个水瓶,让水一滴一滴地滴到下面一个宽口罐里,船停着不动时,你留神观察,小虫都以等速向舱内各方向飞行,鱼向各个方向随便游动,水滴滴进下面的罐中. 你把任何东西扔给你的朋友时,只要距离相等,向这一方向不必比另一方向用更多的力,你双脚齐跳,无论向哪个方向跳过的距离都相等. 当你仔细地观察这些事情后(虽然船停止时,事情无疑一定是这样发生的),再使船以任何速度前进,只要运动是匀速的,也不忽左忽右地摆动. 你将发现,所有上述现象丝毫没有变化,你也无法从其中任何一个现象来确定,船是在运动还是停着不动. 即使船运动得相当快,在跳跃时,你将和以前一样,在舱底板上跳过相同的距离,你跳向船尾也不会比跳向船头来得远,虽然你跳在空中时,脚下的船底板向着你跳的相反方向移动. 不论你把什么东西扔给你的同伴时,不论他是在船头还是在船尾,只要你站在对面,你也并不需要用更多的力. 水滴将像先前一样,滴进下面的罐子,一滴也不会滴向船尾,虽然水滴在空中时,船已行驶了许多. 鱼在水中游向碗前部所用的力,不比游向水碗后部来得大;它们一样悠闲地游向放在水碗边缘任何地方的食饵. 最后蝴蝶和苍蝇将继续随便地到处飞行,它们也绝不向船尾集中,并不因为它们可能长时间留在空中,脱离了船的运动,为赶上船的运动显出累的样子. 如果点香冒烟,则将看到烟像一朵云一样向上升起,不向任何一边移动. 所有这些一致的现象,其原因在于船的运动是船上一切事物所共有的,也是空气所共有的. 这正是为什么我说,你应该在甲板下面的缘故;因为如果这实验是在露天进行的,就不会跟上船的运动,那样上述某些现象就会发现或多或少的差别. 毫无疑问,烟会同空气本身一样远远落在后面. 至于苍蝇、蝴蝶,如果它们脱离船的运动有一段可观的距离,由于空气的阻力,就不能跟上船的运动. 但如果它们靠近船,那么,由于船是完整的结构,带着附近一部分空气,所以,它们将不费力,也没有阻碍地会跟上船的运动."

这些简单的人们司空见惯的事实,其实包含着物理学上最重要的规律之一,是关于物理规律的规律——相对性原理. 由于当时最完整、最严密的学科为力学,所以只讨论力学规律;由于是在古典力学基础上讨论的,所以只是惯性参考系彼此平权. 惯性系之间的坐标变换为伽利略变换. 这样的相对性原理称之为力学相对性原理或伽利略相对性原理,虽然它不完全正确,但是,它是首先涉及相对性原理的.

力学规律可以用数学表达式或数学方程来定量描述. 力学相对性原理(各惯性系中力学规律相同),就体现在力学规律的数学表达式在各惯性系形式相同,也就是力学定律的形式不变. 在 2.1 节以及附录 2.5 中已经说明牛顿三定律在所有惯性系都成立. 这里再通过

---

① 伽利略,关于哥白尼和托勒密两大世界体系的对话.

坐标变换进行讨论.

力学规律是关于物理量之间的关系以及物理量的发展、变化的规律.若物理量在惯性系 S 中用 P_1、P_2、…表示，力学规律就表达为方程

$$F(P_1, P_2, \cdots) = 0$$

在另一惯性系 S' 中，这些物理量变换为 P'_1、P'_2、….由力学相对性原理，在 S' 系中 P'_1、P'_2、…也要满足同样形式的方程

$$F(P'_1, P'_2, \cdots) = 0$$

所以力学相对性原理涉及到物理量在不同参考系之间的变换.为了定量描述和确定不同参考系之间物理量的变换，通常用固定在参考系中的坐标系代表该参考系，那么改变参考系对物理量的影响，就体现在坐标变换对物理量的影响.这样，物理量在不同参考系之间的变换通常称为相应坐标变换下的变换.在进行坐标变换时不发生改变的物理量，称为该坐标变换的不变量.代表惯性系之间的坐标变换就是上述的伽利略变换，所以力学相对性原理要求力学定律所涉及的物理量在伽利略变换下的变换具有一定的关系，从而保证力学定律的形式不变.如果各物理量都是伽利略变换下的不变量，当然方程形式不变，称此方程为不变式；若物理量虽然改变但变换规律相同，也使方程继续成立，称方程为协变式.若方程为某变换的不变式或协变式统称为方程具有某变换的协变性.因此力学相对性原理要求代表力学定律的数学方程为伽利略坐标变换下的不变式或协变式，或者说数学方程具有伽利略变换下的协变性；反过来，如果代表某力学定律的数学方程具有伽利略坐标变换下的协变性，则说明该力学定律满足力学相对性原理.下面就由力学定律在伽利略变换下的协变性来证明力学相对性原理.

经典力学基础是牛顿运动定律，如果牛顿定律满足相对性原理，那么一切经典力学定律都满足相对性原理.

牛顿定律涉及三个物理量：加速度 $\boldsymbol{a}$、惯性质量 $\boldsymbol{m}$、力 $\boldsymbol{F}$.首先假设牛顿三定律在某惯性系 S 中成立，即：①不受力物体加速度为零，可以用 $\boldsymbol{a}=0$ 作为第一定律的数学表达式；②质量为 $\boldsymbol{m}$ 的质点，受合外力为 $\boldsymbol{F}$ 时，其加速度为 $\boldsymbol{a}=\boldsymbol{F}/\boldsymbol{m}$；③作用力与反作用力大小相等方向相反，在两质点的连线上，即 $\boldsymbol{F}_{12}=\boldsymbol{F}_{21}$.

设 S' 为任意的另外的惯性系，与 S 系的坐标变换为(9.1.1)式、(9.1.2)式表示的伽利略变换，于是由(9.1.4)式有

$$\boldsymbol{a}' = \boldsymbol{a}$$

在经典情况下，质量作为表示物体内在惯性的恒量，与物体运动状态无关，即

$$\boldsymbol{m}' = \boldsymbol{m}$$

在经典情况下，用力描述两个质点的相互作用，力只取决于两质点的相对位置，即完全由相对位置矢量 $\boldsymbol{r}_{相对}=\boldsymbol{r}_2-\boldsymbol{r}_1$ 决定.由伽利略坐标变换，S' 系中两质点的相对位置 $\boldsymbol{r}'_{相对}=\boldsymbol{r}'_2-\boldsymbol{r}'_1=\boldsymbol{r}_2-\boldsymbol{r}_1=\boldsymbol{r}_{相对}$，即两质点的相对位置也是坐标变换不变量，因此力在坐标变换下也保持不变，即

$$\boldsymbol{F}' = \boldsymbol{F}$$

因此，加速度 $\boldsymbol{a}$、质量 m、力 $\boldsymbol{F}$ 都是伽利略坐标变换不变量.所以 S 系中不受力物体在 S' 系也不受力，并且在 S' 系中加速度也是零 $\boldsymbol{a}'=0$，于是牛顿第一定律在 S' 系也成立；所以牛顿第二定律和牛顿第三定律的数学表达式都是伽利略坐标变换不变式.这样，牛顿三定

律的数学方程具有伽利略变换下的协变性，说明牛顿定律存在着相对性原理，即在与伽利略变换相对应的所有惯性系中具有相同的形式，从而经典力学存在力学相对性原理.

反过来，如果我们首先能确认力学定律存在相对性原理，那么应该在伽利略变换下具有协变性，从而也决定了 $\boldsymbol{a}$、m、$\boldsymbol{F}$ 的变换规律. 若已经确定 $\boldsymbol{a}'=\boldsymbol{a}$、$m'=m$，则可由此确定满足牛顿定律及相对性原理的力必有变换关系 $\boldsymbol{F}'=\boldsymbol{F}$.

由古典时空观得到惯性系之间的伽利略坐标变换；而牛顿定律在伽利略变换下保持不变，表明整个经典力学都满足相对性原理. 经典力学体系与古典时空观相互呼应，整个体系和谐、完美、统一.

在 16 世纪末、17 世纪初伽利略首先讨论相对性原理时，主要科学为力学；随后，力学又被牛顿发展到经典力学的高峰——牛顿定律和万有引力定律，所以讨论的只是惯性系对力学的平权，即力学相对性原理. 不过人们并不怀疑，如果出现新的物理规律，它应该也满足相对性原理. 200 多年后，考验相对性原理的时候到了：电磁学理论诞生了.

9.1.2　电磁理论引起的困惑

1860 年麦克斯韦总结电磁场规律为麦克斯韦方程组，建立起经典电磁学理论. 电磁理论建立后，有很多科学家如 H. 赫兹和 H. A. 洛伦兹研究电磁场定律是否满足相对性原理. 讨论的思路是要建立电磁学各物理量(电场、磁场)在伽利略变换下的变换规律，从而决定在新的坐标系中这些物理量是否还服从同样形式的麦克斯韦方程组. 结果出人意料：麦克斯韦方程组没有伽利略变换下的协变性，也就是说在经典的时空观及相应的伽利略变换下，电磁学不满足相对性原理. 实际上不必验证麦克斯韦方程组是否具有伽利略变换下的协变性，就可以了解电磁学理论不满足力学相对性原理. 因为经典电磁学理论的一个定律——光在真空中传播定律就不满足伽利略变换. 光在真空中传播定律(爱因斯坦说[①]物理学中几乎没有比这个定律更简单的定律了)：光在真空中的光速为常数 c，与传播方向、光源的运动无关，与惯性系的选择无关. 而按伽利略变换，若在 S 系光沿 x 轴正方向以 c 传播，那么在 S' 系光速应该为

$$c' = c - u$$

因此按伽利略变换不同惯性系中真空光速不同，显然与电磁学理论相矛盾.

由于古典力学的巨大成功，人们并不怀疑古典力学和伽利略相对性原理的正确，而是想尽办法在旧的思维框架(古典时空观和力学相对性原理)内进行解释，例如认为电磁学理论不满足相对性原理，即电磁学理论只在一个绝对参考系——以太参考系——才成立. 于是测量相对于以太的光速就是一个重要的实验任务. 由于地球参考系相对以太的速度可能很小，所以要用最精密的光学干涉实验. 迈克耳孙-莫雷(Michelson-Morley)的光波干涉实验(迈克耳孙在 1881 年首先做实验，以后迈克耳孙和莫雷一起在 1887 年改进后再做实验)得到零结果，实际上已经明确无误地证实在地球上光速(看作真空中光速)是与方向无关的常数. 虽然当时还有一些关于迈克耳孙-莫雷实验零结果的其他解释，但是都与另外一些实验结果相矛盾而不成立.

迈克耳孙-莫雷实验利用迈克耳孙干涉仪进行.

---

① 爱因斯坦，狭义相对论浅说，p. 15.

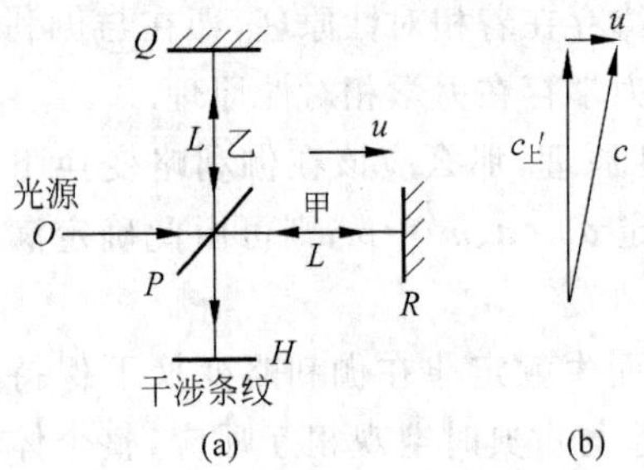

图 9.1.2

采用以太假设，按照古典时空观和伽利略坐标变换进行讨论. 迈克耳孙干涉仪原理图为图 9.1.2(a)，入射光被半透半反镜 P 分为两束，分别被反射镜 Q 和 R 反射后再汇合到一起射到屏 H 上形成干涉条纹.

设光在以太中速度为 c. 以以太为 S 系、地球为 S' 系，并设地球相对以太的速度 $\boldsymbol{u}$ 为如图所示的水平方向. 在地球参考系中，水平光路向右光速为 $c'_{右}=c-u$，返回光速为 $c'_{左}=c+u$；竖直光路向上、向下光速相同为(见图 9.1.2 (b))

$$c'_{上}=c'_{下}=(c^2-u^2)^{1/2}$$

光在水平光路传播所需时间为

$$t_{甲1}=t_{水平}=L/(c-u)+L/(c+u)=2cL/(c^2-u^2)$$

光在竖直光路传播所需时间为

$$t_{乙1}=t_{竖直}=2L/(c^2-u^2)^{1/2}$$

两条光束传播的时间差为

$$\begin{aligned}\Delta t_1&=t_{甲1}-t_{乙1}=t_{水平}-t_{竖直}\\&=2L[1/(1-u^2/c^2)-1/(1-u^2/c^2)^{1/2}]/c\end{aligned} \tag{9.1.5}$$

两条光束汇合到一起射到屏 H 上形成干涉条纹 1. 将整个装置顺时针转 $\pi/2$，于是原来的水平光路(甲)成为竖直光路、原来的竖直光路(乙)成为水平光路，两条光路互换后两条光束传播时间差为

$$\begin{aligned}\Delta t_2&=t_{甲2}-t_{乙2}=t_{竖直}-t_{水平}\\&=2L[1/(1-u^2/c^2)^{1/2}-1/(1-u^2/c^2)]/c\end{aligned}$$

两条光束汇合到一起射到屏 H 上形成干涉条纹 2. 迈克耳孙干涉仪转动后造成甲、乙两条光束传播时间差 Δt 改变，改变量为

$$\mathrm{d}t=\Delta t_1-\Delta t_2=4L[1/(1-u^2/c^2)-1/(1-u^2/c^2)^{1/2}]/c\approx 2Lu^2/c^3$$

其中 $u/c\ll 1$，上式取一阶近似. Δt 改变干涉条纹也随之改变，条纹就会在屏上发生移动，屏上固定位置处平移过 $\mathrm{d}N$ 个条纹. 由于时间差 Δt 每改变一个周期 T 就平移一个条纹，所以

$$\mathrm{d}N=\mathrm{d}t/T=c\mathrm{d}t/\lambda=2Lu^2/c^2\lambda \tag{9.1.6}$$

其中 λ 为光源发光的波长. 实际上当时并不能确定以太参考系，也就不能确定地球相对以太的速度 $\boldsymbol{u}$. 为了定量分析实验结果，采用可能的最小 u 值来估计最小的 $\mathrm{d}N$. 如果太阳系是以太参考系，地球的轨道速率就是最小 u 值.

1881 年迈克耳孙实验取 $L=1.2\ \mathrm{m}$、$\lambda=589.3\ \mathrm{nm}$，如上所述取 $u=29.8\ \mathrm{km/s}$，计算得到

$$\mathrm{d}N=0.04$$

按当时迈克耳孙干涉仪的精度最小可以测量 $\mathrm{d}N=0.02$ 的干涉条纹移动数，所以完全可以观测地球上光速的改变，即观测到地球相对以太的运动速度 $\boldsymbol{u}$. 1887 年迈克耳孙和莫雷合作对实验进行改进，测量精度提高一倍可测 $\mathrm{d}N=0.01$ 的干涉条纹移动数，并且利用

多次反射使 $L=11\ \mathrm{m}$，于是预计的干涉条纹移动数为 $\mathrm{d}N=0.4$. 为了未知的以太参考系的各种可能，实验在一天的不同时间、每月的不同日期、一年的不同季节多次进行. 但是实验都是零结果，没有观测到干涉条纹的任何移动. 迈克耳孙-莫雷的光波干涉实验明确无误地证实，在地球上真空中光速是与方向无关的常数 c.

更仔细分析认为，在迈克耳孙-莫雷的光波干涉实验中涉及的都是光线往返所经历的时间，因此这个实验不能直接作为单程光速不变的依据，可以直接作为双程光速不变的依据. 但是如果考虑到时空的对称性，光线往和返两个单程所经历的时间是相等的，所以应该说，迈克耳孙-莫雷实验已经间接证实真空中光速是与方向无关的常数 c.

迈克耳孙设计迈克耳孙干涉仪的初衷就是为了做这个实验. 这个实验的结果具有重大意义，对20世纪初的物理学的革命起了重要的先导作用，对爱因斯坦建立相对论起了重要的佐证作用. 迈克耳孙为此获得了1907年的诺贝尔物理学奖.

9.1.3 爱因斯坦相对性原理与光速不变原理——狭义相对论的基本原理

经典电磁学的建立打破了经典力学、古典时空观、伽利略相对性原理的一统天下. 但是经典力学的辉煌使人们相信，“一切物理事件都要追溯到那些服从牛顿运动定律的物体，这只要把力的定律扩充，使之适应于被考查的情况就可以了.”①，牛顿力学“并不限于为实际的力学科学创造了一个可用的和逻辑上令人满意的基础；而且直到19世纪末，它一直是理论物理学领域中每个工作者的纲领”②. 受此束缚，人们看到的是光速不变原理与力学相对性原理的矛盾和不容；人们都是站在经典力学、古典时空观、伽利略相对性原理的立场上分析和讨论问题，审视、解释经典电磁学带来的与伽利略相对性原理相抵触的事实. 人们都是试图修改电磁学理论，或是否定相对性原理，认为只有力学规律才满足相对性原理，而电磁学不满足相对性原理，提出绝对参考系——以太参考系等假设.

实际上，此时实验事实已经指出旧理论的不足和缺陷，新理论已经呼之欲出. 年轻的爱因斯坦善于怀疑，独立思考，敢于创新，对神圣的科学知识大厦采取极其严峻的批判态度，其他人往往愿意作为事实接受下来的东西，在他看来似乎是难以置信的. 他幽默地说过：“为了惩罚我蔑视权威，命运使我自己竟成为一个权威”，他称自己“是一个离经叛道的和梦想的人”③. 正是这种对传统的无情批判和对真理的不断追求，使他没有固守旧的理论框架而是否定了旧理论. 他分析了所有的实验事实后认为，它们已确切无疑地证实电磁理论、真空光速不变原理是正确的，满足相对性原理，而经典力学、古典时空观是错误的. 需要修正的是经典力学、古典时空观，以及描述惯性系之间变换的伽利略坐标变换. 由此他大胆创新提出了狭义相对论，找出普遍的、电磁学满足的惯性系之间的坐标变换，建立起与之对应的新的时空观，以及满足新的狭义相对性原理的相对论力学.

---

①② 爱因斯坦文集(一)，p. 225.

③ 爱因斯坦文集(三)，p. 377.

爱因斯坦提出两条基本假设作为狭义相对论的基础(基本原理)：

(1) 狭义相对性原理(又称为爱因斯坦相对性原理)：一切物理规律对所有惯性系都相同,不存在任何一个特殊的惯性系.

(2) 光速不变原理：在任何惯性系中,光在真空中的光速都相同,为数值 c.

注意介质中光速与惯性系有关，不同惯性系观测介质中光速不同.

与这两条假设对应的是新的时空观;相应的惯性系之间的坐标变换为洛伦兹变换;电磁学理论具有洛伦兹变换下的协变性,即满足狭义相对性原理,而牛顿力学在洛伦兹变换下不协变,不满足狭义相对性原理,必须加以修改.

狭义相对性原理在狭义相对论中起着最基本的至关重要的作用,是狭义相对论的奠基石.

狭义相对性原理指出,一切物理规律对所有惯性系都相同,即代表物理定律的数学方程为洛伦兹变换下的不变式或协变式,或者说数学方程具有洛伦兹变换下的协变式.反过来,要说明某物理定律满足狭义相对性原理,代表该物理定律的数学方程就必须具有洛伦兹变换下的协变性.力学相对性原理和狭义相对性原理讨论的都是惯性系中的自然规律的形式是否与惯性系的选取有关,但前者认为只有力学规律才与惯性系的选择无关,后者认为一切物理规律都与惯性系无关,也就是说一切物理规律都满足相对性原理.狭义相对性原理把力学相对性原理进一步发展了,总结出物理规律所满足的变换规律，相当于关于物理规律的规律；反过来,狭义相对性原理也对一切物理定律加上限制条件,即一切正确的物理定律必须与惯性系的选取无关,在惯性系的坐标变换——洛伦兹变换下形式不变.已有的不满足狭义相对性原理的牛顿定律要加以修正,一切新发现的、新建立的物理定律首先必须满足狭义相对性原理.

在两条基本假设的基础上，通过严密的逻辑推导，爱因斯坦建立起整个狭义相对论的理论体系，体现了理性思维的巨大威力.

狭义相对论作为一个新理论是对旧理论的继承和革命，必须能够包容旧理论. 作为旧理论的经典力学、古典时空观、伽利略变换曾经取得辉煌成就，因此在旧理论成立的条件下，新理论必须能够归结为旧理论，这是对新理论的一个基本要求.

下面直接由两条基本原理,特别是光速不变原理讨论新的时空观.

在讨论新的时空观之前，我们先回头再考虑参考系的概念. 按古典时空观，虽然各个参考系对同一个运动的描述不同，但空间和时间的性质没有区别，所以我们在古典时空观下,并没有深入分析参考系的内容. 实际上，人们选定一个参考系时就确定了一个空间，这个空间相对于参照物是静止的，所有物体在这个空间中运动和变化. 这个空间可以用固定在空间(或固定在参照物上)的直角坐标系来代表. 为了描述物体的运动和变化，还需要有时钟，所以参考系还必须包含时间. 古典时空观的伽利略变换(9.1.1)式和(9.1.2)式，也包含时间和空间的变换. 在新时空观中，时间和空间都随运动而改变，因此不同参考系的时空是不同的，按费曼在其讲义(第一卷)169 页说:“我们能否用同样的方式来看待洛伦兹变换呢？这里也有一个位置和时间的混合.空间量度和时间量度之间的差值产生了一个新的空间量度. 换句话说，某人的空间量度,在另一个人看来，却掺入了一些时间的量度.”该书 177 页引用闵可夫斯基的话:“空间本身和时间本身将完全消失在完全的阴影之中，只有它们之间的某种结合才得以幸免.”

9.2　狭义相对论的时空观

从狭义相对性原理以及电磁学理论(在这里体现为光在真空中的传播定律即光速不变原理)满足相对性原理这两点出发，对时间和空间做一些简单讨论，就可以体会到与古典的绝对时空观不同的全新的时空观.

9.2.1　同时性的相对性——相对论时空观的精髓

相对论的中心是相对性原理,相对性原理的核心是相对性观点,1948 年,爱因斯坦为《美国人民百科全书》写了一个关于相对论的条目,标题为“相对性：相对论的本质”.爱因斯坦指出,时间的概念来自同时性. 所以同时性问题是时空观的关键问题.

在古典时空观中,时间与参考系无关,与运动无关,是绝对的,因此同时性是绝对的,即在某一参考系观测是同时发生的两个事件,在其他参考系观测也必然同时.在新的狭义相对论的时空观中,时间、空间、运动彼此联系,都是相对的,没有绝对的运动、绝对的时间和空间. 狭义相对论时空观认为同时性是相对的,即在某一参考系观测是同时发生的两个事件,在其他参考系观测可以不同时,同时性的相对性是狭义相对论时空观的精髓,是理解时间、空间、运动的相对性的关键.

由光速不变原理,通过合理的推论就可认识到同时性的相对性.

1. S'系中同时的两个事件在 S 系观察是否同时

如图 9.2.1(a)，光源 M'和接收器 A_1'、A_2'固定在 S'系，在 S'系测量 A_1'、A_2'到 M'距离相等,即 $A_1'M'=A_2'M'=l'$. 某时刻 M' 向四面八方发光,则在 S'系观察,A_1'、A_2'必然同时接收到光信号. 把 A_1'、A_2'收到光信号分别称为事件 1、2,那么在 S'系看来事件 1、2 同时发生.

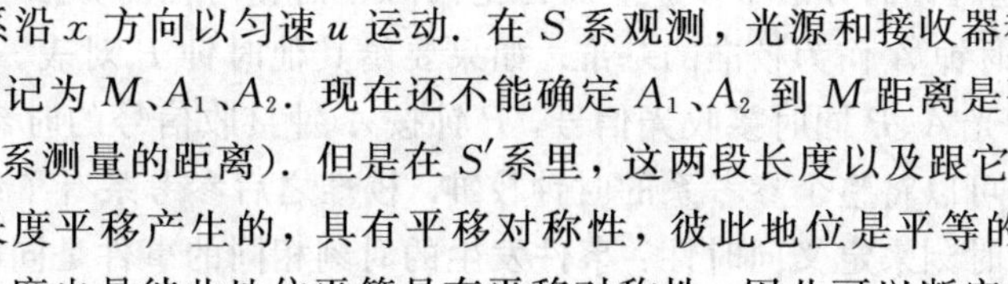

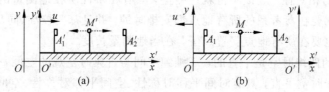

图　9.2.1

S'系相对 S 系沿 x 方向以匀速 u 运动. 在 S 系观测，光源和接收器都随 S'系以 u 匀速运动，分别将它们记为 M、A_1、A_2. 现在还不能确定 A_1、A_2 到 M 距离是否等于静止状态下的相应距离(即 S'系测量的距离). 但是在 S'系里，这两段长度以及跟它们相等的长度，可以看作是某一个长度平移产生的，具有平移对称性，彼此地位是平等的；由相对性原理，在 S 系里，这些长度也是彼此地位平等具有平移对称性，因此可以断定在 S 系中测量 A_1、A_2 到 M 的距离也相等,即 $A_1M=A_2M=l$. 在 S 系中考察 M 发光及 A_1、A_2 接收的过程,在 M 发光时刻 A_1、A_2 到光源距离相等,光一旦发出就以同样的速率 c 向左、右传播,与 M 不再有任何关系，而 A_1 是迎着光波前进、A_2 是背离光波运动,显然 A_1 先收到光信号、A_2 后收到光信号.于是在 S'系看来是同时发生的两事件,在 S 系看就不再是同时发生的事件,事件 1 先发生,事件 2 后发生，这也就是同时性的相对性.当然,如果在同一地点发生的两事件，或是 x 坐标相同的两地点发生的两事件，如果在一个参考系看是同时的，那么在相对该参考系沿 x 轴匀速运动的其他参考系看也是同时的.

2. S 系中同时的两个事件在 S' 系观察是否同时

如图 9.2.1(b)，光源 M 及接收点 A_1、A_2 固定在 S 系，在 S 系测量 A_1、A_2 到 M 距离相等. 按 1 中方法同样分析，某时刻 M 发光，在 S 系观察，A_1、A_2 必然同时接收到光信号，即事件 1、2 同时发生(事件 1、2 分别为 A_1、A_2 收到光信号).

S' 系观测处于运动状态下的光源和两个接收器之间距离相等，向左、右传播的光速仍然是 c，但是与事件 1 不同的是 A_2' 迎着光波前进、A_1' 背离光波运动，因此 A_2 先收到光信号、A_1 后收到光信号，即事件 2 先发生，事件 1 后发生，两个事件不同时.

总结事件 1、2 的讨论得到普遍的结论：在某参考系同时发生的两个事件，在其他参考系观察不再同时发生，其中运动前方事件后发生. 也就是说，同时性具有相对性.

如图 9.2.1(a)，S' 系观察事件 1、2 同时发生，那么在 S 系观察事件 1、2 就不同时. 在 S 系看 S' 系向右运动，其中事件 2 发生的地点 A_2 在事件 1 发生的地点 A_1 的右边，相当于运动前方的事件，于是事件 2 比事件 1 发生得晚.

特殊情况：如果在其他参考系里分不出两个事件谁在前谁在后，即两个事件在同一地点发生或是 x 坐标相同，那么在其他参考系观察，这两个事件也同时了.

由于同时性具有相对性，所以时间以及时间间隔也就都具有相对性，时间不再是绝对的与空间和运动无关的了，而是与空间紧密联系. 时间和空间合在一起构成不能分开的四维坐标(时空坐标)来表示一个“位置”或一个“点”. 为了与通常所说的代表三维纯空间坐标中的“点”区别开，称四维时空中的点为“世界点”，质点在四维时空中的轨迹称为“世界线”. 通常，形象地称世界点为事件：事件发生的时间是世界点的时间坐标，事件发生的地点是世界点的纯空间坐标.

由于同时性的相对性，应该实行就地测量，只有在事件所在地测量的时刻才是事件发生的时刻. 这样就要在参考系的所有地点都安排时钟，并且都要校准、同步，作为整个参考系的时间标准. 也要在所有地点安置尺子，在当地测量长度.

狭义相对论的四维时空是平直的，三维纯空间与古典时空观的空间一样都是平直的欧几里得空间. 由于时空平直，具有时间平移对称性、空间平移对称性、空间各向同性. 由于时空的平移对称性，在同一个惯性系内时钟走时、尺子的长度与位置无关.

校准、同步各地时钟的方法很多，上面讨论同时性的相对性的方法也可以用来校准各地时钟. 任选一个时钟 A 作为校准的基准. 如果要给其他时钟 P 对表，就在 A、P 的中点设置光源 M，M 发光 A、P 同时接收光信号，P 钟按 A 钟接收信号的时刻调表，就使 P 钟与 A 钟同步. 这样可以将整个参考系的时钟校准. 校准之后参考系有了统一的时间，于是可以用事件发生的时刻来定义同时性：事件发生的时刻相同的事件是同时事件，否则为不同时事件.

由这种调表的方法和同时性的定义可知，前面按发光、接收光信号讨论同时性的相对性得到的结论是普遍的，对任何事件都适用. 下面就由同时性的相对性来考察不同参考系时钟快慢和长度测量.

9.2.2　同时性的相对性推论——运动时钟变慢和运动方向上长度变短

1. 动长小于静长

S'系中沿 x 方向放置一根静止杆，S'系测量其长度为 l'. 由于是在物体静止状态下测量的长度，也是物体的真实长度，故称为静长或原长. 在 S 系测量此杆长度，不能将杆拉住不动测量，必须在杆运动中进行. 一个合理的测量方法是在 S 系同时测杆的首尾坐标 x_1、x_2，于是 S 系测量的运动中杆的长度(称为动长或非原长)为

$$l = x_2 - x_1$$

原长和非原长相同还是不同？谁长？谁短？S 系无法判断，在 S'系才可以判断. 要讨论时空问题，首先要分清“事件”. 在这里有两个事件：测量 a 端为事件 1 、测量 b 端为事件 2. 立场不同(即处于不同参考系)对事物的看法不同，观察到的图像不同.

站在 S 系立场(图 9.2.2(a))，杆匀速向右运动，两事件同时发生；站在 S'系立场(图 9.2.2(b))，杆静止不动，S 参考系连同坐标系匀速向左运动，两事件不同时发生，运动前方事件(事件 1)后发生. 所以在 S'系观察到的测量过程是这样的：先测 b 端坐标为 x_2(事件 2，时刻 t_2')，然后整个坐标系继续一起向左运动；到了t_1'时刻事件 1 发生，测量 a 端坐标 x_1. 图 9.2.2(b)正是此刻图像. 因此 S'系认为，按上述测量方法得到的 x_1、x_2 的坐标差(动长)小于杆的实际长度(静长). 即

$$l < l'$$

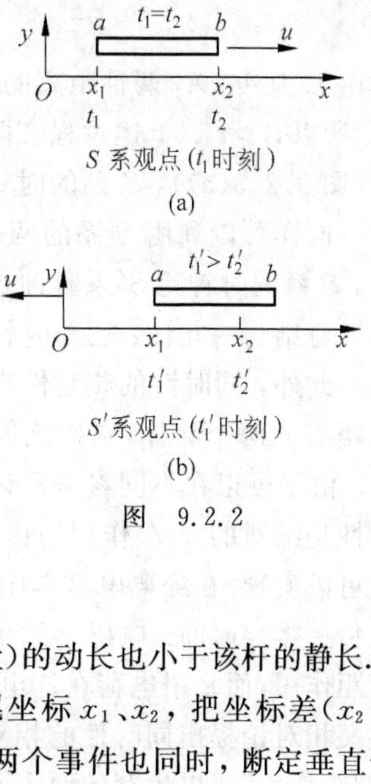

图　9.2.2

按 S'系观点，即站在 S'系立场上 S 系的测量方法是不合理的；但是站在 S 系立场上其测量方法完全合理. 正是立场的不同导致测量结果不同.

用同样方法分析，S'系测量静止在 S 系的杆(沿 x 方向放置)的动长也小于该杆的静长.

如果杆垂直于运动方向放置，S 系仍是同时测量杆的首尾坐标 x_1、x_2，把坐标差(x_2-x_1)作为动长. 由于两个事件的 x 坐标相同，因此在 S'系观察两个事件也同时，断定垂直于运动方向的动长等于静长，即垂直于运动方向的长度测量与参考系无关.

2. 运动时钟变慢

由同时性的相对性可知，不同参考系测量两个事件的时间间隔不同，因此各个参考系时钟走时快慢不同. 利用上面得到的运动方向上的长度缩短的结论，可以明确说明运动时钟变慢.

如图 9.2.3，S 系两个固定时钟 A_1、A_2 沿 x 轴放置，距离(原长)为 L；S'系一个固定时钟 A'. 在 $t_1=t_1'=0$ 时刻 A_1、A 相遇，记为事件 1. 过一段时间 A_2、A 相遇，记为事件 2. 事件 2 在两个参考系的时刻分别为 t_2、t_2'. 如图 9.2.3(a)，在 S 系分析，A'钟以速率 u 经过(t_2-t_1)时间移动距离 L，于是

$$t_2 - t_1 = t_2 = L/u$$

如图 9.2.3(b)，在 S'系分析，A_1、A_2 钟相继以速率 u 经过 A'钟，($t_2'-t_1'$)时间内移动

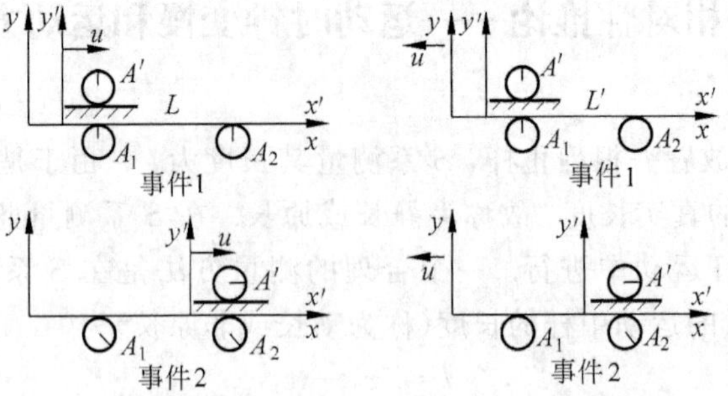

(a) S系观点　　(b) S′系观点

图　9.2.3

距离 L'，于是

$$t_2' - t_1' = t_2' = L'/u$$

其中 L 为 A_1、A_2 两钟距离的原长，L'为 A_1、A_2 两钟距离的动长，由于动长小于原长，$L'<L$，所以 $t_2>t_2'$. 上述过程实际上是利用 S 系的两个时钟与 S'系一个时钟对表. 按 S 系的观点(图 9.2.3(a))，S'系的时钟 A'比 S 系时钟 A_1、A_2、…走得慢.

同样可以利用 S'系的两个时钟与 S 系一个时钟对表. 类似的讨论表明，按 S'系的观点，S 系的时钟比 S'系时钟走得慢.

总结为一句话：运动时钟变慢.

此外，同时性的相对性也彻底地否定了“超距作用”. 所谓“超距作用”，是认为相隔一段距离的两个物体，它们之间的相互作用可以超越这段空间距离同时产生，不需要传递时间. 由于可以在不同参考系讨论两个物体的相互作用，所以“超距作用”有两个前提：(1)同时性是绝对的. (2)作用的传递不需要时间. 这两个要求或条件在古典时空观和经典力学中可以实现. 在经典电磁学中，传统的超距作用遇到困难，因为电磁场以光速传播，电磁作用的传递需要时间. 电磁学为了避免超距作用，引入电磁场概念，两个电荷之间的作用不再是超距作用，而是甲电荷在乙电荷所在地的场与乙电荷作用，即当地的场对当地电荷的作用. 狭义相对论提出同时性的相对性，而且指出任何作用的速度不能大于光速，于是彻底去掉了“超距作用”赖以生存的两个条件，否定了超距作用.

9.2.3　运动时钟变慢的定量计算

通过一个特殊的光波传播过程的讨论，可以得到运动时钟变慢关系式. 图 9.2.4(a)表示一个固定在 S'系的实验装置，从 A 处竖直向上发射激光，在 M 处反射回到 A 处接收. 反射镜 M 相对发射点 A 的高度为 l'. 设以下三个事件：

事件 1：A 处发光；

事件 2：M 处反射；

事件 3：A 处接收.

在 S'系计算事件 1、3 的时间间隔为

$$\Delta t' = 2l'/c$$

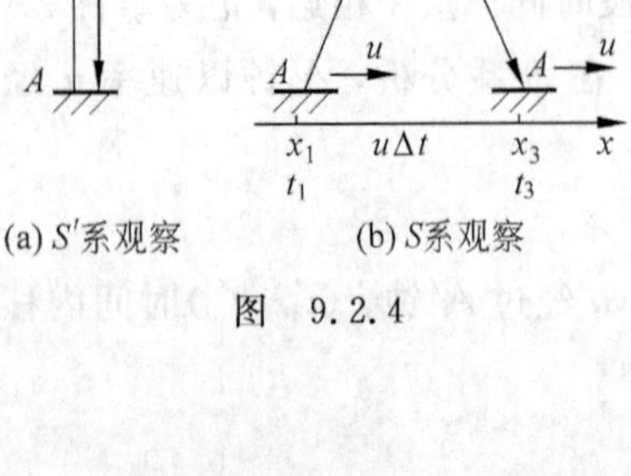

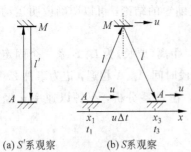

(a) S′系观察　　(b) S系观察

图　9.2.4

这两个事件位于同一地点，可以用同一只钟测量两个事件的时间间隔. 定义

原时(间隔)：同一地点发生的两个事件的时间间隔，或者可以用同一只钟测量的时间间隔.

所以 S'系里事件 1、3 的时间间隔是原时(间隔).

在 S 系分析激光传播过程，见图 9.2.4(b). 由于整个实验装置随 S'系以 u 匀速运动，所以 A 处发射激光不是竖直向上而是斜向上射向 M，然后斜向下回到 A 处. 设事件 1、3 的时间间隔为 Δt，那么在发射和接收激光期间 A 已经运动了 $u\Delta t$ 距离. 设 S 系中事件 1、2 的空间距离(也是事件 2、3 的空间距离)为 l，则在 S 系计算事件 1、3 的时间间隔为

$$\Delta t = 2l/c = 2[l'^2 + (u\Delta t/2)^2]^{1/2}/c$$

从中解出 Δt，并把 $l' = c\Delta t'/2$ 代入，得

$$\Delta t = 2l'(c^2 - u^2)^{-1/2} = \frac{\Delta t'}{\sqrt{1 - u^2/c^2}} \tag{9.2.1}$$

在 S 系中观察，事件 1、3 不在一处，于是 S 系中事件 1、3 的时间间隔称为非原时. 由此例可知：运动时钟变慢；原时 $\Delta t'$ 与非原时 Δt 为(9.2.1)式关系；各个参考系观测两个事件的时间间隔，其中原时最短.

9.2.4 运动方向上长度收缩的定量关系

有了原时与非原时的定量关系，可以得到原长和非原长的定量关系. S'系中沿 x 方向放置一根静止杆. S'系测量其长度(原长)为 l'. 这里改用另一种合理的测量方法在 S 系中测量运动杆的长度. 在 S 系中一个固定地点 P 处的观测者分别测量杆首尾通过该处的时刻 t_1、t_2. 两次测量是两个事件. 则随 S'系以速率 u 运动的杆长为(见图 9.2.5)

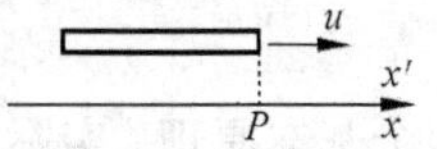

图 9.2.5 测量杆长

$$l = u(t_2 - t_1) = u\Delta t$$

其中两个事件在 S 系的时间间隔 $\Delta t = (t_2 - t_1)$. 在 S'系看来杆不动，观测者 P 以 u 运动，在经过杆时分别做上述两次测量，S'系记录的时刻分别为 t_1'、t_2'. 于是站在 S'系立场上测量的杆长为

$$l' = u(t_2' - t_1') = u\Delta t'$$

其中两个事件在 S'系测量的时间间隔 $\Delta t' = (t_2' - t_1')$. Δt 是在同一地点测量的两个事件的时间间隔为原时，$\Delta t'$为非原时，因此由(9.2.1)式

$$\Delta t = \Delta t' \ (1 - u^2/c^2)^{1/2}$$

所以沿运动方向的原长、非原长关系为

$$l' = \frac{l}{\sqrt{1 - u^2/c^2}} \tag{9.2.2}$$

可见原长(也称为本征长度)最长.

结论：狭义相对论中时间间隔、空间间隔都是相对的，不同惯性系测量结果不同.

9.3 洛伦兹坐标变换

9.2 节通过几个特例直接由狭义相对论的基本原理讨论狭义相对论时空观的特点. 然而全面、准确体现狭义相对论时空性质的，是狭义相对论两个惯性系之间的坐标变换——

洛伦兹坐标变换.一切关于狭义相对论时空观的问题都可以用洛伦兹坐标变换解决;狭义相对性原理指出,物理定律的数学表达式为洛伦兹变换下的不变式或协变式,有洛伦兹变换下的协变性.

洛伦兹(Lorentz,H. A. 1853—1928)假定运动的时钟变慢、运动的尺沿运动方向收缩,在爱因斯坦之前已经提出了洛伦兹变换,并且用来解释迈克耳孙-莫雷实验.但他没有意识到这意味着新的时空观,而仅仅作为表观的时间和长度,将洛伦兹变换仅仅作为纯数学技巧而没有真实的物理意义.爱因斯坦通过深刻的思考,大胆假定洛伦兹变换表达的是真实的空间和时间的联系,代表的是物理上真实的时空,满足狭义相对论的基本原理,正是狭义相对性原理要求的惯性系之间的变换.

9.3.1 洛伦兹坐标变换

洛伦兹坐标变换给出同一世界点在不同惯性系之间的坐标关系.在合理假设的基础上,由狭义相对论的基本原理可以引出洛伦兹变换.

与伽利略坐标变换的规定相同,S'系相对S系以匀速率u沿x轴正方向运动,取x和x'轴重合,并且取两坐标系原点O、O'重合时分别为两坐标系的时间原点:$t=t'=0$,见图9.3.1.

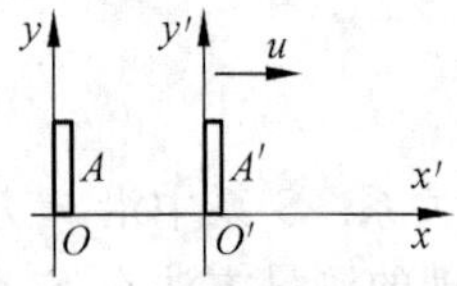

图9.3.1 洛伦兹坐标变换

首先,如前面讨论的,垂直于运动方向的长度测量与坐标系无关,所以同一事件的垂直于运动方向的坐标相同

$$y' = y \qquad z' = z \tag{9.3.1}$$

回顾当时的讨论,这个结论来自同时性的相对性问题,涉及两个基本原理.实际上垂直于运动方向的长度测量与坐标系无关的结论还可以简单地由相对性原理得到.如图9.3.1,将静长相同的两个细棒A、A'分别固定在y和y'轴上,下端都放在x轴上,两棒的长短取决于棒的上端的高低.两个参考系相对运动过程中两棒会相遇(调整固定方法,使两棒可以擦肩而过),因此可以直接判断棒的上端谁高谁低.判断结果是任何参考系都承认的客观事实,无论谁高谁低(即两棒谁长谁短),都是绝对结果,不符合相对性原理.按相对性原理长短应该是相对的,即S系看A'长(或短),则S'系必然看A也长(或短).所以由相对性原理,两棒地位平等,长短必然相等.

现在洛伦兹坐标变换关键是x和t的变换,两者互相关联,一起变换.由狭义相对性原理,各个惯性系应该是平等的.惯性系之间的坐标变换应该体现这种平等,保持空间的均匀性和各向同性,保持线性微分方程的线性,因此这种变换应该是线性的,这是基于相对性原理的合理的假设.设

$$x' = \gamma x + \delta t$$

其中γ、δ为待定常数.S'系原点O'在S'系的坐标恒为零,即$x'_{o'}=0$;在S系观测O'以u匀速向右运动,所以t时刻O'在S系坐标为$x_{o'}=ut$.将$x'_{o'}=0$和$x_{o'}=ut$代入上式得

$$0 = \gamma ut + \delta t \qquad \delta t = -\gamma ut$$

于是得到

$$x' = \gamma (x - ut) \tag{9.3.2}$$

类似,设

$$x = \gamma' x' + \delta' t'$$

其中 γ'、δ' 为待定常数. S 系原点 O 在 S 系的坐标恒为零，即 $x_o=0$；在 S' 系观测 O 以 u 匀速向左运动，所以 t 时刻 O 在 S' 系坐标为 $x_o'=-ut'$. 将 $x_o=0$ 和 $x_o'=-ut'$ 代入上式得到 $\delta' t'=-\gamma' ut'$，由此得 $x=\gamma'(x'+ut')$.

需要指出的是，在以前的所有讨论中，都是已知 S' 系相对 S 系以 u 匀速向右运动，然后理所当然地认为 S 系相对 S' 系以 u 匀速向左运动. 在这里认真讨论时就要问为什么. 理由也是相对性原理，两个参考系彼此平等，因此它们的相对速率一定相同. 同样考虑了相对性原理，两个待定系数应该相等，即 $\gamma'=\gamma$. 于是得

$$x=\gamma\,(x'+ut') \tag{9.3.3}$$

将(9.3.2)式代入上式得

$$t'=\gamma\left[t-(1-\gamma^{-2})x/u\right] \tag{9.3.4}$$

这样，由相对性原理推出线性变换的合理假设，再由相对性原理说明垂直于运动方向的长度测量与参考系无关、两个参考系的相对速率相同、待定系数相同，从而得到只具有一个待定常数 γ 的惯性系之间的坐标变换(9.3.1)式、(9.3.2)式、(9.3.4)式. 凡是满足相对性原理的坐标变换都具有上述形式. γ 取不同的数值对应着不同的变换，它们可以满足不同的“相对性原理”，例如 $\gamma=1$ 时即为伽利略坐标变换，满足力学相对性原理.

狭义相对论有两个基本原理. 由相对性原理，狭义相对论的坐标变换具有上述形式；下面由狭义相对论的另一个基本原理——真空光速不变原理确定 γ，从而得到满足狭义相对论的洛伦兹变换.

设 $t=t'=0$ 时刻原点发光，横轴上某人接受到光信号为一个事件，该事件在 S、S' 系坐标分别为 (x,t) 和 (x',t)，由于在 S、S' 系光速皆为 c，则有关系

$$x=ct \qquad x'=ct'$$

将上两式分别带入(9.3.2)式和(9.3.3)式得到

$$ct'=\gamma(c-u)t$$
$$ct=\gamma(c+u)t'$$

将上面两式相乘后消去 tt'，得到

$$\gamma=\frac{1}{\sqrt{1-u^2/c^2}} \tag{9.3.5}$$

显然 $\gamma>1$. 于是得到洛伦兹坐标(正)变换

$$x'=\gamma(x-ut)=(x-ut)/\sqrt{1-u^2/c^2} \tag{9.3.6a}$$
$$y'=y \tag{9.3.6b}$$
$$z'=z \tag{9.3.6c}$$
$$t'=\gamma\left(t-\frac{ux}{c^2}\right)=\left(t-\frac{ux}{c^2}\right)\Big/\sqrt{1-u^2/c^2} \tag{9.3.6d}$$

将 u 换成 $-u$ 即得洛伦兹坐标逆变换

$$x=\gamma(x'+ut')=(x'+ut')/\sqrt{1-u^2/c^2} \tag{9.3.7a}$$
$$y=y' \tag{9.3.7b}$$
$$z=z' \tag{9.3.7c}$$
$$t=\gamma\left(t'+\frac{ux'}{c^2}\right)=\left(t'+\frac{ux'}{c^2}\right)\Big/\sqrt{1-u^2/c^2} \tag{9.3.7d}$$

洛伦兹变换中，时间与空间的变换不再相互独立，说明时间与空间密切相关，互相联系、互相影响. 当 $u/c\to 0$ 时 $\gamma\to 1$，洛伦兹变换趋于伽利略变换，说明牛顿力学和古典时空观是狭义相对论在低速下的近似. 由 γ 表达式可知，要得到有物理意义的 γ 即洛伦兹变换存在，必须 $u<c$. u 是惯性系相对另一惯性系的速度，$u<c$ 意味着惯性系的速度必须小于 c. 而参考系必须建立在实体上，所以 $u<c$ 意味着任意实体的速度必须小于真空光速 c.

在确立了与狭义相对论相对应的洛伦兹变换之后，狭义相对性原理可以更明确地表述为：**物理定律对洛伦兹变换协变**. 实际上这个表述意义更深刻.

回顾以上的讨论及洛伦兹变换的推导过程，就会发现，狭义相对性原理起了最本质的作用. 洛伦兹变换几乎都由相对性原理得到，然后狭义相对性原理选择了电磁理论为正确的满足相对论的物理定律，因此才有真空光速与参考系无关的真空光速不变原理. 从这个意义上说，虽然通常认为 狭义相对论有两个基本原理(两个公设)，实际上可以归结为一个基本原理——狭义相对性原理，更本质地归结为一条公设：物理定律对洛伦兹变换协变. 狭义相对论的全部内容都来自或包括在这条公设中，而且还以一种确定的方式限定了所有的惯性系的自然规律.

洛伦兹变换代表了一种与古典时空观不同的新的时空观，表示在不同惯性系对同样两事件的时间间隔、空间距离的测量是不同的，即时间、长度具有相对性. 下面分析洛伦兹变换所代表的时空观. 9.2 节是通过特殊的例子来讨论狭义相对论时空观. 全面、严格、科学地讨论狭义相对论时空观和时空问题，都要用洛伦兹时空变换.

9.3.2 同时性的相对性与时序

设有 1、2 两事件，1 事件在 S、S' 系坐标分别为 $(\boldsymbol{r}_1, t_1)$ 和 $(\boldsymbol{r}_1', t_1')$，2 事件在 S、S' 系坐标分别为 $(\boldsymbol{r}_2, t_2)$ 和 $(\boldsymbol{r}_2', t_2')$. 记 $\Delta t=t_2-t_1$、$\Delta t'=t_2'-t_1'$、$\Delta x=x_2-x_1$、$\Delta\boldsymbol{r}=\boldsymbol{r}_2-\boldsymbol{r}_1$.

1. 同时性的相对性

设 1、2 两事件在 S 系中同时，即 $t_2=t_1$，$\Delta t=0$. 于是在 S' 系中

$$\Delta t' = -\gamma u(x_2-x_1)/c^2 = -\gamma u(x_2-x_1)/c^2$$

如果 $x_1=x_2$，那么 $\Delta t'=0$，1、2 事件也同时；如果 $x_1\neq x_2$，那么 $\Delta t'\neq 0$，1、2 事件不同时，这就是同时性的相对性，即如果 x 坐标不同的两事件在某惯性系同时的话，在其他惯性系都不同时.

如果 $x_1<x_2$，那么 $\Delta t'=t_2'-t_1'<0$，即在 S' 系观察事件 2 先发生、事件 1 后发生，也就是前面总结的：在 S' 系观察位于运动前方的事件(事件 1)后发生.

2. 时序

若在 S 系中 1、2 两事件不同时，于是在时间上有先后顺序，简称具有时序. 那么换了参考系以后时序是否还存在？时序能否颠倒？按古典时空观时间间隔是绝对的，时序不会随参考系改变；按狭义相对论时空观时间间隔是相对的，时序有可能改变. 但是一些有因果关系的事件时序是不应该颠倒的，例如某人先参加会议 1 的开幕式(即事件 1)，随后又到另一地参加会议 2 的开幕式(即事件 2)；又如警察开枪(事件 1)在先，罪犯中弹(事件 2)在后；再如人诞生(事件 1)在先，年老死亡(事件 2)在后……如果这些事件的时序颠倒了，就违反了自然规律和逻辑关系. 因此时序问题是对狭义相对论时空观的一个考验.

设在 S 系 1 事件先发生 2 事件后发生，即 $t_2>t_1,\Delta t>0$. 于是在 S' 系两个事件的时差为

$$\Delta t' = \gamma\left[\Delta t - u(x_2 - x_1)/c^2\right] = \gamma\left(1 - \frac{u}{c^2}\frac{\Delta x}{\Delta t}\right)\Delta t$$

(1) 两事件无因果关系

若 1、2 两事件没有因果关系，即互不相关，例如在两地两个无关会议的开幕式(分别记为事件 1、2)，那么 Δx 与 Δt 没有关联，$\Delta x/\Delta t$ 可能取任意值，相应地 $\Delta t'$ 可以大于、等于、小于零. 当 $\Delta t'>0$ 时，时序不变；当 $\Delta t'=0$ 时时序消失；当 $\Delta t'<0$ 时时序颠倒. 所以在狭义相对论中无因果关系的事件之间的时序可以改变. 而无因果关系的两事件的时序可以任意，时序改变是允许的，因此这种时序改变不会产生矛盾.

(2) 两事件有因果关系

如果 1、2 两事件有因果关系，即两事件有内在联系，体现在事件发生的两地之间的某种"沟通"或是"关联"的传播. 例如某人先后参加两个会议开幕式(两个事件)，两事件的关联就是某人；又如警察开枪(事件 1)在先，罪犯中弹(事件 2)在后，两事件的关联是子弹；又如光信号发射(事件 1)在先，光信号接收(事件 2)在后，两事件的关联是光信号；……. 这样，对于有因果关系的两事件，Δx 与 Δt 相互关联. 一般地讲，$\Delta \boldsymbol{r}$ 是在 S 系里两事件的关联(人、子弹、光信号……)在 Δt 时间内的位移，Δx 是 $\Delta \boldsymbol{r}$ 的 x 分量，$\Delta x/\Delta t$ 为"关联"在这段时间内传播的 x 方向平均速度. 因此 $|\Delta x/\Delta t|\leqslant c$. 而 $u<c$，所以 $\left(1-\frac{u}{c^2}\frac{\Delta x}{\Delta t}\right)>0$，于是 $\Delta t'>0$. 这样在狭义相对论中有因果关系的事件之间时序不会颠倒.

例 9.3.1　S 系中，事件 $1(x_1,t_1)$ 为甲地开会在先，事件 $2(x_2,t_2)$ 为乙地开会在后. 已知 $\Delta x=x_2-x_1=3\times10^7\,\mathrm{m}$、$\Delta t=t_2-t_1=2\times10^{-2}\,\mathrm{s}$，$S'$ 系速率 $u=0.8c$. 求 $\Delta t'$.

解：$\gamma=(1-u^2/c^2)^{-1/2}=5/3$

$$\Delta t'=\gamma\left[\Delta t-u(x_2-x_1)/c^2\right]=-0.1\,\mathrm{s}$$

S' 系内观察，这样无因果关系的两事件时序颠倒，乙地开会在先、甲地开会在后.

例 9.3.2　上例中，领导在甲地为会议揭幕在先[事件 $1(x_1,t_1)$]，然后乘机以 $v=300\,\mathrm{m/s}$ 速度赶往乙地后立刻为会议揭幕在后[事件 $2(x_2,t_2)$]. 已知甲乙两地距离是 $\Delta x=x_2-x_1=3\times10^7\,\mathrm{m}$，$S'$ 系速率 $u=0.8c$. 求 $\Delta t'$.

解：$\gamma=(1-u^2/c^2)^{-1/2}=5/3$

设两事件的时间间隔就是领导乘机时间 $\Delta t=\Delta x/v=10^5\,\mathrm{s}$，于是得到

$$\Delta t' = \gamma\left[1-uv/c^2\right]\Delta t \approx \gamma\,\Delta t = 1.7\times10^5\,\mathrm{s}$$

S' 系内观察，这样具有因果关系的两事件时序不变.

9.3.3　运动时钟变慢

利用洛伦兹变换普遍、严格讨论运动时钟变慢问题.

如前所述没有"超距"作用，也没有"超距"测量，测量必须在事件发生地当地当时进行，为此要在整个坐标系中每一点建立时间、长度标准，即放置时钟和尺子. 在同一坐标系中时钟都是校准过的，在同一时刻它们的读数都相同. 但是在同一时刻观察其他坐标系的时钟，

不同 x 坐标处的时钟读数都不相同. 例如在 S 系中 t 时刻，让不同地点观察者同时观察 S'系中与观察者同一地点的时钟读数. 每个观察是一个事件，不同地点的同时观察是无数个同时事件，x 处观察事件坐标为(x,t). 观察到的结果(S'系中时钟读数)就是该事件的 S'系时间坐标，所以x 处观察到的 S'系中时钟读数为t'，由洛伦兹坐标变换得

$$t' = \gamma(t - ux/c^2)$$

所以 S 系同一时刻观察不同x 坐标处S'系时钟的读数都不相同，x 越大S'系时钟的读数 t'越小. 这是同时性的相对性的体现，也预示着 S 系看 S'系时钟的走时快慢与 S 系自身时钟的走时快慢不同.

下面用对表方法直接比较两系时钟走时的快慢，找到两系时钟走时快慢的关系. 站在不同参考系立场上看到的现象和得到的结论不同. 所以要分别站在不同参考系的立场上进行全面讨论.

1. S 系立场

在 S 系中分别用 A_1、A_2 两时钟与 S'系中时钟 A'对表，来确定 S'系时钟走时快慢. 两系的两个时钟只能相遇一次对一次表，而判断时钟走时快慢至少要两次对表，也就是说至少有一个参考系要采用两个时钟. 由于 S 系自己的时钟都已校准，所以 S 系认为用自己系中两个不同时钟来对表是合理的.

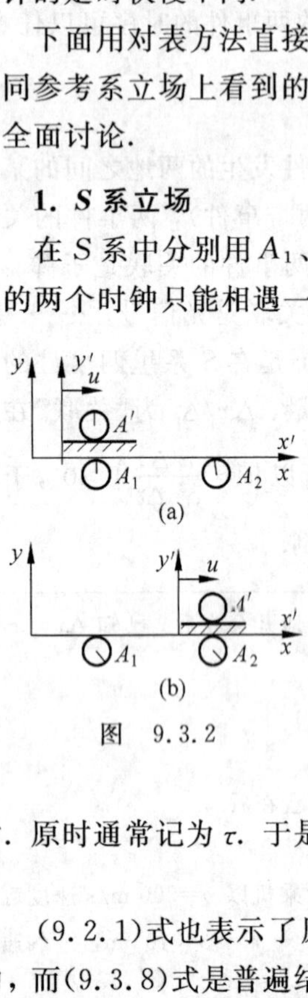

图 9.3.2

如图 9.3.2(a)，先是 A_1、A'钟相遇，然后 A_2、A'钟相遇(图 9.3.2(b)). 分别记两个事件及其在两个参考系的坐标为

事件 1：A_1、A' 对表，坐标(x_1, t_1)、(x'_1, t'_1)

事件 2：A_2、A' 对表，坐标(x_2, t_2)、(x'_2, t'_2)

注意到 A'钟固定在S'系，在 S'系中坐标始终不变，即 $x'_1 = x'_2$，由洛伦兹坐标变换

$$t_2 - t_1 = \gamma\,(t'_2 - t'_1) = \gamma\,\Delta t' > \Delta t' = \Delta\tau$$

由于在 S'系两事件用同一时钟 A'测量时间，所以 t'为原时. 原时通常记为 τ. 于是原时间隔 $\Delta\tau$ 与非原时间隔 Δt 的关系为

$$\Delta t = \gamma\Delta\tau \tag{9.3.8}$$

(9.2.1)式也表示了原时间隔与非原时间隔的关系，但是(9.2.1)式是通过特例得到的，而(9.3.8)式是普遍结论. 通过对表 S 系的观察者确认 S'系的时钟也就是运动的时钟走得慢了，比自己坐标系的静止时钟慢 γ 倍. 站在 S 系立场确认 S'系的时钟走得慢，表示 S 系的观察者认为 S'系中的一切时间节奏都变慢了，包括人的脉搏跳动变慢、整个生命过程变慢、……. 如果双生子之一生活在 S 系，另一个生活在 S'系，那么生活在 S 系的双生子之一认为生活在 S'系的兄弟比他年轻.

举具体例子如图 9.3.2，设 $u=0.8c$、$t_1=t'_1=0{:}00$、$t_2=5{:}00$. 则 $\gamma=5/3$、$\Delta t=5\text{h}$. 于是 S'系里两事件时间间隔 $\Delta t'=\Delta t/\gamma=3\text{h}$，$t'_2=3{:}00$.

2. S' 系立场

从运动的相对性来说，S 系看本参考系钟是静止的，S'系的钟是运动的；S'系看本参考系钟是静止的，S 系的钟是运动的. 因此按相对性原理，S 系认为 S'系的时钟由于运动而变慢，而 S'系认为 S 系的时钟由于运动而变慢. 这就是说，两个坐标系的时钟快慢也是相对

的，视观测者所处地位不同而改变.

但是，上述对表过程得到 $\Delta t=\gamma\Delta t'>\Delta t'$ 的结果，明确给出了 S' 系时钟变慢的结论，怎么会有相对性原理给出的"S' 系认为 S 系的时钟变慢"的结论？难道 S' 系的观察者不承认两次对表的结果吗？立场的改变如何影响人们的判断？

对表的结果（A_1、A' 表相遇时两表读数 t_1、t'_1、A_2、A' 相遇时两表读数 t_2、t'_2）都是客观事实，任何参考系的观测者对此都无异议. 不同参考系观测者意见不一致的是对（t_2-t_1）的解释以及由此得出的结论. S 系观测者认为本系时钟是同步的，所以虽然 t_1、t_2 是 A_1、A_2 两只钟的读数、（t_2-t_1）是两只钟测量的两个事件的时间差，但是（t_2-t_1）也等于每一只钟测量的两个事件的时间差，如图 9.3.2 所示，该图就是按 S 系观点画的. 因此站在 S 系立场，Δt、$\Delta t'$ 分别是两事件期间 S 系、S' 系各个时钟的读数，$\Delta t=\gamma\Delta t'$ 就说明 S' 系时钟变慢. 而 S' 系观测者认为 S 系中时钟读数与其坐标有关，各钟都不同步，因此（t_2-t_1）不等于两事件期间 S 系中每个钟的读数差，即（t_2-t_1）不代表 S 系中时钟走时快慢，所以 $\Delta t=\gamma\Delta t'$ 不能说明 S 系时钟比 S' 系时钟走得快. 所以在 S' 系立场上分析，上述对表结果毫无意义. 简单地说，就是 S' 系承认对表的结果，不承认 S 系由对表结果得到的结论.

在 S' 系立场上讨论 S 系时钟的走时快慢，因为 S' 系自己的时钟都已校准，所以合理的方法也是用本系的两个时钟 A'_1、A'_2 与 S 系一个时钟 A 分别对表. 两次对表的时间间隔在 S 系用一个时钟 A 计时为原时 Δt，在 S' 系用两个时钟 A'_1、A'_2 计时为非原时 $\Delta t'$. 因此 $\Delta t'=\gamma\Delta t$. 于是在 S' 系立场上讨论结果当然是运动的 S 系时钟变慢.

运动时钟变慢，完全是相对论效应，是由相对运动引起对时间间隔测量的结果不同，并非运动的钟表本身结构或性能发生变化.

9.3.4　沿运动方向的运动长度缩短

杆沿 x 方向放置在 S' 系中. 在 S 系中测量随 S' 系以 u 运动的杆的长度，测量的方法是同时测其两个端点的坐标. 两个测量作为事件 1、2，其坐标分别为 (x_1,t_1)、(x'_1,t'_1) 和 (x_2,t_2)、(x'_2,t'_2)，其中 $t_1=t_2$. S 系测的杆长（称为杆的动长）为 $l=x_2-x_1$；在 S' 系测的杆长（称为杆的静长或原长）为 $l'=x'_2-x'_1$. 由于杆静止在 S' 系中，x'_1、x'_2 与时间无关，所以 l' 的大小与测量是否同时无关. 利用 $t_1=t_2$ 的条件，由洛伦兹坐标变换

$$l'=x'_2-x'_1=\gamma(x_2-x_1)=\gamma l$$

于是

$$l=l'/\gamma=\sqrt{1-u^2/c^2}\,l' \tag{9.3.9}$$

也就是沿运动方向上的动长小于静长，减小比率也是 γ. 同样，运动中杆的长度的缩短也是相对论效应或是测量效应. 9.2.2 节中站在 S' 系立场看 S 系的测量，见图 9.2.2，由同时性的相对性，就可以了解动长小于静长的本质. (9.2.2)式也表示了动长与静长的关系，但是(9.2.2)式是通过特例得到的，而(9.3.9)式是普遍结论.

狭义相对论的时空关系，以及运动时钟变慢、运动长度缩短的推论，在自然界得到广泛验证. 特别是在高能粒子领域，微观粒子速度可以接近光速，相对论效应十分显著. 例如，实验中发现，π^+ 介子静止时的平均寿命约为 $\tau=2.5\times10^{-8}\,\text{s}$，然后衰变为 μ 子和中微子. 实验发现，以速度 $u=0.99c$ 运动的 π^+ 介子衰变前运动距离平均约为 $l=52\,\text{m}$. 这个实验结果按古典时空观是无法理解的，因为 $u\tau=7.4\text{m}\ll l$. 按狭义相对论时空观则很容易理解，正好

验证了相对论的时空观. 取相对 π^+ 介子静止的坐标系为 S' 系，实验室为 S 系，设 π^+ 介子产生为事件 1，坐标为 (x_1, t_1) 、(x_1', t_1')；π^+ 介子衰变为事件 2，坐标为 (x_2, t_2)、(x_2', t_2'). 于是有 $x_1'=x_2'$ 和 $t_2'-t_1'=\tau$. 则实验室测量 π^+ 介子衰变前运动的距离为

$$x_2 - x_1 = \gamma u(t'_2 - t'_1) = \gamma u\tau = 52.6\ \text{m} \approx l$$

其中 $\gamma=(1-u^2/c^2)^{-1/2}=7.09$. 还可以换个角度用运动时钟变慢来解释. 实验室系观察，静止的 π^+ 介子平均寿命为 τ，随 S' 系运动的 π^+ 介子的"生命节奏"由于运动变缓慢，减小比率为 γ，所以它运动寿命为 $\tau_{运动}=\gamma\tau$，因此在实验室测其运动距离为

$$u\tau_{运动} = u\gamma\tau = 52.6\ \text{m} = l$$

9.3.5 洛伦兹坐标变换的应用

一切狭义相对论的时空关系问题都可以用洛伦兹坐标变换解决.

例 9.3.3 在 9.3.3 节中站在 S 系立场对表(图 9.3.2，代表 S 系观点)，事件 1 为 A_1、A' 对表，坐标 (x_1, t_1) 、(x_1', t_1')；事件 2 为 A_2、A' 对表，坐标 (x_2, t_2)、(x_2', t_2'). 已知 $u=0.8c$、$t_1=t_1'=0{:}00$、$t_2=5{:}00$，计算得到 $t_2'=3{:}00$. S 系认为本系时钟走 5 小时的时间内，S' 系时钟只走了 3 小时，S' 系时钟变慢比率为 $1/\gamma=3/5$. 下面站在 S' 系立场分析对表结果，由对表结果判断哪个参考系时钟变慢？

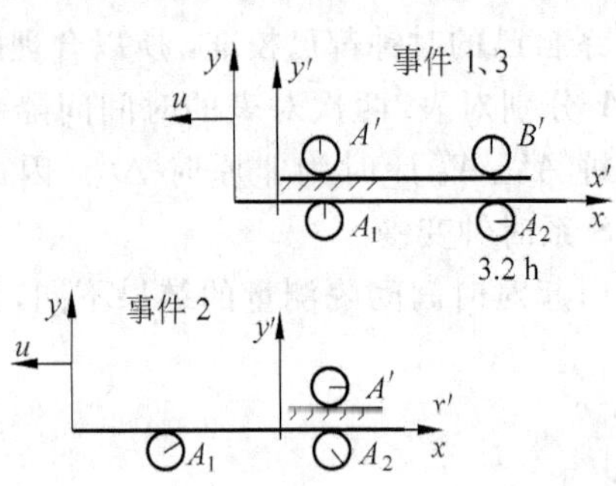

图 9.3.3

解：$\gamma=(1-u^2/c^2)^{1/2}=5/3$

图 9.3.3 是按 S' 系观点画出的对表图像.

S 系看，A' 以 u 匀速运动，在 $\Delta t=5\text{h}$ 内从 x_1 运动到 x_2，于是 $\Delta x=x_2-x_1=u\Delta t=4c\cdot\text{h}$，这也是 A_1、A_2 之间的距离.

S' 系在 A_1、A' 对表的同时观测 A_2 表读数，相当于 A_2、B' 对表，此为事件 3，t_3 即为所测 A_2 表读数. 于是

$$t_3' = t_1' = t_1 = 0{:}00 \qquad x_3 = x_2$$

Δx 为原长，$(x_3'-x_1')$ 为动长，所以

$$x_3' - x_1' = \Delta x/\gamma$$

$$t_3 - t_1 = t_3 = \gamma u(x_3' - x_1')/c^2 = u\Delta x/c^2 = 3.2\ \text{h} = 3{:}12$$

所以从 S' 系看，A_1、A' 对表时 A_2 表与 A_1 表读数(0:00)不同，已经是 3:12 了. 在 A_2、B' 对表时(事件 2)，A' 读数 $t_2'=3{:}00$，在事件 1 到事件 2 期间走时 3 h；而 A_2 读数 $t_2=5{:}00$，在事件 1 到事件 2 期间走时 $(5-3.2)=1.8$ h. 因此同样的对表结果，在 S' 系分析，结论是 S 系时钟变慢.

$$变慢比率 = 1.8/3 = 0.6 = 1/\gamma$$

例 9.3.4 如图 9.3.4，地面系为 S 系，以 u 匀速运动的列车为 S' 系. S' 系中 AB 静长 l_0. A 处发光，B 处反射，C 处接收. 分别在 S 系和 S' 系求光线 $A\to B$，以及光线 $A\to B\to C$ 所需时间.

解：事件 1——发光；事件 2——反射；事件 3——接收

S' 系：$t_2'-t_1'=l_0/c \qquad t_3'-t_1'=2l_0/c$，

S 系：$t_2-t_1=\gamma[(t_2'-t_1')+u(x_B'-x_A')/c^2]=\gamma(l_0/c+ul_0/c^2)$

$$=\frac{l_0}{c}\sqrt{\frac{1+u/c}{1-u/c}}$$

$$t_3-t_1=\gamma[(t_3'-t_1')+u\cdot 0/c^2]=\gamma(t_3'-t_1')=2\gamma l_0/c$$

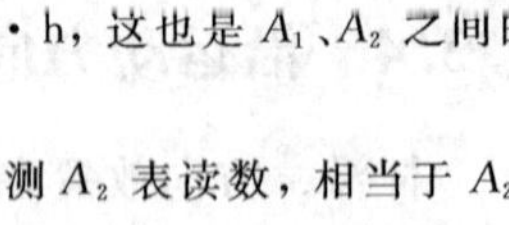

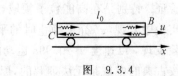

图 9.3.4

如果注意到在 S'系事件 1、事件 3 是在同一地点发生的两个事件，所以$(t_3'-t_1')$为原时、(t_3-t_1)为非原时，那么直接有

$$t_3-t_1=\gamma(t_3'-t_1')$$

以上是先在 S'系计算，然后利用洛伦兹坐标变换计算 S 系结果. 还可以用运动学方法直接在 S 系计算. 在 S 系看 AB 距离为动长 l. 由动长、原长关系得到 $l=l_0/\gamma$. 由运动学关系

$$c(t_2-t_1)-u(t_2-t_1)=l=l_0/\gamma$$

得

$$t_2-t_1=l_0/[\gamma(c-u)]=\frac{l_0}{c}\sqrt{\frac{1+u/c}{1-u/c}}$$

类似得到

$$t_3-t_2=l/(c+u)=l_0/[\gamma(c+u)]$$
$$t_3-t_1=(t_3-t_2)+(t_2-t_1)=2\gamma l_0/c$$

例 9.3.5　S'系中运动员从 A'处开始以匀速 v' 跑动 $\Delta t'$时间后到达 B'处停止. 分别在 S'、S 系计算运动员跑动路程 l'、l.

解：S'系计算　$l'=v'\Delta t'$

在 S 系可以有几种计算方法

方法 1　利用原长、动长关系

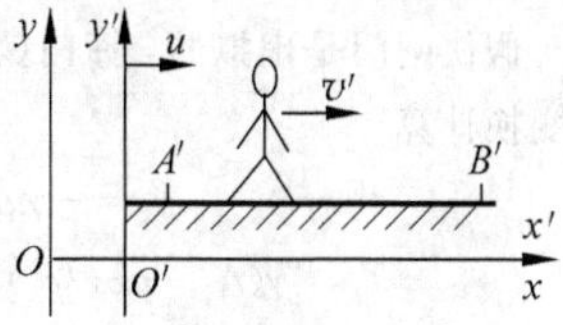

图 9.3.5

S'系计算的路程 l'是 A'、B'之间的实际长度，为原长，S 系路程为动长，所以

$$l=l'/\gamma$$

方法 2　利用洛伦兹坐标变换

起跑——事件 1，停止——事件 2

$$l=x_2-x_1=\gamma(\Delta x'+u\Delta t')=\gamma(v'+u)\Delta t'$$

其中 $\Delta x'=x_2'-x_1'=l'=v'\Delta t'$. 两种方法得到不同结果，哪个结果是错误的？仔细分析，静长(原长)与动长(非原长)的 γ 倍关系，其关键是"同时测量". 如果 x 坐标不同的事件 1、2 在某参考系(设为 S'系)同时发生，则在其他参考系(设为 S 系)中不会同时发生，由洛伦兹坐标变换，S 系和 S'系中两事件 x 方向的空间间隔 Δx 和 $\Delta x'$有关系 $\Delta x'=\gamma\Delta x$. 由此可知两事件的空间间隔在不同参考系是否有 γ 倍关系，关键在于有一个参考系里两事件是同时的；当空间间隔具有长度意义时，即为原长和非原长关系. 本例中虽然路程具有长度意义，但是无论在 S 系还是在 S'系，运动员起跑和停止两事件都不是同时事件，所以没有原长和非原长关系. 又如，长度为 L_0 的杆沿 x 方向放置在 S'系，在 S'系同时测量其首尾坐标 x_1'、x_2'，得到杆的长度(静长)为 $L_0=x_2'-x_1'$；在 S 系两事件空间间隔 $\Delta x=x_2-x_1=\gamma(x_2'-x_1')=\gamma L_0$. 在这个例子里两事件在 S'系同时，因此 $\Delta x=\gamma\Delta x'$，有 γ 倍关系，但是在 S 系两事件空间间隔不具有长度意义，所以不是原长和非原长关系.

例 9.3.6　火车、隧道静长都是 $2l_0$，火车车速为 u. S 系(隧道参考系)认为火车动长$<2l_0$，火车可以全部进入隧道；S'系(火车参考系)认为隧道动长$<2l_0$，火车不可能全部进入隧道. 谁的看法正确？

答：两种看法都对，因为长度具有相对性，立场不同对事物的看法也不同.

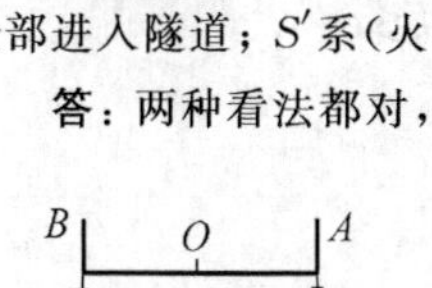

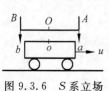

图 9.3.6　S 系立场

为了验证自己观点的正确，S 系设计一个假想实验：隧道中点 O 和火车中点 o 重合时在隧道两端 A、B 处同时放闸，由闸门能否碰到火车检验火车是否可以全部进入隧道.

(1) S 系(隧道参考系)立场讨论(图 9.3.6)

$$\text{车长}=\text{动长}=2l_0/\gamma<2l_0\quad \gamma=(1-u^2/c^2)^{-1/2}$$

所以放两闸门时都不能碰到火车，说明火车全在隧道内.

为了更清楚地讨论问题，与其他立场情况对比，定义以下事件：

事件 1：O、o 相遇

事件 2：A 处放闸门

事件 3：B 处放闸门

事件 4：A、a 相遇(车头即将出隧道)

事件 5：B、b 相遇(车尾即将入隧道)

取 O、o 分别为 S、S' 系原点，则

$$t_1 = t_2 = t_3 = 0 = t'_1 = 0$$

$$x_1 = x'_1 = 0 \qquad x_2 = x_4 = x_A = l_0 \qquad x_3 = x_5 = x_B = -l_0$$

半个列车的动长(S 系观测 oa、ob 的长度)为 l_0/γ，于是由运动学关系

$$t_4 = (l_0 - l_0/\gamma)/u = (\gamma-1)l_0/\gamma u > 0 \qquad t_5 = -t_4 = -(\gamma-1)l_0/\gamma u < 0$$

S 系看到的事件先后顺序为：5、1=2=3、4. 即整个列车进入隧道后放的闸门，闸门不会碰到火车.

(2) S' 系(车参考系)立场讨论

洞长=动长=$2l_0/\gamma<2l_0$，但由于 $t'_2>t'_1$，所以不能确定是否碰到火车，需要具体计算.

假使闸门是虚拟的，撞门(相当于事件 4)不影响火车运动，那么各事件在 S' 系发生的时刻可以用洛伦兹变换计算

$$t'_1 = 0 \qquad t'_2 = -\gamma u l_0/c^2 < 0 \qquad t'_3 = \gamma u l_0/c^2 = -t'_2 > 0$$

$$t'_4 = \gamma(t_4 - ux_4/c^2) = \gamma(t_4 - ul_0/c^2) = \gamma t_4 + t'_2 = -(\gamma-1)l_0/\gamma u = -t_4 = t_5 < 0$$

$$t'_5 = \gamma(t_5 - ux_5/c^2) = \gamma(t_5 + ul_0/c^2) = \gamma t_5 + t'_3 = -t'_4 = t_4 > 0$$

由于 $\gamma t_4>0$，所以 $t'_2<t'_4<0$；由于 $\gamma t_5<0$，所以 $t'_3>t'_5>0$.

所以 S' 系看到的事件先后顺序为：2、4、1、5、3.

因此站在 S' 系立场，虽然承认放两个闸门时碰不到火车的事实，但是他们不承认火车比隧道短、火车可以同时容纳在隧道内的判断. 他们认为闸门碰不到火车是因为不是同时放闸门，列车还未到出口时放下出口 A 处闸门(事件 2)，过了一段时间等到车头“撞开”虚拟的闸门(事件 4)穿出隧道，车尾已经进入隧道后(事件 5)才放下入口 B 处闸门(事件 3)，当然在两处放闸门时都不会碰到火车.

假使闸门是真实的，撞门会影响火车运动，碰撞将改变火车形态和运动状态，火车形态和运动改变的部分不再属于 S' 系. 但是碰撞作用的传递需要时间，其传播速度取决于固体中声速和火车运动速度，但一定小于光速. 碰撞作用已经传到的火车部分，其形态和运动状态发生改变，产生相对 S' 系的运动，不能再作为 S' 系的参照物；碰撞作用尚未传到的火车部分仍然保持原来的运动形态，相对 S' 系静止，依然是 S' 系的参照物.

在车头撞到闸门(事件 4)时刻从碰撞点发出光信号，以光信号代表碰撞作用传播速度的极限. 如果该光信号到达事件 1、5 的发生地点的时刻都比事件 1、5 的发生时刻晚，那么碰撞对上面的计算没有影响. 碰撞对事件 3 无影响. 补充以下两个事件：

事件 6：光信号到达 o 点

事件 7：光信号到达 a 点

由 $t'_6-t'_4=l_0/c$ 得到 $t'_6=t'_4+l_0/c=-(\gamma-1)l_0/\gamma u+l_0/c=l_0[1-\gamma(1-u/c)]/\gamma u>0$

其中，$\gamma(1-u/c)=[(1-u/c)/(1+u/c)]^{1/2}<1$. 所以得到

$$t'_6 > t'_1$$

由 $t'_7-t'_4=2l_0/c$ 得到

$$t'_7 - t'_5 = t'_7 + t'_4 = 2(l_0/c + t'_4) = 2t'_6 > 0$$

即

$$t'_7 > t'_5$$

所以，车头与闸门的碰撞不影响事件 1、3、5，因此(1)的讨论结果也不受碰撞的影响.

同样 S' 系也可以设计假想实验来验证他们的判断：S 系在隧道中点 O 和火车中点 o 重合时在火车两端 a、b 处同时向上发射激光，看激光能否碰到隧道来检验火车不能全部进入隧道.

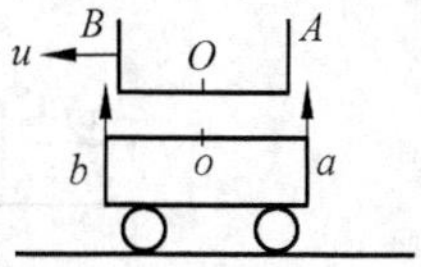

图 9.3.7　S'系立场

可以类似地讨论，不再重复.

讨论的关键不是火车是否能"容纳在隧道内"(这在不同参考系有不同答案)，而是为了说明这个问题所做的各种实验事实应该在所有惯性系都得到确认；虽然各个惯性系都承认实验结果，但是由于立场不同，因此对实验事实的解释不同.

例 9.3.7　双生子问题. 相对论关于运动时钟变慢的论述，引起很多争议. 按相对论观点，S 系和 S' 系分别认为对方是运动的，因此对方的时钟变慢. 有人提出，如果有双生子甲、乙同处于惯性系中年龄相同. 甲不动，乙去太空遨游一番回来与甲重逢，马上能够判断出谁年轻. 按甲的立场乙是运动的，其生命节奏变慢应该年轻；按乙的立场甲是运动的，其生命节奏变慢应该年轻. 究竟谁年轻？这是相对论必须回答的问题，而且由相对性原理，要分别站在甲、乙的立场上回答，结果也必须相同. 这就是著名的双生子问题，又称为双生子佯谬或时钟佯谬.

爱因斯坦在 1905 年论文中首次阐明，若乙以 $v=0.8c$ 的速度飞向 8 光年远的天体，到达后立刻以原速 v 返回与甲重逢，这期间甲过了 20 年乙过了 12 年，乙比甲年轻 8 岁；1918 年爱因斯坦著文以问答的方式说明，双生子问题的关键是乙在往返过程中必须有加速阶段的作用. 1939 年和 1957 到 1959 年期间对双生子问题都有过一番争论.

下面对爱因斯坦举的例子进行简单分析.

设甲静止在惯性系 S 系，乙前往天体时作为惯性系 S' 系，返回时作为惯性系 S'' 系. 相对 S 系，S' 和 S'' 系的速度是 $\pm v=\pm 0.8c$，常数 $\gamma=(1-v^2/c^2)^{-1/2}=5/3$.

1. 甲的立场

甲的立场，指甲作为观察者讨论问题，他自己和地球、天体、S 系都保持不动，乙去而复回.

在 S 系讨论，距离 $\Delta x=8\ \mathrm{l.y}$(l. y 代表光年，y 代表年)，单程时间为

$$\Delta t_1 = \Delta t_2 = \Delta x/|v| = 10\ \mathrm{y}$$

于是，在 S 系测量乙往返所用时间 $\Delta t=2\Delta t_1=20\ \mathrm{y}$. 因此在乙往返期间，甲度过了20年. 甲用洛伦兹变换计算乙度过的时间. S'系用乙携带的时钟测量乙飞去的时间间隔 $\Delta t'_1$ 是原时，S 系的时间间隔 Δt_1 为非原时. 所以

$$\Delta t'_1 = \Delta t_1/\gamma = 6\ \mathrm{y}$$

类似，S''系也用乙携带的时钟测量乙飞回的时间间隔 $\Delta t'_2$ 是原时，S 系的时间间隔Δt_2 为非原时. 所以 $\Delta t'_2=\Delta t_2/\gamma=6\ \mathrm{y}$. 这样甲认为在乙往返期间，乙度过了

$$\Delta t' = 2\Delta t'_1 = 12\ \mathrm{y}$$

所以甲乙再次相遇，甲过了 20 年乙只过了 12 年，乙比甲年轻. 这是客观事实，在各个惯性系讨论都应该相同.

2. 乙的立场

从乙的角度讨论问题，认为乙自己不动，甲和地球、天体保持相对静止，一起反方向以 v 运动，先是地球飞走天体飞来，然后天体再飞走地球又飞回. 见图 9.3.8 和图 9.3.9.

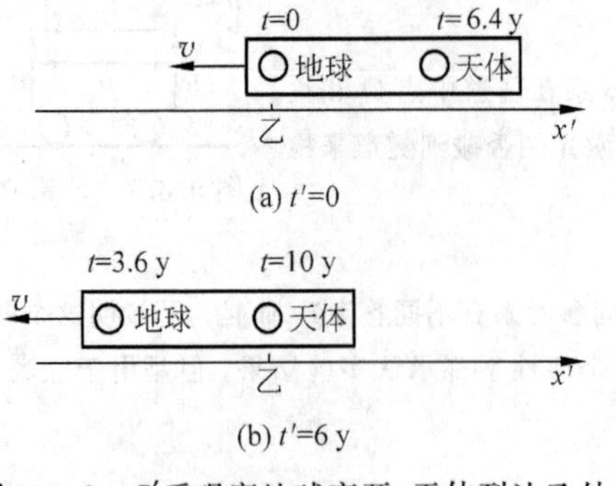

图 9.3.8　S'系观察地球离开，天体到达乙处

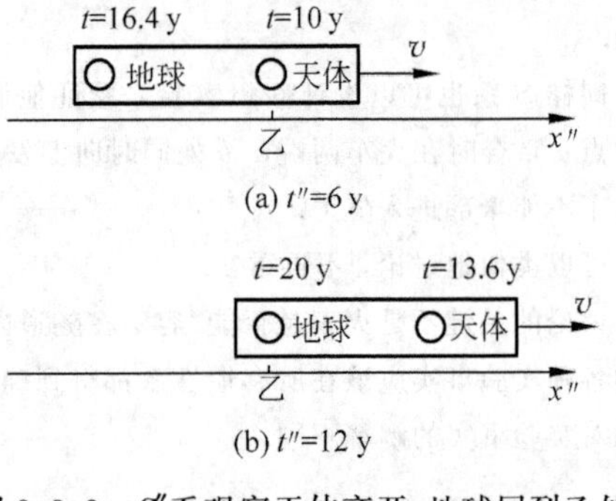

图 9.3.9　S''系观察天体离开，地球回到乙处

乙先处于 S'系. 在 S'系观察，天体以 $v=0.8c$ 飞来，飞行距离 $\Delta x'$为动长，S 系中距离 Δx 为静长，于是 $\Delta x'=\Delta x/\gamma$，所用时间为

$$\Delta t'_1=\Delta x'/v=\Delta x/\gamma v=\Delta t_1/\gamma=6\ \mathrm{y}$$

然后乙换到 S''系. 在 S'系观察，地球以 $v=0.8c$ 飞来，飞行距离 $\Delta x''=\Delta x'$，所用时间 $\Delta t''_2=\Delta t'_1$. 于是用乙所携带的时钟测量的总时间为 $\Delta t'=2\Delta t'_1=12$ y. 此结果与甲立场讨论的结果相同.

从 S'系分析 S 系的时钟. 在 S'系同时的两事件在 S 系不同时. 此时地球位于运动的前方，地球时间比天体时间落后. 由洛伦兹坐标变换，在 S'系的同一时刻，天体与地球的时间差

$$t_{天}-t_{地}=\gamma v(x'_{天}-x'_{地})/c^2=\gamma v\Delta x'/c^2=v\Delta x/c^2=6.4\ \mathrm{y}$$

设地球离开时 $t=t'=0$，则该时刻天体上的时钟应为 6.4 年，见图 9.3.8(a).

天体飞来过程中 S'系测量时间为 $\Delta t'_1=6$ y，是同一地点（乙处）测量的时差为原时，S 系测量的时差 Δt_1 是非原时，于是

$$\Delta t_1=\gamma\Delta t'_1=10\ \mathrm{y}$$

这样，当天体到达乙处时，乙的时钟读数为 $t'=6$ 年，天体上时钟读数为 10 年，地球上时钟读数为 $(10-6.4)=3.6$ 年，见图 9.3.8(b).

然后乙瞬时换到 S''系，同时带上了自己的时钟——读数为 6 年，因此很自然地取 S''系的时间与乙的时钟相同，即取 $t''=t'=6$ y. 此刻乙的位置就在天体处，所以天体的时钟读数也不改变，即天体时钟的读数仍为 10 年. 但在 S''系观察，地球和天体的运动方向相反，地球位于运动的后方，地球上时钟比天体上的时钟超前，但两者时差相同. 即

$$t_{地}-t_{天}=v\Delta x/c^2=6.4\ \mathrm{y}$$

于是，在乙换到 S''系时刻，地球的时钟的读数跳到 16.4 年，见图 9.3.9(a). 由对称性，地球飞回的时间仍需要 3.6 年，这样，当地球到达乙处，甲、乙重逢时，地球的时钟（即甲的时钟）读数为 20 年. 见图 9.3.9(b).

于是从甲、乙的立场分析，所得结果相同，这也正是相对性原理的要求.

当乙从 S'系换到 S''系时，实际上相当于经历一个加速度为无限大的过程，是一种极端的、理想化的情况. 地球上时钟的读数的突变，实质上是由乙的时钟在引力场中变慢的效应引起的. 这些物理本质在这种方法中体现不出来，成为这种方法的主要缺陷. 此外，加速度为无限大的过程能否实现？加速度为无限大的过程会引起什么物理效应？对时钟的影响如何？都是这个方法引起的和应该回答的问题. 所以用狭义相对论讨论虽然表面上作了说明，但没有涉及物理本质，不能完满解决双生子问题. 真正解决双生子问题要在广义相对论利用加速系讨论，见 10.4.5 节.

例 9.3.8　地面（S 系）停放两艘全同飞船（图 9.3.10(a)），飞船长 $L_0=100$ m，两船相距 $H_0=200$ m. 地面观测两船同时点火后同样加速飞行，最后达到 $u=4c/5$ 后停火改为匀速飞行，静止在 S'系. 请分别在 S 系、S'系（以 u 运动）描述飞船的初末态.

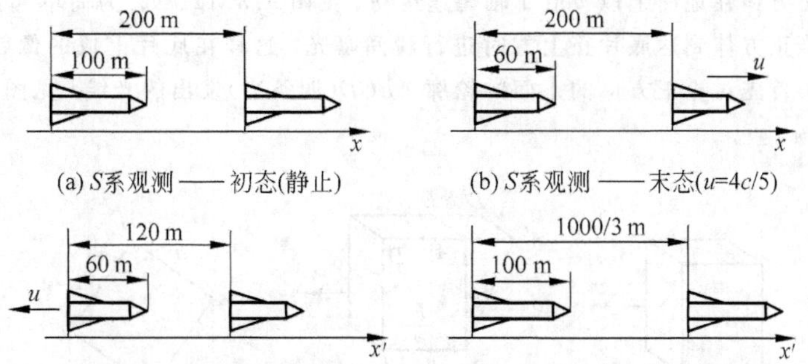

(a) S系观测 —— 初态(静止)　(b) S系观测 —— 末态(u=4c/5)
(c) S′系观测 —— 初态(u=4c/5)　(d) S′系观测 —— 末态(静止)

图　9.3.10

解：$\gamma=(1-u^2/c^2)^{-1/2}=5/3$

(1) S 系观测的末态

已知条件就是 S 系观测的飞船的初态.

两艘飞船原长 100 m，末态以 u 匀速运动，S 系观测到飞船长度为动长 $L=L_0/\gamma=60$ m.

类似方法计算，很容易得到 S 系观测两船距离为动长 $H=H_0/\gamma=120$ m.

但是，仔细考虑原长和动长的定义后发现上面关于 H 的计算有问题. 只有当 S' 系中两飞船末态距离(原长)为 $H_0=200$ m 时，H 为动长才是 $L_0/\gamma=60$ m. 可是两飞船没有固定，飞行中距离完全可以改变. 在 S' 系考察，右边的飞船先起飞，加速度总比左边飞船大，这样右边的飞船先达到 $4c/5$，也先停止加速. 所以没有任何理由证明当两船静止在 S' 系时两飞船距离仍然保持 H_0.

无法由原长和动长的关系计算 S 系中两飞船末态距离，但可以简单地由运动学讨论. 在 S 系观察，两艘全同飞船的运动情况相同，因此在整个运动过程中距离一直保持 200 m 不变，一直到两飞船静止在 S' 系都是如此，所以 S 系观测的末态见图 9.3.10(b).

这个结果又引出一个问题：从运动学角度，一个刚体(如飞船)平动时速度、加速度都相同，相当于一个质点，由牛顿力学的运动学方法分析，一个刚体(如上面的飞船)在静止、加速、匀速运动过程中长度不会改变；然而按狭义相对论时空观，运动的长度缩短，与运动学结果相互矛盾. 为此甚至有人质疑运动长度缩短的结论. 其实问题的根源在于人们习惯性采用牛顿力学和古典时空观，在变速运动时还沿用刚体概念. 而正如爱因斯坦多次强调的，在物体变速运动时已经没有刚体的概念了. 按狭义相对论时空观，当飞船加速运动时，随着速度的增加飞船长度不断缩短，于是飞船上沿长度方向各点的速度、加速度都不相同. 飞船左边质元看右边质元不断向其靠拢作反向运动，飞船右边质元看左边质元不断向其靠拢作正向运动，因此左边质元比右边质元的速度、加速度大. 按此观点，前面说"两艘全同飞船的运动情况相同"就不准确，因为每个船都没有整体运动. 严格讲应该说"两艘全同飞船的每对对应点(如船尾、船头……)运动情况相同，因此每对对应点的距离保持不变，始终为 200 m".

(2) S' 系观测的始、末态

当飞船静止在地面时(始态)，S' 系观测飞船长度和两船距离为动长，因此船长 $L=L_0/\gamma=60$ m，两船距离 $H=H_0/\gamma=120$ m，见图 9.3.10(c).

当飞船静止在 S' 系时(末态)，飞船长度为 $L_0=100$ m. 由于 S 系观测两船距离为 $H_0=200$ m 是动长，所以 S' 系观测两船距离是原长，为 $\gamma H_0=1000/3$ m，见图 9.3.10(d).

例 9.3.9　"测量"与"观看"的区别

为了形象起见，前面分别用"观察"、"观测"、"看到"、……，表示的都是就地测量，而不是人眼看到的图像. 人眼看到的图像是由同时到达视网膜的光线构成的，由于光的传播需要时间，所以测量结果与人的眼睛看到的图像有所不同. 下面以正方体为例做简单讨论.

边长为 a 的正方体在地面上以 v 沿 x 轴匀速运动，见图 9.3.11(a). 为简单起见，在地面放置底片代表视网膜. 当正方体到达底片正上方时进行瞬间曝光，这样在底片上成的像就是由同时到达底片的光线形成的. 首先讨论正方体的正面的轮廓 $ABCD$(四条边)发出的光线，见图 9.3.11(b). 近似光线平行.

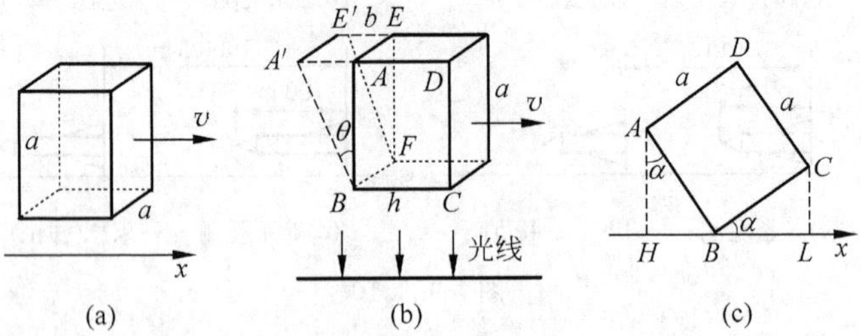

图 9.3.11

由于光波传播需要时间，A、B 同时发光不能同时到达；必须提前在 A' 处发光，才能与 B 点光同时到达底片，条件是提前的时间(b/v)等于光多走路程所需要的时间(a/c)

$$b/v = a/c$$

其中 b 为 A、A'之间距离. 由于 $b=a\tan\theta$，所以

$$\tan\theta = v/c$$

还要注意 S 系中观测 B、C 之间距离 $h=\sqrt{1-v^2/c^2}a$.

这样两个效果合起来，瞬间曝光在底片上的像不是正方体底面的像，而是收缩以后的底面以及矩形 $AEE'A'$面的像，相当于在 S 系观测一个静止不动的、转过角度 $\alpha=\arcsin(v/c)$ 的正方体. 正方体在 x 轴的投影，就是上述以 v 匀速运动正方体在底片上的像，见图 9.3.11(c)，其中 H、B 距离为

$$b = a\sin\alpha$$

L、B 距离为

$$h = a\cos\alpha$$

如果是人从下垂直向上看，会有立体感，看到的是图 9.3.11(b)中底面和后侧面 $A'BFE'$的图像.

又如，“测量”一个以 u 运动的球，是同时测球上各点的坐标，结果为一个椭球；而“观看”运动的球的图像仍为球①.

9.4 相对论速度和加速度变换

9.4.1 相对论的速度变换

速度变换，是一个质点的运动速度在不同坐标系(参考系)的观测值之间的关系. 速度是位置矢量对时间的导数，所以速度变换来自坐标变换. 经典力学中的速度变换关系式来自伽利略坐标变换，与真空光速不变原理相抵触. 相对论的速度变换关系式来自洛伦兹时空坐标变换，应该与真空光速不变原理相符.

在 S 系 t 时刻观测到 $\boldsymbol{r}$ 处质点 P 的速度分量为

$$v_x = \mathrm{d}x/\mathrm{d}t \qquad v_y = \mathrm{d}y/\mathrm{d}t \qquad v_z = \mathrm{d}z/\mathrm{d}t \tag{9.4.1}$$

① 陈惟蓉，高炳坤. 普通物理辅导与答疑(力学和热学). 北京出版社，1987. 242～247

时空点$(\boldsymbol{r},t)$在S'系坐标为$(\boldsymbol{r}',t')$，$(\boldsymbol{r},t)$、$(\boldsymbol{r}',t')$满足洛伦兹变换. S'系认为测速是在t'时刻对$\boldsymbol{r}'$处质点P进行的，测量结果为

$$v'_x = \mathrm{d}x'/\mathrm{d}t' \qquad v'_y = \mathrm{d}y'/\mathrm{d}t' \qquad v'_z = \mathrm{d}z'/\mathrm{d}t' \tag{9.4.2}$$

微分洛伦兹时空坐标变换关系式为

$$\begin{aligned}
\mathrm{d}x' &= \gamma(\mathrm{d}x - u\mathrm{d}t)\\
\mathrm{d}y' &= \mathrm{d}y\\
\mathrm{d}z' &= \mathrm{d}z\\
\mathrm{d}t' &= \gamma(\mathrm{d}t - u\mathrm{d}x/c^2) = \gamma(1 - uv_x/c^2)\mathrm{d}t
\end{aligned}$$

将上面微分关系代入(9.4.2)式得

$$\begin{aligned}
v'_x &= (\mathrm{d}x - u\mathrm{d}t)/[(1 - uv_x/c^2)\,\mathrm{d}t] = (\mathrm{d}x/\mathrm{d}t - u)/(1 - uv_x/c^2)\\
v'_y &= (\mathrm{d}y/\mathrm{d}t)/[\gamma(1 - uv_x/c^2)]\\
v'_z &= (\mathrm{d}z/\mathrm{d}t)/[\gamma(1 - uv_x/c^2)]
\end{aligned}$$

将(9.4.1)式代入得到相对论速度变换关系式为

$$v'_x = \frac{v_x - u}{1 - uv_x/c^2} \tag{9.4.3a}$$

$$v'_y = \frac{v_y}{\gamma(1 - uv_x/c^2)} \tag{9.4.3b}$$

$$v'_z = \frac{v_z}{\gamma(1 - uv_x/c^2)} \tag{9.4.3c}$$

将其中的u换成$-u$就得到相对论速度逆变换关系式为

$$v_x = \frac{v'_x + u}{1 + uv'_x/c^2} \tag{9.4.4a}$$

$$v_y = \frac{v'_y}{\gamma(1 + uv'_x/c^2)} \tag{9.4.4b}$$

$$v_z = \frac{v'_z}{\gamma(1 + uv'_x/c^2)} \tag{9.4.4c}$$

当$u \ll c$时，$\gamma \to 1$、$uv_x/c^2 \to 0$，相对论速度变换近似为经典的伽利略速度变换

$$v'_x \approx v_x - u \qquad v'_y \approx v_y \qquad v'_z \approx v_z$$

所以，经典的伽利略速度变换是相对论速度变换的低速近似.

9.4.2　相对论的加速度变换

类似方法得到相对论加速度变换. 一个质点的运动加速度在不同坐标系(参考系)的观测值之间的关系称为加速度变换. 加速度是速度对时间的导数，所以加速度变换来自速度变换.

在S系t时刻观测到$\boldsymbol{r}$处质点P的加速度分量为

$$a_x = \mathrm{d}v_x/\mathrm{d}t \qquad a_y = \mathrm{d}v_y/\mathrm{d}t \qquad a_z = \mathrm{d}v_z/\mathrm{d}t$$

S'系认为观测是在t'时刻对$\boldsymbol{r}'$处质点P进行的，测量结果为

$$a'_x = \mathrm{d}v'_x/\mathrm{d}t' \qquad a'_y = \mathrm{d}v'_y/\mathrm{d}t' \qquad a'_z = \mathrm{d}v'_z/\mathrm{d}t'$$

微分相对论速度变换关系式得

$$\mathrm{d}v'_x = \mathrm{d}v_x/(1-uv_x/c^2) + u(v_x-u)\mathrm{d}v_x/[{}^2(1-uv_x/c^2)^2]$$

$$= \mathrm{d}v_x/[\gamma^2(1-uv_x/c^2)^2]$$

$$\mathrm{d}v'_y = \mathrm{d}v_y/[\gamma(1-uv_x/c^2)] + uv_y\mathrm{d}v_x/[\gamma c^2(1-uv_x/c^2)^2]$$

$$\mathrm{d}v'_z = \mathrm{d}v_z/[\gamma(1-uv_x/c^2)] + uv_z\mathrm{d}v_x/[\gamma c^2(1-uv_x/c^2)^2]$$

再由 $\mathrm{d}t'=\gamma(\mathrm{d}t-u\mathrm{d}x/c^2)=\gamma(1-uv_x/c^2)\mathrm{d}t$，代入 a'_x 、a'_y、a'_z关系式，经简单运算，再将 a_x、a_y、a_z 代入得到相对论加速度变换

$$a'_x = \frac{a_x}{\gamma^3(1-uv_x/c^2)^3} \tag{9.4.5a}$$

$$a'_y = \frac{1}{\gamma^2(1-uv_x/c^2)^2}\left[a_y + \frac{uv_y/c^2}{1-uv_x/c^2}a_x\right] \tag{9.4.5b}$$

$$a'_z = \frac{1}{\gamma^2(1-uv_x/c^2)^2}\left[a_z + \frac{uv_z/c^2}{1-uv_x/c^2}a_x\right] \tag{9.4.5c}$$

当 $u\ll c$ 时，$\gamma\to1$、$uv_x/c^2\to0$、$uv_y/c^2\to0$、$uv_z/c^2\to0$，相对论加速度变换近似为经典的伽利略加速度变换

$$a'_x\approx a_x \quad a'_y\approx a_y \quad a'_z\approx a_z$$

所以，经典的伽利略加速度变换是相对论加速度变换的低速近似. 加速度是经典的伽利略变换下的不变量. 在相对论中,加速度不是不变量,变换公式繁复,用处很少,不再具有牛顿力学中的优越地位.

例 9.4.1 见图 9.4.1,固定在 S 系的光源 M 发出 1、2 两条光线,在 S 系中 1 光线水平向右传播，光速分量分别为 $v_x=c$、$v_y=v_z=0$；2 光线竖直向下传播,光速分量分别为 $v_x=v_z=0$，$v_y=-c$. 讨论 S'系中看这两条光线的传播速度大小及方向.

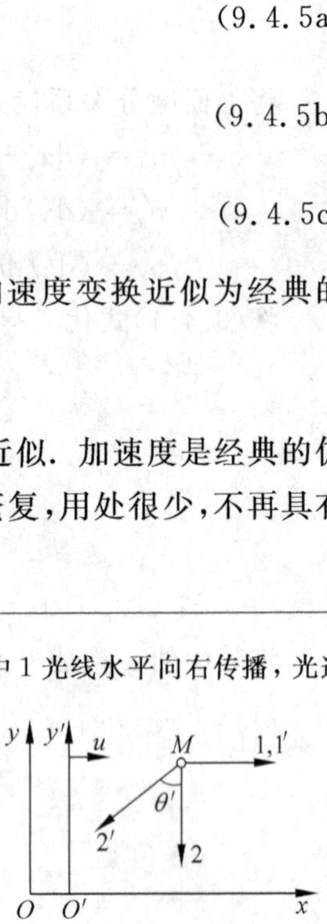

图 9.4.1

解：由式(9.4.3)得对应光线 1 的 1′光线为

$$v'_x = (c-u)/(1-cu/c^2) = c$$

$$v'_y = v'_z = 0$$

于是 1′光线与 1 光线同方向,光速为 $c'=(v'^2_x+v'^2_y+v'^2_z)^{1/2}=c$. 对应光线 2 的 2′光线为

$$v'_x = (0-u)/(1-0) = -u$$

$$v'_y = -c/\gamma = -\sqrt{1-u^2/c^2}\,c$$

$$v'_z = 0$$

于是 2′光线向 S'系运动的反方向偏 θ'角，见图 9.4.1.

$$\tan\theta' = |v'_x/v'_y| = u/\sqrt{c^2-u^2}$$

$$2' \text{ 光线的光速 } c' = (v'^2_x+v'^2_y+v'^2_z)^{1/2} = c$$

这两条光线的光速在两个惯性系相同都是 c. 对于 M 发出的任意光线，设在 S 系光速各分量分别为 v_x、v_y、v_z，且光速为 c，即 $v_x^2+v_y^2+v_z^2=c^2$. 则由相对论速度变换

$$v'^2 = v'^2_x+v'^2_y+v'^2_z = [(v_x-u)^2+(v_y^2+v_z^2)/\gamma^2]/(1-uv_x/c^2)^2$$

$$= [v_x^2-2uv_x+u^2+v_y^2+v_z^2-u^2(v_y^2+v_z^2)/c^2]/(1-uv_x/c^2)^2$$

$$= (c^2-2uv_x+u^2v_x^2/c^2)/(1-uv_x/c^2)^2 = c^2$$

其中多次利用了 $v_x^2+v_y^2+v_z^2=c^2$. 这个结果表明，如果在一个惯性系真空光速为 c，那么由相对论速度变换

在任何惯性系真空光速都是 c，与真空中光速不变原理相符. 此外，这个结果还表明，如果某物体运动速率小于 c，那么在任何惯性系该物体速率必然都小于 c.

本例光线 2 和 $2'$ 的情况说明，同一条光线在不同惯性系观察，传播速度相同，方向可以改变，与 9.2.3 节中光线传播实验的现象相同. 这个现象在天文学上称为光行差现象. 早在 1725 年，布喇德雷（Bradley，J）观察黄极（即地球公转轨道正上方）处恒星时，发现其作圆周运动，周期为一年，一年里视角改变约 $40.5''$. 按上面的相对论速度变换讨论. 在日心系（S 系）中观察该恒星的光线相当于光线 2. 地球参考系为 S' 系，地球在日心系中轨道速度 3×10^4 m/s 为 S' 系的速率 u. 在地球观测，该恒星相对垂直方向向地球轨道速度方向偏 θ'，半年后地球轨道速度方向相反，所以半年内恒星的视方向转过 $2\theta'$ 角度. 由于 $u\ll c$，于是近似 $2\theta'\approx 2\tan\theta'\approx 2u/c=2\times10^{-4}$，得到 $2\theta'\approx 41''$，与天文观测相符.

例 9.4.2　如图 9.4.2，流体流速 u、折射率 n，在流体参考系 S' 系中光速 $c_n'=c/n$. 求 S 系中光速 c_n.

解：如图 9.4.2，取光沿 x 方向，$c_n'=c/n$.

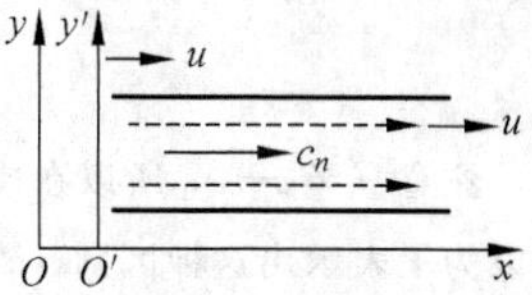

图　9.4.2

由相对论速度变换(9.4.3a)得

$$c_n=(c_n'+u)/(1+uc_n'/c^2)=(c/n+u)/(1+u/nc)$$
$$=\frac{c}{n}(1+nu/c)/(1+u/nc)$$

一般流速 $u\ll c$，忽略 $(u/c)^2$ 以及更高阶小量得到

$$c_n\approx\frac{c}{n}(1+nu/c)(1-u/nc)\approx\frac{c}{n}\left[1+\frac{u}{c}(n-1/n)\right]$$
$$=\frac{c}{n}+(1-1/n^2)u=\frac{c}{n}+ku$$

其中 $k=(1-1/n^2)>0$ 称为曳引系数. 取光沿 $-x$ 方向，$c_n'=-c/n$. 类似得

$$c_n=(c'_n+u)/(1+uc'_n/c^2)=(-c/n+u)/(1-u/nc)=-\frac{c}{n}(1-nu/c)/(1-u/nc)$$

同样忽略 $(u/c)^2$ 以及更高阶小量得

$$c_n\approx-\frac{c}{n}(1-nu/c)(1+u/nc)\approx-\frac{c}{n}\left[1-\frac{u}{c}(n-1/n)\right]=-\frac{c}{n}+(1-1/n^2)u$$
$$=-\frac{c}{n}+ku=-\left(\frac{c}{n}-ku\right)$$

总之，无论光顺或逆着流体流动方向传播，由于流体流动影响，光速都会在流动方向上产生增量 ku，从而使光顺流体流动方向传播时光速增加，逆着流体流动方向传播时光速减小. 历史上著名的裴索实验就是测流体的曳引系数 k，结果得到 $k=(1-1/n^2)$.

此例说明，只有真空光速 c 才与惯性系无关，而介质中光速小于 c，不同惯性系观测介质中光速不同.

例 9.4.3　在地面参考系中 A、B 两个火箭同向飞行，速度分别为 $u=0.6c$、$v=0.8c$. 在 16 s 时刻 A 到达 $x_1=0$ 处、B 到达 $x_2=0.6c\cdot$s 处，此时 A 向 B 发射一个光信号. 经过 Δt 时间后 B 到达 x_3 处并且接收到这个光信号. (1)在地面参考系（S 系）中，求从 A 发出光信号到 B 接收光信号所经历的时间 Δt、在此期间 B 飞行的路程 Δs 以及 B 接收到光信号时刻 A 的位置. (2)以 A 为参考系（S' 系），求 B 的速度 v'、从 A 发出光信号到 B 接收光信号所经历的时间 $\Delta t'$、在此期间 B 飞行的路程 $\Delta s'$ 以及 B 接收到光信号时刻 A 的位置.

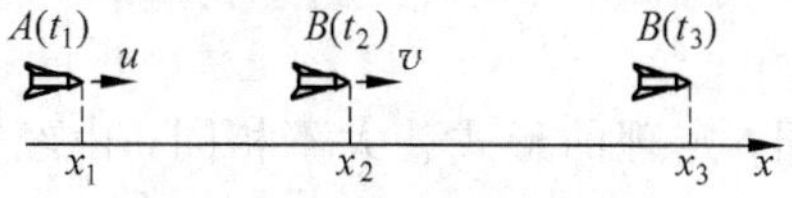

图 9.4.3　在 S 参考系

解：A 到达 x_1 处并发出光信号为事件 1、B 到达 x_2 处为事件 2、B 到达 x_3 处并接收到光信号为事件 3.

(1) 在地面参考系(S系),$t_1=t_2=16\ \mathrm{s}$

设B接收到光信号时刻观察A的位置为事件4,A的位置为x_4. 由简单的运动学关系

$$c\Delta t-v\Delta t=x_2-x_1$$

$$\Delta t=t_3-t_1=(x_2-x_1)/(c-v)=3\ \mathrm{s}\qquad t_3=t_1+\Delta t=19\ \mathrm{s}$$

$$\Delta s=x_3-x_2=v\Delta t=2.4c\cdot\mathrm{s}\qquad x_3=3.0c\cdot\mathrm{s}$$

$$x_4-x_1=u\Delta t=1.8c\cdot\mathrm{s}\qquad x_4=1.8c\cdot\mathrm{s}$$

在S系观测,A、B沿一条直线运动,速度差$(v-u)=0.2c$. 如果B反过来迎着A运动,A与B的速度差$(v-u)=-1.4c$,其大小可以超过光速c. 在1.4.4节中对相对运动作了严格定义:物体A相对于物体B的运动,就是在物体B参考系中物体A的运动. 按古典力学,由于A、B是平动,速度差$(v-u)$就是严格定义的物体B相对于物体A的相对运动v'.

(2) 在A参考系(S'系),

$$\gamma=(1-u^2/c^2)^{-1/2}=5/4$$

$$v'=(v-u)/(1-uv/c^2)=5c/13=0.385c$$

注意$v'\neq v-u$,所以在狭义相对论中,即使两个物体都平动,其速度差也不是严格意义上的相对运动. 所以为了表示出这种区别,最好称$v-u$为速度差,不要称为相对速度;如果非要称为相对速度,一定要强调"在S系观测的相对速度". 严格意义上相对运动速率不会超过光速c.

$$\Delta t'=t_3'-t_1'=\gamma[\Delta t-u(x_3-x_1)/c^2]=\gamma[\Delta t-u(x_2-x_1+\Delta s)/c^2]=1.5\ \mathrm{s}$$

$$\Delta s'=v'\Delta t'=(15/26)c\cdot\mathrm{s}=0.577c\cdot\mathrm{s}$$

设在S'系中B接收到光信号时刻观察A的位置为事件5,A的位置为x_5'. 注意:事件4与事件5不是同一事件. 则

$$x_5'-x_1'=u\Delta t'$$

其中$x_1'=\gamma(x_1-ut_1)=-\gamma ut_1$,所以

$$x_5'=u\Delta t'-\gamma ut_1=0.9-1.2=-0.3c\cdot\mathrm{s}$$

9.5 相对论动力学基础

经典力学中三大运动定理:动量定理、动能定理、角动量定理,以及相应的守恒定律——孤立系统动量守恒、能量守恒、角动量守恒,是力学基本规律,也是解决力学问题的基础,与时空对称性相联系,满足伽利略力学相对性原理,关于伽利略变换协变.

狭义相对论的时空是平直的,具有三维空间的平移对称性以及各向同性,因此孤立系统动量守恒、角动量守恒;具有时间平移对称性,因此孤立系统能量守恒. 三个守恒定律对应着三个定理:动量定理、动能定理、角动量定理. 三个守恒定律和三个运动定理满足狭义相对性原理,关于洛伦兹变换协变. 三个守恒定律和三个运动定理以及狭义相对性原理是狭义相对论动力学基础.

同样三个运动定理,由于所满足的相对性原理不同,定理的形式就大不相同,由经典力学变成相对论力学.

牛顿定律不满足狭义相对性原理,即牛顿定律对洛伦兹变换不协变,在狭义相对论动力学中要加以修正. 由加速度变换公式可知,在一个惯性系中未被加速的运动(即$\boldsymbol{a}=0$),经洛伦兹变换后仍然是未被加速的(即$\boldsymbol{a}'=0$),所以牛顿第一定律——惯性定律对洛伦兹变

换协变. 由于相对论中同时性是相对的，清除了“超距”作用的概念，因此在相对论力学中只讨论没有超距作用的理论，主要是一个质点的运动，或是多个质点的碰撞. 由下面的讨论可知，牛顿第三定律在碰撞中保持协变，实际上是动量守恒的体现. 因此牛顿三定律中只有牛顿第二定律对洛伦兹变换不协变，在狭义相对论中只须对牛顿第二定律加以修正.

9.5.1　相对论质点动量定理

虽然知道相对论动力学有动量定理、动能定理，但是现在对相对论动量、动能还一无所知. 下面首先引出相对论动量、质量，形式上建立相对论质点动量定理，然后由相对性原理的要求确定相对论质量，从而最终确立相对论质点动量定理.

设质点速度为$\boldsymbol{v}$，将其经典力学质量(以后称之为牛顿质量)记为 m^0，则经典力学中其动量为 $m^0\boldsymbol{v}$. 在相对论中也用相对论动量 $\boldsymbol{P}$ 描述它的动力学状态，要求在 $u\ll c$ 时相对论动量$\boldsymbol{P}$ 能够过渡到牛顿力学动量 $m^0\boldsymbol{v}$. 可以很合理地假设相对论动量(以后简称动量)为

$$\boldsymbol{P}=m\boldsymbol{v} \tag{9.5.1}$$

其中 $m=m(m^0,v)$ 称为相对论质量，以后简称质量，是牛顿质量 m^0 和速率 v 的函数.

由惯性定律，质点动力学状态改变是因为质点受到外界作用. 与经典力学相同，相对论力学也用力 $\boldsymbol{F}$ 来代表外界对质点的作用，并且同样定义力 $\boldsymbol{F}$ 等于质点动量变化率

$$\boldsymbol{F}=\mathrm{d}\boldsymbol{P}/\mathrm{d}t \tag{9.5.2}$$

于是有质点动量定理的微分形式

$$\mathrm{d}\boldsymbol{P}=\boldsymbol{F}\mathrm{d}t \tag{9.5.3}$$

积分形式

$$\Delta\boldsymbol{P}=\boldsymbol{P}-\boldsymbol{P}_0=\int_0^t\boldsymbol{F}\mathrm{d}t \tag{9.5.4}$$

如果在某段时间内 $\boldsymbol{F}=0$，则在此期间 $\boldsymbol{P}$ 保持不变，即质点动量守恒.

设有两个质点 1、2 发生碰撞，碰撞过程中两质点动量分别为 $\boldsymbol{P}_1$、$\boldsymbol{P}_2$，系统总动量 $\boldsymbol{P}_{\text{总}}=\boldsymbol{P}_1+\boldsymbol{P}_2$. 作为孤立系统在碰撞过程中动量守恒，即 $\boldsymbol{P}_{\text{总}}$ 保持不变，于是

$$\mathrm{d}\boldsymbol{P}_{\text{总}}/\mathrm{d}t=\mathrm{d}\boldsymbol{P}_1/\mathrm{d}t+\mathrm{d}\boldsymbol{P}_2/\mathrm{d}t=0$$

所以两质点之间的相互作用力 $\boldsymbol{F}_{21}=\mathrm{d}\boldsymbol{P}_1/\mathrm{d}t$、$\boldsymbol{F}_{12}=\mathrm{d}\boldsymbol{P}_2/\mathrm{d}t$ 满足关系 $\boldsymbol{F}_{21}+\boldsymbol{F}_{12}=0$，即

$$\boldsymbol{F}_{21}=-\boldsymbol{F}_{12} \tag{9.5.5}$$

由此可知，在碰撞过程中牛顿第三定律仍然成立，是动量守恒定律的直接结果.

9.5.2　相对论质量

利用碰撞过程中动量守恒、能量守恒，以及动量守恒满足相对性原理，可以得到相对论质量 m 的具体形式. 如图 9.5.1，质点 1、2 发生碰撞，在 S 参考系观测，碰前速度分别为 $\boldsymbol{u}_1$、$\boldsymbol{u}_2$，碰后速度分别为 $\boldsymbol{v}_1$、$\boldsymbol{v}_2$. 由孤立系统动量守恒和相对性原理，在任意惯性系观测碰撞过程都是动量守恒. 在 S 系动量守恒得

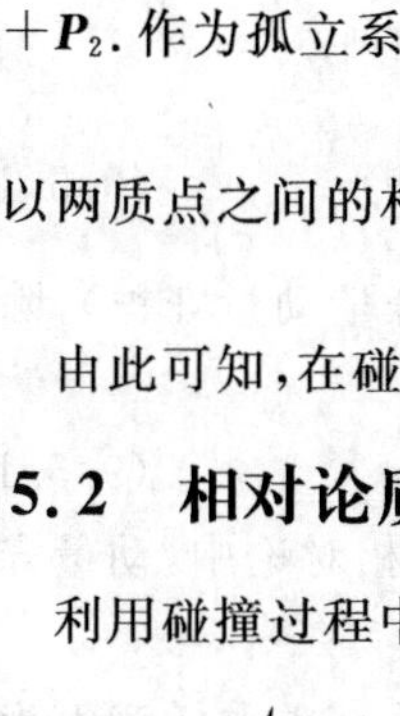

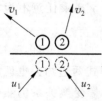

图 9.5.1　S 系观测

$$m_1(u_1)\boldsymbol{u}_1+m_2(u_2)\boldsymbol{u}_2=m_1(v_1)\boldsymbol{v}_1+m_2(v_2)\boldsymbol{v}_2$$

在这里牛顿质量的区别由质点 1、2 代表，所以相对论质量只是速率的函数. 在 S'系由动量守恒得

$$m'_1(u'_1)\boldsymbol{u}'_1+m'_2(u'_2)\boldsymbol{u}'_2=m'_1(v'_1)\boldsymbol{v}'_1+m'_2(v'_2)\boldsymbol{v}'_2$$

$\boldsymbol{u}'_1$、$\boldsymbol{u}'_2$和$\boldsymbol{v}'_1$、$\boldsymbol{v}'_2$分别为S'系中质点1、2碰前和碰后的速度. 为了利用速度变换关系式，将两个参考系中动量关系式写成分量形式，如 y 分量等式分别为

$$m_1(u_1)u_{1y}+m_2(u_2)u_{2y}=m_1(v_1)v_{1y}+m_2(v_2)v_{2y} \tag{9.5.6}$$

$$m'_1(u'_1)u'_{1y}+m'_2(u'_2)u'_{2y}=m'_1(v'_1)v'_{1y}+m'_2(v'_2)v'_{2y} \tag{9.5.7}$$

利用(9.4.3b)式将上式中 u'_{1y}、u'_{2y}、v'_{1y}、v'_{2y}分别换成u_{1y}、u_{2y}、v_{1y}、v_{2y}，得到

$$\begin{aligned}&\frac{m'_1(u'_1)}{\gamma(1-uu_{1x}/c^2)}u_{1y}+\frac{m'_2(u'_2)}{\gamma(1-uu_{2x}/c^2)}u_{2y}\\&=\frac{m'_1(v'_1)}{\gamma(1-uv_{1x}/c^2)}v_{1y}+\frac{m'_2(v'_2)}{\gamma(1-uv_{2x}/c^2)}v_{2y}\end{aligned} \tag{9.5.8}$$

由于$\boldsymbol{u}_1$、$\boldsymbol{u}_2$ 可以任意选取，又因为碰撞条件不同$\boldsymbol{v}_1$、$\boldsymbol{v}_2$ 也具有任意性，所以要同时满足(9.5.6)和(9.5.8)两式，对 m 的形式有严格的限制. 仔细分析上面两式发现，如果速度为$\boldsymbol{v}$ 的质点的质量 m 在 S、S'两系有以下的变换关系

$$m'(v')=\gamma(1-uv_x/c^2)m(v) \tag{9.5.9}$$

注意(9.5.9)式代表的是一种关于相对论质量的普遍的变换关系. 于是

$$\frac{m'_1(u'_1)}{\gamma(1-uu_{1x}/c^2)}=m_1(u_1) \qquad \frac{m'_2(u'_2)}{\gamma(1-uu_{2x}/c^2)}=m_2(u_2)$$

$$\frac{m'_1(v'_1)}{\gamma(1-uv_{1x}/c^2)}=m_1(v_1) \qquad \frac{m'_2(v'_2)}{\gamma(1-uv_{2x}/c^2)}=m_2(v_2)$$

将上述关系代入(9.5.8)式就成为(9.5.6)式，即(9.5.6)和(9.5.8)两式全同.

类似可讨论 z 分量，结果与 y 分量相同：当相对论质量满足(9.5.9)式的变换关系时，两个参考系动量等式全同. x 分量情况有所不同. 对 x 分量上面的(9.5.6)和(9.5.8)两式改为

$$m_1(u_1)u_{1x}+m_2(u_2)u_{2x}=m_1(v_1)v_{1x}+m_2(v_2)v_{2x} \tag{9.5.10}$$

$$\begin{aligned}&\frac{m'_1(u'_1)}{\gamma(1-uu_{1x}/c^2)}(u_{1x}-u)+\frac{m'_2(u'_2)}{\gamma(1-uu_{2x}/c^2)}(u_{2x}-u)\\&=\frac{m'_1(v'_1)}{\gamma(1-uv_{1x}/c^2)}(v_{1x}-u)+\frac{m'_2(v'_2)}{\gamma(1-uv_{2x}/c^2)}(v_{2x}-u)\end{aligned} \tag{9.5.11}$$

要从(9.5.10)式(S 系 x 分量动量守恒)推出(9.5.11)式(S'系 x 分量动量守恒)，除普遍的质量变换关系(9.5.9)式外，还要求质量守恒关系式

$$m_1(u_1)+m_2(u_2)=m_1(v_1)+m_2(v_2) \tag{9.5.12}$$

以后知道，上式实际上代表的是碰撞过程中能量守恒关系，因此在相对论中，动量守恒与能量守恒密不可分.

认真回顾上面确定 m 的过程就会发现，在(9.5.9)式右边去掉因子 γ 或乘任意不为零的 u 的函数 $f(u)$后得到新的质量变换关系式

$$m'(v')=f(u)(1-uv_x/c^2)m(v) \tag{9.5.13}$$

用(9.5.13)式代替(9.5.9)式代入(9.5.8)式，由于 $f(u)$可以从等式两边约去也就成为(9.5.6)式，即(9.5.6)和(9.5.8)两式成为全同. 所以这样定义的质量变换关系仍然可以使动量守恒满足相对性原理. 也就是说单从满足动量守恒具有相对性来说，m 函数的选择不是唯一的. 这里选择(9.5.9)式还有一个最重要的理由，就是这样的形式可使 m 的表达

式具有洛伦兹变换下的不变性. 有恒等式

$$\gamma(1-uv_x/c^2)=\sqrt{\frac{1-v^2/c^2}{1-v'^2/c^2}} \tag{9.5.14}$$

(9.5.14)式可由洛伦兹变换直接验证如下. 由相对论速度变换

$$\begin{aligned}v'^2&=v'^2_x+v'^2_y+v'^2_z=[(v_x-u)^2+(v_y^2+v_z^2)/\gamma^2]/(1-uv_x/c^2)^2\\&=[v_x^2-2uv_x+u^2+(v_y^2+v_z^2)(1-u^2/c^2)]/(1-uv_x/c^2)^2\end{aligned}$$

于是得到

$$\begin{aligned}1-v'^2/c^2&=[(1-v_x^2/c^2)(1-u^2/c^2)-(v_y^2+v_z^2)(1-u^2/c^2)/c]/(1-uv_x/c^2)^2\\&=(1-v^2/c^2)(1-u^2/c^2)/(1-uv_x/c^2)^2\end{aligned}$$

即得(9.5.14)式. 将(9.5.14)式代入(9.5.9)式得

$$m'(v')\sqrt{1-v'^2/c^2}=m(v)\sqrt{1-v^2c^2}=\text{与惯性系无关的常数}$$

设这个与质量 m 相联系的与惯性系无关的常数为 m_0，则以 v 运动的相对论质量 m 为

$$m(v)=\frac{m_0}{\sqrt{1-v^2/c^2}} \tag{9.5.15}$$

换到 S'系有同样的关系

$$m'(v')=\frac{m_0}{\sqrt{1-v'^2/c^2}}$$

即质量与速率的函数关系与惯性系无关，具有洛伦兹变换下的不变性.

由质量与速率的重要的关系(9.5.15)式得

(1) $m_0=m(0)$，是静止质点的质量称为静止质量，与惯性系无关，是坐标变换不变量.

(2) 当粒子速率 $v\ll c$ 时，$m(v)\approx m_0$，所以牛顿质量 m^0 近似为 m_0，或者说牛顿质量是低速情况下相对论质量的零阶近似. 有人说牛顿质量 m^0 就是 m_0，这是不准确的，因为 m_0 是静止质点的质量，而牛顿质量是把静止以及低速运动的质点质量看作常数，统称为牛顿质量，所以两种质量含义不同.

(3) 当粒子速率 $v=c$ 时为使(9.5.15)式有意义，必须 $m_0=0$，即速度为 c 的粒子其静止质量必为零；反过来，若 $m_0=0$ 则其速度必为 c，这表示静止质量为零的粒子其速度恒为 c，如光子、引力子静止质量为零，传播速度即为 c.

(4) 当粒子速率 $m_0\neq 0$ 时必须 $v<c$，说明实物粒子的运动速率必然小于光速 c.

宏观物体运动速度一般都远远小于光速，所以其质量的变化非常小，一般都可以忽略不计. 例如 10^4 m/s 的速度对宏观物体已经是高速了，但以 $v=10^4$ m/s 速率运动的物体，其相对论质量与其静止质量的相对改变率为

$$\Delta m/m_0=(m-m_0)/m_0=[(1-v^2/c^2)]^{-1/2}-1\approx v^2/2c^2=6\times10^{-10}$$

微观粒子的速度常常可以接近光速，因此其相对论质量可以远远超过其静止质量，例如静止质量为 m_0 的微观粒子当其速度为 $0.999c$ 时，它的相对论质量为 $m=22.4m_0$.

狭义相对论给出质量和速率关系之后，很快有验证(9.5.15)式的实验. 1909 年布歇勒(Bucherer, A. H.)、1910 年考夫曼(Kaufmann, W.)、1915 年盖伊(Guye, C.)和拉万曲(Lavanchy, C.)先后做实验，实验结果验证了(9.5.15)式.

9.5.3 力与加速度关系——相对论质点动力学方程

相对论的质点动量定理(9.5.2)式形式上与牛顿力学的质点动量定理相同，但是由于牛顿质量与相对论质量完全不同，所以这两个动量定理有本质上的不同，对应的质点动力学方程也截然不同. 为与牛顿力学比较，下面讨论一个质点所受力与该质点加速度的关系.

1. 相对论质点动力学方程

由于 m 不再是常数而与 v 有关，所以由(9.5.2)式

$$\boldsymbol{F} = \mathrm{d}\boldsymbol{P}/\mathrm{d}t = \mathrm{d}(m\boldsymbol{v})/\mathrm{d}t = m(\mathrm{d}\boldsymbol{v}/\mathrm{d}t) + \boldsymbol{v}(\mathrm{d}m/\mathrm{d}t) = m\boldsymbol{a} + \boldsymbol{v}(\mathrm{d}m/\mathrm{d}t)$$

得到

$$m\boldsymbol{a} = \boldsymbol{F} - \boldsymbol{v}(\mathrm{d}m/\mathrm{d}t) \tag{9.5.16}$$

由(9.5.15)式

$$\begin{aligned}\frac{\mathrm{d}m}{\mathrm{d}t} &= m_0\frac{\mathrm{d}}{\mathrm{d}t}[(1-v^2/c^2)^{-1/2}] = m_0\frac{\mathrm{d}}{\mathrm{d}t}[(1-\boldsymbol{v}\cdot\boldsymbol{v}/c^2)^{-1/2}]\\ &= -\frac{m_0}{2}(1-v^2/c^2)^{-3/2}\left(-\frac{2}{c^2}\boldsymbol{v}\right)\cdot\frac{\mathrm{d}\boldsymbol{v}}{\mathrm{d}t} = m\boldsymbol{v}\cdot\boldsymbol{a}/(c^2-v^2)\\ &= \boldsymbol{v}\cdot\left(\boldsymbol{F}-\boldsymbol{v}\frac{\mathrm{d}m}{\mathrm{d}t}\right)\Big/(c^2-v^2)\end{aligned}$$

其中利用了(9.5.16)式. 由上式解出

$$\frac{\mathrm{d}m}{\mathrm{d}t} = \boldsymbol{F}\cdot\boldsymbol{v}/c^2 \tag{9.5.17}$$

代入(9.5.16)式得质点加速度与所受力的关系，也就是相对论质点动力学方程

$$m\boldsymbol{a} = \boldsymbol{F} - \boldsymbol{v}\frac{\boldsymbol{F}\cdot\boldsymbol{v}}{c^2} \tag{9.5.18}$$

或者

$$\boldsymbol{a} = \frac{\boldsymbol{F}}{m} - \boldsymbol{v}\frac{\boldsymbol{F}\cdot\boldsymbol{v}}{mc^2} \tag{9.5.19}$$

由于相对论质点动力学方程比较复杂，所以解决相对论力学问题时，应用动量定理往往更基本也更简单.

(9.5.18)式和(9.5.19)式与经典力学牛顿第二定律 $\boldsymbol{F}=m\boldsymbol{a}$ 有很大不同. 在 $\boldsymbol{F}$ 作用下，质点不但有 $\boldsymbol{F}$ 方向加速度，还有 $-\boldsymbol{v}$ 方向加速度. 这样，质点加速度不再与作用力成正比，相对论质量不再具有“惯性”度量的意义，也不再称为惯性质量.

2. 自然坐标系分量方程

相对论质点动力学方程(9.5.18)式和(9.5.19)式是矢量方程. 最常用的是自然坐标系的分量方程. 由(9.5.19)式分别得到切向和法向分量方程，其中用到 $\boldsymbol{F}\cdot\boldsymbol{v}=F_{\mathrm{t}}v$.

$$a_{\mathrm{t}} = F_{\mathrm{t}}/m - F_{\mathrm{t}}v^2/mc^2 = \frac{F_{\mathrm{t}}}{m}(1-v^2/c^2) = \frac{F_{\mathrm{t}}}{m_0}(1-v^2/c^2)^{3/2} \tag{9.5.20}$$

$$a_{\mathrm{n}} = F_{\mathrm{n}}/m = \frac{F_{\mathrm{n}}}{m_0}(1-v^2/c^2)^{1/2} \tag{9.5.21}$$

由此可知，虽然相对论质点动力学方程与牛顿第二定律差别很大，但是质点速度大小变化率即切向加速度 a_t 由切向力 F_t 决定、质点速度方向变化率即法向加速度 a_n 由法向力 F_n 决定，这两个基本规律是相同的.

若 $\boldsymbol{F}/\!/\boldsymbol{v}$，则 $\boldsymbol{F}_t=\boldsymbol{F}$、$\boldsymbol{a}_t=\boldsymbol{a}$，由(9.5.20)式得

$$\boldsymbol{a}=\frac{\boldsymbol{F}}{m_0}(1-v^2/c^2)^{3/2}$$

若 $\boldsymbol{F}\perp\boldsymbol{v}$，则 $\boldsymbol{F}_n=\boldsymbol{F}$、$\boldsymbol{a}_n=\boldsymbol{a}$，由(9.5.20)式得

$$\boldsymbol{a}=\boldsymbol{F}/m=\frac{\boldsymbol{F}}{m_0}(1-v^2/c^2)^{1/2}$$

3. 经典力学近似

在低速情况下 $v\ll c$，则(9.5.18)式中 $\left(\boldsymbol{v}\,\dfrac{\boldsymbol{F}\cdot\boldsymbol{v}}{c^2}\right)$ 项是高阶小可以忽略，$m\approx m_0\approx m^0$，于是由(9.5.18)式得到

$$m^0\boldsymbol{a}\approx\boldsymbol{F}$$

近似为牛顿第二定律.

例 9.5.1　静止质量为 m_0 的质点，从静止开始在恒力 $\boldsymbol{F}$ 作用下运动，求 t 时刻速度 $v(t)$.

解：有人认为，恒力 $\boldsymbol{F}$ 作用于静止质点，加速度总大于零，质点速度不断增加总归要突破光速 c，因此对狭义相对论产生疑问. 下面分别用牛顿力学和相对论力学进行计算. 取 x 坐标沿 $\boldsymbol{F}$ 方向，如图 9.5.2.

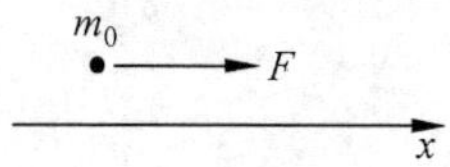

图　9.5.2

由于从静止开始在恒力下运动，质点为直线运动

(1) 按牛顿力学计算

$$v(t)=at=Ft/m^0\approx Ft/m_0 \qquad (1)$$

$t\to\infty$ 时，$v\to\infty$.

牛顿力学对实物粒子速率没有限制，计算结果质点速率也没有上限.

(2) 按相对论力学计算

注意到 $\boldsymbol{F}/\!/\boldsymbol{v}$，由(9.5.20)式得到

$$a=\mathrm{d}v/\mathrm{d}t=F(1-v^2/c^2)^{3/2}/m_0 \qquad \int_0^v\frac{\mathrm{d}v}{(1-v^2/c^2)^{3/2}}=\int_0^t\frac{F}{m_0}\mathrm{d}t$$

积分得到 $\dfrac{cv}{\sqrt{c^2-v^2}}=Ft/m_0$，从中解出

$$v(t)=\frac{Ft}{m_0\sqrt{1+(Ft/cm_0)^2}} \qquad (2)$$

由于本题是恒力作用，所以直接应用动量定理积分形式计算更简单. 由(9.5.4)式

$$mv-0=\int_0^t F\mathrm{d}t=Ft$$

即 $\dfrac{m_0v}{\sqrt{1-v^2/c^2}}=Ft$，于是也得到(2)式.

对(2)式讨论如下：

当 $Ft/m_0c\ll1$ 时，$v(t)\approx Ft/m_0$，近似为牛顿力学结果；

当 $t\to\infty$ 时，$v(t)\to c$，表明实物粒子速度不可能超光速.

因此狭义相对论是自洽的，恒力作用下的质点速率不会超光速.

例 9.5.2 见图 9.5.3，静止质量为 m_0 的质点 $t=0$ 时刻位于原点，具有 y 方向的初速度 v_0，且从此刻起受到 x 方向的恒力 F. 求 t 时刻速度 $\boldsymbol{v}(t)$ 和加速度 $\boldsymbol{a}(t)$，讨论 $t\to\infty$ 时其运动趋势.

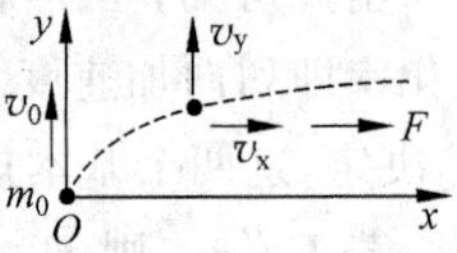

图 9.5.3

解：由质点动量定理

$$x\text{ 方向}\quad p_x-0=mv_x-0=\int_0^t F\mathrm{d}t$$

得

$$\frac{m_0}{\sqrt{1-\beta^2}}v_x=Ft$$

其中，$\beta=v/c$，令 $K=(Ft/m_0c)^2$，于是得

$$v_x^2=(Ft)^2(1-\beta^2)/m_0^2=Kc^2(1-\beta^2) \tag{1}$$

y 方向外力为零，因此 p_y 守恒

$$p_y=mv_y=\frac{m_0}{\sqrt{1-\beta^2}}v_y=p_0=\frac{m_0}{\sqrt{1-\beta_0^2}}v_0 \tag{2}$$

其中，$p_0=p_{0y}$ 为质点 y 方向 $t=0$ 时刻动量；$\beta_0=v_0/c$. 于是得

$$v_y^2=(1-\beta^2)v_0^2/(1-\beta_0^2) \tag{3}$$

$$v^2=v_x^2+v_y^2=Kc^2(1-\beta^2)+(1-\beta^2)v_0^2/(1-\beta_0^2)$$

两边除以 c^2，得

$$\beta^2=(1-\beta^2)[K+\beta_0^2/(1-\beta_0^2)]=1-(1-\beta^2)$$

于是得到

$$1-\beta^2=1/[1+K+\beta_0^2/(1-\beta_0^2)]$$

代入(1)、(3)式得

$$v_x^2=Kc^2/[1+K+\beta_0^2/(1-\beta_0^2)]$$

$$v_y^2=v_0^2/\{(1-\beta_0^2)[1+K+\beta_0^2/(1-\beta_0^2)]\}$$

$$v^2=[K+\beta_0^2/(1-\beta_0^2)]c^2/[1+K+\beta_0^2/(1-\beta_0^2)]$$

$v_0=0$ 时即为上例：$v_x^2=v^2=Kc^2/(1+K)$、$v_y=0$.

$t\to\infty$ 时 $K\to\infty$：$v_x\approx v\to c$、$v_y\to 0$.

其中 y 方向动量守恒，由于 $v\to c$ 使 $m\to\infty$，因此导致 $v_y\to 0$.

由动力学公式分析. 由(9.5.19)式得

$$a_x=\frac{\mathrm{d}v_x}{\mathrm{d}t}=F/m-Fv_x^2/(mc^2)=F\sqrt{1-\beta^2}(1-v_x^2/c^2)/m_0$$

$$=F[1+\beta_0^2/(1-\beta_0^2)]/\{m_0[1+K+\beta_0^2/(1-\beta_0^2)]^{3/2}\}$$

$$a_y=\frac{\mathrm{d}v_y}{\mathrm{d}t}=-v_y(\boldsymbol{F}\cdot\boldsymbol{v})/mc^2=-v_y\frac{Fv_x}{m_0c^2}\sqrt{1-\beta^2}$$

$$=-F\sqrt{K}v_0/\{m_0c[1+K+\beta_0^2(1-\beta_0^2)]\sqrt{1-\beta_0^2}\}$$

虽然没有 y 方向作用力，但是有 y 方向的加速度. 正是 y 方向上的反向加速度使 v_y 不断减小趋于零.

例 9.5.3 如图 9.5.4 所示静止质量为 m_0、电量为 q 的带电粒子速度为 v_0，垂直进入均匀磁场 $\boldsymbol{B}$ 中，求其轨道半径 R.

图 9.5.4

解：由电磁学，速度为 $\boldsymbol{v}$、电量为 q 的运动带电粒子受磁场的洛伦兹力为

$$\boldsymbol{F}=q\boldsymbol{v}\times\boldsymbol{B}$$

微观粒子速率可以很大，需要考虑相对论效应. 由相对论力学

$$\boldsymbol{F}=\mathrm{d}\boldsymbol{P}/\mathrm{d}t=\dot{p}\hat{p}+\omega\times\boldsymbol{p}$$

其中，$\dot{p}\hat{p}$ 和 $\omega\times\boldsymbol{p}$ 分别是动量变化率($\mathrm{d}\boldsymbol{P}/\mathrm{d}t$)的大小变化率部分(切向)和方向变化率部分(法向)，ω 为矢量 $\boldsymbol{P}$ 的瞬时转动角速度. 由于洛伦兹力只是法向，所以切向方程为

$$\dot{p}=0 \qquad P=\text{常数}=p_0$$

即在磁场中电子动量大小不变为 p_0、速率 v 不变为 v_0.

法向方程

$$qv_0B=\omega p_0=v_0p_0/\rho=mv_0^2/\rho=m_0v_0^2/(\rho\sqrt{1-v^2/c^2})$$

其中 ρ 为粒子轨道的曲率半径. 于是得到粒子轨道的曲率半径为

$$\rho=p_0/qB=m_0v_0/(qB\sqrt{1-v_0^2/c^2})=\text{常数}=\text{半径 }R$$

因此带电粒子作半径为 R 的匀速圆周运动.

另外还可以由相对论动力学方程计算. 由于 $\boldsymbol{F}\perp\boldsymbol{v}$ 为法向力，所以

$$a_t=0 \qquad v=\text{常数}=v_0$$

法向(9.5.21)式

$$F_n=qv_0B=mv_0^2/\rho=m_0v_0^2/(\rho\sqrt{1-v^2/c^2})$$

$$\rho=m_0v_0/(qB\sqrt{1-v^2/c^2})=\text{常数}=\text{半径 }R$$

9.5.4　相对论动能定理、相对论能量

由能量转化和守恒定律，质点 m 的能量 E 的增加来自外界对它做的功. 在粒子本身不发生改变的情况下，质点 m 能量的增加就是动能 E_k 的增加. 所以

$$\mathrm{d}E=\mathrm{d}E_k=\mathrm{d}W \tag{9.5.22}$$

这就是相对论质点动能定理：**合力对质点做的功等于它动能的增量**. 与相对论质点动量定理相同，相对论质点动能定理的表达与 5.1.3 节中牛顿力学动能定理的表达相同，区别在于动能的表达式不同.

动能的改变体现在速率的改变. 由(9.5.20)式，质点速率的改变完全由切向力决定，因此与经典力学相同，力的功也应当完全由切向力决定. 于是在相对论中也定义力 $\boldsymbol{F}$ 的元功为

$$\mathrm{d}W=\boldsymbol{F}\cdot\mathrm{d}\boldsymbol{r}$$

其中 $\mathrm{d}\boldsymbol{r}$ 为质点的元位移，$\boldsymbol{F}$ 为作用于质点的合力. 于是

$$\mathrm{d}E=\mathrm{d}E_k=\boldsymbol{F}\cdot\mathrm{d}\boldsymbol{r} \tag{9.5.23}$$

方程两边除以 $\mathrm{d}t$ 得

$$\frac{\mathrm{d}E}{\mathrm{d}t}=\frac{\mathrm{d}E_k}{\mathrm{d}t}=\boldsymbol{F}\cdot\boldsymbol{v} \tag{9.5.24}$$

即质点能量的时间变化率等于外界对它做功的功率. $\boldsymbol{v}$ 为质点的速度，将(9.5.17)式代入得

$$\frac{\mathrm{d}E_k}{\mathrm{d}t}=\frac{\mathrm{d}}{\mathrm{d}t}(mc^2)$$

考虑到质点静止时质量为 m_0，所以两边积分为

$$\int_0^{E_k}\mathrm{d}E_k=c^2\int_{m_0}^{m}\mathrm{d}m$$

积分得到相对论动能为 $E_k=mc^2-m_0c^2$. 爱因斯坦取 mc^2 为质量为 m 的质点总能量，得到著名的质能关系式

$$E=mc^2 \tag{9.5.25}$$

mc^2 为质点的相对论(总)能量. 即具有确定质量 m 的物质具有的全部能量为 mc^2，或者

说质量 m 全部转化为能量的话，该能量就是 mc^2. 反过来，能量 mc^2 转化为物质的话，这个物质的质量就是 m. 本来质量为 m 的质点总能量可以是(mc^2+常数)，这样仍然可以满足 $E_k=mc^2-m_0c^2$. 因此爱因斯坦取常数为零确定 $E=mc^2$ 是一个重要的假设. 在基本粒子领域粒子的产生或是被吸收的现象屡见不鲜. 例如一个中性 π^0 介子与一个原子核作用，被核中中子或质子吸收. 吸收后中子或质子仍然为中子或质子，只是原子核能量有增量 ΔE，且实验测量 $\Delta E=m_\pi c^2$. 又如，正负电子对可以湮灭产生一对光子，实验测量光子对的总能量为(m_-+m_+)c^2，其中 m_+、m_- 分别为正负电子的质量. 这些微观粒子的产生或是湮灭的事例都验证了这个关系式，说明爱因斯坦假设的正确性. 这个公式可以说是相对论力学的最重要的成就，它在自然科学理论中的重要性，它的优美与简洁，无论如何评价都不过分.

有了质能关系式，相对论质量就有了简明的物理意义，定义为物质能量除以光速平方，即

$$m=E/c^2$$

质点静止时质量为 m_0，相应的能量称为静止能量(简称静能)，记为

$$E_0=m_0c^2 \tag{9.5.26}$$

质点以 v 运动时质量为 m，能量 $E=mc^2$，则其动能为

$$E_k=E-E_0=mc^2-m_0c^2 \tag{9.5.27}$$

看起来相对论动能与牛顿理论的动能很不一样，但是在 $v\ll c$ 情况下相对论动能近似为

$$\begin{aligned}E_k&=m_0[(1-v^2/c^2)^{-1/2}-1]c^2\approx m_0[(1+v^2/2c^2)-1]c^2\\&=\frac{1}{2}m_0v^2\approx\frac{1}{2}m^0v^2\end{aligned}$$

从而过渡到熟悉的经典动能. 注意经典情况质量为 m^0.

由质能关系式很容易了解，**孤立系统能量守恒对应着质量守恒**. 设若干质点组成孤立系统，除碰撞外不考虑质点之间的相互作用，即忽略粒子间相互作用能，则系统总能量等于各质点(称为子系统)的能量之和

$$E_{总}=\sum E_i=\sum m_ic^2=\left(\sum m_i\right)c^2$$

其中 m_i 为第 i 个质点质量. 于是由孤立系统能量守恒 $E_{总}$=常数，得到系统总质量也守恒

$$m_{总}=\sum m_i=常数$$

注意守恒的是相对论质量而不是静质量或牛顿质量. 一般情况下孤立系统的静质量或牛顿质量是不守恒的. 在经典物理学中，孤立系统质量守恒和能量守恒分别是两个守恒定律. 经典物理学中的质量实质上是静止质量或牛顿质量，所以经典物理的质量守恒是近似成立的，只有在一般的化学反应或低能过程中才近似不变.

9.5.5 静质量改变与释放能量、核反应

静能是粒子质心静止状态下粒子所具有的总能，包括组成它的更小粒子的能量及其结合能. 例如原子核的静止能，包括组成它的中子、质子的能量以及中子、质子的结合能. 如果粒子本身不变只是运动状态改变则其静能不变. 粒子发生改变则其静能随之改变. 粒子小的改变如吸收光子能量跃迁到激发态，或是发生化学反应最外层电子态发生变化等；粒子大的改变如发生核反应原子核破裂形成新原子核，或是正负电子碰撞产生新粒子等. 孤立系统能量守恒，如果粒子发生变化，那么粒子的静能转化成动能等其他形式能量.

粒子静能变化表示其静质量改变，即使粒子小的改变也会影响到粒子的静质量，处于激发态的原子、分子静止质量与处于基态的原子、分子的静止质量不同，只是所差甚微罢了．静能与动能的转化通常用静质量的改变量来描述或计算．

设若干粒子组成的孤立系统静能（静质量）发生改变，记

改变前粒子静质量：$m_{01}^{前}$、$m_{02}^{前}$、$m_{03}^{前}$、……

改变后粒子静质量：$m_{01}^{后}$、$m_{02}^{后}$、$m_{03}^{后}$、……

由能量守恒 $\sum E_i^{前} = \sum E_i^{后}$，忽略粒子间相互作用能，每个粒子能量分为静能和动能，则

$$\left(\sum m_{0i}^{前}\right)c^2 + \sum E_{ki}^{前} = \left(\sum m_{0i}^{后}\right)c^2 + \sum E_{ki}^{后}$$

于是动能增量为

$$\Delta E_k = \sum E_{ki}{}^{后} - \sum E_{ki}{}^{前} = \left(\sum m_{0i}{}^{前} - \sum m_{0i}{}^{后}\right)c^2 = -(\Delta m_0)c^2 \tag{9.5.28}$$

其中 ΔE_k 和 Δm_0 分别是系统总动能和总静止质量的增量．上式表明，静质量减少意味着静能被释放转换为动能，转换关系满足爱因斯坦质能公式．例如化学反应中原子改变形成新原子，静能改变（电子态改变）为几 eV，即 $|\Delta m_0|c^2 =$ 几 eV．一般原子质量 m_0 为 $1\sim10^2$ GeV 量级，所以化学反应中静质量的改变率 $|\Delta m_0|/m_0$ 约为 $10^{-9}\sim10^{-10}$，可以忽略不计，这样才有化学的（静）质量守恒定律．

比较显著的静能改变的例子是核反应．核反应时中子、质子分离组成新的核．结合能小于零，原来的核破裂需要能量；原核破裂后又结合成新核会放出能量．若新核比老核更稳定，即新核的结合能更小，总起来看就有一部分结合能释放出来，使反应后粒子总静止质量小于反应前的粒子总静止质量，即 $\Delta m_0 < 0$，于是静能转化为动能释放出来．对核反应过程令 $|\Delta m_0| = \sum m_{0i}^{前} - \sum m_{0i}^{后}$，称为静质量亏损，则由(9.5.28)式核反应释放的动能为

$$\Delta E_k = |\Delta m_0| c^2 \tag{9.5.29}$$

例 9.5.4　热核反应，氘(D)氚(T)结合为 He，即

$${}_1^2\mathrm{H} + {}_1^3\mathrm{H} \longrightarrow \mathrm{He} + \mathrm{n} + \Delta E_k$$

反应中静止质量亏损

$$|\Delta m_0| = m_D + m_T - m_{He} - m_n = 3.11\times10^{-29}\ \mathrm{kg}$$

于是释放能量

$$\Delta E_k = |\Delta m_0| c^2 = 2.8\times10^{-12}\,\mathrm{J}$$

热核反应中静质量的改变率

$$|\Delta m_0|/m_0 \sim 10^{-2}\quad（质子静质量约 1.67\times10^{-27}\ \mathrm{kg}）$$

热核反应静质量改变率约为化学反应的静质量改变率 $10^7\sim10^9$．1 kg(D,T)放热 3.35×10^{14} J，相当于 10^7 kg 煤的燃烧热，与静质量改变率的比值相对应．

9.5.6　相对论能量与动量关系

在牛顿力学中，设势能为 V，则能量为（为方便与相对论对比，将 m^0 近似为 m_0）

$$E = \frac{1}{2}m_0 v^2 + V = \frac{p^2}{2m_0} + V$$

由此关系,将 E 和 $\boldsymbol{p}$ 转化为算符 $-\mathrm{i}\hbar\frac{\partial}{\partial t}$ 和 $-\mathrm{i}\hbar\nabla$,就得到量子力学中非相对论的薛定谔方程.

在相对论中,由 $E=mc^2=m_0(1-v^2/c^2)^{-1/2}c^2$,得 $m_0c^2=E(1-v^2/c^2)^{1/2}$. 两边平方得

$$m_0^2c^4=E^2(1-v^2/c^2)=E^2-(mc^2)^2(v^2/c^2)$$
$$=E^2-(mv)^2c^2=E^2-p^2c^2$$

即

$$E^2=p^2c^2+m_0^2c^4=p^2c^2+E_0^2 \tag{9.5.30}$$

这就是重要的相对论能量、动量关系,可用图 9.5.5 中的直角三角形来记忆. 取 $m_0=0$,得到静止质量为零的粒子的动量

$$p=E/c=mc$$

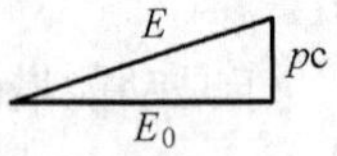

图 9.5.5

从而明确看到静止质量为零的粒子速度必为 c. 将 E 和 $\boldsymbol{p}$ 用算符 $-\mathrm{i}\hbar\frac{\partial}{\partial t}$ 和 $-\mathrm{i}\hbar\nabla$ 代换,就得到相对论的量子力学方程——克莱因-高登(Klein-Gordon)方程.

前面分辨是否考虑相对论效应都是看速率,利用(9.5.30)式可以从能量分辨是否考虑相对论效应,如果总能 $E\sim E_0$,则系统为物质型,可以考虑忽略相对论效应;若 $E_0\ll E$、$E\sim pc$,则系统为极端相对论型,必须按相对论理论讨论.

由相对论能量、动量关系得到相对论动能的另一种表示

$$E_k=E-E_0=(E^2-E_0^2)/(E+E_0)=p^2/(m+m_0) \tag{9.5.31}$$

当 $v\ll c$ 时,$E_k\approx p^2/2m_0\approx p^2/2m^0$,近似为牛顿力学动能.

例 9.5.5 正、负电子对撞生成新粒子. 已知每个电子动能 $E_k=2.2\,\mathrm{GeV}$. 求:(1)生成新粒子的静能;(2)若用电子碰静止正电子仍产生该新粒子,求所须动能 E_k.

解:对撞过程中正负电子系统为孤立系统,系统的能量(质量)和动量守恒.

设新粒子静质量为 M_0,速度为 V 时质量为 M. 已知电子静能 $E_0=m_0c^2=0.51\,\mathrm{MeV}$.

(1) 正、负电子对撞

正、负电子对撞指正、负电子速率相同迎面碰撞,碰撞前正负电子系统总动量 $p_{初}=p_{电子}=0$. 由对撞过程中系统动量守恒得

$$MV=p_{初}=0$$

于是

$$V=0 \qquad M=M_0$$

由系统能量守恒,记 m 为正、负电子速率为 v 时的质量. 新粒子静能

$$E_{新0}=M_0c^2=Mc^2=2mc^2=2m_0c^2+2E_k\approx 2E_k=4.4\,\mathrm{GeV}$$

(2) 设运动电子速度为 v、能量为 E、动能为 E_k、动量为 p

由系统动量守恒,记新粒子动量为 $\boldsymbol{p}_{新}$,写成投影式得

$$p_{新}=MV=mv=p \qquad V=mv/M=p/M$$

由系统能量守恒,记新粒子能量为 $E_{新}$,得

$$E_{新}=E_{初}=E_{电子}=E+E_0$$

由能量动量关系

$$E_{新0}^2=(M_0c^2)^2=E_{初}^2-p_{新}^2c^2=(E+E_0)^2-p^2c^2=E^2+2EE_0+E_0^2-p^2c^2$$

$$= 2EE_0 + 2E_0^2 = 2E_0(E_k + 2E_0)$$

其中电子的能量动量关系 $E^2 - p^2c^2 = E_0^2$. 于是得到电子的动能

$$E_k = (M_0c^2)^2/2E_0 - 2E_0 \approx (M_0c^2)^2/2E_0 = 1.9\times10^4\,\text{GeV}$$

可见：运动电子碰静止正电子，由于动量守恒的限制，运动电子的绝大部分动能变成新粒子的动能，产生新粒子静能($M_0c^2=4.4$ GeV)只占运动电子动能的万分之一. 所以要采用对撞的形式提高能量的利用率. 如果按牛顿力学计算，按 5.4.3 节讨论，动球碰质量相同的静球，减少的动能或者资用能为初始动能的一半，与相对论的结果相差极大.

还可以更普遍地讨论正负电子的碰撞. 设正负电子的能量分别为 E_1、E_2，动量分别为 $\boldsymbol{p}_1$、$\boldsymbol{p}_2$，于是由系统动量守恒、能量守恒分别得

$$\boldsymbol{p}_{新} = \boldsymbol{p}_1 + \boldsymbol{p}_2 \qquad E_{新} = E_1 + E_2$$

于是得到

$$\begin{aligned}(M_0c^2)^2 &= E_{新}^2 - \boldsymbol{p}_{新}^2c^2 = (E_1+E_2)^2 - (\boldsymbol{p}_1+\boldsymbol{p}_2)^2c^2\\ &= E_1^2 + 2E_1E_2 + E_2^2 - (p_1^2 + 2\boldsymbol{p}_1\cdot\boldsymbol{p}_2 + p_2^2)c^2\\ &= E_1^2 + 2E_1E_2 + E_2^2 - (p_1^2 + 2\boldsymbol{p}_1\cdot\boldsymbol{p}_2 + p_2^2)c^2\\ &= 2(E_0^2 + E_1E_2 - \boldsymbol{p}_1\cdot\boldsymbol{p}_2c^2)\end{aligned}$$

(1) 正、负电子对撞

则：

$$E_1 = E_2 = E_0 + E_k,\ \boldsymbol{p}_1 + \boldsymbol{p}_2 = 0$$

$$M_0c^2 = E_1 + E_2 = 2(E_0 + E_k) \approx 2E_k = 4.4\,\text{GeV}$$

(2) 运动电子碰静止正电子

则：

$$E_1 = E_0 + E_k,\ E_2 = E_0,\ \boldsymbol{p}_2 = 0$$

$$M_0^2c^4 = 2(E_0^2 + E_1E_0) = 2E_0(E_k + 2E_0)$$

$$E_k = (M_0c^2)^2/2E_0 - 2E_0 \approx (M_0c^2)^2/2E_0 = 1.9\times10^4\,\text{GeV}$$

例 9.5.6 动量为 $\boldsymbol{p}_{\gamma0}$ 的光子 γ 与一个静止的粒子进行弹性碰撞，散射光子的散射角为 θ. 已知粒子静能为 E_0，求(1)散射角为 θ 的散射光子动量 $\boldsymbol{p}_\gamma$ 的大小 p_γ 和碰后粒子的能量 E_γ. (2)若入射光子能量恰好等于粒子的静能 E_0，求碰后粒子能够达到的最大速率 v_{max}.

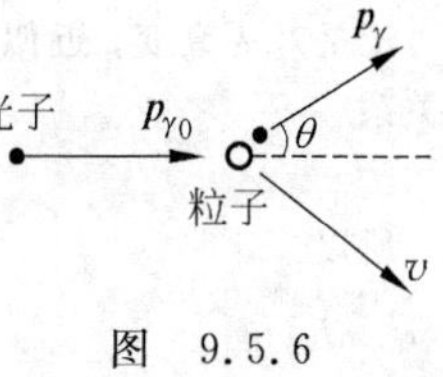

图 9.5.6

解：(1) 光子静质量为零，$E_\gamma = p_\gamma c$

光子与粒子系统动量守恒和能量守恒. 设碰后粒子能量为 E、动量为 $\boldsymbol{p}$，则

$$\boldsymbol{p}_{\gamma0} = \boldsymbol{p}_\gamma + \boldsymbol{p} \tag{1}$$

$$p_{\gamma0}c + E_0 = p_\gamma c + E \tag{2}$$

由(1)、(2)式得

$$p^2c^2 = (\boldsymbol{p}_{\gamma0} - \boldsymbol{p}_\gamma)\cdot(\boldsymbol{p}_{\gamma0} - \boldsymbol{p}_\gamma)c^2 = (p_{\gamma0}^2 + p_\gamma^2 - 2p_{\gamma0}p_\gamma\cos\theta)c^2 \tag{3}$$

$$E^2 = [E_0 + (p_{\gamma0} - p_\gamma)c]^2 = E_0^2 + (p_{\gamma0} - p_\gamma)^2c^2 + 2E_0(p_{\gamma0} - p_\gamma)c \tag{4}$$

由能量动量关系(9.5.30)式及(4)式得

$$p^2c^2 = E^2 - E_0^2 = (p_{\gamma0} - p_\gamma)^2c^2 + 2E_0(p_{\gamma0} - p_\gamma)c$$

再考虑(3)式得

$$-2p_{\gamma0}p_\gamma c + 2E_0(p_{\gamma0} - p_\gamma) = 2p_{\gamma0}p_\gamma\cos\theta c$$

于是得

$$p_\gamma = E_0p_{\gamma0}/[E_0 + p_{\gamma0}c(1-\cos\theta)] \tag{5}$$

$$E = E_0 + (p_{\gamma 0} - p_\gamma)c = E_0 + (p_{\gamma 0}c)^2(1-\cos\theta)/[E_0 + p_{\gamma 0}c(1-\cos\theta)] \quad (6)$$

(2) 若 $p_{\gamma 0}c = E_0$，代入式(6)得

$$E = (3-2\cos\theta)E_0/(2-\cos\theta)$$

令 $dE/d\theta = E_0\sin\theta/(2-\cos\theta)^2 = 0$，得到函数 $E(\theta)$ 的驻点为 $\theta=\pi$. 当 $\theta=\pi$ 时 E 最大，为

$$E_{\max} = 5E_0/3 = E_0/(1-v_{\max}^2/c^2)^{1/2}$$

得到 $(1-v_{\max}^2/c^2)^{1/2}=3/5$. 于是

$$v_{\max} = 4c/5$$

这样当光子散射角为 π，即光子碰撞后原路返回时粒子能够达到最大速率为 $4c/5$.

例 9.5.7 前面 5.4.6 节讨论 α 衰变和 β 衰变时，利用牛顿力学证明在二体衰变情况下，如果衰变能 E_0 是确定的，那么由于动量守恒和能量守恒的要求，衰变后子核和放射粒子的动量、动能都是唯一确定的. 现在用相对论力学同样可以由动量守恒和能量守恒说明，能够唯一地确定衰变后子核和放射粒子的动量、动能. 最后说明，对于 β 衰变，衰变后的核(称为子核)的反冲动能可以忽略不计.

解：由动量守恒，反冲核(子核)动量 $\boldsymbol{p}_{子核}$ 和放射粒子动量 $\boldsymbol{p}$ 满足

$$\boldsymbol{p}_{子核} + \boldsymbol{p} = 0$$

即二体动量大小相等 $p_{子核}=p$，方向相反，为一维运动.

衰变后的子核和放射粒子具有动能 $E_{k子核}$ 和 E_k，它们来自核衰变释放的内能，称为衰变能 E_0. 由能量转化和守恒定律

$$E_{k子核} + E_k = E_0$$

设子核静质量为 $m_{0子核}$、放射粒子静质量为 m_0，则

$$E_{k子核} = E_{子核} - m_{0子核}c^2 = (m_{0子核}^2c^4 + p^2c^2)^{1/2} - m_{0子核}c^2$$

$$E_k = E - m_0c^2 = (m_0^2c^4 + p^2c^2)^{1/2} - m_0c^2$$

将 $E_{k子核}$、E_k 代入能量守恒方程得

$$(m_{0子核}^2c^4 + p^2c^2)^{1/2} + (m_0^2c^4 + p^2c^2)^{1/2} = E_0 + (m_{0子核} + m_0)c^2$$

对于确定的衰变能 E_0 由此可以计算出 p，然后得到确定的 E_k.

实际上即使质量小、动能大的 α 粒子，其由衰变得到的动能至今没有超过 10 MeV 的，而 α 粒子的静能接近 4 GeV，所以 α 粒子和子核动能都可以近似为牛顿力学形式

$$E_{k子核} = p^2/(m_{子核} + m_{0子核}) \approx p^2/2m_{0子核}$$

$$E_{k\alpha} = p^2/(m_\alpha + m_{0\alpha}) \approx p^2/2m_{0\alpha}$$

于是对 α 衰变，近似结果与 5.4.6 节牛顿力学结果相同，$E_k = m_{子核}E_0/(m_{子核}+m)$. 对电子必须用相对论关系

$$E_{k电子} = p^2/(m+m_0)$$

所以

$$E_{k子核} = \frac{m+m_0}{2m_{0子核}}E_{k电子} \ll E_{k电子}$$

其中电子的动质量 m 一般不超过 10 MeV，电子的静质量 $m_0=0.5$ MeV，而核的静质量可达几十 GeV. 所以对 β 衰变，衰变后的子核的反冲动能可以忽略不计，于是

$$E_{k电子} \approx E_0$$

与 5.4.6 节牛顿力学结论相同.

2008 年一项令科学界备受关注的研究就是大型强子对撞机(LHC)的开启，9 月 10 日，欧洲核子研究中心(CERN)宣布大型强子对撞机(LHC)启动. 第一束高能质子被注入 LHC 的环形隧道顺时针运行，初步测试获得成功. 大型强子对撞机是目前世界上最大的粒子加速器，可以将质子加速到 0.999 999 99 c，再让它们迎头相撞，以重现宇宙大爆炸最初几微秒的极端环境. 科学家预计，LHC 可能发现粒子物理标准模型预言的 62 种基本粒子中唯一仍未被发现的希格斯粒子，还有可能揭开宇宙中暗物质的本质.

9.6 质点质量、动量能量和力的相对论变换、光学多普勒效应

9.6.1 质量的相对论变换

在 9.5.2 节讨论相对论质量时为了保证动量守恒满足相对性原理，选择质点在 S 和 S'系测量的质量 m 和 m'之间的关系为(9.5.9)式，(9.5.9)式就是质点质量的相对论变换关系式

$$m' = \gamma(1 - uv_x/c^2)m = \frac{1 - uv_x/c^2}{\sqrt{1 - u^2/c^2}}m \tag{9.6.1}$$

将 $u \to -u$ 就可由质点质量的相对论正变换得到质点质量的相对论逆变换

$$m = \gamma(1 + uv'_x/c^2)m' = \frac{1 + uv'_x/c^2}{\sqrt{1 - u^2/c^2}}m' \tag{9.6.2}$$

9.6.2 动量能量的相对论变换

质点动量是质量和速度的乘积，由质量 m 和速度 $\boldsymbol{v}$ 的相对论变换得到动量的相对论变换.

将质点质量 m 的相对论变换(9.6.1)式代入得

$$\boldsymbol{p}' = m'\boldsymbol{v}' = \gamma(1 - uv_x/c^2)\, m\boldsymbol{v}'$$

将速度 $\boldsymbol{v}$ 的相对论变换代入得到动量相对论变换

$$p'_x = \gamma m(v_x - u) = \gamma(p_x - uE/c^2) \qquad p'_y = mv_y = p_y \qquad p'_z = mv_z = p_z$$

其中在 x 分量关系式中用 E/c^2 代替 m. 这样质点动量 $\boldsymbol{p}$ 的变换包含了质点能量 E，所以完整的变换还要考虑能量 E 的变换，E 的相对论变换直接由质量 m 的相对论变换得到

$$E' = m'c^2 = \gamma(1 - uv_x/c^2)\, mc^2 = \gamma(mc^2 - umv_x) = \gamma(E - up_x)$$

其中能量 E 的变换中包含了动量 p_x. 可见质点动量 $\boldsymbol{p}$ 和能量 E 的相对论变换紧密联系起来不能分开，成为一个完整的质点动量能量的相对论变换

$$p'_x = \gamma(p_x - uE/c^2) \tag{9.6.3a}$$

$$p'_y = p_y \tag{9.6.3b}$$

$$p'_z = p_z \tag{9.6.3c}$$

$$E' = \gamma(E - up_x) \tag{9.6.3d}$$

将 $u \to -u$ 就可由质点动量能量的相对论正变换得到动量能量的相对论逆变换为

$$p_x = \gamma(p'_x + uE'/c^2) \tag{9.6.4a}$$

$$p_y = p'_y \tag{9.6.4b}$$

$$p_z = p'_z \tag{9.6.4c}$$

$$E = \gamma(E' + up'_x) \tag{9.6.4d}$$

注意到质点动量能量相对论变换与坐标相对论变换相类似.

9.6.3 力的相对论变换

在经典力学中，力与参考系无关，是坐标变换不变量. 在相对论中同一个力在不同参

考系观测是不同的，随参考系的不同而改变. 质点受到的力 $\boldsymbol{F}$ 定义为质点动量 $\boldsymbol{p}$ 的变化率，即 $\boldsymbol{F}=\mathrm{d}\boldsymbol{p}/\mathrm{d}t$，因此力的相对论变换来自动量 $\boldsymbol{p}$ 和时间 t 的相对论变换. 微分动量 $\boldsymbol{p}$ 的变换式得

$$\mathrm{d}p'_x=\gamma(\mathrm{d}p_x-u\mathrm{d}E/c^2)=\gamma(\mathrm{d}p_x-u\boldsymbol{F}\cdot\boldsymbol{v}\mathrm{d}t/c^2)$$

$$\mathrm{d}p'_y=\mathrm{d}p_y \qquad \mathrm{d}p'_z=\mathrm{d}p_z$$

其中用到(9.5.17)式 $\mathrm{d}E=\boldsymbol{F}\cdot\boldsymbol{v}\,\mathrm{d}t$. 微分时间 t 的变换式得

$$\mathrm{d}t'=\gamma(1-uv_x/c^2)\mathrm{d}t$$

将上述微分关系代入 $F'_x=\mathrm{d}p'_x/\mathrm{d}t'$、$F'_y=\mathrm{d}p'_y/\mathrm{d}t'$、$F'_z=\mathrm{d}p'_z/\mathrm{d}t'$，并利用 $\boldsymbol{F}=\mathrm{d}\boldsymbol{p}/\mathrm{d}t$，得到质点受到的同一个力在不同惯性系观测的不同结果之间的关系，即力的相对论变换为

$$F'_x=\frac{F_x-\frac{u}{c^2}\boldsymbol{F}\cdot\boldsymbol{v}}{1-uv_x/c^2} \tag{9.6.5a}$$

$$F'_y=\frac{F_y}{\gamma(1-uv_x/c^2)} \tag{9.6.5b}$$

$$F'_z=\frac{F_z}{\gamma(1-uv_x/c^2)} \tag{9.6.5c}$$

如果质点沿 x 轴运动 $\boldsymbol{v}=v_x\hat{x}$，则 $\boldsymbol{F}\cdot\boldsymbol{v}=F_xv_x$，于是由(9.6.5a)式 $F'_x=F_x$，即在 S 和 S' 系观测力的 x 分量相同.

将 $u\rightarrow -u$ 就可由力的相对论正变换得到相对论逆变换

$$F_x=\frac{F'_x+\frac{u}{c^2}\boldsymbol{F}'\cdot\boldsymbol{v}'}{1+uv'_x/c^2} \tag{9.6.6a}$$

$$F_y=\frac{F'_y}{\gamma(1+uv'_x/c^2)} \tag{9.6.6b}$$

$$F_z=\frac{F'_z}{\gamma(1+uv'_x/c^2)} \tag{9.6.6c}$$

同样，如果质点沿 x 轴运动时 $F_x=F'_x$. 注意到力的变换类似速度的变换.

例 9.6.1 寻找零动量系.

例 4.2.3 讨论正负电子对的产生和湮灭(赵中尧辐射)时，说明由于动量守恒的限制，在自由空间高能光子不能够产生正负电子对，即 $\gamma\rightarrow e^++e^-$ 的过程不可能实现. 如果该过程可以实现，光子可以变成正负电子对，那么总可以找到合适的 S' 系，在 S' 系正负电子对的总动量为零，S' 系称为零动量系. 由质点系动量守恒原理，在 S' 系光子的动量也是零，即光子速度为零，这是不可能的，说明在自由空间高能光子不能够产生正负电子对. 上述推论过程的关键是对正负电子对系统总可以找到一个惯性参考系 S' 使(总)动量为零，该参考系称为零动量系. 在例 4.2.3 中应用经典力学已经找到零动量系 S' 系. 但是在高能、高速情况下寻找和确定零动量系 S' 应该考虑相对论效应，应用相对论力学. 下面用狭义相对论理论寻找正负电子对的零动量参考系 S'.

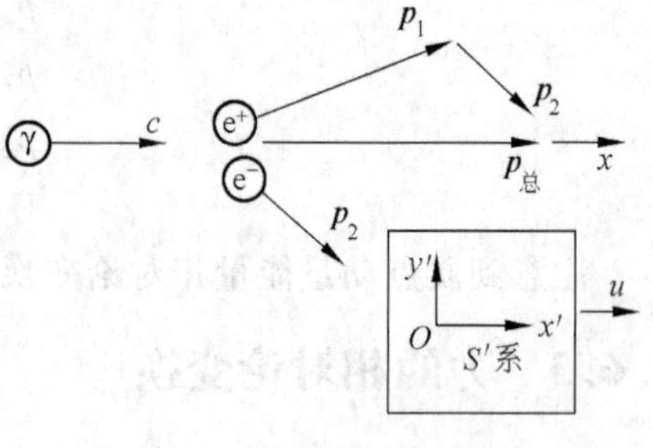

图 9.6.1

在参考系 S 系中，正负电子对 e^+、e^- 的动量分别记为 $\boldsymbol{p}_1$、$\boldsymbol{p}_2$ 如图 9.6.1 所示. 系统总动量 $\boldsymbol{p}_{总}$ 为

$$\boldsymbol{p}_{总} = \boldsymbol{p}_1 + \boldsymbol{p}_2$$

选 x 轴为 $\boldsymbol{p}_{总}$ 方向，于是

$$p_{总x} = p_{1x} + p_{2x} = m_1 v_{1x} + m_2 v_{2x}$$

$$p_{总y} = p_{1y} + p_{2y} = 0$$

设 S' 系以 $\boldsymbol{u}=u\hat{x}$ 恒速运动，于是

$$p'_{总y} = p'_{1y} + p'_{2y} = p_{1y} + p_{2y} = 0$$

这样如果 S' 系为零动量系就只要求

$$p'_{总x}=p'_{1x}+p'_{2x}=m'_1 v'_{1x}+m'_2 v'_{2x}=0 \tag{1}$$

1. 按经典理论计算

由伽利略速度变换和经典力学质量关系

$$v'_{1x}=v_{1x}-u \quad v'_{2x}=v_{2x}-u \quad m_1=m_2=m=m'$$

代入(1)式得

$$p'_{总x}=m'(v'_{1x}+v'_{2x})=m(v_{1x}+v_{2x}-2u)=0$$

得到零动量系 S' 系的速度为

$$u=(v_{1x}+v_{2x})/2 \tag{2}$$

2. 按狭义相对论计算

由动量的相对论变换

$$p'_{1x}=\gamma(p_{1x}-m_1 u) \quad p'_{2x}=\gamma(p_{2x}-m_2 u)$$

代入(1)式得

$$p'_{1x}+p'_{2x}=\gamma[p_{1x}+p_{2x}-(m_1+m_2)u]=0$$

得到零动量系 S' 系的速度为

$$u=(p_{1x}+p_{2x})/(m_1+m_2) \tag{3}$$

其中，$\gamma=(1-u^2/c^2)^{1/2}$、$m_1=m_0(1-v_1^2/c^2)^{-1/2}$、$m_2=m_0(1-v_2^2/c^2)^{-1/2}$，$m_0$ 为 e^+、e^- 的静止质量. 由于狭义相对论要求参考系速度必须小于 c，所以还需要证明 $|u|<c$.

由 $p_{1x}+p_{2x}=m_1 v_{x1}+m_2 v_{x2}$，设 $v_{x1}<v_{x2}$，则

$$(m_1+m_2)v_{x1}<p_{1x}+p_{2x}<(m_1+m_2)v_{x2}$$

所以 $v_{x1}<u<v_{x2}$. 由于 $|v_{x1}|<c$、$|v_{x2}|<c$，因此

$$-c<v_{x1}<u<v_{x2}<c$$

所以 $|u|<c$，确实存在正负电子对的零动量系 S' 系.

3. 说明

设在 S 系中有一个以 v 运动的单独粒子，取其运动方向为 x 轴，则其动量为 $\boldsymbol{p}=p_x\hat{x}$. 由动量相对论变换得到该粒子在 S' 系动量

$$p'_x=\gamma(p_x-uE/c^2)=\gamma(p_x-mu)$$

令 $p'_x=0$，得到

$$u=p_x/m \tag{4}$$

如果 S' 系存在，那么它就是这个粒子的零动量系.

(1) 若是实物粒子，则 $p_x^2c^2+m_0^2c^4=m^2c^4$，故 $|p_x|<mc$. 于是得

$$|u|=|p_x|/m<c$$

即对实物粒子总可以找到一个惯性参考系 S' 使其动量为零.

(2) 若是光子，$|p_x|=mc$，于是得

$$|\boldsymbol{u}|=c$$

即能够使光子动量为零的参考系必须以光速 c 运动，这是不可能的. 所以从这个角度来说，光子在任意参考系都不可能速度为零.

例 9.6.2 地面上竖立一堵厚度 $d=0.35$ m 的水泥墙，α 粒子以速率 v_1 水平垂直射入水泥墙，从水泥墙穿出后 α 粒子速率降为 v_2. 设墙对 α 粒子的作用力 F_0 为常数. 已知 S' 系以 v_1 运动，α 粒子静质量 $m_0=\frac{2}{3}\times10^{-26}$ kg，$v_1=4c/5$、$v_2=5c/13$，求：分别在地面参考系 S 系和 S' 系计算作用力 F_0、F_0' 和 α 粒子穿墙所用时间 Δt、$\Delta t'$.

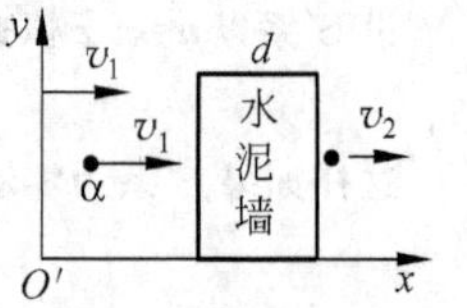

图 9.6.2

解：在 S 参考系. 由(9.5.23)式

$$\boldsymbol{F}_0\cdot\mathrm{d}\boldsymbol{r}=-F_0\,\mathrm{d}x=\mathrm{d}E=c^2\,\mathrm{d}m$$

$$\int_0^d -F_0\,\mathrm{d}x=\int_{m_1}^{m_2}c^2\,\mathrm{d}m$$

$$-F_0 d=c^2(m_2-m_1)=m_0c^2\left[(1-v_2^2/c^2)^{-1/2}-(1-v_1^2/c^2)^{-1/2}\right]$$

于是得到

$$F_0=m_0c^2\left[(1-v_1^2/c^2)^{-1/2}-(1-v_2^2/c^2)^{-1/2}\right]/d=m_0c^2(5/3-13/12)/d=1.0\times10^{-9}\ \mathrm{N}$$

由动量定理积分形式(9.5.4)式，注意作用力 F_0 为常数，得到

$$-F_0\Delta t=p_2-p_1=m_2v_2-m_1v_1=m_0\left[v_2(1-v_2^2/c^2)^{-1/2}-v_1(1-v_1^2/c^2)^{-1/2}\right]$$

$$\Delta t=m_0\left[v_1(1-v_1^2/c^2)^{-1/2}-v_2(1-v_2^2/c^2)^{-1/2}\right]/F_0=m_0c(4/3-5/12)/F_0=\frac{11}{6}\times10^{-9}\ \mathrm{s}$$

将力和时间间隔换到 S' 系. 在穿墙过程中，α 粒子速度不断改变，但是始终沿 x 轴运动，因此总有

$$F_x'=F_x=-F_0=-1.0\times10^{-9}\ \mathrm{N}$$

由洛伦兹坐标变换

$$\Delta t'=\gamma(\Delta t-u\Delta x/c^2)=\gamma(\Delta t-v_1d/c^2)=\frac{5}{3}\left(\frac{11}{6}-\frac{14}{15}\right)\times10^{-9}=1.5\times10^{-9}\mathrm{s}$$

在 9.3.1 节建立起洛伦兹坐标变换关系之后曾经回顾洛伦兹变换的推导过程，发现狭义相对性原理起了最根本的作用. 现在回顾上述物理量的相对论变换的推导，发现狭义相对性原理也起了根本的作用. 其中利用动量守恒定律(动量定理)在洛伦兹坐标变换下的协变性得到了相对论质量 m 的表达式以及相对论变换的关系式；利用动量定理 $\boldsymbol{F}=\mathrm{d}\boldsymbol{p}/\mathrm{d}t$ 在洛伦兹坐标变换下的协变性得到了 $\boldsymbol{F}$ 的相对论变换.

另一方面，这样处理已经保证相对论动量定理满足狭义相对性原理，在洛伦兹坐标变换下协变.

9.6.4 相对论动能定理满足狭义相对性原理

任何物理定律必须满足狭义相对性原理. 现在确定了 E、t、$\boldsymbol{F}$、$\boldsymbol{v}$ 的相对论变换，就可以验证相对论动能定理(9.5.27)是否满足狭义相对性原理.

设在 S 系相对论动能定理成立，即 $\mathrm{d}E/\mathrm{d}t=\boldsymbol{F}\cdot\boldsymbol{v}$. 由(9.6.3d)式得

$$\mathrm{d}E'=\gamma(\mathrm{d}E-u\,\mathrm{d}p_x)$$

再由 $\mathrm{d}t'=\gamma(1-uv_x/c^2)\mathrm{d}t$ 得

$$\mathrm{d}E'/\mathrm{d}t'=(\mathrm{d}E/\mathrm{d}t-uF_x)/(1-uv_x/c^2)$$

由力的相对论变换(9.6.5a)、(9.6.5b)、(9.6.5c)和速度的相对论变换(9.4.3a)、(9.4.3b)、(9.4.3c)得

$$\begin{aligned}\boldsymbol{F}'\cdot\boldsymbol{v}' &= F'_x v'_x + F'_y v'_y + F'_z v'_z \\ &= [(F_x - u\boldsymbol{F}\cdot\boldsymbol{v}/c^2)(v_x - u) + \gamma^{-2}(F_y v_y + F_z v_z)]/(1 - uv_x/c^2)^2 \\ &= [(F_x - u\boldsymbol{F}\cdot\boldsymbol{v}/c^2)(v_x - u) + (1 - u^2/c^2)(\boldsymbol{F}\cdot\boldsymbol{v} - F_x v_x)]/(1 - uv_x/c^2)^2 \\ &= (\boldsymbol{F}\cdot\boldsymbol{v} - uF_x)/(1 - uv_x/c^2) \\ &= (\mathrm{d}E/\mathrm{d}t - uF_x)/(1 - uv_x/c^2)\end{aligned}$$

其中最后一步利用 S 系相对论动能定理即 $\mathrm{d}E/\mathrm{d}t=\boldsymbol{F}\cdot\boldsymbol{v}$,所以得到

$$\mathrm{d}E'/\mathrm{d}t' = \boldsymbol{F}'\cdot\boldsymbol{v}'$$

即相对论动能定理在 S' 系也成立，相对论动能定理满足狭义相对性原理. 这体现出相对论动能定理与相对论动量定理的更深层次的联系，以及定义力 $\boldsymbol{F}$ 的元功为 $\mathrm{d}W=\boldsymbol{F}\cdot\mathrm{d}\boldsymbol{r}$ 的正确性.

9.6.5 光学多普勒效应

和机械波一样，如果光源运动或是接收器运动或是光源和接收器都运动时，接收器接收到的波的频率与光源的频率不同，这种现象称为光学多普勒效应. 光学多普勒效应与声学多普勒效应不同之处在于：①光波的传播无须介质，因此也就无须介质参考系，光源运动和接收器运动等价；②真空光速为 c. 在多普勒效应讨论中要求波源速度和接收器速度都要小于波速，声波的波速一般为每秒几千米，所以波源速度和接收器速度都不会很大，远远小于光速；而光源速度和接收器速度可以很大，并且光学的测量精度非常高，所以要考虑相对论效应. 考虑相对论效应之后，由于不同参考系时钟走时不同，所以讨论接收器接收到的光波频率必须在接收器参考系讨论.

1. 由能量变换关系和光子能量与频率关系推导

设光源 M 固定在参考系 S'，向四面八方发光，频率为 ν'，由量子力学关系，光子能量与频率关系为

$$E' = h\nu' = h\nu_0 \tag{9.6.7}$$

其中 h 为普朗克常数；在相对于光源静止的参考系里测量的光波频率又称为光波的本征频率或固有频率，记为 ν_0. 接收器固定在参考系 S 中，光线与光源运动速度 $\boldsymbol{u}$ 成 θ 角，见图 9.6.3. 由能量相对论变换关系(9.6.3d)式

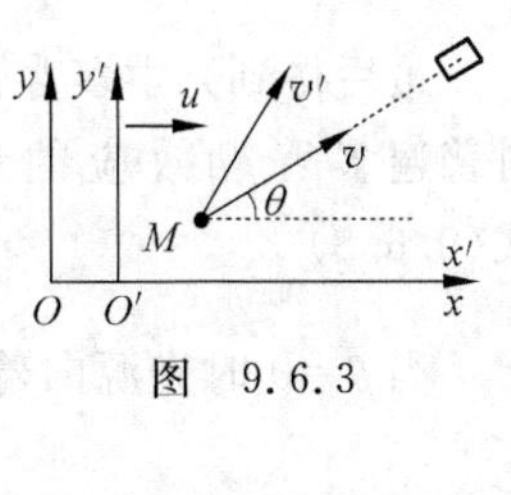

图 9.6.3

$$E' = \gamma(E - up_x) = \gamma\left(h\nu - u\frac{h\nu}{c}\cos\theta\right)$$

其中光子动量 $p=E/c=h\nu/c$，于是 $p_x=p\cos\theta=h\nu\cos\theta/c$. 代入上式，得到在接收器参考系中接收到的以 u 运动的固有频率为 ν_0 的光源的频率为

$$\nu = \nu_0/[\gamma(1 - u\cos\theta/c)] = \frac{\sqrt{1-u^2/c^2}}{1-u\cos\theta/c}\nu_0 \tag{9.6.8}$$

2. 修正声学多普勒效应公式得到光学多普勒效应公式

8.9.3 节讨论了波源和接收器任意运动情况下的普遍多普勒效应. 其中的方法和思路

应该对任意波动包括光波都适用，为什么不能得到光学多普勒效应？下面按其方法和思路对光波进行讨论，找出需要修正之处.

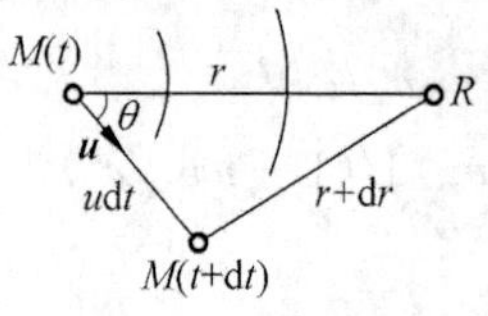

图 9.6.4

考虑光学多普勒效应的特点，选接收器 R 为参考系 R 系，光源 M 速度为 $\boldsymbol{u}$，真空光速为 c. 图 9.6.4 中，t 时刻波源位于 $M(t)$. 设 t 时刻光源发出波动状态 ψ，经过 $\mathrm{d}t$ 后光源发出波动状态$(\psi+\mathrm{d}\psi)$. 接收器分别于 τ 和 $+\mathrm{d}\tau$ 时刻接收 ψ 和 $\psi+\mathrm{d}\psi$ 状态. 由图 9.6.4 可知

$$\tau=t+r/c \quad 和 \quad \tau+\mathrm{d}\tau=t+\mathrm{d}t+(r+\mathrm{d}r)/c$$

于是

$$\mathrm{d}\tau=\mathrm{d}t+\mathrm{d}r/c$$

由图 9.6.4，光源相对距离 r 的改变量 $\mathrm{d}r$ 由光源的径向速度分量决定

$$\mathrm{d}r=-u\cos\theta\mathrm{d}t$$

代入上式得

$$\mathrm{d}\tau=(1-u\cos\theta/c)\mathrm{d}t \tag{9.6.9}$$

按光源和接收器的振动规律，同样的位相增量 $\mathrm{d}\psi$ 满足

$$\mathrm{d}\psi=\omega_S(R)\mathrm{d}t=\omega_R\mathrm{d}\tau$$

其中 $\omega_S(R)=2\pi/T_S(R)$为 R 系测量的光源圆频率，$T_S(R)$为 R 系测量的光源周期，T_R 为接收器接收的光波周期. 所以

$$\mathrm{d}t/T_S(R)=\mathrm{d}\tau/T_R \tag{9.6.10}$$

以上分析与 8.9.3 节对普遍多普勒效应的讨论完全一样，只是强调了 $T_S(R)$为 R 系测量的光源周期. 对经典力学，这种强调没有意义，因为各个参考系测量的光源周期(时间间隔)都一样.

考虑相对论效应之后，不同参考系时钟走时不同，光波固有频率 $\nu_0(\nu_s)$及其周期 T_S 都是在光源参考系 M 系测量的，所以同样是光源周期，T_S 为原时、$T_S(R)$为非原时. 于是有

$$T_S(R)=\gamma T_S \tag{9.6.11}$$

其中 $\gamma=(1-u^2/c^2)^{-1/2}$. 代入(9.6.10)式得到 $\mathrm{d}t/\gamma T_S=\mathrm{d}\tau/T_R$. 于是

$$\nu_R/\nu_S=\nu_R/\nu_0=T_S/T_R=\mathrm{d}t/\gamma\mathrm{d}\tau$$

最后得到光学多普勒效应关系式 $\nu_R=\nu_0/[\gamma(1-u\cos\theta/c)]$，即(9.6.8)式. 所以 8.9.3 节对普遍多普勒效应的讨论对光学多普勒效应也是有效的. 由光学多普勒效应关系式(9.6.8)

当 $\theta=0$ 时光源向着接收器运动，$\nu_R=\sqrt{\dfrac{1+u/c}{1-u/c}}\nu_0>\nu_0$，称为光谱线蓝移；

当 $\theta=\pi$ 时光源背离接收器运动，$\nu_R=\sqrt{\dfrac{1-u/c}{1+u/c}}\nu_0<\nu_0$，称为光谱线红移；

当 $\theta=\pi/2$ 时光源垂直于两者连线运动，$\nu_R=\sqrt{1-u^2/c^2}\,\nu_0<\nu_0$ 仍为红移，称为横向多普勒效应，是光学多普勒效应特有的.

9.6.6 相对论变换不变量

相对论变换不变量，就是在各个惯性系都相同的量，也就是经洛伦兹变换保持不变的

量. 不变量与守恒量不同,守恒量是在同一个惯性系中不随时间改变的物理量,不变量是在不同惯性系中测量结果都相同的物理量.

在经典力学中,伽利略变换下不变量有长度、时间间隔、质量、加速度、力、角度等.

前面在相对论质量的讨论中说明 m_0 与坐标系(参考系)无关,因此静止质量 m_0 是相对论中洛伦兹变换不变量. 由质量、动量关系式知 $E^2-p^2c^2=m_0^2c^4$,因此对一个粒子来说,($E^2-p^2c^2$)也是坐标变标不变量. 下面将在四矢量中说明这个结果可以推广到粒子系统. 令 $E_{总}=\Sigma E_i$、$\boldsymbol{p}_{总}=\Sigma \boldsymbol{p}_i$,则有不变量($E_{总}^2-\boldsymbol{p}_{总}^2c^2$).

最重要的相对论变换不变量是时空间隔(简称间隔)Δs. 定义事件 1、2 的时空间隔为

$$\Delta s=\sqrt{c^2\Delta t^2-\Delta x^2-\Delta y^2-\Delta z^2} \tag{9.6.12}$$

通常写作平方形式

$$\Delta s^2=c^2\Delta t^2-(\Delta x^2+\Delta y^2+\Delta z^2)=c^2\Delta t^2-\Delta l^2 \tag{9.6.13}$$

其中事件 1、2 分别为$(x_1,\ y_1,\ z_1,\ t_1)$和$(x_2,\ y_2,\ z_2,\ t_2)$,$\Delta t=t_2-t_1$、$\Delta x=x_2-x_1$、$\Delta y=y_2-y_1$、$\Delta z=z_2-z_1$,并记 $\Delta s^2=(\Delta s)^2$、$\Delta t^2=(\Delta t)^2$、$\Delta x^2=(\Delta x)^2$、$\Delta y^2=(\Delta y)^2$、$\Delta z^2=(\Delta z)^2$;$\Delta l=(\Delta x^2+\Delta y^2+\Delta z^2)^{1/2}$. Δs^2 是相对论变换不变量,可由洛伦兹坐标变换直接验证

$$\begin{aligned}\Delta s'^2&=c^2\Delta t'^2-(\Delta x'^2+\Delta y'^2+\Delta z'^2)\\&=c^2\gamma^2(\Delta t-u\Delta x/c^2)^2-[\gamma^2(\Delta x-u\Delta t)^2+\Delta y^2+\Delta z^2]\\&=\gamma^2[(c\Delta t-u\Delta x/c)^2-(\Delta x-u\Delta t)^2]-(\Delta y^2+\Delta z^2)\\&=\gamma^2[(c^2-u^2)\Delta t^2-(1-u^2/c^2)\Delta x^2]-(\Delta y^2+\Delta z^2)\\&=c^2\Delta t^2-(\Delta x^2+\Delta y^2+\Delta z^2)=\Delta s^2\end{aligned}$$

注意当两事件之间没有因果关系时,Δs^2 可正可负;当两事件有因果关系时,由于 $\Delta l^2/\Delta t^2\leqslant c^2$,所以 $\Delta s^2\geqslant 0$. 如果两事件在 S 系发生在同一地点,空间间隔 $\Delta l=0$、时间间隔为原时间隔记为 $\Delta\tau$,则

$$\Delta s^2=c^2\Delta\tau^2\quad \Delta s=c\Delta\tau \tag{9.6.14}$$

因此时空间隔有了另一个物理意义,即等于光速乘以原时.

如果某质点运动,在不同的时刻到达不同地点,构成一系列连续发生的事件,事件的时间间隔是运动所用时间,事件的空间间隔是质点的位移. 在相对质点静止的参考系里的时钟(或者说是质点携带的时钟)所显示的时间间隔称为该质点运动的原时间隔记为 $\Delta\tau$,在相对质点静止的参考系中质点坐标不变,即 $\Delta l=0$,所以运动质点的时空间隔 Δs 总满足 $\Delta s^2=c^2\Delta\tau^2$,原时间隔为 $\Delta\tau=\Delta s/c$.

例 9.6.3　两事件在 S 系中同时发生,距离 $\Delta x=x_2-x_1=1\ \text{m}$;在 S' 系距离 $\Delta x'=x_2'-x_1'=2\ \text{m}$. 求:$S'$ 系测量的两事件时间间隔 $\Delta t'$.

解:(1) 一般方法,由 S 系中两事件同时发生得 $\Delta x'=\gamma\Delta x$,于是得

$$\gamma=\Delta x'/\Delta x=2\qquad u=(1-\gamma^{-2})^{1/2}c=\sqrt{3}c/2$$

于是由洛伦兹变换得

$$\Delta t'=-\gamma u\Delta x/c^2=-\sqrt{3}/c\text{s}$$

(2) 由时空间隔为坐标变换不变量,$\Delta s^2=c^2\Delta t^2-\Delta x^2=\Delta s'^2=c^2\Delta t'^2-\Delta x'^2$,得到

$$\Delta t'^2=\Delta t^2+(\Delta x'^2-\Delta x^2)/c^2=(\Delta x'^2-\Delta x^2)/c^2=3/c^2$$

考虑 $\Delta t'=-\gamma u\Delta x/c^2<0$,得 $\Delta t'=-\sqrt{3}/c\text{s}$

9.7 闵可夫斯基空间和四矢量介绍

9.7.1 闵可夫斯基空间

经典力学和古典时空观中空间、时间是分开的，长度（空间中两点间距离）满足勾股定理，定义为

$$\Delta l^2 = \Delta x^2 + \Delta y^2 + \Delta z^2 \tag{9.7.1}$$

在伽利略变换和坐标架转动（也相当于坐标变换）时，长度是坐标变换不变量.

在狭义相对论中，时、空紧密联系不能分开. 闵可夫斯基(H. Minkowski)提出一种形式体系，将时间和三维空间合在一起构成四维空间来表述狭义相对论的时空和洛伦兹变换的性质，四维空间的点称为“世界点”，坐标为$(x、y、z、ct)$，其中取时间轴为 ct 是为了使其单位也是长度，从而与纯空间轴单位相同. 两个世界点间“距离”（长度）定义为两世界点的时空间隔 Δs，这样构成的四维空间称为闵可夫斯基空间. 闵可夫斯基空间的长度是洛伦兹变换下的不变量，但是 Δs^2 可正可负，这与欧几里得空间长度平方恒正不同，是闵氏空间与欧氏空间的重要区别.

9.7.2 闵可夫斯基图

把闵可夫斯基空间坐标系、世界点等画出来，称为闵可夫斯基图. 四维的图画不出来，通常只画一维纯空间 x 和一维时间 ct 构成的闵可夫斯基图，见图 9.7.1. 在闵可夫斯基空间中没有勾股定理，这也是闵氏空间与欧氏空间的重要区别，所以将 x 轴和 ct 轴画成互相垂直并没有什么特殊意义. 图上任意点即世界点，质点运动轨迹是图上一条曲线，称为世界线. 在世界线上 $dl/dt=v$. 由(9.6.13)式

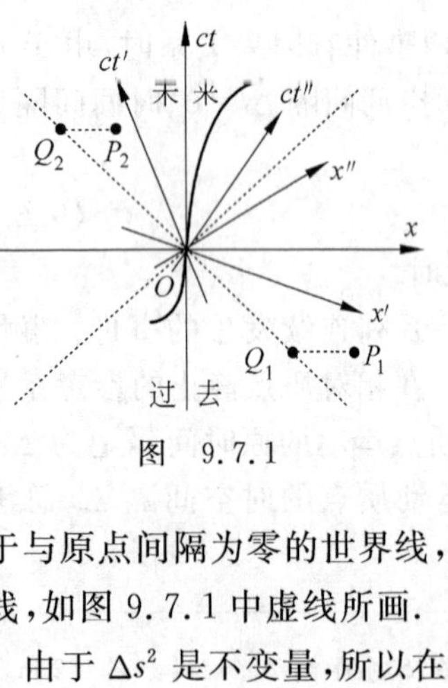

图 9.7.1

$$ds^2 = [c^2 - (dl/dt)^2]dt^2 = (c^2 - v^2)dt^2 \tag{9.7.2}$$

所以实物粒子$(v<c)$的世界线上 $\Delta s^2>0$. 光子速度为 c，所以光子世界线上 $\Delta s^2=0$，称光子世界线为零世界线. 对于与原点间隔为零的世界线，$\Delta s^2=s^2=(ct)^2-x^2=0$，于是 $ct=\pm x$，在闵氏图中是两条对角线，如图 9.7.1 中虚线所画.

由于 Δs^2 是不变量，所以在任意惯性系的闵氏图中，零世界线都是对角线. 这个重要结论，有助于我们了解闵氏图中表示的洛伦兹坐标变换. 这两条对角线（零世界线）将整个时空分成上、下和左、右四个区域，在左、右两区域中世界点如 P_1 点，它与原点时空间隔为 $s^2=c^2t_{P1}^2-x_{P1}^2$. 与零世界线上 Q_1 点相比$(s^2=c^2t_{Q1}^2-x_{Q1}^2=0)$，$t_{P1}=t_{Q1}$，而 $x_{P1}>x_{Q1}$，所以 $s^2<0$，这个区域的时空间隔称为类空的，在此区域时序可以颠倒. 凡有因果关系的事件，特别是粒子的实际运动轨道不会出现在类空区. 在上、下两区域中世界点如 P_2，它与原点的时空间隔为 $s^2=c^2t_{P2}^2-x_{P2}^2$. 同样与零世界线上 Q_2 点比较，$t_{P2}=t_{Q2}$，$x_{P2}<x_{Q2}$，所以$s^2>0$，这个区域的时空间隔称为类时的，在此区域时序不会颠倒，凡有因果关系的事件，特别是粒子的实际运动轨迹，只能出现在类时区. 对匀速直线运动，$x/ct=$常数，其世界线是直线. 若原

点表示现在，则下方区域表示过去，上方区域表示将来．一般情况下还有 y、z 两维空间，即四维时空．在四维闵氏空间里，零世界线构成一个锥面——光锥，如图 9.7.2 所示，一个在 $t=0$ 时刻通过原点的粒子，必然在类时区沿着时间轴由下向上运动．

洛伦兹坐标变换，相当于闵氏图中坐标轴的旋转，见图 9.7.3．为确定闵氏图中的洛伦兹坐标变换，先找 x' 轴在 S 系中的坐标方程．x' 轴上世界点纵坐标皆为 0，故有

$$t' = \gamma\left(t - ux/c^2\right) = 0$$

于是 x' 轴在 S 系中的坐标方程为

$$ct = ux/c \tag{9.7.3}$$

因此 x' 轴在 S 坐标系中是斜向上的直线，与 x 轴夹角为 $\theta=\arctan\dfrac{u}{c}$．类似，$ct'$ 轴上世界点在 S' 系的横坐标皆为零，故有

$$x' = \gamma(x - ut) = 0$$

于是 ct' 轴在 S 系的坐标方程为 $x=ut$，即

$$ct = \frac{c}{u}x \tag{9.7.4}$$

因此 ct' 轴相对 ct 轴斜向右，与 ct 轴夹角亦为 $\theta=\arctan\dfrac{u}{c}$．所以在闵氏图中洛伦兹坐标变换相当于坐标轴旋转，不过这种转动并不是 ct-x 框架刚性转动，而是 ct 轴和 x 轴同时向内或同时向外转相等的角度 θ，始终保持对 $s^2=0$ 的零世界线的对称性，也就保持了 s^2 的不变性．以上讨论皆设 $u>0$，若 $u<0$ 则转向相反．

在 S 系中静止物体世界线与 ct 轴平行，如图 9.7.3 中 AB 直线；S 系中同时事件的世界点位于与 x 轴平行的直线上，如图 9.7.3 中 CD 直线．但在 S' 系看，AB 直线不与 ct' 轴平行，该物体作匀速直线运动；CD 直线也不与 x' 轴平行，其上世界点代表的事件不同时，这就是同时性的相对性．对类空区的世界点 P_1（图 9.7.1），总可以找到一条空间轴 x_1' 通过它，在 ct_1'-x_1'（S_1'）参考系看来，此事件与原点事件必为异地同时，即其与原点的时空间隔本质上是纯空间间隔，故称为类空的（Space-like）．对类时区的世界点 P_2，总可以找到一条时间轴 ct_2' 通过它（见图 9.7.1），即在 ct_2'-x_2'（S_2'）参考系看来，该事件与原点事件必为同地异时，即其与原点的时空间隔本质上是纯时间间隔，故称为类时的（Time-like）．

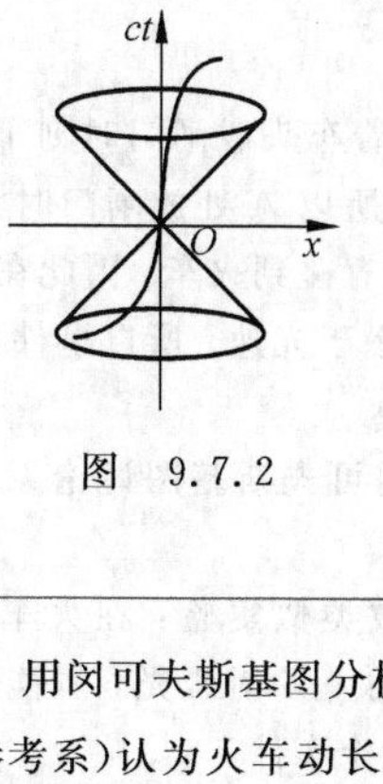

图　9.7.2

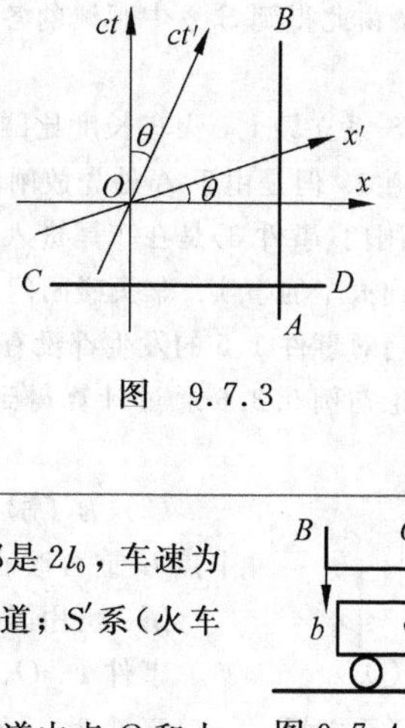

图　9.7.3

例 9.7.1　用闵可夫斯基图分析例 9.3.6．火车、隧道静长都是 $2l_0$，车速为 u．S 系（隧道参考系）认为火车动长 $<2l_0$，火车可以全部进入隧道；S' 系（火车参考系）认为隧道动长 $<2l_0$，火车不可能全部进入隧道．

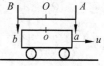

图 9.7.4　S 系立场

(1) 为了验证自己观点的正确，S 系设计一个假想实验：隧道中点 O 和火

车中点 o 重合时在隧道两端 A、B 处同时放闸，由闸门能否碰到火车检验火车是否可以全部进入隧道.

解：定义以下 7 个事件

事件 1　O、o 相遇

事件 2　A 处放闸门

事件 3　B 处放闸门

事件 4　A、a 相遇(车头即将出隧道)

事件 5　B、b 相遇(车尾即将入隧道)

事件 6　撞门时刻发出的光信号到达 o 点

事件 7　撞门时刻发出的光信号到达 a 点

取 O、o 分别为 S、S' 系原点，则

$$t_1 = t_2 = t_3 = 0 = t_1' = 0$$

图 9.7.5 中，圆圈“○”代表各事件的世界点，点画线代表质点世界线，双点划线代表光子世界线. 其中火车中点(S'系原点)o 的世界线是 ct' 轴.

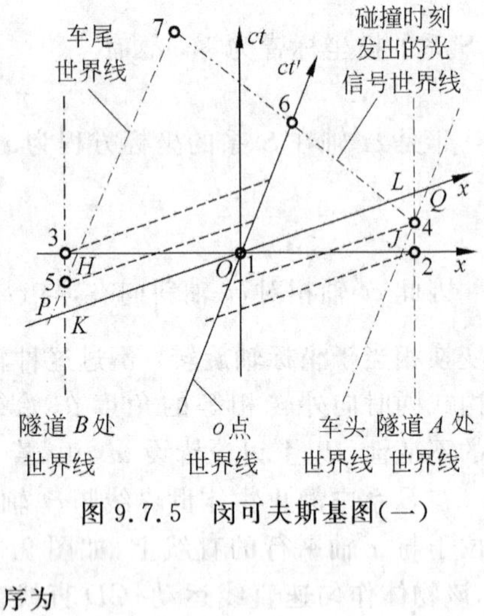

图 9.7.5　闵可夫斯基图(一)

① 在 S 系分析得到闵可夫斯基图

火车长度比隧道短，$t=0$ 时刻车头和车尾关于 O 点对称位于 H、J 两点(车尾和车头世界线与 x 轴交点)，于是由车头世界线和车尾世界线得到事件 4、5 的世界点如图所示. 事件 4 发生表示车头与闸门碰撞，此刻发出光信号按零世界线传播，分别与 o 点世界线和车尾世界线相交，得到事件 6、7 的世界点.

o 点世界线同时是 ct' 轴，ct' 轴相对 ct 轴顺时针转过一个角度；将 x 轴逆时针转过同样角度就得到了 x' 轴，于是建立了 S' 系坐标. 注意 S' 系是碰前的火车参考系.

由图上各事件的时间 t 坐标，可知 S 系中各事件的时间顺序为

$$5,\ 1 = 2 = 3,\ 4,\ 6,\ 7$$

结果：站在 S 系立场上，火车长度比隧道短，火车可以同时进入隧道，放闸门时不会碰到火车.

② 由闵可夫斯基图分析 S' 系结论

在闵可夫斯基图中，车尾和车头世界线与 x' 轴交于 P、Q 两点，隧道 B、A 处世界线与 x' 轴交于 K、L 两点，由闵可夫斯基图上 P、Q、K、L 四点的位置说明火车长度比隧道长.

从 7 个世界点分别作 x' 轴的平行线与 ct' 轴相交，得到 7 个事件在 S' 系的时间坐标，即在 S' 系测量的事件发生时刻，由此得到 S' 系中观测的各事件的时间顺序：

$$2,\ 4,\ 1,\ 5,\ 3,\ 6,\ 7$$

这样站在 S' 系立场上，火车长度比隧道长，所以事件 4 发生标志着车头碰闸门时刻车尾还未进隧道(事件5 还未发生). 但是由于 A 处先放闸门(事件 2)，然后车头才到，所以 A 处放闸门时没有碰到车头；又由于 B 处放闸门(事件 3)是在车尾进入隧道(事件 5)之后，所以也没有碰到火车. 因此在 S' 系也承认放闸门时没有碰到火车的事实. 车头碰闸门对后面车体运动的影响必然慢于光速，所以事件 6、7 最后发生，说明车头碰闸门对事件 1、5 的发生都没有影响，不改变上面的结论.

得到的结论与例 9.3.6 通过计算得到的结论相同，但是此处用闵可夫斯基图讨论无须计算，简明、直观.

(2) 为了验证自己观点的正确在 S' 系做类似实验：在火车中点 o 和隧道中点 O 重合时在火车首尾 a、b 处同时竖直向上发射激光，看能否射到隧道?

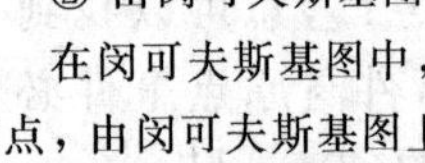

图 9.7.6　S'系立场

解：也用闵可夫斯基图分析. 定义以下 5 个事件

事件 1　O、o 相遇

事件 2　a 处发射激光

事件 3 b 处发射激光

事件 4 A、a 相遇(车头出隧道)

事件 5 B、b 相遇(车尾入隧道)

仍然采用图 9.7.7 的坐标和参考系，事件 4、5 也与前面相同，其位置不变. 只是事件 1、2、3 与前面不同，在 S' 系事件 1、2、3 是同时事件，时刻为零在 x' 轴上.

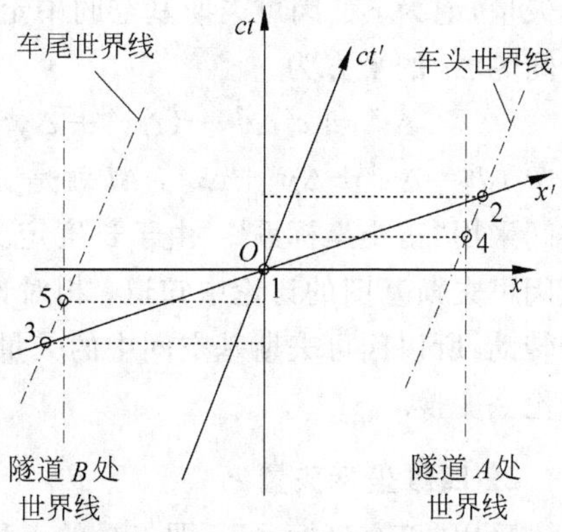

图 9.7.7 闵可夫斯基图(二)

由图 9.7.7 可知：

① S' 系中各事件的时间顺序：4，1=2=3，5

站在 S' 系立场分析：火车不动隧道运动. 在火车首尾 a、b 处同时竖直向上发射激光时刻(事件 2、3)，隧道口 A 处已经越过车头、隧道口 B 处未到车尾，如图 9.7.6 所示，激光不能射到隧道. 实验说明隧道缩短不能容纳火车.

② S 系中各事件的时间顺序

从 5 个世界点分别作 x 轴的平行线与 ct 轴相交，得到 5 个事件在 S 系的时间坐标，即在 S 系测量的事件发生时刻，由此得到 S 系中观测的各事件的时间顺序：3，5，1，4，2.

站在 S 系立场分析：隧道不动火车运动. 虽然火车比隧道短，但在车尾未入隧道(事件 5 未发生)b 处先发射激光，因此 b 处发射的激光射不到隧道；而在车头已出隧道(事件 4 已发生)后，a 处才发射激光，因此 a 处发射的激光也射不到隧道. 所以虽然 S 系也承认激光射不到隧道的事实，但是认为实验不能说明“隧道缩短不能容纳火车”的结论.

9.7.3 四维矢量

1. 四维矢量概念

经典力学的空间是三维平直空间(欧几里得空间)，矢量为三维矢量. 最基本的矢量为矢径(坐标矢量)$\boldsymbol{r}$. 采用正交坐标系 $O\text{-}xyz$ 则矢径 $\boldsymbol{r}=x\hat{x}+y\hat{y}+z\hat{z}$，记为 $\boldsymbol{r}=(x,y,z)$. 矢径 $\boldsymbol{r}$ 对应着空间点(x,y,z).

欧几里得空间中定义了长度——两点之间距离 Δl. 两点矢径 $\boldsymbol{r}_1$、$\boldsymbol{r}_2$ 的增量为

$$\Delta\boldsymbol{r}=\boldsymbol{r}_2-\boldsymbol{r}_1=(x_2-x_1,y_2-y_1,z_2-z_1)=(\Delta x,\Delta y,\Delta z)$$

由于是正交坐标系，所以两点之间距离平方为

$$\Delta l^2=\Delta\boldsymbol{r}\cdot\Delta\boldsymbol{r}=\Delta x^2+\Delta y^2+\Delta z^2 \qquad (9.7.5)$$

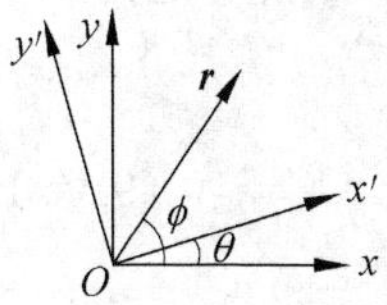

图 9.7.8

欧几里得空间中将坐标系 $O\text{-}xyz$ 绕原点 O 旋转产生新坐标系 $O\text{-}x'y'z'$. 坐标系旋转过程中矢量并不改变，改变的是坐标. 因此坐标系旋转相当于坐标变换，而且是线性变换. 以平面为例，S' 坐标系相对 S 坐标系转动 θ 角，如图 9.7.8 所示，则矢量 $\boldsymbol{r}$ 在两个坐标系之间的标变换为

$$x'=r\cos(\varphi-\theta)=r(\cos\varphi\cos\theta+\sin\varphi\sin\theta)=\cos\theta x+\sin\theta y$$

$$y'=r\sin(\varphi-\theta)=r(\sin\varphi\cos\theta-\cos\varphi\sin\theta)=-\sin\theta x+\cos\theta y$$

其中，$x=r\cos\varphi$、$y=r\sin\varphi$. 这样的线性变换可以写成矩阵形式

$$\begin{pmatrix}x'\\y'\end{pmatrix}=\begin{pmatrix}\cos\theta & \sin\theta\\-\sin\theta & \cos\theta\end{pmatrix}\begin{pmatrix}x\\y\end{pmatrix} \qquad (9.7.6)$$

狭义相对论中是四维时空(闵可夫斯基空间)，矢量为四维矢量. 最基本的矢量也是坐

标矢量，记为 $\boldsymbol{r}_4$. 闵可夫斯基空间中定义了长度——两世界点之间距离即时空间隔 Δs，时空间隔 Δs 的平方为

$$\Delta s^2 = c^2\Delta t^2 - (\Delta x^2 + \Delta y^2 + \Delta z^2) = c^2\Delta t^2 - \Delta l^2 = -(\Delta l^2 - c^2\Delta t^2) \tag{9.7.7}$$

其中 $\Delta l^2 = \Delta x^2 + \Delta y^2 + \Delta z^2$，$\Delta l$ 就是三维纯空间中两点之间的距离. 如果要在闵可夫斯基空间采用“正交坐标系”，由于长度定义中出现平方差，那么在四维矢量中就要引入虚数. 在闵可夫斯基图的讨论中知道，相对论的 S、S' 系之间的洛伦兹坐标变换也相当于坐标系的转动，所以闵可夫斯基空间中的矢量在洛伦兹变换中保持不变，在 S、S' 系之间的变换是洛伦兹变换.

2. 四维坐标矢量 $\boldsymbol{r}_4$

采用“正交坐标系”，即矢量的点积等于各分量的平方和，没有交叉项. 为使坐标矢量 $\boldsymbol{r}_4$ 的点积等于时空间隔平方，要求有的分量为虚数. 为简单起见取含时间项为第四个分量并取为虚数，为此定义四维坐标矢量

$$\boldsymbol{r}_4 = (x, y, z, \mathrm{i}ct) = (\boldsymbol{r}, \mathrm{i}ct) = (\boldsymbol{r}, R) \tag{9.7.8}$$

其中把矢量表示为矩阵的一行，即行矢量形式，将第四分量记为 $R = \mathrm{i}ct$. 于是

$$-\Delta s^2 = \Delta\boldsymbol{r}_4 \cdot \Delta\boldsymbol{r}_4 = \Delta l^2 - c^2\Delta t^2 \tag{9.7.9}$$

由洛伦兹坐标变换关系式得到四维坐标矢量 $\boldsymbol{r}_4$ 在 S 系、S' 系的变换关系，即四维坐标矢量 $\boldsymbol{r}_4$ 的相对论变换关系(洛伦兹变换关系)为

$$x' = \gamma(x - ut) = \gamma(x + \mathrm{i}\beta R) \tag{9.7.10a}$$

$$y' = y \tag{9.7.10b}$$

$$z' = z \tag{9.7.10c}$$

$$R' = \mathrm{i}ct' = \mathrm{i}c\gamma(t - \beta x/c) = \gamma(R - \mathrm{i}\beta x) \tag{9.7.10d}$$

其中 $\beta = u/c$. 写成矩阵形式为

$$\begin{pmatrix} x' \\ y' \\ z' \\ R' \end{pmatrix} = \begin{pmatrix} \gamma & 0 & 0 & \mathrm{i}\beta\gamma \\ 0 & 1 & 0 & 0 \\ 0 & 0 & 1 & 0 \\ -\mathrm{i}\beta\gamma & 0 & 0 & \gamma \end{pmatrix} \begin{pmatrix} x \\ y \\ z \\ R \end{pmatrix} \tag{9.7.11}$$

其中把矢量 $\boldsymbol{r}'_4$ 和 $\boldsymbol{r}_4$ 表示为矩阵的一列，即列矢量形式. 变换矩阵为 4×4 矩阵，记为 $\overleftrightarrow{A}$

$$\overleftrightarrow{A} = \begin{pmatrix} \gamma & 0 & 0 & \mathrm{i}\beta\gamma \\ 0 & 1 & 0 & 0 \\ 0 & 0 & 1 & 0 \\ -\mathrm{i}\beta\gamma & 0 & 0 & \gamma \end{pmatrix} \tag{9.7.12}$$

变换矩阵相当于二阶张量，四维坐标矢量 $\boldsymbol{r}_4$ 的洛伦兹坐标变换也可以写成张量形式

$$\boldsymbol{r}'_4 = \overleftrightarrow{A} \cdot \boldsymbol{r}_4 \tag{9.7.13}$$

3. 四维速度矢量 $\boldsymbol{u}_4$

在 1.2.3 节讨论矢量的乘法时知道，矢量乘(除)一个标量后仍为矢量. 这是矢量的普遍性质对四矢量也不例外. 标量是坐标变换不变量，所以在洛伦兹变换中 $\mathrm{d}t$ 不是标量，因此($\mathrm{d}\boldsymbol{r}_4/\mathrm{d}t$)不是矢量，$\boldsymbol{v} = (\mathrm{d}\boldsymbol{r}/\mathrm{d}t)$ 也不是速度矢量的前三个分量. 运动质点的原时间隔微分 $\mathrm{d}\tau$ 与参考系无关，是坐标系变换不变量，为标量微分，所以定义四维速度矢量为

$$\boldsymbol{u}_4=(\boldsymbol{u},U)=\frac{\mathrm{d}\boldsymbol{r}_4}{\mathrm{d}\tau}=\left(\frac{\mathrm{d}\boldsymbol{r}}{\mathrm{d}\tau},\frac{\mathrm{d}R}{\mathrm{d}\tau}\right) \tag{9.7.14}$$

在 S 系测量的运动质点的微分时间隔 $\mathrm{d}t$ 为非原时，所以 $\mathrm{d}\tau=(1-v^2/c^2)^{1/2}\mathrm{d}t$，于是

$$\begin{aligned}\boldsymbol{u}_4&=(1-v^2/c^2)^{-1/2}(\dot{\boldsymbol{r}},\dot{R})=(1-v^2/c^2)^{-1/2}(\boldsymbol{v},\mathrm{i}c)\\&=(1-v^2/c^2)^{-1/2}(\boldsymbol{v},V)\end{aligned} \tag{9.7.15}$$

其中 $\boldsymbol{v}=\mathrm{d}\boldsymbol{r}/\mathrm{d}t$ 为质点的真实速度；引入符号 $V=\mathrm{i}c$. 因此四维速度矢量的第四分量 $U=\mathrm{d}R/\mathrm{d}\tau=(1-v^2/c^2)^{-1/2}V=\mathrm{i}(1-v^2/c^2)^{-1/2}c$. 四维速度矢量的变换关系为

$$\boldsymbol{u}_4'=\overleftrightarrow{A}\cdot\boldsymbol{u}_4 \tag{9.7.16}$$

由四维速度矢量的变换可以直接推导真实三维速度 $\boldsymbol{v}$ 的变换关系. 将上式写成矩阵形式为

$$(1-v'^2/c^2)^{-1/2}\begin{pmatrix}\boldsymbol{v}'\\V'\end{pmatrix}=(1-v^2/c^2)^{-1/2}\overleftrightarrow{A}\begin{pmatrix}\boldsymbol{v}\\V\end{pmatrix}$$

其中把三维矢量 $(v_x\ v_y\ v_z)$ 和 $(v'_x\ v'_y v'_z)$ 简写为 $(\boldsymbol{v})$ 和 $(\boldsymbol{v}')$. 将变换矩阵 $\overleftrightarrow{A}$ 代入得到第四分量的变换为（第四分量 $V=V'=\mathrm{i}c$）

$$\begin{aligned}(1-v'^2/c^2)^{-1/2}V'&=(1-v^2/c^2)^{-1/2}\gamma(V-\mathrm{i}\beta v_x)=(1-v^2/c^2)^{-1/2}\gamma V(1-\beta v_x/c)\\&=(1-v^2/c^2)^{-1/2}\gamma V(1-uv_x/c^2)\end{aligned}$$

于是得到前面利用洛伦兹变换验证过的恒等式

$$\begin{aligned}\gamma(1-uv_x/c^2)&=(1-v'^2/c^2)^{-1/2}/(1-v^2/c^2)^{-1/2}\\&=[(1-v^2/c^2)/(1-v'^2/c^2)]^{1/2}\end{aligned} \tag{9.7.17}$$

将恒等式代入四维速度矢量变换矩阵，于是四维速度变换关系式简化为

$$\begin{pmatrix}\boldsymbol{v}'\\V'\end{pmatrix}=\frac{1}{\gamma(1-uv_x/c^2)}\overleftrightarrow{A}\begin{pmatrix}\boldsymbol{v}\\V\end{pmatrix} \tag{9.7.18}$$

将变换矩阵 $\overleftrightarrow{A}$ 代入，其中前三个分量的变换关系就是真实速度的变换关系

$$\begin{bmatrix}v'_x\\v'_y\\v'_z\end{bmatrix}=\frac{1}{\gamma(1-uv_x/c^2)}\begin{bmatrix}\gamma(v_x-u)\\v_y\\v_z\end{bmatrix} \tag{9.7.19}$$

矢量的点积为标量，即坐标变换不变量. 四维速度矢量点积得到的标量是 $(-c^2)$

$$\boldsymbol{u}_4\cdot\boldsymbol{u}_4=(\boldsymbol{v}^2+V^2)/(1-v^2/c^2)=(\boldsymbol{v}^2-c^2)/(1-v^2/c^2)=-c^2 \tag{9.7.20}$$

4. 四维动量矢量

由于 m_0 是标量，所以 $m_0\boldsymbol{u}_4$ 是四维矢量. 定义四维动量矢量为

$$\boldsymbol{p}_4=m_0\boldsymbol{u}_4=m_0(\boldsymbol{u},U) \tag{9.7.21}$$

将 $\boldsymbol{u}_4$ 与真实速度关系(9.7.15)式代入得

$$\boldsymbol{p}_4=(1-v^2/c^2)^{-1/2}m_0(\boldsymbol{v},V)=m(\boldsymbol{v},\mathrm{i}c)=(\boldsymbol{p},\mathrm{i}E/c)=(\boldsymbol{p},P) \tag{9.7.22}$$

与四维坐标矢量类似，四维动量矢量的前三个分量是真实的三维动量 $\boldsymbol{p}=m\boldsymbol{v}$；第四分量为 $P=\mathrm{i}E/c$. 四维动量矢量的变换关系为

$$p_4'=\overleftrightarrow{A}\cdot\boldsymbol{p}_4 \tag{9.7.23}$$

将变换矩阵 $\overleftrightarrow{A}$ 代入得到

$$p'_x = \gamma(p_x + \mathrm{i}\beta P) \tag{9.7.24a}$$
$$p'_y = p_y \tag{9.7.24b}$$
$$p'_z = p_z \tag{9.7.24c}$$
$$P' = \mathrm{i}E'/c = \gamma(P - \mathrm{i}\beta p_x) \tag{9.7.24d}$$

由于同是四维矢量，所以 $\boldsymbol{p}_4$ 与 $\boldsymbol{r}_4$ 的变换规律完全相同. 将 $P=\mathrm{i}E/c$ 代入(9.7.24a)、(9.7.24d)式得到

$$p'_x = \gamma(p_x - uE/c^2) \quad E' = \gamma(E - up_x)$$

四维动量矢量点积得到的标量是$(\boldsymbol{p}^2 - E^2/c^2)$

$$\boldsymbol{p}_4 \cdot \boldsymbol{p}_4 = \boldsymbol{p}^2 - E^2/c^2 \tag{9.7.25}$$

再由四维动量矢量定义以及(9.7.20)式得

$$\boldsymbol{p}_4 \cdot \boldsymbol{p}_4 = m_0\boldsymbol{u}_4 \cdot m_0\boldsymbol{u}_4 = m_0^2\boldsymbol{u}_4 \cdot \boldsymbol{u}_4 = -m_0^2c^2$$

于是得到能量、动量关系

$$\boldsymbol{p}^2 - E^2/c^2 = -m_0^2c^2$$

上面讨论的都是一个质点所具有的各种四维矢量. 由于矢量具有可加性，一个质点系具有的总四维动量矢量等于各个质点之和

$$\boldsymbol{p}_{4总} = \sum \boldsymbol{p}_{4\mathrm{k}} = \sum(\boldsymbol{p}_\mathrm{k}, P_\mathrm{k}) = \left(\sum \boldsymbol{p}_\mathrm{k},\ \sum P_\mathrm{k}\right) = (\boldsymbol{p}_{总}, \mathrm{i}E_{总}/c)$$

其中，系统总真实动量 $\boldsymbol{p}_{总} = \sum \boldsymbol{p}_\mathrm{k}$、系统总能量 $E_{总} = \sum E_\mathrm{k}$. 于是得到质点系统的不变量$(\boldsymbol{p}_{总}^2 c^2 - E_{总}^2)$

$$\boldsymbol{p}_{4总} \cdot \boldsymbol{p}_{4总} = \boldsymbol{p}_{总}^2 - E_{总}^2/c^2 \tag{9.7.26}$$

5. 四维力矢量

与四维速度矢量的定义类似，四维力矢量定义为四维动量矢量除以标量时间微分 $\mathrm{d}\tau$，为

$$\boldsymbol{h}_4 = (\boldsymbol{h}, H) = \frac{\mathrm{d}\boldsymbol{p}_4}{\mathrm{d}\tau} = \left(\frac{\mathrm{d}\boldsymbol{p}}{\mathrm{d}\tau}, \frac{\mathrm{d}P}{\mathrm{d}\tau}\right) \tag{9.7.27}$$

由 $\mathrm{d}\tau = (1 - v^2/c^2)^{1/2}\mathrm{d}t$，得到四维力矢量与真实力 $\boldsymbol{f}$ 的关系

$$\boldsymbol{h}_4 = (1 - v^2/c^2)^{-1/2}(\dot{\boldsymbol{p}}, \dot{P}) = (1 - v^2/c^2)^{-1/2}(\boldsymbol{f}, F) \tag{9.7.28}$$

其中，第四分量 $H = \mathrm{d}P/\mathrm{d}\tau = (1 - v^2/c^2)^{-1/2}\dot{P} = \mathrm{i}(1 - v^2/c^2)^{-1/2}\dot{E}/c = \mathrm{i}(1 - v^2/c^2)^{-1/2}\boldsymbol{f} \cdot \boldsymbol{v}/c$；利用 $\dot{E} = \boldsymbol{f} \cdot \boldsymbol{v}$；引入符号 $F = \dot{P} = \mathrm{i}\dot{E}/c = \mathrm{i}\boldsymbol{f} \cdot \boldsymbol{v}/c$. 四维力矢量的变换关系为

$$\boldsymbol{h}'_4 = \overleftrightarrow{A} \cdot \boldsymbol{h}_4 \tag{9.7.29}$$

类似四维速度矢量，写成矩阵形式，并利用恒等式(9.7.17)式得

$$\begin{pmatrix} \boldsymbol{f}' \\ F' \end{pmatrix} = \frac{1}{\gamma(1 - uv_x/c^2)} \overleftrightarrow{A} \begin{pmatrix} \boldsymbol{f} \\ F \end{pmatrix} \tag{9.7.30}$$

于是得到力的相对论变换为

$$\begin{pmatrix} f'_x \\ f'_y \\ f'_z \end{pmatrix} = \frac{1}{\gamma(1 - uv_x/c^2)} \begin{pmatrix} \gamma(f_x - u\boldsymbol{f} \cdot \boldsymbol{v}/c^2) \\ f_y \\ f_z \end{pmatrix} \tag{9.7.31}$$

四维力矢量点积得到的标量是 $f^2(1 - v^2\cos^2\theta/c^2)/(1 - v^2/c^2)$

$$
\begin{aligned}
\boldsymbol{f}_4\cdot\boldsymbol{f}_4 &= (f^2+F^2)/(1-v^2/c^2)=(f^2-f^2v^2\cos^2\theta/c^2)/(1-v^2/c^2)\\
&= f^2(1-v^2\cos^2\theta/c^2)/(1-v^2/c^2)\\
&= \text{不变量(标量)}
\end{aligned}
$$

其中 θ 为力 $\boldsymbol{f}$ 与速度 $\boldsymbol{v}$ 的夹角. 当 $\theta=0$ 时，四维力矢量点积得到标量为 f^2，即此时 f 为相对论变换不变量，$f=f'$.

上面由矢量的普遍性质出发，依据洛伦兹坐标变换和闵可夫斯基空间长度定义，依次定义了四矢量 $\boldsymbol{r}_4$、$\boldsymbol{u}_4$、$\boldsymbol{p}_4$ 和 $\boldsymbol{h}_4$，建立起四矢量的相对论变换关系，从而得到速度、动量、力的相对论变换. 此外，

(1) 由四维速度第四分量的变换直接得到恒等式(9.7.17)；

(2) 由四维动量矢量和四维速度矢量得到能量、动量关系 $\boldsymbol{p}^2-E^2/c^2=-m_0^2c^2$；

(3) 由四维矢量点积得到一系列标量(相对论不变量)

$$
-\Delta s^2、-c^2、\boldsymbol{p}^2-E^2/c^2 \quad 和 \quad f^2(1-v^2\cos^2\theta/c^2)/(1-v^2/c^2)
$$

例 9.7.2　利用(9.7.31)式和(9.7.19)式计算 S' 系中的 $\boldsymbol{F}'\cdot\boldsymbol{v}'$ 的变换.

解：

$$
\boldsymbol{F}'\cdot\boldsymbol{v}'=(F'_x\quad F'_y\quad F'_z)\begin{pmatrix}v'_x\\ v'_y\\ v'_z\end{pmatrix}
$$

$$
\begin{aligned}
&=[\gamma(1-uv_x/c^2)]^{-2}[\gamma(F_x-u\boldsymbol{F}\cdot\boldsymbol{v}/c^2)\quad F_y\quad F_z]\begin{pmatrix}\gamma(v_x-u)\\ v_y\\ v_z\end{pmatrix}\\
&=[\gamma(1-uv_x/c^2)]^{-2}[\gamma^2(F_x-u\boldsymbol{F}\cdot\boldsymbol{v}/c^2)(v_x-u)+F_yv_y+F_zv_z]\\
&=[(F_x-u\boldsymbol{F}\cdot\boldsymbol{v}/c^2)(v_x-u)+\gamma^{-2}(\boldsymbol{F}\cdot\boldsymbol{v}-F_xv_x)]/(1-uv_x/c^2)^2\\
&=(\boldsymbol{F}\cdot\boldsymbol{v}-uF_x-uv_x\boldsymbol{F}\cdot\boldsymbol{v}/c^2+u^2F_xv_x/c^2)/(1-uv_x/c^2)^2\\
&=(\boldsymbol{F}\cdot\boldsymbol{v}-uF_x)/(1-uv_x/c^2)^2
\end{aligned}
$$

在本章结束之前，需要作以下两点说明.

(1) 在相对论理论中，狭义相对论是惯性系中的规律. 相对论的惯性系指平直的闵氏时空，没有引力和惯性力. 因此星球参考系并不是严格的惯性系. 在地球上应用狭义相对论是忽略了引力.

(2) 运动时钟变慢、运动方向上的运动长度缩短的关系，来自洛伦兹变换，是两个惯性系之间的时空关系，因此应该是在惯性系中的观察者观测匀速运动参考系(物体)上时钟和长度得到的结果.

在广义相对论中有**爱因斯坦假设：假定杆和时钟的性状都只同速度有关同加速度无关**. 即运动长度缩短、运动时钟变慢效应只与其速度有关与其加速度无关. 因此把狭义相对论的结论推广了：在惯性系中的观察者观测变速运动物体上时钟和长度也会得到同样的结果.

更详细的讨论见第 10 章.

习 题

9.1 证明两粒子碰撞时的动量守恒关系式 $m_1\boldsymbol{u}_1+m_2\boldsymbol{u}_2=m_1\boldsymbol{v}_1+m_2\boldsymbol{v}_2$ 对伽利略变换是不变式，其中 m_1、m_2 为粒子质量，是伽利略变换不变量，$\boldsymbol{u}$、$\boldsymbol{v}$ 分别是两个粒子碰撞前、后的速度.

9.2 有一根米尺固定在 S 系中的 x 轴上，其两端各装一手枪，手枪枪管垂直于米尺. 固定于 S' 系中的 x' 轴上有另一根长刻度尺. 当后者从前者旁边以相对速率 u 经过时，在 S 系中同时击发两支手枪，使子弹在 S' 系中的刻度尺上打出两个记号. 求在 S' 系中尺上两个记号之间的刻度值. 并考虑在系中的观察者将如何解释此结果？

9.3 静止时边长为 a 的正立方体，当它以速率 u 沿与它的一个边平行的方向相对于 S 系运动时，在 S 系中测得它的体积 V 将是多大？

9.4 在 S 系中观察到在同一地点发生两个事件，第二事件发生在第一事件之后 2 秒钟. 在 S' 系中观察到第二事件在第一事件之后 3 秒钟发生. 求：S' 系速率 u 和在 S' 系中这两个事件的空间距离 $\Delta x'$.

9.5 在 S 系中观察到两个事件同时发生在 x 轴上，其间距离是 1 m. 在 S' 系中观察这两个事件之间的空间距离是 2 m. 求：在 S' 系中这两个事件的时间间隔.

9.6 在 S 系中观察到两个事件的时空坐标分别是 $(x_1,0,0,t_1)$ 和 $(x_2,0,0,t_2)$. 在 S' 系中观察时，此两事件恰好发生在同一地点. 证明这两个事件之间的时间间隔在 S' 系中测量应为 $\Delta t'=[(\Delta t)^2-(\Delta x/c)^2]^{1/2}$

其中 $\Delta x=x_2-x_1$、$\Delta t=t_2-t_1$. 由此证明，如果 $\Delta x\geqslant c\Delta t$ 就不可能有这样的参照系 S'，在此系中这两个事件发生在同一地点.

9.7 对于上题中的两个事件，证明：如果 $\Delta x>c\Delta t$，则有一参照系 S'，在此系中两个事件是同时发生的. 并求出在此 S' 系中这两个事件的空间距离.

9.8 在 S 系中测量，一根静止的杆的长度为 l，与 x 轴的夹角为 θ. 试求在 S' 系中测量，此直杆的长度 l' 和它与 x' 轴的夹角 θ'.

9.9 固定在 S 系的 x 轴上的两只同步的钟 A 和 B 相距 3×10^7 m. 固定在 S' 系的 x' 轴上也有两只同步的 A' 钟和 B' 钟. S' 系以 $u=0.6c$ 的速率沿 x 轴正向运动. (1)如在 S 系中某一时刻，观察到 A 与 A'、B 与 B' 同时相遇，且此时 A 与 A' 均指零. 求 B 和 B' 的示值各是多少？(2)在 S 系中观察，B 与 B' 相遇时的示值各是多少？(3)当 A' 与 B 相遇时，A' 和 B 两钟的示值各是多少？(4)当 A' 与 B 相遇时，在 S' 系中观察，A 钟和 B' 钟示值各是多少？

9.10 如图 S' 系速度 $u=0.8c$，S' 系里时钟 A'、B'，S 系里时钟 A、B. A' 与 B 相遇时两表

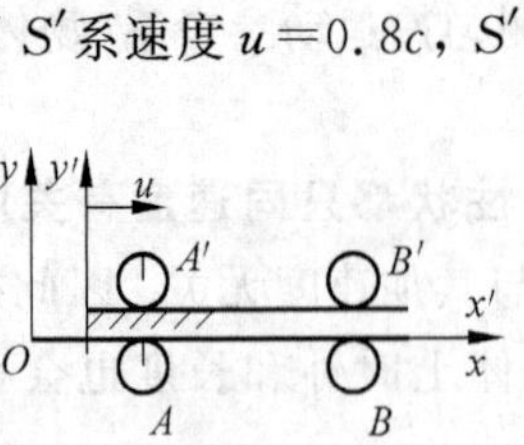

题 9.9 图

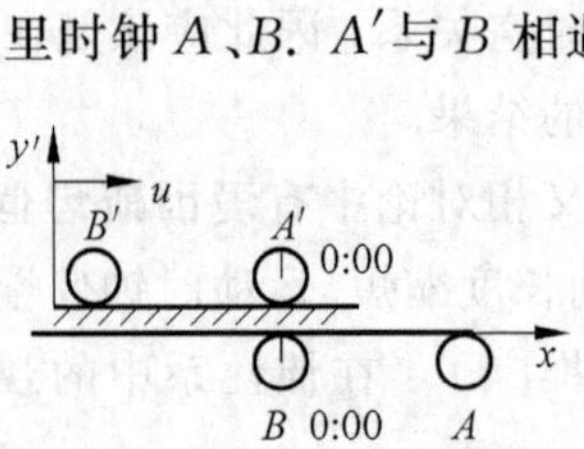

题 9.10 图　A'、B 相遇

读数皆为 0:00．在 S 系观测，过段时间 A、A'和 B、B'同时相遇，当时 B 表读数为 5：00. 求：(1)在 S 系中 A、B 两钟距离 l_{AB} 和在 S'系中测量的 A'、B'两钟距离 $l'_{A'B'}$(以“$h\cdot c$ 即小时・光速”为单位)；(2)S 系中观测 A、A'和 B、B'相遇时刻 A、A'、B'钟的读数；(3)S'系中观测 B、B'相遇时刻 A、A'、B'钟的读数.

9.11　一艘静长为 $l_0=90$ m 的飞船以速度 $v=0.8c$ 飞行. 当飞船尾部经过地面上某信号站时，该信号站发出一光信号. 在地面参考系讨论：(1)当光信号到达飞船头部时，飞船头部离地面信号站的距离 L；(2)从信号站发出信号到飞船头部接收到信号，经历的时间 Δt.

9.12　Farley 等人在 1968 年对 μ^- 介子做实验，测得其速度为 $v=0.9966c$，平均寿命为 $\tau=26.15\times10^{-6}$ s. 已知静止 μ^- 介子平均寿命为 $\tau_0=2.2\times10^{-6}$s. 求：此实验在多大精度上与相对论预言相符？

9.13　空间站相对地球静止，与地球距离 $l=9.0\times10^9$ m，两者时钟同步. 飞船经地球飞往空间站，当飞船经过地球时飞船与地球时钟读数相同；当飞船到达空间站时飞船时钟比空间站时钟慢 3 s，求：飞船速度 v.

9.14　一艘飞船以 $u=0.8c$ 的速度飞过地球，届时飞船和地球的时钟都指示 0:00. 在飞船时间 0:30 飞船经过一个空间站，该空间站相对地球静止，并且采用地球时间. (1)求飞船经过空间站时，空间站时钟的指示；(2)在地球参考系测量，地球与该空间站的距离；(3)在飞船经过空间站时，飞船向地球发出无线电信号，求按地球时间地球何时收到该信号？(4)地球收到信号后立刻回应发出无线电信号，求按飞船时间飞船地球何时收到该信号？

9.15　地面(S 系)观测，飞船速度 $u=0.6c$，卫星速度 $v=0.8c$，两者相向运动将在 5 秒后相遇. 求在飞船参考系(S'系)中观测：(1)卫星速度 v'；(2)还有多少时间与卫星相遇？(3)从地面发现卫星到卫星与飞船相遇期间卫星飞行距离 $\Delta x'$？

9.16　S 系中，原点到固定点 P 的距离为 $OP=L$，OP 与 x 轴夹角为 θ. 从原点 O 发光在 P 点接收，如图所示. 求：S'系中测量，从 O 点发光到 P 点接收所用的时间 $\Delta t'$，以及发出点 O 到接收点 P 的空间间隔 L'.

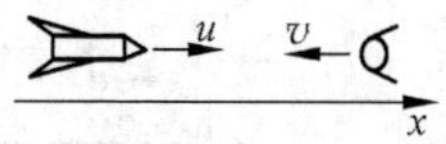

题 9.15 图

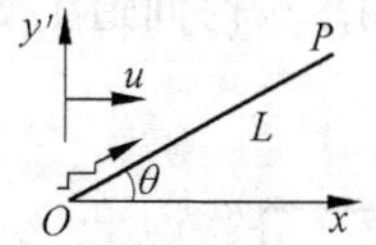

题 9.16 图

9.17　设火箭相对地面以 $v=0.6c$ 匀速向上离开地面. 按火箭上的时钟计时，在火箭飞行 10 秒后火箭向地面发射一枚导弹. 导弹相对地面的速度为 $v_1=0.3c$. 求：按地球上的时钟，从火箭离开地面到导弹抵达地面经历的时间间隔 Δt.

9.18　远方一颗星以 $0.8c$ 的速度离开地球，地面上测得此星球上两次闪光的时间间隔为 5 昼夜，求：在该星球上测得这两次闪光的时间间隔应该为几昼夜.

9.19　地面观测，两平行米尺各以 $v=3c/5$ 相向运动，运动方向平行于尺子，求任一尺上观察者测另一尺的长度.

9.20　一光源在 S'系的原点 O'发出一光线，其传播方向在 $x'y'$平面内并与 x'轴夹角为 θ'.

设 S' 系光线传播速度为 c. 试求在 S 系中测得的此光线的传播方向,并证明在 S 系中此光线的传播速率仍是 c.

9.21 在恒星 H 的参考系中,航天飞机以匀速 u 沿 x 轴飞行,恒星发出的光信号与 x 轴成 θ 角被航天飞机接收. 求:(1)在航天飞机参考系中,恒星光信号的角度 θ';(2)飞机前端为半球形观察室,可以看到 $\theta'<\pi/2$ 的恒星. 试证明:若 $u\to c$,则飞机上观察者几乎可以看到所有恒星.

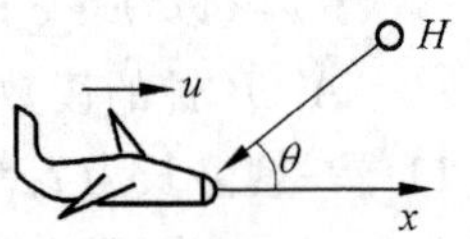

题 9.21 图

9.22 在实验室参考系 S 系中,测量得到一个沿 x 方向运动的杆与 x 轴夹角为 $\theta=45°$. 在以 $u=0.6c$ 运动的 S' 系中观测,此杆与 x' 轴夹角为 $\theta'=35°$. (1)求杆相对于实验室系的运动速度 v;(2)求杆相对于 S' 系的运动速度 v';(3)求在相对杆静止的 S'' 系中,杆与 x'' 轴的夹角 θ''.

9.23 A、B、C 三艘飞船沿 x 轴飞行. 在 B 船观测,A、C 两船分别向左右以相同速率 $v'=0.7c$ 运动. 求:(1)A 船上观察者观测的 B、C 两船速度;(2)若 B 船相对地面的速率为 $u=0.9c$,求 A、C 两船相对地面的速率.

9.24 实验室中以 v 运动的厚玻璃折射率为 n,静止情况下厚度为 d_0. 光源 S 发射的一束光垂直入射到厚玻璃上,从 A 面进入在 B 面反射. 在实验室参考系计算,从入射光进入 A 面到反射光从 A 面射出所用时间 t.

9.25 如图所示,以 v 运动的厚玻璃的折射率为 n,静止情况下玻璃厚度为 D. 光源 H 发光经过厚玻璃到达接收器 R. 地面测量 H、R 之间距离为 L. 求:地面测量光从光源 H 传播到接收器 R 所用时间 τ.

9.26 在实验室(S 参考系)中相距 3 m 的 P_1、P_2 两点处,同时产生 A、B 两个粒子,分别以 $0.9c$ 和 $0.8c$ 的速率沿 x 轴运动,过一段时间 A 粒子追上 B 粒子. S' 参考系以 $u=0.6c$ 速度相对 S 参考系运动,如图所示. 以下都是在 S' 参考系中观测和讨论,求:(1)A、B 两个粒子的速率 v_1'、v_2';(2)A、B 两个粒子谁先产生?两个粒子产生的时间间隔是多少?(3)两个粒子产生分别是两个事件,这两个事件的空间距离是多少?(先用洛伦兹坐标变换计算,再站在 S' 参考系的立场上解释计算结果)(4)A 粒子产生后,用多少时间追上 B 粒子?在此过程中,A 粒子飞行了多少距离?

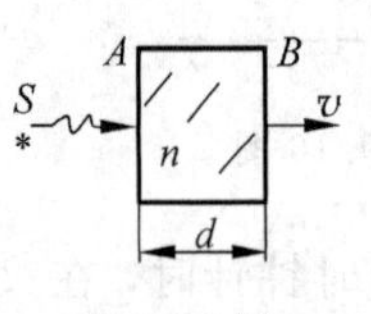

题 9.24 图

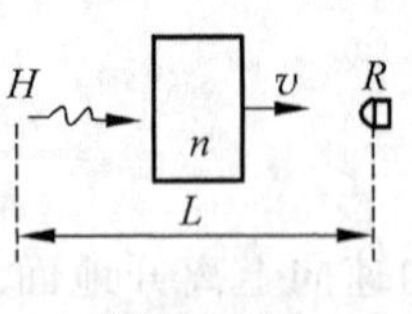

题 9.25 图

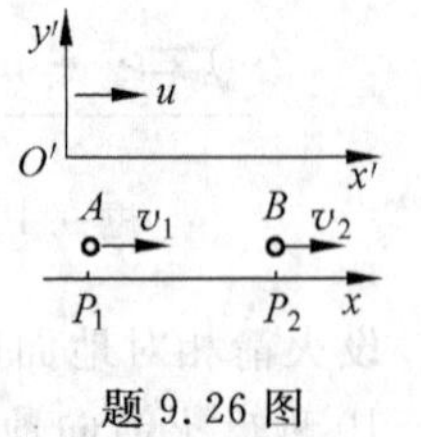

题 9.26 图

9.27 飞船从地球出发(取地球时 $t=0$),作加速直线运动. 在飞船的瞬时静止惯性系(即某时刻相对飞船静止的惯性系;不同时刻飞船的瞬时静止惯性系不同). 测量飞船的加速度为常数 $a'=g=9.8\ \mathrm{m/s^2}$. 求:(1)到地球时间 t 时,飞船飞行的距离;(2)在地球观测,当飞船达到速率 $c/2$ 时的地球时 t.

9.28 海水中 0℃的大块浮冰,当它融化为 0℃的水时质量增加了 1 kg. 已知冰的融解热为

3.34×10^5 J/kg. 求该浮冰的质量 m.

9.29　在什么速度下粒子的动量等于非相对论动量(即 m_0v)的两倍？在什么速度下粒子的动能等于静能的一半？又在什么速度下粒子的动能等于非相对论动能(即 $m_0v^2/2$)的两倍？

9.30　动能为 $E_k=10$ MeV 的电子垂直射入 $B=2.0$ T 的均匀磁场中，试分别以牛顿力学和相对论力学原理算出其轨道半径.

9.31　一个微观粒子静止质量 m_0，以匀速率 v 沿半径为 R 的圆周作平面圆周运动. 考虑狭义相对论效应，求该粒子所受法向力 F_n 和切向力 F_t.

9.32　电荷为 q、静止质量为 m_0 的粒子，初速为零，在均匀电场中被加速. 电场强度为 $\boldsymbol{E}$. 求 t 时刻粒子速度 v 和粒子的动能 E_k，并求短时间的近似值.

9.33　带电量为 q 的粒子在沿 x 轴方向场强 $\boldsymbol{E}=E(x)e_x$ 的电场中从 x_1 运动到 x_2，相应电势为 $U(x_1)=U_1$ 和 $U(x_2)=U_2$. 求该粒子的动能的增加量 ΔE_k.

9.34　静止质量为 m_0 的质点，从静止开始在力 $\boldsymbol{F}=kt^2\hat{x}$($k$ 为正常数)作用下运动. 考虑相对论效应，求任意时刻质点速度 $\boldsymbol{v}(t)$.

9.35　在 S 系中观测到一个粒子沿 x 轴正方向运动，总能量为 $E=500$ MeV，动量为 $p=400$ MeV/c. 而在 S' 系中观测得该粒子的总能量为 $E'=583$ MeV. 求：(1)该粒子的静能 E_0；(2)在 S' 系中观测的该粒子的动量；(3)S' 系相对 S 系的运动速度 u.

9.36　(1)一个质子的静止质量为 $m_p=1.672\,65\times10^{-27}$ kg，一个中子的静止质量为 $m_n=1.674\,95\times10^{-27}$ kg. 一个质子和一个中子结合成的氘核的静止质量为 $m_D=3.343\,65\times10^{-27}$ kg. 求结合过程中放出的能量是多少 MeV？它是氘核的静止能量的百分之几？(2)一个电子和一个质子结合成一个氢原子，结合能是 $E_{结合}=13.58$ eV. 这一结合能是氢原子的静止能量的百分之几？已知氢原子的静止质量是 $m_H=1.673\,23\times10^{-27}$ kg.

9.37　两个质子都以 $\beta=0.5$ 的速率从一共同点向相反方向运动. 求：(1)每个质子相对于共同点的动量和能量. (2)一个质子在另一个质子处于静止的参照系中的动量和能量. (均以 m_0c 和 m_0c^2 分别作动量和能量的单位，其中 m_0 为质子静止质量)

9.38　x 方向光子能量 $E_1=400$ MeV，y 方向光子能量 $E_2=300$ MeV. 某粒子 X 能量与动量与两光子总能量与总动量相等. 求：X 的静止质量 m_0 和速度 $\boldsymbol{v}$.

9.39　一个电子(静止质量 m_0)速率 $v=4c/5$，从小孔进入场强为 E 的匀强电场中. 电子深入电场距离 h 后反向运动，又从小孔飞出. 不计重力. 求：(1)h；(2)电子从进入小孔到飞出小孔所经历的时间间隔 Δt；(3)在以 $v=4c/5$ 沿 $+x$ 方向运动的惯性系 S' 中观测电子从进入小孔到飞出小孔所经历的时间间隔 $\Delta t'$.

9.40　一个静止电子(静止质量为 m_0)从 O 点开始在场强为 E 的均匀电场中加速，经过距

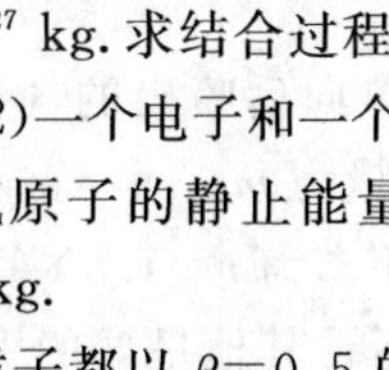

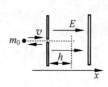

题 9.39 图

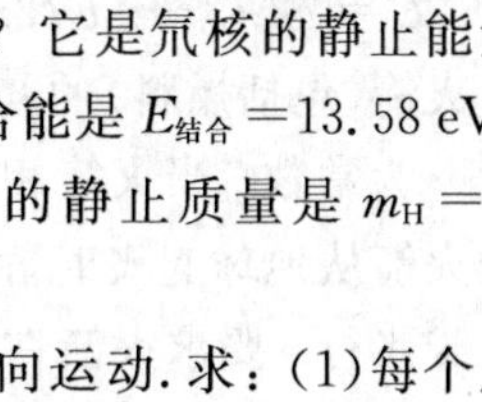

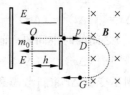

题 9.40 图

离 h 达到高速后从电场中射出，然后垂直进入磁感应强度为 $\boldsymbol{B}$ 的匀强磁场中，如图所示最后在 G 点从磁场中射出. 考虑相对论效应，不考虑辐射. 求：(1)从电场中射出时电子的动量大小 p；(2)电子在磁场中运动轨迹的曲率半径 R.

9.41 两个静止质量均为 m_0 的粒子，一个静止，一个的总能量 $E=4E_0$. 现在两个粒子发生碰撞结合在一起成为一个复合粒子. 求：此复合粒子的静质量 M_0 与 m_0 之比.

9.42 一个静止质量为 M_0 的粒子以速率 $v=0.8c$ 沿 x 轴运动，到达原点时衰变为两个静止质量都是 m_0 的粒子，其中一个粒子以 $v_1=0.6c$ 的速率沿 $-y$ 方向运动，求：(1)另一个粒子的速度大小 v_2 和方向(用速度与 x 轴夹角 θ 表示)；(2)m_0/M_0.

9.43 一个飞船靠发射光子从静止加速到 $v=0.6c$ 时，求：该时刻飞船的静止质量 m_0 与初始质量 M_0 之比.

9.44 大粒子相对地面以 $u=0.8c$ 从原点出发沿 x 轴运动，在相对大粒子静止的参考系 S' 中计时，该粒子飞行 15 秒后分裂为两个全同粒子 A、B. 粒子 A 继续沿 x 轴运动，粒子 B 逆 x 轴方向相对地面以 $v_2=0.6c$ 的速率飞向原点. 求：(1)按地球上的时钟，从大粒子离开原点到粒子 B 回到原点经历的时间间隔 Δt；(2)粒子 A 相对地面的速度.

9.45 静止的正负电子对湮灭产生两个光子，其中一个光子再与一个静止的电子碰撞，求电子能够达到的最大速率.

9.46 设处于激发态的原子以速率 v 运动，当它向前方发射一个能量为 E' 的光子后静止不动，衰变到原子基态，此时原子的静止质量为 m_0. 若激发态比基态能量高 ΔE，试证明：$E'=\Delta E(1+\Delta E/2m_0c^2)$

9.47 太空火箭(包括燃料)的初始质量为 M_0. 从静止起飞，向后喷出的气体相对火箭的速度 u 为常数. 当火箭相对地面速度为 v 时，其静质量为 m_0，求：m_0/M_0.

9.48 光子火箭从地球起飞时静质量(包括燃料)为 M_0，向距离为 $r=1.8\times10^6$ l. y. 的仙女座星云飞行. 要求火箭在火箭时间 25 年后到达，设不计其他星球的引力. (1)忽略加、减速时间，求所需火箭速度；(2)设到达目的地时火箭的静质量为 m_0，求 M_0/m_0 的最小值.

9.49 如图所示，静止质量为 m_0、电量为 q 的粒子以速度 $v_0=0.6c$ 沿水平方向(x 方向)进入匀强电场 $\boldsymbol{E}$ 中，离开电场时沿 y 方向前进了 h 距离. 求粒子离开电场时的能量 $E_{末}$、动量 $\boldsymbol{P}$，以及在电场中运动的时间 Δt.

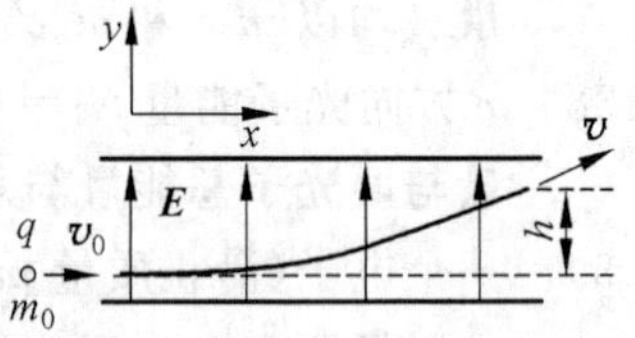

题 9.49 图

9.50 以 $l=[(\Delta x)^2+(\Delta y)^2+(\Delta z)^2]^{1/2}$ 表示空间两点(x_1,y_1,z_1)和(x_2,y_2,z_2)之间的距离. 证明，此距离对伽利略变换是不变量，即$(\Delta x)^2+(\Delta y)^2+(\Delta z)^2=(\Delta x')^2+(\Delta y')^2+(\Delta z')^2$.

以 $\Delta s=[(c\Delta t)^2-(\Delta x)^2-(\Delta y)^2-(\Delta z)^2]^{1/2}$ 表示两个事件(x_1,y_1,z_1,t_1)和(x_2,y_2,z_2,t_2)之间的时空间隔. 证明，此间隔对洛伦兹变换是不变量，即

$$(c\Delta t)^2-[(\Delta x)^2+(\Delta y)^2+(\Delta z)^2]=(c\Delta t')^2-[(\Delta x')^2+(\Delta y')^2+(\Delta z')^2]$$

利用不变量 Δs 重新考虑和计算 9.4、9.5、9.6 题.

9.51 有一火箭向远离地球的方向以 u 高速运动. 地球上的观察者观察到火箭上的光源的

光谱发生了偏移，火箭上波长为 λ 的光在观察者看来波长变为 4λ，求火箭的速度 u.

9.52　波源速度 $v=5\times10^5$ m/s 迎着观测者飞来，在相对波源静止的参考系中光波波长为 $\lambda'=0.4101\times10^{-6}$ m. 求：观测者测得的波长 λ.

9.53　遥远星系发出的一条钾光谱线的本征波长(相对光源测量的波长)为 $\lambda_0=395.0$ nm，地球上测量其波长为 $\lambda=447.0$ nm. 如果认为波长的改变来自该星系运动引起的多普勒红移，忽略地球运动，求：该星系的退行速度 v.

9.54　地面看两飞船各以 $0.5c$ 速度相向(迎面)飞行，其一发光 $\lambda_0=6328$ Å. 求：另一飞船看到的光的波长.

第 10 章 广义相对论物理基础

10.1 广义相对论的基本原理

爱因斯坦于 1905 年建立狭义相对论，开创了物理学新纪元. 但是还有一些与相对论有关的重要问题没有解决. 任何正确的物理规律必须满足相对性原理，而牛顿的引力理论是不满足相对性原理的，说明它不是严格的引力理论. 无论是牛顿力学还是狭义相对论、电磁理论等物理规律，都是在惯性系里的规律，在非惯性系不成立. 因此对物理规律而言，惯性系和非惯性系是不平等的，狭义相对性原理具有局限性. 从牛顿的绝对时空观到狭义相对论的时空观已经有很大飞跃，时间、空间和运动有机地结合在一起，但是时空仍然是孤立的、与物质相脱离，……. 爱因斯坦在建立狭义相对论后并未止步不前，而是继续研究以求解决上述问题. 从 1907 年起历时 8 年到 1915 年建立了广义相对论，把相对性原理推广到任意参考系，建立了关于时间、空间、引力的理论，将时空与物质及其分布和运动联系起来，使人类对于自然界特别是时空的认识边上新的台阶. 近半个世纪以来，广义相对论迅速发展，在空间物理、天体物理、宇宙学等方面取得巨大成就.

广义相对论基于两个基本原理：等效原理和广义相对性原理.

10.1.1 等效原理

等效原理的出发点是实验事实：物质的惯性质量等于引力质量. 在 3.2.4 节中讨论了一些证实惯性质量与引力质量成正比的实验，到 20 世纪 70 年代，以 10^{-12} 的精度验证惯性质量与引力质量成正比. 这样选择合适单位后可取惯性质量等于引力质量，然后通过实验确定万有引力常数 G 的数值.

惯性质量是由牛顿运动定律定义的，反映物质惯性的大小，只在低速情况下才有意义. 发展到狭义相对论，质量(相对论质量)通过质能公式进一步与物质的能量联系起来，是物质本性的一个定量体现，牛顿质量是相对论静质量的近似. 引力质量是由牛顿引力定律定义的，反映物质的引力特性，也是物质本性的一个定量体现. 表面看惯性质量和引力质量分别是物质两种不同本性的体现，两者不应该有确定关系，但上述实验表明，各种物质的惯性质量和引力质量成正比，比例系数与物质无关. 除“有形”物体的惯性质量外，还有“无形”的与能量相联系的质量，像引力场能、放射能、原子和原子核的结合能……，都对应着质量. 研究表明，这些能量相应的质量也都对应着引力质量，并与引力质量成正比. 物质的惯性质量等于引力质量的事实早为人知，但其中蕴含的自然界的“秘密”未被揭开. 后来爱因斯坦在苦思如何解决引力问题和加速系问题时从中受到启发：“这个难题的突破点突然在某一天找到了……如果一个人正在自由下落，他决不会感到他有重量……它使我由此找到了新的引力理论”①. 新的引力理论建立了，自然界的这个“秘密”也就揭开了.

在牛顿力学中，非惯性系与惯性系的区别在于前者存在惯性力，惯性力正比于惯性质量. 由于万有引力正比于引力质量，所以惯性质量等于引力质量就引出两力的等价性或等效性. 设想在一个密闭的小室中做自由落体实验，测出落体的加速度为 g，根据牛顿定律有两种可能：①小室静止在地面，地球引力使落体具有加速度 g；②小室在自由空间相对惯性系向上作加速度为 g 的匀加速直线运动，以小室为参考系，物体受到向下的惯性力，惯性力使其产生向下的加速度 g. 单凭小室内的自由落体实验，小室里的人无法确定是哪一种情况，也就是说，无法区分作用在落体上的是引力还是惯性力. 实际上，在这样的小室中做任何力学实验，也都无法区分引力和惯性力. 再设想一个在地球表面自由下落的小室，以小室为参考系，任何物体所受的惯性力和重力完全抵消，因此在其中做任何力学实验都看不到地球引力的影响. 这就是引力和惯性力在力学实验上的等效性，也就是触动爱因斯坦灵感的实验事实. 当然，真实的引力场和惯性力场还是有区别的，例如地球的引力场是中心力场，引力指向地心；自由下落小室的惯性力场是均匀的，各处的惯性力彼此平行. 所以如果小室很大而且实验的精度极高，那么若在小室内 A 处惯性力与地球引力完全抵消，在其他各处惯性力与引力就不能完全抵消，离 A 较远处就可观测到地球引力的影响，所以严格讲只是在时空某一点的微小邻域(以后称为局域)上引力与惯性力等效，这就是等效原理的弱形式或称之为**弱等效原理**. 它实质上是惯性质量等于引力质量的另一表述. 有人直接把惯性质量等于引力质量称为弱等效原理.

弱等效原理直接来自实验事实，仅仅是在力学实验上等效，在弱等效原理的基础上不可能构建新的引力理论. 爱因斯坦将弱等效原理推广为**强等效原理：惯性力与引力的任何物理效应在局域内等效**. 这是个大胆的假设，就在强等效原理(下面简称等效原理)的基础上，爱因斯坦按全新的引力几何化途径解决引力问题，建立起广义相对论.

引力与惯性力在局域内等效并不意味着引力与惯性力等同，引力与惯性力有本质的区别. 引力场由物质产生充满了整个宇宙；选一个附着在引力场中自由下落质点上的参考系，只能在质点的邻域内消除引力，不可能在整个空间消除引力；有限物质产生的引力场，在距物质无穷远处其强度趋于零；引力造成时空弯曲. 而惯性力是由于选择非惯性参考系引起的，换成惯性系就没有惯性力，或者说消除了惯性力；对平动的非惯性系，无穷远处惯性力并不为零，对旋转的非惯性系，无穷远处惯性力可以为无穷大；有惯性力的区域里时空有可能保持平坦. 归根到底，造成时空弯曲的是物质及其运动.

10.1.2 广义相对论中的局域惯性系

惯性参考系是牛顿力学的基本概念之一，牛顿力学是惯性系的力学规律. 牛顿力学的惯性系是指惯性定律成立的参考系，在此参考系中不受力的物体将保持静止或匀速直线运动状态. 反过来讲，严格的惯性系相对于不受力的物体也是静止或匀速直线运动状态. 按此定义找严格的惯性系非常困难，或者说找不到严格惯性系，因为无法完全避开引力的作用，所以不存在完全不受力的物体，从逻辑上讲也就无法确定严格的惯性系. 实际应用的惯性系

---

① S. R. 威尔特，M. 裴利普编. 魏凤文等译. 现代物理学进展. 湖南出版社，297，1990

都不是严格的，其中恒星参考系是相当好的惯性系. 2.5.4 节中关于引潮力的启发指出，由于引潮力的影响，牛顿力学中实际应用的惯性系都有范围的限制，称为“区域惯性系”. 相对同一个区域惯性系可以有无数的惯性系，彼此间作匀速直线运动.

狭义相对论也是惯性系的自然规律，但是相对论的惯性系与牛顿力学的惯性系有所不同.

广义相对论是在狭义相对论基础上发展起来的. 爱因斯坦指出它们之间的关系：“一个理论本身指出创立一个更为全面的理论的道路，而在这更为全面的理论中，原来的理论作为一个极限情况继续存在下去.”[①]狭义相对论就是广义相对论中引力为零的特殊情况下的理论. 为使特殊情况与普遍情况相区别，广义相对论中也用惯性系概念，称狭义相对论成立的参考系或引力为零的参考系为惯性系. 与牛顿力学不同，相对论的惯性系很容易确定. 在引力场中自由降落的无转动物体构成的局域参考系中，引力完全被惯性力抵消，由等效原理，惯性力与引力等价，因此按广义相对论的观点此局域内总引力为零即为惯性系，称为局域惯性参考系（下面简称为局惯系）. 由于有限区域内引力不能完全与惯性力抵消，所以广义相对论不存在有限区域的严格惯性系，在实际问题中，“局域”的大小取决于引力场的强弱以及问题的精度要求. 引力场中每一点可以有无数的局惯系，它们相对该点的加速度相同，彼此间作匀速直线运动. 但是引力场中不同地点的局惯系相对引力场（设引力场为静止不动的）的加速度各不相同，因此各地点的局惯系彼此之间为变速运动，不再保持匀速直线运动状态，这正体现出引力场的影响. 按牛顿力学一般观点，以恒星为惯性系，恒星外自由落体构成的参考系——广义相对论的局惯系——不是惯性系，因为有加速度；按广义相对论观点，恒星参考系——牛顿力学的好惯性系——不是惯性系，因为有引力存在.

在局惯系内不受力（包括惯性力）的物体将保持静止或匀速直线运动的状态，这可以看作广义相对论的惯性定律. 自由飞行的飞船中，物体可以悬在空中相对飞船保持静止就是一例. 广义相对论的惯性定律与牛顿力学的惯性定律的不同在于，前者的力包括惯性力，惯性力与引力抵消可以看作不受力.

有了局惯系概念，等效原理可以更准确地叙述为：**引力场中任意时空点，总能建立一个局域惯性系，在此参考系内，狭义相对论所确定的物理规律都成立.**

10.1.3 广义相对性原理

狭义相对性原理在狭义相对论中起着最基本的至关重要的作用，是狭义相对论的奠基石. 实际上，相对性原理是整个相对论的基石，也正是由于这个原因将爱因斯坦的理论命名为相对论. 相对论分为狭义相对论和广义相对论两部分，分别来自狭义和广义相对性原理.

狭义相对性原理指出，一切物理规律对所有惯性系都相同，即代表物理定律的数学方程为洛伦兹变换下的不变式或协变式，或者说数学方程具有洛伦兹变换下的协变式. 反过来，要说明某物理定律满足狭义相对性原理，代表该物理定律的数学方程就必须具有洛伦兹变换下的协变性. 在第 9 章相对论动力学建立质点动量定理和动能定理以后，在 9.6 节中说明和验证了相对论质点动量定理和相对论动能定理都具有洛伦兹变换下的协变性.

虽然狭义相对性原理比起力学相对性原理有了重大飞跃，但是仍然保留了惯性系的特

---

① A. 爱因斯坦著，杨润殷译. 狭义与广义相对论浅说. 上海科学技术出版社. 64，1964

殊地位.一般参考系如果相对惯性系有加速度,在动力学方程中就出现惯性力. 正是惯性力造成加速系与惯性系的差别. 人们一直认为这种差别是不可能消除的,即加速系不可能与惯性系平等. 等效原理的提出,使得消除加速系与惯性系的差别有了可能.

爱因斯坦在提出等效原理的同时,"决定把相对性扩展到加速参考系中……,在完成这一步的同时,……还能把引力问题一并解决"[①],在等效原理的基础上提出了广义相对论的另一个基本假设或基本原理——**广义相对性原理:物理定律在一切参考系中都具有相同的形式,或者说物理规律的表述都相同,即它们在任意坐标变换下都具有协变性**. 所谓定律的协变性就是在坐标变换下定律的公式或方程的形式不变性. 这样对物理规律而言一切参考系都平等,彻底消除了惯性系的特殊地位.

等效原理是广义相对性原理成立的必要前提,正是由于引力与惯性力等效,可以把惯性力当作引力对待,才去掉了加速系与惯性系的本质差别,使加速系与惯性系平等.但是广义相对性原理并不是等效原理的推论,等效原理指出,引力场中任意点都可以引入局惯系,局惯系内狭义相对论成立,也就是一切不涉及引力和惯性力的物理规律成立;广义相对性原理指出,物理规律在此局惯系和该点的其他任意参考系中表述都相同,或者说表达物理定律的方程在坐标变换下形式不变,这些任意参考系包括加速系,也就包含了引力场. 这样通过坐标变换就可以把无引力的狭义相对论的物理定律转换到引力场中去,引力场的影响体现在变换关系上,从而解决了引力问题,即爱因斯坦所说的一并解决引力问题. 另一方面,一个正确的物理定律应该满足广义相对性原理,具有坐标变换下的不变性.

等效原理和广义相对性原理是广义相对论的两个基本原理,由这两个原理出发,就可以一起解决引力和加速系问题,构建起广义相对论理论.

例 9.3.8 中指出,地面观测加速运动的飞船长度不断缩小,地面不再承认飞船为大小不变的刚体,飞船参考系也不再是刚性参考系. 所以涉及加速系后,参考系观念也有所改变,不再有严格的绝对的刚性参考系. S'按通常意义由彼此相对静止的物体构成,按 S'系观点认为自己是个刚性参考系,由刚性框架组成. 设 S'相对另一个参考系 S 作加速运动,在 S 系看 S'是运动的,沿运动方向上的每一段长度为动长,相对静长都存在洛伦兹收缩,随 S' 系各点速率不断增加,收缩比例随时间不断增加,S'系的框架沿运动方向上不断收缩,S 系认为 S'系不再是刚性的. 因此在广义相对论中,只有内禀刚性参考系,不存在各参考系都承认的刚性参考系.

10.1.4 光线偏折、时空弯曲

利用这两个基本原理,马上可以得到许多重要的推论,使我们对引力场中的时空有初步的了解.

首先,由等效原理就可以直接推论光线在引力场中必然偏离直线,推论过程中不必考虑引力是否对光子有作用的问题.引力场中自由下落的小室是局惯系,在此参考系中狭义相对论成立,光线沿直线传播,如图 10.1.1 虚线所示,一条光线在局惯系内从左向右沿直线穿过小室. 以引力场为参考系观察这条光线,该光线在向右传播过程中,还随小室一起以引力场强 g 为加速度向下加速运动,因此引力场中观察者看到的光线向下(向引力方向)偏折,如

① S.R. 威尔特,M. 裴利普编. 魏风文等译. 现代物理学进展. 湖南出版社,297,1970

图中实线所示. 这样由等效原理就直接推证出光线要向引力方向偏折;反过来,光线在引力场是否偏折,是广义相对论是否成立的生死攸关的检验.

实验观测恒星发出的光在太阳引力场的偏折. 恒星光通过引力极弱的空间基本上沿直线到达地球,见图 10.1.2(a)中虚线;当太阳运动到光线附近时,太阳引力场使光线与原来直线产生可测量的偏离,见图 10.1.2(a)中实线,于是看到的恒星位置发生了变化. 普通日子里,强烈的太阳光掩盖住星光使观测无法进行,只有在日全食时才可以观测到经过太阳边缘的恒星光. 但是仅测出光线有偏折还不够,因为按牛顿力学也可以解释光线的偏折,所以还要有定量的结果,才可以判断是哪个理论的预言正确.

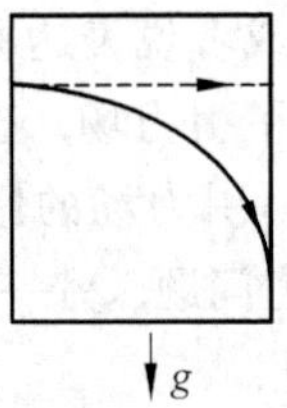

图 10.1.1

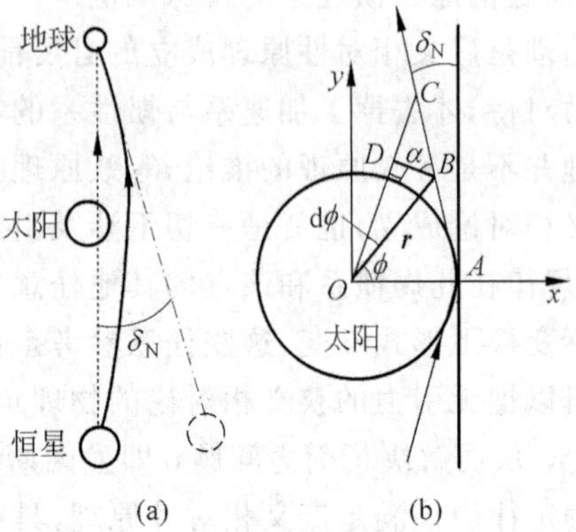

图 10.1.2

在牛顿力学中,考虑到光子具有能量 $h\nu$,再由爱因斯坦质能关系光子具有质量 $m=h\nu/c^2$,在经过太阳附近 B 处时受太阳引力为

$$\boldsymbol{F}=GM_{\odot}m\boldsymbol{r}/r^3 \tag{10.1.1}$$

见图 10.1.2(b),其中 $M_{\odot}$ 为太阳质量. 于是光子受到的 x 方向的分力为 $F_x=-F\cos\phi$. 近日点 A 近似为太阳表面,该处光子 x 方向速度分量 $v_x(R_{\odot})=0$,光子向 y 方向运动. 讨论从 A 射向无穷远的过程. 光子逐渐具有微小的 x 方向速度分量. 由动量定理,x 分量的积分形式

$$mv_x(\infty)-mv_x(R_{\odot})=\int F_x\,\mathrm{d}t=\int_{r=R_{\odot}}^{r=\infty}F_x\,\mathrm{d}l/c$$

如图 10.1.2(b)所示,实轨迹可以近似为与 y 轴偏角为 δ_{N} 的直线,于是

$$\mathrm{d}l=r\mathrm{d}\phi/\cos\alpha=r\mathrm{d}\phi/\cos(\phi-\delta_{\mathrm{N}})\approx r\mathrm{d}\phi/\cos\phi$$

其中 $\mathrm{d}l$ 为 B、C 距离;$BD\perp OC$;$r\mathrm{d}\phi$ 为 B、D 距离;$\alpha=\angle DBC$. 将 F_x 代入,再取 $r\cos\phi=R_{\odot}$,得

$$mv_x(\infty)=-GM_{\odot}m\int_0^{\pi/2}\cos\phi\,\mathrm{d}\phi/cR_{\odot}=-GM_{\odot}m/cR_{\odot} \tag{10.1.2}$$

得到从 A 射向远处光子 x 方向速度分量为

$$v_x(\infty)=-GM_{\odot}/cR_{\odot}$$

于是得到按牛顿力学计算的从 A 射向远处光子的偏角(单向偏角)δ_{N}

$$\delta_{\mathrm{N}}\approx\sin\delta_{\mathrm{N}}=|\,v_x(\infty)\,|/c=GM_{\odot}/c^2R_{\odot} \tag{10.1.3}$$

由对称性,从远处恒星发射到地球的光线的总偏角 $\mathrm{d}\phi_{\mathrm{N}}$ 为单向偏角的两倍

$$d\phi_N = 2\delta_N = 2GM_\odot/c^2R_\odot = 0.875'' \quad (10.1.4)$$

光线偏折角 $d\phi_N$ 非常小，不到 $1''$，所以上面的近似计算是可行的.

按广义相对论，爱因斯坦在 1915 年计算出偏转角为上述角度的 2 倍①. 1919 年 5 月 29 日日全食，两组英国科学家首次测量光线偏折角：在西非几内亚湾普林西比岛测量结果为 $1.98''\pm0.16''$；在巴西北部测量结果为 $1.61''\pm0.40''$. 测量结果符合广义相对论的预言引起举世轰动，从而奠定了广义相对论的地位. 以后凡有日全食时都要进行类似观测，迄今为止共测了几百颗恒星的光线，基本上都与广义相对论的理论值符合. 以后又用射电波进行测量，测射电波的偏转，精度大大提高，1975 年测得偏转角为 $1.761''\pm0.016''$，与广义相对论理论值相当符合.

更详细的分析、计算表明，牛顿力学和广义相对论的计算结果不同，来自两种理论的时空结构不同. 牛顿的三维空间与时间无关，为平直的欧几里得空间；狭义相对论的三维空间与时间相联系构成四维的平直的闵可夫斯基空间，其三维纯空间也是平直的. 平直空间的特征是空间的测地线（又叫极值线或短程线，指空间两点之间的各条连线中长度为极值的那条路线）为直线. 因此在狭义相对论的三维纯空间里才有直线的概念，光线沿直线传播. 在建立完整的广义相对论之前，爱因斯坦在 1911 年也曾计算过光线通过太阳引力的偏折角②，当时他是按均匀引力场（实质上是平直空间）来计算的，结果与牛顿力学结果相同，也是 $0.875''$. 所以，如果是平直空间的话，引力引起的偏折角只能是 $0.875''$. 广义相对论第一次向世人指出：引力场中的四维时空和三维纯空间都是弯曲的. 在光线偏折现象中，引力起了双重作用：①使三维空间弯曲，测地线不再是直线，偏离原来平直空间的直线 $0.875''$. ②使光线偏离三维空间测地线 $0.875''$. 如果是在平直空间（牛顿力学）就是偏离直线；如果是在弯曲空间就是偏离已经弯曲的测地线. 两种作用合起来使光线偏离原来的直线 $1.75''$，就是广义相对论的结果. 实验观测的事实，即支持了广义相对论的预言，也直接确切无疑地证实了引力场中的空间是弯曲的，这正是光线偏折实验观测的重要性所在.

10.1.5　引力几何化、爱因斯坦场方程

由于惯性质量等于引力质量，所以按牛顿理论仅受引力作用的粒子（广义相对论中称为自由粒子）在引力场中的加速度是确定的，就是引力场强度 $\boldsymbol{g}$，与粒子的本身性质无关. 这样在确定的引力场中，任意自由粒子的运动规律都相同，如果初始条件相同的话运动轨迹也都相同，也就是说自由粒子的运动完全由引力场决定. 这是引力场独有的性质，任何其他的力场都没有这样的性质. 例如在电磁场中，带电粒子的运动不但与电磁场有关，还与其所带电荷和质量有关，因此在同一电磁场中，不同带电粒子的运动规律可以完全不同.

按惯性定律，在惯性系中自由粒子沿直线运动. 直线是平直空间的测地线，所以在惯性系中自由粒子沿测地线运动；按广义相对性原理，在有引力的弯曲时空里自由粒子也应该沿弯曲时空的测地线运动，这就是测地线假设. 自由粒子的运动唯一地由引力场决定，就意味着时空的测地线唯一地由引力场决定. 微分几何理论指出，空间的几何性质，如是否弯曲，弯曲的程度等，与空间的测地线相对应，因而时空的几何结构就完全由引力决定. 反过来，

---

① 范岱年等编译. 爱因斯坦文集（二）. 商务印书馆，334(1977)

② 范岱年等编译. 爱因斯坦文集（二）. 商务印书馆，222(1977)

引力对自由粒子的作用可以通过研究空间的几何结构来着手. 这样的研究、处理引力的方法称为引力几何化. 所以爱因斯坦的关于引力的理论又称为引力的几何理论，以区别于其他研究引力的理论方法. 除爱因斯坦的广义相对论外，还有许多人研究解决引力问题的其他途径，提出一些理论方法. 但迄今为止，最简单、明确并且经得起实验和观测检验的仍然只是爱因斯坦的理论.

在爱因斯坦的"引力"理论中，已经没有牛顿意义下的引力，存在的只有时空的结构，因此爱因斯坦的广义相对论又称为没有引力的"引力"理论. 下面有时还使用引力、引力场等，只是为了方便或者为了与牛顿理论比较.

时空的性质由"引力"决定，即由产生引力的物质决定，它们之间的关系是广义相对论的最核心的内容. 爱因斯坦场方程即表达物质及其运动与时空的几何结构的关系，后面将介绍爱因斯坦场方程的具体形式. 爱因斯坦场方程在弱场情况下近似为牛顿的引力场方程，相当于牛顿的万有引力定律. 时空的几何结构确定之后，由微分几何的基本关系式可以建立时空的测地线方程，如前所述，自由粒子沿时空的测地线运动，所以时空的测地线方程就是自由粒子运动的运动方程，在弱场情况下若粒子低速运动，测地线方程就近似为牛顿力学中质点在引力场中的动力学方程.

爱因斯坦将引力几何化后，就是这样处理引力问题的.

爱因斯坦的相对论是 20 世纪物理学最伟大的成就之一，和量子物理一起成为近代物理的柱石. 相对论刚产生的时候即引起很大轰动，也引起极大的争论，并未被大多数人承认，特别是广义相对论，尽管有行星近日点进动和光线偏折的证实，但引发的争论最多. 实际上在一般场合包括普通的星体，在不太大的天文距离内，广义相对论的效应很小，可以忽略，可以观测到的实验验证也很少. 诺贝尔物理学奖授予爱因斯坦的动议酝酿多年，但由于有不少人对相对论有争议而迟迟不能确定下来，直到 1922 年瑞典科学家决定回避相对论的争议，以爱因斯坦对光电效应等贡献授予他 1921 年诺贝尔物理学奖. 以后几十年的研究和实验证明了相对论的正确性，特别是 20 世纪五、六十年代以来天文学、天体物理、宇宙学的重大发现和发展，都以相对论为理论基础，使这些古老科学成了自然科学的前沿和热点，也促进了对相对论理论的肯定和进一步研究.

10.2 史瓦西场中的时间和空间

10.2.1 爱因斯坦假设

长度和时间是物理学中最基本的物理量，对长度、空间、时间的正确认识和测量是整个物理学的基础. 随着物理学的发展，从牛顿的绝对时间和空间，到狭义相对论的四维平直时空，再到广义相对论的由物质分布及其运动决定的四维弯曲时空，人们对时间和空间的认识有了巨大的飞跃. 时间、空间、物质密不可分，它们之间的辩证关系在广义相对论中得到了最充分的体现.

下面应用狭义相对论的结果定量讨论最简单也是最重要的史瓦西场中的时间和空间与引力的关系，这也是本章最重要的内容. 但是狭义相对论讨论的是惯性系之间的时空关系，到了广义相对论，彼此间有相对加速度，不能直接应用狭义相对论的结论，对此在广义相对论中有**爱因斯坦假设：假定杆和时钟的性状都只同速度有关同加速度无关**[①]. 即运动长度缩短、运动时钟变慢效应只与其速度有关与其加速度无关. 此假设有大量实验验证，如 1966 年 Farley 等人以 2%精度证实，当 μ 子在高能加速器中，以同样的速率分别沿直线（无加速度）和沿圆周（有很大的向心加速度）飞行时，其衰变率亦即寿命相同. 由此假设就可以用狭义相对论的结果讨论引力场中的时空. 所以爱因斯坦假设也是本章的基本假设和理论基础.

10.2.2 弯曲空间概念

从前我们涉及的都是平直空间——三维欧几里得空间和四维的闵可夫斯基空间. 平直空间的几何学是欧几里得几何，直线是其测地线，圆周率和三角形内角和都是 π. 由于真实的物理空间中有引力存在，空间是弯曲的. 弯曲空间适用的几何学为黎曼几何. 在弯曲空间中没有直线概念，代替直线的是测地线；由三条测地线构成的三角形内角和不是 π；圆周率也不是 π. 简单、直观地说，弯曲空间就是测地线不是直线的空间. 但是置身于弯曲空间的人“看”不出也感觉不到所处空间的测地线的弯曲，他没有“直”的标准. 对太阳引力场的观察者而言，光线偏离直线 1.75″也没有意义. 他所能测量的是光线相对于测地线的偏离. “不识庐山真面目，只缘身在此山中.”只有处于高维平直空间的旁观者，才可以直观地看到低维弯曲空间和与它同维的平直空间的区别.

例如在欧氏空间中观察，直线是一维平直空间，曲线是一维弯曲空间；平面是二维平直空间，曲面是二维弯曲空间. 图 10.2.1 所示球面是曲率为正常数的二维弯曲空间. 在球面上不存在直线，它的测地线为大圆曲线（过球心的平面在球面上截出的曲线称为大圆曲线）. 以球面上 P 点为中心，测地线 PQ 弧长为半径 R 做圆周，从图上可以很清楚地看到圆周的周长为 $2\pi r$，以及 r 小于 R. 但是图 10.2.1 是位于欧几里得三维平直空间的人才可以看到的图形，生活在二维圆周上的“人”是看不到这个图形的，也不知道半径 r. 测地线弧长 PQ 就是他们的“直线”，圆周的周长除以“直径”$2R$ 为他们的圆周率 π'，即

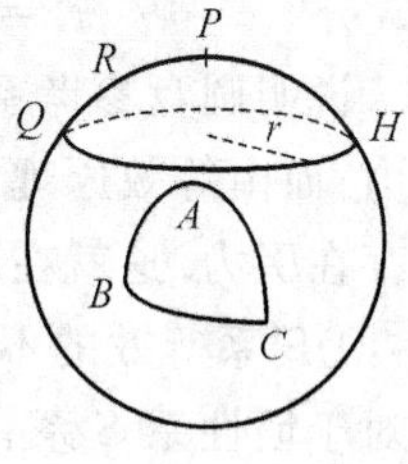

图 10.2.1

$$\pi' = \frac{2\pi r}{2R} = \frac{r}{R}\pi < \pi \tag{10.2.1}$$

可见球面上圆周率小于 π；球面上三条大圆曲线构成球面三角形 ABC，其内角和大于 π.

因此虽然“感觉”不到所处的物理空间是否平直，但是可以通过测量来判断空间是否平直. 即测量空间中以测地线为半径构成的圆（称为测地圆）的周长，或是测量以测地线为半径构成的球（称为测地球）的表面积，看圆周率是否为 π；或是测量测地线构成的三角形内角和看是否为 π. 远在爱因斯坦提出广义相对论之前，在非欧几何诞生之后，人们就想用测量方法判断实际空间是欧几里得的还是非欧几里得的. 数学家高斯在 1821—1823 年间精确测量了德国境内三个山顶构成的三角形内角和，结果为 179°59.320′，在测量精度内分不出与 π 的区别，无法对此问题作出确切结论. 百年后广义相对论解决了这个问题，说明有物质存

① 许良英等编译. 爱因斯坦文集(一)，商务印书馆，163 页 (1977)

在的空间是弯曲的,非欧几里得的,并得到了实验验证.应用广义相对论可以计算出弯曲空间的曲率半径.如地球表面径向线的曲率半径为 3.43×10^{11} m.如此大的曲率半径,说明地球引力场中空间虽然弯曲,但与平直空间差别极小,因此高斯"小尺度"的测量分辨不出我们所处的空间的平直与弯曲.实际上即使在太阳系或银河系内,按平直空间计算的星体运动规律与实测相符,广义相对论效应(包括空间弯曲的影响)极小.

除了上述实际引力场中空间的弯曲之外,还可以从理论上讨论旋转非惯性系中空间的弯曲.设在惯性系 S 中有一个以角速度 ω 匀速转动的圆盘(称之为爱因斯坦转盘,类似在狭义相对论中讨论同时性的相对性时采用的爱因斯坦列车),圆盘静止时半径为 R.实际上并不在转盘参考系 S' 中做测量来确定圆周率,一来测量精度有限,二来不知道在 S' 系中各处的时钟、尺子是否相同,即使有了测量结果也无法利用.因此在 S 系中利用狭义相对论的知识推测 S' 系的测量结果.在 S 系中时钟、尺子都是统一的.圆盘上径向长度与运动方向垂直不产生洛伦兹收缩,所以圆盘的半径在 S 系测量等于静长 R.因此 S 系看圆盘边缘是半径为 R 的圆周,按 S 系(平直空间)圆周率 π 来计算圆盘周长为 $2\pi R$,这就是 S 系测量圆盘周长的结果.圆周上一小段长度在圆盘上测量的长度 $\mathrm{d}l'$ 为静长,$\mathrm{d}l'$ 具有速度 $v=\omega R$,在 S 系测量的长度 $\mathrm{d}l$ 为动长,因此

$$\mathrm{d}l' = (1-v^2/c^2)^{-1/2}\,\mathrm{d}l = (1-\omega^2R^2/c^2)^{-1/2}\,\mathrm{d}l \tag{10.2.2}$$

上式为圆周上静长(S'系)与动长(S 系)的关系.上述 S 系测量的周长 $2\pi R$ 为动长,在 S' 系测量圆盘的静周长就应该是 $2\pi R(1-\omega^2R^2/c^2)^{-1/2}$.于是 S' 系中圆周率 π' 为

$$\pi' = 2\pi R(1-\omega^2R^2/c^2)^{-1/2}/2R = \pi(1-\omega^2R^2/c^2)^{-1/2} > \pi \tag{10.2.3}$$

说明圆盘参考系中的空间不再平直.S' 系是旋转非惯性系,按牛顿力学观点存在惯性离心力;而由等效原理,惯性离心力等效为径向引力场.所以 S' 系观察者解释空间弯曲的原因是存在引力.这就在理论上由空间的圆周率不等于 π 推断引力场中空间的弯曲.需要说明的是:①S' 系等效的不是真实的引力场,它的性质与真实引力场有很大的不同;②圆盘上各处相对于惯性系 S 系有加速度,必须利用爱因斯坦假设才能应用狭义相对论关于动长和静长的关系.

10.2.3 史瓦西场的固有时和真实长度

设有球对称分布的相对静止的物质球,球体外半径为 r_0.物质球外($r>r_0$)的区域的引力场就称为史瓦西场.史瓦西场是最重要的实际引力场,一般星体的场都可以看作史瓦西场.下面从引力对时钟、尺子的影响以及对时间、空间的测量着手讨论史瓦西场时空的性质.

如 10.1.5 节所说,上述的"引力"、"引力场"还是沿用牛顿力学的概念,在爱因斯坦理论中引力几何化之后,已经没有"引力"的概念,而只是时空结构.例如牛顿引力为零的区域,在爱因斯坦理论中是平直时空;牛顿的地球引力场,在爱因斯坦理论中是弯曲时空的史瓦西场.

首先要确定引力场中静止观测者所使用的钟和尺.物理上的时间基准和长度基准都是自然界实际存在的,时间基准为某周期事物的周期,长度基准为某波的波长.要求基准稳定、统一.所谓统一,就是把这些钟放在一起走时快慢应该相同;把这些尺放在一起长度应该相等.这样的钟称为标准钟,这样的尺称为标准尺.狭义相对论中的钟和尺就是标准钟和标准尺.把标准钟、标准尺放在引力场中各地点,就在全引力场建立了时间、长度标准.

引力场中静止观测者用标准钟测得的时间间隔称为固有时间隔，简称为固有时；用标准尺测得的两地点之间的距离称为真实长度（也称为纯空间距离或固有长度）. 具有实际意义的物理测量中采用的都是固有时和真实长度. 例如，引力场中有个飞行物，要得到它的飞行速度，就要测量它在固有时间隔中飞行的真实距离，真实距离对固有时的导数是它的飞行速度. 现在还不知道引力对钟、尺的影响，但是标准钟与自然事物的时间历程必然以同样方式受引力影响（标准钟的基准也是某种自然事物的时间历程），因此同一自然过程在引力场中任何地点用当地的标准钟计量，其结果都相同；类似地，标准尺和自然事物的真实长度也必然以同一方式受引力的影响，因此同一自然事物的真实长度在引力场中任何地点用当地标准尺测量其结果都相同. 例如 He-Ne 激光器在引力场任何地方发光，当地观测者测到的激光频率都相同，波长也相同，看到的颜色都一样.

10.2.4　引力对标准钟和标准尺的影响

要了解引力对标准钟、尺的影响，必须用不受引力影响的时间、长度基准到引力场各地点比较当地的标准钟、尺. 其中一种方法，是用引力场中自由下落的同一个局惯系的钟和尺，依次与引力场各处的标准钟、尺比较. 同一个局惯系中的钟和尺不受引力影响，在下落过程中始终保持不变，正好作为引力场中统一的时间和长度基准.

设球对称分布的物质球质量为 M，球体外半径为 r_0. 考虑 $r>r_0$ 的史瓦西场. 以球心为原点，建立坐标系 $S(ct, r, \theta, \phi)$，如图 10.2.2 所示. 设 $S_0(ct, x_0, y_0, z_0)$为无穷远处从静止开始沿径向自由下落的局惯系，其中取 x_0 沿 r 方向. 无穷远处引力趋于零，该区域近似为狭义相对论成立的惯性区域，各方向上标准尺相同. 无穷远处 S_0、S 两系相对静止，所以 S_0 系的钟、尺等于史瓦西场中无穷远处的标准钟、尺，S_0 系测得的时间间隔元 $\mathrm{d}t_0$、长度元 $\mathrm{d}l$ 就是无穷远处的固有时和真实长度. S_0 系就相当于带着无穷远处的钟、尺飞到引力场中校对各处的钟、尺. 设 S_0 系原点到达 r 处时速率为 v、时刻为 t. 为了直接应用狭义相对论的两个惯性系之间的时空变换关系，在 S 系原点到达 r 处的瞬间（t 时刻）在 r 处建立一个相对史瓦西场瞬时静止的局惯系 S'，简称为局静惯系，它是在时刻 t 从 r 处开始自由下落的参考系. 用 S_0 系两个时钟校准 S' 系一个钟的读数，S' 系该钟测得的时间间隔为原时记为 $\mathrm{d}\tau$，S_0 系测得的是非原时 $\mathrm{d}t_0$. 由于 t 时刻两系为同一地点的局惯系，彼此没有加速度，彼此之间可以应用狭义相对论关于原时和非原时的结论

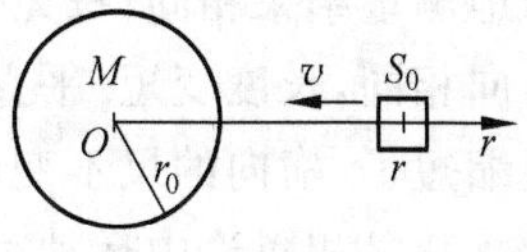

图　10.2.2

$$\mathrm{d}\tau=\sqrt{1-v^2/c^2}\,\mathrm{d}t_0 \tag{10.2.4}$$

用 S_0 系尺子同时量度 S' 系的长度 $\mathrm{d}\sigma$，则 $\mathrm{d}\sigma$ 为原长. 若长度沿运动方向即径向，则由狭义相对论关于原长和非原长的结论

$$\mathrm{d}\sigma=\frac{1}{\sqrt{1-v^2/c^2}}\mathrm{d}x_0 \tag{10.2.5}$$

若长度垂直于运动方向（即横向），则 S_0 系与 S' 系测量结果相同.

S' 系和史瓦西场 S 系里 r 处在时刻 t 相对静止，彼此间有相对加速度，由爱因斯坦假设，在同一地点彼此相对静止的观测者，无论他们彼此间是否有加速度，他们对当地的时间和长度的测量都相同，所以 S' 系中的原时 $\mathrm{d}\tau$ 和原长 $\mathrm{d}\sigma$ 即史瓦西场 S 中 r 处固有时和真实

长度. 因此,(10. 2. 4)式也表示分别在 S 系和 S_0 系中测量 S 系中 r 处发生的二事件的时间间隔 $d\tau$(固有时)和 dt_0 之间的关系；(10. 2. 5)式表示分别在 S 系和 S_0 系测量 S 系中 r 处径向长度 $d\sigma$(真实长度)和 dx_0 之间的关系;横向长度在 S、S_0 系的观测相同.

由(10. 2. 4)式可知,站在局惯系 S_0 系立场(也是无穷远引力为零处观察者的立场)，说明引力场中标准钟走得慢. S_0 系从无限远处飞来,r 越小 S_0 系的速率 v 越大；由牛顿力学知道,r 越小引力越强,因此引力越强处时钟走得越慢,引力使时间流逝变得缓慢. 类似,由(10. 2. 5)式可知,站在局惯系 S_0 系立场(也是无穷远引力为零处观察者的立场)，引力场中测的径向真实长度 $d\sigma$ 大于局惯系测量的长度 dx_0. 如果取固有长度 $d\sigma=1$ m 为引力场中径向标准尺的长度，则局惯系测量的长度(也是无穷远引力为零处观察者测量的长度) $dx_0=(1-v^2/c^2)^{1/2}<1$ m，说明引力场中径向标准尺相对无穷远处标准尺变短. r 越小引力越强，径向标准尺变得越短. 也就是说引力使长度变短. 与狭义相对论中两个惯性系之间的时空变换中运动时钟变慢、运动长度变短不同,这里引力引起的时空变化是实在的物理效应. 如果双生子甲、乙生活在引力悬殊的两地,长时间以后再到一起,生活在强引力区的要年轻一些. 在狭义相对论中若甲、乙生活在惯性系中,某一天乙匀速离开,甲乙两人都认为对方生活节奏慢,对方比自己年轻,但这是运动引起的测量效应,两人不可能再见面以确定到底谁年轻. 如果乙作变速运动返回与甲重逢,乙必然比甲年轻,因为乙在变速过程中相当于处于引力场中,引力使他的生命节奏确实变慢了. 一根棒平放在地面上和竖直立起分别测量其长度,在当地测量结果相同;按无穷远处标准测量(或在 S_0 系中测量),棒立起来后长度方向与引力方向相同,长度变短. 平直空间(无引力)沿各方向的尺都相等,而在引力场中沿引力方向的尺缩短了,横向的尺不变,空间显然是弯曲了.

狭义相对论中运动时钟变慢、运动方向长度变短都是运动效应，实际上各个参考系的时钟走时都相同、尺子长短都一样. 上面用飞来局域惯性系 S_0 系的时钟和尺子来校准引力场 S 系中的标准钟和标准尺时，两个参考系之间有相对运动，应用的是狭义相对论中关于运动时钟、运动长度的关系，所以其目的并不是要比较 S_0 系与 S 系两个参考系的时钟到底谁快谁慢或者尺子到底谁长谁短,真正的目的是借助 S_0 系的钟和尺来比较 S 系各点的钟的快慢和尺的长短,确定引力对钟和尺的影响. 这是完全可以做到的,得到的结果也是明确的. 因为 S 系中各点没有相对运动,也就没有运动效应,所以钟的快慢和尺的长短的变化只是单纯的引力效应引起的.

10. 2. 5 坐标钟和坐标尺、史瓦西坐标系

借助从无穷远处飞来的局惯系讨论了引力对时空的影响. 但是 S 系一飞而过,用它讨论很不方便. 为此在史瓦西场 S 系内各处建立起自己的统一的、不受引力影响的钟和尺,也就是把 S_0 系的钟和尺“留”在 S 系的各处. 这样人为构造的钟和尺分别称为坐标钟和坐标尺. 构建坐标钟、尺的一种可能方法如下：采用可调走时快慢的钟放在 S 系中某处,当 S_0 系飞过时,用 S_0 系两钟分别与该钟对表,从而知道该钟读数与 S_0 系两时钟读数之比,按此调整该钟的走时快慢使它的读数与 S_0 系两时钟的读数相同. 例如 S_0 系测两次对表的时间间隔为 10 ns,该钟测为 5 ns,这样将该钟走时速率调快一倍,则该钟读数与 S_0 系两钟读数就相等了,于是调整后此钟即为该处的坐标钟. 类似地,在 S 系各处放上可调长短的尺子,用 S_0 系尺子和 S 系可调尺子测 S 系中同一长度,调整 S 系中可调尺的长短,直到与 S_0 系测量

结果相同，就成为该处的坐标尺．所以坐标钟、坐标尺都是对号入座的，不能互换也不标准，将它们放在一起，走时快慢或尺子长短各不相同，特别是尺子，还与所放的方位有关，同一处的坐标尺，安放的方位不同长短也不同．

在 S 系里静止观测者用坐标钟、坐标尺测量的时间间隔和距离，分别称为坐标时和坐标长度．坐标时用 $\mathrm{d}t$ 表示、径向坐标长度用 $\mathrm{d}r$ 表示．显然

$$\mathrm{d}t = \mathrm{d}t_0 \quad \mathrm{d}r = \mathrm{d}x_0 \tag{10.2.6}$$

为清楚、明确起见，径向真实长度 $\mathrm{d}\sigma$ 用 $\mathrm{d}r'$ 表示，于是(10.2.4)式和(10.2.5)式分别为

$$\mathrm{d}\tau = \sqrt{1 - v^2/c^2}\,\mathrm{d}t \tag{10.2.7}$$

$$\mathrm{d}r' = \frac{1}{\sqrt{1 - v^2/c^2}}\mathrm{d}r \tag{10.2.8}$$

横向真实长度等于坐标长度．

在广义相对论中坐标的选择是相当随意的，除了满足一定的物理条件（这样才是有物理意义的坐标系）和能够区分不同的时空点外，没有其他限制，所以一般广义相对论的坐标系的实际意义并不明确．这里引入坐标钟、坐标尺以及坐标时、坐标长度，并且与 S 系坐标系 (ct, r, θ, ϕ) 建立起联系(10.2.6)式后，使 t、r 有了明确的意义，可以称为坐标时、坐标距离，这样选取的坐标系称为史瓦西坐标系．此外，时间概念的基础是同时性，各处标准钟受引力影响走时快慢不同，不能用标准钟作为史瓦西场统一的时间标准，也不能用标准钟读数是否相同作为异地事件是否同时的判据．史瓦西场各处的坐标钟走时快慢相同，可以将它们调整同步，然后就可以判断两个异地事件是否同时．若两个异地事件的坐标时相等则两事件为同时事件，否则两事件为不同时事件．于是在史瓦西场可以定义同时性，或者说在史瓦西场可以有时间概念．有些随时间变化的引力场无法定义异地同时性，于是连时间概念也没有．

10.2.6　史瓦西场时空间隔——史瓦西场的时空结构

上述史瓦西场中真实长度与坐标长度的关系和固有时与坐标时的关系都取决于 S_0 系的速度 v，还没有与史瓦西场空间坐标 r 建立联系．下面用牛顿力学近似计算 r 与 v 的关系．在弱场情况下牛顿力学是相当好的近似．普通星体的引力场都是弱场，在恒星、星系甚至在星系团范围内，在特殊天体的强或较强引力场以外区域，一般都可以用牛顿力学计算而不必考虑广义相对论修正．用牛顿力学计算时时空看作平直的、r 当作 S 系中 r 处到原点的实际距离．设 S_0 系依附在从静止开始沿径向自由下落的质量为 m 的质点上．飞来过程中质点 m 的机械能守恒，于是

$$mv^2/2 - GMm/r = 0$$

得到

$$v^2 = 2GM/r \tag{10.2.9}$$

强场（如黑洞的引力场）必须用广义相对论计算，时空是弯曲的，r 为坐标距离．由广义相对论的能量守恒和史瓦西外部解得到的严格的 v^2 与 r 的关系（见后面例 10.3.2）．凑巧的是，结果也正是(10.2.9)式．

这样无论强场还是弱场，史瓦西场中 r 处固有时 $\mathrm{d}\tau$、径向真实长度 $\mathrm{d}r'$ 与坐标时 $\mathrm{d}t$、坐标距离 $\mathrm{d}r$ 的关系为

$$\mathrm{d}\tau = \sqrt{1 - \frac{2GM}{c^2 r}}\,\mathrm{d}t \tag{10.2.10}$$

$$dr' = \frac{1}{\sqrt{1-2GM/c^2 r}}dr \qquad (10.2.11)$$

垂直于引力方向(横向)的真实长度和坐标长度相同.

由狭义相对论，在局静惯系 S' 中相邻两个时空点之间的间隔为

$$ds^2 = c^2 d\tau^2 - (dx'^2 + dy'^2 + dz'^2)$$

其中 τ、x'、y'、z' 为 S' 系的时间、空间坐标. ds 是时空间隔微元，也是闵可夫斯基空间的长度微元，通常也称为线元. 由爱因斯坦关于时钟和杆的假设，局静惯系 S' 系和史瓦西场 S 系对时间和空间的测量都相同，所以在 S 系 ds^2 也可以表示为同样形式的固有时和真实长度的平方和(S' 系的时间对应 S 系的固有时，S' 系的长度对应 S 系的真实距离)，为了区别径向长度和横向长度，在 S 系中采用球坐标 (r, θ, ϕ)

$$ds^2 = c^2 d\tau^2 - [dr'^2 + r^2(d\theta^2 + \sin^2\theta d\phi^2)] \qquad (10.2.12)$$

其中 dr'^2 为径向真实长度平方，$r^2(d\theta^2 + \sin^2\theta\, d\phi^2)$ 为球坐标下的横向真实长度平方. 由(10.2.10)、(10.2.11)式，得到用坐标时和坐标距离表示的史瓦西场中的线元为

$$ds^2 = c^2\left(1-\frac{2GM}{c^2 r}\right)dt^2 - \left[\left(1-\frac{2GM}{c^2 r}\right)^{-1} dr^2 + r^2(d\theta^2 + \sin^2\theta d\phi^2)\right] \qquad (10.2.13)$$

为简化，记 $g_0 = (1-2GM/c^2 r)^{1/2}$、$g_1 = g_0^{-1} = (1-2GM/c^2 r)^{-1/2}$. 则史瓦西场中的线元为

$$ds^2 = c^2 g_0^2 dt^2 - [g_1^2 dr^2 + r^2(d\theta^2 + \sin^2\theta d\phi^2)] \qquad (10.2.14)$$

如果 S 系中没有引力，是平直空间(闵可夫斯基空间)的话，表达式应为

$$ds^2 = c^2 dt^2 - [dr^2 + r^2(d\theta^2 + \sin^2\theta\, d\phi^2)]$$

与(10.2.13)式对比，有引力的空间 dt^2 前有系数 $(1-2GM/c^2 r)$，表现出时间的弯曲；有引力的空间 dr^2 前有系数 $(1-2GM/c^2 r)^{-1}$，表现出空间弯曲.

球坐标系中史瓦西场中两相邻空间点之间的真实长度 $d\sigma$ 的平方为

$$\begin{aligned} d\sigma^2 &= [dr'^2 + r^2(d\theta^2 + \sin^2\theta d\phi^2)] = \left(1-\frac{2GM}{c^2 r}\right)^{-1} dr^2 + r^2(d\theta^2 + \sin^2\theta d\phi^2) \\ &= g_1^2 dr^2 + r^2(d\theta^2 + \sin^2\theta d\phi^2) \end{aligned} \qquad (10.2.15)$$

引力场的强弱以及引力场对时空结构的影响体现在无量纲量 $(2GM/c^2 r)$. 当引力非常弱，$(2GM/c^2 r) \to 0$ 时，史瓦西场→闵可夫斯基空间. 普通星体的引力场都非常弱. 表 10.2.1 列出一些星体的 $2GM/c^2 R$ 值，其中 R 是星体的半径. $2GM/c^2 R$ 是星体外部场中无量纲量 $2GM/c^2 r$ 的最大值，即星体外引力最强处的数值.

表 10.2.1 一些星体的 $2GM/c^2 R$ 的量级

星体	M/kg	R/m	$2GM/c^2 R$ 量级
月球	7.35×10^{22}	1.74×10^{6}	10^{-10}
地球	5.98×10^{24}	6.38×10^{6}	10^{-9}
太阳	1.99×10^{30}	6.96×10^{8}	10^{-6}
白矮星	$\sim10^{30}$	$\sim10^{6}$	$\sim10^{-3}$
中子星	$\sim10^{30}$	$\sim10^{4}$	$\sim10^{-1}$

可见除了中子星外一般星体的引力场都很弱.

在狭义相对论中曾经验证过，ds^2 是洛伦兹变换下的不变量. 在广义相对论中，坐标选取有相当大的随意性，但必须满足的一个基本要求是在坐标变换下 ds^2 的形式应保持不变，即 ds^2 是坐标变换下的不变量，这是广义相对论的最基本性质之一. 站在广义相对论的高度回首狭义相对论，ds^2 的不变性是必然的；正因为在洛伦兹变换下可以保持 ds^2 的形式不变，洛伦兹变换才能在狭义相对论中成立.

空间的线元非常重要，时空的性质完全体现在它的线元形式上. 史瓦西外部解就是计算出史瓦西场的线元(10.2.13)式，从而完全确定了史瓦西场的时空的结构.

例 10.2.1 沿地球径向从地球表面到月球的真实长度与坐标长度之差.

解：选地心参考系为 S 系，建立史瓦西坐标(ct, r, θ, ϕ)，其中 r 轴由地心指向月心. 由(10.2.11)式

$$dr' = (1 - 2GM/c^2 r)^{-1/2}\ dr$$

其中 M 为地球质量. 积分上式得地球表面到月心的真实长度为

$$\Delta r' = \int_R^{r_0} (1 - 2GM/c^2 r)^{-1/2}\ dr \approx \int_R^{r_0} (1 + GM/c^2 r)dr = (r_0 - R) + \frac{GM}{c^2}\ln\frac{r_0}{R}$$

其中 R 为地球坐标半径，r_0 为月地坐标距离. 由于坐标长度和真实长度所差微小，所以也可以看作是真实长度. 又由于地球引力很弱 $GM/c^2 r \ll 1$，所以在积分中$(1-2GM/c^2 r)^{-1/2} \approx (1+GM/c^2 r)$，这是弱史瓦西场常用的近似. 于是沿地球径向从地球表面到月球中心的真实长度与坐标长度之差为

$$\Delta r' - \Delta r = \Delta r' - (r_0 - R) = \frac{GM}{c^2}\ln\frac{r_0}{R} = 1.8 \times 10^{-2}\ \text{m}$$

在这么长的距离上，真实长度与坐标长度之差不到 2 cm，完全可以忽略不计，说明广义相对论效应的微弱.

例 10.2.2 雷达回波引力延迟的简化计算.

从地球向某行星发射雷达讯号后接收其反射波，用地球钟测量电磁波(亦即光子)的往返时间. 若雷达波远离太阳，可以认为是在平直的闵可夫斯基空间内直线传播；若雷达波经过太阳附近，太阳引力场使时间膨胀、空间弯曲，造成雷达回波时间比无太阳引力时要长一些，称之为雷达回波的引力延迟.

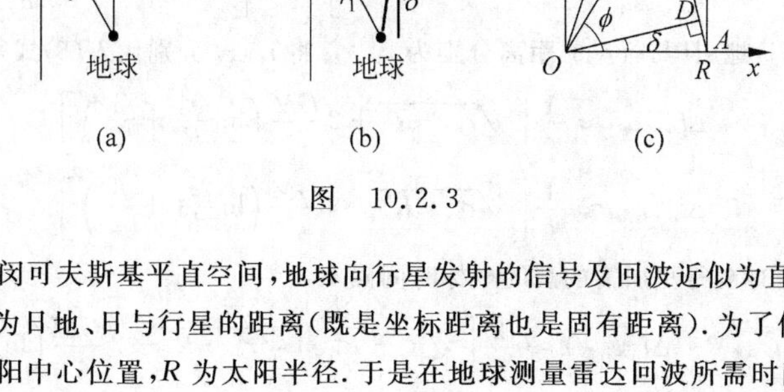

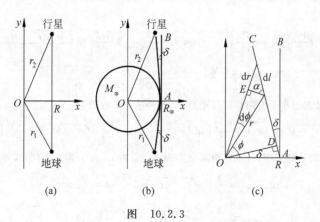

图 10.2.3

没有太阳时近似为闵可夫斯基平直空间，地球向行星发射的信号及回波近似为直线(见图 10.2.3(a))，光速为 c. 取 r_1、r_2 分别为日地、日与行星的距离(既是坐标距离也是固有距离). 为了便于比较，这里 O 点取为将来太阳到来时的太阳中心位置，R 为太阳半径. 于是在地球测量雷达回波所需时间(既是坐标时间也是固有时间)为

$$\Delta\tau=\Delta t=\frac{2}{c}\left(\sqrt{r_1^2-R^2}+\sqrt{r_2^2-R^2}\right) \tag{1}$$

当太阳中心到达 O 点时，往返的雷达波掠过太阳表面. 严格的计算方法是先由动力学方程求出光子的实际轨道，然后按此轨迹计算出雷达回波所需时间，见后面 10.3.9 节. 这里近似光线（雷达波）为与 y 轴成 δ 角度的直线（见图 10.2.3(b)），δ 为光线在太阳引力场中的单向偏折角. 按广义相对论的计算（见后面 10.3.8 节），$\delta=2GM/c^2R=0.875''$. 这样就可以由运动学关系计算出雷达回波所需时间. 设在 $\theta=\pi/2$ 的 xy 面讨论，$d\theta=0$，则由(10.2.15)式史瓦西场中的真实距离为

$$d\sigma=\left[\left(1-\frac{2GM}{c^2r}\right)^{-1}dr^2+r^2d\phi^2\right]^{1/2}\approx\left[\left(1+\frac{2GM}{c^2r}\right)dr^2+r^2d\phi^2\right]^{1/2}=\left[dl^2+\frac{2GM}{c^2r}dr^2\right]^{1/2}$$

$$=dl\left[1+\frac{2GM}{c^2r}\frac{dr^2}{dl^2}\right]^{1/2}\approx\left(1+\frac{GM}{c^2r}\frac{dr^2}{dl^2}\right)dl \tag{2}$$

其中利用弱场 $GM/c^2r\ll1$ 的条件作近似；取 $dl^2=dr^2+r^2d\phi^2$，dl 是平直空间相临两点间的球坐标距离；M 为太阳质量. 如前所述，引力场中静止观测者对长度（真实长度）和时间（固有时间）的测量与当时当地的局静惯系中观测者的结果相同. 局静惯系测的光速恒为 c，因此引力场中静止观测者测到的光速也是 c. 设该观测者测得光子在固有时 $d\tau$ 内运动 $d\sigma$ 距离，则

$$d\sigma/d\tau=d\sigma/(1-2GM/c^2r)^{1/2}dt=c \tag{3}$$

其中用到(10.2.10)式. 于是

$$dt=\frac{d\sigma}{c}\left(1-\frac{2GM}{c^2r}\right)^{-1/2}\approx\frac{dl}{c}\left(1+\frac{GM}{c^2r}\right)\left(1+\frac{GM}{c^2r}\frac{dr^2}{dl^2}\right)\approx\frac{dl}{c}\left[1+\frac{GM}{c^2r}\left(1+\frac{dr^2}{dl^2}\right)\right] \tag{4}$$

从图 10.2.3(b)看到，雷达波经历从地球到 A 点到行星再返回 A 点最后回到地球的过程，为此先讨论从 A 到行星（或地球）的普遍过程，见图 10.2.3(c). BA 垂直于 x 轴，代表没有太阳引力时的光线. 则由(4)式，光从 A 传到 C 的坐标时间隔为

$$\Delta t-\int_{r=R}^{r}\frac{dl}{c}\left[1+\frac{GM}{c^2r}\left(1+\frac{dr^2}{dl^2}\right)\right]=\frac{\Delta l}{c}+\frac{GM}{c^3}\int_{r=R}^{r}\left(1+\frac{dr^2}{dl^2}\right)\frac{dl}{r}$$

其中 $\Delta l=AC=AD+DC=R\sin\delta+(r^2-R^2\cos^2\delta)^{1/2}\approx R\delta+(r^2-R^2)^{1/2}$，近似的条件为 $\delta\ll1$. 第二项积分相对第一项为小量，且由于 δ 很小，于是近似 $\alpha=\phi-\delta\approx\phi$. 所以有

$$dr/dl=\sin\alpha\approx\sin\phi\qquad dl=rd\phi/\cos\alpha\approx rd\phi/\cos\phi$$

于是

$$\frac{GM}{c^3}\int_{r=R}^{r}\left(1+\frac{dr^2}{dl^2}\right)\frac{dl}{r}\approx\frac{GM}{c^3}\int_0^{\phi}(1+\sin^2\phi)\frac{d\phi}{\cos\phi}=2\frac{GM}{c^3}\left[\ln\frac{r+\sqrt{r^2-R^2}}{R}-\frac{\sqrt{r^2-R^2}}{2r}\right]$$

$$\Delta t\approx\frac{1}{c}\left\{\sqrt{r^2-R^2}+R\delta+2\frac{GM}{c^2}\left[\ln\frac{r+\sqrt{r^2-R^2}}{R}-\frac{\sqrt{r^2-R^2}}{2r}\right]\right\} \tag{5}$$

由于太阳半径 R 远远小于太阳到行星距离 r，于是进一步近似为

$$\Delta t\approx\frac{1}{c}\left[\sqrt{r^2-R^2}+R\delta+2\frac{GM}{c^2}\left(\ln\frac{2r}{R}-\frac{1}{2}\right)\right]=\frac{1}{c}\left[\sqrt{r^2-R^2}+2\frac{GM}{c^2}\left(\ln\frac{2r}{R}+\frac{1}{2}\right)\right] \tag{6}$$

其中 $R\delta=2GM/c^2$. 设日地、日与行星的距离分别为 r_1、r_2. 将 r_1、r_2 分别代入(5)式得

$$\Delta t_{A\to\text{地球}}\approx\frac{1}{c}\left[\sqrt{r_1^2-R^2}+2\frac{GM}{c^2}\left(\ln\frac{2r_1}{R}+\frac{1}{2}\right)\right]$$

$$\Delta t_{A\to\text{行星}}\approx\frac{1}{c}\left[\sqrt{r_2^2-R^2}+2\frac{GM}{c^2}\left(\ln\frac{2r_2}{R}+\frac{1}{2}\right)\right]$$

于是雷达波往返地球到行星所需的总的坐标时间隔

$$\Delta t_{\text{总}}=2(\Delta t_{A\to\text{地球}}+\Delta t_{A\to\text{行星}})\approx\frac{2}{c}\left[\sqrt{r_1^2-R^2}+\sqrt{r_2^2-R^2}+2\frac{GM}{c^2}\left(\ln\frac{4r_1r_2}{R}+1\right)\right] \tag{7}$$

在地球上固有时近似等于太阳引力场的坐标时，所以有太阳引力场时地球上测的雷达回波固有时间隔 $\Delta\tau'\approx\Delta t_{\text{总}}$，与(1)式比较，太阳引力引起的雷达回波的延迟为

$$d\tau=\Delta\tau'-\Delta\tau\approx 4\frac{GM}{c^3}\left(\ln\frac{4r_1r_2}{R^2}+1\right) \tag{8}$$

10.2.7　史瓦西场中固有时之间的关系、光谱线引力频移

1. 当地的观测不受引力影响

在 10.2.2 节中已经说明当地的观测不受引力影响. 钟与自然事物以同样方式受引力影响,自然过程在引力场中用当地的标准钟计量其结果都相同;自然事物的真实长度在引力场中任何地点用当地标准尺测量其结果都相同.一个静止在引力场的原子发出的光波固有周期(固有频率)是确定不变的,与引力场无关.

2. 不同地点的固有时关系

设两事件或某自然过程的坐标时间隔为 Δt,在史瓦西场中不同地点 r_1、r_2 处静止观测者 A、B 测量的时间为当地的固有时间隔 $\Delta\tau_1$、$\Delta\tau_2$.由(10.2.10)式得

$$\Delta\tau_1=(1-2GM/c^2r_1)^{1/2}\Delta t \qquad \Delta\tau_2=(1-2GM/c^2r_2)^{1/2}\Delta t$$

于是得到在史瓦西场中两处不同地点 r_1、r_2 测量的两事件固有时间隔之间的关系

$$\Delta\tau_2=(1-2GM/c^2r_2)^{1/2}\Delta\tau_1/(1-2GM/c^2r_1)^{1/2} \tag{10.2.16}$$

由于坐标时 t 不受引力影响在整个参考系各处走时相同,所以在有关时间的讨论中起重要的中介作用. 在弱场条件 $GM/c^2r\ll 1$ 下,近似

$$\Delta\tau_2\approx(1-GM/c^2r_2)(1+GM/c^2r_1)\Delta\tau_1\approx\left[1+\frac{GM}{c^2}\left(\frac{1}{r_1}-\frac{1}{r_2}\right)\right]\Delta\tau_1 \tag{10.2.17}$$

如果某自然过程,如生物的生长发育、光波振荡、微观粒子产生然后湮灭等过程,发生在 r_0 处,那么该自然过程用当地的标准钟测量既是本身固有时间历程(本征时间)$\Delta\tau^0$,也是该处静止观察者观测的固有时间隔 $\Delta\tau_0$.于是由上面两式,引力场中任意 r 处测量的固有时间隔 $\Delta\tau$ 为

$$\Delta\tau=(1-2GM/c^2r)^{1/2}(1-2GM/c^2r_0)^{-1/2}\Delta\tau^0 \tag{10.2.18}$$

在弱场条件 $GM/c^2r\ll 1$ 下,近似

$$\Delta\tau\approx\left[1+\frac{GM}{c^2}\left(\frac{1}{r_0}-\frac{1}{r}\right)\right]\Delta\tau^0 \tag{10.2.19}$$

若 $r>r_0$,则 $\Delta\tau>\Delta\tau^0$,即引力弱的地方(r 处)静止观察者“看到”引力强的地方(r_0 处)发生的自然过程的时间比其本征时间要长. 例如,r 处静止观察者“看到” r_0 处原子钟的周期比自己身边的静止原子钟的周期长. 那么 r 处静止观察者对这种现象的解释就是引力使时间流逝得慢.

例 10.2.3　设中子星质量 $M=1.58\times10^{30}$ kg,星体坐标半径 $R=1.0\times10^5$ m. 设有双生子甲、乙,从出生开始甲住中子星表面,乙住在距中心 $2R$ 处,求甲 100 岁时乙的年龄.

解:$GM/c^2R=1.17\times10^{-2}$. 利用关系式(10.2.18)

$$\Delta\tau_{乙}=(1-2GM/c^2r_{乙})^{1/2}(1-2GM/c^2r_{甲})^{-1/2}\Delta\tau_{甲}=100.60\text{ 年}$$

因为 $GM/c^2r\ll 1$,所以也可以按近似公式(10.2.19)计算

$$\Delta\tau_{乙}\approx[1+GM(1/r_{甲}-1/r_{乙})/c^2]\Delta\tau_{甲}=(1+GM/2c^2R)\Delta\tau_{甲}=100.58\text{ 年}$$

这个结果实际上意味着,甲处时钟走过 100 年(甲 100 岁),而相应地乙处时钟走过 100.60 年(乙

100.60 岁).

3. 光谱线引力频移

其实这些大都是理论上的探讨，广义相对论都是就地测量，不能异地观测. r 处静止观察者只能依靠坐标时 Δt 来"计算"相应于 r_0 处固有时 $\Delta\tau^0$ 的 r 处固有时 $\Delta\tau$. 要证实上述讨论，观测引力对自然过程的影响，必须在 r 处就地观测，并把 r_0、r 处的观测联系起来. 一个简单、直接的方法，就是利用光波的传播.

设史瓦西场中 r_0 处静止原子发光，固有频率为 ν_0，固有周期 τ_0(即本征周期 τ^0). 在 t_1、t_2 两时刻分别发出相位差为 2π 的两个波前，坐标时间隔为坐标时周期 $T=t_2-t_1$，相应的固有时周期为 τ_0. 光波传到 r 处，r 处于 t_1'、t_2'时刻依次收到上述两波前，坐标时周期为 $T'=t_2'-t_1'$，对应的 r 处固有时周期为 τ. 由(10.2.10)式得

$$\tau_0=\tau^0=(1-2GM/c^2r_0)^{1/2}T \qquad \tau=(1-2GM/c^2r)^{1/2}T'$$

用 δt_1、δt_2 分别表示两波前的传播时间，则有

$$t_1'=t_1+\delta t_1 \qquad t_2'=t_2+\delta t_2$$

r_0、r 两点都是引力场中固定地点，引力场本身也不改变，所以两次传播时间相同 $\delta t_1=\delta t_2$，所以 $T=T'$. 这个结果说明，在史瓦西场中光波传播不影响光波的坐标时周期，于是 r 处测量传来的光波的(固有时)周期 τ 与光波的本征周期 τ^0 满足(10.2.20)式

$$\tau=(1-2GM/c^2r)^{1/2}(1-2GM/c^2r_0)^{-1/2}\tau^0\approx\left[1+\frac{GM}{c^2}\left(\frac{1}{r_0}-\frac{1}{r}\right)\right]\tau^0$$

所以 r 处测量传来的光波的(固有时)频率为

$$\nu=(1-2GM/c^2r)^{-1/2}(1-2GM/c^2r_0)^{1/2}\nu_0\approx\left[1-\frac{GM}{c^2}\left(\frac{1}{r_0}-\frac{1}{r}\right)\right]\nu_0 \qquad (10.2.20)$$

其中近似条件为弱场 $GM/c^2r\ll1$. 在引力场里 r 处测得的光波频率 ν 不等于其本征频率 ν_0，原因是光源所在地 r_0 与接收器所在地 r 两处引力不同，是引力引起光谱线的频率移动. 定义相对频移为

$$Z=\frac{\nu-\nu_0}{\nu_0} \qquad (10.2.21)$$

则光从 r_0 处传到 r 处引力引起的光谱线的相对频移近似为

$$Z\approx\frac{GM}{c^2}\left(\frac{1}{r}-\frac{1}{r_0}\right) \qquad (10.2.22)$$

考虑在地球上观测太阳表面光谱线由于太阳引力场产生的引力红移，取 $M=M_\odot=1.98\times10^{30}\,\text{kg}$，$r_0=R_\odot=6.95\times10^8\,\text{m}$，$r=r_{\text{日地}}\to\infty$. 其中脚标符号⊙表示太阳参量. 由(10.2.22)式得相对引力频移

$$Z\approx-GM_\odot/c^2R_\odot=-2.12\times10^{-6} \qquad (10.2.23)$$

$Z<0$ 时 $\nu<\nu_0$，表示红移. 太阳大气有剧烈运动，主要是径向的. 太阳大气运动引起的多普勒效应产生的光谱线频率移动大大超过引力频移，这是观测太阳光谱线引力频移的最大困难所在. 为此采用各种方法减少干扰，例如测太阳边缘处光谱线，光线与太阳径向接近垂直，可以大大减少多普勒效应的影响. 去掉干扰后实测结果与理论相符，如 J. E. Blamont①

① J.E. Blamont and F. Roddier, Phys. Rev. Letters, 7,437(1961)

等人在 1961 年测得 $Z=-(1.05\pm0.05)\times(2.12\times10^{-6})$.

1959 年庞德(R. V. Pound)①等人首次在地面上测出地球引力场产生的引力频移. 实验在哈佛大学进行,放射线同位素 ^{57}Fe 在塔顶发射 γ 射线,在塔底接收. 塔的高度 H 即发射、接收的高度差,引起引力频移. $r_0-r=H=22.6$ m、$r\approx R_\oplus=6.378\times10^6$ m、$M=M_\oplus=5.976\times10^{24}$ kg，代入(10.2.22)式得

$$Z\approx GM_\oplus(r_0-r)/(c^2R_\oplus^2)=gH/c^2=2.46\times10^{-15} \tag{10.2.24}$$

其中脚标⊕表示地球参数,$g=GM_\oplus/R_\oplus^2$ 为地球表面重力加速度. $Z>0$，即 $\nu>\nu_0$,实际是向频率高的方向移动称为紫移. Z 如此之小,观测非常困难,原子发光时的反冲引起的频移都超过引力频移. 庞德等人利用穆斯堡耳效应作为测量非常小频移的方法测出引力频移为 $Z=(2.57\pm0.26)\times10^{-15}$,与理论值相当符合. 1964 年庞德的进一步的实验与理论的符合度又改进到百分之一.

光谱线的引力频移经受了实验验证，验证了史瓦西场的时空性质.

10.2.8　史瓦西场中运动时钟、Cs 原子钟环球飞行实验

1. 史瓦西场中运动时钟的固有时与坐标时关系

讨论相对史瓦西场运动的物体携带的时钟与史瓦西场(S 系)中同一地点的固有时之间关系. 设 $P(r,\theta,\phi)$为 S 系中固定点,时刻 t 运动物体经过 P 点,相对 P 点的固有速度为 $v=dl/d\tau$，其中 $d\tau$ 为 S 系中 P 处测量的物体运动的固有时间隔,dl 为 $d\tau$ 内物体运动的真实距离. 由爱因斯坦假设,物体上观测者用携带的时钟测得的固有时间间隔 $d\tau'$与 S 系观测者测得的固有时间隔 $d\tau$ 的关系只取决于相对速率 v. 从 S 系看运动的时钟变慢,即

$$d\tau'=(1-v^2/c^2)^{1/2}d\tau$$

将(10.2.10)式表示的固有时与坐标时的关系代入上式，得到

$$d\tau'=(1-v^2/c^2)^{1/2}(1-2GM/c^2r)^{1/2}dt \tag{10.2.25}$$

在弱场($GM/c^2r\ll1$)和低速 ($v^2/c^2\ll1$)情况下取一阶近似有

$$d\tau'\approx\left(1-\frac{v^2}{2c^2}-\frac{GM}{c^2r}\right)dt \tag{10.2.26}$$

以上两式就是以 v 运动的物体上的原时(固有时)间隔 $d\tau'$与 S 系中坐标时间隔 dt 的关系式,式中的 r 即物体在该时刻的坐标距离.

2. GPS 系统的时钟校正

全球定位系统(GPS)的空间部分是由 24 颗带有时钟的工作卫星组成,它们位于距地表 20 200 km 的上空，均匀分布在 6 个轨道面上(每个轨道面 4 颗)，轨道倾角为 55°. 卫星的分布使得在全球任何地方、任何时间都可观测到 4 颗以上的卫星. 利用接收机接收到的卫星信号的时间差来确定接收机和卫星的距离，由到几颗卫星的距离确定接收机的位置. 全球定位系统 GPS 卫星的定时信号提供纬度、经度和高度的信息,精确的距离测量需要精确的时钟. 定位的准确性取决于卫星上时钟走时精度以及卫星上时钟与地面时钟的调整同步. 卫星时钟与地面时钟的同步调整，必须要考虑引力和运动引起的相对论效应.

考虑地球引力场,建立地心坐标系 $S(ct,r,\theta,\phi)$. 地球以角速度 ω 自西向东匀角速转

---

① R. V. Pound and G. A. Rebka, Phys. Rev. Letters, 4,337(1960)

动.由于地球的自转,地球的场相对于严格的史瓦西场(静止不动的球体形成的静场)有所不同.但以后在10.3.6节讨论行星近日点的总进动角时可知,地球自转对引力场的影响是高阶微扰,可以忽略,因此仍采用史瓦西场的关系式.设地球质量为M、半径为R. 对于S系的坐标时间隔Δt,计算如下与之对应的固有时.

由(10.2.26)式，赤道地面上时钟(相对S系以速率ωR 运动)的固有时为

$$\Delta\tau'_{地}\approx(1-\omega^2R^2/2c^2-GM/c^2R)\Delta t=[1-R(\omega^2R/2+g)/c^2]\Delta t$$
$$\approx(1-gR/c^2)\Delta t$$

其中$GM=gR^2$(g为地球表面重力加速度). ($-\omega^2R^2/2c^2$)项体现地球转动引起的地面静止钟运动产生的影响称为运动效应；($-GM/c^2R$)项体现地球引力场的影响称为引力效应. 由于$\omega^2R=3.4\times10^{-2}\ \mathrm{m/s^2}\ll g$，故相对于引力对固有时的影响，地面静止钟运动对固有时的影响可忽略. 因此庞德实验中忽略地球的转动影响是合理的.

设卫星作半径为r的圆周运动，则其速率为$v^2=GM/r$. 由(10.2.26)式，卫星上时钟固有时

$$\Delta\tau'_{卫星}\approx(1-GM/2c^2r-GM/c^2r)\Delta t=(1-3GM/2c^2r)\Delta t$$
$$=(1-3gR^2/2c^2r)\Delta t$$

可见对作圆周运动的卫星，运动效应是引力效应的一半. 卫星时钟与地面钟固有时时间差

$$d\tau'=\Delta\tau'_{卫星}-\Delta\tau'_{地}=gR(1-3R/2r)\Delta t/c^2 \tag{10.2.27}$$

卫星距地面高度$H=2.02\times10^7\,\mathrm{m}\approx3.17R$，卫星距地心距离$r=H+R\approx4.17R$，代入上式得

$$d\tau'=0.640gR\Delta t/c^2=4.44\times10^{-10}\Delta t$$

如果取$\Delta t=1$天$=86\ 400$秒，则$d\tau'=3.84\times10^4$ ns，由此引起光线传播距离误差达10^4 m. 要提高定位精度，必须提高卫星固有时与地面固有时的同步精度，即精确修正引力和运动引起的时差.

3. Cs原子钟环球飞行

除了四项最著名的经典广义相对论检验之外,还有一些其他的实验检验,其中之一是1971年进行的Cs原子钟环球飞行实验. 这项实验是将Cs原子钟放在飞机上,环球飞行一周后回到地面上与留在地面上的Cs原子钟比较时间差,实现真正的二次对表,确定地面上和飞机上哪个时钟走得快.这个实验综合了时钟的引力效应与运动效应,涉及史瓦西场运动时钟问题.

先计算一种简化情况:飞机在赤道上与地面钟对表后升空,高度为h,沿赤道相对地面以不变的速率u环球飞行一周(若飞机自西向东飞行时取u为正;若自东向西飞行时取u为负),然后降落再次与原来的地面钟对表,看飞机上时钟与地面上时钟的时间差.飞机的起飞、降落时间忽略不计,则飞机飞行一圈所需坐标时为

$$\Delta t\approx2\pi R/|u|$$

其中R是地球赤道半径,忽略了运动和引力对长度和时间的影响.赤道地面上的标准钟相对S系以ωR运动,其坐标距离恒为R,由(10.2.26)式相应的地面上标准钟的计时为

$$\Delta\tau'_{地}\approx(1-\omega^2R^2/2c^2-GM/c^2R)\Delta t$$

飞机钟以($\omega R+u$)运动，除起飞、降落外其坐标距离恒为 $R+h$，由(10.2.26)式相应的飞机钟的计时为

$$\Delta\tau'_{飞}\approx[1-(\omega R+u)^2/2c^2-GM/c^2(R+h)]\Delta t$$

飞机钟与地面钟走时的时间差为

$$\begin{aligned}d\tau'&=\Delta\tau'_{飞}-\Delta\tau'_{地}=\frac{\Delta t}{c^2}[GMh/R(R+h)-u(\omega R+u/2)]\\&\approx 2\pi R[gh-u(\omega R+u/2)]/c^2\,|\,u\,|\end{aligned}\tag{10.2.28}$$

其中括号内第一项为引力效应，是飞机上引力比地面上弱引起的；第二项为运动效应，是飞机与地面相对 S 系运动速率不同引起的.

设 $|u|=500$ m/s、$h=2.00\times10^4$ m，计算结果为：引力效应为 175 ns(与运动方向无关)；向东飞行运动效应为 −318 ns，总时差为 −143 ns；向西飞行运动效应为 96 ns，总时差为 271 ns. 从中可以看出，上述条件下引力效应与运动效应是同量级的，必须综合考虑两种效应才可以正确讨论 Cs 原子钟环球飞行实验.

1971 年美国华盛顿大学 Hafele 和 Keating 将 4 只 Cs 原子钟放在客机上分别向东和向西飞行一周①. 实验取 4 只钟的平均值. 计算原理同上，但由于飞行过程中飞机的高度、方向、速度有变化，所以还要考虑飞行参数改变的影响，特别是飞行方向的影响. 实际计算是按航行图分为若干时间区段.（向东飞行飞成 125 段，向西飞行分成 108 段）计算结果如表 10.2.2.

表 10.2.2　Cs 原子钟环球飞行实验

	理论计算/ns			实验结果/ns
	引力效应	运动效应	总时差(计算)	
向东	144±14	−188±18	−40±23	−59±10
向西	179±18	96±10	275±21	273±7

可见理论计算与实验结果是相符的.

10.3　史瓦西场中自由粒子的运动

史瓦西场的线元确定了场的几何性质. 由引力几何化，也就确定了场中自由粒子的运动. 广义相对论的自由粒子指引力场中除引力外不受其他力的质点和光子. 由于爱因斯坦的广义相对论是没有引力的引力理论，所以按广义相对论的观点，自由粒子就是不受力的粒子.

这一节讨论自由粒子在史瓦西场运动的相对论动力学方程和运动规律，与牛顿理论的结果相比较，计算可观测的相对论效应. 太阳系中行星的运动以及光线的传播等，是自由粒子在史瓦西场运动的实际例子.

经典力学中，解决质点运动的动力学问题有两条途径：直接从运动微分方程出发或者

① Hafele J. C. and Keating R. E., Science 177, 166(1972) and Science 177, 168(1972)

从系统机械能守恒、角动量守恒等守恒定律出发. 与此类似,相对性中讨论自由粒子运动的动力学问题,也可以从粒子运动的微分方程出发或者从能量、角动量守恒出发讨论.

10.3.1 测地线假设——自由粒子运动微分方程

在 10.1.5 节中提到过测地线假设,这里结合自由粒子的运动做简单的讨论. 在局惯系中狭义相对论成立,空间是平直的闵可夫斯基空间,不受力的自由粒子沿平直空间测地线——直线运动. 由广义相对性原理,从局惯系变换到非惯系——引力场时,自由粒子将沿弯曲的黎曼空间测地线运动,这就是广义相对论的测地线假设: **自由粒子沿黎曼空间的测地线运动**.

按牛顿力学中的说法"粒子在欧氏空间的引力场中运动", 按爱因斯坦观点,应代之以广义相对论的"黎曼空间里自由粒子的运动". 测地线上的点的坐标满足测地线方程. 测地线方程是关于坐标的二阶偏微分方程,是微分几何的基本关系式之一. 广义相对性原理使这个数学关系式具有了物理意义——自由粒子的运动微分方程. 物质分布及其运动通过引力场方程决定了空间结构,空间结构通过测地线方程确定了测地线亦即自由粒子的运动.

在三维平直纯空间中测地线可以简化为

$$\mathrm{d}^2\boldsymbol{r}/\mathrm{d}t^2 = 0 \tag{10.3.1}$$

积分此方程得到测地线的参数表达式

$$x = a_1 t + b_1 \qquad y = a_2 t + b_2 \qquad z = a_3 t + b_3 \tag{10.3.2}$$

其中 a_1、a_2、a_3 以及 b_1、b_2、b_3 为常数. 上述表达式表示的是欧氏空间的直线. 在平直空间中的自由粒子沿测地线运动就是沿直线运动.

对静态的弱引力场,若粒子低速运动,则在一阶近似下测地线方程可以近似为牛顿的引力场方程

$$\mathrm{d}^2\boldsymbol{r}/\mathrm{d}t^2 = -\nabla\psi = \boldsymbol{g} \tag{10.3.3}$$

其中 ψ 是 3.3.6 节中定义的牛顿引力势, $\boldsymbol{g}$ 是引力场强. 牛顿质量为 m^0 的质点受的引力为 $\boldsymbol{F}_{\text{引}} = m^0\boldsymbol{g}$,所以上式实际上就是常见的万有引力场中质点的运动方程.

1938—1939 年间,爱因斯坦证明测地线假设包涵于场方程中,更进一步揭示了时空、物质、运动、引力之间的统一性.

10.3.2 史瓦西场的守恒量

经典力学中球对称静止物体的引力场为中心力场,粒子的机械能守恒、对球心的角动量守恒.

相对论中,史瓦西场线元 $\mathrm{d}s$ 只是 r、θ 的函数,与 t、ϕ 无关, 说明史瓦西场具有关于时间 t 的平移对称性,以及具有关于 ϕ 的旋转对称性. 对称性与守恒定律的关系是普遍规律,其适用范围远远超出牛顿力学的范畴,在量子力学和相对论中都是正确的. 由对称性与守恒定律的关系,关于时间 t 的平移对称性对应着自由粒子的能量守恒;关于方位角 ϕ 的旋转对称性对应着粒子相应的角动量 L_ϕ 守恒. 实际上由于球对称性, z 轴可以任意选取,所以实质上也是对球心的总角动量守恒.

10.3.3 史瓦西场中自由粒子能量和角动量

1. 自由粒子的能量

对质量为 M 的史瓦西场，选史瓦西坐标系(ct, r, θ, ϕ).

设自由粒子 t 时刻在 $P(r)$处的固有速率为 v. 在 P 处 t 时刻的局静惯系 S'系中观测自由粒子的速率也是 v. 按狭义相对论的能量公式局静惯系 S'中该粒子能量为

$$E' = mc^2 = (1-v^2/c^2)^{-1/2} m_0 c^2$$

其中 m_0 为该粒子在局惯系中的静止质量. 从 S'系变换到引力场 S 系时，能量也要有相应的变换.

按牛顿力学考虑从无引力变化到引力场应该增加引力势能$-GMm^0/r$.

按相对论考虑，能量 E 和时间 t 分别是四矢量 $\boldsymbol{p}_4$ 和 $\boldsymbol{r}_4$ 的第四分量，因此 E 和 t 从 S'系到 S 系的变换应该相同. 局静惯系 S'的时间 $\mathrm{d}t'$与引力场 S 系的固有时 $\mathrm{d}\tau$ 相同，于是由(10.2.10)式，$\mathrm{d}t' = \mathrm{d}\tau = (1-2GM/c^2r)^{1/2}\mathrm{d}t$，也就是从 S'系的时间转换到 S 系的时间时，要乘以因子$(1-2GM/c^2r)^{1/2}$. 因此从 S'系的能量转换到 S 系的能量时也要乘以同样的因子$(1-2GM/c^2r)^{1/2}$. 所以 S 系中自由粒子的能量为

$$\begin{aligned} E &= (1-2GM/c^2r)^{1/2}E' = (1-2GM/c^2r)^{1/2}mc^2 \\ &= (1-2GM/c^2r)^{1/2}(1-v^2/c^2)^{-1/2}m_0c^2 = g_0\gamma_v m_0 c^2 \end{aligned} \tag{10.3.4}$$

与前面一样取 $g_0 = (1-2GM/c^2r)^{1/2}$. 记 $\gamma_v = (1-v^2/c^2)^{-1/2}$. 在弱场情况下低速粒子能量近似为

$$\begin{aligned} E &\approx m_0c^2(1+v^2/2c^2 - GM/c^2r) \approx m_0c^2 + m^0v^2/2 - GMm^0/r \\ &\approx m_0c^2 + E_N \end{aligned} \tag{10.3.5}$$

其中 m^0 为质点的牛顿力学质量，$E_N = m^0v^2/2 - GMm^0/r$ 是牛顿理论的机械能. 由上式可知，在弱场低速的情况下，引力场中自由粒子总能量可以近似看作考虑了爱因斯坦静止能的经典理论总能量.

2. 能量守恒的应用

例 10.3.1 由能量守恒讨论光谱的引力频移.

光子能量 E 从粒子角度考虑为 mc^2，从波动角度考虑为 $h\nu$. 设史瓦西场中 r_0 处静止原子发光，固有频率为 ν_0，在 r 处接收. 由(10.3.4)式得到该光子在 r、r_0 处能量，由光子能量守恒，有(注意光子只有相对论质量 m、其静止质量为零、速率为 c)

$$E = (1-2GM/c^2r_0)^{1/2}h\nu_0 = (1-2GM/c^2r)^{1/2}h\nu$$

于是 r 处测的光子频率为

$$\nu = (1-2GM/c^2r_0)^{1/2}(1-2GM/c^2r)^{-1/2}\nu_0$$

与(10.2.20)式相同，相当于验证了能量公式的正确性.

例 10.3.2 应用能量守恒计算质量为 M 的史瓦西场中从无限远自由下落的质点的速率.

设无穷远处静止的质点的静止质量为 m_0，由于无穷远处引力为零，所以其能量为 $E = m_0c^2$. 设它自由下落到 r 处时速度为 v.

注意在此题中不能应用能量关系式(10.3.4)，因为在推导该式过程中应用了式(10.2.10)，而该式正是来自 $v^2 = 2GM/r$. 这个结果在弱场低速情况下由牛顿定律证明，在考虑广义相对论效应情况下有待证

明. 史瓦西解爱因斯坦场方程，得到史瓦西外部解即史瓦西场线元

$$ds^2 = c^2\left(1-\frac{2GM}{c^2 r}\right)dt^2 - \left[\left(1-\frac{2GM}{c^2 r}\right)^{-1}dr^2 + r^2(d\theta^2 + \sin^2\theta d\phi^2)\right] \tag{10.3.6}$$

此式即(10.2.13)式，但是来源不同，这里是严格的广义相对论的结果. 对比(10.2.12)式 $ds^2 = c^2 d\tau^2 - [dr'^2 + r^2(d\theta^2 + \sin^2\theta d\phi^2)]$，得到

$$d\tau = (1-2GM/c^2 r)^{1/2} dt \tag{10.3.7}$$

此式即(10.2.10)式，但是来源不同. 由此得到引力场中 r 处质点的能量

$$E = (1-2GM/c^2 r)^{1/2}E' = (1-2GM/c^2 r)^{1/2}(1-v^2/c^2)^{-1/2}m_0 c^2 = m_0 c^2$$

其中由能量守恒，质点运动过程中能量不变，E 等于初态能量 $m_0 c^2$. 于是得到

$$(1-2GM/c^2 r)^{1/2}(1-v^2/c^2)^{-1/2} = 1$$

$$v^2 = 2GM/r \tag{10.3.8}$$

此式即(10.2.9)式，但是来源不同，这是严格的结果. 此式已经用在10.2.5节中作为讨论史瓦西场时空的基础. 所以从理论体系来说，严格讨论史瓦西场是离不开史瓦西外部解的.

---

3. 史瓦西场中粒子角动量 L_ϕ

在牛顿力学中，若 $\boldsymbol{r}$ 处质点 m^0 绕 z 轴的角速度为 $d\phi/dt$，则它对 z 轴的角动量为(见图10.3.1)

$$m^0 r^2 \sin^2\theta \frac{d\phi}{dt}$$

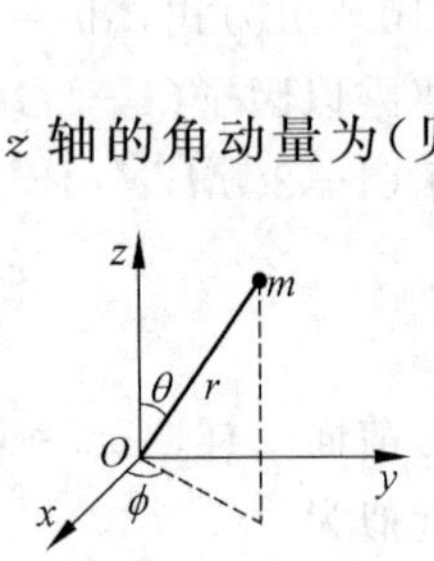

图 10.3.1

在史瓦西场中粒子角速度用固有时量度，角速度为 $d\phi/d\tau$. 设 t 时刻粒子位于(r,θ,ϕ)、速率为 v，则类似定义史瓦西场中粒子对 z 轴的角动量 L_ϕ 为

$$\begin{aligned} L_\phi &= mr^2\sin^2\theta\frac{d\phi}{d\tau} = m_0(1-v^2/c^2)^{-1/2}\, r^2\sin^2\theta\frac{d\phi}{d\tau} \\ &= m_0(1-v^2/c^2)^{-1}\, r^2\sin^2\theta\frac{d\phi}{dt} \end{aligned} \tag{10.3.9}$$

其中利用了(10.3.7)式以及$(1-2GM/c^2 r)=(1-v^2/c^2)$. 实物粒子(质点)的性质与光子的性质有所不同，下面分别讨论质点和光子的运动规律.

10.3.4 史瓦西场中自由质点的运动方程和轨道方程

利用史瓦西场中自由质点的能量 E 守恒和对球心角动量 L 守恒讨论其运动规律. 为简单而又不失普遍性，取质点运动的面为 $\theta=\pi/2$ 的面. 由于对称性，没有使质点离开此面的因素，质点将一直在该面上运动. 于是 $d\theta=0$，L_ϕ 即总角动量 L. 质点保持在 $\theta=\pi/2$ 的面上运动也正是角动量守恒的体现. 由(10.2.15)式，空间两点之间的真实距离平方为

$$d\sigma^2 = \left(1-\frac{2GM}{c^2 r}\right)^{-1}dr^2 + r^2 d\phi^2 = g_1^2 dr^2 + r^2 d\phi^2$$

其中记 $g_1=(1-2GM/c^2 r)^{-1/2}=g_0^{-1}$. 将 $v=d\sigma/d\tau$ 代入上式得

$$v^2 = g_1^2 dr^2/d\tau^2 + r^2 d\phi^2/d\tau^2 \tag{10.3.10}$$

由(10.3.4)式和(10.3.9)式分别得

$$E^2(1-v^2/c^2) = g_0^2 m_0^2 c^4 \tag{10.3.11}$$

$$L^2(1-v^2/c^2) = m_0^2 r^4\left(\frac{d\phi}{d\tau}\right)^2 \tag{10.3.12}$$

其中 $L_\phi=L$. 两式相除得

$$\frac{d\phi}{d\tau}=g_0Lc^2/Er^2 \tag{10.3.13}$$

将上式和(10.3.10)式代入(10.3.11)式，消去 v^2 和 $d\phi^2$ 得到相对论的自由质点径向运动方程

$$\begin{aligned} g_1\frac{dr}{d\tau} &= \frac{c}{E}[E^2-c^2g_0^2(L^2/r^2+m_0^2c^2)]^{\frac{1}{2}} \\ &= \frac{c}{E}\left[(E^2-m_0^2c^4)+2\frac{GM}{r}m_0^2c^2-\frac{L^2c^2}{r^2}+2\frac{GM}{r^3}L^2\right]^{\frac{1}{2}} \end{aligned} \tag{10.3.14}$$

其中 $g_0^2=(1-2GM/c^2r)$. 上式除以(10.3.13)式消去 $d\tau$ 得到相对论的自由质点轨道方程

$$g_1\frac{dr}{d\phi}=r^2\left[\frac{E^2}{L^2c^2}g_0^{-2}-\frac{m_0^2C^2}{L^2}-\frac{1}{r^2}\right]^{\frac{1}{2}} \tag{10.3.15}$$

将 $d\tau=g_0dt$ 代入(10.3.14)式得到关于坐标时和坐标长度的自由质点径向运动方程

$$\begin{aligned} g_1\frac{dr}{dt} &= g_0\frac{c}{E}[E^2-c^2g_0^2(L^2/r^2+m_0^2c^2)]^{\frac{1}{2}} \\ &= g_0\frac{c}{E}\left[(E^2-m_0^2c^4)+2\frac{GM}{r}m_0^2c^2-\frac{L^2c^2}{r^2}+2\frac{GM}{r^3}L^2\right]^{\frac{1}{2}} \end{aligned} \tag{10.3.16}$$

由(10.3.15)和(10.3.16)两式可以严格讨论自由质点的运动.

注意当 $r=2GM/c^2$ 时 g_1 无意义(又称为发散),上面两式只在 $r>2GM/c^2$ 时成立，因此只能讨论质点在 $r>2GM/c^2$ 区间的运动. 以后知道，$r=r_g=2GM/c^2$ 称为史瓦西黑洞的视界. 除了黑洞，星体半径 r_0 都远远大于史瓦西黑洞的视界，所以一般不会涉及接近或小于 r_g 的情况.

10.3.5 自由质点径向运动的定性讨论

相对论的质点运动方程与牛顿力学的质点运动方程不同,体现了相对论效应. 下面做定性的讨论,重点在于与牛顿力学的区别即相对论效应的体现.

1. 质点单纯沿径向运动

当质点沿径向运动时 $L=0$、$d\phi=0$、$g_1dr=d\sigma$. 由(10.3.14)式得

$$v=d\sigma/d\tau=c[(E^2-m_0^2c^4)+2GMm_0^2c^2/r]^{1/2}/E \tag{10.3.17}$$

此式也可以直接由(10.3.11)式推出.

(1) 由于 $r>2GM/c^2$，所以 $2GMm_0^2c^2/r<m_0^2c^4$，因此 $v<c$. 当 $E\to\infty$ 时 $v\to c$.

(2) 当质点向外运动时 r 不断增加. 必须$(E^2-m_0^2c^4)\geqslant 0$,即 $E\geqslant m_0c^2$ 条件下，在 $r\to\infty$ 时才可以保证根号内非负，因此要想到达无限远处其能量 E 不能小于质点在惯性系的静止能量 m_0c^2.

(3) 当向内运动时 r 不断减少,v 不断增加. 如果是史瓦西黑洞，在 $r\to r_g=2GM/c^2$ 时 $v\to c$,此时引力场非常强,这说明在强场中自由质点的速率不可能很低,所以低速条件同时要求弱场，否则不可能保持低速.

例 10.3.3 质量为 M、半径为 R 的中子星，已知 $2GM/c^2R=0.1$，惯性系中静质量为 m_0 的自由质点沿径向从无穷远处向中子星运动，其能量为 $E=2m_0c^2$. 求该质点在无穷远处、$r=2R$ 处以及接近中子星表面时的速率.

令 $\varepsilon(R)=2GM/c^2R=0.1$，则由(10.3.17)式质点速率

$$v(r)=c[(E^2-m_0^2c^4)+\varepsilon(R)m_0^2c^4R/r]^{1/2}/E=c(3m_0^2c^4+0.1m_0^2c^4R/r)^{1/2}/2m_0c^2$$
$$=c(3+0.1R/r)^{1/2}/2$$

$$v(\infty)=\sqrt{3}c/2=0.866c$$

$$v(2R)=\sqrt{3.05}c/2=0.873c$$

$$v(R)=\sqrt{3.1}c/2=0.880c$$

---

2. 低速弱场情况

在低速和弱场情况下，质点的运动可近似为牛顿力学中质点在质量 M 的中心力场里的运动.

近似：(1) $g_1\approx1$；$m\approx m^0$；

(2) 由(10.3.5)式 $E\approx m_0c^2+E_N$，于是 $E^2-m_0^2c^4\approx2E_Nm_0c^2\approx2E_Nm^0c^2$；

(3) $2\dfrac{GM}{r^3}L^2=2\dfrac{GML^2c^2}{c^2r\ r^2}\ll\dfrac{L^2c^2}{r^2}$，因此略去 $2GML^2/r^3$.

于是(10.3.16)式近似为

$$\frac{\mathrm{d}r}{\mathrm{d}t}\approx(2E_Nm^0c^2+2GMm_0^2c^2/r-L^2c^2/r^2)^{1/2}/m_0c$$
$$\approx\sqrt{2(E_N-U_N)/m^0}\tag{10.3.18}$$

其中，$U_N(r)=(L^2/2m^0r^2-GMm^0/r)$ 是牛顿理论中选矢径为参考系时，质点在万有引力场中的广义势能；并且由(10.3.4)式，取(10.3.16)式中括号外面分母 $E=g_0\gamma_vm_0c^2\approx g_0m_0c^2$.

在6.3.4节中由(6.3.9)式求出万有引力场中质点径向运动方程为

$$\mathrm{d}r/\mathrm{d}t=(2E_N/m^0+2GM/r-L^2/m^0r^2)^{1/2}$$

上式与(10.3.18)式相同. 这样相对论的质点动力学方程在低速和弱场下就近似为牛顿力学的方程.

史瓦西场的线元是 $\mathrm{d}s^2=c^2g_0^2\mathrm{d}t^2-[g_1^2\mathrm{d}r^2+r^2(\mathrm{d}\theta^2+\sin^2\theta\mathrm{d}\phi^2)]$. 很明显，系数 g_1 代表了引力对几何空间的影响，$g_1\approx1$ 相当于弯曲的几何空间近似为平直的欧几里得空间. 如果在(10.3.14)式中也近似 $g_0\approx1$，则 $\mathrm{d}r/\mathrm{d}\tau\approx c(2E_Nm^0c^2-L^2c^2/r^2)^{1/2}/E$，于是

$$\mathrm{d}r/\mathrm{d}t=g_0(\mathrm{d}r/\mathrm{d}\tau)\approx g_0c(2E_Nm^0c^2-L^2c^2/r^2)^{1/2}/E\approx[2(E_N-L^2/2m^0r^2)/m^0]^{1/2}$$

其中也取括号外面分母 $E=g_0\gamma_vm_0c^2\approx g_0m_0c^2$. 上式与(10.3.18)式比较丢掉了引力势能 $-GMm^0/r$. 可见系数 g_0 包含着引力对质点的作用力(引力势能).

从相对论动力学方程向牛顿力学动力学方程的近似过程可见，牛顿理论近似在于：①空间是平直的，相当于 $g_1\approx1$ 取零阶近似；②存在引力，相当于取 $g_0^2=1-2GM/c^2r$ 保留一阶小；③$m\approx m_0\approx m^0$、$E\approx m_0c^2+E_N\approx m_0c^2$.

取 g_0^2 保留一阶小的原因可由(10.3.14)式看出. 在 g_0^2 保留一阶小后并在弱场条件下(10.3.14)式右边根号内为

$$(E^2-m_0^2c^4)+2GMm_0^2c^2/r-L^2c^2/r^2+2GML^2/r^3\approx2m_0c^2(E_N+GMm_0/r)-L^2c^2/r^2$$

其中 g_0^2 的一阶小引出的 GMm_0/r 与 E_N 同量级不能忽略.

3. 强场情况

此时 $2GML^2/r^3$ 与 L^2c^2/r^2 同量级不可忽略，从而质点的运动与牛顿力学情况有显著不同.令

$$U^2(r) = -2GMm_0^2c^2/r + L^2c^2/r^2 - 2GML^2/r^3 \tag{10.3.19}$$

则(10.3.14)式为

$$g_1\frac{dr}{d\tau} = \frac{c}{E}\left[(E^2 - m_0^2c^4) - U^2(r)\right]^{\frac{1}{2}} \tag{10.3.20}$$

为使上式有意义,可能的运动发生在满足下面条件的区域

$$E^2 - m_0^2c^4 \geqslant U^2(r)$$

$U^2(r)$与$U_N(r)$的不同,导致了相对论情况下质点运动与牛顿力学的不同.为简单起见,令

$$L = \lambda GMm_0/c \qquad r = xGM/c^2$$

λ、x 为无量纲的系数.下面讨论 $U^2(r)$的形状与 λ 的关系.将上面两式代入(10.3.19)式得

$$U^2(x) = -m_0^2c^4(2 - \lambda^2/x + 2\lambda^2/x^2)/x \tag{10.3.21}$$

令 $U^2(r)=0$, $U^2(r)$曲线与 r 轴交点坐标 $x_{1,2}$满足方程

$$2x^2 - \lambda^2x + 2\lambda^2 = 0$$

得到

$$x_{1,2} = \lambda^2(1 \pm \sqrt{1 - 16/\lambda^2})/4$$

所以,当 $\lambda>4$ 时 $U^2(r)$曲线与 r 轴有两个交点；当 $\lambda=4$ 时 $U^2(r)$曲线与 r 轴只有一个交点 $r=4GM/c^2$；当 $\lambda<4$ 时 $U^2(r)$曲线与 r 轴没有交点.

由(10.3.21)式求 $dU^2(x)/dx$,并令 $dU^2(x)/dx=0$,得到

$$x^2 - \lambda^2x + 3\lambda^2 = 0$$

则 $U^2(r)$曲线的驻点为

$$x'_{1,2} = \lambda^2(1 \pm \sqrt{1 - 12/\lambda^2})/2$$

所以,当 $\lambda>\sqrt{12}$ 时 $U^2(r)$ 曲线有极大、极小值.极大值点为(极大值记为 U_m^2)

$$r_m = x_mGM/c^2 = \lambda^2(1 - \sqrt{1 - 12/\lambda^2})GM/2c^2$$

λ 越大,U_m^2 越大；若 $\lambda\to\infty$ 则 $x_m\to 3$, $U_m^2\to\lambda^2m_0^2c^4\to\infty$.当 $\lambda\leqslant\sqrt{12}$时 $U^2(r)$曲线没有极值.

$U^2(r)$-r 曲线的形状见图 10.3.2(a)；作为对比，图 10.3.2(b)是 $U_N(r)$-r 曲线.

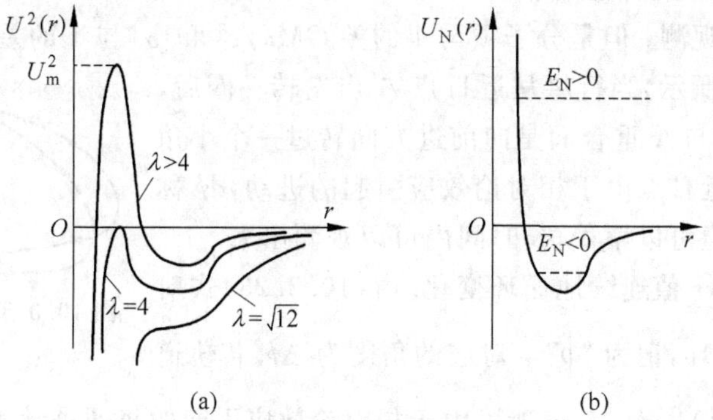

图 10.3.2

由图可知：①对 $\lambda>4$ 的情况. 若 $E^2-m_0^2c^4\geqslant U_m^2$ 时，质点可以来自无穷远，回旋着一直向力心运动，称之为吸收态；$0\leqslant E^2-m_0^2c^4\leqslant U_m^2$ 时质点为散射态，可以来自无穷远，接近到最小距离后再远去；$E^2-m_0^2c^4<0$ 时粒子为束缚态. ②对 $\sqrt{12}<\lambda<4$ 的情况，粒子只有束缚态和吸收态. ③对 $\lambda\leqslant\sqrt{12}$的情况，粒子只有吸收态.

对低速弱场牛顿力学情况，只有散射态和束缚态，没有吸收态，质点不可能到达力心.

10.3.6 质点运动轨道的相对论修正、行星近日点的相对论进动

1. 牛顿理论近似

在弱场低速情况下，相对论的轨道方程式可近似为牛顿理论的轨道方程. 按上面的牛顿理论近似原则，取

$$g_0^{-2}\approx 1+2GM/c^2r、g_1\approx 1、E^2-m_0^2c^4\approx 2E_Nm_0c^2\approx 2E_Nm_0c^2、E^2\approx m_0^2c^4$$

将上面近似代入(10.3.15)式得

$$\begin{aligned}\frac{\mathrm{d}r}{\mathrm{d}\phi}&\approx r^2\left\{\left[(E^2-m_0^2c^4)+2E^2\frac{GM}{c^2r}\right]/L^2c^2-1/r^2\right\}^{\frac{1}{2}}\\&\approx r^2(-1/r^2+2GMm_0^2/L^2r+2E_Nm_0/L^2)^{\frac{1}{2}}\end{aligned}\tag{10.3.22}$$

上式正是牛顿引力理论的轨道方程(6.3.17)式.

2. 相对论修正

为得到弱场低速情况下的相对论修正，必须计算更高阶的近似，即 g_0^{-2} 展开为二阶近似，g_1 展开为一阶近似

$$g_0^{-2}\approx 1+2GM/c^2r+2G^2M^2/c^4r^2\qquad g_1\approx 1+GM/c^2r$$

代入(10.3.16)式，整理之后得

$$\mathrm{d}\phi=(1+GM/c^2r)\,(\alpha/r^2+\beta/r+\chi)^{-1/2}\frac{\mathrm{d}r}{r^2}=-\frac{1+GMu/c^2}{\sqrt{\alpha u^2+\beta u+\chi}}\mathrm{d}u\tag{10.3.23}$$

其中 $\alpha=-(1-4G^2M^2E^2/L^2c^6)=-(1-4\delta)$、$\delta=G^2M^2E^2/L^2c^6$、$\beta=2GME^2/L^2c^4$、$\chi=(E^2-m_0^2c^4)/L^2c^2$、$u=1/r$. 不易直接判断 δ 的大小. 取 $E\sim m_0c^2$、$L\sim m_0vr$、$v^2\sim 2GM/r$ 来估算 δ 的量级，得到 $\delta=G^2M^2E^2/L^2c^6\sim G^2M^2c^4/v^2r^2c^6\sim GM/2c^2r$，也是一阶小.

因此(10.3.23)式与牛顿近似(10.3.22)式只有微小差别. 这些差别引起行星轨道椭圆参数的小变化无法观测，但是分子项与 1 的差 GMu/c^2 和 $|\alpha|$ 与 1 的差 4δ 会使行星轨道不闭合，如图 10.3.3 所示，当行星从近日点 A 出发转一圈后，新的近日点 A' 并不与 A 重合而是向前进方向转过一个小角度 $\mathrm{d}\phi$，这就是行星近日点由于相对论效应引起的进动，$\mathrm{d}\phi$ 称为进动角. $\mathrm{d}\phi$ 虽小但可以累积，长时间内可以观测出来.

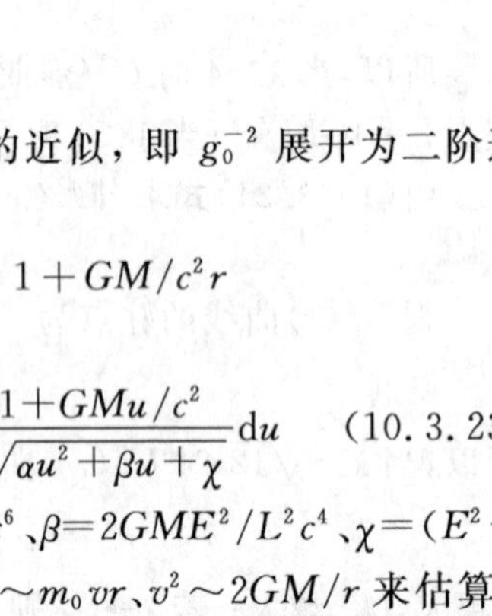

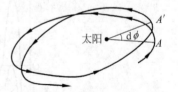

图 10.3.3 行星近日点的进动

行星为束缚态，r 值连续地循环变化. 由(10.3.23)式对 $u=1/r$ 积分一个循环，记为“$\oint$”，对应的角度为 $\Delta\phi$. 若轨道闭合(牛顿力学情况) $|\Delta\phi|=2\pi$. 所以由于相对论效应引起的每圈进动角为

$$\mathrm{d}\phi=\left|\oint\frac{1+GMu/c^2}{\sqrt{\alpha u^2+\beta u+\chi}}\mathrm{d}u\right|-2\pi=\left|\oint\frac{1}{\sqrt{\alpha u^2+\beta u+\chi}}\mathrm{d}u+\frac{GM}{c^2}\oint\frac{u}{\sqrt{\alpha u^2+\beta u+\chi}}\mathrm{d}u\right|-2\pi$$

$$=\left|(1-GM\beta/2c^2\alpha)\oint\frac{1}{\sqrt{\alpha u^2+\beta u+\chi}}\mathrm{d}u\right|-2\pi \qquad (10.3.24)$$

其中定积分

$$\int_0^u\frac{1}{\sqrt{\alpha u^2+\beta u+\chi}}\mathrm{d}u=\frac{1}{\sqrt{-\alpha}}\arcsin\frac{-2\alpha u-\beta}{\sqrt{\beta^2-4\alpha\chi}}\Bigg|_0^u$$

上式出现在反正弦函数中的 α、β、χ，只影响椭圆轨道参数. 当 u 连续变化一个循环时

$$\left|\arcsin\frac{-2\alpha u-\beta}{\sqrt{\beta^2-4\alpha\gamma}}\Bigg|_u^u\right|=2\pi$$

因此影响进动角的是反正弦函数的系数. 将上述关系代入(10.3.24)式，再取一阶近似得到

$$\mathrm{d}\phi=(1-GM\beta/2c^2\alpha)\frac{2\pi}{\sqrt{-\alpha}}-2\pi\approx2\pi(1+\delta)(1+2\delta)-2\pi$$

$$\approx6\pi\delta=6\pi\left(\frac{GME}{Lc^3}\right)^2\approx6\pi\left(\frac{GMm_0}{Lc}\right)^2 \qquad (10.3.25)$$

其中 $\delta=G^2M^2E^2/L^2c^6$；最后一步近似取 $E\approx m_0c^2$. 注意到上式中 $(1+\delta)$ 项来自 g_1，是 g_1 展开式中的一阶项，本质上是空间弯曲影响，对 $\mathrm{d}\phi$ 的贡献占 1/3；$(1+2\delta)$ 项来自 $1/\sqrt{-\alpha}$，是 g_0^{-2} 展开式中的二阶项，本质上是引力对质点运动的影响，对 $\mathrm{d}\phi$ 的贡献占 2/3，即 g_1 展开式中的一阶小等价于 g_0^{-2} 展开式中的二阶小. 由此可见，在低速弱场情况下，空间弯曲影响小于引力对质点运动的影响. 有趣的是，狭义相对论中质量 m 随质点运动速度而改变的关系也影响到行星近日点的进动，这项贡献占相对论总效应的 1/6，当然这项贡献已包含在广义相对论计算的总进动角中①.

由 6.3.2 节中椭圆运动的参量关系，很容易得到

$$\frac{m_0^2}{L^2}=\frac{1}{GMa(1-e^2)}=\frac{1}{GMb\sqrt{1-e^2}}$$

其中 a、b 分别为椭圆轨道的长短半轴，e 为椭圆偏心率，则

$$\mathrm{d}\phi=\frac{6\pi GM}{c^2a(1-e^2)}=\frac{6\pi GM}{c^2b\sqrt{1-e^2}} \qquad (10.3.26)$$

由于进动角是累积的，所以即使每圈进动很小，长时间观测进动角可以较大，可以使精度提高，因此一般都是考虑百年的进动角. 由(10.3.26)式可知，a 越小 e 越大的行星进动越显著，下面表 10.3.1 中所列的 Icarus 是 1949 年发现的小行星. 从表中可见理论值与观测值相符，其中水星近日点相对论进动最大，观测精度最高，理论与实测的符合也最好.

表 10.3.1 行星近日点的相对论进动

行星	$a/(10^6\,\mathrm{km})$	e	$\mathrm{d}\phi$(角秒/百年)	
			理论计算值	观测值
水星	57.91	0.2056	43.03	43.11±0.45
金星	108.21	0.0068	8.6	8.4±4.8
地球	149.60	0.0167	3.8	5.0±1.2
Icarus	161.0	0.827	10.3	9.8±0.8

① 吴大猷. 相对论—理论物理第四册. 北京：科学出版社，216(附注)(1983)

3. 行星近日点的总进动角

实际上行星近日点的总进动角 $\Delta\phi$ 远远超过上述相对论效应引起的进动角 $d\phi$，占主要地位的是太阳的转动以及其他行星的干扰等牛顿力学的高阶修正. 例如对水星，实际的百年总进动观测值约为 $\Delta\phi \approx 5601''$，已知牛顿理论的高阶修正引起的进动角为每百年 $5557.62 \pm 0.20''$，其中的差值约为百年 $43''$，长期得不到合理的解释. 爱因斯坦建立广义相对论后，很快计算了广义相对论效应引起的水星近日点进动值恰为百年 $43''$，这是广义相对论惊人的成功，爱因斯坦给埃伦菲斯特的信中写到："……方程给出了水星近日点的正确数字，你可以想象我有多高兴，有好些天，我高兴得不知怎样才好."

行星近日点进动的实验观测结果还有个重要意义，那就是定量地看到影响弱引力场中低速运动质点的各种因素，其中广义相对论修正所占的比重是非常小的，只是牛顿力学的高阶修正的百分之一，而广义相对论的高阶修正，如太阳的自转使太阳引力场不是严格的史瓦西场，影响到水星的进动值为 -1.76×10^{-3} 秒/百年.

10.3.7 史瓦西场中光子的运动规律

与质点不同，光子的静止质量为零速度恒为 c. 但光子仍有确定的守恒的能量 mc^2 和角动量 L 以及相对论质量 m，所以仍可由能量和角动量出发推导运动方程. 仍取 $\theta=\pi/2$、$d\theta=0$，由(10.3.4)式和(10.3.9)式得

$$E^2 = g_0^2 m^2 c^4 \tag{10.3.27}$$

$$L^2 = m^2 r^4 \left(\frac{d\phi}{d_t}\right)^2 \tag{10.3.28}$$

由(10.2.14)式，并将 $g_0 dt = d\tau$ 以及 $\theta=\pi/2$、$d\theta=0$ 代入得

$$ds^2 = c^2 d\tau^2 - (g_1^2 dr^2 + r^2 d\phi^2)$$

注意到光子时空间隔元 $ds^2=0$ 得到关系式

$$c^2 d\tau^2 - g_1^2 dr^2 - r^2 d\phi^2 = 0 \tag{10.3.29}$$

(10.3.27)式与(10.3.28)式相除消去 m 得到

$$r^2 \frac{d\phi}{d\tau} = Lg_0 c^2/E \tag{10.3.30}$$

从(10.3.29)式解出 $d\phi^2$ 代入上式得光子的径向运动方程

$$g_1 \frac{dr}{d\tau} = c(1 - L^2 c^2 g_0^2/E^2 r^2)^{1/2} \tag{10.3.31}$$

(10.3.31)式除以(10.3.30)式得到光子轨道方程

$$\frac{dr}{d\phi} = r^2 (E^2/L^2 c^2 - g_0^2/r^2)^{1/2} \tag{10.3.32}$$

注意 $g_0 g_1 = 1$，两者的作用相互抵消. 由(10.3.31)式，利用 $d\tau^2 = g_0^2 dt^2$ 得到采用坐标时的光子径向运动方程

$$\frac{dr}{dt} = cg_0 (1 - L^2 c^2 g_0^2/E^2 r^2)^{1/2}/g_1 \tag{10.3.33}$$

由(10.3.32)式和(10.3.33)式可以定性讨论光子的运动. 光子可能活动的区域即上面两式根号内函数不小于零的区域

$$1-L^2c^2g_0^2/E^2r^2=1-L^2c^2(1-2GM/c^2r)/E^2r^2\geqslant 0$$

即

$$r^3-L^2c^2(r-2GM/c^2)/E^2\geqslant 0 \tag{10.3.34}$$

例 10.3.4　无穷远处光子入射到质量为 M 的史瓦西场中，入射光线到原点距离为 b(称为瞄准距离)，讨论光线的各种可能情况．设不考虑球体半径的限制，即假设光线可以射入中心．

讨论：光子的能量和角动量分别为

$$E=m_\infty c^2 \qquad L=m_\infty cb$$

其中 m_∞ 为无穷远处光子的相对论质量，$m_\infty c$ 为光子动量．将上面两式代入(10.3.34)式得

$$r^3-b^2(r-2GM/c^2)\geqslant 0$$

令 $b=\lambda GM/c^2$、$r=x\,GM/c^2$，则上式为

$$f(x)=x^3-\lambda^2x+2\lambda^2\geqslant 0$$

$f(x)$图形为图 10.3.4(a)．则由图可见光线有三种可能情况．

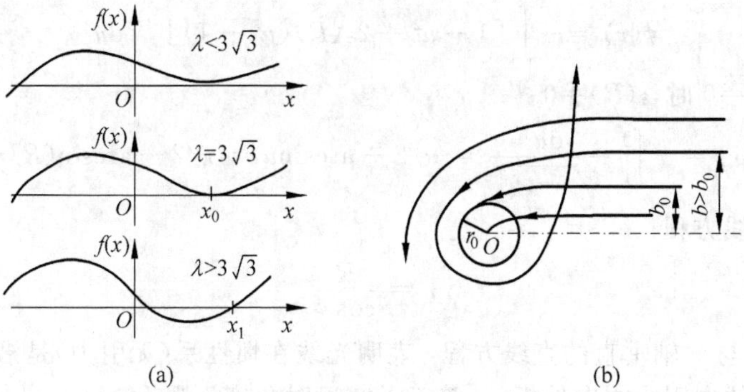

图　10.3.4

(1) $\lambda<3\sqrt{3}$，即 $b<b_0=3\sqrt{3}GM/c^2$ 时，$f(x)=0$ 只有一个负根，所以允许范围为 $r\geqslant 0$ 区域，入射光线将落入中心 O.

(2) $\lambda=3\sqrt{3}$，即 $b=b_0$ 时，$f(x)=0$ 有两重根 $x_0=3$ 以及单根(-6)，所以允许范围为 $r\geqslant 0$ 区域．实际上光子在不稳定的半径为 r_0 的圆轨道上运动，圆轨道半径为 $r_0=x_0GM/c^2=3GM/c^2$.

(3) $\lambda>3\sqrt{3}$，即 $b>3\sqrt{3}GM/c^2$ 时，$f(x)=0$ 有三个单根，所以允许范围为 $r\geqslant r_1=x_1\,GM/c^2$ 区域，r_1 为入射光线到中心的最近距离，光子到达 r_1 后又出射到无穷远．其中 x_1 是 $f(x)=0$ 的三个实根中最大的．以上三种光线情况见 10.3.4(b).

10.3.8　光子运动轨迹、太阳引力场中光线偏折角

在太阳引力场中计算上例第三种情况：光子从无穷远入射经近日点 A 后又向无穷远飞去，进而解决太阳引力场中光线偏折问题．如图 10.3.5 所示，恒星射来的光线经过太阳边缘即近日点 A 后飞到地球．取日心系，如图 10.3.5 建立史瓦西坐标系．对近日点 A 处，有关系 $\left(\dfrac{\mathrm{d}r}{\mathrm{d}\phi}\right)_{r=R}=0$，于是由(10.3.32)式得

$$E^2/L^2c^2=g_0^2(R)/R^2 \tag{10.3.35}$$

其中 $g_0(R)$表示 $r=R$ 时 $g_0(r)$的值．此式代入(10.3.32)式得

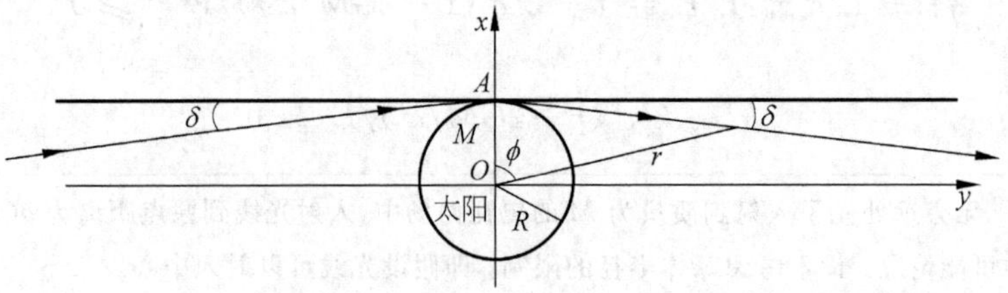

图 10.3.5

$$d\phi = \frac{dr}{r^2}\left[\frac{g_0^2(R)}{R^2} - \frac{g_0^2(r)}{r^2}\right]^{-1/2} = \frac{R\,dr}{r^2}\left[1 - \frac{R^2}{r^2} + 2\,\frac{GM}{c^2R}\left(\frac{R^3}{r^3} - 1\right)\right]^{-1/2}$$

令 $\varepsilon(R)=GM/c^2R$、$u=R/r$,则上式简化为

$$d\phi = -\left[1 - u^2 + 2\varepsilon(R)(u^3 - 1)\right]^{-1/2} du \tag{10.3.36}$$

从 A 点($u=1$、$\phi=\phi(R)=0$)积分到 r 处,即

$$\phi(r) = -\int_1^u \left[1 - u^2 + 2\varepsilon(R)(u^3 - 1)\right]^{-1/2} du \tag{10.3.37}$$

无引力即 $M=0$ 时,$\varepsilon(R)=0$

$$\phi(r) = -\int_1^u \frac{du}{\sqrt{1-u^2}} = \pi/2 - \arcsin u = \pi/2 - \arcsin(R/r)$$

于是得到光线方程

$$r = \frac{R}{\cos\phi}$$

这是过 A 点与 x 轴垂直的直线方程,表明光线在惯性系(无引力)是沿直线传播的.

有引力时光线向引力方向偏折,r 趋于无穷远时角度极限 $\phi(\infty)>\pi/2$,单向偏转角为

$$\delta = \phi(\infty) - \pi/2 \tag{10.3.38}$$

弱场[$\varepsilon(R)\ll 1$]情况下 $2\varepsilon(R)(u^3-1)$ 为小量,近似计算(10.3.37)式

$$\begin{aligned}\phi(\infty) &\approx -\int_1^0 \left[1 - \varepsilon(R)\,\frac{u^3-1}{1-u^2}\right]\frac{du}{\sqrt{1-u^2}} \\ &= \int_0^1 \frac{du}{\sqrt{1-u^2}} - \varepsilon(R)\int_0^1 \frac{u^3-1}{(1-u^2)^{3/2}}du = \frac{\pi}{2} + 2\varepsilon(R)\end{aligned} \tag{10.3.39}$$

于是得到单向偏折角为

$$\delta = 2\varepsilon(R)$$

总偏折角为

$$d\phi = 2\delta = 4\varepsilon(R) = 4\,\frac{GM}{c^2R} = 1.75'' \tag{10.3.40}$$

观测的方法是在日全食时记录经过太阳边缘的恒星光线,与六个月前同一恒星的光线比较.如前面 10.1.4 节中所述,多年的观测证实光线在太阳引力场的实际偏折角与广义相对论的计算值相符,是支持广义相对论的重要实验检验.

10.1.4 节中还用牛顿理论推导太阳引力场引起的光线偏折角为 0.875″;另外用太阳引力场的测地线方程计算①,可知其测地线偏离直线 0.875″.说明引力的直接作用和空间弯

① 朗道,栗弗西斯,任朗等译.场论.人民教育出版社,310(1959)

曲的影响对光线偏折的贡献各占一半.

这里按广义相对论严格计算，可以直接得到引力的直接作用(体现在 g_0)和空间弯曲的影响(体现在 g_1)对光线偏折的贡献. 前面在得到光子轨道方程(10.3.32)式时 g_0 和 g_1 相互抵消. 如果保留抵消的 g_0 和 g_1，可以按上面方法分别计算它们的贡献. 保留 g_0 和 g_1 后(10.3.32)式为

$$\frac{\mathrm{d}r}{\mathrm{d}\phi}=r^2(E^2/L^2c^2-g_0^2/r^2)^{1/2}\ /g_0g_1$$

下面计算 g_1 的贡献，即只保留 g_1. 在一阶近似下，两者的作用互不影响. 于是(10.3.39)式为[取 $\varepsilon(r)=GM/c^2r=\varepsilon(R)u$]

$$\begin{aligned}\phi(\infty)&\approx-\int_1^0\left[1-\varepsilon(R)\frac{u^3-1}{1-u^2}\right]g_1\frac{\mathrm{d}u}{\sqrt{1-u^2}}\\&=-\int_1^0\left[1-\varepsilon(R)\frac{u^3-1}{1-u^2}\right][1+\varepsilon(R)u]\frac{\mathrm{d}u}{\sqrt{1-u^2}}\\&=-\int_1^0\left[1-\varepsilon(R)\frac{u^3-1}{1-u^2}\right]\frac{\mathrm{d}u}{\sqrt{1-u^2}}+\varepsilon(R)\int_0^1u\frac{\mathrm{d}u}{\sqrt{1-u^2}}\end{aligned}$$

所以 g_1 的贡献为 $\varepsilon(R)\int_0^1u\frac{\mathrm{d}u}{\sqrt{1-u^2}}=\varepsilon(R)$.

同样可以计算被抵消的 g_0 的贡献为 $-\varepsilon(R)$，于是 g_0 的全部贡献为 $\varepsilon(R)$.

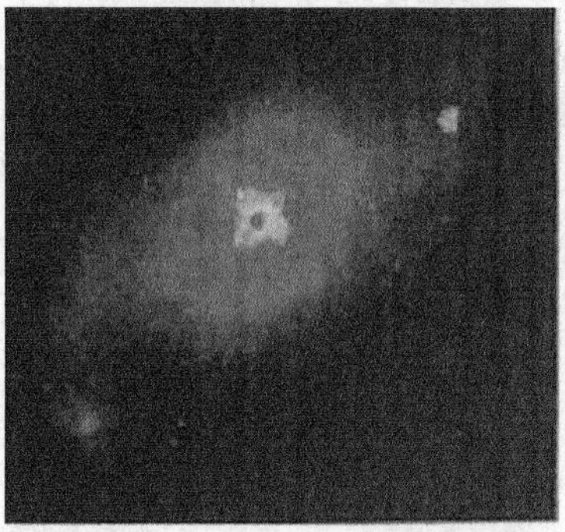

(a)

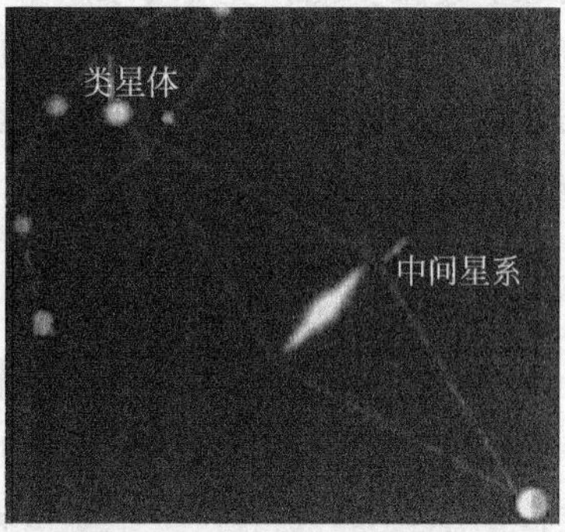

(b)

图 10.3.6　引力透镜

光线的引力偏折可以引起引力透镜效应. 遥远星体发出的光线经过较强较大引力场时，光线向引力源偏折而产生汇聚效果，可以产生一个或多个畸变的放大像，就好像通过一个凸透镜一样，称之为引力透镜效应. 图 10.3.6①(a)就是由哈勃望远镜拍摄的显示引力透镜效应的照片. 来自遥远的类星体的光线被传播过程中遇到的一个星系的引力场弯曲——“折射”后，在照片上生成四个类星体的像. 图 10.3.6(b)表示，这四个像是中间星系的引力透镜作用产生的.

10.3.9　光线传播时间、雷达回波延迟

从地球向某行星发射雷达信号后接收其反射波，若雷达波经过太阳附近，太阳引力场使

① 图取自《科学》1995 年第 2 期 10 页

时间膨胀、空间弯曲,造成雷达回波时间比无太阳引力时要长一些,称之为雷达回波的引力延迟. 在例 10.2.2 中近似光线(雷达波)为偏折角为 δ(已知)的直线,由运动学关系近似计算出雷达回波所需时间. 这里由动力学方程求出光子的实际轨道,然后按此轨迹严格计算出雷达回波所需时间.

造成雷达回波延迟的原因主要有两个:

(1) 在例 10.2.2 中已经说明,引力场中静止观测者对长度(真实长度)和时间(固有时间)的测量与当时当地的局静惯系中观测者的结果相同. 局静惯系测的光速恒为 c,因此引力场中静止观测者用固有时间和真实长度测量的光速也是 c,称为固有光速,即固有光速总是 c. 但在引力场中各地时钟走时各不相同,统一的时间标准是坐标时,因此有关时间的计算都用坐标时. 用坐标时计量的光速称为坐标光速 $c_{坐}$

$$c_{坐}=\frac{\mathrm{d}\sigma}{\mathrm{d}t}=g_0\frac{\mathrm{d}\sigma}{\mathrm{d}\tau}=g_0 c \tag{10.3.41}$$

引力场中坐标光速变慢,要造成光线传播的坐标时时间延长. 地球相对太阳很远,地球引力场可以忽略,地球相当于引力为零的无穷远处,地球上观测者测的固有时近似为太阳引力场的坐标时,因此时间延长.

(2) 从地球(相当于距太阳无穷远)观测者看来,太阳出现使三维空间弯曲,光子走的路程比起没有太阳时走的直线路程要长一些,也造成光线传播时间延长.

选取日心系,建立史瓦西坐标系如图 10.3.7 所示. 地球和行星径向坐标分别为 r_1、r_2. 地球向行星发射雷达波,经太阳边缘(近日点)A 到达行星,反射后原路返回到地球. 由光子运动方程可以计算雷达波传播时间.

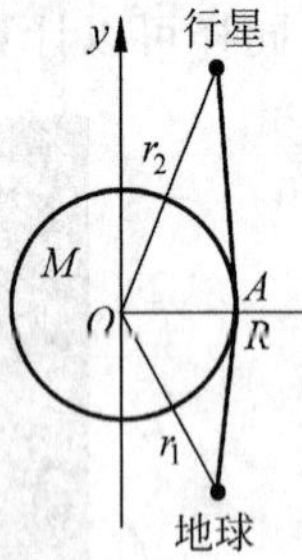

图 10.3.7

将(10.3.35)式代入(10.3.33)式,记(10.3.33)式中 g_0^2 为 $g_0^2(r)$,得

$$\begin{aligned}\mathrm{d}t&=g_1[1-g_0^2(r)R^2/g_0^2(R)r^2]^{-1/2}\mathrm{d}r/cg_0(r)\\&=g_1 r[r^2-g_0^2(r)R^2/g_0^2(R)]^{-1/2}\mathrm{d}r/cg_0(r)\end{aligned}$$

记 $\varepsilon(R)=GM/c^2R$、$\varepsilon(r)=GM/c^2r$,将 $g_0(r)=[1-2\varepsilon(r)]^{1/2}$、$g_0(R)=[1-2\varepsilon(R)]^{1/2}$、$g_1=[1-2\varepsilon(r)]^{-1/2}$ 代入上式,取一阶近似得

$$\mathrm{d}t\approx r\{1+2\varepsilon(r)+[\varepsilon(R)-\varepsilon(r)]R^2/(r^2-R^2)\}\ \mathrm{d}r/c(r^2-R^2)^{1/2}$$

从 R 积分到 r,就得到雷达波从近日点 A 传播到 r 处所需坐标时

$$\begin{aligned}\Delta t&\approx\int_R^r r\left[1+2\frac{GM}{c^2r}+\frac{GM}{c^2}\frac{R^2}{r^2-R^2}\left(\frac{1}{R}-\frac{1}{r}\right)\right]\frac{\mathrm{d}r}{c\sqrt{r^2-R^2}}\\&=\frac{1}{c}\left[\sqrt{r^2-R^2}+2\frac{GM}{c^2}\ln(r+\sqrt{r^2-R^2})\right.\\&\qquad\left.+\frac{GM}{c^2}R^2\left(-\frac{1}{R\sqrt{r^2-R^2}}+\frac{r}{R^2\sqrt{r^2-R^2}}\right)\right]\Bigg|_R^r\\&=\frac{1}{c}\left[\sqrt{r^2-R^2}+\frac{GM}{c^2}\left(2\ln\frac{r+\sqrt{r^2-R^2}}{R}+\sqrt{\frac{r-R}{r+R}}\right)\right]\end{aligned}\tag{10.3.42}$$

此式与例 10.2.2 中(5)式有所不同,注意到实际问题中 $r\gg R$,则上式近似为

$$\Delta t\approx\frac{1}{c}\left[\sqrt{r^2-R^2}+\frac{GM}{c^2}\left(2\ln\frac{2r}{R}+1\right)\right]$$

此式与例 10.2.2 中(6)式完全相同，说明在远离太阳处的光线非常接近于直线，例 10.2.2 的简化计算是合理的.

无引力即 $M=0$ 时传播时间为第一项，所以引力场引起的延迟时间 $\mathrm{d}t$ 为第二、三项. 所以延迟时间 $\mathrm{d}t$ 近似为

$$\mathrm{d}t = \Delta t - \sqrt{r^2 - R^2}/c \approx GM\left(2\ln\frac{2r}{R}+1\right)\Big/c^3$$

考虑到在雷达波的传播过程中，各有两次的 A 到地球和从 A 到行星的旅程，因此在地球上测量的雷达回波的延迟时间为地球上的固有时

$$\mathrm{d}\tau = \mathrm{d}t \approx 2GM\left[\left(2\ln\frac{2r_1}{R}+1\right)+\left(2\ln\frac{2r_2}{R}+1\right)\right]\Big/c^3$$

$$=4\frac{GM}{c^3}\left(\ln\frac{4r_1r_2}{R^2}+1\right) \tag{10.3.43}$$

日地距离 $r_1=1.50\times10^{11}$ m，日到金星距离 $r_2=0.723r_1$，日到水星距离 $r_2=0.387r_1$. 代入(10.3.43)式得到：到金星的雷达回波延迟时间 $\mathrm{d}\tau\approx2.52\times10^{-4}$ s；到水星的雷达回波延迟时间 $\mathrm{d}\tau\approx2.40\times10^{-4}$ s.

夏皮罗(I. I. Shapiro)首先提议用雷达回波延迟来检验广义相对论，并从 1967 年起对金星、水星的雷达回波延迟进行了长期观测，实验与理论计算符合①

$$\mathrm{d}\tau_{\text{实验}} = \mathrm{d}\tau_{\text{理论}} \times (1.02 \pm 0.05)$$

像其他广义相对论的实验检验一样，关于雷达回波延迟的实验观测也很困难，原因也在于广义相对论的效应太小了. $\mathrm{d}\tau$ 的量级为 10^{-4} s，而行星表面几千米的高度起伏引起的回波时间差的量级也达到 10^{-4} s. 所以这样的观测历时数年，并采取了许多提高精度的方法. 1970 年 J. D. Anderson 等人②对水手 6、7 号人造卫星做雷达回波实验，实验精度进一步提高，与理论计算更加符合

$$\mathrm{d}\tau_{\text{实验}} = \mathrm{d}\tau_{\text{理论}} \times (1.00 \pm 0.04)$$

自从广义相对论诞生以后，人们就想方设法做各种实验来检验它是否正确. 由于弱场情况下广义相对论的效应非常小很难观测，所以真正有价值的实验并不多，公认的经典检验有四个：光谱线的引力频移、水星近日点进动、光线在太阳引力场中偏折、雷达回波延迟. 这些实验都是在史瓦西场中进行的，利用了史瓦西场的时空性质. 实验都验证了广义相对论的结果.

10.3.10　弱引力场中时空弯曲对自由粒子运动的影响

弱引力场低阶近似情况下，g_0 和 g_1 的影响可以分开讨论. 前面的计算表明，空间维度和时间维度都取零阶近似(即取 $g_0\approx1$、$g_1\approx1$)，成为闵可夫斯基空间引力为零的情况；时间维度一阶近似(即 g_0 展开到一阶)空间维度零阶近似，就成为欧几里得空间中存在引力情况，也就是牛顿引力理论；相对论效应出现在时间维度取二阶近似 (即 g_0 展开到二阶)，空间维度取一阶近似(即 g_1 展开到一阶). 但是对光子运动情况不同，引力场中光线偏折的例子明确表明，g_0 和 g_1 要取同阶近似，它们对光线偏折的贡献是相等的. 所以对光子运动

① I. I. Shapiro, et al., Phys. Rev. Lett., 26, 1132(1971)

② J. D. Anderson, et al., Astrophys. J., 200, 221(1975)

问题没有牛顿力学近似.

上面的计算结果中关于 g_0 和 g_1 的影响还可以直接讨论. 由(10.2.14)式

$$ds^2 = c^2 g_0^2 dt^2 - [g_1^2 dr^2 + r^2(d\theta^2 + \sin^2\theta d\phi^2)]$$

讨论 $\theta = \pi/2$ 面上的运动，则 $r^2 d\phi^2 = 0$；为了突出 $g_1^2 dr^2$ 项的影响取 $r^2 d\theta^2 = 0$，于是

$$ds^2 = c^2 g_0^2 dt^2 - g_1^2 dr^2 \approx (c^2 g_0^2 - v^2 g_1^2) dt^2$$

其中质点速率 $v = d\sigma/d\tau \approx dr/dt$.

由上式可见，当 $v \ll c$ 时 g_0 和 g_1 的影响并不同阶，g_0 的一阶近似与 g_1 的零阶近似的影响可以相比拟，g_0 的二阶近似与 g_1 的一阶近似的影响可以相比拟，……；当 $v \to c$ 时 g_0 和 g_1 的影响是同阶的，g_0 和 g_1 的同阶近似的影响可以相比拟.

10.4 直线运动的常加速度内禀刚性加速系

广义相对论把相对性原理扩展到加速参考系，将惯性力等效为引力，解决了加速系的问题. 这里讨论最简单的一类加速系——相对惯性系作直线运动的常加速度非惯性系以及等效静引力场相应的时空变换. 在此基础上可以严格讨论著名的双生子问题.

“内禀刚性”参考系指构成参考系的各点保持相对静止，彼此之间的固有距离在运动中保持不变. Mϕller 定义：如果参考系中任意两点之间的距离用静止在该系的标准测量棒测量是常数不随时间变化，则称该系为刚性参考系. 在该参考系看来自己是个刚性参考系，相当于一个刚性的坐标系框架. 在别的参考系观测，该参考系内各点之间距离随时间不断改变，并不是刚性的. 所以称此参考系的“刚性”为“内禀刚性”. 由等效原理在该参考系中的观察者认为存在一个等效引力场. 本节讨论静引力场——引力场不随时间变化，相应的惯性力不随时间变化，即各点的固有加速度不随时间变化，称为常加速度内禀刚性加速系.

这种内禀刚性参考系的变换关系最早由 C. Mϕller 在 1943 年提出，在他的著作①中也有较详细的讨论；吴大猷②等人 1972 年用全然不同的方法推导并详加讨论. 本节推导过程中利用狭义相对论的两个惯性系之间的时间间隔和长度的变换，以及爱因斯坦关于时钟和长度与加速度无关的假设，还利用了狭义相对论中恒力作用下质点的运动规律以及静引力场中能量守恒关系，突出了内在的物理意义，减少了纯数学推导过程. 本节的一些推导强调物理思想不追求完全的严密. 欲仔细研究可参考相应文献.

10.4.1 基本微分关系式

首先建立惯性系和加速系坐标之间的微分关系式. 设：S 系为惯性系，坐标为(x, y, z, ct)；S'系为内禀刚性加速系，坐标为(x', y', z', ct')，$t=0$ 时刻整个 S'参考系从静止开始沿 x 轴运动.

在 S 系看，t 时刻 S'系中各点的运动速度各不相同，与它们所在位置 x'有关. x'点相对 S 系的速度为

$$v = \left(\frac{\partial x}{\partial t}\right)_{x'} \tag{10.4.1}$$

① C. Mϕller. The theory of Relativity, 2d Edition, Oxford University Press. pp290-292

② 吴大猷. 相对论—理论物理第四册. 北京：科学出版社，pp172-175，(1983)

或：International Journal of Theoretical Physics 5, pp307-323

其中括号外面的脚标 x' 指在微分过程中 x' 作为常数. 由于 S 系是惯性系,所以坐标时 t 就是固有时, 速度 v 就是固有速度.

由爱因斯坦假设,可以在惯性系 S 系直接讨论 S' 系的固有时和固有长度随运动速度的变化关系,而与其加速度无关.

1. 时间关系

设 $t(t')$ 时刻 x' 处速率为 v, 则 S 系看 S' 系 x' 处时钟的固有时 $\mathrm{d}\tau'$ 为

$$\mathrm{d}\tau' = \sqrt{1-v^2/c^2}\,\mathrm{d}t \tag{10.4.2}$$

其中 $\mathrm{d}t$ 为 S 系中时间间隔. 此式写成微分关系明确表示 x' 不变的条件

$$\left(\frac{\partial \tau'}{\partial t}\right)_{x'} = \sqrt{1-v^2/c^2} \tag{10.4.3}$$

2. 长度关系

类似讨论长度关系. 在 S 系同一时刻 t 测量 S' 系 x' 附近固有长度 $\mathrm{d}x'$, 则 $\mathrm{d}x'$ 相当于原长, S 系的测量结果 $\mathrm{d}x$ 相当于动长, 于是有

$$\mathrm{d}x' = \frac{1}{\sqrt{1-v^2/c^2}}\mathrm{d}x \tag{10.4.4}$$

写成微分关系明确表示 t 不变的条件

$$\left(\frac{\partial x'}{\partial x}\right)_t = \frac{1}{\sqrt{1-v^2/c^2}} \tag{10.4.5}$$

3. 速度关系

设 S' 系相邻两点 x_1'、x_2'($x_1'<x_2'$), 固有距离 $\Delta x'=x_2'-x_1'$.

在 S 系讨论. 设 t 时刻两点速度分别为 $v(x_1')$、$v(x_2')$, 两点距离 $\Delta x(t)=[1-v^2(t)/c^2]^{1/2}\Delta x'$, $t+\mathrm{d}t$ 时刻两点距离 $\Delta x(t+\mathrm{d}t)=[1-v^2(t+\mathrm{d}t)/c^2]^{1/2}\Delta x'$, $v(t)$、$v(t+\mathrm{d}t)$ 分别是 x_1'、x_2' 之间任意点在 t 和 $t+\mathrm{d}t$ 时刻的速度. 由于 S' 系加速运动 Δx 不断缩短, 原因是速度不断增加 $v(t+\mathrm{d}t)>v(t)$, 从而使 $v(x_1')>v(x_2')$. 所以

$$\begin{aligned}[v(x'_2)-v(x'_1)]\mathrm{d}t &= \Delta x(t+\mathrm{d}t)-\Delta x(t)\\ &= \{[1-v^2(t+\mathrm{d}t)/c^2]^{1/2}-[1-v^2(t)/c^2]^{1/2}\}\Delta x'\end{aligned}$$

将函数差用微分近似得

$$\frac{\partial v}{\partial x'}\Delta x'\,\mathrm{d}t = -v(1-v^2/c^2)^{-1/2}\frac{\partial v}{\partial t}\Delta x'\,\mathrm{d}t/c^2$$

于是得到关于速度的微分关系

$$c^2\sqrt{1-v^2/c^2}\,\frac{\partial v}{\partial x'} = -v\frac{\partial v}{\partial t} \tag{10.4.6}$$

长度和速度变换关系来自 S' 系为内禀刚性的假设.

要了解加速系的性质, 以及利用加速系讨论问题,首先必须找到 S 系和 S' 系之间的坐标变换关系.

10.4.2　坐标变换关系的推导

由上面微分关系式,以及适当的初始条件,可以建立 S、S' 系之间的坐标变换关系式.

1. x'点的运动速度$v(x',t)$和加速度$a(x',t)$

在S系观察S'系中静止在x'处的质点A的运动.它随S'系在惯性系S系中作加速运动,必受到加速度方向的合外力.在S'系分析该质点受力平衡,即所受外力与引力大小相等,方向相反.由于S'系中各点引力只是坐标x'的函数,与时间无关,因此S'系中质点A所受的合外力也只是坐标x'的函数,与时间无关.由于质点沿x轴运动,所以力与参考系无关(见9.6.3节),即S系中观测质点A受力也是恒力.设该质点的静止质量为m_0,所受合外力为$F(x')$.由例9.5.1,该质点从静止开始在恒力$F(x')$作用下运动,则t时刻该质点的速度也就是x'点的运动速度为

$$v(x',t)=\frac{a_I t}{\sqrt{1+(a_I t/c)^2}}=\frac{cT_I}{\sqrt{1+T_I^2}} \tag{10.4.7}$$

其中定义S'系x'处质点A的固有加速度为

$$a_I=a_I(x')=F(x')/m_0 \tag{10.4.8}$$

其中记

$$T_I=a_I t/c$$

于是

$$1-v^2/c^2=\frac{1}{1+T_I^2} \tag{10.4.9}$$

质点的加速度为(只有x方向的分量)

$$a=\frac{\mathrm{d}v}{\mathrm{d}t}=\frac{a_I}{(1+T_I^2)^{3/2}}=a_I(1-v^2/c^2)^{3/2} \tag{10.4.10}$$

2. $a_I(x')$函数关系

将(10.4.7)式和(10.4.9)式代入(10.4.6)式得

$$\frac{\partial v}{\partial x'}=-\frac{T_I}{c}\frac{\partial v}{\partial t}$$

即

$$\frac{\mathrm{d}v}{\mathrm{d}T_I}\frac{\partial T_I}{\partial x'}=-\frac{T_I}{c}\frac{\mathrm{d}v}{\mathrm{d}T_I}\frac{\partial T_I}{\partial t}$$

将T_I代入得

$$\frac{\mathrm{d}a_I}{a_I^2}=-\frac{\mathrm{d}x'}{c^2}$$

取S'系原点$x'=0$处$a_I(0)=a_0$,积分上式得到

$$a_I(x')=\frac{a_0}{1+a_0 x'/c^2}=\frac{a_0}{1+X'} \tag{10.4.11}$$

其中记

$$X'=a_0 x'/c^2$$

为保证$a_I(x')$有意义,只讨论$(1+X')>0$区域.

3. 第一个坐标变换关系式

仍在S系讨论质点A的运动.

初始条件为$t=t'=0$时,S、S'两坐标系重合,S'系开始运动.因此对x'点来说

$$v(0)=0 \qquad x'=x(0)$$

于是 t 时刻 x' 在 S 系的坐标 x 为

$$x-x(0)=\int_0^t v\mathrm{d}t=\int_0^{T_I}\frac{c^2}{a_I}\frac{T_I}{\sqrt{1+T_I^2}}\mathrm{d}T_I=\frac{c^2}{a_I}\left(\sqrt{1+T_I^2}-1\right) \qquad (10.4.12)$$

由(10.4.11)式得

$$T_I=a_0t/[c(1+X')] \qquad (10.4.13)$$

将 T_I 和(10.4.11)式代入上式，注意利用 $x'=x(0)$，得到第一个坐标变换关系式

$$(1+X')^2=(1+X)^2-T^2 \qquad (10.4.14)$$

其中记

$$X=a_0x/c^2 \quad T=a_0t/c$$

将(10.4.13)式代入(10.4.7)式，利用(10.4.14)式得到

$$v=\frac{a_0t}{\sqrt{(1+X')^2+T^2}}=\frac{a_0t}{1+X} \qquad (10.4.15)$$

4. 第二个坐标变换关系式

S'系的坐标时为 t'. 设引力场 S'系固有时 $\mathrm{d}\tau'$与坐标时 $\mathrm{d}t'$的关系为

$$\mathrm{d}\tau'=g_0\mathrm{d}t' \qquad (10.4.16)$$

S'系为静引力场，所以 $g_0=g_0(x')$ 仅是 x'的函数，S'系自由质点的能量守恒. 考虑在 S'系 $t=t'=0$ 时刻位于原点($x=x'=0$)处静止质量为 m_0 的自由质点. 设该时刻它恰好静止，由(10.3.4)式，它在 S'系中的能量为

$$E'=g_0(0)m_0c^2$$

S'系自由质点在 S'系只受引力作用不受外力，在 S 系看该质点不受力，因此在 S 系它将始终静止在 $x=0$ 处；在 S'系观察它速度不断增加，t 时刻在 x'处，速度即 S 系原点的速度 v'. 由(10.3.4)式此时它的能量为

$$E'=g_0(x')\ (1-v'^2/c^2)^{-1/2}\ m_0c^2$$

由能量守恒，上面两式相等，得到

$$g_0(x')=g_0(0)(1-v'^2/c^2)^{1/2}=g_0(0)(1-v^2/c^2)^{1/2} \qquad (10.4.17)$$

由于质点在 S 系静止，$v=0$，所以 $v'(x=0)=-v(x')$.

由(10.4.15)式并利用(10.4.14)式，注意到此处 $x=0$，得

$$(1-v^2/c^2)^{1/2}=\frac{\sqrt{(1+X)^2-T^2}}{1+X}=(1+X')/(1+X)=1+X' \qquad (10.4.18)$$

代入(10.4.17)式得

$$g_0(x')=g_0(0)\ (1+X')$$

其中 $g_0(0)$是常数. 在弱场 $X'\ll 1$ 情况下，S'系应该近似为闵可夫斯基空间，即 $g_0(x')\to 1$，故应有 $g_0(0)=$常数$=1$. 所以

$$g_0(x')=(1+X') \qquad (10.4.19)$$

代入(10.4.16)式得

$$\mathrm{d}\tau'=(1+X')\mathrm{d}t' \qquad (10.4.20)$$

将(10.4.20)式代入(10.4.2)式，并利用 $(1-v^2/c^2)^{1/2}=(1+X')/(1+X)$，得

$$dt' = dt/(1+X) = \frac{dt}{\sqrt{(1+X')^2+T^2}}$$

其中最后一步利用了(10.4.14)式. 上式两边以 $t=t'=0$ 为积分下限作定积分，注意积分中 x'为常数得

$$t' = \frac{c}{a_0}\left[\ln\left(T+\sqrt{(1+X')^2+T^2}\right)-\ln(1+X')\right]$$

利用(10.4.14)式得第二个坐标变换关系式

$$t' = \frac{c}{a_0}\left\{\ln(T+1+X)-\frac{1}{2}\ln\left[(1+X)^2-T^2\right]\right\}$$

$$= \frac{c}{2a_0}\left[\ln(1+X+T)-\ln(1+X-T)\right] \tag{10.4.21}$$

坐标变换关系式合在一起为

$$(1+X')^2 = (1+X)^2 - T^2 \tag{10.4.22a}$$

$$y' = y \tag{10.4.22b}$$

$$z' = z \tag{10.4.22c}$$

$$T' = \frac{1}{2}\left[\ln(1+X+T)-\ln(1+X-T)\right] \tag{10.4.22d}$$

其中记 $T'=a_0t'/c$. 从上式中解出 X、T 得到坐标变换的逆变换

$$X = (1+X')\cos hT' - 1 \tag{10.4.23a}$$

$$y = y' \tag{10.4.23b}$$

$$z = z' \tag{10.4.23c}$$

$$T = (1+X')\sin hT' \tag{10.4.23d}$$

5. 符号规定

上述推导以 S 系为基础，确定 x 轴沿 S'系的运动方向，于是有下面的符号规定.

(1) S 系看：若 S'系速度(加速度)方向与 x 轴正向相同时，取 a_0 为正，则 v 为正；若 S'系速度(加速度)方向与 x 轴正向相反时，取 a_0 为负，则 v 为负.

(2) S'系看：若引力场方向或 S 系速度(加速度)方向与 x 轴正向相同时，取 a_0 为负，则 v 为负；若引力场方向或 S 系速度(加速度)方向与 x 轴正向相反时，取 a_0 为正，则 v 为正.

10.4.3 内禀刚性直线运动非惯性系的性质

在 S 系同一时刻观察 S 系的运动，由(10.4.10)式、(10.4.11)式和(10.4.15)式可知 S'系上各点的速度 v 和加速度 a 都是 x'的函数，同一时刻不同地点的速度和加速度各不相同，因此在 S 系看来，S'系不再是刚性参考系. 但是另一方面，S'系各点的速度和加速度有一定的关系，例如知道某一点 x'的速度，就可以求出 a_0，从而由(10.4.10)式、(10.4.11)式和(10.4.15)式确定了各点的速度和加速度，即确定整个 S'系的运动规律. 从这个意义上说，S'系是个非常特殊的加速系，可以说整个参考系具有“整体”的运动.

S'系中每个固定点的固有加速度 a_I 都是常数与 t 无关，因此可以说 S'系中每个固定点在作匀加速运动. 从这个意义上称 S'系为常加速度直线运动内禀刚性参考系. 与我们通常了解的经典力学中的匀加速参考系不同，后者整个参考系有共同的不变的加速度，而我们讨

论的 S' 系各点的固有加速度互不相同，整个参考系没有共同的加速度.(10.4.22)式和(10.4.23)式代表了所有具有内禀刚性的常加速度直线运动的参考系.

从坐标变换知，a_0 取不同的数值，可以得到无穷多 S' 系. 由(10.4.15)式，S' 系中确定地点 x' 在 S 系中的速度

$$v(x',t)=\frac{a_0 t}{\sqrt{(1+a_0x'/c^2)^2+(a_0t/c)^2}}\xrightarrow{t\to\infty}c$$

由(10.4.10)式，x' 点在 S 系中的加速度(其中 $a_I=a_I(x')$ 为常数与 t 无关)

$$a(x',t)=\frac{a_I}{[1+(a_It/c)^2]^{3/2}}\xrightarrow{t\to\infty}0$$

因此，在 S 系中盯住 S' 系的某一点其运动规律是完全确定的，不同点的运动又是类似的. 所以在 S 系看来，具有内禀刚性的常加速度直线运动加速系虽然由于 a_0 的不同有无穷多个，但是按其运动规律来划分，却只有一种，都是从速度为零开始，向左或向右加速运动，速度越来越快，加速度越来越小，最后为接近光速的惯性系.

实际上，a_0 是 $x'=0$ 处的固有加速度，由(10.4.11)式 $a_I(x')=a_0/(1+a_0x'/c^2)$，$S'$ 系上各点的固有加速度可以取任意值. 这样如果改变 S 系、S' 系的原点(由前面的讨论知道，改变两个坐标系的原点是容许的)，就相当于改变了 a_0 的数值. 而采用简化坐标 T、T'、X 、X' 的坐标变换(10.4.22)式和(10.4.23)式是与 a_0 无关的形式. 这些都表明，实际上只有两个内禀刚性常加速度直线运动的加速系：一个向左运动，一个向右运动.

10.4.4 等效引力场 S' 系

加速系等效为引力场. 确定一个引力场就要确定引力场的线元. 为了比较 S' 系中各地的固有时和固有长度，用引力场中自由下落的惯性系的时钟和尺子作为不受引力场影响的测量标准. S 系就是现成的引力场中自由下落的惯性系. 取 S 系原点 O 处的时钟和尺子作为测量时间和长度的标准，测量值分别记为 $\mathrm{d}t_0$ 和 $\mathrm{d}x_0$. $t=t'=0$ 时刻 O 点与 S' 系原点 O' 重合，然后开始自由下落. 由于 $t=t'=0$ 时刻 O、O' 相对静止，所以它们的时间、长度相同，即

$$\mathrm{d}t_0=\mathrm{d}\tau'(x'=0)\qquad \mathrm{d}x_0=\mathrm{d}x'(x'=0)$$

在引力场 S' 系讨论. 设 t' 时刻 O 点运动到 S' 系 x' 处速度为 v'. 静止在 O 点的质点与 O 点运动相同. 10.4.2 节中说明静止在 O 点的质点 $v'(x=0)=-v(x')$，于是由(10.4.18)式

$$(1-v'^2/c^2)^{1/2}=(1-v^2/c^2)^{1/2}=1+X'$$

这样用 O 处时钟校准 x' 处固有时钟，由(10.4.2)式并考虑上式，则 x' 处的固有时间隔 $\mathrm{d}\tau'$ 与 $\mathrm{d}t_0$ 的关系为

$$\mathrm{d}\tau'=\sqrt{1-v'^2/c^2}\,\mathrm{d}t_0=(1+X')\mathrm{d}t_0 \tag{10.4.24}$$

对比(10.4.20)式得

$$\mathrm{d}t_0=\mathrm{d}t' \tag{10.4.25}$$

因此 S' 系的坐标时 $\mathrm{d}t'$ 是全坐标系统一的不受引力影响的时间标准，也相当于 $x'=0$ 处的固有时. 按(10.4.24)式，对同样的时间间隔 $\mathrm{d}t_0$，X' 越小即 a_I 越大的地方 $\mathrm{d}\tau'$ 越小，固有钟走得越慢. 由(10.4.8)式 a_I 的大小正比于引力的大小，所以引力越强的地方固有钟走得越慢.

类似，S' 系 x' 处 x 方向的静止长度 $\mathrm{d}x'$，用 S 系原点处尺子测的动长为 $\mathrm{d}x_0$，则

$$\mathrm{d}x' = (1 - v'^2/c^2)^{-1/2}\mathrm{d}x_0 = (1 + X')^{-1}\mathrm{d}x_0 \tag{10.4.26}$$

对同样的长度 $\mathrm{d}x_0$,X'越小即 a_I 越大、引力越强的地方,固有长度 $\mathrm{d}x'$越大,该处的固有尺越短.

这样引力场时空间隔为

$$\mathrm{d}s^2 = c^2(1+X')^2\mathrm{d}t'^2 - [(1+X')^{-2}\mathrm{d}x_0^2 + \mathrm{d}y'^2 + \mathrm{d}z'^2] \tag{10.4.27}$$

在广义相对论中空间的弯曲由曲率张量来表示. 由 S'系的线元可以计算空间的曲率张量. 计算结果表明,空间的曲率张量为零. 这说明,空间虽然存在等效的引力场,但是仍然是平坦的,表明空间的弯曲实质上是由物质及其运动所决定. 我们假设 S 系是个宏观惯性系,因此 S 系所在的空间没有引力是平坦的. 这是空间内在的本质属性,不会由于坐标变换而改变.

史瓦西场线元中 $\mathrm{d}t^2$ 系数为 $g_0^2=(1-2GM/c^2r)=(1+2\psi/c^2)$,其中 $\psi=-GM/c^2r$ 为牛顿引力势(牛顿力学引力势见 3.3.6 节). 于是牛顿引力势 ψ 与 g_0^2 有关系

$$\psi = c^2(g_0^2 - 1)/2 \tag{10.4.28}$$

将等效引力场 S'系的 $g_0^2=(1+X')^2$ 代入上式得到 S'系的牛顿引力势

$$\psi = c^2X'(1+X'/2) \tag{10.4.29}$$

于是由(3.3.21)式,S'系的牛顿引力场场强 $\boldsymbol{g}$ 为

$$\boldsymbol{g} = -\nabla\psi = -a_0(1+X')\hat{x} \tag{10.4.30}$$

10.4.5 双生子问题

双生子问题是相对论的著名而有趣的问题. 在例 9.3.7 中说明了双生子问题的来由,并利用狭义相对论的时空关系对爱因斯坦举的例子进行了简单分析. 只有在广义相对论中利用加速系才可以对双生子问题进行严格的讨论. 下面利用直线运动常加速度内禀刚性加速系分别从甲、乙的立场严格讨论双生子问题. 由于计算较繁,所以详细的计算作为附录,这里只给出结果和结论.

1. 甲的立场

设甲停留在惯性系 S 系原点 O 处. 乙从 O 点出发,加速到 A,速度达到 v_0,然后以 v_0 匀速运动到 B,再减速到 C(在 C 点速率为零);从 C 反向加速到 B,然后以 v_0 匀速运动到 A,再减速到 O(在 O 点速率为零). 其中乙在加速或减速时都作为内禀刚性常加速度直线运动加速系原点,固有加速度大小都是 a_0. 见图 10.4.1.

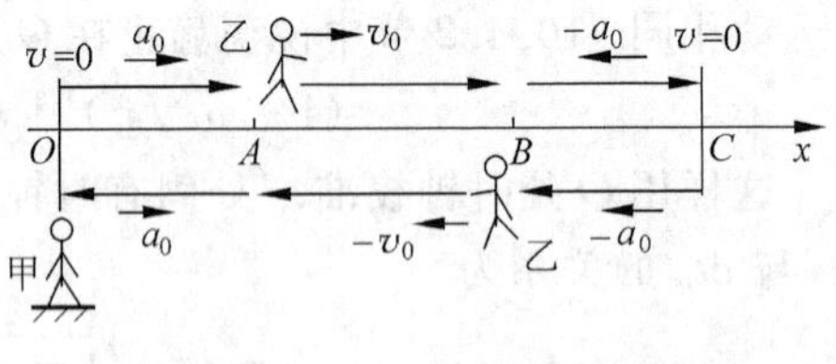

图 10.4.1 在 S 系观察乙的运动

(1) S 系(甲)的计时 t

分别用 t_{OA}、t_{AB}、t_{BC}、…表示在 S 系里测量的乙在 $O\to A$、$A\to B$、$B\to C$、…一系列过程中所经历的时间. 由对称性 $t_{OA}=t_{BC}=t_{CB}=t_{AO}$、$t_{AB}=t_{BA}$. 计算得

$$t_{OA} = \frac{v_0}{a_0\sqrt{1-v_0^2/c^2}} \tag{10.4.31}$$

设 A、B 距离为 Δx,则 $t_{AB}=\Delta x/v_0$,于是在整个过程中 S 系的计时为

$$t = 4t_{OA} + 2t_{AB} = \frac{4v_0}{a_0\sqrt{1-v_0^2/c^2}} + 2\Delta x/v_0 \tag{10.4.32}$$

(2) 乙的计时 τ'

可以说明，对乙来说 $\tau'=t'$. 由计算得到

$$t'_{OA} = \frac{c}{2a_0}\ln\frac{1+v_0/c}{1-v_0/c} \leqslant \frac{v_0}{a_0\sqrt{1-v_0^2/c^2}} = t_{OA} \tag{10.4.33}$$

通过计算，整个过程中乙的计时为

$$\tau'=t'=4t'_{OA}+2t'_{AB}=\frac{2c}{a_0}\ln\frac{1+v_0/c}{1-v_0/c}+2(1-v_0^2/c^2)^{1/2}\Delta x/v_0<t \tag{10.4.34}$$

(3) 总结和说明

计算过程是严格的. 结果表明站在甲的立场讨论乙比甲年轻.

在(10.4.32)式和(10.4.34)式中，令 $a_0\to\infty$ 得

$$t\to 2\Delta x/v_0 \qquad \tau'=t'\to 2(1-v_0^2/c^2)^{1/2}\Delta x/v_0=(1-v_0^2/c^2)^{1/2}t$$

这就是狭义相对论的结果. 由此可知从甲的立场分析，狭义相对论讨论结果作为严格结果的极限情况是正确的.

2. 乙的立场

站在乙的立场，乙静止在 O'点；甲在 S 系的原点 O 点. S'系成为引力场时甲和 S 系开始在引力场中“自由降落”，直到 S'系去掉外力引力消失，则甲匀速运动，各个阶段的加速度和速度如图 10.4.2 所示.

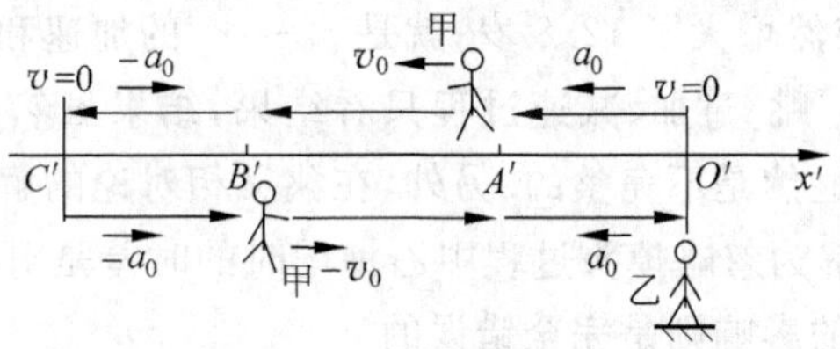

图 10.4.2　在 S'系观察甲的运动

(1) S'系记录的固有时

按乙的观点，乙记录的时间与甲立场中乙的记时是相同的，即(10.4.34)式所示

$$\tau'=t'=4t'_{OA}+2t'_{AB}=\frac{2c}{a_0}\ln\frac{1+v_0/c}{1-v_0/c}+2(1-v_0^2/c^2)^{1/2}\Delta x/v_0$$

(2) 甲的计时

由对称性，$t_{O'A'}=t_{A'O'}$、$t_{A'B'}=t_{B'A'}$、$t_{B'C'}=t_{C'B'}$. 经过计算得到

$$t_{O'A'}=t_{A'}=\frac{v_0}{a_0} \tag{10.4.35}$$

$$t_{A'B'}=\sqrt{1-v_0^2/c^2}\,t'_{AB} \tag{10.4.36}$$

$$t_{B'C'}=\frac{v_0}{a_0\sqrt{1-v_0^2/c^2}}\left(2+\frac{a_0}{c^2}v_0\,t'_{AB}-\sqrt{1-v_0^2/c^2}\right) \tag{10.4.37}$$

这样甲计时的整个过程的总的时间为

$$t=2(t_{O'A'}+t_{A'B'}+t_{B'C'})=\frac{2}{\sqrt{1-v_0^2/c^2}}\left(\frac{2v_0}{a_0}+t'_{AB}\right)=\frac{4v_0}{a_0\sqrt{1-v_0^2/c^2}}+2\Delta x/v_0 \tag{10.4.38}$$

(3) 总结和说明

分别从甲、乙的立场计算甲钟的计时，总的结果相同，但是每个阶段的结果不同：

$$t_{O'A'}<t_{OA}\qquad t_{A'B'}<t_{AB}\qquad t_{B'C'}>t_{BC}$$

这是引力使时钟变慢效应的体现. 在 S' 系（乙的立场）分析甲的记时，既有运动效应也有引力效应.

$O'A'$段. 引力效应和运动效应共同使乙的记时比甲的记时大. 即 $\tau'_{O'A'}(0)=\tau'_{OA}(0)=t'_{OA}>t_{O'A'}$.

$B'C'$段. 引力效应与运动效应作用相反. 引力效应大大超过了运动效应，不但使乙的记时比甲的记时少，而且补上了其他两段过程中乙的超时，使整个过程中乙的记时少于甲的记时.

在(10.4.35)式和(10.4.37)式中令 $a_0\to\infty$ 得

$$t_{O'A'}=t_{A'O'}\xrightarrow{a_0\to\infty}0\qquad t_{B'C'}=t_{C'B'}\xrightarrow{a_0\to\infty}\frac{v_0^2t'_{AB}}{c^2\sqrt{1-v^2/c^2}}\neq 0$$

可见，在乙的立场（S'系）讨论时，突然变换参考系（相当于 $a_0\to\infty$ ）甲和乙的时间差对 $O'A'$和 $A'O'$阶段可以忽略，而对 $B'C'$和 $C'B'$阶段不能忽略. 正是在这两个阶段突变过程产生的甲、乙的时间差造成乙比甲年轻. 狭义相对论乙的立场的讨论中，当乙掉头时“发现”在新的惯性系中甲的年龄突然增大了 12.8 岁，就是 $a_0\to\infty$ 的加速和减速过程造成的. 按狭义相对论乙的立场的解释，“跳”过加、减速过程只看结果，结果虽然正确. 但是也“跳”过了造成年龄突变的物理本质，显然是不完整的. 另外，在狭义相对论的解释中常常要说“忽略掉头的时间”，这句话如果理解为忽略掉头过程中乙钟记时的时差是对的，如果理解为忽略掉头对甲、乙时钟记时的时差的影响则是完全错误的.

在 S 系观测，S' 系从 $t=t'=0$ 时刻同时开始加速，但是当乙的速率到达 v_0 而转为匀速运动时，S' 系的其他点并不和乙同时转为匀速运动，从加速到匀速的过程是逐点实现的. S' 系中左边的点先到达 v_0，一旦到达 v_0 就立刻转为匀速，即从左到右逐点实现匀速，其中乙恰在 t_A 时刻开始匀速运动.

在 S'系观测，在同一时刻 t'，S 系中各点的速率是相同的. 因此整个 S 系也同时达到 v_0.

10.5 爱因斯坦引力场方程、史瓦西外部解、黑洞

爱因斯坦的引力几何理论包括两个方面，一个方面是由已知的弯曲时空度规讨论自由粒子的运动，以及引力对力学现象、电磁现象等物理过程的影响. 另一个方面是由物质分布及其运动确定时空的性质. 时空的性质体现在时空间隔上. 爱因斯坦的引力场方程，就将物质分布及其运动与时空的性质联系起来. 爱因斯坦场方程是广义相对论的核心内容，它的建立、求解和解的讨论极大地促进了空间物理、天体物理和宇宙学的发展.

10.5.1　爱因斯坦引力场方程

时空间隔系数构成一个张量 $g_{\mu\nu}$ 称为度规张量. 度规张量决定空间结构,时空性质就由度规张量体现出来.爱因斯坦引力场方程是关于物质分布及运动与空间度规关系的微分方程,由爱因斯坦引力理论的方法和思路,可以合理、简明、直截了当地确定场方程,这也是爱因斯坦引力理论成功的一个方面.这里简单地介绍引出爱因斯坦引力场方程的思路.

为满足广义相对性原理,场方程中所有物理量都应该表达为张量的形式.标量是零阶张量,矢量是一阶张量,洛伦兹变换的变换矩阵是二阶张量.一般来说,张量的最基本性质就是张量在坐标变换下的协变.此外张量的协变微分仍为张量. 这样由张量及其协变微分建立起来的张量方程就可以在坐标变换下保持不变,方程所代表的物理规律在任何参考系中都相同,从而满足广义相对性原理.

场方程的形式可以从牛顿引力场方程得到启发,因为在弱场静态分布下引力场方程应该近似为牛顿引力场方程.牛顿引力场方程是将引力场的引力势与物质密度联系起来.在3.3.7节中给出牛顿的引力场方程(3.3.22)式

$$\nabla^2\psi = 4\pi G\rho$$

牛顿引力场方程是关于牛顿引力势的二阶线性偏微分方程. 从微分几何的测地线方程可以看出,时空间隔 ds^2 的系数在方程中起着类似牛顿引力势的作用. 以史瓦西场为例, 第一项 c^2dt^2 的系数 $g_0^2=1-2GM/c^2r=1+2\psi/c^2$, $\psi=-2GM/r$ 是球对称物质 M 的引力势. 所以广义相对论的引力场方程也应该是时空间隔系数的二阶微分方程,对二阶微商应为线性,并与物质分布及其运动联系起来.这样方程的一边是代表物质分布及其运动的能量、动量张量 $T_{\mu\nu}$,另一边是由时空间隔系数构成的度规张量及其一、二阶协变微商. 由数学上的黎曼定理,满足这样条件的张量只有描述时空弯曲程度的曲率张量 $R_{\mu\nu}$ 及其缩并,选择余地很小,再考虑物理上的能量守恒和动量守恒,几乎就完全确定了引力场方程的形式为

$$R_{\mu\nu}-\frac{1}{2}g_{\mu\nu}R=-\frac{8\pi G}{c^4}T_{\mu\nu} \tag{10.5.1}$$

其中,$R_{\mu\nu}$ 称为里奇(Ricci)曲率张量,R 为曲率标量,是曲率张量的缩并, 都是反映时空弯曲程度的张量; $g_{\mu\nu}$ 为度规张量; $T_{\mu\nu}$ 是物质的能量-动量张量. 场方程表示,时空的弯曲由物质及其运动决定,在静态弱场情况下,(10.5.1)式可近似为牛顿引力场方程(3.3.22)式.

未知的度规张量 $g_{\mu\nu}$ 是 4×4 对称矩阵,有 10 个独立变量,所以(10.5.1)式有相应的 10 个分量场方程,但其中只有 6 个方程独立,要得到确定解 $g_{\mu\nu}$ 还须补充 4 个方程,叫作坐标条件.

(10.5.1)式是关于 $g_{\mu\nu}$ 的二阶非线性偏微分方程,不满足叠加原理,即物质各部分单独产生的引力场之和不等于物质总体产生的引力场,这是因为引力场具有能量也是引力源,本身也产生引力场即所谓二次效应.这方面与牛顿的引力场方程和电磁场方程不同,后二者场方程都是线性的,满足叠加原理,场本身不会产生二次效应.由于非线性,(10.5.1)式的求解更加困难,只有少数的精确解,其中最简单、最常用、最基础的解是史瓦西外部解.

10.5.2　史瓦西外部解

解场方程,也就是由物质分布及其运动来求出时空的几何结构,即求出该时空的时空间

隔. 1916 年史瓦西(K. Schwarzschild)第一个求出爱因斯坦场方程在静态球对称情况下的精确解，称之为史瓦西(静态)外部解.

球对称分布、半径为 r_0、总质量为 M 的静止质量体产生球对称的引力场，在史瓦西坐标 (ct,r,θ,ϕ) 下解引力场方程(10.5.1)得到物质体外真空区域的史瓦西外部解为

$$\mathrm{d}s^2 = c^2\left(1-2\frac{GM}{c^2r}\right)\mathrm{d}t^2 - \left(1-2\frac{GM}{c^2r}\right)^{-1}\mathrm{d}r^2 - r^2(\mathrm{d}\theta^2+\sin^2\theta\,\mathrm{d}\phi^2) \quad (10.5.2)$$

这也正是(10.2.13)式. 在 10.2.5 节中是利用爱因斯坦假设、从无穷远飞来的惯性系、狭义相对论关于时空的结论，以及弱场牛顿力学的近似得到(10.2.13)式的.

史瓦西解适用于 $r>r_0$ 区域，因此称为外部解. 史瓦西解与球体物质具体的质量分布无关，只要求其分布具有球对称性. 反过来也就不能由外部解去了解球体物质的分布细节.

在史瓦西解的基础上可以有以下两点推广：

(1) 史瓦西外部解是球对称分布物质的真空部分解，所以可以推广到球壳引力源，在其内部的球形空腔里是真空，内部物质质量为零，因此空腔内史瓦西解蜕化为闵可夫斯基时空，即引力为零的平坦时空，球壳外部仍为标准的史瓦西解.

(2) 若引力源内有径向运动但随时保持球对称分布时，其外部区域仍为史瓦西外部解.

10.5.3 史瓦西场中空间曲面的形象

史瓦西场纯几何空间的三维线元为(10.2.15)式

$$\mathrm{d}\sigma^2 = \left(1-\frac{2GM}{c^2r}\right)^{-1}\mathrm{d}r^2 + r^2(\mathrm{d}\theta^2+\sin^2\theta\mathrm{d}\phi^2) = g_1^2\mathrm{d}r^2 + r^2(\mathrm{d}\theta^2+\sin^2\theta\mathrm{d}\phi^2)$$

与平直的欧几里得空间线元 $\mathrm{d}\sigma=[\mathrm{d}r^2+r^2(\mathrm{d}\theta^2+\sin^2\theta\mathrm{d}\phi^2)]^{1/2}$ 相比较，径向长度伸长、横向长度不变，因此不再是平直的而是代表弯曲的三维空间，其中二维曲面的弯曲可以在三维平直空间直观看到并描绘出来，称为该曲面在平直空间的形象.

在欧几里得空间，坐标都具有实际几何意义，坐标长度就是实际长度，按曲面方程可以在坐标系中直接描绘出曲面. 在广义相对论中坐标系可以任意选取，但一般不具有实际的几何或物理意义，只不过是用一组数(坐标)代表时空的一个点，即使选择比较合适的坐标系(如史瓦西坐标)，由于坐标长度一般不等于真实长度，也很难在坐标系中描绘出真实的曲面形状. 因此一般用欧几里得空间中与史瓦西场曲面内在性质相同的曲面作为后者的直观形象. 曲面的内在性质由其上的线元表达式决定，例如 r 为常数的面上线元与欧几里得空间球面上线元相同，所以欧几里得空间球面就是史瓦西场中 r 为常数的面的形象.

在上式中令 $\theta=\pi/2$，得到史瓦西场中 $\theta=\pi/2$ 的二维面上的纯空间线元为

$$\mathrm{d}\sigma^2 = \left(1-2\frac{GM}{c^2r}\right)^{-1}\mathrm{d}r^2 + r^2\mathrm{d}\phi^2 \quad (10.5.3)$$

欧几里得空间中 $\theta=\pi/2$ 的面为 xy 平面，线元为 $\mathrm{d}\sigma^2=\mathrm{d}r^2+r^2\mathrm{d}\phi^2$. 两个面上线元不同，说明该平面不是史瓦西场 $\theta=\pi/2$ 的面的形象. 考虑对称性，史瓦西场中 $\theta=\pi/2$ 的面在欧几里得空间的形象应该是绕 z 轴的旋转曲面. 为此在欧几里得空间中取柱坐标系 (r,ϕ,z) 如图 10.5.1 所示，在柱坐标系内，基本的坐标单位矢量为互相垂直的 $\hat{r}$、$\hat{\phi}$、$\hat{z}$，欧几里得空间的线元的柱坐标表达式为

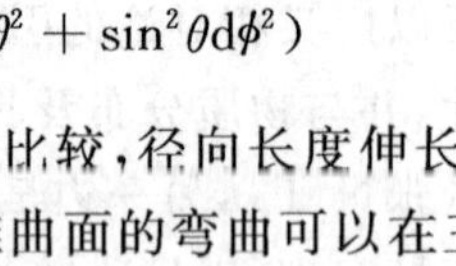

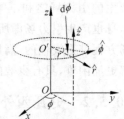

图 10.5.1

$$d\sigma^2 = dr^2 + r^2 d\phi^2 + dz^2 \tag{10.5.4}$$

令(10.5.3)式与(10.5.4)式相等，得

$$dz = \left[\left(1 - 2\frac{GM}{c^2 r}\right)^{-1} - 1\right]^{1/2} dr = \sqrt{\frac{2GM}{c^2}} \frac{dr}{\sqrt{r - 2GM/c^2}} \tag{10.5.5}$$

上式两边积分，取 $r=2GM/c^2$ 时 $z=0$，得到欧氏空间旋转抛物面

$$z^2 = 8\frac{GM}{c^2}\left(r - 2\frac{GM}{c^2}\right) \tag{10.5.6}$$

这个曲面上的线元的表达式与(10.5.3)式相同，因此它就是史瓦西场 $\theta=\pi/2$ 面在欧几里得空间的形象，见图 10.5.2，其中(a)为立体图，r_0 为球体 M 的外半径，史瓦西场为 $r>r_0$ 区域；定义史瓦西半径或引力半径 r_g 为(具体意义见后面 10.5.5 节).

$$r_g = 2\frac{GM}{c^2} \tag{10.5.7}$$

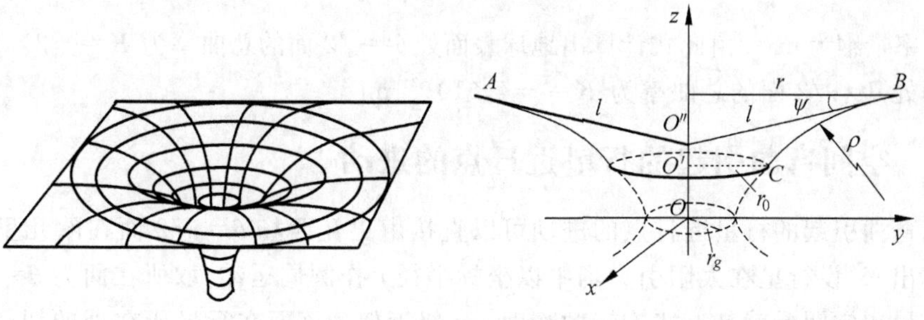

(a)　　(b)

图　10.5.2

由此可直观地看到：在该面上以 r 为半径作圆，周长为 $2\pi r$；该面上的径向曲线(旋转抛物面母线)上的距离元(即史瓦西场的径向真实长度)$d\sigma$ 显然大于坐标距离 dr；在 $r\to\infty$ 区域此面趋于平行于 xy 平面的平面.

有了这个形象，史瓦西场中 $\theta=\pi/2$ 面上曲线的曲率就可按旋转抛物面上相应曲线来计算. 例如讨论旋转抛物面在 $x=0$ 面上的截线——抛物线 CB 的曲率半径 ρ. 在 $x=0$ 平面上 r 即是 y，(10.5.6)式写为

$$z^2 = 8\frac{GM}{c^2}\left(y - 2\frac{GM}{c^2}\right) = 4r_g(y - r_g) \tag{10.5.8}$$

抛物线 CB 的一阶导数以及二阶导数分别为

$$z' = dz/dy = [r_g/(y-r_g)]^{1/2} \qquad z'' = d^2z/dy^2 = -\frac{1}{2}[r_g/(y-r_g)^3]^{1/2}$$

于是由(1.3.33)式抛物线 CB 的曲率半径为

$$\rho = \frac{(1+z'^2)^{3/2}}{z''} = -2y^{3/2}/{r_g}^{1/2} = -cy\sqrt{\frac{2y}{GM}}$$

由于曲面是旋转抛物面，其母线与抛物线 CB 相同，将 y 换成 r 就得到该面任意母线也就是史瓦西场 $\theta=\pi/2$ 面上的径向曲线在 r 处的曲率半径为

$$\rho = -cr\sqrt{\frac{2r}{GM}} \tag{10.5.9}$$

由(10.5.8)式计算得到：在地球表面 $\rho=-3.43\times10^{11}$ m，在太阳表面 $\rho=-6.80\times10^{11}$ m.

从这些数据可以了解到,虽然引力场中时空是弯曲的,但是一般星体的引力场很弱,因此弯曲的曲率很小,与直线的偏离并不大,相对论效应也就很小了.

上述意义的曲率和曲率半径只能描述曲线的弯曲,对描述曲面的弯曲并不适宜,因为过曲面上一点的曲线有无穷多个,这些曲线都有各自的曲率和曲率半径,很难由它们来比较曲面的弯曲情况.因此通常用总曲率或高斯曲率来反映曲面的弯曲程度.过曲面法线的平面与曲面交线叫法截线,过一点有无穷多的法截线通过,各有相应的曲率半径,将其中最大、最小值记为 ρ_1、ρ_2,定义曲面一点处的总曲率或高斯曲率为

$$K=\frac{1}{\rho_1\rho_2} \tag{10.5.10}$$

从史瓦西场中 $\theta=\pi/2$ 面上纯空间线元表达式(10.5.3)以及微分几何关系式直接算出该面的总曲率为

$$K=-\frac{GM}{c^2r^3} \tag{10.5.11}$$

总曲率量纲为 m^{-2}.由此式计算出地球表面处 $\theta=\pi/2$ 面的总曲率为 $K=-2\times10^{-23}\ \mathrm{m}^{-2}$,太阳表面处 $\theta=\pi/2$ 面的总曲率为 $K=-4\times10^{-24}\ \mathrm{m}^{-2}$.

10.5.4 空间弯曲引起的行星近日点的进动

空间弯曲引起的行星近日点的进动可以直接由史瓦西场 $\theta=\pi/2$ 面在欧几里得空间的形象计算出来.设行星在太阳引力场中以坐标半径 r 作圆周运动,取所在面为 $\theta=\pi/2$ 面.该面在欧几里得空间看就是上述旋转抛物面,一级近似为该面在行星所在处的切面——切锥面,切锥面的顶点为 O'',锥面母线长为 l,与 xy 平面交角为 ψ,见图 10.5.3.因为 $\psi\ll1$,所以 $\psi\approx\tan\psi=\mathrm{d}z/\mathrm{d}r$.由(10.5.5)式并取一阶近似得

$$\psi\approx\sqrt{\frac{2GM}{c^2r}}$$

图 10.5.3(a)表示在欧氏空间看行星运动的切锥面,显然锥面上(即在行星运动的实际的弯曲面上)转角 $\Delta\Phi$ 小于其坐标转角 $\Delta\phi$,弧长 Δl 是相同的,即 $r\Delta\phi=\Delta l=l\Delta\Phi$,由此得到

$$\Delta\phi=l\Delta\Phi/r=\Delta\Phi/\cos\psi$$

图 10.5.3(b)是将锥面沿母线剪开摊平.立刻看出,当坐标转角达 2π 形成完整锥面时,锥面上转角 $\Phi<2\pi$.在锥面上真的转一圈转角 $\Phi=2\pi$ 时,坐标转角 $\phi>2\pi$,即从坐标上看超前一个小角度,这就是空间弯曲引起的近日点进动.于是行星运行每周由于空间弯曲引起的近日点进动角为

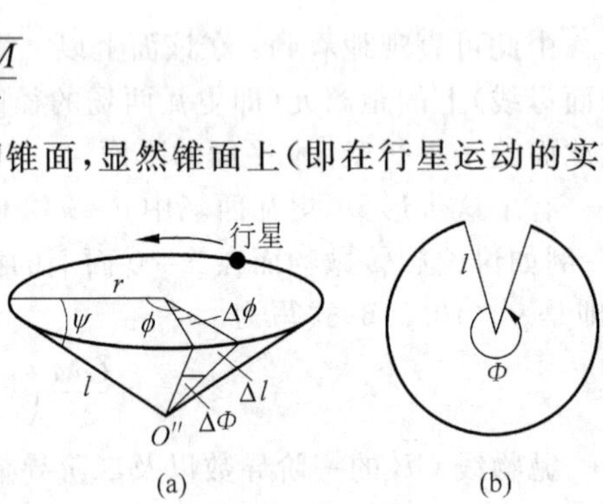

图 10.5.3

$$\mathrm{d}\phi_2=\phi-\Phi=\Phi\left(\frac{1}{\cos\psi}-1\right)=2\pi\left(\frac{1}{\cos\psi}-1\right)\approx\pi\psi^2\approx2\pi\frac{GM}{c^2r}$$

其中取 $\Phi=2\pi$,并利用 $\cos\psi\approx1-\psi^2/2$.相对论效应引起的相对论总进动角

$$\mathrm{d}\phi=\frac{6\pi GM}{c^2a(1-e^2)}=6\pi\frac{GM}{c^2r}=3\mathrm{d}\phi_2$$

即空间弯曲引起的进动角 $\mathrm{d}\phi_2$ 为总进动角 $\mathrm{d}\phi$ 的 1/3,与 10.3.6 节讨论的结果一致.

人们可能觉得空间弯曲引起行星的近日点的进动很神奇，其实在地球上也可以看到这种进动效应，这就是 2.4.5 节中讨论的傅科摆实验. 现在换个角度分析傅科摆实验.

惯性系中观察者甲分析傅科摆现象，认为摆不受侧向力因此摆平面的方位不变，地球自转(忽略公转)使地球相对摆平面转动. 甲看到的是三维图像，摆放置在球面上，地球转角为 $\Delta\phi$，转一周后地球和傅科摆恢复原位，转角 $\Delta\phi=2\pi$.

乙为地球上傅科摆所在地的观察者，站在他的立场，他生活在二维球面不了解周围的情况，认为地球不动，是傅科摆的摆平面在匀角速转动，傅科摆的转角 $\Delta\Phi$ 是摆平面相对它在地平面上所做的标记(地平面上的刻线)的转角. 通过测量摆平面转一周($\Phi=2\pi$)所需的时间来确定傅科摆的转动周期和角速度.

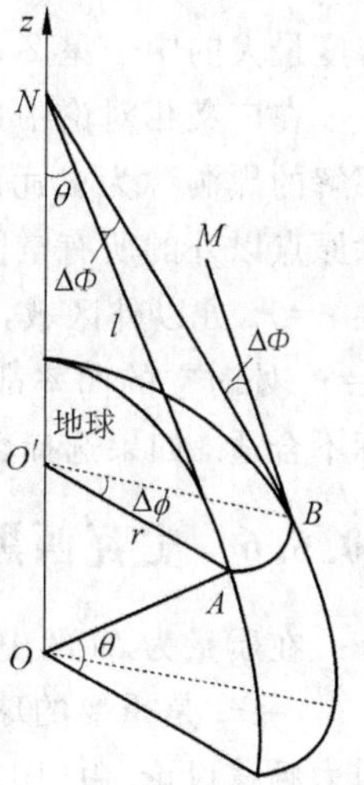

图 10.5.4

分析 $\Delta\phi$ 和 $\Delta\Phi$ 的关系，必须站在甲的立场. 见图 10.5.4，设乙所在处的纬度为 θ，在 t_A 时刻乙在空间 A 点，地平面上做的标记线为指向北极(z 轴)的切线 AN，并且此时摆平面的方位恰好也是 AN 方向. 地球转过 $\Delta\phi$ 后时刻为 t_B，乙转动到 B 处. 作 $BM /\!/ AN$，由于摆平面方位不变，所以 t_B 时刻摆平面的方位为 BM. 而此刻地平面上的标记线随地球转为 BN. 这样乙在地平面上看到的转角 $\Delta\Phi$ 即为 $\angle NBM$. 由几何关系

$$\angle NBM=\angle ANB \qquad \angle ONA=\theta$$

由于弧 AB 是公共的，所以 $r\,\Delta\phi=l\,\Delta\Phi$，因此

$$\Delta\phi=l\,\Delta\Phi/r=\frac{\Delta\Phi}{\sin\theta}$$

与前面讨论的行星近日点进动相比较，这里的纬度 θ 和行星所处的切锥面的倾角 ψ 有几何关系 $\theta=\frac{\pi}{2}-\psi$，上式表示的关系式转变为

$$\Delta\phi=\Delta\Phi/\cos\psi$$

与前面得到的关系式相符. 实际上在地球转动一周的过程中，切线 AN 作为母线构成地球的切锥面，乙观测的转角 Φ 即为切锥面的切锥角，也就是图 10.5.3(b)所画的展开在平面上的 Φ. 因此当观察者乙由 $\Phi=2\pi$ 判断地球旋转了一周时，甲看到地球的转角已超过了 2π，即发生了“近日点进动”.

说明：上面的分析也给出了傅科摆摆平面的转动角速度 Ω. 设地球自转角速度为 ω，则

$$\Omega/\omega=\Delta\Phi/\Delta\phi=\sin\theta \quad \Omega=\omega\sin\theta$$

这个结果与上册(2.4.17)式相符.

10.5.5 史瓦西黑洞

黑洞的概念最早来自拉普拉斯(P. S. Laplace)1798 年的预言. 按牛顿力学，在质量为 M，半径为 R 的球状星体表面上，质点脱离 M 的引力范围能够到达无穷远处的最小初速度(称为逃逸速度，即地球上的第二宇宙速度)$v_{逃}=(2GM/R)^{1/2}$. 逃逸速度仅由星体的性质决定. 若星体半径非常小，密度非常大，以至于逃逸速度大于或等于光速，则光线也不能到达无穷远点，这样，距这样的星体很远处的观察者将不能收到任何有关该星体的信息，包括看

不到星体发射的光线. 当然如果观察者离星体不远的话，还是可以看到星体表面发射的光线的. 星体虽然存在却不能被远处看到，称为黑洞. 取逃逸速度等于 c 代入上式，即得到拉普拉斯根据牛顿理论预言的黑洞的临界半径

$$R_c = 2\frac{GM}{c^2} = r_g \tag{10.5.12}$$

r_g 即(10.5.7)式定义的史瓦西半径或引力半径，是广义相对论中很重要的参量，对地球 $r_g = 8.8\times10^{-3}$ m，对太阳 $r_g = 3.0\times10^3$ m. 由表 10.2.1 可知，一般星体 $2GM/c^2R \ll 1$，密度最大的中子星 $2GM/c^2R \sim 10^{-1}$，所以一般星体的引力半径 r_g 远远小于星体半径 R.

在广义相对论中也有黑洞的概念，但与拉普拉斯的黑洞有本质的不同. 满足史瓦西外部解的黑洞称为史瓦西黑洞，史瓦西黑洞的质量都集中在原点，所以史瓦西外部解适用于除原点以外的所有空间. $r < r_g$ 的区域就是广义相对论的史瓦西黑洞. 史瓦西坐标系适用于除 $r = r_g$ 处以外区域，当 $r = r_g$ 时 $g_1 = (1-2GM/c^2r)^{-1/2}$ 发散导致 ds^2 无意义. 计算表明，$r = r_g$ 处时空的曲率都是有限的，所以史瓦西解在 $r = r_g$ 处仍有意义，造成发散的原因是坐标不合适. 如果选择合适的坐标，就可以解决现在坐标系在 $r = r_g$ 处发散的问题.

10.5.6 史瓦西黑洞的视界

在质量为 M 的史瓦西黑洞的史瓦西场中，建立史瓦西坐标系(ct, r, θ, ϕ).

$r = r_g$ 是重要的球面，球面上发出的光线在球面外看不到，看不到的原因可以从光线的引力频移讨论. 由(10.2.20)式，史瓦西场中 r_0 处静止原子处发固有频率为 ν_0 的光，r 处测得的光波频率为 $\nu = (1-2GM/c^2r)^{-1/2}(1-2GM/c^2r_0)^{1/2}\nu_0$. 取 $r > r_g$、$r_0 = r_g$，则 $\nu = 0$，即在 $r > r_g$ 区域接受不到光信号. 这样在 $r = r_g$ 球面上发的光在球面外任意处一点也看不到，这正是真正的“黑洞”，球面称为黑洞的视界.

按相对论的基本原理，静止质量为零的粒子(如光子)速度必然等于 c，静止质量不为零的粒子的速度必然小于 c. 设粒子作径向运动，$d\theta = d\phi = 0$. 粒子 t 时刻到达史瓦西场 r 处速度为 v. 此刻在 r 处的局静惯系 S' 系(坐标为 ct'、x'、y、z'；其中 x' 沿 r 方向)中时空是闵可夫斯基空间，S' 系测量粒子速度为 $v' = v = dx'/dt' \leqslant c$，所以 S' 系中粒子运动的时空间隔为

$$ds'^2 = c^2dt'^2 - dx'^2 \geqslant 0 \tag{10.5.13}$$

因此粒子在类时区运动，即在如图 9.7.2 所示的光锥中按时间箭头进行的运动，从过去到现在(原点)再到未来，而对运动的空间位置没有限制. ds^2 是坐标变换不变量，在史瓦西场中粒子的运动也必然满足 $ds^2 \geqslant 0$，即

$$ds^2 = c^2\left(1-2\frac{GM}{c^2r}\right)dt^2 - \left(1-2\frac{GM}{c^2r}\right)^{-1}dr^2 \geqslant 0$$

$$c^2\left(1-2\frac{GM}{c^2r}\right)dt^2 \geqslant \left(1-2\frac{GM}{c^2r}\right)^{-1}dr^2 \tag{10.5.14}$$

其中等号对应于光子的运动，但此时在上式中取等号得到的光子世界线不再是直的对角线而是曲线，为简单、清楚并易于与闵可夫斯基空间比较，只讨论某一时空点邻域的情况，这样光子的世界线可用其切线近似，也是个小光锥，只是锥角不再是 $\pi/2$.

在 $r > r_g$ 区域，$(1-2GM/c^2r) > 0$，由(10.5.14)式得

$$\left(\frac{c\,dt}{dr}\right)^2 \geqslant \left(1-2\frac{GM}{c^2r}\right)^{-2} \tag{10.5.15}$$

上式的解就是图 10.5.5 中 $r>r_g$ 区域的上、下方向的小光锥，说明在此区间粒子的运动是在上、下方向的小光锥中进行；因此与闵可夫斯基空间类似，在此区间粒子的运动也是沿时间箭头进行的. 称 $r>r_g$ 区域为正常时空. 光锥母线斜率$\frac{c\mathrm{d}t}{\mathrm{d}r}$为

$$\pm\left(1-2\frac{GM}{c^2r}\right)^{-1} \tag{10.5.16}$$

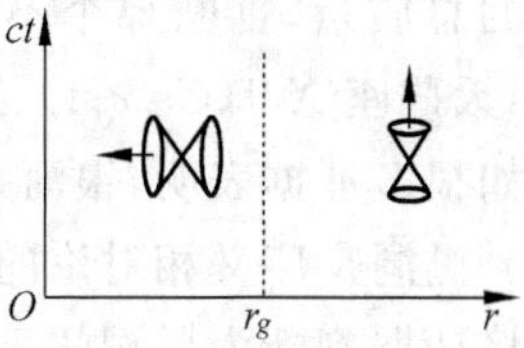

图 10.5.5

在 $r<r_g$ 区域，$(1-2GM/c^2r)<0$，由(10.5.14)式得

$$\left(\frac{c\mathrm{d}t}{\mathrm{d}r}\right)^2 \leqslant \left(1-2\frac{GM}{c^2r}\right)^{-2} \tag{10.5.17}$$

上式的解就是图 10.5.5 中 $r<r_g$ 区域的左、右方向的小光锥，光锥母线斜率也是 $\pm(1-2GM/c^2r)^{-1}$. 这个结果说明，与闵可夫斯基空间完全不同，在此区间粒子的运动是沿空间箭头进行的，凡进入此区间的粒子不可能静止，而是一直向原点运动，最后汇聚到 $r=0$ 处. 因此黑洞不像拉普拉斯所想象的那样内部还可存在星体、质量还可以分布于整个黑洞内，而是所有质量都集中在原点. 按经典的广义相对论的引力理论，原点是密度、曲率无限大的奇点. 现在正在发展量子引力理论，研究经典理论无法研究的 $r=0$ 处的情况.

$r<r_g$ 区域就是这样一个时空性质异常的区域，称这样的单方向向中心运动的时空区域为黑洞，$r=r_g$ 球面是两种不同性质时空的分界面.

10.5.7 黑洞的性质

对应于史瓦西解的黑洞称为史瓦西黑洞，它只有质量这一个参量. 除此之外，稳定黑洞还有两种，分别具有角动量和电荷，称为克尔(R. P. Kerr)以及瑞思纳-诺兹特洛姆(H. Reissner and Nordstòm)黑洞. 可以用动力学方法从黑洞提取旋转动能和电能，直到黑洞的角动量和电荷为零为止，成为史瓦西黑洞.

有个关于黑洞的定律：在黑洞的动力学过程中，黑洞的视界总面积永不减小. 这个定律类似于热力学第二定律，称为黑洞热力学第二定律.

粒子一旦进入黑洞就不可能出来，即黑洞不能射出粒子. 但是根据霍金(S. Hawking) 1974 年的研究，黑洞还有热辐射，可以“射出”粒子. 实际上这种辐射过程并不是从黑洞中有粒子逸出，而是一种真空量子涨落引起的效应. 伴随真空涨落，不断地有正负粒子对产生和湮灭. 黑洞视界附近有真空涨落，产生虚正负粒子对，其中一个粒子进入黑洞，另一个粒子穿过外引力区射出成为真实粒子，相当于黑洞辐射一个粒子，所以黑洞不是完全黑. 小的黑洞因此会由于热辐射“蒸发”掉.

广义相对论预言了黑洞存在的可能，讨论了它的性质以及形成黑洞的可能机制. 一般认为今天能够存在的黑洞主要有三种可能的形成机制：①早期宇宙高密度介质密度涨落可以形成小黑洞，质量约为 10^{12} kg. ②大质量恒星演化的结果，质量约为几个到几十个 $M_\odot$(太阳质量). ③超重星、星团、星系核坍缩形成巨型黑洞，质量约为 $10^4\sim10^9 M_\odot$. 除此之外，还有一种可能形成黑洞的机制：密近双星的质量交流. 双星系统中的中子星从另一个极端靠近的正常恒星表面汲取质量，当中子星质量超过中子星质量上限后，内部坍缩形成黑洞.

寻找和确定黑洞，是当前天文学和宇宙学的一个热点，寻找的根据是黑洞的各种效应，

如黑洞的引力作用等. 像对一些双星系统，只见到一个星体，由该星体的运动可计算双星系统的总质量，推断那个不可见的另一“星”是否是黑洞. 现在认为可能是黑洞的天体有许多，天鹅座 X-1($C_{yg}x$-1)、圆规座 X-1 等 X 射线伴星，天蝎座 V861 双星系统的暗星等天体. 又如很多证据表明，银河系中心存在黑洞.

黑洞是广义相对论的重要预言，黑洞的存在是对广义相对论的巨大支持. 现在预言和由间接证据判断为黑洞的天体非常多，但是还欠缺最直接的证据.

10.6 大爆炸宇宙学简介

宇宙包括一切天体所占据的空间，包括一切以各种形式存在的物质.“宇”指无限的空间，“宙”指无限的时间.

自古以来，地球上的人们总想了解浩瀚的宇宙，用尽自己一生所有的经验和智慧，尽情地想象着宇宙的过去、现在和将来. 古人想象天是神仙的居处神秘莫测，诗人屈原对天发问，唐代刘禹锡写过《天问》，苍天从来都是让人惊叹的. 爱因斯坦建立广义相对论之前，所谓的“宇宙学”是人们的想象和思辨而非科学. 在牛顿定律和万有引力定律发现并取得巨大成功之后，人们也试图用牛顿力学来研究宇宙，但是立刻出现许多困难. 例如，按牛顿的引力理论，无限的宇宙中引力将无穷大. 又如，按牛顿的平直空间考虑，宇宙不能有限，因为有限空间必然有界，宇宙的界外是什么？界处之物为何不包括到宇宙中来？这是无法解释的，因此宇宙必须无限. 但是在任何年代，人们直观经验所能把握的宇宙总是有限的，无限很不好理解只能在想象中实现，而且它即使现在无限，那它的过去是什么样，难道它“生”来就是无限的？在大小上没有发展变化？还有奥伯斯(H. Olbers，1758—1840)在 1826 年提出的著名的奥伯斯佯谬：如果宇宙是无限的，充满了大大小小的发光的星体，天空应该永远是明亮的，为什么夜晚的天空却是一片黑暗？爱因斯坦建立广义相对论，在时空观上有质的突破，说明我们所处的空间是弯曲的. 而后在 1917 年发表《根据广义相对论对宇宙学的考查》，指出用牛顿理论解决宇宙问题的困难几乎是无法克服的，用相对论的引力理论分析，在物质空间可以得到正的空间曲率，从而得到闭合(即有限)并有均匀分布物质的宇宙. 在弯曲空间里，可以有限而无界，困扰人们多年的“有限必有界”的难题在广义相对论的弯曲空间里自然解决了. 这篇论文被认为是现代宇宙学的开创文献. 从此，宇宙学从单纯的思辨进步到真正的科学论证，即有定量的理论计算，又有可以实测的预言.

引力在四种基本相互作用中是最弱的，但在大尺度的天体、天体物理、宇宙学中，引力占主导地位，其作用无可匹敌，研究宇宙学必须用相对论的引力理论. 在宇宙学原理的基础上，应用爱因斯坦场方程得到膨胀宇宙的动力学方程，建立起现代宇宙学. 近几十年，天文观测的重大收获和广义相对论理论研究的一系列重大成就相互促进，引发宇宙学研究的高潮. 宇宙学成为自然科学前沿，汇聚了各个学科的研究成果，也对各学科提出许多新课题. 宇宙学知识已成为自然科学的基础学科. 杨振宁说，下一世纪(即 21 世纪)的前沿科学将是生物物理、纳米物理和宇宙学.

历来都有人认为来自我们周围世界的规律不适用于离我们很远的世界，即宇宙间没有统一的客观规律，于是宇宙将是不可认知的. 现在宇宙学的成功使人们坚信：宇宙是统一的，服从统一的规律，因此也是可以被人类认识的. 尽管人几乎没有离开过地球，尽管人生短暂体能有限，但思维无限，人们可以根据从地球上探知的知识加上合理的理性思维去了解和解释那浩瀚的宇宙. 科技使人们“长出翅膀”登上月球，并且要一步步地走向其他行星，走出太阳系……

10.6.1 宇宙的概貌和恒星的演化

天文学上常用单位有以下几种：天文单位 AU，是地球公转轨道长半轴的长度，1 AU=1.495 978 70×10^{11} m；光年 l.y.，为光线在一年内走的路程，1 l.y.=9.46×10^{15} m；秒差距 pc，1 pc=206 265 AU=3.26 l.y.=3.09×10^{16} m.

1. 当今宇宙概貌

从天文学角度来说，宇宙由各层次天体组成，有星体（卫星、行星、恒星、星团、星系、星系团、超星系团）和星际物质（星际气体、尘埃、星云、星际磁场、宇宙线）组成. 一些天体各种参数的量级列在表 10.6.1 中.

表 10.6.1 各种层次的天体

天体层次	行星（地球）	恒星（太阳）	星际云	星团（球形）	星系	星系团	超星系团	宇宙
半径/pc	10^{-10}	10^{-8}	10^{1}	10^{1}	10^{4}	$10^{5}\sim10^{7}$	10^{8}	10^{10}
平均距离/pc	10^{-5}	10^{0}	10^{1}	10^{3}	10^{6}	—	—	—
质量/$M_\odot$	10^{-6}	1	10^{3}	10^{6}	10^{11}	10^{14}	$10^{15}\sim10^{17}$	10^{21}
平均密度/(g/cm³)	10^{0}	10^{0}	10^{-23}	10^{-21}	10^{-23}	10^{-26}	$10^{-28}\sim10^{-30}$	10^{-30}
中心温度/K	10^{4}	10^{7}	10^{2}	—	—	—	—	—

注：① 密度主要指星体的贡献部分；
② 宇宙的数据都是当前了解的估计值.

(1) 星体

恒星是本身能发光的星球. 像太阳这样正在发光的恒星，是高温等离子体气体球. 星系由几十亿到几千亿颗恒星和星际气体、尘埃组成. 银河系是包含太阳系在内的普通旋涡星系，大约有 10^{11} 个彼此距离 1 pc 的恒星构成的盘状恒星集团，银盘外还有约 200 个球形星团. 银河系质量约为 $10^{12} M_\odot$. 在距银河中心 1～2 l.y. 距离的银心区域质量约(3～4)×10^6 $M_\odot$，估计有黑洞存在. 旋转的银盘半径约为 15 kpc，银盘没有整体角速度，上面各点的角速度并不相同，与其到银心距离有关. 太阳在银盘上，距银心 10 kpc，绕银心转动周期为 2.46×10^8 年，速度为 250 km/s.

银河系之外的星系叫河外星系. 20 世纪 60 年代发现一些在光学上看类似恒星的天体，大部分有巨大的红移，估计是遥远的特殊星系，称为类星体，他们的数目为普通星系的 10^{-4}～10^{-5}. 彼此间有一定力学联系的星系构成星系团，半数以上星系属于星系团，星系团小的包含有十几个星系，大的有上千个星系. 包括银河系、仙女座星系等大约 20 个星系的星系团叫本星系团. 若干个星系团聚在一起构成超星系团，包括本星系团、室女星系团和大熊座星系团等 50 多个星系团的超星系团叫本超星系团，其尺度达 100 Mpc. 在这样尺度上看星系团分布大体均匀，物质不再集中在中心而是分布成网.

（2）星际物质

恒星之间物质称为星际物质，主要是气体和尘埃，在银河系中星际物质占银河系总质量的5%，平均密度为10^{-24} g/cm^3，粒子数密度为1个/cm^3～0.1个/cm^3，比地球上的“真空”还稀薄得多.（地球上最高真空约为1.33×10^{-11} Pa，粒子数密度约为3×10^3个/cm^3），但由于气云的尺度（几百pc）远远大于气体分子的平均自由程（约3×10^{-4} pc），所以绝不能说星际空间是真空.成团的混有尘埃的气体成为大片气云，小气云块质量为10^3～$10^4 M_\odot$，粒子数密度为10^2～10^3个/cm^3，温度约10 K.小气云块构成巨分子云，质量可达10^5～$6\times10^6 M_\odot$，尺度可达几十pc.尘埃是较大颗粒，尺度大约为10^{-5} cm，尘埃质量约为气体质量的1%.

（3）物态

地球上主要是气、液、固三态，宇宙中可观测部分中最主要的是等离子体态.银河系中可观测物质的99.9%处于等离子体态，其中最主要的是恒星形式的等离子气球，等离子体中一般是离子、电子和中性原子，整体上呈观电中性，大尺度上电磁作用不显著.

（4）宇宙膨胀

1929年哈勃（E. P. Hubble）发现河外星系都离我们而去，退行速度与星系的距离成正比，所以当前的宇宙正在不断地膨胀.

2. 恒星的诞生

恒星在宇宙中扮演着重要角色，恒星的诞生和演化丰富多彩，构成宇宙演化中最主要的内容.宇宙中绝大多数元素都是在恒星诞生、演化过程中产生的，所以称恒星为炼制元素的坩埚.在宇宙发展到一定时期，宇宙中充满均匀的中性原子气体云.热运动使气体分布均匀，引力使气体集中.两者共同作用，达到一定的稳定平衡.大体积的气体云由于引力而不稳定造成坍缩.原始气云密度小，必须很大体积才可以有足够引力使其收缩，所以很少有恒星单独产生，大部分是一群恒星一起产生成为星团.球形星团包含10^5～10^7个恒星，可以认为是同时产生的.收缩过程中密度增加，小扰动造成大体积气体云的若干局部坍缩；每个局部坍缩过程中缩小到一定程度又有新的局部坍缩；…… 如此下去在一定的外界条件下大块气云收缩为一个个凝聚体成为原恒星.在大气云收缩过程中释放的能量一般以红外光线辐射出去，气云温度可以保持不变.

原恒星吸附周围气云后还在继续收缩，表面温度基本不变，中心温度不断增高，直到中心发生H—H热核反应或C—N—O循环的热核反应之后，产生的热能使气温升得极高，产生的气体压力抵抗引力使原恒星不再收缩，稳定下来成为恒星.

3. 恒星的演化

等到H稳定地“燃烧”（指热核反应，以后形象地称这些热核反应为燃烧）为He时，恒星成为主序星.太阳的这段历程约千万年.主序星化学成分均匀，核心处H燃烧成He.对于质量一定的星当它成为主序星时体积最小，因此又称为矮星（不是白矮星）.恒星一生中以主序星时期最长.在此期间核心中4个H燃烧成一个He.反应中静质量亏损为$\Delta m_0=4m_{\rm H}-m_{\rm He}=0.02870m_{\rm H}$.燃烧产生的能量通过光辐射释放，天体作为点光源的总发光功率称为绝对亮度，记为L.估计主序星质量的12%燃烧成He，那么由热核反应放出的总能量为$0.12{\rm M}(\Delta m_0c^2)/4m_{\rm H}$，于是估算出主序星燃烧的时间即主序星寿命

$$t\approx\frac{0.12M}{4m_{\rm H}}\frac{\Delta mc^2}{L}=8.61\times10^{-4}c^2\frac{M}{L}\tag{10.6.1}$$

主序星的绝对光度 L 与质量 M 有如下关系

$$\lg \frac{M}{M_\odot} \approx \frac{1}{4} \lg \frac{L}{L_\odot}, \quad L > L_\odot \tag{10.6.2a}$$

$$\lg \frac{M}{M_\odot} \approx \frac{1}{2.8} \lg \frac{L}{L_\odot}, \quad L < L_\odot \tag{10.6.2b}$$

其中 lg 为以 10 为底的常用对数；$L_\odot$、$M_\odot$ 分别为太阳的绝对光度和质量. 将上式代入(10.6.1)式，已知 $M_\odot = 1.989\times 10^{30}\,\mathrm{kg}$、$L_\odot = 3.826\times 10^{26}\,\mathrm{J/s}$，得

$$t \approx 10^{10}\left(\frac{M_\odot}{M}\right)^3 = 10^{10}\left(\frac{L_\odot}{L}\right)^{3/4} \text{（年）}, \quad L > L_\odot \tag{10.6.3a}$$

$$t \approx 10^{10}\left(\frac{M_\odot}{M}\right)^2 = 10^{10}\left(\frac{L_\odot}{L}\right)^{2/3} \text{（年）}, \quad L < L_\odot \tag{10.6.3b}$$

其中时间单位为年. 可见质量越大的主序星寿命越短. 恒星一生以主序星阶段时期最长，所以恒星寿命近似为主序星寿命. 太阳的寿命约为 100 亿年，现在它的年龄约 50 亿年，还只渡过其寿命的一半.

主序星核心 H 耗尽后，离开主序星阶段开始了它最后的历程，结局主要取决于它的质量.

(1) 低质量星($M<3M_\odot$)，中心收缩燃烧 He 生成 C，成为红巨星、超红巨星，半径可达 $300R_\odot$($R_\odot$ 为太阳的半径)，外层飘散，内核成为白矮星. 典型白矮星质量约 $1M_\odot$，半径约 5000 km，其内部热核反应停止，物质全部电离靠简并电子气压强平衡引力，1931 年钱德拉塞卡(Chandrasekhar)计算出白矮星质量上限为

$$M_{\mathrm{ch}} = 5.87\frac{Z^2}{A^2}M_\odot \tag{10.6.4}$$

其中 A、Z 分别是组成白矮星的物质原子的原子量和原子序数. 对 $^{12}_{6}\mathrm{C}$ 原子构成的白矮星 $M_{\mathrm{ch}} = 1.47M_\odot$；对 $^{56}_{26}\mathrm{Fe}$ 原子构成的白矮星 $M_{\mathrm{ch}} = 1.26M_\odot$. 刚开始白矮星表面温度很高呈白色，故称为白矮星(矮指半径小).

(2) 大质量星，中心 He 烧成 C 后继续热核反应，直到烧成铁核心，星体膨胀经蓝超巨星或红超巨星发展成超新星，超新星爆发后抛出大量物质，中心部分有的成为中子星有的可能坍缩成为黑洞. 中子星是最致密的星体，质量为 $0.5\sim 2.7M_\odot$，半径为 7～20 km，内部压强达到 $10^{34}\sim 10^{36}$ 达因/厘米^2，此时简并电子气压力不足以平衡引力，星体坍缩将核外电子压入核内出现中子化，简并中子压力与引力平衡成为稳定星体，中子星表层有很强的磁场，高速自转的中子星定向发射电磁波成为脉冲星. 1934 年就提出中子星概念，33 年后终于发现了脉冲星. 稳定中子星最大质量约 $3M_\odot$. 那些中心部分质量超过中子星临界质量的星体内任何力也抵抗不了引力的作用，将不可遏制地一直坍缩成黑洞.

现在观测到的恒星质量范围为 $0.1\sim 60M_\odot$，质量小于 $0.08M_\odot$ 的天体靠自身引力不能使它的核心达到热核反应点火温度，因此不发光不能成为恒星；大于 $60M_\odot$ 的天体中心温度过高而不稳定，至今尚未发现.

10.6.2　宇宙学原理和哥白尼原理

实际观察确认，宇宙在中小尺度上物质分布不均匀，星体、星团是孤立地分布着，但从大

尺度——宇观尺度，即在超星系团层次($>10^8$ l. y.)上，宇宙的分布就均匀了. 超星系团具有网状结构，分布的物质已经"连接"起来. 这就好像地球上的物质，在微观层次上是孤立的不连续的原子、分子，而在宏观层次上人们观察身边物质就是连续、均匀的. 微波背景辐射的均匀和各向同性也是宇宙分布均匀的重要证据，而且由于背景辐射是以前宇宙发展的遗迹，因此还暗示着宇宙的过去也是均匀的. 于是有作为宇宙学基础的**宇宙学原理：在宇观尺度下，任何时刻宇宙空间是均匀和各向同性的**.

这是很强的假设，因为它断定在"任意时刻"宇宙空间都均匀和各向同性，就是将现在观测的宇宙性质推广到过去和将来.

宇宙均匀和各向同性，具有三维纯空间的最高对称性，可以证明，这样的空间必然是常曲率空间①. 因此从宇宙学原理得到关于宇宙时空的一个重要结论是：任意时刻宇宙的空间是三维常曲率空间. 曲率可正可负也可为零，但必定是常数. 这样的空间没有确定的中心，或者说处处都是中心，各处平权. 可以直观地在欧氏空间看到一、二维常曲率空间的各处平权的性质. 圆周是一维常曲率空间的例子. 在圆上任找一点，整个圆周都关于该点对称，该点即为圆周的中心. 另外可以看到，圆周是有限(长度有限)而又无界的. 几何空间的"界"是与外界的交点，一维空间的"界"是线与外界的交点，如线段的端点. 圆周是闭合的，与外界没有交点即无界. 类似球面是二维常曲率空间的例子，球面上的任意一点都是球面的中心. 同样球面也是有限(面积有限)而又无界的. 二维空间的"界"是面与外界的交线，如平面矩形的四条边. 而球面也是闭合的，与外界没有交线即无界. 上述两例也正是弯曲的有限空间有限而无界的直观例子. 平直空间与弯曲空间有本质区别，有限区域的平直空间必有界，而且只能有一个中心. 例如，有限的一维平直空间是线段，一条线段有两个端点和一个中心(中点)，所以有界只有一个中心；有限的二维平直空间是平面，如果某平面的面积有限则必然有边界线，即有界，而且最多只有一个中心，也可能没有中心.

哥白尼否定了地心说，引起天文学上的革命，也是宇宙观的革命，因此今天把宇宙各点位置平权当作基本原理时，称之为**哥白尼原理：宇宙中没有任何一点具有优越性，所有的位置都是平权的**.

反过来由哥白尼原理可以推证宇宙必然密度均匀. 设有两个观测点 O、O'，观测到的宇宙空间的密度分别记为 ρ、ρ'. 对空间同一点 P'，两观测点的观测应相等，即

$$\rho(\boldsymbol{r}) = \rho'(\boldsymbol{r}')$$

取 P 点，使 P 点相对 O 的方位与 P' 相对 O' 方位相同，即 P 在 O 系中矢径也为 $\boldsymbol{r}'$(见图 10.6.1)，由位置平权原理，O 系测 P 点的密度应该等于 O' 系测 P' 点的密度，即

$$\rho(\boldsymbol{r}') = \rho'(\boldsymbol{r}')$$

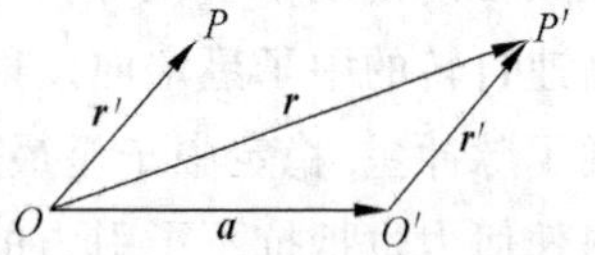

图 10.6.1 由哥白尼原理推证宇宙密度均匀

于是有

$$\rho(\boldsymbol{r}) = \rho(\boldsymbol{r}') = \rho(\boldsymbol{r}-\boldsymbol{a})$$

其中 $\boldsymbol{r}'=\boldsymbol{r}-\boldsymbol{a}$. 由于 $\boldsymbol{a}$ 是任意选取的，所以如 $\boldsymbol{r}$ 确定的话，$\boldsymbol{r}-\boldsymbol{a}$ 为空间任意点，因此空间中各处密度相同.

---

① 刘辽. 广义相对论. 北京：高等教育出版社，407～412(1987)

由哥白尼原理,每个观测者看到的宇宙图景是一致的,因此我们可以从宇宙的局部去研究宇宙的整体,从地球上(严格讲是在银河系参考系)研究宇宙.如果宇宙是变化的与时间有关,不同地点观测者要看到同样的图景,必须在相同时间来观测,也就是说要有共同的时间标准—— 宇宙时(见后面 10.6.4 节),宇宙学原理以存在宇宙时为前提.哥白尼原理与宇宙学原理是相通的.

引入宇宙时之后,由哥白尼原理可以很简单地讨论宇宙的变化模式,发现宇宙的变化只可能有三种情况:静止、径向膨胀、径向收缩.类似任选两点 O 和 O' 建立参考系,见图 10.6.1.设宇宙时 t 时刻 O' 系中 P' 处星体速度为 $\boldsymbol{v}'(\boldsymbol{r}', t)$,$O$ 系中 P' 处星体速度为 $\boldsymbol{v}(\boldsymbol{r}, t)$,由经典力学速度合成得

$$\boldsymbol{v}(\boldsymbol{r}, t) = \boldsymbol{v}'(\boldsymbol{r}', t) + \boldsymbol{v}(\boldsymbol{a}, t)$$

P 点相对 O 系的方位与 P' 点相对 O' 系的方位相同,由位置平权原理,O 系中 P 处速度 $\boldsymbol{v}(\boldsymbol{r}', t)$ 应该等于 O' 系中 P' 处速度 $\boldsymbol{v}'(\boldsymbol{r}', t)$,将此关系代入上式得

$$\boldsymbol{v}(\boldsymbol{r}, t) = \boldsymbol{v}(\boldsymbol{r}', t) + \boldsymbol{v}(\boldsymbol{a}, t) = \boldsymbol{v}(\boldsymbol{r}-\boldsymbol{a}, t) + \boldsymbol{v}(\boldsymbol{a}, t)$$

选定 $\boldsymbol{r}$ 后 $\boldsymbol{a}$ 可任意选.则上式的解为

$$\boldsymbol{v}(\boldsymbol{r}, t) = f(t)\boldsymbol{r} \tag{10.6.5}$$

其中 $f(t)$ 为 t 的任意函数.于是

若 $f(t)=0$,$\boldsymbol{v}(\boldsymbol{r}, t)=0$,宇宙静止;

若 $f(t)>0$,$v\propto r$,宇宙膨胀,星系径向飞散;

若 $f(t)<0$,$v\propto r$,宇宙收缩,星系径向汇集.

当今的宇宙是这三种可能情况的哪一种,要靠实验观测.

10.6.3　哈勃定律

1929 年哈勃利用加利福尼亚州威尔孙山上的 1.5 m 和 2.5 m 天文望远镜对几亿 pc 范围内的星系进行研究.那时已经发现河外星系有光谱线红移现象,即光谱线比正常的光谱线向波长长的方向移动,称之为宇宙学红移.哈勃认为宇宙红移就是熟知的光学多普勒红移,即由于发光体离观察者远去引起的光谱线移动.河外星系的光谱线红移,表明它们都在背离我们远去.当时有 46 个河外星系的可利用的红移资料,其中已知距离的有 24 个星系,哈勃利用这 24 个星系的光谱线红移计算出它们相对银河系中心视线方向上的退行速度 v_0,发现退行速度与星系到银河系中心的距离 l_0 成正比,即著名的哈勃定律

$$v_0 = H_0 l_0 \tag{10.6.6}$$

H_0 是当前时刻(宇宙时记为 t_0)的哈勃常数.将此关系推广到任意时刻 t,有关系

$$v(t) = H(t)l(t) \tag{10.6.7}$$

(10.6.6)式中参量都是当前时刻 t_0 的参量,即

$$v_0 = v(t_0) \qquad H_0 = H(t_0) \qquad l_0 = l(t_0)$$

随着宇宙的演化,哈勃常数 $H(t)$ 也在变化.引力作用下星系的退行速度会越来越小,因此 H 随 t 单调减小.(10.6.6)式正是(10.6.5)式 $f(t)$ 大于零的情况,哈勃定律证实了宇宙学原理的正确性.哈勃得到这个简单关系后非常激动地写道:“如此少的资料,如此局限的分布,然而其结果又是如此肯定.”哈勃定律是 20 世纪天文学最杰出的发现,彻底改变了传统的认为宇宙在整体上是静止的观念,使宇宙观在哥白尼的日心说之后又一次发生革命性

变革.即使像爱因斯坦这样极具创新精神的伟大科学家，也受静止宇宙观束缚而与膨胀宇宙的发现失之交臂.

H_0 的测定一直是天文观测的重要课题，1936 年哈勃给出 $H_0=526$ km/(s · Mpc)，到 1958 年 Sandage 总结当时进展，得到 $H_0=75$ km/(s · Mpc). 此后继续为确定哈勃常数而努力，但不同方法测得结果一直很弥散，大体上分布在 40～80 km/(s · Mpc)之间. 取值如此不确定，是因为影响红移数据、光度、距离测定的因素很多，此外宇宙演化也有影响. 1990 年发射的哈勃空间望远镜主要目标之一就是要可靠地确定哈勃常数，期望能在 20%的精度内确定 H_0 值. 从 1994 年开始陆续发表从哈勃望远镜观测所推断的 H_0 数值，为 80 ± 17 km/(s · Mpc)(1994 年)、69 ± 8 km/(s · Mpc)(1995 年)……依然离散较大，并未能最终确定 H_0 值. 其中测定值的绝对误差都不大，因为只考虑了观测的统计误差，定标方法带来的系统误差并未包括在内[①]. 考虑 H_0 数值不同的影响，本节取 $H_0=50\ h_0$ km/(s · Mpc)，按现在数据，$2\geqslant h_0\geqslant 1$.

三点说明：

(1) 暗能量引起宇宙膨胀加速

天文观测表明：早期宇宙的膨胀由于引力而减速，人们认为引力将使这种减速一直进行下去. 但是近期发现，现在宇宙的膨胀在加速. 如 1998 年两组天文学家分别独立地观测极远处的超新星，推断宇宙的膨胀在加速. 即宇宙经历一个先减速后加速的过程，转折大约发生在 70 亿年前. 使宇宙加速膨胀的斥力来自“暗能量”.

一般物质都是正能量 $E=mc^2$，对应的是引力；暗能量是负能量，对应的是斥力.

一般物质的质量密度 $\rho_m\propto R^{-3}$，随宇宙膨胀而减小；而暗能量的质量密度 $\rho_{暗能量}$ 不随宇宙膨胀而改变，所以会出现斥力影响从小于引力影响到大于引力影响的变化，体现在宇宙膨胀先减速后加速的情况.

暗能量很可能是真空能. 按经典观点，真空是没有物质的状态. 按量子场论观点，一切微观粒子都以量子场的形式存在. 场受到激发才“看到”场量子即粒子. 若场处于最低能态(基态)就没有相应的粒子. 所以一切量子场都处于基态时的状态就是真空态，真空能相当于所有量子场的基态能.

由于不能使真空加速，故对真空能的惯性效应不存在；真空能的转化也无意义. 所以，真空能的物理效应只能体现在引力(实际是斥力)效应. 真空能(暗能量)在宇宙场方程中的地位与宇宙常数相同，因此体现不出两者的区别.

(2) 宇宙红移不是多普勒效应

宇宙膨胀引起光谱线红移. 现在有人认为光谱线红移本质上不是星系径向运动引起的多普勒效应，星体发出的光波频率并没有改变，在传播过程中由于空间膨胀引起光波波长改变. 但是在距离并不太大的情况下，按多普勒红移计算误差不太大.

(3) 哈勃定律的推论

设质元 P 在 t 时刻径向固有距离为 $l(t)$，则 $\mathrm{d}l=v\mathrm{d}t=H(t)l\mathrm{d}t$. 两边积分，时间从 t_s 积到 t，于是

$$\ln(l/l_s)=\int_{t_s}^{t}H(t)\,\mathrm{d}t$$

① 俞永强. 物理. 27(5)259(1998)

即

$$l = g(t)l_s \tag{10.6.8}$$

其中 $g(t) = \exp\left[\int_{t_s}^{t} H(t)\mathrm{d}t\right]$，与质元无关；$l_s$ 为质元 P 在 t_s 时刻径向固有距离. 此式说明，各个质元在任意时刻 t 的径向固有距离与其在某时刻 t_s 的固有距离成正比. 因此某时刻 t_s 的任意体积元在时刻 t 都扩大到 $g(t)^3$ 倍，所以如果某时刻 t_s 质元分布均匀，那么这个性质就保证在任何时刻质元分布均匀.

10.6.4 宇宙时空的时空间隔

宇宙学中的“点”并不是指地球、太阳这样的星体代表的点，而是指星系代表的点. 在宇宙学中不考虑细节，在 pc 量级的区域内平均，抹掉小尺度上的弯曲和不均匀，将集中在星云、星系、星系团等天体系统上的物质平均分布在空间中得到均匀分布的宇宙. 宇宙学里物质的“大质元”，就是在这种平均基础上宇观小宏观大尺度上物质的全体，它们坐落在各个星系上，即宇宙学的点上，随星系自由运动.

在每个质元上放置标准钟计量时间. 宇宙演化过程中某些参量如密度、温度随时间单调变化；反过来可以用密度等参数确定时间标准. 选任意质元为中心建立坐标系，由宇宙学原理各质元上观察者彼此平权，看到的应该是宇宙相同的演变过程、相同的历史，也就是相同的物理图景、相同的物理参数. 由此可以得到结论：各质元上标准钟的走时快慢是相同的，因此各质元上的标准钟也就是坐标钟，也就是宇宙中共同的时间标准即宇宙时 t. 这是由宇宙学原理得到的关于宇宙时空的另一个重要结论. 反过来，宇宙学原理以存在宇宙时为前提. 如果约定当密度达到 ρ^* 时对应的宇宙时为 t^*，就可将各质元上的宇宙钟(标准钟、坐标钟)调整同步.

由于宇宙空间的均匀各向同性，宇宙在确定时刻是曲率为常数的三维常曲率空间，可以看作包容在一个四维平直空间里的三维球面. 设四维平直空间坐标为$(x、y、z、\xi)$，两点距离微元为

$$\mathrm{d}\sigma^2 = \mathrm{d}x^2 + \mathrm{d}y^2 + \mathrm{d}z^2 + \mathrm{d}\xi^2 = \mathrm{d}r^2 + r^2(\mathrm{d}\theta^2 + \sin^2\theta\mathrm{d}\phi^2) + \mathrm{d}\xi^2 \tag{10.6.9}$$

其中(r,θ,ϕ)为三维常曲率空间的球坐标，$x=r\sin\theta\cos\phi$、$y=r\sin\theta\sin\phi$、$z=r\cos\theta$，$r^2=x^2+y^2+z^2$.

三维球面上法截线(见 10.5.3 节)即大圆曲线，各条法截线曲率半径都相同，设为 ρ. 由高斯曲率 $K(t)$的定义式(10.5.10)式，$\rho^2=1/K(t)$. 这样高斯曲率为 $K(t)$的常曲率宇宙空间写成四维平直空间里的三维球面方程为

$$x^2 + y^2 + z^2 + \xi^2 = r^2 + \xi^2 = \rho^2 = \frac{1}{K(t)}$$

记 $K(t)=K$. 在确定的时刻(K 为常数)对上式微分得 $\mathrm{d}\xi^2=(\mathrm{d}\xi)^2=r^2(\mathrm{d}r)^2/\xi^2=Kr^2\mathrm{d}r^2/(1-Kr^2)$. 将 $\mathrm{d}\xi^2$ 代入(10.6.9)式中得三维球面即三维常曲率空间的距离微元为

$$\begin{aligned}\mathrm{d}\sigma^2 &= \mathrm{d}r^2 + r^2(\mathrm{d}\theta^2 + \sin^2\theta\,\mathrm{d}\phi^2) + \frac{Kr^2\mathrm{d}r^2}{1-Kr^2} \\ &= \frac{\mathrm{d}r^2}{1-Kr^2} + r^2(\mathrm{d}\theta^2 + \sin^2\theta\,\mathrm{d}\phi^2)\end{aligned} \tag{10.6.10}$$

定义

$$\frac{1}{K(t)} = \frac{R^2(t)}{k}$$

其中，$R(t)$为具有长度量纲的实函数，称为宇宙尺度因子；k 称为符号因子，只能取 0、±1. $k=0$ 时 $K(t)=0$ 为平坦三维空间. 注意，无论 k 是否为零，四维时空总是弯曲的. 定义无量纲（约化）坐标 u

$$u = \frac{r(t)}{R(t)} \tag{10.6.11}$$

在时刻 t 讨论 r、u 的微分关系，则 $R(t)$ 为常数，于是 $\mathrm{d}r=R\mathrm{d}u$. 将以上关系式代入(10.6.10)式得到

$$\mathrm{d}\sigma^2 = R^2(t)\left[\frac{\mathrm{d}u^2}{1-ku^2} + u^2(\mathrm{d}\theta^2 + \sin^2\theta\mathrm{d}\phi^2)\right] \tag{10.6.12}$$

(u,θ,ϕ)构成一个特殊的适合宇宙特点的空间坐标系. 在这个坐标系中，每个大质元都有其特定的不随时间改变的 u 坐标. 而每个质元都远离中心而去，所以坐标系(u,θ,ϕ)随着质元的运动不断涨大，好像是被质元曳着走，称为随动坐标系或共动坐标系，涨大的比例由 $R(t)$决定，或者说宇宙的变化就是 $R(t)$的变化，所以 $R(t)$称为宇宙尺度因子. 有关宇宙的动力学方程就是关于 $R(t)$的微分方程. 每个大质元的 u 坐标为常数，反映了膨胀宇宙的重要性质：不是宇宙在空间中膨胀，而是构成宇宙的空间自身在膨胀.

对四维时空，由于宇宙时 t 即是坐标时又是标准时（固有时），所以时空间隔为

$$\mathrm{d}s^2 = c^2\mathrm{d}t^2 - \mathrm{d}\sigma^2 = c^2\mathrm{d}t^2 - R^2(t)\left[\frac{\mathrm{d}u^2}{1-ku^2} + u^2(\mathrm{d}\theta^2 + \sin^2\theta\,\mathrm{d}\phi^2)\right] \tag{10.6.13}$$

这样得到的时空间隔（系数）称为罗泊孙-沃克尔（Robertson-Walker）度规，简称为 R-W 度规. 只要承认宇宙学原理，宇宙的时空间隔就是(10.6.13)式. 其中 $R(t)$和 k 是待定的. (10.6.13)式是用广义相对论讨论天体、宇宙问题的基础. 下面用 R-W 度规讨论径向真实距离及宇宙是否有限. 由(10.5.12)式，径向线元 $\mathrm{d}l$ 为

$$\mathrm{d}l(t) = R(t)\frac{\mathrm{d}u}{\sqrt{1-ku^2}} \tag{10.6.14}$$

坐标为 u 的质元在 t 时刻到原点的真实距离为

$$l(t) = R(t)\int_0^u \frac{\mathrm{d}u}{\sqrt{1-ku^2}} = R(t)f(u) \tag{10.6.15}$$

其中

$$f(u) = \int_0^u \frac{\mathrm{d}u}{\sqrt{1-ku^2}} \tag{10.6.16}$$

坐标为 u 的质元在 t 时刻的速度为

$$v(t) = \frac{\mathrm{d}l}{\mathrm{d}t} = \dot{R}f(u) = \frac{\dot{R}(t)}{R(t)}l(t)$$

这正是哈勃定律. 与(10.6.7)式比较，哈勃系数

$$H(t) = \frac{\dot{R}(t)}{R(t)} \tag{10.6.17}$$

积分(10.6.16)式得

$$f(u)=\begin{cases}\sin^{-1}u & k=+1 \quad (10.6.18a)\\ u & k=0 \quad (10.6.18b)\\ \mathrm{sh}^{-1}u & k=-1 \quad (10.6.18c)\end{cases}$$

(1) 当 $k=+1$ 时，对 u 有限制：$u\leqslant 1$. 则 $u_{\max}=1$，$l_{\max}=\dfrac{\pi}{2}R(t)$. 于是宇宙有限.

(2) 当 $k=0$，-1 时，对 u 无限制. 于是宇宙无限.

(3) 如果 $u\ll 1$，$f(u)\approx\int_0^u(1+ku/2)\mathrm{d}u\approx u$，于是

$$l\approx uR=r \tag{10.6.19}$$

因此在距离不是很大时，无论 k 为何值真实距离都近似为坐标距离，这也正是牛顿力学情况.

10.6.5　大爆炸宇宙学

按宇宙学原理，任选宇观的大质元作为中心 O 建立起宇宙坐标系(ct, u, θ, ϕ)，采用 R-W 时空间隔，由宇宙的物质分布和运动求解爱因斯坦场方程，得到宇宙的运动微分方程，以此为基础讨论宇宙的演化和物质的形成，这就是大爆炸宇宙学的主要内容.

1922 年费里德曼(Friedman)得到爱因斯坦场方程的动态解；1927 年勒梅特(Lemaitre)提出大尺度空间随时间膨胀的动态膨胀宇宙概念，给费里德曼解赋予物理意义，这是宇宙学观念上的重大突破. 而当时大多数人包括爱因斯坦，没有完全摆脱静态宇宙观念的束缚，一直致力于寻找场方程的静态解. 1948 年伽莫夫(Gamovv)就在相对论引力理论基础上提出大爆炸宇宙模型，预言宇宙早期的 He 元素丰度应为 0.25，当前宇宙应该有 10 K 左右的电磁背景辐射(后来他的学生将背景辐射修正为 5 K). 他的理论当时并不被人重视和接受，直到 1965 年彭齐亚斯(Penzias)和威尔孙(Wilson)发现 3 K 背景辐射，从此大爆炸宇宙模型方被大多数人接受，成为最成功的宇宙模型，称为宇宙学的标准模型.

最开始的爱因斯坦场方程与现在采用的(10.5.1)式有所不同，为

$$R_{\mu\nu}-\frac{1}{2}g_{\mu\nu}R-\lambda g_{\mu\nu}=-\frac{8\pi G}{c^4}T_{\mu\nu} \tag{10.6.20}$$

其中 λ 为常数，称为宇宙常数. λ 很小，在不是很大的区域内不起什么作用，所以爱因斯坦取 $\lambda=0$ 成为(10.5.1)式. 费里德曼的膨胀宇宙模型也是用 $\lambda=0$ 的爱因斯坦场方程得到的，因此宇宙学的标准模型没有考虑宇宙常数 λ 的影响. 但是在宇宙尺度上如果 $\lambda\neq 0$ 其影响是不可忽略的. 1998 年底 Perlmutter 等人用天文观测结果初步判断 $\lambda>0$，格外引人关注. 如果最后证实 $\lambda\neq 0$，那么宇宙标准模型就要修改.

宇宙诞生后，处于极高温状态，除光子等静止质量为零的辐射粒子外，静止质量不为零的实物粒子的热运动能量(以 KT 为标志)远远大于其静止能 m_0c^2，于是这些实物粒子的静止能可以忽略，总能 $E\approx Pc$(P 为其动量)，成为像光子一样的速度接近 c 的辐射粒子，称之为极端相对论物质或辐射物质. 此时光子碰撞可以产生正、负粒子对，这样的粒子对湮灭也可产生光子，即粒子与光子达到热平衡. 辐射物质密度用 ρ_r 表示. 随着温度下降，某些粒子的热运动功能小于静能，即 $KT<m_0c^2$，则该粒子不再参与光子的热平衡，其运动速度远远小于光速 c，称之为非相对论性物质，简称物质. 物质的密度用 ρ_m 表示. 宇宙早期 $\rho_r>\rho_m$，是辐射为主的时期. 大约到 $t=10^{12}$ 秒$\approx 10^4$ 年时 $\rho_r=\rho_m$，以后 $\rho_r<\rho_m$ 进入物质为主时期. 这段时期最长，

宇宙的年龄由此决定.到了现代 $\rho_r \ll \rho_m$，光子温度亦即微波背景辐射温度为 2.7 K.

10.6.6 宇宙动力学方程

1. 辐射为主时期的宇宙动力学方程

由广义相对论的场方程推导出宇宙动力学方程为

$$\dot{R}^2(t) = \frac{8}{3}\pi G\rho_r(t)R^2(t) \tag{10.6.21}$$

$$\ddot{R}(t) = -\frac{8}{3}\pi G\rho_r(t)R(t) \tag{10.6.22}$$

由热力学和统计物理，热辐射(可以看作光子气体)在热平衡状态单位体积内能

$$u_r = \rho_r c^2 = aT_r^4 \tag{10.6.23}$$

脚标"r"表示是辐射物质的参量，常数 $a=7.561\times10^{-16}$ J/(m³ · K⁴)．若宇宙膨胀过程可以看作是准静态绝热膨胀过程，那么 u_r 和宇宙体积 V 的关系为

$$V^{4/3}u_r = V^{4/3}\rho_r c^2 = \text{常数} \tag{10.6.24}$$

考虑 $V\propto R^3$，得

$$\rho_r R^4 = \text{常数} \tag{10.6.25}$$

将(10.6.25)式代入(10.6.21)式，然后两边对 t 求导就得到(10.6.22)式．所以这两个动力学方程并不独立，只有一个独立的动力学方程.

2. 物质为主时期的宇宙动力学方程

在宇宙学原理基础上，物质为主时期宇宙动力学方程可由牛顿理论得到.应用牛顿理论时，空间是平直的，距离为真实距离.考虑距 O 点真实距离 l 处质元 m，约化坐标为 u，见图 10.6.2.

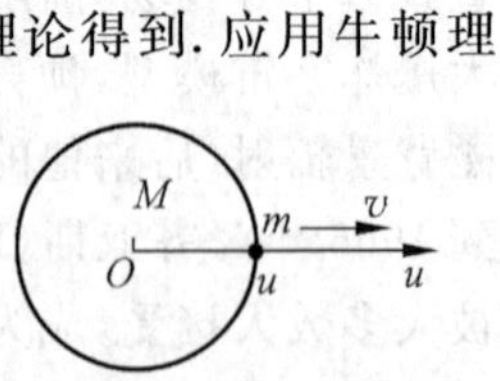

图 10.6.2

由于密度均匀各向同性，所以 m 只受半径为 l 的球体内物质 M 的引力.因为所有质元的约化坐标 u 在运动过程中保持不变，所以虽然运动过程中各质元间距离不断增大，球体半径随之扩大，但球体内质元不会超出球面，球体外质元也不会进入球面.因此运动过程中球体质量 M 和分布的均匀性都不改变.由牛顿力学和万有引力定律，$m\ddot{l}=-GMm/l^2$.将 $M=4\pi\rho l^3/3$ 代入得

$$\ddot{l}(t) = -\frac{4}{3}\pi G\rho(t)l(t)$$

其中 $\rho=\rho_m$ 为物质密度，为简单起见用 ρ 表示物质密度，下面相同．牛顿理论是引力的近似理论，只有在宇观较小尺度内才近似成立，在这样范围内 $l\approx uR$，代入上式得

$$\ddot{R}(t) = -\frac{4}{3}\pi G\rho(t)R(t) \tag{10.6.26}$$

这就是物质为主时期宇宙动力学方程，与爱因斯坦场方程推导出的方程完全相同.表面看这个结果似乎不可思议，因为宇宙极大，远处的星系退行速度接近光速，牛顿理论并不适用，怎么能由牛顿理论得到正确结果？实际上这个结果体现了宇宙学原理.牛顿理论可以研究宇宙小区域的运动，而宇宙的运动是整体相关的运动，具体表现在每个质元有确定的 u 坐标，并且存在宇宙尺度因子 $R(t)$，正是 $R(t)$ 将整体运动与局部运动联系起来.因而(10.6.26)式表示的也不再是通常牛顿理论中表示的质点运动，而表示宇宙的整体运动.

由机械能守恒定律，$mv^2/2-GMm/r=$常数. 取 $m=1$ 为单位质量，将 $M=4\pi\rho r^3/3$、$v=\mathrm{d}l/\mathrm{d}t=u\dot{R}$、$r=uR$ 代入，并注意 u 为常数得

$$\dot{R}^2(t)-\frac{8}{3}\pi G\rho(t)R^2(t)=\text{常数} \tag{10.6.27}$$

实际上可以不用机械能守恒定律直接由(10.6.26)式得到(10.6.27)式. 半径为 l 体积为 V 的球体内质量 M 为常数，所以 t 时刻质量密度

$$\rho R^3=\text{常数}=\rho_0 R_0^3 \tag{10.6.28}$$

其中 ρ_0、R_0^3 分别为现在($t=t_0$)宇宙的质量密度和宇宙尺度因子. 注意(10.6.28)式与(10.6.25)式不同，说明两类不同性质物质的密度随 R 的变化规律不同. 将(10.6.28)式代入(10.6.26)式，并利用$\ddot{R}(t)=\dot{R}(\mathrm{d}\dot{R}/\mathrm{d}R)$得

$$\dot{R}\mathrm{d}\dot{R}+\frac{4}{3R^2}\pi G\rho_0 R_0^3\,\mathrm{d}R=0 \quad 即 \quad \mathrm{d}\left(\frac{\dot{R}^2}{2}-\frac{4}{3R}\pi G\rho_0 R_0^3\right)=0$$

于是也得到(10.6.27)式. 因此这两个动力学方程并不独立，只有一个独立的动力学方程.

由爱因斯坦场方程得到的相应关系式为

$$\dot{R}^2(t)-\frac{8}{3}\pi G\rho(t)R^2(t)=\dot{R}^2(t)-\frac{8}{3R(t)}\pi G\rho_0 R_0^3=-kc^2 \tag{10.6.29}$$

其中应用了(10.6.28)式；k 为符号因子. 比较(10.6.27)和(10.6.29)两式，牛顿理论结果(10.6.27)式不能确定能量常数的数值. 这是可以理解的，因为常数涉及的是宇宙整体性质，牛顿理论是不可能解决的.

下面在上述宇宙动力学方程的基础上，结合其他一些知识，讨论宇宙的演化和物质的形成. 按大爆炸宇宙学，宇宙诞生于“奇点”的爆炸，取此时为 $t=0$. 在 $t<10^{-44}$ s 时，温度极高宇宙尺度极小 $R\to 0$，量子效应不能忽略，经典的引力理论——广义相对论不适用. 所以只讨论 $t>10^{-44}$ s 以后的过程.

10.6.7　宇宙早期历史和演化

按大统一理论，宇宙从对称的真空态演变而来，在 $t=10^{-44}$ s 时真空发生超统一相变，从真空对称相到真空对称破缺相，产生了对称性破缺，出现时间和空间，从此可以应用经典的引力理论——广义相对论. 估计在 $t=10^{-36}$ s、$T=10^{28}$ K 时发生大统一相变(这期间发生了暴胀，见下面). 相变之后从对称过渡到不对称，这就是宇宙不对称的起源；相变中放出的能量转变为辐射和粒子——夸克、轻子和各种场量子，这就是宇宙中物质的起源. 辐射和粒子处于热平衡之中，是极端相对论情况，此时电磁作用和弱作用没有分开，宇宙中只有三种作用. 磁单极子也在此期间形成，只是数目极少. 估计在 $t=10^{-10}$ s、$T=10^{15}$ K 时发生弱电相变，出现弱相互作用和电磁相互作用.

20 世纪 80 年代，为了解决大爆炸宇宙学的早期宇宙疑难，把近代试探性的粒子理论用于宇宙学，提出了暴胀理论. 按暴胀理论，在 $t=10^{-36}$ s 时要发生大统一相变，但相变要穿过一个又宽又高的势垒，所以相变并未马上发生，而是保持在对称态迅速膨胀冷却，R 随时间按指数加速增长，这在整个宇宙演化过程中是唯一的，其他阶段 R 都是减速增长，故称此阶段为暴胀. 暴胀大约持续 10^{-32} s，R 增大 43 个量级，直到 $T=10^{20}$ K 时暴胀结束过渡到对称破缺相，完成大统一相变. 暴胀过程虽然短暂，但对今天的宇宙产生了决定性影响，可以解决

一系列大爆炸宇宙学的难题.

首先是今天宇宙的均匀各向同性的起源问题. 当前宇宙的均匀和各向同性显然应该来自早期宇宙的均匀和统一. 设 $t=0$ 时宇宙同一,关联的区域尺度可以用光信号传播距离 ct 来估计，大统一相变之前 $t=10^{-40}$ s 时 $ct\approx10^{-32}$ m. 当时宇宙大小可以用今天宇宙的大小倒推出来. 如果没有暴胀，$t=10^{-40}$ s 时宇宙尺度$\sim10^{-13}$ m$\gg ct$，不可能彼此关联；如果有暴胀，$t=10^{-40}$ s 时宇宙尺度$\sim10^{-56}$ m$\ll ct$，说明当时的宇宙彼此紧密关联处于高度的统一之中,这样发展到今天宇宙才是如此均匀. 其次，当今宇宙物质密度 ρ_0 很可能等于临界密度 ρ_c. 在大爆炸模型中 t 时刻物质密度 $\rho(t)$ 与当时的临界密度 $\rho_c(t)$ 之间没有必然的联系，$\rho(t)=\rho_c(t)$ 是偶然现象；在暴胀理论中有 $\rho(t)$ 趋于 $\rho_c(t)$ 的机制，足够的真空暴胀就可以使 $\rho(t)=\rho_c(t)$. 暴胀理论还指出磁单极数目接近于零,解释了今天观察不到磁单极的事实.

产生基本粒子然后生成各种层次物质结构的过程,主要取决于宇宙的温度. 宇宙发展的阶段与宇宙温度的关系,构成宇宙的热历史.

热力学第二定律建立之后,很快就应用到宇宙,当时认为宇宙是孤立的,静止的,于是按热力学第二定律,宇宙的未来将是温度均匀的平衡态,然后一成不变地维持下去,宇宙成为死寂的一片,这就是有名的热寂说给人们描绘的宇宙的未来.

大爆炸宇宙学指出热寂说的根本错误在于,宇宙并非静止而正在不断膨胀运动,因此也就不可能达到热寂的平衡态. 在宇宙从无序向有序的变化中,引力起了决定性的作用. 无引力的体系将从有序变化到无序最后是均匀一片;有引力的体系,原来的无序的均匀分布由于涨落而出现不均匀,可以从无序到有序,前面所述的星体的诞生正是这样的过程.

整个宇宙进行的是绝热过程,在辐射为主时期由(10.6.23)式和(10.6.25)式得到

$$T_r R = \text{常数} \tag{10.6.30}$$

这是一个很重要的关系式,表示在宇宙演化过程中辐射温度与宇宙尺度因子的反比关系.

由(10.6.25)式，令常数为 Ξ,得到 $\rho_r R^2=\Xi/R^2$，代入开方后的(10.6.21)式得 $R\mathrm{d}R=(8\pi G\Xi/3)^{1/2}\mathrm{d}t$，积分得

$$R^2 = \sqrt{32\pi G\Xi/3}\,t \tag{10.6.31}$$

再由(10.6.30)式和(10.6.25)式得到在辐射为主时期,宇宙演化过程中辐射密度和辐射温度与宇宙时 t 的关系

$$t \propto \rho_r^{-1/2} \propto T_r^{-2} \tag{10.6.32}$$

更详细的定量讨论要以粒子理论出发,看各种粒子在什么温度下对辐射有贡献以及贡献的大小,得到宇宙的热历史年表,如表 10.6.2.

表 10.6.2 宇宙热历史

宇宙时 t/s	光子温度 T/K	热运动能量 KT/eV	特　征	主要物理过程
10^{-44}	10^{32}	10^{19} G	量子引力时期结束	
10^{-36}	10^{28}	10^{15} G	粒子大统一开始破缺	
10^{-12}	10^{16}	10^{3} G		粒子过程
10^{-10}	10^{15}	10^{2} G	弱电统一开始破缺	
10^{-6}	10^{13}	1 G	强子开始形成	

续表

宇宙时 t/s	光子温度 T/K	热运动能量 KT/eV	特　征	主要物理过程
10^{-4}	10^{12}	10^2 M		核过程
1	10^{10}	1 M		
10^2	10^9	0.1 M	轻原子核形成	
10^{12}	4×10^3	0.1	中性原子形成	原子过程
10^{17}	10	10^{-3}	最早星系形成	引力过程
10^{18}	2.7	3×10^{-4}	现在	

在宇宙早期辐射为主，也同时存在物质. 这两种物质(相对论性和非相对论性)的性质很不相同，在宇宙演化过程中它们随 t、R 变化的关系也不相同. 把物质当作单原子理想气体，那么由热力学在准静态绝热过程中温度和体积关系为

$$T_m V^{2/3} = \text{常数} \tag{10.6.33}$$

于是

$$T_m R^2 = \text{常数} \tag{10.6.34}$$

显然这个关系和辐射的相应关系(10.6.30)式不同，即两类不同物质的温度随 R 的变化规律不同，T_m 的变化要快得多.

天体中 H、He 最多，两者之和占总质量的 99%，其中 He 的丰度(指其质量占总质量的百分比)在 0.25～0.30 之间，在天体上分布得相当均匀. 下面由 He 形成的机制结合宇宙的热历史推论 He 的丰度.

He 是 $t=1\sim100$ s 内形成的. 由前面所述，当粒子静能 $m_0c^2\leqslant KT_r$ 时，该粒子与光子可以相互转换处于热平衡. 令 $T_c=m_0c^2/K$ 称为该粒子的临界温度，$T>T_c$ 时该粒子与光子处于热平衡；$T<T_c$ 时该粒子与光子脱离热平衡. 中子、质子的临界温度约为 10^{13} K. 当 $T<10^{13}$ K 时中子、质子不再与光子达到热平衡. 但此时正、负电子与光子保持热平衡，数目与光子数差不多，它们与中子、质子相碰，可以使质子、中子之间相互转换，因此中子、质子系统自己处于热平衡，中子、质子数目按玻耳兹曼分布，即在温度为 T 的热平衡态，能量为 ε 的粒子数 N 与 ε、T 有下述关系

$$N \propto e^{-\varepsilon/KT} \tag{10.6.35}$$

直到温度降到电子临界温度后，正、负电子不再与光子热平衡，正、负电子湮灭后数目大大减少，不再能使中子、质子相互转换，于是中子、质子的相对数目冻结在电子临界温度附近的 T_f 温度的热平衡比例下. 已知 $KT_f=0.7$ MeV. 由于中子、质子的质量不同即能量不同，所以按 T_f 温度下的玻耳兹曼分布求出中子、质子的粒子数 N_n、N_P 之比为

$$N_n/N_P = \exp\left(-\frac{\varepsilon_n}{KT_f}\right)\Big/\exp\left(-\frac{\varepsilon_P}{KT_f}\right) = \exp\left(-\frac{\varepsilon_n-\varepsilon_P}{KT_f}\right)\approx 1/6 \tag{10.6.36}$$

这个比例就是冻结以后的中子、质子数之比，也就是由宇宙演变推论的当前宇宙中中子、质子数之比. 当 T 下降到 10^9 K 左右，n、p 结合成 ^{2}H 再形成 He，当 n、p 全部结合生成 He 后，剩下的质子生成 H. 由于 1 个 He 中有 2 个 n，所以 He 的总数为 $N_{He}=N_n/2$，He 的质量为 $4m_P$；n、P 的总质量为 $(N_n+N_P)m_P$，所以 He 的丰度为

$$X=\frac{(N_n/2)\cdot 4m_P}{(N_n+N_P)m_P}=\frac{2\cdot N_n/N_P}{1+N_n/N_P}=0.29$$

考虑到中子半衰期为 10 分钟，He 丰度要比 0.29 小一些.类似可推测其他核的丰度，1991 年 G. Steigman 等人按最新的核反应截面数据计算了一些核的丰度.

核	H	^2H	^4He	^3He	^7Li
丰度	0.74	10^{-4}	0.24	10^{-4}	10^{-10}

上述理论计算结果与实验值非常符合.

由此还可推断当前重子类物质质量密度约为 6×10^{-31} g/cm^3.

产生元素形成核时温度为 $10^9\sim10^{10}$ K，此时仍是辐射为主时期，在温度很高的大火球中飘浮的物质粒子构成等离子体，对辐射不透明.

此后，在 $t\approx10^{12}$ 秒 $\approx10^4$ 年、$T_r\approx10^4$ K 时，$\rho_r=\rho_m$ 开始由辐射为主时期转变为物质为主时期，在此时期 $KT\approx1$ eV，中性原子形成，光子与原子为弹性碰撞，从而中性原子与光子脱耦，物质对辐射透明，原子气体与光子气体成为两种独立成分，辐射保持黑体辐射性质，成为宇宙的微波背景辐射. 在 $T\approx10$ K、$t\approx10^{17}$ s 时，在引力作用下大尺度中性气体在力学上不稳定，微小的扰动引起局部坍缩聚集成团，从均匀中产生不均匀的结构，在一定条件下形成星系.

伽莫夫注意到今天的背景辐射温度与 He 的丰度密切相关，在 1948 年预言 10 K 的背景辐射，他的学生 Alpher 和 Herman 修正他的计算得到 5 K 背景辐射. 这是大爆炸宇宙的重要预言之一. 1965 年贝尔实验室的彭齐亚斯和威尔孙(A. A. Penzias and R. W. Wilson)在不同时间和方向测到 $T=3.0\pm1.0$ K 的背景辐射. 这个发现对宇宙学的影响只有哈勃的发现可以比拟. 如果说哈勃的发现开启了探讨宇宙整体时空结构的大门，那么彭齐亚斯和威尔孙的发现开启了探求了宇宙整体物理演化的大门，它极大地支持了大爆炸宇宙学模型.

图① 10.6.3 画出宇宙从大爆炸开始，经历量子混沌、大统一、暴胀阶段，从"一无所有"的真空，产生出夸克、轻子、强子、核、原子、星系……，最后发展到现在的一系列时间历程以及相应的宇宙尺度.

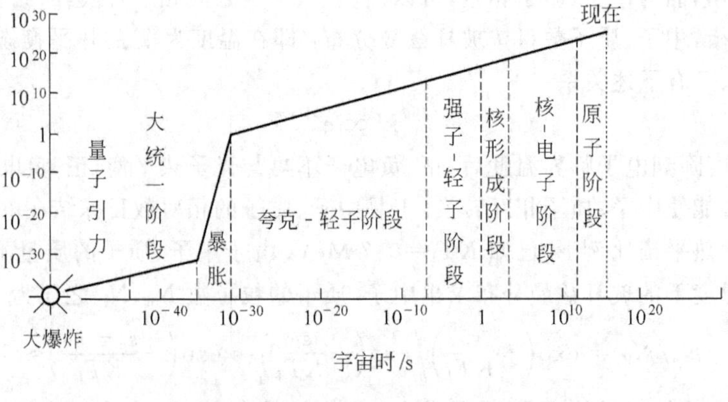

图 10.6.3 膨胀宇宙各个阶段的时间历程及其宇宙尺度

① Arthur Beiser. Concepts of Modern Physics, fifth Edition. McGraw-Hill, Inc. P505 (1995)

10.6.8 宇宙的前景和年龄

辐射为主的时期只有 10^4 年，因此宇宙的年龄由物质为主的时期决定. 而物质为主时期的发展和变化决定了宇宙的未来. 由(10.6.29)式得

$$\dot{R}(t) = \mathrm{d}R/\mathrm{d}t = \left[\frac{8}{3R(t)}\pi G\rho_0 R_0^3 - kc^2\right]^{1/2} = c(R_m/R - k)^{1/2} \qquad (10.6.37)$$

其中取 $R_m = 8\pi G\rho_0 R_0^3/3c^2$. 当 $k = +1$ 时，由上式 $R(t)$ 必有上限 R_{max}；由(10.6.15)和(10.6.18)式，无量纲坐标 u 有最大值 $u_{max}=1$，宇宙最大真实距离为 $l_{max}=\pi R_{max}/2$，所以宇宙始终有限，宇宙是有限的称为闭宇宙，宇宙到达最大后开始收缩，直到又收缩成奇点. 当 $k=0$、-1 时由上式 $R(t)$ 随时间无限增加，而且对 u 也无限制，所以宇宙的发展是无限的，分别称为平宇宙和开宇宙. 两者的区别在于，平宇宙 $k=0$，空间平坦；开宇宙 $k=-1$，空间弯曲具有负曲率.

实际的宇宙是这三种可能的演变模式中的哪一种，可由宇宙的密度来判断，最方便的是讨论当前宇宙. 在(10.6.29)式取 $t=t_0$ 得

$$k = \frac{1}{c^2}\left(\frac{8}{3}\pi G\rho_0 R_0^2 - \dot{R}_0^2\right) = \frac{8\pi G}{3c^2}R_0^2(\rho_0 - \rho_c) \qquad (10.6.38)$$

其中 $\rho_c = 3\dot{R}_0^2/8\pi G R_0^2$ 称为当前宇宙的临界质量密度. 由(10.6.17)式 $H_0=\dot{R}_0/R_0$，于是

$$\rho_c = \frac{3H_0^2}{8\pi G} = 0.5\times 10^{-29}\ h_0^2\ \mathrm{g/cm^3} \qquad (10.6.39)$$

这样通过比较 ρ_0 与 ρ_c 的大小就可以由(10.6.38)式判断符号因子 k，从而知道宇宙的未来

$\rho_0 > \rho_c$　则 $k=+1$　宇宙闭合有限

$\rho_0 = \rho_c$　则 $k=0$　宇宙平坦无限

$\rho_0 < \rho_c$　则 $k=-1$　宇宙开放无限

现在的实验数据表明宇宙接近平坦，即宇宙现在的总密度 $\rho_0=\rho_{总}\approx\rho_c$，与暴胀的预言相符. 其中总密度

$$\rho_{总} = \rho_{暗能量} + \rho_m$$

ρ_m 为一般物质密度，$\rho_{暗能量}$ 为暗能量密度. 一般物质包括可以看到的星系物质(简称可视物质)和暗物质. 暗物质包括看不见的气云、不发光的星体、黑洞以及非重子物质等. 按大爆炸宇宙学的演化分析，当今由重子构成的物质的密度有上限 $(3\sim6)\times10^{-31}$ g/cm^3. 因此构成暗物质的主体应该是非重子物质——微子，其中可能性最大的是中微子. 10.6.3 节的说明中指出，近期天文观测发现现在宇宙的膨胀在加速，从而引出暗能量，暗能量很可能是真空能起斥力作用，造成宇宙的加速膨胀. 一般推断，暗能量占 0.65，一般物质占 0.35(其中暗物质约占 0.30，重子物质只占 0.05).

由(10.6.37)式，注意 $R_m=8\pi G\rho_0 R_0^3/3c^2=\rho_0 H_0^2 R_0^3/c^2\rho_c$，$\rho_c$ 即当前临界密度. 得

$$\mathrm{d}t = \mathrm{d}R/c(R_m/R - k)^{1/2}$$

积分上式得到宇宙时与 R 的关系

$$t = \int_0^R \frac{\mathrm{d}R}{c\sqrt{R_m/R - k}} \qquad (10.6.40)$$

由上式,当 $k=1$ 时必须 $R<R_{\mathrm{m}}$,所以 R_{m} 是闭宇宙的最大宇宙尺度因子. 积分得

$$t=\begin{cases}\dfrac{R_{\mathrm{m}}}{c}\left[\arcsin\sqrt{\dfrac{R}{R_{\mathrm{m}}}}-\sqrt{\dfrac{R}{R_{\mathrm{m}}}\left(1-\dfrac{R}{R_{\mathrm{m}}}\right)}\right], & k=+1\\[2ex] \dfrac{2R_{\mathrm{m}}}{3c}\left(\dfrac{R}{R_{\mathrm{m}}}\right)^{3/2}, & k=0\\[2ex] \dfrac{R_{\mathrm{m}}}{c}\left[\sqrt{\dfrac{R}{R_{\mathrm{m}}}\left(1+\dfrac{R}{R_{\mathrm{m}}}\right)}-\ln\left(\sqrt{\dfrac{R}{R_{\mathrm{m}}}}+\sqrt{1+\dfrac{R}{R_{\mathrm{m}}}}\right)\right], & k=-1\end{cases} \tag{10.6.41}$$

由此式可见,对 $k=0$ 情况 $t\propto R^{3/2}$;对 $k=1$ 情况,取 $R=R_{\mathrm{m}}$,得到闭宇宙达到最大宇宙尺度因子 R_{m} 所需的宇宙时 t_{m}

$$t_{\mathrm{m}}=\frac{\pi}{2}\frac{\rho_0/\rho_{\mathrm{c}}}{(\rho_0/\rho_{\mathrm{c}}-1)^{3/2}}\frac{1}{H_0} \tag{10.6.42}$$

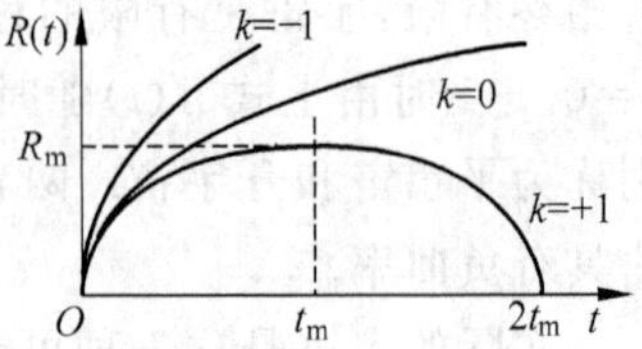

图 10.6.4

图 10.6.4 就是不同 k 值情况下 $R(t)$ 与宇宙时 t 的函数曲线.

在(10.6.41)式中取 $R=R_0$ 就得到现在宇宙的年龄 t_0.

(1) 当 $k=0$ 时,$\rho_0=\rho_{\mathrm{c}}$ 故 $R_{\mathrm{m}}=H_0^2R_0^3/c^2$,则 $t_0=2/3H_0$

(2) 当 $k=\pm1$ 时,$\rho_0\neq\rho_{\mathrm{c}}$ 由(10.6.38)式,$k=8\pi GR_0^2(\rho_0-\rho_{\mathrm{c}})/3c^2=H_0^2R_0^2(\rho_0-\rho_{\mathrm{c}})/c^2\rho_{\mathrm{c}}$

令 $\eta=\dfrac{\rho_0}{\rho_{\mathrm{c}}}$ 则 $R_0=\dfrac{c}{H_0}\sqrt{\dfrac{k}{\eta-1}}$、$R_{\mathrm{m}}=\dfrac{k\eta}{\eta-1}R_0=\dfrac{c}{H_0}\left(\dfrac{k}{\eta-1}\right)^{3/2}$. 代入(10.6.41)式得

$k=+1$ 时 $t_0=\eta[\arcsin\sqrt{(\eta-1)/\eta}-\sqrt{(\eta-1)/\eta}]/[H_0(\eta-1)^{3/2}]$

$k=-1$ 时 $t_0=\eta\{\sqrt{(1-\eta)}/\eta-\ln[(\sqrt{(1-\eta)}+1)/\sqrt{\eta}]/[H_0(\eta-1)^{3/2}]$

将三种情况综合起来为

$$t_0=\begin{cases}\dfrac{1}{H_0}\dfrac{\eta}{(\eta-1)^{3/2}}\left(\arcsin\sqrt{\dfrac{\eta-1}{\eta}}-\dfrac{\sqrt{\eta-1}}{\eta}\right), & k=+1\quad \eta>1\\[2ex] \dfrac{2}{3}\dfrac{1}{H_0}, & k=0\quad \eta=1\\[2ex] \dfrac{1}{H_0}\dfrac{\eta}{(1-\eta)^{3/2}}\left(\dfrac{\sqrt{1-\eta}}{\eta}-\ln\dfrac{\sqrt{1-\eta}+1}{\sqrt{\eta}}\right), & k=-1\quad \eta<1\end{cases} \tag{10.6.43}$$

宇宙的年龄取决于 ρ_0 与 ρ_{c} 的比值 η,并且与 H_0 密切相关. 图 10.6.5 描绘 η 对 t_0 的影响,其中 t_0 坐标的单位是 $1/H_0$. 注意在 $\eta=1$ 即 $k=0$ 处曲线是连续的.

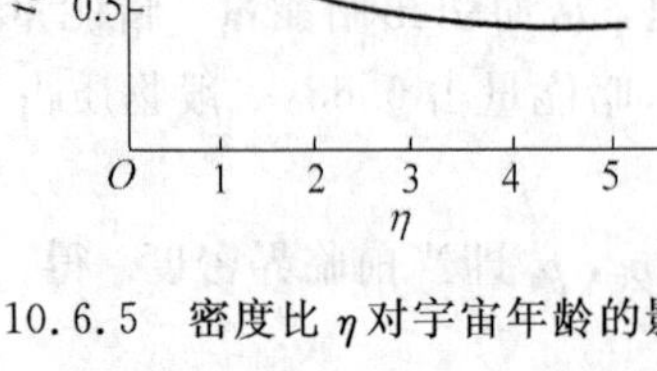

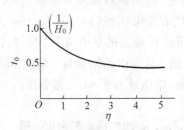

图 10.6.5 密度比 η 对宇宙年龄的影响

由上述结果 $t_0\propto 1/H_0=200\ h_0^{-1}$ 亿年,当前认为,$H_0\geqslant 60\ \mathrm{km/s\cdot Mpc}$,所以 $h_0\geqslant 1.2$. 为估计宇宙年龄的上限,取 h_0 的下限 $h_0=1.2$.

若 $\eta\approx 1$ ($\rho_0\approx\rho_{\mathrm{c}}$),则 $t_0=2/3H_0=\dfrac{400}{3}h_0^{-1}$ 亿年$=$111 亿年.

若取 η 的最小可能值 $\eta=0.2$,则由(10.6.43)式 $t_0=0.85/H_0=0.85\times 200\ h_0^{-1}$ 亿年$=$141 亿年.

宇宙的实际年龄可以通过测定古老天体的年龄来估计,在天文学上有比较成熟的恒星演化理论来推测球形星团的年龄,结果的可信度较高,测定的误差约为 20%,当今的古老天

体的测定值为 150±30 亿年，估计宇宙的年龄不小于 120 亿年.

与上述结果比较，按大爆炸宇宙模型讨论的宇宙年龄在 $\rho_0 \approx \rho_c$ 情况下有些偏低，给 $\rho_0 \approx \rho_c$ 的断言投下一丝阴影. 当前对宇宙年龄的讨论和研究成为宇宙学的重点和热点，主要是从宇宙学模型本身以及 H_0 的测定等方面去研讨.

习　题

10.1　爱因斯坦转盘以 ω 高速旋转. 转盘上的静止的观测者对转盘进行测量，测量得到转盘半径 $r=10.0$ m、转盘周长 $L'=63.0$ m. 求在地面(惯性参考系)中观测：(1)转盘角速度 ω；(2)转盘边缘处的离心加速度.

10.2　某中子星质量 $M=1.58\times10^{30}$ kg、坐标半径 $R=1.0\times10^5$ m. 设双生子甲、乙生活在该中子星. 双生子出生后甲住中子星表面，乙住距中子星中心坐标距离 $r=2R$ 处，求甲 100 岁时乙的年龄.

10.3　地球上空高度 $h=10$ km 高处气球内悬挂的一只钟比地面钟走得快. 不计地球转动影响只考虑引力作用，气球上钟一年内比地面钟快多少时间？

10.4　球对称分布物质的质量为 M，以其中心为原点建立史瓦西坐标系(t, r, θ, ϕ). 光源 S 沿径向向中心运动，通过 A 点(坐标 r)时速度为 v，同时发出固有频率为 ν_0 的光. 在同一径向上无穷远处的静止观测者甲接收到该光源在 A 处发出的光. 求观测者甲接收到的光的频率 ν_∞. 并求低速弱场近似.

10.5　求太阳上从 $R_\odot$ 到 $2R_\odot$ 的径向真实距离？

10.6　长度 1 m 的尺子沿径向放在质量为 M 的球对称引力场中 r 处，已知 $GM/c^2r=0.01$，求该尺子的坐标长度.

10.7　球对称分布物质的质量为 M，以其中心为原点建立史瓦西坐标系(t, r, θ, ϕ). 已知 $GM/c^2=1.0\times10^3$ m. 设粒子在 $r_1=6.0\times10^3$ m 处从静止开始运动，求其运动到 $r_2=4.0\times10^3$ m 处速度是多少？若用牛顿理论计算结果如何？(在牛顿理论中将 r_1，r_2 看作实际距离).

10.8　20 世纪 60 年代发现的类星体的特点之一是它发出强烈的辐射. 产生这种辐射的一种可能的机制是黑洞或中子星吸取远处物质所释放的能量. 设由中子星(质量 M、半径 R)产生史瓦西场，$2GM/c^2R=0.10$. 无穷远处静止质量为 m_0 的质点被中子星吸引落到中子星上，与中子星碰撞后静止在星球表面. 求到达星球表面时该质点速度 v 以及质点与中子星碰撞释放的能量 $|\Delta E|$.

10.9　从质量为 M、半径为 R 的星球表面发射一个在惯性系中静止质量为 m_0 的火箭到无穷远处，已知 $2GM/c^2R=0.0010$，求发射火箭的最小初速度 v_0. 再按牛顿力学计算最小初速度 v_{N0}.

10.10　质量为 M 的史瓦西黑洞视界外有一质点(静止质量 m_0)作圆轨道运动. 求：(1)稳定的最小轨道半径 r_0；(2)在 r_0 轨道上运动时质点的角动量和能量.

10.11　以太阳(质量 $M_\odot$)为坐标原点，设地球、金星在太阳的同一侧且与太阳在同一直线上，地球、金星的坐标分别为(r_1,θ,ϕ)和(r_2,θ,ϕ)，求地球上观测者向金星发射电磁波后收到回波的时间 $\Delta\tau$,以及由于太阳引力场引起的时间延迟.(已知 $r_1=1.08\times10^{11}$ m、$r_2=1.496\times10^{11}$ m).

10.12 设飞船在自由空间以不变加速度向前加速运动,$x'=0$ 处加速度为 a_0. 在飞船底部光源 S 发光,频率为 ν_0;在飞船前部接收器 D 接收光波,频率为 ν. 已知光源 S 和接收器 D 距离为 h. 试分别在惯性系用多普勒频移和在飞船参考系利用引力红移计算接收器 D 接收到的光波频率 ν 和红移 z. 注意到 $a_0h\ll c^2$,说明惯性系中由于加速运动产生的红移等于引力红移.(忽略惯性系中观测到的飞船各处加速度的不同,近似飞船以相同的加速度运动.)

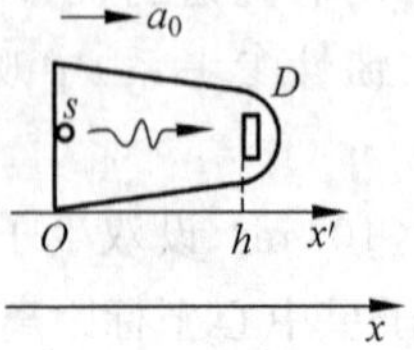

题 10.12 图

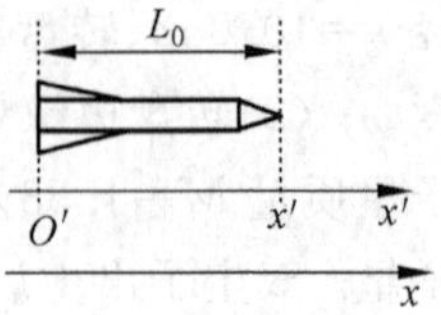

题 10.13 图

10.13 例 9.3.8 讨论惯性系中两艘全同飞船运动的相对位置关系. 这里分析其中一艘飞船的加速运动. 设飞船作为内禀刚性系统从静止开始(取 $t=t'=0$)作常加速度直线运动,坐标如图,已知飞船原长 $L_0=100$ m,S'系坐标原点 O' 的固有加速度 $a_0=90\ \mathrm{m/s^2}$. 在惯性系 S 系中观测,求:(1)t 时刻飞船尾部(O'点)的速度、加速度,以及飞船首尾的速度差、加速度差;(2)O'点速度达到 $4c/5$ 所需时间 t;(3)计算在 O' 点速度达到 $4c/5$ 这段过程中由于飞船首尾的速度差造成的飞船长度的缩短.(取 $c=3\times10^8$ m/s).

10.14 实际测量得知,现在宇宙光子温度(背景辐射)为 $T_{r0}=2.7$ K. 公认的比较可靠的现在的宇宙年龄为 $t_0=140$ 亿年,试估算 $t=1$ s 时光子的温度 T_r.

10.15 观察表明,现在宇宙的物质分布在大范围内是均匀的. 如果星系的退行速度满足哈勃定律,试证明宇宙的物质分布在今后将仍然是均匀的.

10.16 按目前天文观测和理论分析,当前宇宙物质的平均密度接近临界密度,即 $\rho\approx\rho_c\sim5\times10^{-30}\ \mathrm{g/cm^3}$. 如果认为宇宙是这样一个均匀的大球体,它的逃逸速率应该大于光在真空中的速率,因为任何物质都不能脱离宇宙. 试用牛顿力学估计宇宙的半径 r 至少有多大?

附录 10.1 双生子问题

双生子问题是相对论的著名而有趣的问题,在例 9.3.5 中说明了双生子问题的由来,并利用狭义相对论的时空关系对爱因斯坦举的例子进行了简单分析. 只有在广义相对论中利用加速系才可以对双生子问题进行严格的讨论. 下面利用直线运动常加速度内禀刚性加速系严格讨论双生子问题. 分别从甲、乙的立场讨论.

设甲停留在惯性系 S 系原点 O 处. 当乙作匀速运动时以他为原点的坐标系成为惯性系,为简单起见,仍将以他为原点的惯性系记为 S'系.

1. 甲的立场

乙从 O 点出发，加速到 A，速度达到 v_0，然后以 v_0 匀速运动到 B，再减速到 C（在 C 点速率为零）；从 C 出发反向加速到 B，然后以 v_0 匀速运动到 A，再减速到 O(在 O 点速率为零). 其中乙在加速或减速时都作为内禀刚性常加速度直线运动加速系原点，固有加速度大小都是 a_0. 按符号规定，从 B 到 C 和从 C 到 B，乙的固有加速度取为 $-a_0$，因为加速度方向与 x 轴正方向相反，见图附 10.1.1.

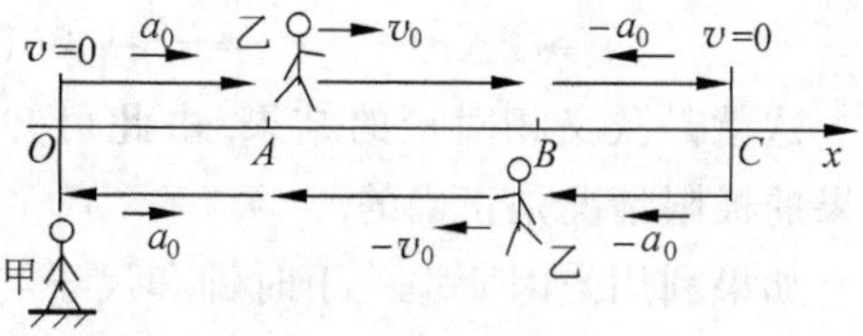

图附 10.1.1　在 S 系观察乙的运动

(1) S 系的计时 t

分别用 t_{OA}、t_{AB}、t_{BC}、…表示在 S 系里测量的乙在 $O\to A$、$A\to B$、$B\to C$、…一系列过程中所经历的时间. 由对称性 $t_{OA}=t_{BC}=t_{CB}=t_{AO}$、$t_{AB}=t_{BA}$.

乙位于 S'系的原点，在 $O\to A$ 过程中速度从 0 增加到 v_0，在(10.4.15)式中取 $x'=0(X'=0)$得

$$v_0=\frac{a_0 t_{OA}}{\sqrt{1+(a_0 t_{OA}/c)^2}}$$

从中解出

$$t_{OA}=\frac{v_0}{a_0\sqrt{1-v_0^2/c^2}} \qquad (附 10.1.1)$$

设 A、B 距离为 Δx，则 $t_{AB}=\Delta x/v_0$，于是在整个过程中 S 系的计时为

$$t=4t_{OA}+2t_{AB}=\frac{4v_0}{a_0\sqrt{1-v_0^2/c^2}}+2\Delta x/v_0 \qquad (附 10.1.2)$$

(2) 乙的计时 τ'

由于乙在加速运动时为非惯性系，要区分坐标时 t' 和固有时 τ'. 但是乙位于 S'系的原点，由(10.4.20)式对乙来说

$$\tau'=t' \qquad (附 10.1.3)$$

在 S 系计算 S'系测量的各个过程经历的时间，通常采用坐标变换. 由(10.4.22d)式得

$$t'_{OA}=t'_A=\frac{c}{2a_0}\ln\frac{1+a_0x_A/c^2+a_0t_A/c}{1+a_0x_A/c^2-a_0t_A/c}$$

由(10.4.15)式取 $t=t_A$，则 $v=v_A=v_0$，于是得 $a_0t_A=v_0(1+a_0x_A/c^2)$，代入上式得

$$t'_{OA}=\frac{c}{2a_0}\ln\frac{1+v_0/c}{1-v_0/c} \qquad (附 10.1.4)$$

因为 $c>v_0\geqslant 0$，从数学上可以证明 $\frac{c}{2a_0}\ln\frac{1+v_0/c}{1-v_0/c}\leqslant\frac{v_0}{a_0\sqrt{1-v_0^2/c^2}}$，即

$$\tau'_{OA}=t'_{OA}<t_{OA} \qquad (附 10.1.5)$$

$A\to B$ 过程中乙匀速运动，乙所在坐标系为惯性系，乙测量的时间 t'_{AB} 为原时. 由狭义相对论的结果 $t'_{AB}=(1-v_0^2/c^2)^{1/2}\,t_{AB}=(1-v_0^2/c^2)^{1/2}\Delta x/v_0$.

于是由对称性整个过程中乙的计时为

$$\tau'=t'=4t'_{OA}+2t'_{AB}=\frac{2c}{a_0}\ln\frac{1+v_0/c}{1-v_0/c}+2(1-v_0^2/c^2)^{1/2}\Delta x/v_0 \qquad (附 10.1.6)$$

显然，$\tau'=t'<t$.

(3) 总结和说明

计算的结果是严格的，说明了乙比甲年轻.

在(附 10.1.2)式和(附 10.1.6)式中，令 $a_0\to\infty$ 得

$$t\to 2\Delta x/v_0 \quad \tau'=t'\to 2(1-v_0^2/c^2)^{1/2}\Delta x/v_0=(1-v_0^2/c^2)^{1/2}t$$

这就是狭义相对论的结果. 由此可知从甲的立场分析，狭义相对论讨论结果作为严格结果的极限情况是正确的.

如果利用爱因斯坦关于时钟和尺子与加速度无关的假设，可以不用坐标变换直接计算乙钟的记时. 由爱因斯坦假设以及乙的记时始终是原时的条件，得到 $d\tau'=(1-v^2/c^2)^{1/2}dt$ (对确定的 x' 点)，于是乙的记时为

$$\Delta\tau'=\tau'_{OA}=\int_0^{t_A}\sqrt{1-v^2/c^2}\,dt \tag{附 10.1.7}$$

乙在加速过程中 t 时刻速度为 v，参考(附录 10.1.1)式的推导，得到 v 与 t 的关系为 $t=v/[a_0(1-v^2/c^2)^{1/2}]$. 微分此式得 $dt=(1-v^2/c^2)^{-3/2}dv/a_0$，代入上式得

$$\tau'_{OA}=t'_{OA}=\frac{1}{a_0}\int_0^{v_0}\frac{dv}{1-v^2/c^2}=\frac{c}{2a_0}\ln\frac{1+v_0/c}{1-v_0/c}$$

这就是(附 10.1.4)式. 而且由于(附 10.1.7)式中被积函数 $\sqrt{1-v^2/c^2}<1$，所以直接得到

$$\tau'_{OA}=t'_{OA}<\int_0^{t_A}dt=t_A=t_{OA}$$

因此不需要再讨论数学证明了.

2. 乙的立场

站在乙的立场. 乙静止在 O' 点；甲在 S 系的原点 O 点. $t'=t=0$ 时刻 S' 系加上 $+\hat{x}$ 方向的外力成为引力场(场强方向为 $-\hat{x}$)，甲和 S 系开始在 $-\hat{x}$ 方向的引力场中"自由降落"，直到 A 点来到乙处，此刻为 t'_A，而甲到达 A' 时刻其速度为 v_0(此时 A 点相对乙的速度为 v_0. 后面将证明，在 S' 系的同一时刻 t' 观测 S 系中各点的速度相同，因此甲的速度也是 v_0). 从此刻起 S' 系去掉外力，引力消失，甲匀速运动，直到 B 点到达乙处，此刻为 t'_B，而甲到达 B' 处. 然后 S' 系加上反方向的外力，成为引力场(场强方向为 $+\hat{x}$)，甲和 S 系在 $+\hat{x}$ 方向的引力场中自由运动，先是减速运动直到 C 点到达乙处，此刻为 t'_C 甲到达 C' 点，整个 S 系瞬时速率为零；再反向加速运动，B 点回到乙处，由对称性甲恰好回到 B'，速率为 v_0. 从此刻起 S' 系去掉外力，引力消失，甲匀速运动，直到 A 点到达乙处，甲恰好回到 A' 点. 然后 S' 系加上 $+\hat{x}$ 方向的外力，成为引力场(场强方向为 $-\hat{x}$)，甲和 S 系在 $-\hat{x}$ 方向的引力场中减速，直到 O 点到达乙处甲、乙重逢，此刻整个 S 系瞬时速率为零. 在引力场出现时，对乙所施加的外力大小都相同，乙的固有加速度的大小都为 a_0. 按符号规定，各个阶段的加速度和速度的符号如图附 10.1.2.

(1) S' 系记录的固有时

在 S' 系测量甲速率从零增加到 v_0 或从 v_0 减小到零所需的坐标时是完全确定的. 由(10.4.15)式并注意甲位于 S 系原点 $x=0$，得

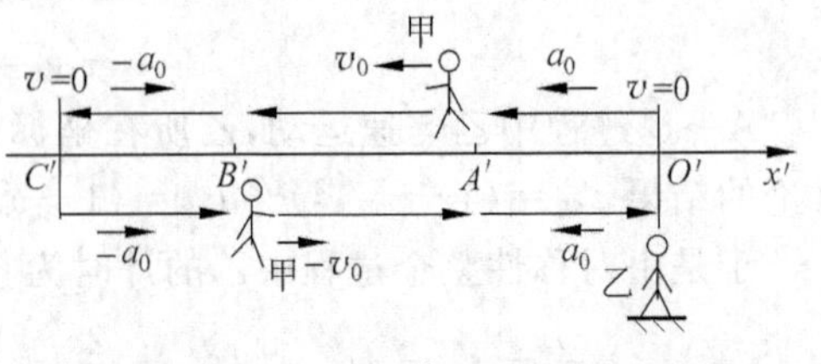

图附 10.1.2 在 S' 系观察甲的运动

$$a_0 t_{A'} = v_0 \tag{附 10.1.8}$$

代入(10.4.22d)式并取 $X=0$ 得

$$t'_A = t'_{OA} = \frac{c}{2a_0}\ln\frac{1+v_0/c}{1-v_0/c}$$

这正是(附 10.1.4)式.

两段匀速过程的时间显然也不改变，与甲立场相同，因此按乙的观点，乙记录的时间与甲立场中乙的记时是相同的，即(附 10.1.6)式所示

$$\tau' = t' = 4t'_{OA} + 2t'_{AB} = \frac{2c}{a_0}\ln\frac{1+v_0/c}{1-v_0/c} + 2(1-v_0^2/c^2)^{1/2}\Delta x/v_0$$

(2) 甲的计时

由对称性，$t_{O'A'}=t_{A'O'}$，$t_{A'B'}=t_{B'A'}$，$t_{B'C'}=t_{C'B'}$

其中 $t_{O'A'}$ 表示甲 $O'\to A'$ 过程中甲记录的时间，其他类似.

$O'\to A'$阶段

由(附 10.1.8)式得

$$t_{O'A'} = t_{A'} = \frac{v_0}{a_0} \tag{附 10.1.9}$$

由(10.4.22a)式，取 $x=0$ 得 $\left(1+\frac{a_0 x'_{A'}}{c^2}\right)^2 = 1-\left(\frac{a_0 t_{A'}}{c}\right)^2$. 将 $a_0 t_{A'}=v_0$ 代入得

$$x'_{A'} = -\frac{c^2}{a_0}\left(1-\sqrt{1-v_0^2/c^2}\right) \tag{附 10.1.10}$$

由于 A' 在 O' 的左方 $x'_{A'}<0$，所以上式在开平方时取负号.

$A'\to B'$阶段

在此阶段为匀速过程，乙所在的坐标系也是惯性系. 甲用同一只时钟测量时间，故甲测量的时间 $t_{A'B'}$ 为原时，在 S' 系测量的时间 t'_{AB} 为非原时，则

$$t_{A'B'} = \sqrt{1-v_0^2/c^2}\,t'_{AB} \tag{附 10.1.11}$$

$B'\to C'$阶段

当甲到达 C' 时甲瞬时静止. 因此若 S 系仍取甲作为坐标系原点，则当 S、S' 系相对静止时，两系的原点不重合，不能满足推导坐标变换等关系式所须的初始条件(S、S' 系相对静止时两系的原点重合)，因此上述的关系式不再适用. 为此，在此阶段和下一阶段($C'\to B'$ 阶段) 要改变 S 系的坐标原点，取 S 系瞬时静止时(甲到达 C' 处)与乙重合处 C 点为 S 系的原点.

按符号规定，在此阶段，S' 系原点的初始加速度应为 $-a_0$，相应的关系式为

$$\left(1-\frac{a_0 x'}{c^2}\right)^2 = \left(1-\frac{a_0 x}{c^2}\right)^2 - \left(\frac{a_0 t}{c}\right)^2 \tag{附 10.1.12a}$$

$$t' = \frac{c}{2a_0}\left[\ln\left(1-\frac{a_0 x}{c^2}-\frac{a_0 t}{c}\right) - \ln\left(1-\frac{a_0 x}{c^2}+\frac{a_0 t}{c}\right)\right] \tag{附 10.1.12b}$$

$$v = -\frac{a_0 t}{1-a_0 x/c^2} \tag{附 10.1.13}$$

注意现在甲的坐标 $x_{甲}\neq 0$. 由(附 10.1.13)式有 $v_0 = -\frac{a_0 t_{B'}}{1-a_0 x_{B'}/c^2}$，即 $1-\frac{a_0 x_{B'}}{c^2}=$

$-\dfrac{a_0 t_{B'}}{v_0}$. 代入(附 10.1.12a)式得

$$\left(1-\frac{a_0 x'_{B'}}{c^2}\right)^2=(a_0 t_{B'})^2\left(\frac{1}{v_0^2}-\frac{1}{c^2}\right)$$

于是得

$$a_0 t_{B'}=-\frac{v_0}{\sqrt{1-v_0^2/c^2}}\left(1-\frac{a_0 x'_{B'}}{c^2}\right) \quad \text{(附 10.1.14)}$$

因为 $t_{B'}<0$，所以开平方式取负号

$$x'_{B'}=(x'_{B'}-x'_{A'})+x'_{A'}=-v_0 t'_{A'B'}+x'_{A'}=-\left[v_0 t'_{AB}+\frac{c^2}{a_0}\left(1-\sqrt{1-v_0^2/c^2}\right)\right]$$

其中利用了(附 10.1.10)式. 将 $x'_{B'}$ 代入(附 10.1.14)式得

$$t_{B'}=-\frac{v_0}{a_0\sqrt{1-v_0^2/c^2}}\left(2+\frac{a_0}{c^2}v_0\, t'_{AB}-\sqrt{1-v_0^2/c^2}\right)$$

由于 $t_{C'}=0$，于是

$$t_{B'C'}=t_{C'}-t_{B'}=\frac{v_0}{a_0\sqrt{1-v_0^2/c^2}}\left(2+\frac{a_0}{c^2}v_0\, t'_{AB}-\sqrt{1-v_0^2/c^2}\right) \quad \text{(附 10.1.15)}$$

这样甲计时的整个过程的总时间为

$$t=2(t_{O'A'}+t_{A'B'}+t_{B'C'})=\frac{2}{\sqrt{1-v_0^2/c^2}}\left(\frac{2v_0}{a_0}+t'_{AB}\right)$$

$$=\frac{4v_0}{a_0\sqrt{1-v_0^2/c^2}}+2\Delta x/v_0 \quad \text{(附 10.1.16)}$$

其中 $t'_{AB}=(1-v_0^2/c^2)^{1/2}\ t_{AB}=(1-v_0^2/c^2)^{1/2}\Delta x/v_0$. (附 10.1.16)结果与(附 10.1.2)式相同.

(3) 总结和说明

利用内禀刚性直线运动加速系可以严格讨论双生子问题，这种严格性既包括不采用无限大加速度，而且包括可以分别站在甲、乙的立场上讨论，不同立场的结果相同，满足了相对性原理的要求.

站在乙的立场上看，乙静止在引力场，甲在引力场作自由运动. 分别从甲、乙的立场计算甲钟的计时，总的结果相同，但是每个阶段的结果不同

$$t_{O'A'}<t_{OA} \quad t_{A'B'}<t_{AB} \quad t_{B'C'}>t_{BC}$$

这是引力使时钟变慢效应的体现. 在 S' 系分析甲的记时，既有运动效应也有引力效应. 设当甲运动到 S' 系的 $P(x')$ 处时刻，P 处观察者看甲的速度为 v；在此处甲运动一小段路程中甲的记时为 $\mathrm{d}t$，S' 系当地记时为 $\mathrm{d}\tau'(x')$，乙的记时为 $\mathrm{d}\tau'(0)=\mathrm{d}t'$. 相对 P 处当地的记时，甲的记时为原时，于是

$$\mathrm{d}t=\left(1-\frac{v^2}{c^2}\right)^{1/2}\mathrm{d}\tau'(x')=\left(1-\frac{v^2}{c^2}\right)^{1/2}\left(1+\frac{a_0 x'}{c^2}\right)\mathrm{d}t'$$

$$=\left(1-\frac{v^2}{c^2}\right)^{1/2}\left(1+\frac{a_0 x'}{c^2}\right)\mathrm{d}\tau'(0)$$

所以乙的记时为

$$\mathrm{d}\tau'(0)=\frac{1}{\sqrt{1-v^2/c^2}}\frac{1}{1+a_0 x'/c^2}\mathrm{d}t \quad \text{(附 10.1.17)}$$

前一项因子$(1-v^2/c^2)^{-1/2}$为运动效应；后一项因子$1/(1+a_0x'/c^2)$为引力效应.

对$O'A'$段. $a_0>0$，$x'<0$，$\dfrac{1}{1+a_0x'/c^2}>1$，引力效应和运动效应共同使乙的记时比甲的记时大. 即 $\tau'_{O'A'}(0)=\tau'_{OA}(0)=t'_{OA}>t_{O'A'}$.

对$B'C'$段. $a_0<0$，$x'<0$，$\dfrac{1}{1+a_0x'/c^2}<1$，引力效应与运动效应作用相反. 而且$|x'|$很大，使引力效应大大超过了运动效应，不但使乙的记时比甲的记时少$[\tau'_{B'C'}(0)=\tau'_{BC}(0)=t'_{BC}<t_{B'C'}]$，而且补上了其他两段过程中乙的超时，使整个过程中乙的记时少于甲的记时.

由上面分析我们看到，从 S' 系的立场，甲的记时 $\mathrm{d}t$ 总是比他到达处 x' 的固有时 $\mathrm{d}\tau'(x')$小（运动效应）；在 $B'C'$过程中乙的固有时 $\mathrm{d}\tau'(0)$比 x'处固有时 $\mathrm{d}\tau'(x')$小很多（引力效应），综合起来乙的记时比甲的记时少.

再分析 $a_0\to\infty$ 的极限情况. 由(附 10.1.9)式和(附 10.1.15)式有

$$t_{O'A'}=t_{A'O'}\xrightarrow{a_0\to\infty}0\quad t_{B'C'}=t_{C'B'}\xrightarrow{a_0\to\infty}\frac{v_0^2t'_{AB}}{c^2\sqrt{1-v^2/c^2}}\neq0$$

可见，在乙的立场(在 S'系)讨论时，突然变换参考系(相当于 $a_0\to\infty$)甲和乙的时间差对$O'A'$和$A'O'$阶段可以忽略，而对$B'C'$和$C'B'$阶段不能忽略. 正是在这两个阶段突变过程产生的甲、乙的时间差造成乙比甲年轻. 按狭义相对论乙的立场讨论，当乙掉头时“发现”在新的惯性系中甲的年龄突然增大就是 $a_0\to\infty$ 的加速和减速过程造成的. 狭义相对论乙的立场讨论“跳”过加、减速过程只看结果，虽然结果是正确的，但是也“跳”过了造成年龄突变的物理本质.

在 S 系观测，S'系从 $t=t'=0$ 时刻同时开始加速，但是当乙的速率到达 v_0 而转为匀速运动时，S'系的其他点并不和乙同时转为匀速运动，从加速到匀速的过程是逐点实现的. 由(10.4.15)式可知，在同一时刻 t，S'系内不同地点(不同的 x')处速率不同，因此它们到达 v_0 的时刻各不相同. 在(10.4.15)式中取 $v=v_0$ 得到 x'处到达 v_0 的时刻 t_0 为

$$t_0^2=\left(1+\frac{a_0x'}{c^2}\right)^2\frac{c^2}{a_0}\frac{v_0^2}{c^2-v_0^2}$$

因此 x'越大则 t_0 越大，也就是说 S'系中左边的点先到达 v_0，一旦到达 v_0 就立刻转为匀速，即从左到右逐点实现匀速，其中乙恰在 t_A 时刻开始匀速运动.

在 S'系观测，在同一时刻 t'，S 系中各点的速率是相同的. 由(10.4.15)式$\left(1+\dfrac{a_0x}{c^2}\right)=a_0t/v$，代入(10.4.22d)式得

$$t'=\frac{c}{2a_0}\ln\frac{c+v}{c-v}$$

由此解出

$$v=c\,\mathrm{th}\,\frac{a_0t'}{c}\tag{附 10.1.18}$$

因此在 S'系同一时刻观测，S 系中各点的速率是相同的，故整个 S 系也同时达到 v_0.

S'系作为内禀刚性参考系，是整个参考系同时(S'系的同一时刻)去掉外力成为惯性系转为匀速的，因此 S 系也必然应该在同时整个地达到 v_0，转变为匀速运动.

附录A 标量场和矢量场

A.1 标量场和矢量场

标量场：空间区域 D 的每个点 $M(\boldsymbol{r})$ 对应一个数量值 $\psi(\boldsymbol{r})$ 就构成一标量场，用点 $M(\boldsymbol{r})$ 的标量函数 $\psi=\psi(\boldsymbol{r})$ 表示.

矢量场：空间区域 D 的每个点 $M(\boldsymbol{r})$ 对应一个矢量值 $\boldsymbol{f}(\boldsymbol{r})$ 就构成一矢量场，用点 $M(\boldsymbol{r})$ 的矢量函数 $\boldsymbol{f}=\boldsymbol{f}(\boldsymbol{r})$ 表示.

A.2 矢量场的散度和旋度、标量场的梯度

1. 矢量场的散度和旋度、标量场的梯度

矢量场 $\boldsymbol{f}$ 的散度为

$$\mathrm{div}\,\boldsymbol{f}=\nabla\cdot\boldsymbol{f}=\partial_x f_x+\partial_y f_y+\partial_z f_z=\lim_{V\to 0}\left[\left(\oint\boldsymbol{f}\cdot\mathrm{d}\boldsymbol{S}\right)\Big/V\right]$$

矢量场 $\boldsymbol{f}$ 的旋度为

$$\begin{aligned}\mathrm{rot}\,\boldsymbol{f}&=\nabla\times\boldsymbol{f}=(\partial_y f_z-\partial_z f_y)\,\hat{x}+(\partial_z f_x-\partial_x f_z)\,\hat{y}+(\partial_x f_y-\partial_y f_x)\,\hat{z}\\&=-\lim_{V\to 0}\left[\left(\oint\boldsymbol{f}\times\mathrm{d}\boldsymbol{S}\right)\Big/V\right]\end{aligned}$$

标量场 ψ 的梯度为

$$\mathrm{grad}\,\psi=\nabla\psi=\partial_x\psi\,\hat{x}+\partial_y\psi\,\hat{y}+\partial_z\psi\,\hat{z}=\lim_{V\to 0}\left[\left(\oint\psi\mathrm{d}\boldsymbol{S}\right)\Big/V\right]$$

按 8.6 节的约定，简记偏微分 $(\partial/\partial x)=\partial_x$、$(\partial/\partial y)=\partial_y$、$(\partial/\partial z)=\partial_z$、$(\partial/\partial t)=\partial_t$、$(\partial^2/\partial x^2)=\partial_{xx}$、$(\partial^2/\partial y^2)=\partial_{yy}$、$(\partial^2/\partial z^2)=\partial_{zz}$、$(\partial^2/\partial t^2)=\partial_{tt}$. $\oint\psi\mathrm{d}\boldsymbol{S}$、$\oint\boldsymbol{f}\cdot\mathrm{d}\boldsymbol{S}$、$\oint\boldsymbol{f}\times\mathrm{d}\boldsymbol{S}$ 称为闭合曲面 S 上的面积分. 闭合曲面 S 是体积 V 的边界曲面.

2. 非旋场和无源场

如果一个矢量场的旋度处处为零，即总有 $\nabla\times\boldsymbol{f}=0$，则称此矢量场为非旋场.

如果一个矢量场的散度处处为零，即总有 $\nabla\cdot\boldsymbol{f}=0$，则称此矢量场为无源场.

A.3 哈密顿算子∇及运算公式

1. 定义

$\nabla=\hat{x}\partial_x+\hat{y}\partial_y+\hat{z}\partial_z$ 称为哈密顿算子或耐普拉算子.

$\Delta = \nabla \cdot \nabla = \nabla^2 = \partial^2/\partial x^2 + \partial^2/\partial y^2 + \partial^2/\partial z^2$，称为拉普拉斯算子.

2. 公式

$$\nabla(\phi\psi) = \psi\nabla\phi + \phi\nabla\psi$$
$$\nabla\cdot(\psi\boldsymbol{f}) = (\nabla\psi)\cdot\boldsymbol{f} + \psi\nabla\cdot\boldsymbol{f}$$
$$\nabla\times(\psi\boldsymbol{f}) = (\nabla\psi)\times\boldsymbol{f} + \psi\nabla\times\boldsymbol{f}$$
$$\nabla(\boldsymbol{f}\cdot\boldsymbol{g}) = \boldsymbol{f}\times(\nabla\times\boldsymbol{g}) + (\boldsymbol{f}\cdot\nabla)\boldsymbol{g} + \boldsymbol{g}\times(\nabla\times\boldsymbol{f}) + (\boldsymbol{g}\cdot\nabla)\boldsymbol{f}$$
$$\nabla\cdot(\boldsymbol{f}\times\boldsymbol{g}) = (\nabla\times\boldsymbol{f})\cdot\boldsymbol{g} - \boldsymbol{f}\cdot(\nabla\times\boldsymbol{g})$$
$$\nabla\times(\boldsymbol{f}\times\boldsymbol{g}) = (\boldsymbol{g}\cdot\nabla)\boldsymbol{f} - (\nabla\cdot\boldsymbol{f})\boldsymbol{g} - (\boldsymbol{f}\cdot\nabla)\boldsymbol{g} + (\nabla\cdot\boldsymbol{g})\boldsymbol{f}$$
$$\nabla\times(\nabla\times\boldsymbol{f}) = \nabla(\nabla\cdot\boldsymbol{f}) - \nabla^2\boldsymbol{f}$$
$$\nabla\times(\nabla\psi) = 0$$
$$\nabla\cdot(\nabla\times\boldsymbol{f}) = 0$$

所以梯度场$\nabla\psi$非旋、旋度场$\nabla\times\boldsymbol{f}$无源.

3. 有关 $\boldsymbol{r}$ 和 r 的运算公式

$$\nabla r = \frac{\boldsymbol{r}}{r}$$
$$\nabla\frac{1}{r} = -\frac{\boldsymbol{r}}{r^3}$$
$$\nabla f(r) = \frac{\mathrm{d}f}{\mathrm{d}r}\frac{\boldsymbol{r}}{r}$$
$$\nabla\cdot\boldsymbol{r} = 3$$
$$\nabla\times\boldsymbol{r} = 0$$

A.4 矢量场的几个定理

1. 一个矢量场由其散度、旋度和边值条件唯一确定

边值条件指边界上场的法向或切向分量值.

可由反证法证明.

2. 高斯定理

对于空间任意区域

$$\oint_S \boldsymbol{f}\cdot\mathrm{d}\boldsymbol{S} = \int_V \nabla\cdot\boldsymbol{f}\,\mathrm{d}V$$

其中闭合曲面 S 是体积 V 的边界曲面.

3. 斯托克斯定理

对于空间任意区域

$$\oint_L \boldsymbol{f}\cdot\mathrm{d}\boldsymbol{l} = \int_S (\nabla\times\boldsymbol{f})\cdot\mathrm{d}\boldsymbol{S}$$

其中闭合曲线 L 是面积 S 的边界曲线，L 的方向与面积 $\boldsymbol{S}$ 的法向满足右手关系.

4. 格林公式

设 ψ、ϕ 为两个标量场，则

$$\oint_S \psi \nabla \phi \cdot \mathrm{d}\boldsymbol{S} = \int_V (\psi \Delta \phi + \nabla \phi \cdot \nabla \psi) \mathrm{d}V$$

其中闭合曲面 S 是体积 V 的边界曲面.

5. 任意矢量场可以分解为非旋场和无源场两部分之和

即任意矢量场 $\boldsymbol{f}$ 可以分解为

$$\boldsymbol{f} = \boldsymbol{f}_{\text{非旋}} + \boldsymbol{f}_{\text{无源}}$$

其中，$\nabla \times \boldsymbol{f}_{\text{非旋}} = 0$、$\nabla \cdot \boldsymbol{f}_{\text{无源}} = 0$.

A.5 柱坐标系和球坐标系中散度、旋度等表达式

1. 柱坐标系(ρ, ϕ, z)

$$\nabla = \hat{\rho}\partial_\rho + \hat{\phi}\frac{1}{\rho}\partial_\phi + \hat{z}\partial_z$$

$$\nabla \cdot \boldsymbol{f} = \frac{1}{\rho}\partial_\rho(\rho f_\rho) + \frac{1}{\rho}\partial_\phi f_\phi + \partial_z f_z$$

$$\nabla \times \boldsymbol{f} = \left(\frac{1}{\rho}\partial_\phi f_z - \partial_z f_\phi\right)\hat{\rho} + (\partial_z f_\rho - \partial_\rho f_z)\,\hat{\phi} + \frac{1}{\rho}[\partial_\rho(\rho f_\phi) - \partial_\phi f \rho]\,\hat{z}$$

$$\nabla \psi = \partial_\rho \psi\, \hat{\rho} + \frac{1}{\rho}\partial_\phi \psi\, \hat{\phi} + \partial_z \psi\, \hat{z}$$

$$\Delta \psi = \nabla^2 \psi = \frac{1}{\rho}\partial_\rho(\rho \partial_\rho \psi) + \frac{1}{\rho^2}\frac{\partial^2 \psi}{\partial \phi^2} + \frac{\partial^2 \psi}{\partial z^2}$$

2. 球坐标系($\boldsymbol{r}$, θ, ϕ)

$$\nabla = \hat{r}\partial_r + \hat{\theta}\frac{1}{r}\partial_\theta + \hat{\phi}\frac{1}{r\sin\theta}\partial_\phi$$

$$\nabla \cdot \boldsymbol{f} = \frac{1}{r^2}\partial_r(r^2 f_r) + \frac{1}{r\sin\theta}\partial_\theta(\sin\theta f_\theta) + \frac{1}{r\sin\theta}\partial_\phi f_\phi$$

$$\nabla \times \boldsymbol{f} = \frac{1}{r\sin\theta}[\partial_\theta(\sin\theta f_\phi) - \partial_\phi f_\theta]\,\hat{r} + \left[\frac{1}{r\sin\theta}\partial_\phi f_r - \frac{1}{r}\partial_r(r f_\phi)\right]\hat{\theta}$$
$$+ \frac{1}{r}[\partial_r(r f_\theta) - \partial_\theta f_r]\,\hat{\phi}$$

$$\nabla \psi = \partial_r \psi\, \hat{r} + \frac{1}{r}\partial_\theta \psi\, \hat{\theta} + \frac{1}{r\sin\theta}\partial_\phi \psi\, \hat{\phi}$$

$$\Delta \psi = \nabla^2 \psi = \frac{1}{r^2}[\partial_r(r^2 \partial_r \psi)] + \frac{1}{r\sin\theta}\left[\partial_\theta\left(\sin\theta\frac{1}{r}\partial_\theta \psi\right)\right] + \frac{1}{r^2\sin^2\theta}\frac{\partial^2 \psi}{\partial \phi^2}$$

附录B 常用数据

B.1 常用天文数据

1. 地球、太阳、月球

地球		
地球表面重力加速度 g_0	标准参考值	9.806 65 m/s^2
	赤道	9.780 m/s^2
	两极	9.832 m/s^2
地球质量 $M_⊙$		5.976×10^{24} kg
地球半径 $R_⊙$	平均	6.37×10^6 m
	赤道	6.378 14×10^6 m
	两极	6.3568×10^6 m
地球平均密度		5.52×10^3 kg/m^3
地球自转周期		23 h56 min4 s
对自转轴的转动惯量		8.05×10^{37} kg·m
地球轨道平均速率		29.79 m/s
地球轨道平均加速度		5.93×10^{-3} m/s^2
地球公转周期		1 a=3.16×10^7 s
日地中心距离	平均	1.495 98×10^{11} m
	近日点	1.471×10^{11} m
	远日点	1.521×10^{11} m
太阳		
太阳质量 $M_⊙$		1.9891×10^{30} kg
太阳半径 $R_⊙$		6.96×10^8 m
太阳中心温度		1.5×10^7 K
太阳自转周期		25 d(赤道),37 d(靠近极地)
太阳表面重力加速度 $g_{0日}$		274 m/s^2
绕银河系中心公转周期		2.5×10^8 a
月球		
月球质量		7.35×10^{22} kg
月球半径		1.738×10^6 m
月球表面重力加速度 $g_{0月}$		1.62 m/s^2
自转周期		27.3 d
月地中心平均距离		3.844 01×10^8 m
绕地球公转周期		1恒星月=27.3 d

2. 太阳系其他行星

	水星	金星	火星	木星	土星	天王星	海王星
质量($M_{地}$)	0.055	0.815	0.107	317.9	95.1	14.6	17.2
赤道半径(km)	2440	6056	3390	71 400	60 400	23 700	25 110
公转周期	88 d	224.7 d	687 d	11.86 a	29.46 a	84.08 a	164.8 a
自转周期	59 d	−245 d	24 h37 m23 s	9 h50 m30 s	10 h14 m	−11 h	14 h
与日平均距离($r_{日地}$)	0.387	0.7233	1.523	5.203	9.539	19.19	30.06

注：负的自转周期指逆转.

B.2 常用基本物理量数据

真空光速 c	$2.997\,924\,58\times10^{8}$ m/s
万有引力常数 G	$6.674\,28(67)\times10^{-11}$ m³/kg·s²
电子电荷 e	$1.602\,176\,487(40)\times10^{-19}$ C
电子质量 m_e	$9.109\,382\,15(45)\times10^{-31}$ kg
质子质量 m_p	$1.672\,621\,637(83)\times10^{-27}$ kg
中子质量 m_n	$1.674\,927\,211(84)\times10^{-27}$ kg
普朗克常量 h	$6.626\,068\,96(33)\times10^{-34}$ J·s
阿伏伽德罗常量 N_A	$6.022\,141\,79(30)\times10^{23}$/mol
玻耳兹曼常量 k	$1.380\,650\,4(24)\times10^{-23}$ J/K
真空介电常数 ε_0	$8.854\,187\,817\cdots\times10^{-12}$ F/m
真空磁导率 μ_0	$4\pi\times10^{-7}=12.566\cdots\times10^{-7}$ N/A²
摩尔气体普适常数 R	8.314 472(15) J/mol·K
斯特藩-玻耳兹曼常数 σ	$5.670\,400(40)\times10^{-8}$ W/m²K⁴
玻尔磁子 μ_B	9.27×10^{-24} J/T
电子磁矩 μ_e	-9.28×10^{-24} J/T
光年 l.y.	1 l.y. $=9.46\times10^{15}$ m
电子伏特 eV	1 eV $=1.602\times10^{-19}$ J
原子质量单位 u	1 u $=1.66\times10^{-27}$ kg

注：数据根据 2006 年国际科学技术数据委员会(CODATA)基本物理常数推荐值. 括号内数字是最后两位的不确定值.

习 题 答 案

第 7 章

7.1 (1) $\sigma_z=-1.0\times10^5\ \text{N/cm}^2$，$\varepsilon_{横}=1.4\times10^{-3}$； (2) $\varepsilon_v=-2.2\times10^{-3}$.

7.2 $\sigma_n=F\cos^2\theta/S$，$\sigma_t=F\sin2\theta/2S$；$\sigma_{tmax}=F/2S$.

7.3 $\sigma_{外}=1.0\times10^8$ Pa.

7.4 $\Delta L=2.0\times10^{-6}$ m.

7.5 $\rho gL^2/2Y$.

7.6 (1) $\sigma_x(x)=F(L-x)/LS$，$\sigma_{x\max}=F/S$； (2) $\Delta L=FL/2SY$.

7.7 $\varepsilon_z=1.4\times10^{-5}$，$\varepsilon_V=1.6\times10^{-5}$.

7.8 (1) $\sigma_{t(r)}=2M_{外}\ r/[\pi(R_1^4-R_2^4)]$； (2) $\varepsilon_{t\max}=2M_{外}\ R_2/[\pi G(R_1^4-R_2^4)]$.

7.9 $G=2.0\times10^6\ \text{N/m}^2$；$E_p=1.25$ J.

7.10 $\sigma_t=F/S=7.8\times10^4\ \text{N/cm}^2=7.8\times10^8\ \text{N/m}^2$； $\Delta x=d\cdot\sigma_t/G=4.88\times10^{-5}$ m.

7.11 $M_{内\max}=3Pl/16$； $\sigma_{x\max}=9Pl/8bh^2$.

7.12 $\sigma_{\max}=2.94\times10^7$ Pa.

7.13 $P=1.26$ kg，$D=4.90\times10^{-6}\ \text{kg}\cdot\text{m}^2/\text{s}^2$.

7.14 $G=6.61\times10^{-11}\text{m}^3/\text{kg}\cdot\text{s}^2$.

7.15 $\rho_{液}=1.5\times10^3\ \text{kg/m}^3$.

7.16 $\Delta V=0.048\ \text{cm}^3$.

7.17 $\theta=\arctan[(\rho-\rho')/(\rho+\rho')]$.

7.18 (1) $F=98.0$ N； (2) $P=9.56$ N.

7.19 (1) $m=9.1$ kg； (2) $\rho=6.1\ \text{g/cm}^3$.

7.20 (1) $h_1/a=0.43$； (2) $h_2/a=0.46$.

7.21 (1) $F=\rho gH^2D/2$； (2) $M=\rho gH^3D/6$； (3) $d=H/3$.

7.22 $T_1=9.41$ N，$T_2=1.57$ N.

7.23 露出水面部分 DB 占总体积的 1/2.

7.24 (1) $\alpha=mgl/4I_c$； (2) $\omega=(mgl/2I_c)^{1/2}$.

7.25 $h=al/g$.

7.26 (1) 阿基米德定律仍然成立； (2) $F=P_0ah+\frac{1}{2}\rho_0gah^2\left(1+\frac{1}{3}kh\right)$.

7.27 $F_x=2\rho gHR\sin^2\theta(a+R)$，$F_z=\rho gHR[\sin^2\theta(a+R)-\pi R/2]$.

7.28 $\delta=3M_{月}\ R^4/2ML^3$.

7.29 流线方程为 $x^2+y^2=$常数 和 $z=$常数.

7.30 $x=e^y-y-2$.

7.31 $3x^2y-y^3+2=0$.

7.32 该流速场无旋，该流体不可压缩.

7.33 $N=1.08$ W.

7.34 (1) $V=6.4\ \mathrm{m^3}$； (2) $v_1=5.4$ m/s， $p_1=1.99\times10^5$ Pa.

7.35 (1) $F=\rho gHS$； (2) $F'=2\rho gHS=2F$.

7.36 $v_{小}=16$ m/s，$h=13.0$ m.

7.37 $v=0.577$ m/s.

7.38 $v=\sqrt{\dfrac{2F}{\rho S}}\dfrac{s}{\sqrt{S^2-s^2}}$.

7.39 $p'=6.0\times10^3$ Pa.

7.40 $q=45$ ml/s.

7.41 (1) $Q_V=\dfrac{1}{4}\pi d^2\sqrt{2gH}$； (2) $P_A=P_0+\rho gH\left(1-\dfrac{d^2}{D^2}\right)+\rho gh$.

7.42 $h=1.3$ m.

7.43 (1) $h_1=h_A$； (2) $h_2=h_C$.

7.44 $t=40.4$ s.

7.45 (1) $Q_1=7.0\times10^{-3}\ \mathrm{m^3/s}$； (2) $Q_2=4.3\times10^{-3}\ \mathrm{m^3/s}$，百分误差＝63%.

7.46 (1) $p_A=0.915\times10^5$ Pa，$p_B=p_0=1.013\times10^5$ Pa，$p_C=0.866\times10^5$ Pa；
(2) $Q_V=3.10\times10^{-3}\ \mathrm{m^3/s}$； (3) $h_{C\max}-h_A=9.34$ m.

7.47 $v'=\sqrt{5gb}$.

7.48 $Q_V=S(V^2-2gH)^{1/2}$.

7.49 $\omega(t)=\omega_0\exp\left(-\dfrac{\pi\eta}{md}R^2t\right)$.

7.50 $\eta=\dfrac{Mg\delta\sin\theta}{S(v_2-v_1)}$.

7.51 $Re_C=2000$.

7.52 管中水的流动是湍流.

7.53 风速 $v=413$ m/s，会有湍流.

7.54 (1) $\Delta p=4.3\times10^5$ Pa； (2) $N=2.2\times10^5$ W.

7.55 (1) $\eta=\dfrac{1}{8Ql}\pi(P_1-P_2+\rho lg)R^4$； (2) $v=v_{z\max}=v_z(0)=\dfrac{2Q}{\pi R^2}=2\bar{v}$.

7.56 $\eta=0.64$ Pa·s.

7.57 $v=\dfrac{\sqrt{64\eta^2l^2R^6+2\rho Fr^4(R^4-r^4)/\pi}-8\eta lR^3}{\rho R(R^4-r^4)}$.

7.58 血压降低 2600 Pa＝19.5 mmHg.

7.59 $v_T=1.43\times10^{-2}$ m/s.

7.60 $v=2.9\times10^{-6}$ m/s.

7.61 (1) $\eta=0.203$ Pa·s＝2.03 泊； (2) $a=g/3$ 时 $v=0.147$ m/s.

7.62 $v_T=246$ m/s.

7.63 $v_T=2.8\times10^{-2}$ m/s.

7.64 (1) $r=0.90\ \mu$m，$m=3.0\times10^{-15}$ kg； (2) 3.0×10^{-5} s.

7.65 管中水的流动是湍流.

第8章

8.1 (1) $A=1.0$ m，$\omega=5\pi$ rad/s，$T=0.4$ s；
(2) $\phi=5\pi/6$，$x_0=-\sqrt{3}/2$ m，$v_0=-2.5\pi$ m/s；
(3) $x=-\sqrt{3}/2$ m，$v=-2.5\pi$ m/s，$a=25\pi^2\sqrt{3}/2$ m/s^2.

8.2 (1) 2.0 s； (2) π rad/s； (3) 0.5 cm； (4) 位移 $x=0.5\cos(\pi t)$ cm；
(5) $v=-0.5\pi\sin(\pi t)$ cm/s； (6) 1.57 cm/s； (7) 4.93 cm/s^2.

8.3 (1) $T/12$； (2) $T/6$.

8.4 $T=6$ s.

8.5 (1) $A\geqslant0.25$ cm； (2) $\nu_{\max}=2.2$ Hz.

8.6 $T=0.492$ s.

8.7 $\nu=2.25$ Hz.

8.8 (1) $\omega=\sqrt{Mg/l}$； (2) 板一直向右运动，直到杆掉落，速度 $v(x)=\sqrt{\mu g(x^2-x_0^2)/l}$.

8.9 (1) $A=0.024$ m； (2) 0.2%.

8.10 (1) $x=A\cos\omega t$，$A=CD/2$、$\omega=(4\pi G\rho/3-\omega_0^2)^{1/2}$； (2) $\tau=42.2'$.

8.11 (1) $2\pi\sqrt{\dfrac{2(3M+m)l^2+3MR^2}{3(2M+m)gl}}$； (2) $2\pi\sqrt{\dfrac{2l(m+3M)}{3g(m+2M)}}$.

8.12 $T=2\pi\sqrt{7(R-r)/5g}$.

8.13 $T=2\pi\sqrt{\dfrac{mM}{k(m+M)}}$.

8.14 $\rho=570$ kg/m^3.

8.15 (1) $\omega'=8$ rad/s，$A'=0.0707$ m； (2) 0.32 J；
(3) 没有机械能损失，振幅不变仍为 A，圆频率是 ω'.

8.16 $T=2\pi(L/2g)^{1/2}$.

8.17 振动圆频率 $\Omega=[2k/(m+M)]^{1/2}$.

8.18 $T=2\pi\sqrt{\dfrac{l\cos\theta_0}{g}}=2\pi\sqrt{\dfrac{l\sin\theta_0}{a_0}}$.

8.19 (1) P 点； (2) $\Omega=[(k-m\omega^2)/m]^{1/2}$； (3) $N_{x'}=-m\omega^2 b+2m\omega h\sin\Omega t$.

8.20 $\Omega=[g(3L+2r)/2(L^2+r^2)]^{1/2}$.

8.21 $T'=1.03T_0$.

8.22 (1) $1.15T_0$； (2) 0.0270； (3) $0.318T_0$.

8.23 (1) $m\ddot{x}-b\dot{x}+kx=0$； (2) $b=0.04$ NS/m； (3) $Q=35.36$.

8.24 2.43%.

8.25 $Q=2.32\times10^3$.

8.26 $\delta=9.04\ \mathrm{s^{-1}}$；$y(t)=(1.70t-0.100)\mathrm{e}^{-9.04t}$.

8.27 在初始条件为 $x(0)=x_0$、$v(0)=v_0=-x_0(\delta_1+\alpha)$时，过阻尼振子回到平衡位置最快.

8.28 $v=69.6\ \mathrm{m/s}$.

8.29 $\tau=0.36\ \mathrm{s}$.

8.30 $\delta=11.4\ \mathrm{rad/s}$.

8.31 (1) $\ddot{x}_1+2\delta\dot{x}_1+gx_1/l=gx_2/l$； (2) 稳态解为 $x_1=A_1\cos(\omega t+\phi)$；
(3) $v_{共}=0.500\ \mathrm{Hz}, A_{共振}=0.157\ \mathrm{m}$； (4) $\omega=3.13\pm0.0173\ \mathrm{rad/s}$.

8.32 (1) 0.0618 J； (2) 0.30 W.

8.33 4.0×10^{-5} J.

8.34 (1) $\omega_0\approx140/\mathrm{s}$、$Q\approx21.6$； (2) $\delta\approx3.24/\mathrm{s}$.

8.35 轨迹为正椭圆.

8.36 (1) $\phi_2=\pi/6$ 时 $A=A_{\max}=0.6\ \mathrm{m}$； (2) $\phi_2=-\pi/2$.

8.37 $\tau=-0.051+0.2n\pi$ 或 $0.051+0.2(n-1)\pi$， $n=1,2,\cdots$.

$$x'=0.05\cos\left[\omega t\pm\left(\pi/2-\arcsin\frac{1}{4}\right)\right]=0.05\cos(\omega t\pm1.318).$$

8.38 $\nu=401$ Hz.

8.39 $\xi(P)=0.05\cos(100\pi t-4\pi)=0.05\cos(100\pi t)$.

8.40 (1) $A=5.0\ \mathrm{cm}$、$v=20\ \mathrm{Hz}$、$\lambda=10\ \mathrm{cm}$、$v=2.0\ \mathrm{m/s}$；
(2) $z=(-3+10n)\mathrm{cm}$，$n=0,\pm1,\pm2,\cdots$.

8.41 (1) 距离为 0.167 m； (2) 位相差为 0.2 π.

8.42 (1) $\lambda=4.0$ cm； (2) $\xi(0,t)=0.10\cos(\pi t+\pi/3)\mathrm{m}$；
(3) $\xi(z,t)=0.10\cos(\pi t+\pi x/2+\pi/3)$.

8.43 (1) 向 $-z$ 传播； (2) $\lambda=24\ \mathrm{cm}$、$v=48\ \mathrm{cm/s}$.

8.45 $\xi(z,t)=A\cos(\omega t-kz-\pi/2)$.

8.46 $\xi(z,t)=A\exp[-(z-vt)^2]$.

8.47 有温度梯度时 $t=31.4$ s；无温度梯度时 $t=29.4$ s.

8.48 (1) $T=\eta\omega^2R^2$； (2) $v=\omega R$.

8.49 波长 $\lambda=5.0$ cm.

8.50 (2) 波速 $v=u/2$，方向向右； (3) $v_y=\dfrac{4b^3ux}{(b^2+4x^2)^2}$.

8.51 $r=4.07\times10^4$ m.

8.52 $A(r)\propto r^{-1/2}$.

8.53 (1) $\langle e\rangle=5.0\times10^{-5}\ \mathrm{J/m^3}$、$e_{\max}=1.0\times10^{-4}\ \mathrm{J/m^3}$； (2) $E=1.26\times10^{-6}$ J.

8.54 $\langle e\rangle=6.41\times10^{-6}\ \mathrm{J/m^3}$，$I=2.18\times10^{-3}\ \mathrm{W/m^2}$，$L=83.4$ dB.

8.55 $\theta_1=\arctan(1/\sqrt{2})$.

8.57 (1) $\eta_1/\eta_2=4$ 或者 1/4； (2) $C/A=4/3$ 或者 2/3.

8.58 $\nu_{南}=\nu_{东}=1000$ Hz；$\nu_{北}=1014.7$ Hz，$\nu_{西}=1015.1$ Hz.

8.59 $h=1.08\times10^3$ m.

8.60 $\nu_R=568.3$ Hz.

8.61 $u_R=6.0$ m/s.

8.62 $\theta=\arcsin(\lambda/4h)$.

8.63 $v_g=c^2k/(c^2k^2+m^2)^{1/2}$；$v_g\to c$ 或 $v_g\to 0$.

8.64 (1) $v_{p1}=1.2$ m/s，$v_{p2}=1.25$ m/s；
(2) $\xi=2A\cos(t/2-z/2)\cos(11t/2-9z/2)$，$\Delta x=2\pi$；
(3) $v_g=1$ m/s.

8.65 (2) $\lambda'/2=50.0$ cm.

8.66 (1) $v_p=\sqrt{\frac{g}{k}+\frac{\alpha k}{\rho}}$，$v_g=\frac{g+3\alpha k^2/\rho}{2(gk+\alpha k^3/\rho)^{1/2}}$； (2) $v_g=v_p=0.230$ m/s.

8.67 $l=32.6$ cm.

8.68 $h=9.72$ m.

8.69 $\nu_0'=8$ kHz；$\nu_1'=24$ kHz；$\nu_2'=40$ kHz.

8.70 (1) $\xi_n(z,t)=A_n\sin(n\pi z/L)\cos(n\pi vt/L+\phi_n)$； (2) $E=n^2\pi^2TA_n^2/4L$.

8.71 $T'=1.02$ T.

8.72 (1) $\nu_{\min}=323$ Hz； (2) 8 个节点.

8.73 (1) $v=343$ m/s； (2) 驻波图分别为基频和第一泛频.

8.74 (1) $\nu_1=(T/\eta)^{1/2}/L$；$\xi_1=A\sin(2\pi z/L)\cos(\omega_1 t+\phi_1)$，$[\omega_1=2\pi(T/\eta)^{1/2}/L]$；
$\omega_2=4\pi(T/\eta)^{1/2}/L$；
(2) $\omega_1=3\pi(T/\eta)^{1/2}/2L$；$\xi_{1左}=A_{1左}\sin(3\pi z/L)\cos(\omega_1 t+\phi_{1左})$；
$\xi_{1右}=2A_{1左}\sin[3\pi(z-L/3)/2L]\cos(\omega_1 t+\phi_{1左}+\pi/2)$.

8.75 (1) $\nu_1=10$ Hz，$E=3.95\times10^{-3}$ J； (2) $\nu_n=50n$ (Hz).

8.76 $z=0$ 为自由端时，$\xi_{合成}=0.4\cos 1.5\pi z\cos(\pi t+0.4\pi)$，$z=0$ 为波腹；$z=0$ 为固定端时，$\xi_{合成}=0.4\sin 1.5\pi z\cos(\pi t-0.1\pi)$，$z=0$ 为波节.

8.77 (1) $\xi_1=A\cos(\omega t-2\pi z/\lambda)$，$\xi_1'=A\cos(\omega t+2\pi z/\lambda+0.6\pi)$，
$\xi_{合}=2A\cos(2\pi z/\lambda+0.3\pi)\cos(\omega t+0.3\pi)$；
(2) $E=6.32\times10^5$ erg.

8.78 1 个波腹时 $M=15.3$ kg；2 个波腹时 $M=3.8$ kg；3 个波腹时 $M=1.7$ kg.

第 9 章

9.2 $\gamma=(1-u^2/c^2)^{-1/2}$ m.

9.3 $V=a^3/\gamma=(1-u^2/c^2)^{1/2}a^3$.

9.4 $u=\sqrt{5}c/3$，$\Delta x'=6.71\times10^8$ m.

9.5 0.577×10^{-8} s.

9.7 $\Delta x'=[(\Delta x)^2-(c\Delta t)^2]^{1/2}$.

9.8 $l'=l(1-u^2\cos^2\theta/c^2)^{1/2}$，$\theta'=\arctan(\gamma\tan\theta)=\arctan[\tan\theta/(1-u^2/c^2)^{1/2}]$.

9.9 (1) B：0，B'：-0.075 s； (2) 同(1)； (3) A'：0.133 s，B：0.167 s；
(4) A：0.107 s，B'：0.133 s.

9.10 (1) $l_{AB}=u(t_3-t_1)=4\ \text{h}\cdot c$，$l'_{A'B'}=\gamma l_{AB}=\frac{20}{3}\text{h}\cdot c$；

(2) A：5:00，A'：3:00，B'：8:20； (3) A：8:12，A'、B'钟同时，都是 8:20.

9.11 (1) $L=270$ m； (2) $\Delta t=9\times10^{-7}$ s.

9.12 2.1%的相对误差.

9.13 $v=0.198c=5.94\times10^7$ m/s.

9.14 (1) 0:50； (2) 7.2×10^{11} m； (3) 1:30； (4) 4:30.

9.15 (1) $v'=-0.946c$； (2) $\Delta t'=4$ s； (3) $\Delta x'=-35c\cdot\text{s}/4$.

9.16 $\Delta t'=L(1-v\cos\theta/c)/(c\sqrt{1-v^2/c^2})$，$L'=L(1-v\cos\theta/c)/\sqrt{1-v^2/c^2}$.

9.17 $\Delta t=37.5$ s.

9.18 $5/3=1.67$ d.

9.19 0.471 m.

9.20 S系中此光线与x轴夹角$\theta=\arctan[c\sin\theta'(1-u^2/c^2)^{1/2}/(c\cos\theta'+u)]$.

9.21 (1) $\theta'=\arccos[(\cos\theta+u/c)/(1+u\cos\theta/c)]$.

9.22 (1) $v=0.73c$； (2) $v=0.24c$； (3) $\theta'=34.2°$.

9.23 (1) 在A船观测，B船速度为$0.7c$，C船速度为$0.94c$；

(2) 在地面观测，A船速率为$0.54c$，C船速率为$0.98c$；

9.24 $t=2nd_0/(c^2-v^2)^{1/2}$.

9.25 $\tau=L/c+D(n-1)(1-v/c)/(c^2-v^2)^{1/2}$.

9.26 (1) $v_1'=0.6522c$，$v_2'=0.3846c$； (2) B粒子先产生，0.75×10^{-8} s，

(3) 3.75 m； (4) 5.75×10^{-8} s，11.25 m.

9.27 (1) $\Delta x=\frac{c^2}{g}[(1+g^2t^2/c^2)^{1/2}-1]$； (2) $t=c/(\sqrt{3}g)=204.6$ d.

9.28 $m=2.69\times10^{11}$ kg.

9.29 $\sqrt{3}c/2=0.866c$，$\sqrt{5}c/3=0.745c$，$(\sqrt{5}-1)c/2=0.786c$.

9.30 按牛顿力学计算$R=5.31$ mm，按相对论力学计算$R=17.5$ mm.

9.31 $F_n=m_0v^2/[R\sqrt{1-v^2/c^2}]$，$F_t=0$.

9.32 $v=qEct/[(m_0c)^2+(qEt)^2]^{1/2}$，$E_k=m_0c^2(\sqrt{1+(qEt/m_0c)^2}-1)$.

9.33 $\Delta E_k=q(U_1-U_2)$.

9.34 $v(t)=kct^3(9m_0^2c^2+k^2t^6)^{-1/2}e_x$.

9.35 (1) 300 MeV； (2) 500 MeV/c； (3) $-0.183c$.

9.36 (1) 2.22 MeV，0.12%； (2) 1.45×10^{-6}%.

9.37 (1) $0.58m_0c$，$1.15\ m_0c^2$； (2) $4m_0c/3$，$5m_0c^2/3$.

9.38 $m_0=8.71\times10^{-28}$ kg，$v=0.714c$，与x轴夹角为$\theta=\arctan 3/4$.

9.39 (1) $h=2\ m_0c^2/(3eE)$； (2) $\Delta t=8\ m_0c/(3eE)$； (3) $\Delta t'=40\ m_0c/(9eE)$.

9.40 (1) $p=\sqrt{eEh(2m_0c^2+eEh)}/c$； (2) $R=p/eB=\sqrt{eEh(2m_0c^2+eEh)}/eBc$.

9.41 3.16.

9.42 (1) $v_2=0.984c$，$\theta=7.80°$； (2) $m_0/M_0=0.243$.

9.43 1/2.

9.44 (1) $\Delta t=58.3\ \mathrm{s}$; (2) $v_1=0.994c$.

9.45 $v_{\max}=4c/5$.

9.47 $m_0/M_0=[(c-v)/(c+v)]^{c/2u}$.

9.48 (1) 几乎为光速; (2) $\approx 2\times 10^{10}$.

9.49 $E_{末}=5m_0c^2/4+qEh$, $P_x=3m_0c/4$, $P_y=[qEh(5m_0c^2/2+qEh)]^{1/2}/c$,
$\Delta t=[h(5m_0c^2/2qE+h)]^{1/2}/c$.

9.51 $u=15c/17$.

9.52 $\lambda=0.4094\times 10^{-6}\ \mathrm{m}$.

9.53 $v=0.148c$.

9.54 $\lambda=2109.3\ \text{Å}$

第10章

10.1 (1) $\omega=2.19\times 10^6\ \mathrm{rad/s}$; (2) $a_{离}=4.80\times 10^{13}\ \mathrm{m/s^2}$.

10.2 乙的年龄 100.88 岁.

10.3 34.3 s.

10.4 $v_\infty=(1-2GM/c^2r)^{1/2}[(1-v/c)/(1+v/c)]^{1/2}v_0\approx(1-GM/c^2r-v/c)v_0$.

10.5 $\Delta\sigma=(R_\odot+1.02\times 10^3)\ \mathrm{m}$.

10.6 0.9899 m.

10.7 $v=c/2$; 按牛顿理论 $v=c/\sqrt{6}$.

10.8 $v=(2GM/R)^{1/2}$, $|\Delta E|=0.051m_0c^2$.

10.9 $v_0=v_{N0}=0.0316c$.

10.10 (1) $r_0=6GM/c^2$; (2) $L=\sqrt{12}GMm_0/c$, $E=\dfrac{2\sqrt{2}}{3}m_0c^2$.

10.11 $\Delta\tau\approx 278\ \mathrm{s}$, 引力延迟为 $\mathrm{d}t=6.5\times 10^{-6}\ \mathrm{s}$.

10.12 两者相同, $v\approx v_0(1-dv/c)=v_0(1-a_0h/c^2)$, $z=-a_0h/c^2$.

10.13 (1) $v(0,t)=cT/(1+T^2)^{1/2}$, $a(0,t)=a0/(1+T^2)^{3/2}$, $\Delta v=-cTX'/(1+T^2)^{3/2}$,
$\Delta a\approx X'a_0(2T^2-1)/(1+T^2)^{5/2}$; (2) $t=51.4\ \mathrm{d}$; (3) $\Delta L=40\ \mathrm{m}$.

10.14 $T_r=2.0\times 10^{10}\ \mathrm{K}$.

10.16 $r\geqslant 2\times 10^{26}\ \mathrm{m}$.

参考文献

1 郑永令等. 力学(第二版). 北京：高等教育出版社，2002.

2 梁昆淼. 力学(上册)(修订版). 北京：人民教育出版社，1978.

3 夏学江，陈维蓉，张三慧. 力学与热学(上册). 北京：清华大学出版社，1984.

4 赵凯华，罗蔚茵. 力学(第二版). 北京：高等教育出版社，2004.

5 漆安慎，杜蝉英. 力学. 北京：高等教育出版社，1997.

6 A. P. 弗仑奇. 郭敦仁，何成钧译. 牛顿力学(2). 北京：人民教育出版社，1982.

7 H. 戈德斯坦. 陈为恂译，汤家镛校. 经典力学(第二版). 北京：科学出版社，1986.

8 C. 基特尔，陈秉乾等译. 力学(伯克利物理学教程第一卷). 北京：科学出版社，1979.

9 R. 瑞斯尼克，D. 哈里德. 物理学. 第一卷. 北京：科学出版社，1980.

10 R. P. 费曼等. 费曼物理学讲义. 第一卷. 上海：上海科学技术出版社，1983.

11 杜珣. 连续介质引论. 北京：清华大学出版社，1985.

12 陆明万，罗学富. 弹性理论基础. 北京：清华大学出版社，1990.

13 徐芝纶. 弹性力学(第三版)(上册). 北京：高等教育出版社，2005.

14 孙训方等(西南交大、大连工学院、南京工学院). 材料力学(第二版). 北京：高等教育出版社，1987.

15 L. 普郎克，K. 奥斯瓦提奇，K. 维格哈特. 流体力学概论. 郭永怀，陆士嘉译. 北京：科学出版社，1984.

16 Victor L. Streeter，E. Benjamin Wylie，Keith W. Bedford. Fluid Mechanics (Ninth Edition). 北京：清华大学出版社，2003.

17 P. A. 汤普森. 可压缩流体动力学. 北京：科学出版社，1086.

18 江洪俊. 流体力学(上册). 北京：高等教育出版社，1985.

19 江洪俊. 流体力学(下册). 北京：高等教育出版社，1985.

20 D. J. Tritton. 物理流体力学. 董务民等译. 北京：科学出版社，1986.

21 牟绪程. 波动与光学(上). 北京：清华大学出版社，1988.

22 U. M. 巴巴科夫，薛中擎译. 振动理论(上). 北京：人民教育出版社，1962.

23 U. M. 巴巴科夫，蔡乘文等译. 振动理论(下). 北京：人民教育出版社，1963.

24 A. Π. 苏哈鲁柯夫等，王珊编译. 波动理论. 上海：复旦大学出版社，1995.

25 硕歇基(Soseki). 官德样等译. 波动学. 徐氏基金会出版，1979.

26 刘辽. 广义相对论. 北京：高等教育出版社，1987.

27 俞允强. 广义相对论引论. 北京：北京大学出版社，1987.

28 俞允强. 热大爆炸宇宙学. 北京：北京大学出版社，2001.

29 吴大猷. 相对论——理论物理第四册. 北京：科学出版社，1983.

30 P. G. 柏格曼. 周奇，郝平译. 相对论引论. 北京：高等教育出版社，1961.

31 (美)S. 温伯格. 邹振隆等译. 引力论和宇宙论. 北京：科学出版社，1980.

32 李宗伟，肖兴华. 普通天体物理学. 北京：高等教育出版社，1992.

33 方励之，(意)R. 鲁非仑. 相对论天体物理的基本概念. 上海：上海科学技术出版社，1981.

34 方励之，李淑娴. 宇宙的创作. 北京：科学出版社，1987.

35 Møller C. The Theory of Relativity. 2nd edition. Clarendon Press. Oxford，1972.

36 陆同兴. 非线性物理概论. 合肥：中国科技大学出版社，2002.

37 席德勋. 非线性物理学. 南京：南京大学出版社，2000.

38 何大韧等. 非线性动力学引论. 西安：陕西科学技术出版社，2001.
39 许良英等编译.爱因斯坦文集(第一卷).北京：商务印书馆，1977.
40 Sir Isaac Newton. 自然哲学之数学原理.宇宙体系. 王克迪译自剑桥大学出版社 1934 年英文版. 武汉：武汉出版社(1992).
41 Sir Isaac Newton. 自然哲学的数学原理. 赵振江译自 1726 年由英司坊出版的《自然哲学的数学原理》拉丁文(原文)第三版. 北京：商务印书馆，2006.
42 赵民初. 矢量与场论. 南京：江苏科学技术出版社，1987.
43 方能航. 矢量、并矢与符号运算法. 北京：科学出版社，1996.
44 余天庆等. 张量分析及应用. 北京：清华大学出版社，2006.
45 张志铭. 物理中张量. 北京：北京师范大学出版社，1985.
46 梁昆淼. 数学物理方法. 北京：高等教育出版社，1960.
47 樊映川等. 高等数学讲义(第二版)(上册). 北京：高等教育出版社，1964.
48 樊映川等. 高等数学讲义(第二版)(下册). 北京：高等教育出版社，1964.